国家环保部公益性科研项目（No. 201309025）
国家科技支撑项目（2014BAL02B05-02）

同济大学研究生教材

固体废物处理与资源化技术

赵由才　主编

同济大学 出版社
TONGJI UNIVERSITY PRESS

<h1 style="text-align:center">内 容 提 要</h1>

本书内容主要涵盖生活垃圾的卫生填埋与焚烧发电技术、填埋场稳定化表征和资源化、焚烧炉渣与飞灰表征与处理技术、深度分选及设备优化组合技术、渗滤液处理技术；以及医疗废物处理技术；污泥脱水与卫生填埋技术；含锌危险废物碱浸湿法冶金清洁工艺；含锌危险废物碱浸湿法冶金清洁工艺等。本书由国家环保部公益性科研项目(No.201309025)和国家科技支撑项目(2014BAL02B05-02)提供资助。

本书供相关领域的研究生作教材使用,同时也可供环境领域固废研发、设计人员和教学人员参考,并作资料数据库使用。

图书在版编目(CIP)数据

固体废物处理与资源化技术 / 赵由才主编. -- 上海：同济大学出版社,2015.10
ISBN 978-7-5608-6005-3

Ⅰ.①固… Ⅱ.①赵… Ⅲ.①固体废物处理—研究 ②固体废物利用—研究 Ⅳ.①X705

中国版本图书馆 CIP 数据核字(2015)第 216580 号

固体废物处理与资源化技术

赵由才　主编

责任编辑　张智中　　**责任校对**　徐春莲　　**封面设计**　吴丙峰

出版发行	同济大学出版社　　www.tongjipress.com.cn	
	(地址:上海市四平路 1239 号 邮编:200092 电话:021-65985622)	
经　销	全国各地新华书店	
印　刷	同济大学印刷厂	
开　本	787 mm×1 092 mm　1/16	
印　张	23.5	
字　数	587 000	
版　次	2015 年 10 月第 1 版　　2015 年 10 月第 1 次印刷	
书　号	ISBN 978-7-5608-6005-3	

定　价　68.00 元

前　言

　　固体废物是人类各种社会活动中,因无用或不需要而被弃置的固态物料,是人类利用物质资源满足自身生存和发展需要的必然伴生产物。固体废物的收集、处理及其相关产业的发展,是当代社会现代化的重要组成部分,也直接关系到城镇发展进程和居民生活质量。随着城镇发展规模的扩大与现代化程度的提高,生活垃圾的数量日益增加,处理难度也越来越大。目前,我国绝大部分地区仍存在诸多有待解决的固体废物及其衍生污染治理问题,因此,梳理固体废物处理处置与资源化利用技术最新进展,对于削减固体废物污染、改善环境质量具有重要的理论与实际应用价值。

　　固体废物有诸多的产生源,不同来源的固体废物有不同的组成特征。因此,应采用不同的处理技术和管理方法,这就使得对其分类具有重要的技术和管理意义。固体废物分类方法并不唯一,可从来源、性质与危害、处理处置方法等不同角度进行分类。按来源,固体废物可分为城市生活垃圾和工农业生产中所产生的废弃物;按化学成分,可分为有机废物和无机废物;按热值,可分为高热值废物和低热值废物;按处理处置方法,可分为可资源化废物、可堆肥废物、可燃废物和无机废物等;按危害特性,可分为有毒有害固体废物和无毒无害固体废物两类,有害有毒废物又称为危险废物,包括医院垃圾,废树脂,药渣,含重金属污泥,酸和碱废物等,无毒无害废物指粉煤灰,建筑垃圾等;含放射性的固体废物一般单独列为一类,有专门的处理处置方法和措施。城镇废弃物和有毒有害废物是与环境保护密切相关的固体废物,这两类固体废物的任意排放会严重污染和破坏环境,其处理处置一直受到各级政府、科技界、产业界和环境保护企业界的重视。

　　城镇废弃物包括生产、生活过程中产生的生活垃圾、建筑废物、电子垃圾、污泥、粮油食品加工剩余物、城镇农林废物及工业废物等。随着我国经济的高速发展、城镇化水平的提升及世界制造大国地位的确立,近 10 年来,我国城镇废弃物产生量急剧膨胀,以每年 8%～10% 的速度快速增加,且面临垃圾输入性增长的挑战,年总量达到近 20 亿吨,已超过美国成为世界第一。大量产生的城镇固体废物与周边环境形成多相复合型交叉污染,控制极为复杂,进而导致围绕"废弃物管理和处置利用"产生的社会纷争不断出现,涉及土地占用、恶臭扩散、健康风险等社会生活多个方面,引发了政府、媒体及社会各界的广泛关注。

　　城镇废弃物在具有严重环境污染危害的同时,也蕴藏着巨大的资源和能量,通过科学合理的资源化利用,可消减污染物 35%、减碳 10%、补充资源供应 15%、能源供应 5%～7%,资源节约与节能减排效益巨大。废物资源化利用能催生不同的产业链,横跨能源、环境、生物、化工、材料、制造业等多领域,产业规模大、内涵跨度广、产业链条长、社会影响深、能显著增加就业,有助于刺激经济结构调整。因而,有效、高值与安全开发利用城镇固体废物这一重要资源具有重大的环境、社会、经济、资源及能源战略意义。

目前,我国固体废物污染控制与资源化利用的科技发展,主要面临四个重大挑战:一是废物循环利用过程污染物形态变化特征、迁移转化规律、二次合成机理不够明确,污染物多界面过程和在复合介质中的传输机制、环境因子间的耦合作用机理、人体健康危害方式与评价方法等研究不足,支撑核心技术的物质转化机理和工艺过程认识不清;二是缺乏创新性技术,处理装备设计制造能力受制于发达国家,成套技术装备大多依靠进口,但许多进口装备不适用于我国固体废物的特点,先进技术的工程化应用面临巨大挑战;三是废物循环利用过程资源转化率不高(如我国废旧电器电子材料综合利用率不到 40%,而发达国家大多超过 75%),资源化产品附加值低,利用方式单一,二次污染和跨介质污染转移问题日益突出;四是我国开始进入新型城镇化加速、产业集聚增强、产城融合凸显的全新发展阶段,跨产业间废物/副产品的代谢利用、循环经济产业链条以及区域综合集成示范亟需构建,然而我国废物循环利用协同管理、技术集成示范和产业化应用与我国经济发展的科技需求存在较大差距。随着科学技术的不断发展进步,固体废物处理处置领域涌现出了大量创新性理论与技术研发成果,对于最新研发成果的总结与应用是应对固体废物处理技术问题的必要方式,对于提升我国固体废弃物处理处置技术现状具有重要价值。

本书由赵由才主持编写工作,周家珍、周涛协助统稿。本书主要内容来源于赵由才指导的硕士和博士论文。参加本书编写的人员包括曹学新、戴伟华、柴晓利、周家珍、周涛、陈善平、武博然(第一章),赵由才、杨玉江、吴军、楼紫阳、周家珍、周涛、赵敏(第二章),张瑞娜、宋立杰、张海英、周涛、王琦、赵由才、张珺婷(第三章),李兵、阳小霜、赵由才、周家珍、薛一帆(第四章),赵由才、吴军、浦燕新、朱卫兵、何晟、黄仁华、周海燕、张美兰、陈浩泉、周家珍、周涛、张杰、黄海宁(第五章),史昕龙、晏振辉、蒲敏、赵由才、顾敏燕(第六章),甄广印、赵由才、周海燕、郭广寨、张美兰、周家珍、周涛、王琪、卜凡(第七章),赵由才、李强、刘清、张承龙、蒋家超、张星冉(第八章),黄晟、高小峰、谢田、孙艳秋、张骏、简德武、赵由才、徐晋(第九章)。

本书得到 2014 年同济大学研究生教育改革与创新项目建设、国家环保部公益性科研项目(No.201309025)和国家科技支撑项目(2014BAL02B05-02)的资助。

赵由才

2015 年 8 月

目　　录

第一章
生活垃圾卫生填埋与焚烧发电技术

我国城市生活垃圾清运量约为 1.58 亿吨/年。1984 年前,绝大部分生活垃圾还田利用,之后,随着生活垃圾组分的日益复杂化,亟需发展符合"两高"("高含水率、高混杂性")特性的处置新方式,开发符合国情的生活垃圾产业化技术,成为解决垃圾量急剧增长、实现生活垃圾处理可持续发展的重要民生问题。近 20 年来,通过一系列重大技术难题的攻关,进行了我国生活垃圾处理处置产业化道路的探索和实践,实现了从生活垃圾随意丢弃到源头减量与资源回收利用、从简易堆填到安全可控卫生填埋和填埋气发电、从露天堆烧到大型炉排清洁焚烧发电的重大变革,并分别于 1991 年和 2002 年在上海建设和运行了当时标准最高的全国第一个填埋场和国内规模最大的生活垃圾现代化焚烧发电厂,并持续性地坚持研发与应用,使卫生填埋和焚烧发电逐步成为我国生活垃圾大规模、快速消纳处置的两大主流技术。据此提出和发展的生活垃圾产业化技术路线,有力保证了生活垃圾处置的无害化要求,并促进了能源化与资源化的协同发展。

第一节　生活垃圾卫生填埋关键技术

一、生活垃圾卫生填埋场底防渗系统

1. 防渗系统概念及结构

填埋场场底防渗系统是垃圾填埋场最重要的组成部分,通过在填埋场底部和周边铺设低渗透性材料建立衬层系统以阻隔填埋气体和渗滤液进入周围的土壤和水体产生污染,并防止地下水和地表水进入填埋场,有效控制渗滤液产生量。

填埋场主要是通过在填埋场的底部和周边建立衬层系统来达到密封防渗的目的。图 1-1 是我国生活垃圾填埋场防渗系统推荐结构,典型的填埋场防渗系统通常从上至下可依次包括过滤层、排水层(包括渗滤液收排系统)、保护层和防渗层等。

防渗层的功能是通过铺设渗透性低的材料来阻隔渗滤液于填埋场中,防止其迁移到填埋场之外的环境中,同时也可以防止外部的地表水和地下水进入填埋场中,其主要材料有天然黏土矿物如改性黏土、膨润土,人工合成材料如柔性膜,天然与有机复合材料如聚合物水泥混凝土(PCC)等;保护层的功能是对防渗层提供合适的保护,防止防渗层受到外界影响而被破坏,如石料或垃圾对其上表面的刺穿,应力集中造成膜破损,黏土等矿物质受侵

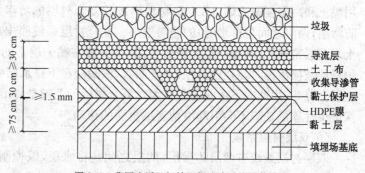

图 1-1　我国生活垃圾填埋场防渗系统推荐结构

蚀等；排水层的作用是及时将被阻隔的渗滤液排出，减轻对防渗层的压力，减少渗滤液的外渗可能性；过滤层的作用是保护排水层，过滤掉渗滤液中的悬浮物和其他固态、半固态物质，否则这些物质在排水层中积聚，造成排水系统堵塞，使排水系统效率降低或完全失效。

为保证防渗系统的质量，为避免填埋场库区地基在垃圾堆积后产生不均匀沉降，保护复合防渗层中的防渗膜，应根据场底的工程地质和水文地质等条件选择合适的防渗材料，同时在铺设场底防渗系统之前应进行场地处理，包括土地平整以及石块等坚硬物体的清除等。为防止水土流失和避免二次清基、平整，填埋场的场地平基（主要是山坡开挖与平整）不宜一次性完成，而是应与膜的分期铺设同步，采用分层实施的方式，原因是在南方地区，裸露的土层会自然长出杂草，且容易受山洪水的冲刷，造成水土流失。

2. 防渗系统种类及材料

(1) 防渗系统种类

防渗系统通常采用人工合成有机材料（柔性膜）与黏土结合作防渗衬层的防渗方法，根据填埋场渗滤液收集系统、防渗层、保护层、过滤层的不同组合，一般可分为单层衬层防渗系统、单复合衬层防渗系统、双层衬层防渗系统和双复合衬层防渗系统。

① 单层衬里防渗结构

单层衬里防渗结构适用于地下水比较贫乏地区的填埋场底部防渗，只要地下水流入速率不致造成渗滤液量过多或地下水的上升压力不致破坏衬垫系统，则可采用此系统。其主要结构层（从下至上）为：基础层（基层）、地下水收集导排层（当库区有浅层地下水，泉水出露时应设置）、膜下保护层、防渗层、膜上保护层、渗滤液收集导排层、土工织物层、垃圾层。单层衬里防渗结构见图 1-2。

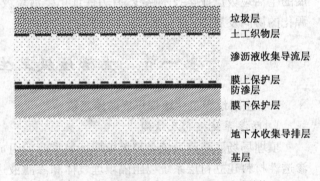

垃圾层
土工织物层

渗沥液收集导流层

膜上保护层
防渗层
膜下保护层

地下水收集导排层

基层

图 1-2　生活垃圾卫生填埋场单层衬里防渗结构

② 单复合衬层防渗系统

单复合衬层防渗系统是采用复合防渗层，即由两种防渗材料相贴而形成的防渗层。两种防渗材料相互紧密地排列，提供综合效力。比较典型的复合结构是上层为柔性膜，其下为渗透性低的黏土矿物层。与单层衬垫系统相似，复合防渗层的上方为渗滤液收集系统，下方为地下水收集系统。

复合衬层系统综合了物理、水力特点不同的两种材料的优点，因此具有很好的防渗效果。用黏土和高密度聚乙烯（HDPE）材料组成的复合衬层的防渗效果优于双层衬层（有上下两层防渗层，两层之间为排水层）的防渗效果。复合衬层系统膜出现局部破损渗漏时，由于膜与黏土表面紧密连接，具有一定的密封作用，渗漏液在黏土层上的分布面积很小。当 HDPE 膜发生局部破损渗漏时，对双层衬层系统而言，渗漏液在下排水层中的流动可使其在较大面积的黏土层上分布，因此向下渗漏的量就大。复合衬层的关键是使柔性膜与黏土矿物层紧密接触，以保证柔性膜的缺陷不会引起沿两者结合面的移动。

③ 双层衬层系统

双层衬层系统有两层防渗层，两层之间是排水层，以控制和收集防渗层之间的液体或气体。衬层上方为渗滤液收集系统，下方可有地下水收集系统。透过上部防渗层的渗滤液或者气体受到下部防渗层的阻挡而在中间的排水层中得到控制和收集，在这一点上它优于单层衬垫系统。主要结构层（从下至上）为：基层、地下水收集导排层（当库区有浅层地下水，泉水出露时应设置）、膜下保护层、防渗层、渗滤液导流检测层、膜下保护层、防渗层、膜上保护层、渗滤液收集导排层、土工织物层、垃圾层。双层衬里防渗结构见图1-3。

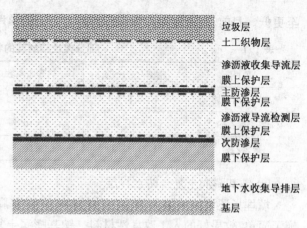

图1-3 生活垃圾卫生填埋场双层衬里防渗结构

双层衬层防渗系统主要在下列条件下使用：a. 基础天然土层很差（渗透系数大于10^{-5} cm/s）、地下水位又较高；b. 土方工程费用很高，而采用HDPE膜费用低于土方工程费用；c. 建设混合型填埋场，即生活垃圾与危险废物共同处置的填埋场。

④ 双复合衬层防渗系统

双复合衬层防渗系统原理与双层衬层防渗系统类似，即在两层防渗层之间设排水层，用于控制和收集从填埋场渗出的液体；不同之处在于上部防渗层采用的是复合防渗层。防渗层之上为渗滤液收集系统，下方为地下水收集系统。其主要结构层（从下至上）为：基层、地下水收集导排层（当库区有浅层地下水，泉水出露时应设置）、膜下保护层、防渗层、膜上保护层、渗滤液收集导排层、土工织物层、垃圾层。复合衬里防渗结构见图1-4。双复合衬层防渗系统综合了单复合衬层防渗系统和双层衬层防渗系统的优点，具有抗损坏能力强、坚固性好、防渗效果好等优点，但其造价比较高。

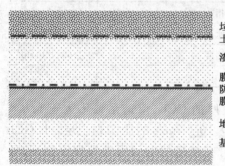

图1-4 生活垃圾卫生填埋场复合衬里防渗结构

在美国，根据新环保法的要求，具有主、次两层渗滤液收集系统的双复合衬层防渗系统已在城市固体废物填埋场得到广泛应用。双复合衬层底层为厚度大于3 m的天然黏土衬层或0.9 m厚的第二层压实黏土衬层，然后依次向上为第二层合成材料衬层、二次渗滤液收集系统、0.9 m厚的第一层压实黏土衬层、第一层合成材料衬层、首次渗滤液收集系统，顶部是0.6 m厚的砂砾铺盖保护层。渗滤液收集系统由一层土工网和土工织物组成。合成材料衬层的厚度应大于1.5 mm，底层和压实黏土衬层的渗透系数应小于10^{-7} cm/s。

（2）防渗系统人工合成材料

① 防渗系统有机膜材料

填埋场底层防渗系统有机膜材料主要是塑料卷材、橡胶、沥青涂层等，这类人工合成有机材料通常称为柔性膜。常用的柔性膜主要有高密度聚乙烯（HDPE）、低密度聚乙烯（LDPE）、聚氯乙烯（PVC）、氯化聚乙烯（CPE）、氯磺聚乙烯（CSPE）、塑化聚烯烃（ELPO）、乙烯-丙烯橡胶（EPDM）、氯丁橡胶（CBR）、丁烯橡胶（PBR）、热塑性合成橡胶、氯醇橡胶。柔性膜防渗材料通常有极低的渗透性，其渗透系数均可达10^{-11} cm/s，高密度聚乙烯的渗透系数达到10^{-12} cm/s，其至更低。目前,高密度聚乙烯是应用最为广泛的填埋场防渗柔性膜材料(表1-1)。

表1-1 部分柔性膜材料的物理特性

项目	密度/(g/cm³)	热膨胀系数	抗拉强度/MPa	抗穿刺强度/Pa
高密度聚乙烯	>0.935	1.25×10^{-5}	33.08	245
氯化聚乙烯	1.3~1.37	4×10^{-5}	12.41	98
聚氯乙烯	1.24~1.3	4×10^{-5}	15.16	1 932

② 钠基膨润土复合防水衬层

填埋场还可以采用人工改良性材料——钠基膨润土复合防渗衬层(GCL),GCL 是一种施工简单、效果好的人工改良性材料。钠基膨润土复合防渗衬层是将钠基膨润土夹在两层土工织物中间,并采用针织方法将其连接为一个整体。生活垃圾填埋场一般用 GCL 作为防渗土工膜(HDPE 膜)的保护层,取代压实黏土保护层。国外也用 GCL 作为封场防渗层。膨润土复合防水垫的技术指标应符合表1-2的规定,还应符合国家相关标准的规定。

表1-2 GCL 技术指标

序号	项　目	指　标	序号	项　目	指　标
1	上层土工布重量	220 g/m²	7	厚度	5 mm/6 mm
2	单位面积钠型膨润混合物重量	≥4 500 g/m²	8	渗透系数	$\leqslant 5 \times 10^{-11}$ m/s
3	下层土工布重量	110 g/m²	9	流动指数	5×10^{-9} m³/s
4	体积膨胀度	≥24 ml/2 g	10	抗静水压力	0.6 MPa/h
5	单位面积总质量	≥4 800 g/m²	11	剥离强度	≥60 N/10 cm
6	最大拉伸强度	800 N/10 cm			

GCL 具有以下优点:a. 根据计算分析,选用 6 mm 厚的 GCL(渗透系数不大于 5.0×10^{-9} cm/s)防渗效果优于 0.55 m 厚、渗透系数为 1.0×10^{-6} cm/s 的压实黏土层。b. GCL 衬垫较薄,可以减少填埋库容的消耗,具有经济优势(可有较多的空间用来填埋废物)和环境优势(减少堆置废物的土地消耗)。对场地平整边坡要求没有土工膜(HDPE 膜)高。c. 任何可能的渗漏点因钠基膨润土与非织造土工织物纤维充分缠绕,止水性强,耐冲刷,不会被地下水流动而流失,有效性和可靠性增强。d. 施工简单方便,无须特别的安装设备,施工工期短,GCL 衬垫的质量保证步骤比压实黏土衬垫要简单得多。e. GCL 是在工厂制造的,其完整性和均匀性能得到保证,并可以承受较大差异沉降,其承受能力比压实黏土衬垫大很多。

GCL 具有以下缺点:a. 与《生活垃圾填埋污染控制标准》中防渗膜下的防渗保护层的要求不符。b. GCL 采用重叠撒膨润土搭接,如不均匀沉降可能会造成 GCL 拉裂。c. GCL 在国内外应用于填埋场还没有成熟的经验,国际上仅作为特殊条件下膜的防渗保护层使用。

3. 防渗系统设计施工要点

填埋场人工防渗系统中最常用的防渗材料是 HDPE 膜。在填埋场衬层设计中,HDPE 膜通常用于单复合衬层防渗系统、双层衬层防渗系统和双复合衬层防渗系统的防渗层设计,除特殊情况外,HDPE 膜一般不单独使用,原因是 HDPE 膜的使用需要较好的基础铺垫,才能保证其稳定、安全而可靠地工作。

（1）HDPE 膜性能要求

对 HDPE 膜的性能要求包括原材料性能和成品膜性能两个方面，主要指标包括密度、熔流指数、炭黑含量、HDPE 原料、膜厚度、抗穿能力、抗拉强度和渗透系数等。

a. 密度：密度反映材料的分子结构和结晶度，与材料的物理性能和强度、变形等有关。用于填埋场的 HDPE 膜的密度为 $0.932\sim0.940\ g/cm^3$，最佳值为 $0.95\ g/cm^3$。我国自行生产的 HDPE 膜的密度可达到这一要求。

b. 熔流指数：熔流指数反应材料的流变特性。熔流指数低，材料脆，但刚性增强；反之，则材料弹性增强，刚性减弱。熔流指数的最佳值为 $0.22\ g/10\ min$，一般熔流指数在 $0.05\sim0.3\ g/10\ min$ 即可满足要求。

c. 炭黑含量：炭黑含量反映了材料抗紫外线辐射的能力。一般炭黑添加量为 $2\%\sim3\%$。不含炭黑的 HDPE 膜不能用在露天填埋场。

d. 原料要求：聚乙烯原材料必须是一级纯品，不含杂质，不能用废聚乙烯再生产品。

e. 厚度：选择膜厚度应主要考虑三个方面的因素：第一，膜的抗紫外线辐射能力。紫外线辐射对膜的强度有很大影响，如果填埋场衬层从施工至运行全过程膜不暴露，则可选择较薄的膜，否则应选择厚度较大的膜。美国环保局提出不暴露 HDPE 膜的最小厚度为 $0.75\ mm$；如果暴露时间大于 30 天，则最小膜厚定为 $1.0\ mm$。第二，膜的抗穿透能力。第三，抗不均匀沉降能力。膜厚对后两者有利，但是膜厚度增加将使膜的造价成比例增加，因此应综合考虑。根据我国的实际情况，推荐的膜厚度为 $0.5\sim2.5\ mm$。

f. 抗穿能力：HDPE 膜的抗穿能力与其厚度有关。HDPE 膜的抗穿能力比较强，但仍然不能防止一些针状物或者由于生物作用对膜的穿透。由于填埋场施工条件比较复杂，存在膜穿透的条件，因此在施工中要特别注意。

g. 抗拉强度：不同膜厚度对膜的抗拉强度有不同要求。膜厚 $1.0\ mm$ 时其抗拉强度不得小于 $20\ MPa$。膜的抗拉强度是膜设计应用的基本条件之一。在填埋场 HDPE 膜有时处于受拉状态，其主要原因有：第一，边坡铺设和长时间运行过程中，上面的膜与下面的垫层可能产生滑动，当拉力超过设计安全系数时，膜可能破坏；第二，底部局部不均匀沉降将对膜产生拉力。试验结果显示，HDPE 膜的单向抗拉强度较大，可以在发生较大变形时不产生破裂，但其抗双轴向拉力的能力很低，因此要尽量避免产生双轴拉力的可能性。

h. 渗透系数：HDPE 膜的渗透系数小于 $10^{-12}\ cm/s$。质量合格的 HDPE 膜的抗渗能力很强，渗透系数比优质黏土低 4～5 个数量级。

（2）HDPE 防渗层铺设要求

a. HDPE 防渗膜的铺设必须平坦、无皱折。

b. HDPE 防渗膜的搭接应尽量使其焊缝减少。

c. 在斜坡上铺设 HDPE 防渗膜时，其接缝方向应平行斜坡面，不允许出现斜坡上有水平方向接缝，以避免斜坡上由于滑动力可能在焊缝处出现应力集中。

d. 基础底部的 HDPE 防渗膜应尽量避免设垂直穿孔的管道或其他构筑物。

e. 边坡必须锚固，推荐采用矩型槽覆土锚固法。

f. 边坡与底面交界处不能设焊缝，焊缝不在跨过交界处之内。

（3）HDPE 复合衬层下垫层要求

HDPE 防渗膜不能铺设在一般的天然地基上，必须铺设在平整、稳定的支撑层上，即在

HDPE 膜之下必须提供一个科学的下垫层,一般是以天然防渗材料作为下垫层,对下垫层的具体要求如下:

a. 基础最低层距地下水位的距离:填埋场基底距地下水高水位的距离推荐值列于表 1-3。我国东部和东南沿海的发达地区水网密布,地下水位较高,所以在这些地区选址,地下水位可允许距填埋场基础 2 m 以上。

表 1-3　　　　　　　　　　　基础层底标高距地下水水位距离推荐值

基础性质	推荐值
黏土(渗透系数 $K \leqslant 10^{-7}$ cm/s)	>2 m
黏土(10^{-7} cm/s<渗透系数,$K \leqslant 10^{-6}$ cm/s)	>2.5 m
黏土(渗透系数 $K < 10^{-5}$ cm/s)	>3 m

b. 下垫黏土层厚度:下垫黏土层的厚度直接影响工程土方量,从而影响工程造价,因此从工程投资角度来说,在选址时,对地下水要求严格一点,而适当放宽 HDPE 膜下垫层人工防渗层厚度的要求,在保证同样安全度的情况下,工程费用可降低。下垫黏土层的厚度一般为 0.6~1.0 m。

c. 基础承重要求:为使基础能够均匀承重,黏土下垫层的压实度不得低于 90%。

d. 对下垫层的特殊要求:下垫层不能含有直径大于 0.5 cm 的颗粒物,黏土层不能出现脱水、裂开;为杜绝下垫层植物生长,需均匀施放化学除莠剂;如有预埋的管、渠、孔洞等,要严格按黏土衬层要求施工,并使 HDPE 与下垫层衔接紧密。

(4) 单 HDPE 复合衬层的结构设计

a. 边坡压实黏土层厚度:边坡的防渗要比底层防渗更为困难,原因是边坡的施工压实难度更大;边坡下垫层与其上的 HDPE 膜之间易产生滑动,使下层或上层膜受到破坏,因此边坡土层厚度通常大于底层的厚度,一般大 10%。

b. 底层压实黏土层厚度:一般取 0.6~1.0 m。

c. 排水层厚度:与排水层材料有关,如果使用砂或者砾石,其厚度通常大于 30 cm。

d. 排水层渗透系数:为了提高排水层的排水效率,要提高排水材料的渗透率,降低毛细管张力。推荐使用清洁砾石,其透水系数大,而毛细上升高度较小。

e. 边坡坡度:边坡坡度的设计应考虑地形条件、土层条件、填埋场容量、施工难易程度、工程造价等因素。边坡越陡,工程量越小,但施工越难,而且下垫层与上层 HDPE 膜的摩擦力越小,容易产生上、下层之间的滑动破损。边坡坡度推荐值为 1:3。

f. 底部坡度:底部坡度的设计要满足集水排水需要,同时也要考虑场地条件和施工难易条件。例如,当填埋单元较大时,底部坡度大将造成两端高差增大,开挖深度增加,低点距地下水面距离减小,堆填废物易滑动等问题;坡度太小又不利于渗滤液的集排。一般 2% 的排水坡度就可以满足集水要求,在特殊情况下,也可以采用 3%~4% 的坡度。

(5) HDPE 双衬层构造设计技术要求

a. 双衬层可由单层排水系统和双层排水系统构成,一般情况下可只设一层排水系统。

b. 双排水系统的次级排水系统一般只在防渗层渗漏监测时使用。

c. 双衬层基本设计参数见表 1-4。

表 1-4 HDPE 双衬层复合防渗系统设计参数

名　称	厚度及边坡技术要求	土壤性质技术要求
人工黏土层边坡	100 cm	$K \leqslant 10^{-6} \sim 10^{-7}$ cm/s
人工黏土层基础	≤100 cm	$K \leqslant 10^{-6} \sim 10^{-7}$ cm/s
排水层	30 cm	
过滤层	15 cm	
上层 HDPE 膜	0.6～2.0 mm	
基底 HDPE 膜	1.0～1.5 mm	
边　坡	1:3	
底　坡	2%～4%	

（6）HDPE 膜的锚固设计

HDPE 膜应与下垫层构成一个整体，其外缘要拉出，在护道处加以锚固，防止膜被拉出和撕裂破坏。膜锚固的基础方法是在护道上开挖锚固槽，将膜置于槽中，然后用土填槽，并盖上覆土。通常的锚固方法有水平覆土锚固、"V"型槽覆土锚固、矩形覆土锚固和混凝土锚固等。水平覆土锚固法是将膜拉到护道上，然后用土覆盖，这种方法通常不够牢固；"V"型槽覆土锚固法是先在护道一侧开挖一"V"字型的槽，然后将膜拉过护道并铺入槽中，填土覆盖，这种方法对开挖空间要求略大；矩型覆土锚固法是先在护道一侧开挖一矩形的槽，然后将膜拉过护道并铺入槽中，填土覆盖；混凝土锚固法施工比较麻烦，目前使用较少；矩型槽锚固法安全性更好，应用较多，为了保证安全，应通过膜的最大允许拉力计算，确定槽深、槽宽、水平覆盖距离及覆土厚度等参数。

（7）无纺土工织物（土工布）性能要求

无纺土工织物（土工布）可分聚酯长丝纺粘针刺非织造土工布和聚酯短丝纺粘针刺非织造土工布两种。聚酯长丝纺粘针刺非织造土工布的技术指标应符合 GB/T17639 中的有关规定，见表 1-5。

表 1-5 聚酯长丝纺粘针刺非织造土工布技术指标

序号	项目	100	150	200	250	300	350	400	450	500	600	800	备注
1	单位面积质量偏差	−6%	−6%	−6%	−5%	−5%	−5%	−5%	−5%	−4%	−4%	−4%	
2	厚度,mm≥	0.8	1.2	1.6	1.9	2.2	2.5	2.8	3.1	3.4	4.2	5.5	
3	幅宽偏差	−0.5%											
4	断裂强力,kN/m≥	4.5	7.5	10.0	12.5	15.0	17.5	20.5	22.5	25.0	30.0	40.0	纵横向
5	断裂伸长	40%～80%											
6	CBR 顶破强力,kN≥	0.8	1.4	1.8	2.2	2.6	3.1	3.5	4.0	4.7	5.5	7.0	
7	等效孔径 $O_{90}(O_{95})$/mm	0.07～0.2											
8	垂直渗透系数/(cm/s)	$K \times (10^{-1} \sim 10^{-3})$, $K=1.0 \sim 9.9$											
9	撕破强力,kN≥	0.14	0.21	0.28	0.35	0.42	0.49	0.56	0.63	0.70	0.82	1.10	纵横向

（8）穿孔和竖井的防渗设计

填埋场 HDPE 膜防渗系统内常有竖管、横管或斜管穿出或穿入，此时穿管与 HDPE 膜的接口必须防止渗漏。穿管与边界连接有刚性防渗连接与弹性防渗连接两种，在设计中应注意：

a. 穿管与废物接触时,可在管外用 HDPE 膜包裹,便于与防渗层衔接处的密封连接,同时也减少管边界与废物的摩擦,减小穿管的受力。b. 穿管与边界的刚性连接采用混凝土锚固块作连接基座,但混凝土锚固应建在连接管后,穿管和 HDPE 膜固定在混凝土中。c. 穿管与防渗膜边界的弹性连接必须注意管子不能直接焊在 HDPE 防渗膜上,以防膜的损坏。

为了防止渗漏,填埋场中的有些竖井需要穿过排水层座于 HDPE 防渗膜之上,如渗滤液提升竖井、检修竖井等。由于竖井直接座落在 HDPE 防渗膜之上容易造成膜的破坏,因此在井底和 HDPE 膜之间必须设置衬垫层。通常在竖井的底部专门设计一个被 HDPE 膜包裹的钢板衬垫,混凝土支座位于钢板衬垫上,其目的是既保护 HDPE 防渗膜,又增强了基础的弹性,使接触压力变得平缓,基础不易损坏。

(9) 复合排水网设计

复合排水网的技术指标应符合表 1-6 的规定,还应符合国家相关标准的规定。

表 1-6　　　　　　　　　　　　　　复合排水网技术指标

序号	项　目	单位	DLF800/2	DLF1000/2	DLF1300/2	DLF1600/2
1	抗拉强度	kN/m	14	18	26	28
2	抗压强度	kPa	>1 500	>2 000	>2 200	>2 500
3	延伸率		60%	60%	60%	60%
4	导水率	$1/(m/s^{-1})$	0.7	0.75	0.8	0.9
5	厚　度	Mm	5.5	6.3	7.5	8
6	单位面积质量	g/m²	1 200	1 400	1 700	2 000
7	幅　度	M	1.25, 2	1.25, 2	1.25, 2	1.25, 2
8	卷　长	M	30, 50	30, 50	30, 50	30, 50

注:① 卷长可根据要求加工;
② 以上参数为两面土工布复合后数据(两面土工布均为 200 g/m²)。

4. 水平防渗与垂直防渗的联合应用

在地下水位较高的地区,水平防渗材料的铺设会有很大的困难。若将水平防渗系统和垂直防渗系统两种防渗方式联合起来,将填埋场内形成两个独立水文地质单元:一个是填埋体内渗滤液形成的,一个是填埋体下地下水形成的,从而彻底把渗滤液与地下水隔绝开来。上海老港填埋场作为我国最具代表性的特大规模滩涂型填埋场,其四期工程即采用水平防渗和垂直防渗相结合的防渗方式,在填埋场内构筑了"人工的"独立水文地质单元,成功解决特大型库区的地下水和渗沥水的收集与导排;同时通过合理的基层构建与沉降观测信息反馈控制技术,全方位确保防渗衬垫系统的结构安全。

老港四期工程的方案设计中,采用 1.5 mm 的 HDPE 土工膜防渗系统,取代低渗透性的土层。该土工膜因其本质的不渗透性,会比被取代的土层提供更有效的防渗屏障。同时,主土工防渗膜与次土工防渗膜间,会有一层的由 5 mm 厚土工复合材料组成的渗滤液收集系统,它们一起组成一个整体。

填埋场方案设计的基底防渗系统由以下部分组成,从上而下为:

(1) 轻质有纺土工布;

(2) 600 mm 碎石渗滤液收集层;

(3) 重质无纺土工布衬垫;

(4) 1.5 mm HDPE 土工防渗膜;

（5）5 mm 厚土工复合材料组成的次渗滤液收集层；

（6）1.5 mmHDPE 土工防渗膜；

（7）无纺土工布过滤层；

（8）150 mm 碎石地下水管理层；

（9）有纺土工布。

在老港填埋场现场地质条件和目前国内施工技术条件下，置换法水泥－膨润土地下连续墙的防渗效果和工艺性能较好。

二、缺陷地基土上高维卫生填埋技术

高维卫生填埋技术是在上海老港填埋场四期工程设计时提出的，故本节主要以老港填埋场四期工程为例来阐明高维卫生填埋的含义及技术。老港填埋场的前三期工程垃圾填埋高度均为 4 m，这是基于老港填埋场所在地的地质条件和工程地质条件及当时的经济条件决定的。由于上海土地面积紧缺，在经济条件许可的情况下，若能增大垃圾填埋体的高度，将大大增加单位面积填埋场的填埋容量，从而节省大量的土地，这将给经济快速发展的上海带来巨大效益，但是老港四期工程的地质条件存在着缺陷——软弱土层（淤泥质黏土），这极大地限制了填埋场的填埋高度。若通过一定的人为措施，对天然条件下存在缺陷的地基土进行改造，就可以解决矛盾，由此产生了高维卫生填埋的概念。

所谓高维卫生填埋是指采取一定工程措施，通过对卫生填埋场场址天然条件下存在着的缺陷进行人为改造，采取系列工程措施防止与控制渗滤液和场址区地下水间的交换，从而提高卫生填埋场的垃圾填埋高度，实现以最小的填埋面积获得最大的填埋库容，并保证填埋场的卫生安全与稳定，达到节省土地的目的。高维填埋技术对老港四期工程的实际意义体现在以下两个方面：

（1）由于实现高维卫生填埋，大大提高了地基承载力，可将原填 20 m 以内高度的地基承载能力提高到可填 45 m 高。由此原定填埋寿命 20 年的垃圾容量，仅用 100 公顷土地即可满足，即 20 年所用土地仅占原定土地面积 336 公顷的 30%。加上预留的取土区（挖深仅 2 m）120 公顷，用地面积 220 公顷，也仅占原定面积的 66%。大量节约土地资源（或用作未来扩建），这在寸土寸金的上海，无异对垃圾处理处置的可持续发展很有利。

（2）仅在占四区 25% 的面积内铺设水、气管线和进行水平防渗，减少了铺设面积和减少了管材用量，也减少了土方工程，从而降低了建设成本。

三、生活垃圾卫生填埋场渗滤液收集系统

渗滤液收集系统的主要功能是将填埋库区内产生的渗滤液收集起来，并通过调节池输送至渗滤液处理系统进行处理，同时向填埋堆体供给空气，以利于垃圾体的稳定化。为了避免因液位升高、水头变大而增加对库区地下水的污染，美国要求该系统应保证使衬垫或场底以上渗滤液的水头不超过 30 cm。设计的收集导出系统层要求能够迅速地将渗滤液从垃圾体中排出，这一点十分重要，其原因是：①垃圾中出现壅水会使垃圾长时间淹没在水中，不同垃圾中的有害物质浸润出来，从而增加了渗滤液净化处理的难度；②壅水会对下部水平衬垫层增加荷载，有使水平防渗系统因超负荷而受到破坏的危险。

渗滤液收集系统通常由导流层、收集沟、多孔收集管、集水池、提升多孔管、潜水泵和调节池等组成，如果渗滤液收集管直接穿过垃圾主坝接入调节池，则集水池、提升多孔管和潜水泵可省略。按照《城市生活垃圾卫生填埋处理工程项目建设标准》的要求，所有这些组成部分要按填埋场多年逐月平均降雨量（一般为 20 年）产生的渗滤液产出量设计，并保证该套系统能在初始运行期较大流量和长期水流作用的情况下运转而功能不受到损坏。典型的渗滤液导排系统断面及其和水平衬垫系统、地下水导排系统的相对关系见图1-5。

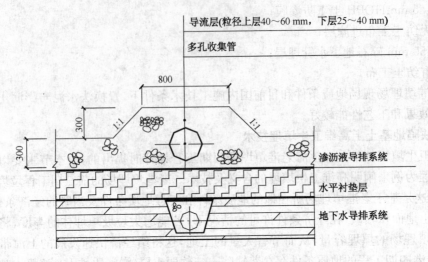

图1-5　典型渗滤液导排系统断面图

1. 导流层

为了防止渗滤液在填埋库区场底积蓄,填埋场底应形成一系列坡度的阶地,填埋场底的轮廓边界必须能使重力水流始终流向垃圾主坝前的最低点。如果设计不合理,出现低洼反坡、场底下沉或施工质量得不到有效控制和保证等现象,渗滤液将一直滞留在水平衬垫层的低洼处,并逐渐渗出,对周围环境产生影响。导流层的目的就是将全场的渗滤液顺利地导入收集沟内的渗滤液收集管内(包括主管和支管)。

在导流层工程建设之前,需要对填埋库区范围内进行场底的清理。在导流层铺设的范围内将植被清除,并按照设计好的纵横坡度进行平整,根据《城市生活垃圾卫生填埋处理工程项目建设标准》的要求,渗滤液在垂直方向上进入导流层的最小底面坡降应不小于2%,以利于渗滤液的排放和防止在水平衬垫层上的积蓄。在场底清基的时候因为对表面土地扰动而需要对场地进行机械或人工压实,特别是已经开挖了渗滤液收集沟的位置,通常要求压实度要达到85%以上。如果在清基时遇到了淤泥区等不良地质情况,需要根据现场的实际情况(淤泥区深度、范围大小等)进行基础处理,如果土方量不大的情况下可直接采取换土的方式解决。

导流层铺设在经过清理后的场基上,厚度不小于 300 mm,由粒径 40~60 mm 的卵石铺设而成,在卵石来源困难的地区,可考虑用碎石代替,但碎石因表面较粗糙,易使渗滤液中的细颗粒物沉积下来,长时间情况下有可能堵塞碎石之间的空隙,对渗滤液的下渗有不利影响。

2. 收集沟和多孔收集管

收集沟设置于导流层的最低标高处,并贯穿整个场底,断面通常采用等腰梯形或菱形,铺设于场底中轴线上的为主沟,在主沟上依间距 30~50 m 设置支沟,支沟与主沟的夹角宜采用 15 的倍数(通常采用 60),以利于将来渗滤液收集管的弯头加工与安装,同时在设计时应当尽量把收集管道设置成直管段,中间不要出现反弯折点。收集沟中填充卵石或碎石,粒径按照上大下小形成反滤,一般上部卵石粒径采用 40~60 mm,下部采用 25~40 mm。

多孔收集管按照埋设位置分为主管和支管,分别埋设在收集主沟和支沟中,管道需要进行水力和静力作用测定或计算以确定管径和材质,其公称直径应不小于 100 mm,最小坡度应不小于 2%。选择材质时,考虑到垃圾渗滤液有可能对混凝土产生的侵蚀作用,通常采用高密度聚乙烯,预先制孔,孔径通常为 15~20 mm,孔距 50~100 mm,开孔率 2‰~5‰左右。为了使垃圾体内的渗滤液水头尽可能低,管道安装时要使开孔的管道部分朝下,但孔口不能靠近起拱线,否则会降低管身的纵向刚度和强度。典型的渗滤液多孔收集管断面见图 1-6。

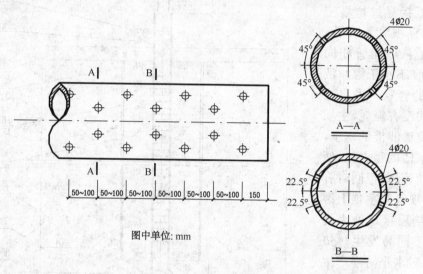

图中单位: mm

图 1-6 渗滤液多孔收集管典型断面图

渗滤液收集系统的各个部分都必须具备足够的强度和刚度来支承其上方的垃圾体荷载、后期终场覆盖物荷载以及来自于填埋作业设备的荷载,其中最容易受到挤压损坏的是多孔收集管,收集管可能因荷载过大,导致翘曲失稳而无法使用,为了防止发生破坏,第一次铺放垃圾时,不允许在集水管位置上面直接停放机械设备。

渗滤液收集系统中的收集管部分不仅指场底水平铺设的部分,同时还包括收集管的垂直收集部分。

垃圾卫生填埋场一般分层填埋,各层垃圾压实后,覆盖一定厚度黏土层,起到减少垃圾污染及雨水下渗作用,但同时也造成上部垃圾渗滤液不能流到底部导层,因此需要布置垂直渗滤液收集系统。

在填埋区按一定间距设立贯穿垃圾体的垂直立管,管底部通入导流层或通过短横管与水平收集管相接,以形成垂直—水平立体收集系统,通常这种立管同时也用于导出填埋气体,称为排渗导气管。管材采用高密度聚乙烯穿孔花管,在外围利用土工网格形成套管,并在套管上与多孔管之间填入建筑垃圾、卵石或碎石滤料。随着垃圾层的升高,这种设施也逐级加高,直至最终封场高度,底部的垂直多孔管与导流层中的渗滤液收集管网相通,这样垃圾堆体中的渗滤液可通过滤料和垂直多孔管流入底部的排渗管网,提高了整个填埋场的排污能力。排渗导气管的间距要考虑不影响填埋作业和有效导气半径的要求,一般按 50 m 间距梅花形交错布置。排渗导气管随着垃圾层的增加而逐段增高,导气管下部要求设立稳定基础。典型的排渗导气管断面见图 1-6、图 1-7。

3. 集水池及提升系统

渗滤液集水池位于垃圾主坝前的最低洼处,以砾石堆填以支承上覆废弃物、覆盖封场系统等荷载,全场的垃圾渗滤液汇集到此并通过提升系统越过垃圾主坝进入调节池。如果采取渗滤液收集主管直接穿过垃圾主坝的方式(适用于山谷型填埋场),则可以将集水池和提升系统省略。

山谷型填埋场可利用自然地形的坡降采用渗滤液收集管直接穿过垃圾主坝的方式,穿坝管不开孔,采用与渗滤液收集管相同的管材,管径不小于渗滤液收集主管的管径。采取这种输送方式没有能耗,主坝前不会形成渗滤液的壅水,利于垃圾堆体的稳定化,便于填埋场的管理,但同时有个隐患,穿坝管与主坝上游面水平衬垫层接口处因沉降速度的不同易发生衬垫层的撕裂,对水平防渗产生破坏性影响。

平原型填埋场由于渗滤液无法依靠重力流从垃圾堆体内导出,通常使用集

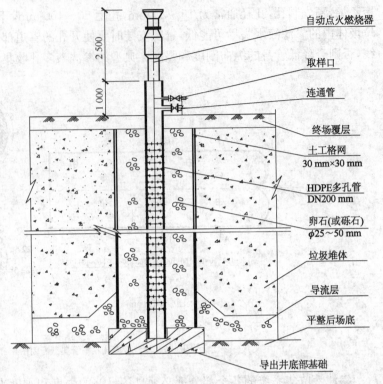

图 1-7　排渗导气管典型断面图

水池和提升系统。通常情况下,水平衬垫系统在垃圾主坝前某一区域下凹形成集水池,由于防渗膜的撕裂常常发生于集水池的斜坡及凹槽处,因而常常在集水池区域增加一层防渗膜。提升系统包括提升多孔管和提升泵,提升管依据安装形式可分为竖管和斜管。采用竖管形式时,由于垃圾堆体的固结沉降将给提升管外侧施加以向下的压力(下拽力或负摩擦力),它可以达到相当大的数值,是对下部水平防渗膜的潜在威胁,所以现在通常使用斜管提升的方式。斜管提升方案大大减小了负摩擦力的作用,而且竖管提升带来的许多操作问题也随之避免。斜管通常采用高密度聚乙烯管,半圆开孔,典型尺寸是 DN800 mm,以利于将潜水泵从管道中放入集水池,在泵维修或发生故障时可以将泵拉上来。

集水池的尺寸根据其负责的填埋单元面积而定,一般采用 $L \times B \times H = 5\ m \times 5\ m \times 1.5\ m$,池坡 1:2。集水池内填充砾石的孔隙率大约为 30%~40%。

潜水泵通过提升斜管安放于贴近池底的部位,将渗滤液抽送入调节池,通过设计水泵的启、闭水位标高来控制泵的启闭次序,提升管穿孔的过流能力必须大于水泵流量,同时水泵的启闭液面高应能使水泵工作一个较长的周期(一般依据水泵性能决定),枯水运行或频繁的启闭都会损坏水泵。典型的斜管提升系统断面见图 1-8。

4. 调节池

渗滤液收集系统的最

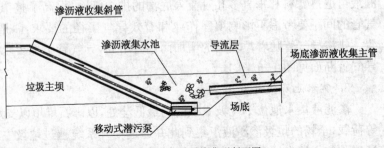

图 1-8　斜管提升系统典型断面图

后一个环节是调节池,主要作用是对渗滤液进行水质和水量的调节,平衡丰水期和枯水期的差异,为渗滤液处理系统提供恒定的水量,同时可对渗滤液水质起到预处理的作用。依据填埋库区所在地的地质情况(当采用渗滤液重力自流入调节池时,还需考虑渗滤液穿坝管的标高影响),调节池通常采用地下式或半地下式,调节池的池底和内壁通常采用高密度聚乙烯膜进行防渗,膜上采用预制混凝土板保护。

5. 清污分流

实行清污分流是将进入填埋场未经污染或轻微污染的地表水或地下水与垃圾渗滤液分别导出场外,进行不同程度处理,从而减少污水量,降低处理费用。

地表水渗入垃圾体会使渗滤液大量增加。控制地表径流就是进入填埋场之前把地表水引走,并防止场外地表水进入填埋区。一般情况下,控制地表径流主要是指排除雨水的措施。对于不同地形的填埋场,其排水系统也有差异。滩涂填埋场往往利用终场覆盖层造坡,将雨水导排进入填埋区四周的雨水明沟。山谷型填埋场往往利用截洪沟和坡面排水沟将雨水排出。雨水导排沟一般采用浆砌块石或混凝土矩形沟,此外,地下水导排主要在水平衬垫层下设置导流层。

第二节　固体废物焚烧系统

现有的生活垃圾处理处置模式主要有填埋、焚烧和堆肥三种。而在选择垃圾处理工艺过程中,主要受以下因素的影响:①技术实用性和可靠程度;②处理费用和承受能力;③环境污染和污染控制;④资源化价值及某些特殊的制约因素等。由于填埋的基建投资最省,运行费用最低,且技术含量相对较低,因此目前垃圾填埋(包括堆填)处理方式占我国垃圾处理量的90%以上,然而在一些较为发达的沿海城市,填埋场面临着土地资源利用矛盾、环境保护措施难以周全、工程占地面积大以及垃圾成分复杂等技术难题。对于堆肥处理工艺,由于我国采用了混合收集方式,垃圾组分十分复杂,使得堆肥前处理要求非常严格,且堆肥产品基本没有合理的市场。焚烧处理工艺通过焚毁废物,使废之无害化并最大限度减容,并尽可能减少新的污染物质产生,避免造成二次污染,具体来说,主要有以下优势:①工程占地面积小、污染低的特点,使得焚烧厂可以建造在市区,从而大大减少垃圾的运输费用;②运行稳定、卫生、可靠,保证率高,全封闭工业化的生产模式,可以基本上不受自然条件的影响,以确保焚烧厂全天候运行,且使用年限可达20年以上;③焚烧可以回收垃圾中的能源,变废为宝,实现能源化利用。垃圾焚烧符合中国垃圾处理无害化、减量化和资源化的技术政策。

垃圾焚烧在工业发达国家已被作为城市垃圾处理的主要方法之一,得到广泛应用。虽然我国城市生活垃圾焚烧技术的研究和应用起步相对较晚,但较低的垃圾处理率、急增的生活垃圾量等现状,使得焚烧技术已成为我国发展新热点,特别是国家有关部门制定的中国城市垃圾处理技术政策"近期内应着重发展卫生填埋和高温堆肥处理技术,有条件的地方可发展焚烧与综合利用技术,医院和其他危害性大的垃圾,应专门收集并采取集中焚烧处理技术,重视开发垃圾综合利用技术,逐步实现垃圾处理无害化、减量化、资源化的总目标",进一步促进了垃圾焚烧产业化规模的持续扩大。20世纪70年代引发并持续至今的能源危机,也极大地促进了垃圾焚烧事业的发展。随着我国经济技术水平的提高、可利用土地面积的萎缩、能源资源危机的来临、生活垃圾热值的提高,垃圾焚烧技术必将受到普遍关注,得以迅速发展。

一、焚烧基础理论

1. 焚烧原理概述

生活垃圾的焚烧过程实际上是一个燃烧过程,通常由热分解、熔融、蒸发和化学反应等传热、传质过程等组成。从燃烧方式来看,生活垃圾的焚烧过程是蒸发燃烧、分解燃烧和表面燃烧的综合过程。因此,根据固体废物在焚烧炉的实际焚烧过程,将固体废物的焚烧过程划分依次分为干燥、热分解和燃烧三个过程。

(1) 干燥生活垃圾的干燥阶段是利用燃烧室的热能使垃圾的附着水和固有水汽化,生成水蒸气的过程。按热量传递的方式,可将干燥分为传导干燥、对流干燥和辐射干燥三种方式。生活垃圾的含水率越大,干燥阶段也就越长,消耗的热能也就越高,从而导致炉内温度降低,影响垃圾的整个焚烧过程。

(2) 热分解固体废物中的可燃组分在高温作用下的分解和挥发化学反应过程,生成各种烃类挥发分和固定碳等产物。热分解过程包括多种反应,这些反应有吸热的,也有放热的。固体废物的热分解速度与可燃组分组成、传热及传质速度和有机固体物粒度有关。

(3) 燃烧在高温条件下,干燥和热分解产生的气态和固态可燃物,与焚烧炉中的空气充分接触,达到着火所需的必要条件时就会形成火焰而燃烧。因此,生活垃圾的焚烧是气相燃烧和非均相燃烧的混合过程,它比气态燃料和液态燃料的燃烧过程更复杂。

生活垃圾焚烧过程具有以下两个特点:①燃烧工艺的特点。由于生活垃圾焚烧目标主要是无害化处理,追求的是生活垃圾能在垃圾焚烧炉中充分燃烧。因此,垃圾焚烧工艺通常采用较高过剩空气比的运行模式,其实际供气量一般比理论空气量高70%～120%,同时为克服在垃圾燃烧过程中出现聚集而造成局部空气(氧)传递阻碍的现象,垃圾焚烧炉排必须设计成能使垃圾层经常处于翻动状态的构造,以利于生活垃圾的充分燃烧;②热能利用的特点。垃圾焚烧的主要目标是使垃圾充分燃烧,但能量回收也是现代垃圾焚烧厂的一个重要方面。但焚烧余热利用系统一般不把过热器设置于炉内的强辐射区而使过热蒸汽湿度受到限制;离开热能回收段的烟气温度一般不能低于250℃,否则影响到热能回收效率;而蒸汽式空气预热器的应用也将造成可用蒸汽能量的损失。因此城市生活垃圾焚烧的热能回收串通常要比燃煤锅炉低10%以上。

典型的城市生活垃圾焚烧系统的工艺单元包括:①进厂垃圾计量系统;②垃圾卸料及贮存系统;③垃圾进料系统;④垃圾焚烧系统;⑤焚烧余热利用系统;⑥烟气净化和排放系统;⑦灰渣处理或利用系统;⑧污水处理或回用系统;⑨烟气排放在线监测系统;⑩垃圾焚烧自动控制系统等。

2. 燃烧图

燃烧图是垃圾焚烧应用技术中的工程设计和运行指导图,界定出了正常焚烧垃圾的范围,以及垃圾焚烧量与垃圾发热量的相互关系,同时界定了满足环保和正常燃烧的范围与添加燃油等辅助燃料的范围,特别对炉排型焚烧炉,具有重要的实际应用价值。

我国城市生活垃圾的热值正处于从低热值向高热值过渡时期,且垃圾成分与特性具有动态变化的特点。针对目前城市生活垃圾特点,新建厂额定垃圾热值一般可根据焚烧炉的使用寿命来确定,如垃圾焚烧炉使用寿命为25～30年,则额定垃圾低位热值可根据现有垃圾热值基础上预测到第8年左右时的垃圾热值作为额定热值,而不宜以现有垃圾热值作为额定热值。同时应注意,在焚烧厂初期运行过程中,应使垃圾热值处于额定热值与相应焚烧量的下限热值之间,以保证垃圾正常燃烧。

　　在绘制焚烧图时,首先需要确定垃圾额定处理量;其次需要确定设计点即额定垃圾低位热值以及上、下限垃圾低位热值。这样就基本确定了垃圾焚烧炉的规模以及余热锅炉的蒸发量与蒸汽参数的关系。一般焚烧炉最低垃圾焚烧量取额定垃圾焚烧量的70%(也有的取65%左右)。另外垃圾焚烧炉应有短时间10%超负荷能力。这也是选择相关辅助设备的基本依据。这些运行条件同样是绘制焚烧图的必要条件。

　　以上海某焚烧设施的燃烧图为例进行分析。该设施处理的垃圾来自市区,参照类似服务范围设施的垃圾特性数据,以及考虑到上海市生活垃圾热值不断增长的趋势,该项目生活垃圾低位热值(入炉)设定值为 7 118 kJ/kg,低质垃圾热值设定为 4 606 kJ/kg,高质垃圾热值设定为 9 211 kJ/kg。最低焚烧量取60%,考虑短时间10%的超负荷能力。

　　如图1-9,燃烧图横坐标为焚烧设备每小时的垃圾处理量,单位 t/h,其中标准工况对应31.25 t/h;纵坐标为焚烧炉膛垃圾燃烧发热量,单位 MJ/h,其中标准工况对应 222 425 MJ/h。D 点对应标准工况,即 MCR 点。线段从 D 点到 E 点表示垃圾处理量虽然减少,但总发热量不变,这是焚烧炉正常工作的最大负荷,也是确定燃烧室容积热负荷、炉膛容积,以及风机、烟气净化设施、受电设备等容量的上限。

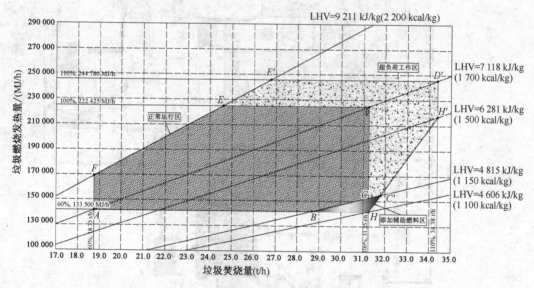

图1-9　某焚烧厂的生活垃圾焚烧过程的燃烧图

　　C 点表示焚烧炉在100%垃圾处理量下正常工作的下限,炉排燃烧速率与炉排面积、蒸汽空气加热器、辅助燃烧设备容量是按此点参数确定的。线段 CD 表示焚烧炉在100%垃圾处理量条件下正常工作的区间。垃圾发热量将随着垃圾热值的变化而变动,但均能保证垃圾热灼减率的要求。

　　A 点表示焚烧炉正常工作的最低垃圾处理量及最低垃圾发热量。

　　不同垃圾热值对应的线将燃烧图分为连续运行区、投油稳燃区、短时间超负荷波动区三个区域。其中 $ABCDEFA$ 区为连续运行区,在此区域焚烧炉可以稳定连续运行;$BHC'CB$ 区为添加辅助燃料区,垃圾燃料热值过低加上又处于低负荷下,这时候就需要投加辅助燃料(本项目为 0♯柴油);$CC'H'D'E'EDC$ 区为超负荷工作区,不能长时间运行,只能短时间波动。

二、焚烧系统关键技术要点

　　针对一套正常的焚烧厂系统,其每套焚烧机组需维持在每年连续工作 8 000 h 以上。焚烧

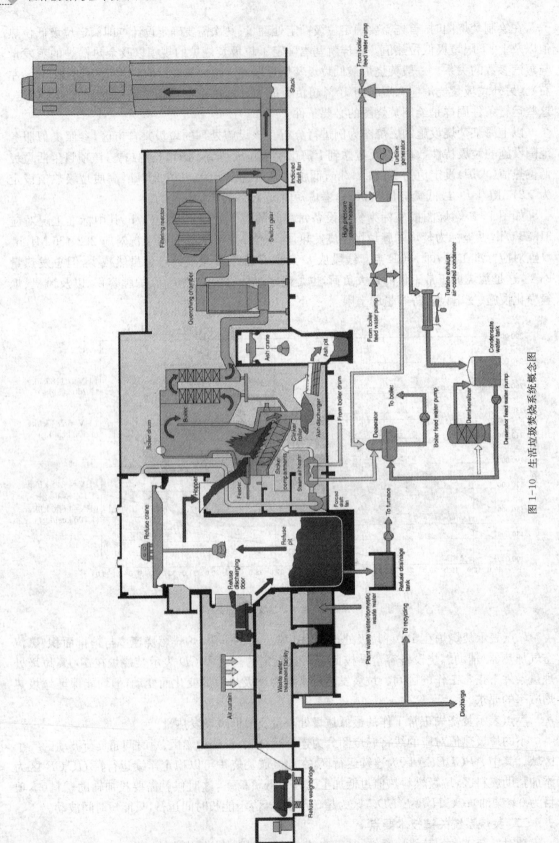

图 1-10　生活垃圾焚烧系统概念图

不仅在额定负荷时能正常运转,而且还要设计为在 60%～110% 额定负荷的垃圾焚烧容量之间也能没有任何障碍地运行,并且在工厂的整个操作期间都要能在该范围内操作。炉排要频繁翻动,以增加垃圾的接触面,使得燃烧空气渗入,以保证正常燃烧。燃烧参数、垃圾进料、燃烧空气与垃圾在炉排上运行速度的控制,由各个炉排部分独立调节。考虑到一年中主要都是低热值的垃圾,就需要有助燃器支持。炉膛内设有二次空气入口,在燃烧室内造成紊流,这是为了减少未燃烧的物质,降低 CO 浓度和对锅炉管的腐蚀。炉膛与燃烧室应保持负压,大约比大气压低 12 mili bar,这通过一个安装在烟道气管道内(烟囱之前)的排风扇来达到。垃圾通过由进料漏斗、截断门、斜槽与进料机组成的机构来进料。垃圾由装有特别设计的抓斗的桥式起重机送入料斗。截断门装在料斗的底部,用来避免空气进入炉膛,在垃圾水平低于最低位置或是在炉膛启动时,可防止垃圾进入,直到燃烧室的最低温度达到 850 ℃。垃圾燃烧产生的炉渣通过炉排流入炉渣提取器中,该设备装有防水系统与液压传动气缸,以降低炉渣的含水量。炉膛壁设计应满足可以在最大效率下运行而维修费用较低的要求。为了达到这一点,靠近炉排的部分要加上用二氧化硅或是高价铝等合适的材料制成的耐火衬垫,这要取决于它在炉膛内的位置,衬垫可减少粘上的灰尘,同时保护这些部分免于受进入垃圾的机械撞击而造成的腐蚀与磨损。

焚烧炉炉膛需要满足以下特点:a. 垃圾的点火由经预热的烟道气向炉排的点火区传递热能来完成。b. 燃烧不产生炉渣凝结或堵塞在炉膛壁上的不利影响。c. 烟道气离开炉膛前必须完全燃烧。d. 烟道气应完全混合以避免热的表面和耐火材料部分的腐蚀和堵塞。e. 提供独立的一次和二次空气风扇以精确调节燃烧气流。f. 提供一个蒸汽加热空气预热器,以保证含水量高的垃圾能得到干燥。燃烧空气预热器中送入从锅炉筒内出来的饱和蒸汽,应使空气温度达到 230 ℃,或是用汽轮机的第一次放气,需要的温度为 160 ℃ 或是更低些。这就使得炉膛具有在焚烧高含水量垃圾时也能正常燃烧的适应性。g. 焚烧炉必须装有助燃器,用于支持点火与燃烧,以保证无论在燃烧任何类型的垃圾时燃烧室的烟道气温度都不低于 850 ℃,同时在垃圾进入以前,使得炉膛启动过程中温度就能达到 850 ℃。辅助助燃器也能在炉膛熄火时使用,它们能使垃圾继续停留在炉排上。辅助助燃器安装时必须很小心,当它们满负荷工作时,要避免火焰烧到炉排、炉膛或是锅炉壁。h. 如果需要的话,在炉膛的一次空气入口要使用气流调节器,以使一次空气流能均匀分配到炉排的每个区域。i. 烟道气循环中应有 CO 与 O_2 分析仪,以满足正常燃烧需求。

三、炉排式焚烧炉焚烧工艺

1. 炉排式焚烧炉结构及工艺特点

炉排式焚烧炉形式多样,其应用占全世界垃圾焚烧市场总量的 80% 以上,见图 1-11。该类炉型的最大优势在于技术成熟,运行稳定、可靠,适应性广,绝大部分固体垃圾不需要任何预处理可直接进炉燃烧。尤其应用于大规模垃圾集中处理,可使垃圾焚烧发电(或供热)。但炉排需用高级耐热合金钢做材料,投资及维修费较高,而且机械炉排炉不适合含水率特别高的污泥,对于大件生活垃圾也不适宜直接用炉排式焚烧炉。

机械炉排炉垃圾燃烧的工艺特点如下:

(1) 燃烧温度

垃圾的燃烧温度是指垃圾中的可燃物质和有毒害物质在高温下完全分解,直至被破坏所需要达到的合理温度。根据经验,该温度范围在 800 ℃～1 000 ℃ 之间。

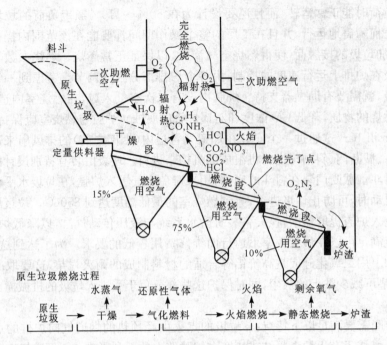

图 1-11　生活垃圾焚烧发电机械炉排炉概念图

（2）垃圾燃烧过程

垃圾在炉排上的焚烧过程大致可分为 3 个阶段：

第 1 阶段：垃圾干燥脱水、烘烤着火。针对我国目前高水分、低热值垃圾的焚烧，这一阶段必不可少。一般为了缩短垃圾水分的干燥和烘烤时间，该炉排区域的一次进风均需经过加热（可用高温烟气或废蒸汽对进炉空气进行加热），温度一般在 200 ℃左右。

第 2 阶段：高温燃烧。通常炉排上的垃圾在 900 ℃左右的范围燃烧，因此炉排区域的进风温度必须相应低些，以免过高的温度损害炉排，缩短使用寿命。

第 3 阶段：燃烬。垃圾经完全燃烧后变成灰渣，在此阶段温度逐渐降低，炉渣被排出炉外。

（3）炉内停留时间

垃圾焚烧的停留时间有两层含义：一是指垃圾从进炉到从炉内排出之间在炉排上的停留时间，根据目前的垃圾组分、热值、含水率等情况，一般垃圾在炉内的停留时间为 1～1.5 s。二是指垃圾焚烧时产生的有毒有害烟气，在炉内处于焚烧条件进一步氧化燃烧，使有害物质变为无害物质所需的时间，该停留时间是决定炉体尺寸的重要依据。一般来说，在 850 ℃以上的温度区域停留 2 s，便能满足垃圾焚烧的工艺需要。

炉排型焚烧炉的特点是能直接焚烧城市生活垃圾，不必预先进行分选或破碎。其焚烧过程如下：垃圾落入炉排后，被吹入炉排的热风烘干；与此同时，吸收燃烧气体的辐射热，使水分蒸发；干燥后的垃圾逐步点燃，运行中将可燃物质燃尽；其灰分与其他不可燃物质一起排出炉外。但由于我国生活垃圾的组分不同于国外发达国家的组分，其组分非常复杂，含水率高，因此根据项目组的实践经验发现，如果对进炉垃圾进行分选、破碎以及预堆制等预处理技术的应用，可有效提高后续垃圾的焚烧效率。

2. 炉排式焚烧炉分类

炉排式焚烧炉按炉排功能可分为干燥炉排、点燃炉排、组合炉排和燃烧炉排；按结构形式可分为移动式、往复式、摇摆式、翻转式、回推式和辊式等。到目前为止,炉排已广泛应用于城市生活垃圾处理中,主要包括如下类型:

(1)移动式(又称链条式)炉排,通常使用持续移动的传送带式装置。点燃后垃圾通过调节填料炉排的速度可控制垃圾的干燥和点燃时间。点燃的垃圾在移动翻转过程中完成燃烧,炉排燃烧的速度可根据垃圾组分性质及其焚烧特性进行调整。

(2)往复式炉排,是由交错排列在一起的固定炉排和活动炉排组成,它以推移形式使燃烧床始终处于运动状态。炉排有顺推和逆推两种方式,马丁式焚烧炉的炉排即为一种典型的逆推往复式炉排,这种炉排适合处理不同组分的低热值生活垃圾。

(3)摇摆式炉排,是由一系列块形炉排有规律地横排在炉体中。操作时,炉排有次序的上下摇动,使物料运动。相邻两炉排之间在摇摆时相对起落,从而起到搅拌和推动垃圾作用,完成燃烧过程。

(4)翻转式炉排,由各种弓型炉条构成。炉条以间隔的摇动使垃圾物料向前推移,并在推移过程中得以翻转和拨动。这种炉排适合于轻质燃料的焚烧。

(5)回推式炉排,是一种倾斜的来回运动的炉排系统。垃圾在炉排上来回运动,始终交错处于运动和松散状态,由于回推形式可使下部物料燃烧,适合于低热值垃圾的燃烧。

(6)辊式炉排,它由高低排列的水平辊组合而成,垃圾通过被动的轴子输入,在向前推动的过程中完成烘干、点火、燃烧等过程。

四、流化床焚烧炉焚烧工艺

流化床主要用来焚烧轻质木屑等,但近年开始逐步应用于焚烧污泥、煤和城市生活垃圾,其最大优点是可以使垃圾完全燃烧,并对有害物质进行彻底裂解,一般排出炉外的未燃物均在1‰左右,燃烧残渣量最低,有利于环境保护,同时也适用于焚烧高含水率的污泥类物质。流化床焚烧炉根据风速和垃圾颗粒的运动状况可分为固定层、沸腾流动层和循环流动层。

(1)固定层:气速较低,垃圾颗粒保持静态,气体从垃圾颗粒间通过。

(2)沸腾流动层:气速超过流动临界点的状态,从而在颗粒中产生气泡,颗粒被剧烈搅拌处于沸腾状态。

(3)循环流动层:气体速度超过极限速度,气体和颗粒之间激烈碰撞混合,颗粒在气体作用下处于飞散状态。

流化床垃圾焚烧炉主要处于沸腾流动层状态。图1-12所示为流化床的结构。一般垃圾粒径粉碎至20 cm以下后再投入到炉内,垃圾和炉内的高温流动砂(650 ℃～800 ℃)接触混合,瞬间汽化并燃烧。未燃烬成分和轻质垃圾在助燃空气吹动作用下上升至上部燃烧室继续燃烧。一般认为上部燃烧室的燃烧量占总燃烧量的40%左右,但容积却占流化层的

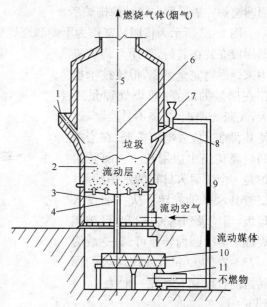

图1-12 流化床焚烧炉的结构

1—助燃器;2—流动媒体;3—散布板;
4—不燃物排出管;5—二次燃烧室;
6—流化床炉内;7—供料器;8—二次助燃
空气喷射口;9—流动媒体(砂)循环装置;
10—不燃物排出装置;11—振动分选

4～5倍,同时上部燃烧室的温度也比下部流化层高100 ℃～200 ℃,通常也称为二燃室。

不可燃物和流动砂沉到炉底,一起被排出,混合物分离成流动砂和不可燃物,流动砂可保持大量的热量,因此流回炉内循环使用。70%左右垃圾的灰分以飞灰形式流向烟气处理设备。流化床炉体较小,焚烧炉渣的热灼减率低(约1%),炉内可动部分设备少,同时由于流动床将流动砂保持在一定的温度,所以便于每天启动和停炉。

由于流化床焚烧炉主要靠空气流吹托垃圾进行燃烧,因此对进炉垃圾粒度有要求,通常希望进入炉中垃圾颗粒不大于50 mm,否则大颗粒垃圾或重质物料会直接落到炉底被排出,达不到完全燃烧的目的。流化床焚烧炉通常配备大功率破碎装置,以保证垃圾颗粒粒径满足其在炉内呈沸腾状态的相关要求。流化床焚烧炉的运行和操作技术要求高,若垃圾在炉内的沸腾高度过高,则大量的细小物质会被吹出炉体;相反,鼓风量和压力不够,沸腾不完全,则会降低流化床的处理效率,因此,需要非常灵敏的调节手段和有经验的技术人员操作。另外,垃圾在炉内沸腾全部靠大风量高风压的空气,不仅电耗大,而且将一些细小的灰尘全部吹出炉体,造成锅炉处大量积灰,并给下游烟气净化增加了除尘负荷。

五、回转窑焚烧炉焚烧工艺

回转窑焚烧炉是一种成熟的技术,如果待处理垃圾中含有多种难燃烧物质,或垃圾水分变化范围较大,回转窑是唯一理想的选择。回转窑因为转速的改变,可以影响垃圾在窑中的停留时间,并且对垃圾在高温空气及过量氧气中施加较强的机械碰撞,能得到可燃物质及腐败物含量极低的焚烧炉渣。

回转窑可处理的垃圾范围广,特别是在工业垃圾的焚烧领域应用广泛。城市生活垃圾焚烧中的应用主要是为了提高炉渣的燃烬率,以达到炉渣再利用时的质量要求,出于这种目的,回转窑炉一般设置在机械炉排炉后。

图1-13所示为将回转窑作为干燥和燃烧炉使用时的示意图。在此流程中,机械炉排作为燃烬段安装在其后,作用是将炉渣中未燃烬物完全燃烧,但该技术也存在明显的缺点:垃圾处理量不大,飞灰处理难,燃烧不易控制,这使其很难适应发电的需要,在当前的垃圾焚烧中应用较少。回转窑炉是一个带耐火材料的水平圆筒,绕着其水平轴旋转。从一端投入垃圾,当垃圾到达另一端时已被燃烬成炉渣。圆筒转速可调,一般为0.75～2.50 r/min,处理垃圾的回转窑的长度和直径比一般为2∶1到5∶1。

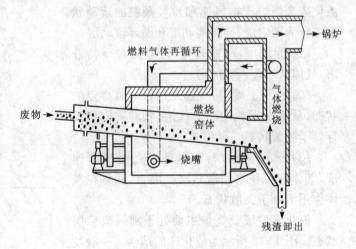

图1-13　生活垃圾焚烧或热解回转窑示意图

回转窑由两个以上的支撑轴轮支持,通过齿轮驱转的支撑轴轮或链长驱动绕着回转窑体的链轮齿带动旋转窑炉旋转。回转窑的倾斜角度可以通过上下调整支撑轴轮来调节,一般为2%～4%,但也有完全水平或倾斜极小的回转窑,且在两端设有小坝,以便在炉内维持成一个池形,一般用作熔融炉。

根据不同的分类,回转炉可分成如下几类:

(1) 顺流和逆流炉。根据燃烧气体和垃圾前进方向是否一致分为顺流和逆流炉。处理高水分垃圾选用逆流炉,助燃器设置在回转窑前方(出渣口方),而高挥发性垃圾常用顺流炉。

(2) 熔融炉和非熔融沪。炉内温度在 1 100 ℃ 以下的正常燃烧温度域时,为非熔融炉。当炉内温度达约 1 200 ℃ 以上,垃圾将会熔融。

(3) 带耐火材料炉和不带耐火材料炉。最常用的回转窑一般是顺流式且带耐火材料的非熔融炉。

六、机械炉排焚烧炉和流化床焚烧炉的对比

(1) 应用情况:机械炉排炉在国外有成熟的长期运行经验,使用数量最多,近年来国内也有较多的使用,而流化床炉相对使用较少。

(2) 适用垃圾对象:从环保考虑,为了保证垃圾稳定燃烧并具有较高的燃烧效率,要求垃圾平均低位热值应达到 5 000 kJ/kg 以上。我国多数城市生活垃圾热值不是很高且季节波动比较大,流化床炉可以添加适量的辅助燃料(煤),使混合燃烧的热值达到要求,故适宜选用。

(3) 单炉容量:机械炉排炉在国外最大单炉处理垃圾量可达 1 200 t/d,而流化床炉为 150 t/d。

(4) 蒸汽参数:在单炉垃圾处理量相同情况下,由于流化床炉有辅助燃煤,故其蒸发量比机械炉排炉大。例如,深圳垃圾焚烧电厂单炉容量为 150 t/d 的机械炉排炉的蒸发量为 10.65 t/h,杭州乔司厂 300 t/d 流化床炉的蒸发量为 35 t/h。另外,由于机械炉排炉在垃圾焚烧时产生的 HCl, SO_x 等有害气体对过热器会产生高温腐蚀,因此,蒸汽压力不宜超过 4 MPa,蒸汽温度不宜超过 400 ℃,同时可在炉内加石灰石控制 HCl, SO_x 的生成。

(5) 二次污染控制:垃圾焚烧所产生的二次污染主要指重金属和二噁英,流化床焚烧垃圾有助于控制重金属的排放。根据菏泽厂烟气处理系统捕集飞灰的重金属分析结果,单位重量飞灰中 Cd, Hg, Pb 的含量只略高于国际农用垃圾的排放标准。此外,流化床焚烧炉掺一定比例煤焚烧垃圾能有效控制二噁英的产生。在菏泽厂焚烧炉尾部烟气取样检测,二噁英类污染物的浓度(标准状态)仅 0.02 ng/m³,远低于国家关于垃圾焚烧排放 1 ng/m³ 的标准。因此,从燃烧过程中控制二次污染来看,流化床垃圾焚烧炉要优于机械炉排炉。

(6) 烟气粉尘净化:机械炉排炉焚烧灰渣大部分(约 90%)作为主灰由炉排底部排出,烟气净化较容易。流化床炉烟气中飞灰含量远高于机械炉排炉,烟气净化复杂。因此,使用流化床焚烧垃圾,要十分重视布袋除尘器的布袋质量,消除漏灰现象,以免造成环境污染。

(7) 垃圾预处理:机械炉排炉一般不设置垃圾预处理系统,只需将大尺寸的垃圾挑出即可,而流化床对入炉垃圾的粒度一般要求为 150～200 mm,因此需设置垃圾预处理系统,通常选用冲击式破碎机与人工分选工艺。

(8) 飞灰处理:机械炉排炉焚烧飞灰中含有大量重金属及有机类污染物,这些危险废弃物需进行固化处理后填埋。流化床炉飞灰量大,但单位重量飞灰中重金属及有机类污染物量非常低,便于飞灰的综合利用。

七、炉排的国产化

我国生活垃圾焚烧技术起步较晚,但发展较为迅速。前期主要以引进国外的焚烧技术为主,但长期的工程实践发现国外的焚烧技术并不能完全适应我国生活垃圾的特点,主要原因如下:

(1) 对热值低、水分高、成分复杂的中国城市垃圾适应性不好。日本、美国、欧盟等发达国家,其经济水平和生活水平均较高,垃圾中的燃烧型有机成分较高,垃圾经过分类收集后,进入焚烧厂的成分相对简单,水分含量低,低位热值高(一般在 1 600 kcal/kg 以上),很适合焚烧。在中国各地区,甚至是沿海发达城市所产生的垃圾中厨余垃圾多、水分高、灰分大、成分复杂、热值低,而且实际运行经验表明,大多数情况下垃圾低位热值普遍低于 1 100 kcal/kg。国外发达国家各焚烧厂在设计时均未考虑对进炉垃圾进行预处理脱水。另外在炉膛设计方面,引进的炉排炉也因为缺乏对中国低热值、高水分、高灰分的垃圾特点的认识,对炉膛的容积热负荷和炉排面积热负荷设计方面缺乏经验,对炉膛的前拱和后拱的辐射和对流传热考虑不足,导致前拱和后拱倾角偏高,炉膛空间过大,炉膛后拱辐射传热效果不明显,垃圾干燥、水分蒸发、挥发分析出和燃烧、固定碳燃烧等各个过程速度均较慢,后果是炉膛内火焰充满度较差,表现为炉膛内整体温度不高,对于低热值的湿垃圾尤其明显,不得不加较多的煤或油辅助燃烧。

(2)工程投资大。据统计,目前国内利用国外先进焚烧技术建造的焚烧厂普遍建设工程投资大,折合吨工程投资约 50 万~75 万元,引进技术、国内生产设备吨工程投资 35 万~45 万元。

(3)运行成本高。国外焚烧炉机械、自动化程度高,能耗也比国内同等规模的焚烧炉大;此外,由于进口焚烧炉不能很好适应中国的垃圾特性,需要添加一定的辅助燃料,据统计,我国目前运转基本正常的国外技术建造的焚烧厂的运行费用为 180~300 元/吨。

因此,为有效降低工程投资,我国相关技术人员在消化吸收国外生活垃圾焚烧技术的基础上,结合我国生活垃圾的特性,在国产焚烧炉炉排研制过程中取得了重大进展。对于垃圾热值较低的焚烧系统,需严格保证炉排上混料效果,否则不能保证燃烧的稳定性,且易使垃圾结块。因此可采用逆推炉排和带破碎功能的炉排。

在垃圾焚烧炉技术及成套装备的国产化开发过程中,我国相关技术人员充分认识到我国垃圾处理的复杂性,从工程设计的细节入手,不断创新,加强对垃圾贮存系统的改进设计,考虑到垃圾的季节性成分、水分及热值的改变对焚烧炉系统产生的影响,开发出一些经济实用的工程技术并在不同的工程项目中不断改进和完善。通过分析、比较、优化,结合中国的生活垃圾特点,自行开发设计适合我国国情的新型垃圾焚烧设备,其核心是针对我国生活垃圾高水分、低热值的特点,通过往复式炉排使垃圾得到更充分的燃烧。

同时,根据项目组多年的经验发现,在焚烧炉炉排的设计和建设过程中,需要满足以下的一些要求:a. 针对国内垃圾热值比较低,水分含量较高的特点,应适当加大炉排面积,降低炉排机械负荷,以确保完全燃烧;b. 燃烧空气应加热到 200 ℃以上,用以干燥垃圾;c. 对于目前的垃圾特性,炉排宜采用空冷的形式;d. 主蒸汽参数在 400 ℃,4 MPa 既有利于充分回收热量,也能确保焚烧厂经济、安全的运行。

八、焚烧炉的设计

焚烧炉的设计主要与被烧垃圾的性质、处理规模、处理能力、炉排的机械负荷和热负荷、燃烧室热负荷、燃烧室出口温度和烟气滞留时间、热灼减率等因素有关。

1. 垃圾性质

垃圾焚烧与垃圾的性质有密切关系,包括垃圾的三成分(水分、灰分、可燃分)、化学成分、低位热值、相对密度等,同时由于垃圾的主要性质随人们生活水平、生活习惯、环保政策、产业结构等因素的变化而变化,所以必须尽量准确地预测在此焚烧厂服务时间内的垃圾性质的变化情况,从而正确地选择设备,提高投资效率。

2. 处理规模

焚烧炉处理规模一般以每天或每小时处理垃圾的重量和烟气流量来确定,必须同时考虑这两者因素,即使是同样重量的垃圾由于性质不同会产生不同的烟气量,而烟气量将直接决定焚烧炉后续处理设备的规模。一般而言,垃圾的低位热值越高,单位垃圾产生的烟气量越多。

3. 处理能力

垃圾焚烧厂的处理能力随垃圾性质、焚烧灰渣、助燃条件等的变化而在一定范围内变化。一般采用垃圾焚烧图来表示焚烧炉的焚烧能力。生活垃圾焚烧炉的处理能力随着垃圾热值、有无助燃等条件的改变而变化。

4. 炉排机械负荷和热负荷

炉排机械负荷是表示单位炉排面积的垃圾燃烧速度的指标,即单位炉排面积、单位时间内燃烧的垃圾量 $kg/(m^2 \cdot h)$。炉排机械负荷是垃圾焚烧炉设计的重要指标,当衡量垃圾焚烧炉的处理能力时,不仅要考虑炉排面积,还要考虑炉型、结构等其他因素。针对我国垃圾特点,认为炉排机械负荷需在 250 $kg/(m^2 \cdot h)$,而目前大多数焚烧厂的炉排机械负荷约为 300 $kg/(m^2 \cdot h)$,例如上海江桥焚烧厂为 292 $kg/(m^2 \cdot h)$。

5. 燃烧室热负荷

燃烧室热负荷是衡量单位时间内、单位容积所承受热量的指标,包括一次燃烧室和二次燃烧室。大量实践经验表明:热负荷值一般在 $8 \times 10^4 \sim 15 \times 10^4$ $kcal/(m^3h)$ 范围内。燃烧室热负荷的大小即表示燃烧火焰在燃烧室内的充满程度。燃烧室过大,热负荷偏小,炉壁的散热过大,炉温偏低,炉内火焰不足,燃烧不稳定,也容易使焚烧炉渣热灼减率值升高。

6. 燃烧室出口温度和烟气滞留时间

生活垃圾焚烧炉的燃烧室出口温度需要 650 ℃～850 ℃,且在此温度域的停留时间为 2 s;从垃圾臭气焚烧分解角度来看,则要求燃烧温度在 700 ℃以上,停留时间大于 0.5 s。经过大量实践发现,燃烧室的出口温度需在 800 ℃～950 ℃范围内。

7. 热灼减率

炉渣的热灼减率是衡量焚烧炉渣无害化程度的重要指标,也是炉排机械负荷设计的主要指标。目前焚烧炉设计炉渣热灼减率一般在 5%以下,大型连续运行的焚烧炉也有要求在 3%以下。

8. 炉排炉的启动

炉排炉完工后,需要利用辅助燃料按照图 1-14 的升温程序逐步加温,达到要求的温度后,再逐步进生活垃圾。若停炉检修,程序相同。

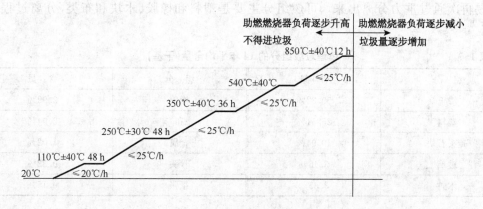

图 1-14　炉排炉升温程序

9. 实际运行改进措施

焚烧炉内分干燥段、燃烧段以及燃尽段。目前,国内的生活垃圾由于含水率较高、热值较低,使得物料不能在干燥段得到充分燃烧。因此,在实践过程中通过空气预热器的改造、风量的调节、增加鼓风压力等措施,使一次燃烧空气的温度、风量以及风压必须与垃圾层厚相互联动,满足废物充分燃烧的要求。炉排的运动间隔时间也需根据垃圾特性以及垃圾在炉内的燃烧情况及时调整,而非保持不变,以保证垃圾在炉内的停留时间,使得垃圾在炉内完全燃烧。

目前,欧州、日本等很多国家都将焚烧作为生活垃圾处理的主要途径。瑞士、日本等国家的生活垃圾焚烧处理量约占总处理量的 80%。这些国家对生活垃圾焚烧技术和二次污染的控制方面进行了大量的研究。我国生活垃圾焚烧技术研究与瑞士、日本等国家相比起步较晚,但因为焚烧具有显著的减容、减重以及去毒化等效果,近年来随着经济发展和生活垃圾低位热值的提高,我国东南部沿海和部分中心城市有很多生活垃圾焚烧厂已经运行或正在建设。因此,生活垃圾焚烧所产生的二次污染问题也就变得越来越突出。仅就重金属而言,通常在生活垃圾焚烧后重金属的总量不会发生改变,它们会分布在占总量约 20%～30% 的底灰和占总量约 0.5%～2% 的飞灰中。焚烧飞灰中含有大量的可溶性重金属,因此具有浸出毒性,已被公认为重金属危险废物,而底灰依据中国的浸出毒性标准,不具有浸出毒性。根据瑞士等国家的最新标准,底灰必须经过稳定化处理才能填埋,这明显增加了二次污染的处理费用。如果可以通过改变焚烧工艺,降低底灰中的重金属含量或降低底灰浸出毒性,则可采取相对简单的处置方法进行稳定化处理或资源化利用,这将降低焚烧灰渣的处置费用。

九、矿化垃圾的再焚烧技术

由于我国经济技术水平的原因,使得绝大部分垃圾采用卫生填埋和堆场直接处理方式,使得对周边环境造成了重大影响,同时,占用了大量土地,因此有必要对着一些堆置了数年到数十年的垃圾进行有效的处理。经过一定时间降解后的垃圾,通过预处理后,其热值较高,适合进行垃圾的焚烧处理,从而可以有效解决这些历史欠账以及大幅度减少垃圾填埋库容。老港填埋场 14 年矿化垃圾的组分见表 1-7,其中包含了较多的可燃组分,包括塑料、橡胶、布、木材和纸张等,其中主要的可燃成分是塑料,所含热值占总热值的 70% 以上。同时发现:矿化垃圾的成分比较单一,其中的可燃成分塑料、木块和布料等非常容易分离。沙土类物质细颗粒在滚筒筛初筛过程中首先与可燃组分和玻璃、石块、砖头组成的粗料分开;进一步用风力分选机分离,除了较重的木块外,可燃组分又都能与玻璃、石块、砖头分开;而混入玻璃、石块中的木块也较容易再次通过重力分离出来。可燃组分主要是塑料和橡胶、木块和布类,分离过程中无臭味。

表 1-7 填埋垃圾组分的 14 年平均含量(干基)

组 分	含 量	组 分	含 量
渣土	50.22%	橡胶	2.99%
塑料	25.51%	布	2.04%
砖头石块	10.94%	金属	1.02%
玻璃	3.46%	骨头	0.32%
木竹	3.35%	纸张	0.15%

在矿化垃圾中添加合适的可燃物和防止污染物排放的添加剂制成 RDF,可以改善燃烧性能实现完全燃烧。经过研究发现:填埋 10 年以上的垃圾从自分选到可燃物粉碎,水分可以降

低至 15% 左右；加入了 8% 左右的 CaO 制成的 RDF 热值为 16 950 kJ/kg，相当于品质较高的新鲜垃圾热值的 3 倍。

生产能力为 250 kg/h（日生产 RDF 约 6 t）的新鲜垃圾制备 RDF 系统，制备 1 t RDF 用于电力、燃煤和石灰等的成本为 800 元/t（主要由电费及人员费用构成，电费占 47%，人员费占 45%，材料费占 8%），其中很大一部分用来干燥垃圾，而矿化垃圾基本上不需要干燥，省去了干燥设备和能源，也相应节省了人力。此外，矿化垃圾中的可燃物质相对新鲜垃圾来说更容易分离。利用矿化垃圾生产 RDF，其成本可比新鲜垃圾降低 60%～80%，约 180～320 元/t；加上矿化垃圾的品质相对较高，开挖矿化垃圾制作衍生燃料经济性非常好，可以与燃煤进行竞争。

针对我国生活垃圾热值较低，在生活垃圾焚烧处置中要不断向焚烧炉添加辅助燃料（煤粉或重油）以维持持续燃烧。由于塑料燃烧可释放大量的热量，聚乙烯和聚苯乙烯的热值高达 46 000 kJ/kg，超过燃料油平均 44 000 kJ/kg 的热值，因此可以大量节约重油和粉煤。基于填埋塑料的固体衍生燃料，可以替代煤、重油等常规燃料。固体 RDF 的制备工艺流程简单，设备成本和运行成本低，热量回收效率高。从整个社会的能源平衡角度和资源节约角度来讲，废塑料直接燃烧回收热能和制备固体衍生燃料将是填埋垃圾资源化的首选途径。

十、生活垃圾焚烧烟气处理技术

由于垃圾成分的复杂性，其焚烧产生的烟气含有许多有害物质（如颗粒物、酸性气体、金属等），这些物质视其数量和性质对环境都有不同程度的危害。因此，垃圾焚烧所产生的烟气是焚烧处理过程产生污染的主要来源。鉴于这些物质对环境和人类健康造成的危害，焚烧烟气在排入大气之前，必须进行净化处理，使之达到排放标准。20 世纪 90 年代以来，发达国家越来越重视焚烧烟气的污染控制，排放标准也越来越严格，用于烟气净化的一次性工程投资和运行费用也越来越高。烟气处理和烟气排放要求也就成为影响垃圾焚烧处理经济性和环境影响的重要因素。

焚烧烟气中污染物的种类和浓度受生活垃圾的成分和燃烧条件等多种因素的影响，每种污染物的产生机理也各不相同。充分掌握焚烧烟气中污染物的种类、产生机理和原始浓度波动范围是烟气净化工艺的基础，只有从源头控制污染物和污染物的末端净化相结合才能使得垃圾焚烧烟气排放达标成为可能。通过对垃圾焚烧工况的控制，尽量减少污染物的产生量是防止焚烧气二次污染最有效的措施。例如，为了减少焚烧过程中 CO、碳氢化合物和二噁英的产生量，应尽可能使垃圾中可燃成分充分燃烧。

1. 颗粒物的去除

焚烧烟气中粉尘的主要成分为惰性无机物质，如灰分、无机盐类、可凝结的气体污染物质及有害的重金属氧化物，其含量在 450～22 500 mg/m³ 之间，视运转条件、废物种类及焚烧炉型式而异。颗粒物的去除主要利用的是除尘器。除尘设备不仅收捕一般颗粒物，而且收除挥发性重金属或其氯化物、硫酸盐或氧化物凝结成直径 ≤0.5 μm 的气溶胶，还能收除吸附在灰分或活性炭颗粒上的二噁英等有机类污染物。

除尘设备的种类主要包括重力沉降室、旋风（离心）除尘器、喷淋塔、文氏洗涤器、静电除尘器及布袋除尘器等，其除尘效率及适用范围列于表 1-8 中。

由于焚烧气的颗粒物细小，因此惯性除尘器和旋风除尘器不能作为主要的除尘装置，只能视为除尘的前处理设备。垃圾焚烧厂的颗粒物净化设备主要有静电除尘器、文氏洗涤器及布袋除尘器等。由于焚烧烟气中的颗粒物粒度很小（$d<10$ μm 的颗粒物含量相对而言较高），为

了去除小粒度的颗粒物,必须采用高效除尘器才能有效控制颗粒物的排放。文氏洗涤器虽然可以达到很高的除尘效率,但能耗高且存在后续的废水处理问题,所以不能作为主要的颗粒物净化设备。

表 1-8　　　　　　　　　　　　焚烧尾气除尘设备的特性比较

| 种类 | 有效去除颗粒直径 | 压差 | 处理单位气体需水量 | 体积 | 是否受气体流量变化影响 | | 运转温度 | 特性 |
| | | | | | 压力 | 效率 | | |
	μm	cmH_2O	L/m^3				℃	
文氏洗涤器	0.5	1 000~2 540	0.9~1.3	小	是	是	70~90	构造简单,投资及维护费用低、耗能大、废水须处理
水音式洗涤塔	0.1	915	0.9~1.3	小	否	是	70~90	能耗最高,去除效率高,废水须处理
静电除尘器	0.25	13~25	0	大	是	是	—	受粉尘含量、成分、气体流量变化影响大,去除率随使用时间下降
湿式电离洗涤塔	0.15	75~205	0.5~11	大	是	否		效率高,产生废水须处理
布袋除尘器								
a. 传统形式	0.4	75~150	0	大	是	否	100~250	受气体温度影响大,布袋选择为主要设计参数,如选择不当,维护费用高
b. 反转喷射式	0.25	75~150	0	大	是	否		

注:1 cmH₂O=98.066 5 Pa。

静电除尘器和袋式除尘器静的除尘效率均大于 99%,且对小于 $0.5\ \mu m$ 的颗粒也有很高的捕集效率,广泛应用于垃圾焚烧厂对烟气中颗粒物的净化。国外的实践表明,静电除尘器可以使颗粒物的浓度控制在 $45\ mg/Nm^3$ 以下,而袋式除尘器可以使颗粒物的浓度控制在更低的水平,同时具有净化其他污染物的能力(如重金属、PCDDs 等)。对于重金属物质,静电除尘器的去除效果较差,因为尾气进入静电除尘器时的温度较高,重金属物质无法充分凝结,且重金属物质与飞灰间的接触时间不足,无法充分发挥飞灰的吸附作用。布袋除尘器运行温度较低,烟气中的重金属及其氯有机化合物(PCDDs/PCD Fs)达到饱和凝结成细颗粒而被滤布吸附去除。在除尘器前边的烟道加入一定量的活性炭粉末,它对重金属离子和二噁英有很好的吸附作用,进一步脱除烟气中重金属物质和二噁英。

袋式除尘器的优点是除尘效率高,除尘效率的变化对进气条件的变化不敏感。当滤袋的表面进行防腐处理后可进一步处理酸性气体。当与干式或半干式洗气塔连用时,滤袋表面可截留未反应的磁性物质,进一步处理酸性气体,可截留部分二噁英。因此在去除二噁英方面袋式除尘器优于静电除尘器;在投资方面,静电除尘器大于袋式除尘器;在运行的稳定性方面,袋式除尘器要高于静电除尘器。由于袋式除尘器在高效去除颗粒物的同时兼有净化其他污染物的作用,近来国内外建设的大规模现代化垃圾焚烧厂大都采用袋式除尘器。当然袋式除尘器也有它的缺点:对滤料的耐酸碱性能要求高,须使用特殊性材质;颗粒物湿度较大时,会引起堵塞;压降高,导致能耗也较高;滤袋要定期更换和检修。

2. 酸性气态污染物

(1) HCl, SO_x, HF 的净化原理

去除垃圾焚烧尾气中的 SO_2, HCl 等酸性气体的机理是酸碱中和反应,利用碱性吸收剂

（如 NaOH，CaO，Ca(OH)$_2$ 等)以液态(湿法)，液/固态(半干法)或固态(干法)的形式与以上污染物发生化学反应,涉及的主要反应如下：

$$HCl + NaOH \longrightarrow NaCl + H_2O$$
$$2HCl + Ca(OH)_2 \longrightarrow CaCl_2 + 2H_2O$$
$$SO_2 + 2NaOH \longrightarrow Na_2SO_3 + H_2O$$
$$SO_2 + Ca(OH)_2 \longrightarrow CaSO_3 + H_2O$$
$$HF + NaOH \longrightarrow NaF + H_2O$$
$$2HF + Ca(OH)_2 \longrightarrow CaF_2 + 2H_2O$$

理论上,强碱性吸收剂与酸性污染物的反应在极短的时间内可以完成,但该反应涉及到"气—液"或"气—固"物理传质过程,使得污染物的去除效果决定于传质效果。可以用下列公式描述整个过程：

$$N_A = K_{PA} \cdot S \cdot (C_{GA} - C_{SA}) = K_{GA} \cdot S \cdot (P_{GA} - P_{SA})$$

上式中,N_A 为单位时间、单位面积上传质的量。K_{PA} 和 K_{GA} 是分别以浓度和分压表示的 A 组分的传质系数,S 为吸收传质表面积,括号中的差值反应了传质推动力的大小。N_A 越大,A 组分污染物的去除效率越高。N_A 的大小决定于传质系数、传质表面积和传质推动力。因为"气—液"传质系数大于"气—固"传质系数,所以在相同条件下,湿法的净化效率明显高于干法,半干法的净化效率居中。另外,增加吸收剂的比表面积和"吸收剂/污染物"的当量比也可使净化效率增加。在实际操作过程中,往往通过足够的停留时间来保证污染物的高效去除。

（2）HCl，SO$_x$，HF 等酸性气体的净化工艺

a. 湿式洗涤法

湿式洗涤法利用碱性溶液(如 Ca(OH)$_2$，NaOH 等)作为吸收剂,对焚烧烟气进行洗涤,通过酸碱中和反应将 HCl 和 SO$_x$ 去除,使得其中的酸性气态污染物得以净化。就 HCl 而言,仅以水就可以达到有效去除,但为了进一步对 HF 和 SO$_x$ 进行控制,就必须用强碱性物质作为吸收剂,并适当增加焚烧烟气在净化设备中的停留时间。为避免结垢,湿法净化工艺中常采用 NaOH 作为吸收剂,Ca(OH)$_2$ 应用较少。湿法净化可分一段或二段完成,净化设备有吸收塔(填料塔、筛板塔)和文丘里洗涤器等。湿式洗涤法最大优点是去除效率高,对 SO$_x$ 及 HCl 去除效率在 90% 以上;其次,工作稳定性高,可以承受气体污染负荷的波动,并对高挥发性重金属物质(如汞)亦有去除能力。此法的缺点是会产生废水,需要对液态产物进一步处理,流程较复杂,投资和运行费较高。湿式洗涤法在发达国家的应用比例较高。

b. 干法净化

干法采用的是干式吸收剂(如 CaO，CaCO$_3$ 等)粉末喷入炉内或烟道内,使之与酸性气态污染物反应,然后进行气固分离。相对湿法,干法净化对污染物的去除效率相对较低,在发达国家应用较少。为了有效控制酸性气态污染物的排放,必须增加干态吸收剂在烟气中的停留时间,保持良好的湍流度,使吸收剂的比表面积足够大。干法净化所用的吸收剂以 Ca(OH)$_2$ 粉末居多。"吸收剂/污染物"的当量比对去除效率的影响有限,较高的当量比有利于污染物的净化,该值以 2~4 为宜,太高的当量比并不能使去除效率显著增加。干法净化的工艺组合形式一般为"吸收剂管道喷射+反应器",并辅以后续的高效除尘器(静电除尘器或袋式除尘器)。干法净化的显著优点是反应产物为固态,可直接进行最终的处理,相比湿法净化工艺需对净化

产物进行二次处理,干法净化投资较少,设备的腐蚀程度低,但干法的最大缺点是污染物去除率低,且对 Hg 的去效果较差。

　　c. 半干法

半干法净化是使烟气中的污染物与碱液进行反应,形成固态物质而被去除的一种方法,是介于湿法和干法之间的一种方法。普通半干法洗气塔是一个喷雾干燥装置,利用雾化器将熟石灰浆从塔顶或底部喷入塔内,烟气与石灰浆同向或逆向流动并充分接触产生中和作用。由于液滴直径小表面积大,不仅使气液充分接触,同时水分在塔内能完全蒸发,不产生废水。

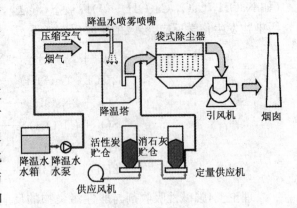

图 1-15　典型生活垃圾焚烧发电厂干法脱硫示意图

　　半干法具有净化效率高且无需对反应产物进行二次处理的优点,但是制浆系统复杂,反应塔内壁容易粘结,喷嘴能耗高,对操作水平要求较高,需要长时间的实践积累才能调试达到良好的净化效果。研究表明,停留时间是半干法净化反应器设计中非常重要的参数。国外经验证明,上流式和下流式半干法净化反应器的最小停留时间分别为 8 s 和 18 s。另外,净化反应器入、出口的温差直接影响到反应产物是否以固态形式排出,国外推荐该温差不应小于 60 ℃。除停留时间和温差外,吸收剂的粒度、喷雾效果等对整个净化工艺也有较大的影响,实际操作过程中对上述影响因素都有严格要求。否则,可能导致整个工艺的失败。半干法装置一般设置在除尘器之前,无需废水处理设施,但要充分考虑固态物质的干燥问题,防止固态物质收集时发生堵塞与粘附(图 1-16)。发达国家各种净化工艺的酸性气态污染物净化效率表 1-9。

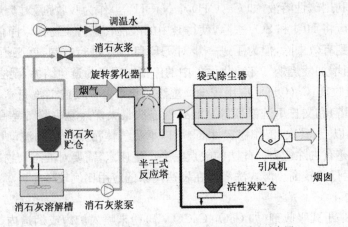

图 1-16　典型生活垃圾焚烧发电厂半干法脱硫示意图

表 1-9　　　　　　发达国家各种净化工艺的酸性气态污染物净化效率

净化工艺类型	净化效率		
	HCl	HF	SO_2
干法喷射＋袋式除尘器	80%	98%	50%
干法喷射＋流化床反应器＋静电除尘器	90%	99%	60%

续表

净化工艺类型	净化效率		
	HCl	HF	SO$_2$
半干法净化＋静电除尘器(吸收剂循环使用)	＞95％	99％	50％～70％
半干法净化＋袋式除尘器(吸收剂循环使用)	＞95％	99％	70％～90％
半干法净化＋干法喷射＋静电除尘器或袋式除尘器	＞95％	99％	＞90％
静电除尘器＋湿法净化	＞95％	99％	＞90％
半干法净化＋静电除尘器或袋式除尘器＋湿法净化	＞95％	99％	＞90％

（3）NO$_x$ 净化技术

NO$_x$ 净化是焚烧烟气净化过程中最困难且费用最昂贵技术工段,这是由于 NO 的惰性(不易发生化学反应)和难溶于水的性质所决定的。垃圾焚烧烟气中的 NO$_x$ 以 NO 为主,其含量高达 95％以上,利用常规的化学吸收法很难有效去除,通常采用催化还原技术方法。除常用的选择性非催化还原法(SNCR)外,还有选择性催化还原(SCR)、氧化吸收法、吸收还原法等。其中,SNCR 法在垃圾焚烧烟气净化中应用最多。

氧化吸收法和吸收还原法都是与湿法净化工艺结合在一起共同使用的。氧化吸收法是在湿法净化系统的吸收剂溶液中加入强氧化剂如 NaClO$_2$,将烟气中的 NO 氧化为 NO$_2$,NO$_2$ 再被钠碱溶液吸收去除。吸收还原法是在湿法系统中加入 Fe^{2+} 离子,Fe^{2+} 离子将 NO 包围,形成 EDTA 化合物,EDTA 在与吸收溶液中的 HSO$_3^-$ 和 SO$_3^{2-}$ 反应,最终放出 N$_2$ 和 SO$_4^{2-}$ 作为最终产物。吸收还原法的化学添加剂费用低于氧化吸收法。

为了减少 NO$_x$ 的产生,可以采取的措施有:①降低焚烧温度,以减少热氮型 NO$_x$ 的产生,一般要小于 1 200 ℃。有研究表明 NO$_x$ 生成量最大的温度区间是 600 ℃～800 ℃,因此,从减少 NO$_x$ 生成量的角度出发,焚烧温度不应小于 800 ℃。②降低 O$_2$ 至合理适宜的浓度范围。③使焚烧工艺在远离理论空气比的条件下运行,缩短垃圾在高温区的停留时间。

研究发现,减少 NO$_x$ 产生所采取的措施是与减少 CO, C$_x$H$_y$ 和二噁英产生的措施相矛盾的。一般在焚烧的实际运行中应在保证垃圾中可燃组分充分燃烧的基础上,再兼顾 NO$_x$ 的产生。为了解决上述矛盾,国外目前的采取的技术重点仍是烟气处理系统中的脱硝装置。

3. 二噁英类物质(PCDDc, PCDFs)

垃圾焚烧处理技术目前正在世界范围内兴起并被广泛采用,由此所引发的二噁英污染问题更为国内外所广泛关注。传统的城市生活垃圾焚烧处理过程中既能产生含有 CuCl$_2$,FeCl$_3$ 的灰尘,又能产生含有 HCl 的烟气,同时在烟气冷却过程中有 300 ℃左右的温度区,即二噁英类毒性物质生成的必要条件全部具备。目前 PCDDc, PCDFs 和其他痕量级有机污染物的净化越来越受到发达国家的重视,我国新颁布的《生活垃圾焚烧污染控制标准》中也对 PCDDc, PCDFs 的排放浓度有了严格的规定。

研究表明,垃圾焚烧是二噁英排放的主要污染源之一。二噁英的产生几乎存在于垃圾焚烧处理工艺的各个阶段:焚烧炉内、低温烟气段、除尘净化过程等。因此,专家们也在积极致力于研究如何从上述各个环节抑制二噁英的产生。国外研究表明,减少控制 PCDDc, PCDFs 浓度的主要措施包括以下几方面:

（1）选用合适的炉膛和炉排结构,使垃圾在焚烧炉中得以充分燃烧。烟气中 CO 的浓度是衡量垃圾是否充分燃烧的重要指标,其比较理想的指标是低于 60 mg/Nm^3。

（2）控制炉膛及二次燃烧室内或在进入余热锅炉前烟道内的烟气温度不低于 850 ℃，烟气在炉膛及二次燃烧室内的停留时间不小于 2 s，氧气浓度不少于 6%，并合理控制助燃空气的风量、温度和注入位置，称为"3T"控制法。

（3）缩短烟气在处理和排放过程中处于 300 ℃～500 ℃ 温度域的时间，控制余热锅炉的排烟温度不超过 250 ℃ 左右。

（4）选用新型袋式除尘器，控制除尘器入口处的烟气温度低于 200 ℃，并在进入袋式除尘器的烟道上设置活性炭等反应剂的喷射装置，进一步吸附二噁英。

（5）在生活垃圾焚烧厂设置先进、完善和可靠的全自动控制系统，使焚烧和净化工艺得以良好运行。

（6）通过分类收集或预分拣控制生活垃圾中氯和重金属含量高的物质进入垃圾焚烧厂。

（7）由于二噁英可以在飞灰上被吸附或生成，所以对飞灰应用专门容器收集后作为有毒有害物质送安全填埋场进行无害化处理，有条件时可以对飞灰进行低温（300 ℃～400 ℃）加热脱氯处理，或熔融固化处理后再送安全填埋场处置，以有效地减少飞灰中二噁英的排放。

进入 90 年代后，日本、德国的科学家也分别发表了研制控气型焚烧炉的分级燃烧成果。据日本笠原公司报道，采用热解气化焚烧炉，由于其一燃室是还原气氛，所以 SO_2 仅为 9.5 ppm，NO_x 为 6.1 ppm，二燃烧室是高温燃烧，CO 接近零，所以二噁英值可望处于很低的水平。目前，国际上采用控气型焚烧炉较多的国家是美国、加拿大，日本、德国也将此种技术作为垃圾焚烧的推广技术，以减少二噁英的排放。因此，在烟气净化阶段采用合适的冷却技术以确保烟气的温度尽快降至 250 ℃ 以下，对废气净化过程中尽可能少地形成二噁英起着决定性的作用。

有研究表明可以采用化学反应来破坏二噁英类物质的结构，使其分解成小分子物质。首先利用活性炭或活性焦固定床层对二噁英进行吸附、浓集，然后将二噁英彻底地催化氧化生成 CO_2，H_2O，HF，HCl 等物质。发生的催化反应如下：

$$C_{12}H_nCl_{8-n}O_2 + (9+0.5n)O_2 \longrightarrow (n-4)H_2O + 12 CO_2 + (8-n)HCl \tag{1}$$

$$C_{12}H_nF_{8-n}O_2 + (9+0.5n)O_2 \longrightarrow (n-4)H_2O + 12 CO_2 + (8-n)HF \tag{2}$$

虽然对二噁英类污染物的捕获机理没有充分认识，但工程实践表明：低温控制和高效的颗粒物捕获有利于二噁英污染物的净化。德国曾利用半干法净化工艺进行系统的研究，结果如表 1-10 所示，对于有机类污染物的控制，袋式除尘器明显优于静电除尘器，低温有利于提高去除效率。

表 1-10　半干法净化工艺对二噁英类和呋喃类污染物的去除效率

污染物种类	不同工艺组合的去除率		
	半干法＋静电除尘器	半干法＋袋式除尘器（高温）	半干法＋袋式除尘器（低温）
PCDDs			
TCDD	48%	<52%	>97%
Penta-CDD	51%	75%	>99.6%
Hexa-CDD	73%	93%	>99.5%
Hepta-CDD	83%	82%	>99.6%
OCDD	89%	NA	>99.8%

续表

污染物种类	不同工艺组合的去除率		
	半干法＋静电除尘器	半干法＋袋式除尘器(高温)	半干法＋袋式除尘器(低温)
PCDFs			
TCDF	85%	98%	>99.4%
Penta-CDF	84%	88%	>99.6%
Hexa-CDF	82%	86%	>99.7%
Hepta-CDF	83%	92%	>99.8%
OCDF	85%	NA	>99.8%

注:NA 指没有引用,低温指 160 ℃,高温指 220 ℃。

4. 重金属

重金属与有机类污染物的净化方法相似,"高效的颗粒物捕集"和"低温控制"是重金属净化的两个主要方面。重金属以固态、液态和气态的形式进入除尘器,当烟气冷却时,气态部分转变为可捕集的固态或液态微粒,但是,对于挥发性强的重金属如 Hg 而言,即使除尘器以最低的温度操作,该部分金属仍有部分存在于烟气中。总之,垃圾焚烧烟气净化系统的温度越低,则重金属的净化效果越好,反之越差。

对于汞的吸附,目前应用较多的方法是向烟气中喷入稳定化试剂,例如向烟气(在 135 ℃～150 ℃时)中逆喷 Na_2S 形成 HgS,因其不溶,颗粒大而较易捕获,汞去除率可达 60%～90%。另一种较为成熟、应用最多的控制技术是向烟气中喷入粉末状活性炭,其吸附机理为:气体分子向炭基体扩散,由于分子间范德华力的作用,而将这些扩散来的分子保留在表面,其脱除汞的效率达 90%。瑞典一中试垃圾焚烧厂,利用"湿法净化＋静电除尘＋后续冷却"的工艺使烟气的温度降至 60 ℃,结果总 Hg(固态＋气态)的排放浓度降低为 $0.01\ mg/Nm^3$。德国一家采用"半干法＋静电除尘"工艺的垃圾焚烧厂测试结果表明,在150 ℃的操作条件下,气态形式的 Hg 排放浓度降低为 $0.05\ mg/Nm^3$ 以下。瑞典一家采用"半干法＋袋式除尘"净化工艺的垃圾焚烧厂测试数据表明,烟气排放颗粒物中的 Hg 可以达到测不出的水平,而气态 Hg 的排放浓度范围为 $0.012～0.065\ mg/Nm^3$。

5. 垃圾焚烧烟气处理技术新动向

(1) 电子束废气处理法

电子束法是 70 年代日本率先开始研究的一种同时能实现 HCl 去除与脱硫脱硝的干式垃圾焚烧排气处理法。经过 20 多年的研究,已取得了一定的成果。1992 年在日本的松户市建设了一套小型的验证设备。近几年,美国、德国、波兰等国也在进行电子束废气处理法的研究,并在进行论证试验,处理对象主要是煤炭燃烧排气、重油燃烧排气、制铁烧结炉排气以及遂道排气。目前,各国均无实用化的电子束废气处理设备。

电子束法的原理是用电子束对焚烧烟气进行照射,吸收排气中的氮、氧、水和二氧化碳,生成了寿命短且富有活性的 OH, O, N 等活性中间体。废气中的微量 NO_x, SO_2 虽然不直接受电子束的作用,但在这些活性体的作用下被氧化成硝酸和硫酸。例如燃烧排气中占 NO_x90%以上的是 NO,采用电子束照射法使 NO 中的一部分被氮原子还原成 N_2,另一部分被含有氧的活性体氧化,再经其他中间体的氧化,最终被氧化成 HNO_3。NO_x, SO_2 被氧化成硝酸和硫酸后,加入消石灰碱性剂与之进行中和,形成无害的粒子状固体,最后被除尘器捕集。HCl 与加入的消石灰进行反应生成氯化钙,从而达到去除 HCl 的目的。

电子束法可以同时去除氯化氢、硫氧化物和氮氧化物,去除率很高,设备规模小,可削减脱硝装置,使废气处理工艺流程简单化。同时,在能源回收及减少药品使用等方面都有一定的技术优势。

(2) 炉内的 NO_x 氧化还原技术

在废气处理过程中,为防止炉内生成 NO_x,一般是采用控制炉内燃烧温度的方法来抑制 NO_x 的生成。因为炉内的温度越高,NO_x 的生成量就越大。然而,在防止二噁英的生成技术中,主要的对策是提高炉内的温度,使气体充分燃烧,控制 CO 的生成,使之不形成二噁英的前驱物质,从而达到防治二噁英的目的,以上两种污染物在控制环节上就形成一对矛盾。为解决这一矛盾,国外目前的主要措施是在废气处理系统中增加脱硝装置,以达到去除 NO_x 的目的。这样既增加了废气处理系统的规模,又加大了废气处理系统的设备成本,使废气处理工艺更为复杂。

炉内 NO_x 的氧化还原技术即炉内的脱氮技术,实际上就是为了解决上述矛盾而被提出来的一项废气处理新技术。这一技术的原理主要是利用碳氢类化合物与 NO_x 直接进行氧化还原反应,生成无害的氮气。具体的方法是向焚烧炉内吹入含有大量碳氢化合物的天然气。这项技术目前正处于试验阶段,还有很多问题有待解决。若这项技术获得成功,对缩小废气处理设备的规模,降低焚烧厂的建设费用及运营费用都具有很大意义。

习　题

1-1　画出各种生活垃圾卫生填埋场防渗设计图,并标出主要参数,同时编写设计说明书。

1-2　根据国家最新生活垃圾焚烧污染控制标准,分别计算日焚烧 1 000 t/d、2 000 t/d、3 000 t/d 的污染物日、月、年排放总量,并应用环境健康原理讨论污染控制标准的缺陷和标准修订意见。

1-3　根据污染物扩散机制,讨论和确定生活垃圾焚烧发电厂选址红线(围墙)距离固定居民区的安全距离。

1-4　简述炉排炉的主要结构组成。

1-5　设计(画图)1 000 t/d 炉排炉焚烧系统示意图,标出主要设备的名称和功能,以及参数。

第二章
生活垃圾填埋场稳定化表征和资源化

生活垃圾填埋处置的主要问题是降解所需时间长、垃圾占地面积大,因此迫切需要了解生活垃圾在填埋场中的具体降解过程、降解时间。本章从多尺度、多角度对生活垃圾填埋场稳定化过程进行了系统研究,阐明了我国填埋场高有机质、高含水率生活垃圾稳定化规律,揭示了生活垃圾卫生填埋场降解产物(填埋气、渗滤液和矿化垃圾)产率及转化趋向,明确了卫生填埋场稳定化时间,为我国卫生填埋场设计相关参数的选择提供了理论支撑;根据稳定化后形成的矿化垃圾性质特点,探索了稳定化垃圾(矿化垃圾)再利用技术,间接提高了填埋场单位面积填埋库容,部分解决了垃圾占地面积大难题,实现了稳定化填埋场矿化垃圾和土地的再利用目标,极大地降低了卫生填埋场建设成本。

第一节　填埋垃圾稳定化进程表征

在生活垃圾填埋初期,生活垃圾降解产生的中间产物会不断随水分迁移至渗滤液中,使得渗滤液的 COD 和 BOD_5 等有机指标浓度升高。另一方面,也正是由于有机物生物降解的减量化造成了填埋场地表的加速沉降。然而,随着生活垃圾中有机物的不断生物降解,渗滤液的 COD 和 BOD_5 等浓度又逐渐降低,单位时间地表沉降量也逐渐减少。因此,可以从宏观和微观两个方面来科学评估填埋场的稳定化进程。

一、表观指数

简易垃圾堆场的稳定化程度可以通过填埋垃圾表观初步确定。堆放时间久远而充分稳定化的填埋垃圾通常无臭味,外观与土壤较为相似,呈疏松的团粒结构;基本稳定的填埋垃圾颜色呈褐色,具有轻微臭的气息,结构较疏松;若明显感觉到填埋垃圾有臭味,有小飞虫生存,有部分或明显结块,这说明填埋垃圾依然处于降解状态。

二、产气比指数

在生活垃圾稳定化过程中,填埋气体组成和产率将随填埋时间的推移呈现阶段性变化的规律。这一特点在表征生活垃圾填埋场的稳定度中有重要作用。然而,由于生活垃圾简易堆场未采用标准终场覆盖工艺,因而很难有效地测定堆场的填埋气体组成和产率。对此,也有学者通过测定填埋垃圾的有机碳含量计算填埋垃圾的最大理论产气量。新鲜垃圾与填埋垃圾的最大理论产气量之比定义为产气比指数,比值越大表示产气潜势越大,越不稳定。

三、有机质含量

新鲜生活垃圾组中易降解有机物组分通常为 30%～40%。生活垃圾的稳定化过程主要体现在有机组分的降解和转化过程,无机部分只有很少部分发生变化。因此,有机质含量是垃圾稳定研究的最主要指标,可以直接反映垃圾的稳定化程度。

四、渗滤液

垃圾渗滤液水质表示溶于水中的各种污染物质的量,其中有机组分占很大比例。随着填埋垃圾稳定度的增加,渗滤液中污染物浓度持续下降,水质会逐渐好转。垃圾浸出液则是在实验条件下,按照一定的规范对垃圾样品进行浸泡后得到的水样,实际上是填埋场渗滤液形成的试验模拟。新鲜垃圾浸出液中 COD 一般很高。待填埋垃圾完全稳定化后,浸出液 COD 仅有 30~50 mg/L。因此,填埋垃圾浸出液的 COD,TP,TN 等指标可以在一定程度上反映垃圾稳定化程度。

五、生活垃圾填埋龄

生活垃圾在填埋单元内将会随着填埋龄的增加而不断降解。实际上,填埋垃圾的实际稳定度会因填埋场当地气候条件和填埋作业方式的不同而存在较大差别。但有一点可以肯定,垃圾的堆龄越长,垃圾降解就越充分。国内卫生填埋场中垃圾的降解速率较国外高,降解周期也要短一些。

第二节　填埋垃圾腐殖质结构

同土壤和水环境的腐殖质相比,填埋垃圾腐殖质形成过程和机制存在明显不同,这就决定矿化垃圾腐殖质的组成和结构方面具有独特之处。采用元素组成、热重分析、红外/紫外/可见手段对填埋垃圾腐殖质结构进行深入定性分析和表征。

不同填埋龄填埋垃圾腐殖质的元素组成分别见表 2-1 和图 2-1—图 2-4。胡敏酸的元素组成的特征是低氧元素,高碳氢元素含量。这主要是因为胡敏酸在物质组成上含有较多芳香族不饱和物质的缘故。富里酸的 H/C 和 O/C 则要明显高于胡敏酸。这表明富里酸的碳氢饱和度高,以含有大量的羧基为主要特征。

表 2-1　　　　　　　　　　　**填埋垃圾胡敏酸的元素组成数据表**

填埋年份	填埋龄	C	H	O	N	H/C	O/C	N/C
HA	14	49.20%	5.11%	40.17%	5.52%	10.39	81.65	11.21
HA	11	48.92%	4.94%	40.78%	5.36%	10.10	83.36	10.96
HA	9	49.20%	5.02%	40.45%	5.33%	10.20	82.22	10.83
HA	7	49.60%	5.00%	40.27%	5.13%	10.08	81.19	10.35
HA	5	50.40%	5.05%	39.32%	5.23%	10.01	78.02	10.39
HA	2	50.90%	4.98%	38.98%	5.14%	9.78	76.58	10.10
FA	14	37.40%	4.11%	55.89%	2.60%	11.00	149.44	6.94
FA	11	39.80%	4.59%	52.47%	3.14%	11.53	131.84	7.89
FA	9	41.20%	4.87%	50.93%	3.00%	11.82	123.61	7.29
FA	7	43.20%	5.13%	48.27%	3.40%	11.88	111.74	8.59
FA	4	42.40%	5.20%	49.22%	3.18%	12.25	116.09	7.50
FA	2	44.60%	5.55%	46.65%	3.20%	12.45	104.59	8.54

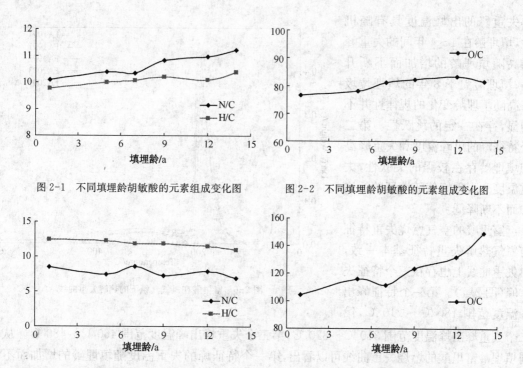

图 2-1　不同填埋龄胡敏酸的元素组成变化图　　　图 2-2　不同填埋龄胡敏酸的元素组成变化图

图 2-3　不同填埋龄富里酸的元素组成变化图　　　图 2-4　不同填埋龄富里酸的元素组成变化图

在填埋过程中，胡敏酸的 H/C 和 N/C 都随填埋龄的增加而不断上升，富里酸的 H/C 和 N/C 略有下降，而 O/C 快速上升。这说明填埋初期胡敏酸中芳香族不饱和物质较少，随着填埋龄的增加胡敏酸的芳构化程度不断提高，而富里酸的羧基结构增加明显。

富里酸样品热重试验结束后，热重坩埚存在数量可观的焦炭物质，不同填埋龄的富里酸样品热失重率基本在 20%～30% 范围内。富里酸的高热解残渣量是由氮气气氛下腐殖质热解结焦的原因造成，而不是样品中杂质过多的缘故。由于富里酸的热失重率受富里酸粉末粒度以及在热重坩埚内堆积形态的影响，不同填埋龄的富里酸热重曲线存在交叉点和跳跃点，具体见图 2-5。因此，填埋垃圾稳定度很难以垃圾不同温度段失重量来表征。

氮气气氛下富里酸的热差重曲线和特征失重峰数据分别见图 2-6 和表 2-2。从热解失重曲线上可以看出，富里酸存在两个特征的热失重峰，第一个特征峰出峰温度范围 190 ℃～200 ℃，第二个失重峰出峰温度范围 460 ℃～490 ℃。部分富里酸在热解温度高于 600 ℃区域存在小失重峰，但出峰温度相对位置具有很强的随机性，因此第三个失重峰的有机物质不做深入分析研究。

不同填埋龄富里酸的第一个

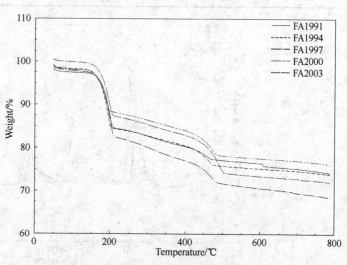

图 2-5　富里酸在氮气气氛下的热解失重曲线

热失重峰的出峰温度具有随机性,填埋龄在 1~4 年间的失重峰峰高随填埋龄的增加而不断升高;填埋龄大于 8 年的填埋垃圾峰高随填埋龄变化的规律性并不明显,存在一定的跳跃性。第二个特征峰的出峰温度和失重峰高与填埋龄存在较强的关联性,失重温度和失重峰值随填埋龄的增加而不断降低。

富里酸的空气燃烧失重特征与氮气热解失重特征基本一致,热失重曲线上也存在三个特征失重峰(图 2-7)。第一个特征峰出峰温度范围 180 ℃~210 ℃,第

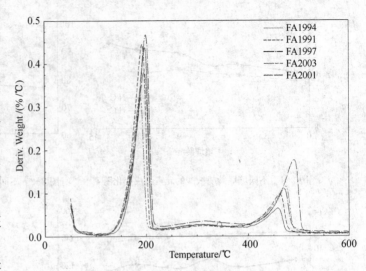

图 2-6　富里酸在氮气气氛下的热解失重曲线

二个失重峰出峰温度范围 310 ℃~320 ℃,第三个失重峰出峰温度范围 460 ℃~480 ℃。从不同填埋龄富里酸的燃烧失重曲线可以看出,第一个特征峰的失重温度随填埋龄的增加而不断升高,而热失重峰值则无明显规律性。第二、三个特征峰的出峰温度和热失重峰值的变化具有较强的随机性。

表 2-2　　　　　　　　　　富里酸在氮气气氛下的热解失重特征峰数据

年　份	失重温度	失重速率	失重量	温度	失重速率	失重量
1991	198.0	0.437	13.76	456.8	0.064	4.72
1994	192.3	0.444	13.87	460.6	0.096	4.97
1997	199.9	0.467	15.40	470.1	0.109	4.98
2000	187.6	0.324	9.84	474.0	0.114	5.79
2003	196.1	0.380	8.51	490.0	0.176	7.25

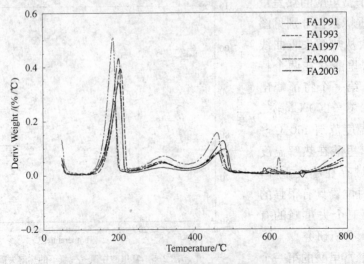

图 2-7　富里酸在空气气氛下的燃烧失重曲线

表 2-3　　　　　　　　　　富里酸在空气气氛下燃烧失重的特征峰数据

年　份	温度	失重速率	温度	失重速率	温度	失重速率	最终失重
1991	205.61	0.394 7	309.88	0.050 94	468.18	0.081 21	71.87
1994	201.82	0.431 4	314.62	0.047 41	461.54	0.082 48	70.55
1997	200.87	0.342 3	314.62	0.028 53	477.66	0.096 20	75.25
2000	185.70	0.510 3	318.41	0.071 07	458.70	0.156 60	59.85
2003	187.60	0.271 5	315.57	0.045 55	457.76	0.126 70	74.42

在氮气环境下胡敏酸的热重曲线特征与富里酸显著不同,整个热失重谱图不存在相对独立热失重峰,具体见图 2-8。胡敏酸的热失重温度范围在 150 ℃~600 ℃之间,热失重峰中心温度 330 ℃。这说明胡敏酸的物质组成相对集中,分子结构和热重特性非常相近。不同填埋龄胡敏酸的热失重曲线也具有一定随机性,热失重峰值和温度并没有随填埋过程表现出明显规律变化。

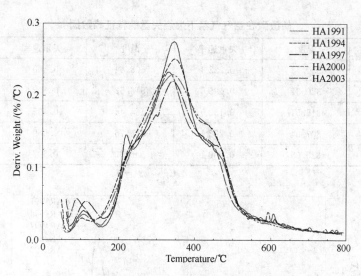

图 2-8　胡敏酸在氮气气氛下的热解失重曲线

表 2-4　　　　　　　　　　胡敏酸在氮气气氛下的热解失重特征峰数据

年　份	1991	1994	1997	2000	2003
峰值温度	345.90	346.85	339.26	340.21	328.84
失重速率	0.274 4	0.250 8	0.219 9	0.229 2	0.233 0
最终失重量	34.02	35.65	37.94	38.82	36.58

在空气环境下胡敏酸热重曲线特征也与富里酸显著不同,热失重谱图并不存在相对独立热失重峰。胡敏酸的燃烧失重曲线以 550 ℃~570 ℃温度范围的失重峰为主,以 300 ℃为中心存在并不明显的燃烧峰。从这一角度也说明胡敏酸组分特性趋同化的特点。在填埋过程中,不同填埋龄的胡敏酸的热失重曲线具有一定随机性,热失重峰值和温度没有随填埋过程表现出明显规律变化。

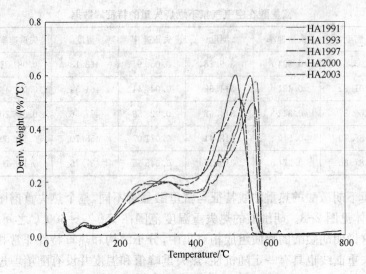

图 2-9 胡敏酸在空气气氛下的燃烧失重曲线

表 2-5   胡敏酸在空气气氛下燃烧失重的特征峰数据

年　份	温度	失重速率	温度	失重速率	最终失重
1991	330.73	0.223 3	508.94	0.600 0	1.132
1993	320.31	0.195 8	516.52	0.508 6	4.091
1997	316.51	0.152 0	554.44	0.495 5	9.325
2000	307.04	0.202 1	566.76	0.569 7	2.150
2003	325.05	0.200 1	546.85	0.597 4	0.981

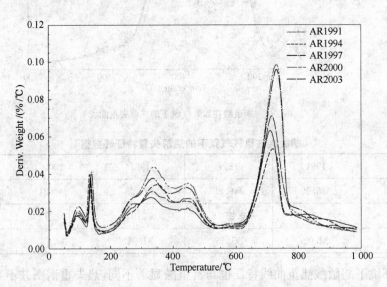

图 2-10 不同填埋龄矿化垃圾的热重曲线

　　为建立填埋垃圾稳定度的简易表征方法,试验中在氮气气氛中对填埋垃圾细料直接进行热重分析。试验结果表明,矿化垃圾热解失重曲线包括 140 ℃左右结晶水峰、300 ℃～500 ℃有机物失重峰、700 ℃左右无机矿物分解峰。新鲜填埋垃圾的热解速率要比年代久远的填埋垃圾快得多,但是部分年份未表现出明显的规律性,存在一定的跳跃性。这是由于矿化垃圾中有机物含量仅有 10％的水平,而填埋垃圾失重总量仅在 20％左右,高温可分解无机矿物又占较大的比例,所以矿化垃圾的热解曲线并不适合表征填埋垃圾的稳定度(图 2-10)。

填埋垃圾热重分析是一个相对宏观的分析指标,是结晶水、有机物和无机矿物的热失重特征的综合体现。填埋垃圾的热失重特征与填埋龄的关联存在一定的随机性,不能作为表征填埋垃圾稳定度的量化指标。

腐殖垃圾 HA 和 FA 系列样品的紫外和可见吸收光谱吸光度均在波长最短的 200 nm 处最高。吸光度随波长的增加而单调下降,在 600 nm 以后吸光度几乎为零。腐殖垃圾 FA 样品的紫外/可见吸收光谱与 HA 样品相比,吸光度相对较小,前者在 200 nm 处的吸光度约在 1.0～1.5 左右,而后者的吸光度超过 3.5。这说明 HA 样品较 FA 样品有更多的芳环或是多酚类物质(图 2-11、图 2-12)。不同填埋龄腐殖垃圾吸光度相差不大,紫外/可见光谱线基本重叠在一起,也未随填埋龄的变化呈现有序的排列。因此,不能直接根据紫外/可见光谱线的相对分布来判断垃圾填埋龄。

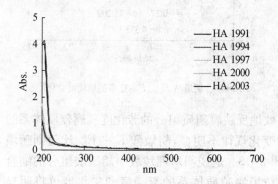

图 2-11　不同填埋龄胡敏酸的紫外/可见吸收光谱

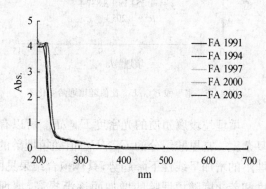

图 2-12　不同填埋龄富里酸的紫外/可见吸收光谱

由于腐殖质内的多环芳香族碳氢化合物的 π-π 电子跃迁发生在 270～280 nm 的 UV 段内,腐殖质提取液在 280 nm 处的吸光度可以间接表示腐殖质芳香化程度和腐殖化程度。E_{280} 值越大,腐殖质中芳香族化合物数量越多,结构越复杂,分子量就越大。

不同填埋龄富里酸和胡敏酸的 E_{280} 值分布规律分别见图 2-13 和图 2-14。胡敏酸的 E_{280} 平均值为 0.68,富里酸的平均值为 0.53。这说明填埋垃圾中胡敏酸较富里酸样品有更多的芳环或是多酚类物质,分子量水平也较高。这一点在填埋垃圾腐殖质分子量研究中得到印证。

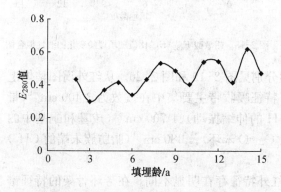

图 2-13　不同填埋龄富里酸提取液的 E_{280} 值分布图

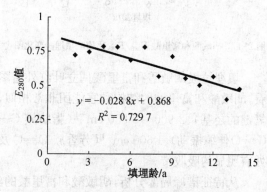

图 2-14　不同填埋龄胡敏酸提取液的 E_{280} 值分布图

在填埋过程中,富里酸和胡敏酸样品 E_{280} 值随填埋龄呈现明显不同的变化规律。富里酸的 E_{280} 值随填埋龄呈波动性变化,整体上呈现上升趋势。这是因为富里酸的腐殖化进程相当缓慢,在填埋后期存在一定程度的降解。胡敏酸 E_{280} 值随填埋龄增加呈显著的线性下降。这主要是因为胡敏酸填埋过程中以聚合过程为主,芳香族化合物数量不断增多,分子量不断增大。

E_{250}/E_{365} 表示腐殖质在 250 nm 和 365 nm 吸光度的比值,可间接反映样品团聚化程度以及分子量的大小。填埋垃圾腐殖质的 E_{250}/E_{365} 比值随填埋龄的变化图分别见图 2-15 和图 2-16。在填埋过程中,胡敏酸和富里酸 E_{250}/E_{365} 呈无规律性变化,整体上保持下降趋势。因此 E_{250}/E_{365} 很难用作填埋垃圾稳定化的表征指标。

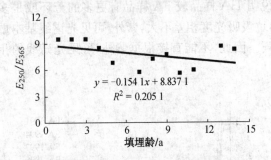

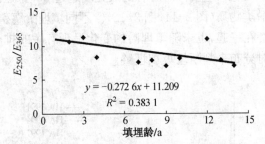

图 2-15　富里酸 E_{250}/E_{365} 比值随填埋龄变化图　　　图 2-16　胡敏酸 E_{250}/E_{365} 比值随填埋龄变化图

填埋垃圾腐殖质的光密度 E_{465}/E_{665} 可以有效地反映腐殖质组分的芳化度和腐殖质体系的复杂度。富里酸组分的 E_{465}/E_{665} 值随填埋龄的变化规律不明显,胡敏酸 E_{465}/E_{665} 比值则随填埋龄的增加呈线性下降趋势,具体拟合结果见图 2-18。这说明填埋垃圾中胡敏酸组分的缩合度和芳化度随填埋龄的增加而逐渐提高,填埋垃圾腐殖质体系的复杂度和矿化度也将明显增强。

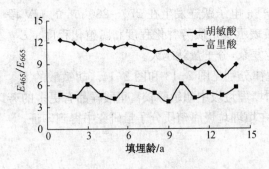

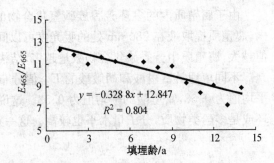

图 2-17　胡敏酸和富里酸 E_{465}/E_{665} 比值随填埋龄变化图　　图 2-18　胡敏酸 E_{465}/E_{665} 比值随填埋龄变化的线性拟合图

填埋垃圾胡敏酸和富里酸傅立叶红外谱图分别见图 2-19 和图 2-20。从红外谱图整体上看,胡敏酸和富里酸的结构和官能团非常相似,特征吸收带主要集中在波数为 3 400 cm^{-1}(带氢键的羟基)、2 900~2 850 cm^{-1}(脂肪族 C—H 的伸缩振动)、1 700 cm^{-1}(羧基和酮基中的 C=O 伸缩振动)、1 600 cm^{-1}(芳香族 C=C 及 C=O 苯环)、1 380 cm^{-1}(脂肪族末端的 CH$_3$)处有明显的吸收带。

从特征谱峰局部分析,胡敏酸和富里酸的红外特征存在明显不同。在芳环骨架的特征谱带,HA 样品不仅吸收强度较 FA 强,而且分离特征要比 FA 更突出。这说明 HA 样品芳环骨架的丰度更高;在缩醛和缩酮结构的特征吸收谱带,也证明 HA 是较 FA 聚合度更高的一类物质。从基团吸收谱带的差别来看,HA 样品的烃基和氨基较 FA 样品高;但 FA 样品羧基的丰度应高于 HA。

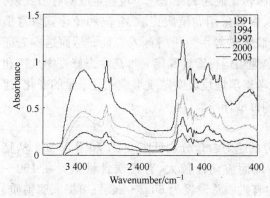
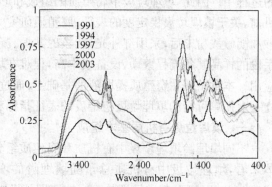

图 2-19　不同填埋年份胡敏酸的傅立叶红外谱图　　　图 2-20　不同填埋年份富里酸的傅立叶红外谱图

波数(频率)为 $3\,400\ cm^{-1}$ 左右的吸收谱带对应含氢键作用的羟基或氨基的伸缩振动,通常游离的羟基伸缩振动频率出现在 $3\,580\sim3\,650\ cm^{-1}$ 处,当羟基由于分子内或分子间形成氢键作用时,伸缩振动的吸收谱带将大幅度地向低频移动,同时强度增加,谱带变宽。频率为 $2\,939\ cm^{-1}$ 处有一个不十分明显的吸收谱带(肩峰),与芳环骨架振动相吻合。芳环骨架振动的合频强度较弱,经常被掩盖观察不到或表现为"肩",可以基本判断为芳环骨架的伸缩振动。

羰基伸缩振动吸收谱带居于双键振动频率区的高频部位,吸收的强度相当大。由于偶极—偶极相互作用 $C=O$ 键的吸收谱带下降 $20\ cm^{-1}$,在 $1\,716\ cm^{-1}$ 处形成羰基(主要是羧基中的 $C=O$ 键)伸缩振动吸收谱带。$1\,716\ cm^{-1}$ 低频侧约 $1\,600\ cm^{-1}$ 的小肩峰与芳香 $C=C$ 的伸缩振动相吻合,通常它比羰基吸收强度低得多。$1\,510\ cm^{-1}$ 处左右的数个未完全分离的吸收谱带与芳香环衍生物的红外光谱在这个区段吸收谱带的特点极为相似,这组谱带与其芳环 $Ar-H$ 键伸缩振动吸收谱带($3\,000\sim3\,100\ cm^{-1}$)一起为判断化合物有无芳环的主要依据。

$1\,400\ cm^{-1}$ 处的谱带为脂肪烃末端甲基对称的变形振动,而不对称的变形振动频率为 $1\,460\ cm^{-1}$。另外羧基中羟基的面内变形振动也会在此有吸收。$1\,217\ cm^{-1}$ 处的吸收谱带可能是酚的 $C-O$ 或者是 $C-N$ 键的伸缩振动,由于前面已经判定酚羟基存在,可以判断此处应为与芳环相连 $C-O$ 键的吸收谱带。

$1\,037\sim1\,219\ cm^{-1}$ 区段的吸收谱带有数个分裂不完全的锯齿形谱带,与缩醛和缩酮分子中两个 $C-O-C$ 键连在一起而发生的振动耦合形成的吸收谱带相吻合,它们通常在 $1\,060\sim1\,190\ cm^{-1}$ 区段分裂为 $3\sim4$ 个吸收谱带。$600\ cm^{-1}$ 处的谱带可能是氨基或 $\equiv C-H$ 的吸收谱带,两者的谱带均表现出宽谱带的特征,而 $\equiv C-H$ 在倍频 $1\,250\ cm^{-1}$ 附近有相当强的吸收,所以为 $\equiv C-H$ 的吸收谱带。

第三节　填埋垃圾的稳定化过程

生活垃圾在填埋单元内的稳定化过程主要表现在两个方面:一是填埋垃圾中可生物降解有机组分在微生物作用下被分解为简单的化合物,最终形成甲烷、水、二氧化碳,即有机质的无机化过程;另一方面是有机质的生物降解中间产物,如芳香族化合物、氨基酸、多肽、糖类物质等,在微生物的作用下重新聚合成为复杂的腐殖质,这一过程则称为有机质腐殖化过程。

在填埋场内长达数十年的填埋过程中,生活垃圾的稳定化进程必然体现在有机质腐殖化的过程中。因此,填埋垃圾中腐殖质的组成和形态转化成为表征填埋垃圾稳定度的有力线索。目前,关于填埋垃圾稳定度的表征,腐殖质研究大多数采用腐殖质提取、分离和纯化获取富里酸和胡敏酸粉末后,采用红外光谱、核磁共振、凝胶色谱等手段进行深入表征。然而这些表征手段的样品制备流程繁琐,设备成本高,很难在填埋场运行管理和简易堆场生态修复中推广和应用。本章试图在腐殖质提取液的基础上,通过考察填埋垃圾腐殖质组成和分子量的变化,建立一套简单可行的填埋垃圾稳定度的表征指标和标准体系。

一、填埋垃圾有机质基本组成

不同填埋龄填埋垃圾中有机质和腐殖质组分的绝对含量分别见图 2-21 和图 2-22。从整体来看,填埋垃圾中有机质总量随填埋龄的增加而波动性较大,有机质含量主要在 100~140 g·kg^{-1} 之间,其中填埋龄 13a 的填埋垃圾中有机质总量仅为 60 g·kg^{-1};可提取腐殖质、胡敏酸和富里酸的组分含量则相对较低,波动性与有机质相比也较缓和。

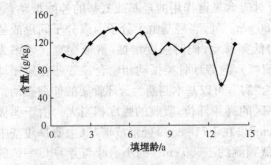
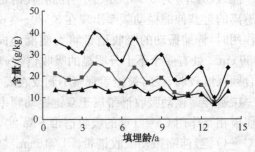

图 2-21　不同填埋龄的填埋垃圾有机质含量变化图　　图 2-22　填埋垃圾腐殖质组分含量随填埋龄变化图

从整体来看,填埋垃圾中有机质和各腐殖质组分含量未体现出有机质随填埋龄增加而不断降解和腐殖质不断形成的过程。这是因为进行对比研究的填埋垃圾样品是源于不同填埋年份和季节的生活垃圾,受当时生活模式和空间来源不同的影响,填埋垃圾的初始有机质含量是不一致的。因此,无法简单采用填埋垃圾中有机质绝对含量来评估填埋垃圾的填埋龄和稳定度。

由于生活垃圾中有机组分的腐殖质化是有机质在富里酸、胡敏酸和胡敏素组分间不断转化的过程,所以填埋垃圾的稳定化进程必然体现在腐殖质组分相对含量的不断变化中。因此,腐殖质的总可提取率和 HA/FA 这两个相对指标可以通过定性手段表征腐殖质的相对组成,从而消除填埋垃圾本体不同对稳定化进程研究的干扰,可以有效表征填埋垃圾和填埋场稳定度。

在填埋过程中,填埋垃圾腐殖质总可提取率和 HA/FA 随填埋龄的增加分别呈线性下降和上升趋势,见图 2-23 和图 2-24。在填埋垃圾有机质的腐殖化过程中,结构简单的富里酸不断缩合形成胡敏酸,胡敏酸组分又与矿物粘粒结合形成难提取的胡敏素组分。由于填埋垃圾腐殖质体系的有机碳源供给在单元封场后被切断,富里酸和胡敏酸组分虽不断转化却得不到有效补充,最终导致填埋垃圾腐殖质的总可提取率不断下降,HA/FA 比值随填埋龄的增加而不断提高。

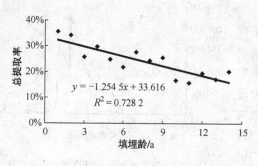

图 2-23　腐殖质总提取率的随填埋龄变化图

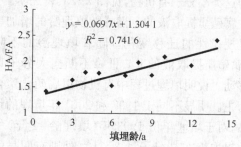

图 2-24　HA/FA 比值随填埋龄变化图

填埋垃圾的 HA/FA 比值保持较高的水平,比土壤 HA/FA 比值(通常小于 1)要高得多,而且随填埋年份保持逐年上升的趋势。这一现象主要有两方面的因素造成的:一方面,封场单元内部环境湿热且微生物代谢活跃,加速了结构简单、活性较强的富里酸进一步缩合形成胡敏酸,使填埋垃圾中腐殖质体系复杂程度明显加大;另一方面,填埋垃圾 pH 呈弱碱性,碳酸钙含量要较一般土壤高,有利于大分子量的胡敏酸以及腐殖质的矿化。

对填埋垃圾腐殖质的提取率和 HA/FA 比值随填埋龄的变化规律进行线性拟合,以建立填埋垃圾填埋龄和填埋场稳定度的评价方法,具体拟合结果见表 2-6。

表 2-6　　　　　　腐殖质总可提取率以及 HA/FA 比值与填埋龄的线性拟合方程

项目(Y)	拟合方程	R^2
腐殖质提取率	$Y = 0.069\ 7x + 1.304\ 1$	0.741 6
HA/FA	$Y = -1.254\ 5x + 33.616$	0.728 2

腐殖质总可提取率和 HA/FA 比值与填埋龄呈显著相关性,因此可以根据两者与填埋龄的拟合方程初步确定填埋垃圾的填埋龄。在进一步研究不同填埋龄下填埋场内部有机污染物和重金属的环境化学特性基础上,可以对不同稳定度的封场填埋单元或简易堆场采取阶段性和针对性的封场管理和生态修复方案。

二、填埋垃圾腐殖质分子量和分布

生活垃圾在填埋单元内的稳定化过程主要反映在可生物降解组分的无机化降解和腐殖化聚合两个过程,这两个过程都会通过填埋垃圾内有机质分子量和分子量分布指标得以体现。在有机组分的生物降解过程中,填埋垃圾内有机物分子量将会下降,分子量离散度将会上升。有机物中间降解产物的腐殖化使分子量上升而分子量分布指数下降。因此填埋垃圾腐殖质的分子量和分布指数是填埋垃圾稳定化进程中最为直接的表征指标,可以真实反映填埋场和填埋垃圾的稳定度。

填埋垃圾腐殖质提取液在碱提后未经酸化分离,腐殖质提取液必然含有胡敏酸、富里酸以及小分子有机物。因此,腐殖酸的凝胶色谱图呈现出多峰组合的特点。所有填埋垃圾样品的腐殖酸提取液都具有 4 个相似特征峰,具体停留时间分别为 10 min,15 min,21 min 和 22 min 左右。

从整体谱图上看,实际上填埋垃圾腐殖质是以Ⅱ峰和Ⅲ峰为代表的两类大分子有机物构成的腐殖质体系。由于填埋垃圾腐殖质提取后未经透析膜和大孔吸附树脂等分子量截留手段处理,因此,腐殖质提取液依然含有相当数量的碱溶性小分子有机物,Ⅳ峰分子量代表填埋垃圾的这类小分子有机物,见图 2-25、表 2-7。

　　腐殖质提取液的色谱峰随填埋龄的增加呈现明显规律性的迁移变化。随着填埋龄的不断增加,腐殖质提取液的Ⅱ,Ⅲ峰不断向大分子量方向移动。说明填埋过程中有机物以腐殖化聚合过程为主。明显不同于 1997 和 2001 年填埋的垃圾样品,对于填埋年份 1993 年(填埋龄 12 年)的腐殖质提取液在高分子量 2×10^6 处则有明显的谱峰值形成。

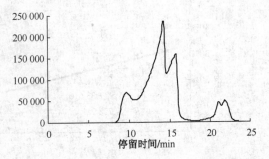

图 2-25　填埋垃圾腐殖质提取液的凝胶色谱图

表 2-7　　　　　　　　　填埋垃圾腐殖质提取液的凝胶色谱峰数据

Peak No.	Top Height	Start Time	Top Time	End Time	Start Mol	Top Mol	End Mol
Ⅰ	2 622	10.27	15.23	15.63	1 636 975	37 814	27 764
Ⅱ	2 358	15.63	17.21	20.30	27 764	8 396	801
Ⅲ	220	21.58	21.93	22.63	302	232	136
Ⅳ	383	22.63	24.16	26.13	136	43	10

　　从整个腐殖质提取液的凝胶色谱图来看,腐殖质物质组成上可分为以分子量 1 000 为分界点的大分子腐殖质结构和小分子有机物。Ⅳ峰代表分子量小于 1 000 的小分子有机物,在填埋过程中峰值分子量和分散度随填埋龄增加而略有增加。在腐殖质提取液分子量随填埋龄增加而相对增大的过程中,分子量 1 000 的分界点并未发生变化。表明分子量小于 1 000 的小分子有机物的特性与腐殖质明显不同,并不是参与腐殖化进程的主体有机物物质,在填埋过程中聚合和分解过程兼而有之,见图 2-26、表 2-8。

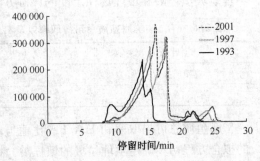

图 2-26　腐殖质提取液谱峰随填埋龄的迁移变化图

表 2-8　　　　　　　　　不同填埋龄腐殖质提取液的谱峰数据对比表

Peak No.	Landfill year	Top Time	Top Mol	M_n	M_w	M_z	M_w/M_n	M_z/M_w
Ⅰ	12	9.5	2 996 790	2 224 372	2 693 818	3 196 046	1.21	1.19
Ⅰ	8	9.7	2 549 728	2 370 143	2 609 666	2 902 784	1.10	1.11
Ⅰ	4	10.0	1 954 442	2 421 990	2 966 635	3 744 610	1.22	1.26
Ⅱ	12	14.2	79 490	138 327	236 919	422 722	1.71	1.78
Ⅱ	8	15.4	33 444	65 234	150 475	412 524	2.31	2.74
Ⅱ	4	16.3	16 919	33 619	105 568	407 746	3.14	3.86
Ⅲ	12	15.5	31 536	32 687	36 632	39 487	1.12	1.08
Ⅲ	8	17.8	5 554	8 200	10 621	13 446	1.30	1.27
Ⅲ	4	17.9	4 861	4 747	6 477	7 639	1.36	1.18
Ⅳ	12	21.9	241	234	310	426	1.32	1.37
Ⅳ	8	21.9	237	247	298	357	1.20	1.20
Ⅳ	4	21.9	232	208	220	230	1.06	1.05

不同填埋龄的腐殖质提取液分子量和分散度的变化趋势见图 2-27 和图 2-28。填埋前期 (填埋龄 1～5 年)腐殖质提取液分子量变化缓和而分散度快速下降,填埋垃圾腐殖质主组分组成由复杂多组分向组成简单变化。在此期间,腐殖质物质组成和分布以逐渐集中化和趋同化过程为主,而未发生明显的聚合过程。在填埋后期(填埋龄 10～14 年),腐殖质的分子量分散度逐渐趋于稳定,填埋垃圾腐殖质分子量则快速增加。这说明在腐殖质物质组成和分布完成集中过程后,填埋垃圾中腐殖质呈现明显的聚合特性。从腐殖质分子量分散度角度上判断,填埋龄在 10 年后腐殖质提取液的分子量分散度保持在 5 的水平,说明填埋垃圾的腐殖质组分已经趋于稳定化。这一研究结果与前期稳定化研究中填埋龄 8～10 的研究结果基本一致。

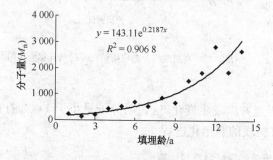

图 2-27　填埋龄对填埋垃圾腐殖质提取液分子量的影响

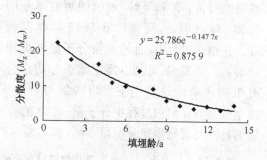

图 2-28　腐殖质提取液分散度随填埋龄的变化图

不同填埋龄的腐殖质提取液分子量和分散度变化趋势的拟合结果表明,腐殖质提取液的分子量和分散度分别随填埋龄的增加而呈显著上升和下降的趋势,相关系数 R^2 分别达到 0.91 和 0.88。在这两个指标中,由于分子量可能受实验仪器、测定条件以及填埋过程条件的影响存在较大偏差,但是分散度由于是不同意义分子量的相对比值,可以消除单一分子量指标的不确定性因素,所以更适合作为稳定化表征的指标。根据腐殖质提取液分散度的变化规律和拟合结果划分填埋垃圾稳定标准,腐殖质分散度 15 以上属于不稳定,分散度在 10 左右属于相对稳定,分散度保持 5 的水平则可以认为填埋垃圾已基本稳定,见图 2-29、表 2-9。

填埋垃圾富里酸组分的凝胶色谱构成相对简单,主要以峰值分子量 15 926 的Ⅱ峰为主

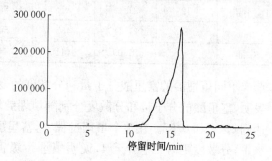

图 2-29　填埋垃圾富里酸组分的凝胶色谱图

体构成,Ⅰ峰则为分子量 140 452 大分子有机物质在Ⅱ峰上形成的肩峰。Ⅲ、Ⅳ和Ⅴ峰峰值仅 50 左右,分子量小于 10 000,仅代表富里酸组分中含量极少的小分子有机物。

表 2-9　　　　　　　　　　　填埋垃圾富里酸组分的凝胶色谱峰数据

Peak No.	Top Height	Start Time	Top Time	End Time	Start Mol	Top Mol	End Mol
Ⅰ	803	10.4	13.5	14.0	1 460 678	140 452	96 017
Ⅱ	2 687	14.0	16.4	17.4	96 017	15 926	7 164
Ⅲ	46	19.4	20.0	20.7	1 568	1 028	607
Ⅳ	51	20.7	21.2	21.7	607	407	284
Ⅴ	48	21.7	22.1	23.6	284	207	66

　　填埋垃圾富里酸组分的凝胶色谱峰随填埋龄增加呈现明显规律性的迁移变化。代表大分子腐殖质的Ⅱ峰随填埋龄增加而不断向大分子量方向移动,峰值分子量由 4 年填埋龄的 7 144 上升到 12 年的 15 926,分散度也由 2.72 下降到 1.32 的水平。这说明富里酸组分在填埋过程中主要以聚合过程为主,物质组成也不断趋同化(图 2-30、表 2-10)。

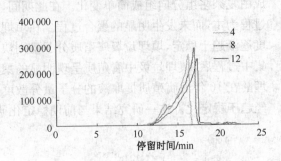

图 2-30　富里酸组分谱峰随填埋年份的迁移变化图

　　对于富里酸组分的小分子有机物质,填埋龄 4 年的富里酸组分的分子量小于 1 000 的有机物峰有Ⅲ、Ⅳ和Ⅴ峰,随填埋龄的不断增加Ⅳ和Ⅴ峰已消失,至填埋龄为 13 年时仅剩Ⅲ峰。在填埋过程中,Ⅲ峰峰值分子量随填埋龄增加而不断减少。因此,富里酸组分的小分子有机物在填埋过程中主要以降解过程为主。富里酸组分在填埋过程中分子量 1 000 的分界点并未发生变化,这说明分子量小于 1 000 有机物的特性与腐殖质组分明显不同,也不参与有机质的腐殖化进程。

表 2-10　　　　　　　　　　　不同填埋龄富里酸组分的谱峰数据对比表

Peak No.	Landfill year	Top Time	Top Mol	M_n	M_w	M_z	M_w/M_n	M_z/M_w
Ⅱ	12	16.37	15 926	25 166	33 098	44 736	1.32	1.35
Ⅱ	8	17.08	9 268	18 597	42 929	117 158	2.31	2.73
Ⅱ	4	17.42	7 144	13 517	36 719	120 699	2.72	3.29
Ⅲ	12	21.19	407	392	403	414	1.03	1.03
Ⅲ	8	21.11	433	542	585	630	1.08	1.08
Ⅲ	4	21.09	441	443	450	458	1.02	1.02

　　不同填埋龄的富里酸分子量和分散度的变化趋势拟合曲线,分子量和分散度的拟合结果表明,富里酸的分子量和分散度分别随填埋龄增加呈线性上升和下降趋势,相关系数 R^2 分别达到 0.72 和 0.67。在整个填埋过程中,富里酸分子量由填埋初期的 6 000 水平下降到 3 000 水平,分散度则由 2 上升至 4,说明填埋垃圾富里酸组分在填埋过程中主要以降解过程为主导,见图 2-31 和 2-32。

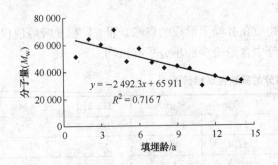

图 2-31　填埋龄对填埋垃圾富里酸分子量的影响

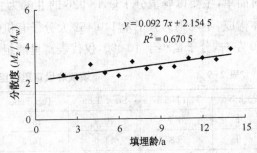

图 2-32　填埋垃圾富里酸分散度随填埋龄的变化图

　　不同填埋龄胡敏酸凝胶色谱图表现出显著的差异性。填埋初期填埋垃圾胡敏酸谱图的组成由高分子区的Ⅰ,Ⅱ和Ⅲ三个谱峰构成,填埋龄超过8年的胡敏酸谱图则主要由Ⅰ和Ⅱ峰组成。说明填埋过程中胡敏酸的物质组成发生明显变化,其中Ⅲ号谱峰最终因降解作用而消失。低分子量区的有机物分子量则随填埋龄增加而不断增加,见图2-33、表2-11。

填埋垃圾富里酸在填埋过程中不断降解,胡敏酸组分在填埋过程中则以聚合过程为主。这一点可以从胡敏酸的分子量和分散度随填埋龄变化规律上得以体现。胡敏酸的分子量和分散度分别随填埋龄增加呈现指数上升和

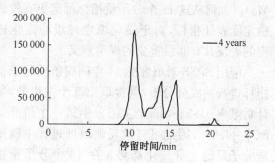

图2-33 填埋垃圾胡敏酸组分(填埋龄4年)的凝胶色谱图

下降的趋势,相关系数R^2分别达到了0.81。在整个填埋过程中胡敏酸的分子量由20 000上升到60 000左右,分散度则由30下降至10的水平,见图2-34—图2-36、表2-12。

表2-11　　　　　　　填埋垃圾胡敏酸组分(填埋龄4年)的凝胶色谱峰数据

Peak No.	Top Height	Start Time	Top Time	End Time	Start Mol	Top Mol	End Mol
Ⅰ	1 770	8.28	10.69	12.02	7 385 473	1 187 700	433 198
Ⅱ	815	12.02	14.02	14.47	433 198	94 737	67 358
Ⅲ	840	14.47	15.90	16.68	67 358	22 610	12 505
Ⅳ	122	20.18	20.73	21.58	876	579	302

表2-12　　　　　　　填埋垃圾胡敏酸组分(填埋龄8年)的凝胶色谱峰数据

Peak No.	Top Height	Start Time	Top Time	End Time	Start Mol	Top Mol	End Mol
Ⅰ	1 253	8.58	10.66	12.25	5 880 349	1 218 777	362 832
Ⅱ	1 024	12.25	14.62	16.00	362 832	59 967	21 014
Ⅲ	92	19.58	20.13	21.00	1 381	910	471

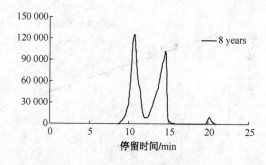

图2-34 填埋垃圾胡敏酸组分(填埋龄8年)的凝胶色谱图

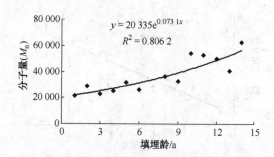

$$y = 20\ 335e^{0.073\ 1x}$$
$$R^2 = 0.806\ 2$$

图2-35 填埋垃圾胡敏酸分子量随填埋龄的变化规律拟合图

填埋垃圾腐殖质的分子量和分布指数是填埋垃圾稳定化进程中最为直接的表征指标,可以真实反映填埋垃圾有机物的无机化和腐殖化过程。然而填埋垃圾腐殖质的凝胶色谱分析可以提供3类样品(腐殖质提取液、胡敏酸和富里酸)6个指标(M_n, M_w, M_z, M_{z1}, M_w/M_n, $M_z/$

M_w)。如何从这 18 个分子量指标筛选更有效的稳定度表征指标,对于简化填埋垃圾稳定化进程的表征具有非常重要的现实意义。

应用 SPSS 对填埋龄 14 年间腐殖质分子量指标进行主成分分析,共提取出 5 个主组分,累计贡献率 91.2%。5 个主组分中第一主组分贡献率 44.3%,因此可有效反映填埋过程中腐殖质分子量的主导变化趋势。在 18 个分子量指标中,胡敏酸的 M_n,M_z,M_{z1},M_w/M_n 以及腐殖质提取液的 M_n,M_z/M_w 在第一主组分上的荷载绝对值大于 0.85。

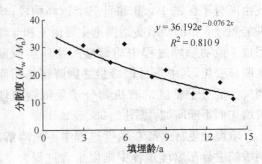

图 2-36　填埋垃圾胡敏酸分散度随填埋龄的变化规律拟合图

胡敏酸的 M_n,M_w/M_n 和 HM 的 M_n 的荷载分别为 0.955,−0.925 和 0.928,三个指标可高效地表征填埋垃圾稳定化进程。胡敏酸的 M_n,HM 的 M_n 变化趋势与填埋垃圾稳定度成正比,而胡敏酸的 M_w/M_n 则成反比。第一主组分 F 值随填埋龄的增加而不断上升,由此可推断填埋过程中胡敏酸的 M_n 和 HM 的 M_n 不断上升,胡敏酸的 M_w/M_n 不断减少。这一点与腐殖质分子量和稳定度相关性的研究结果一致,因此在填埋垃圾的稳定度表征中主要以 HA 组分的分子量指标为主要研究对象,可以达到简单高效的表征效果,见图 2-37。

三、填埋垃圾稳定度的综合表征

在填埋垃圾稳定化进程研究中,单一的表征指标由于受填埋垃圾本体差异性和不均匀性的影响,很难单独反应稳定化的过程。如何将众多指标的信息综合,最终得出一个综合指标来。研究中采用多元统计分析软件 SPSS 对填埋垃圾腐殖质有关的 19 个指标进行主成分分析,以全面表征填埋垃圾稳定化进程。

SPSS 主成分分析从 19 个指标中提取出 5 个主成分,累计贡献率达到 83%。第一主组分贡献率 45.5%,腐殖质的可提取率、HA/FA、腐殖质的分子量和分布指数、HA 的光学参数在第一主组分上有绝对值>0.8 的荷载系数。这说明这些指标之间相关性比较强,而且可单独用于填埋垃圾稳定化进程的表征(图 2-38)。

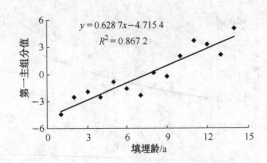

图 2-37　填埋过程中第一主组分值的变化规律拟合图

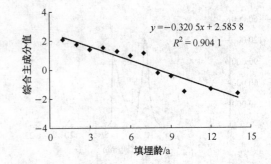

图 2-38　基于综合主成分的填埋垃圾的稳定化动力学模型

四、填埋垃圾中重金属和有机物迁移变化

生活垃圾填埋过程中重金属元素和有机污染物的迁移变化规律是填埋场研究的焦点之一。在矿化垃圾开采资源化过程中,环境条件的变化则可能导致填埋垃圾内重金属形态和有机物的迁移转化,会对人类健康和环境造成潜在的威胁。本章描述了填埋垃圾中重金属和有机物的迁移转化规律,从而评估填埋垃圾资源化过程中重金属和有机污染物的环境影响。

1. 填埋垃圾重金属的形态分布特征

不同重金属的化学形态分布见图 2-39。不同重金属的形态分布差异较大,这是因其化学性质不同决定的。

(1) 醋酸可提取态

重金属的醋酸可提取态主要包括水溶态、阳离子可交换态和碳酸盐结合态。水溶态和可交换态在中性条件下容易释放出来,碳酸盐结合态是指在醋酸体系(pH＝5)中溶解的重金属碳酸盐,对 pH 值最为敏感,在酸性条件下易释放。因此重金属的醋酸可提取态的生物可给性较强,且易对土壤和水环境造成影响。

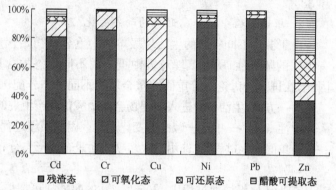

图 2-39　填埋垃圾重金属的形态分布图

在填埋垃圾中,重金属的醋酸可提取态在各自元素中所占的百分比顺序为 Zn＞Cd＞Cu＞Ni＞Cr＞Pb,14 年均值分别为 30.17%, 4.77%, 4.72%, 3.48%, 0.50% 和 0.24%。在六种重金属中,元素 Zn 的醋酸可提取态分配比值最高,这是因为 Zn 元素主要是吸附在有机/无机胶体表面的交换点上,而不是由同晶替代作用固定在晶格中。因此在醋酸盐分级提取过程中,当填埋垃圾体系 pH 值由弱碱变化为酸性条件时,Zn 元素要较其他重金属元素更容易释放出来。

(2) 可还原态和可氧化态

可还原态是以盐酸羟胺还原而溶解的不定型铁锰结合的重金属。可氧化提取态是有机物及硫化物结合态,是以重金属离子为中心离子,以有机质活性基团为配位体的结合或是硫离子与重金属生成难溶于水的物质。氧化-还原作用不仅会使重金属元素发生价态变化,而且还会使重金属元素的形态发生变化。

填埋垃圾是一个由众多无机和有机物质构成的复杂体系。在无机体系中,主要有氧体系、铁体系、硫体系和氢体系等,其中,O_2-H_2O 体系和硫体系在填埋垃圾的氧化还原反应中作用明显,对重金属元素价态变化起重要作用。由于填埋场封场后填埋单元处于缺氧条件,同时有机物降解生成的填埋气体中含有微量 H_2 和 H_2S 气体,形成填埋单元内部不同于土壤环境的 H_2-H_2S 还原体系,因此,填埋垃圾中的重金属很难被氧化固定,主要以可氧化态形式存在。

金属元素按其性质一般可以大致分为难溶性(氧化固定)元素和还原难溶性(还原固定)元素,镉、铬、铜和锌属于还原难溶性重金属元素。因此,这 4 种重金属在可氧化态中的分配比值要明显高于可还原态。重金属在可还原态中所占比值顺序为 Zn＞Cu＞Cd＞Pb＞Ni＞Cr,分配比值分别为 19.8%, 5.3%, 3.7%, 2.6%, 2.2% 和 0.8%;在可氧化态中所占比值顺序为 Cu＞Cr＞Zn＞Cd＞Ni＞Pb,分配比值分别为 41.6%, 12.8%, 12.2%, 11.0%, 2.8% 和 2.6%。

(3) 残渣态

这部分重金属存在于原生矿物的晶格中,在自然界正常条件下不易释放进入周边环境,能长期稳定在土壤或沉积物中,只有在风化过程中才能释放,而风化过程是以地质年代计算的,相对于生物周期来说,残渣相基本上不为生物所利用。

重金属在残渣态中分配比值的顺序为 Pb>Ni>Cr>Cd>Cu>Zn,其中 Pb,Ni,Cr 和 Cd 元素的分配比值都在 80% 以上,而 Cu 和元素 Zn 在这一形态的分配比值较低,仅有 48% 和 38%。

2. 填埋过程中重金属形态的动态变化

由于源自不同年份的生活垃圾本体中重金属初始含量的不同,同时固体垃圾的采样也具有很强的随机性,所以填埋垃圾中重金属不同形态的含量与填埋龄之间呈现较强的随机性。因此,在进一步讨论中着重研究重金属的不同形态分配比值随填埋龄的变化规律。

另一方面,生活垃圾进入填埋场会经历酸化和产甲烷的过程,在此过程中填埋垃圾体系存在一个中性—酸性—中性—碱性的变化过程。因此填埋过程中重金属形态分布的动态变化并不是一个简单的变化过程,故选用二次多项式对重金属形态分布的动态变化规律进行拟合研究。

(1) 重金属 Cd

在生活垃圾填埋过程中,重金属 Cd 的醋酸盐可提取态和可还原态含量整体呈上升趋势。醋酸盐可提取态由填埋龄 1 年的 1.5% 增加至填埋龄 14 年的 2.5%;可还原态则由 1% 增加至 2%。二者变化的不同之处是,醋酸盐可提取态随填埋龄的增加而逐渐趋于平缓;可还原态的上升趋势则保持不断增速的特点。说明在填埋过程中重金属 Cd 被不断活化,而并不是以固定过程为主,这是因为在重金属的四个形态中,可提取态和可还原态重金属易被生物利用。

重金属 Cd 的可氧化态则呈现两个阶段性变化,填埋龄在 1~7 年左右填埋垃圾中可氧化态分配比值呈不断上升趋势,而填埋龄在 7 年以后则保持下降趋势。这主要是由腐殖质形成和降解因素相互平衡的结果。生活垃圾进入填埋场前 5 年的时间内,腐殖质在结构上不断形成越来越多的重金属吸附点位,重金属 Cd 则以可氧化态形式被腐殖质吸附固定。随着填埋垃圾中易降解有机物的降解完毕,部分腐殖质也开始生物降解,腐殖质吸附点位上的可氧化态重金属不断被转化为相对活跃的醋酸盐可提取态和可还原态。

残渣态的重金属 Cd 在整个填埋过程则保持不断下降趋势,这说明在填埋过程中重金属 Cd 不断活化转化为醋酸盐可提取态和可还原态,最终不断向填埋垃圾体系渗滤液和表被转移,见图 2-40—图 2-43。

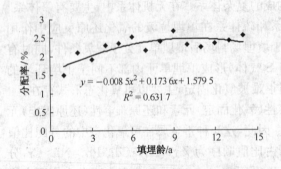
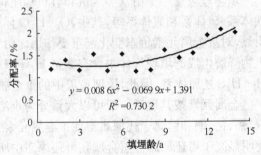

图 2-40 重金属 Cd 醋酸盐可提取态的分配变化图　　图 2-41 重金属 Cd 可还原态的分配变化图

(2) 重金属 Cr

填埋垃圾中重金属 Cr 的醋酸盐可提取态变化非常缓慢,14 年间仅从填埋龄 1 年的 0.43% 上升到填埋龄 14 年的 0.62%,增幅仅为 0.19%。填埋垃圾中可还原态和可氧化态 Cr 的变化规律都保持略有下降后快速上升的变化规律。可还原态的分配比值首先由填埋龄 1 年

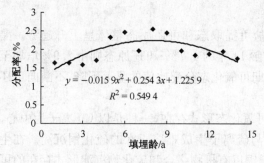

图 2-42 重金属 Cd 可氧化态的分配变化图

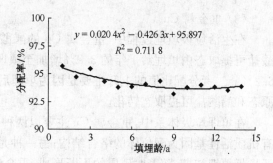

图 2-43 重金属 Cd 残渣态的分配变化图

的 0.73% 下降至填埋龄 7 年的 0.51%,而后快速上升至填埋龄 14 年的 1.35%;可氧化态的分配比值则首先由填埋龄 1 年的 11.6% 缓慢下降至填埋龄 7 年的 8.92%,而后快速上升至填埋后期的 17.6%。

重金属 Cr 的可还原态和可氧化态在整个填埋过程中变化规律基本一致。二者前期基本保持相对稳定的特点,主要是由于填埋初期重金属不断随渗滤液迁移出填埋垃圾体系造成。填埋后期的变化其形成机理却有所不同,由于重金属 Cr 属于还原难溶性重金属元素,随着填埋时间的增加而不断形成还原态沉淀,填埋垃圾中可氧化态的重金属 Cr 将不断上升。而可还原态的增加则是受两个方面因素影响:一方面,填埋后期填埋垃圾体系的氧化还原电位不断上升,可氧化态重金属存在氧化现象;另一方面,在易生物降解有机物消耗殆尽后,填埋垃圾中腐殖质也开始面临生物降解和无机化作用,因此可氧化态 Cr 不断活化向可还原态和醋酸盐可提取态转化。

由于重金属 Cr 在填埋过程中很难形成稳定沉淀态,相反以残渣态存在的 Cr 不断从填埋垃圾体系中迁移出来,因此重金属 Cr 残渣态的分配比值保持不断下降的趋势,由填埋初期的 89.6% 下降到填埋后期的 70%,见图 2-44—图 2-47。

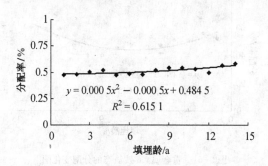

图 2-44 重金属 Cr 醋酸盐可提取态的分配变化图

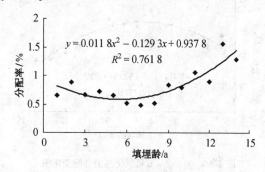

图 2-45 重金属 Cr 可还原态的分配变化图

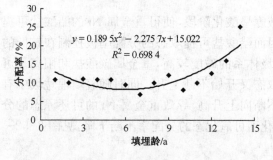

图 2-46 重金属 Cr 可氧化态的分配变化图

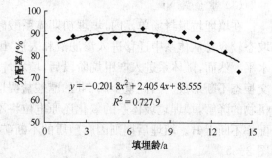

图 2-47 重金属 Cr 残渣态的分配变化图

（3）重金属 Cu

在生活垃圾填埋过程中，重金属 Cu 的醋酸盐可提取态和可还原态整体呈上升趋势。醋酸盐可提取态由填埋龄 1 年的 3.9％增加至填埋龄 14 年的 4.7％；可还原态则由 2.9％增加至 6.2％。二者分配比值的上升主要是因为填埋后期可氧化态分配比值的显著下降，不断向可还原态和醋酸盐可提取态转化。

在填埋垃圾体系中，重金属 Cu 主要以两种可氧化态形式存在，一种是以 Cu 离子为中心，有机质活性基团为配位体的络合结构；另一种是与硫离子生成难溶于水的硫化铜沉淀。在生活垃圾填埋初期，随着腐殖质的不断形成，重金属铜以有机物络合和硫化物沉淀形式存在的可氧化态分配比值不断上升；在大部分有机物降解完成后，腐殖质也开始经历缓慢的无机化过程。在这个过程中，重金属 Cu 的有机络合物和硫化沉淀物不断解体，导致重金属 Cu 可氧化态的分配比值在填埋后期不断下降（图 2-48—图 2-51）。

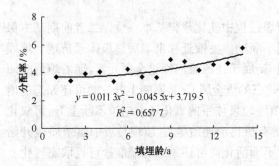

图 2-48　重金属 Cu 醋酸盐可提取的分配变化图

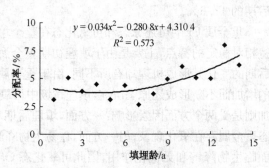

图 2-49　重金属 Cu 可还原态的分配变化图

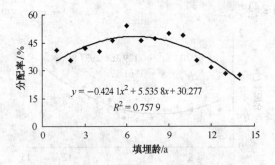

图 2-50　重金属 Cu 可氧化态的分配变化图

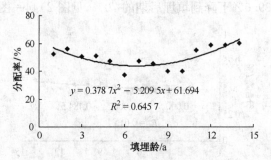

图 2-51　重金属 Cu 残渣态的分配变化图

（4）重金属 Ni

在填埋垃圾封场单元内，填埋初期体系酸碱度呈酸化阶段，使得重金属 Ni 的醋酸盐可提取态较容易从体系中迁移进入渗滤液和表被，因而醋酸盐可提取态的分配率被控制在较低的水平。然而，随体系进入产甲烷阶段后，填埋垃圾体系的碱度较高，重金属碳酸盐和阳离子可交换态不断形成。因此重金属 Ni 的醋酸盐提取态又开始不断上升。同时随着填埋垃圾中有机物的降解，填埋垃圾体系的氧化还原电位将不断向上升高，导致重金属 Ni 的可还原态的分配率不断上升。填埋后期则因腐殖质的不断矿化而可氧化态的分配率不断下降，见图 2-52—图 2-55。

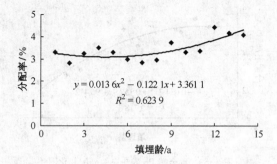

图 2-52　重金属 Ni 醋酸盐可提取态的分配变化图

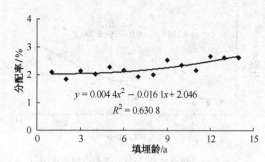

图 2-53　重金属 Ni 可还原态的分配变化图

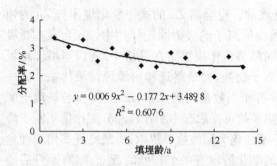

图 2-54　重金属 Ni 可氧化态的分配变化图

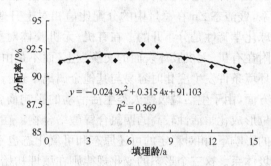

图 2-55　重金属 Ni 残渣态的分配变化图

（5）重金属 Pb

填埋垃圾中重金属 Pb 的醋酸盐可提取态的分配比值仅保持在 0.2% 左右的水平，因此醋酸盐可提取态的变化规律受样品采集和测量因素的干扰较为明显，拟合曲线的相关系数仅为 0.047 3。从整体来看，重金属 Pb 主要以残渣态存在，分配比值保持在 90% 以上。在生活垃圾填埋过程中，重金属 Pb 残渣态的分配比值由填埋初期的 98% 下降至填埋后期的 91%。这说明在填埋过程中重金属 Pb 的迁移速率较为明显，进而也促成可还原态和可氧化态分别由填埋初期的 1% 上升到填埋后期的 4%（图 2-56—图 2-59）。

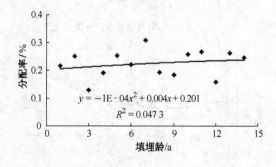

图 2-56　重金属 Pb 醋酸盐可提取态的分配变化图

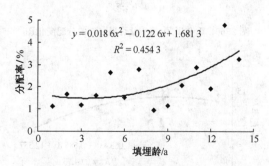

图 2-57　重金属 Pb 可还原态的分配变化图

（6）重金属 Zn

在生活垃圾填埋过程中重金属 Zn 的形态变化规律与其他五种重金属存在明显的不同。在整个填埋过程中醋酸盐可提取态、可还原态和可氧化态的分配比值保持不断下降的趋势，相应的残渣态在重金属 Zn 总量中的分配比值不断上升。在此过程中残渣态分配比值不断上升

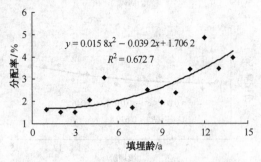

图 2-58　重金属 Pb 可氧化态的分配变化图

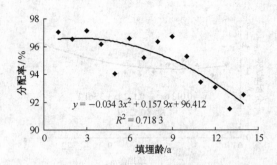

图 2-59　重金属 Pb 残渣态的分配变化图

的原因并不是由较为活跃形态不断稳定化造成,而是由相对活跃组分不断迁移出填埋垃圾体系,残渣态 Zn 在总量中的分配比值相对上升造成的。重金属 Zn 的这一变化规律与 Zn 的地球化学特性是分不开的。在有机/无机胶体对重金属离子的吸附固定作用中,Zn 元素主要吸附在有机/无机胶体表面的交换点上,而不是由同晶替代作用吸附在晶格中,所以当填埋垃圾环境条件发生变化时容易与其他金属离子进行离子交换,而最终迁移出填埋垃圾体系。另一方面,由于生活垃圾受人类生活活动的影响而含有相当数量的氯元素,Zn 元素易与氯离子配位形成化学活性较高的四氯合锌酸络合物。在醋酸盐可提取态不断迁移和分配比值不断下降的影响下,相对稳定的可还原态和可氧化态也不断活化为醋酸盐可提取态,最终迁移出填埋垃圾体系。这三个形态的变化规律则在填埋初始的酸化阶段有一个较低的起点,略有上升后随即快速下降,见图 2-60—图 2-63。

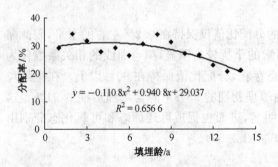

图 2-60　重金属 Zn 醋酸盐可提取态的分配变化图

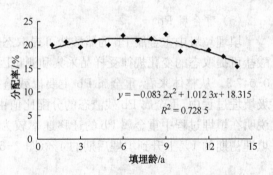

图 2-61　重金属 Zn 可还原态的分配变化图

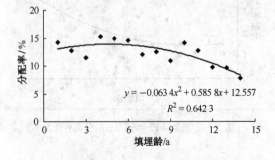

图 2-62　重金属 Zn 可氧化态的分配变化图

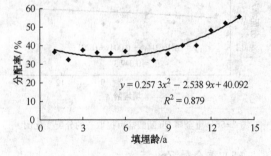

图 2-63　重金属 Zn 残渣态的分配变化图

3. 微量有机物的降解转化

在填埋过程中生活垃圾要经过水解酸化、产氢产乙酸和产甲烷阶段,选取填埋龄 3 年、8

年和13年填埋垃圾样品作为填埋初期、中期和后期填埋垃圾中微量有机物的变化规律。在填埋过程中填埋垃圾中有机污染数量明显下降,填埋龄3年、8年和13年的填埋垃圾中分别检测到25,20,13种有机物。这一变化过程主要受微生物不断降解和渗滤液不断渗滤迁移的原因影响。

填埋初期,填埋垃圾中含有大量羧酸类、醇醛类、醇、酮、羧酸、苯、酯等小分子降解物质。填埋初期浸出液中酸类物质较多,在检测到的25种有机物中共有羧酸类14种,这与填埋单元还处在酸化阶段有关。微量有机物种类虽然不多,但有我国优先控制污染物邻苯二甲酸二辛酯和苯酚检出,其中邻苯二甲酸二辛酯主要用于塑料增塑剂,其存在与填埋垃圾中大量的废弃塑料制品密切相关(表2-13)。

表 2-13　　　　　　　　　　　填埋垃圾浸出液微量有机物污染物检出表

1992	1997	2002
1,4-环己二醇	1,2-环己二醇	2-苯基-2-丙醇
2-甲基丙胺	1-丁醇,3-甲基,乙酸酯	2-甲基苯戊酸
4-甲基-N-丙基-苯磺酸胺	2,6-二叔丁苯酚	2-甲基戊酸
5-甲基-2-甲基乙基-环己醇	2-苯基-2-丙醇	3-甲基-2-(2-丙氧基)呋喃
a,a,4-三甲基-3-环己烯-1-甲醇	2-甲氧乙醇	3-甲基戊酸
a-羧基苯乙酸	乙基胺	a-甲基-4-(2-甲基丙基)-苯乙酸
苯酚	2-氧-辛酸	a-甲氧基-苯乙酸甲酯
丁基羧基甲苯	3-甲基苯酚	苯丙酸
对甲基苯酚	a-甲基-4-(2-甲基丙基)-苯乙酸	苯酚*
邻苯二甲酸二辛酯	苯乙酸	苯甲酸
间甲基苯酚	对甲基苯甲酸	丁酸
-羟基-1H-吲哚乙酸甲酯	二甲基苯甲醇	二甲基苯
壬酸	环己胺	环己胺
十八碳烷酸甲酯	环己酮	环己酸
2-邻苯二甲酸酯	环己羧酸	己酸
乙酰胺	邻甲基苯甲酸	甲基苯
	十八碳烷酸甲酯	邻苯二甲酸二辛酯*
	十甲基四硅氧烷	邻苯二甲酸二异丁酯
	脱氢松香酸	邻甲基苯甲酸
		六甲基环三硅氧烷
		壬酸
		三甲基苯甲酸
		十八烷酸
		辛酸
		乙酸异戊酯

有机污染物经过长达10年的填埋处理,已经转化为结构简单、易被生物降解的有机物,或者数量大大降低,绝大部分有机污染物都已经降解。填埋后期浸出液中微量有机物以醇和酯

类物质为主,共有酯类 4 种、醇类 3 种。而酸类物质大量减少,未有优先控制污染物检出。填埋后期填埋垃圾中较少的酸说明生活垃圾填埋过程的中间产物酸容易在填埋过程被进一步降解。

第四节　矿化垃圾开采筛分方案和环境影响

矿化垃圾开采和资源化过程是生活垃圾填埋处置的逆过程,在此过程中填埋垃圾堆体内的污染物质会得以释放,如达到一定浓度不可避免存在一定环境风险。由于填埋垃圾堆体结构复杂和不稳定的特点,开发适于填埋垃圾开采和筛分的作业方案对矿化垃圾开采和资源化十分关键。本章主要目的是优化设计矿化垃圾的开采筛分流程和设备,进而通过对开采筛分作业区的空气质量监测评价矿化垃圾开采筛分过程的环境影响。

一、矿化垃圾的开采筛分工艺

1. 前期准备

填埋垃圾开采前期准备工作主要包括开采区域植被的清除、终场覆盖层的转移和渗滤液的降排工作。填埋单元的表层覆盖土层厚度在 50 cm 左右,可以转移至正在作业的填埋单元做覆盖材料。因此在填埋单元的植被清除工作结束后,铲土机将填埋单元表层覆盖土推至周边单元临时堆放。

上海老港生活垃圾填埋场渗滤液距地面深度仅 0.5～1 m 左右。高的渗滤液水位会使填埋垃圾堆体稳定性变差,给填埋垃圾开挖作业带来潜在的施工安全隐患。同时,为有效控制填埋垃圾中渗滤液含量,缩短后续摊铺晾晒的时间,开挖前先在填埋单元内开挖出渗滤液导排沟槽,以便降排渗滤液。在整个填埋单元内开挖 8 条渗滤液导排沟槽,每条沟槽宽 5 m、深 3 m 左右。在 8 条渗滤液导排沟槽一端设置一条连通沟槽,根据渗滤液导排量的要求在沟槽内安装卧式污水泵或潜水泵,将渗滤液抽送至临近单元的渗滤液导排系统。

2. 挖掘作业

填埋垃圾开采的挖掘机选用履带式行走和反铲作业方式,停机面设在填埋垃圾层上。挖掘机型号为 WY160,斗容量 1.6 m³,液压驱动、最大转速 9 rpm,最大挖掘深度 4.5 m,最大挖掘半径 7.38 m,理论生产能力 384 m³/h。在挖掘机将填埋垃圾挖掘出来后,由前装式装载机将填埋垃圾沿渗滤液导排沟槽方向堆成条堆。待填埋垃圾中渗滤液充分沥尽后,再进行历时 1 个星期的翻堆晾晒,填埋垃圾的含水率最终可控制在 35%～55% 的水平。在翻堆过程中去除填埋垃圾中体积较大的器具、汽车帆布和钢缆等大件物品。

矿化垃圾填埋单元主要由结构松散的生活垃圾和覆盖土壤经推土机和压实机适度压实后形成,因此矿化垃圾填埋单元属于不稳定的软地基结构。同时由于填埋场的地下水和渗滤液水位较高,当矿化垃圾开挖至地面标高 2 m 以下,边坡稳定性和作业面稳定性的工程安全问题也应高度重视。

矿化垃圾开挖应从上而下逐层挖掘,严禁采用掏挖的操作方法;开挖坑(槽)深度超过 1.5 m 时,应根据填埋单元结构情况进行小坡度放坡或边坡防护措施;挖土作业时要随时注意机械作业面土壁变动情况,如发现有裂纹或部分塌落现象,要及时采取相应的措施进行处理或加固,防止机械作业面产生塌方事故。

3. 筛分

滚筒筛或者振动筛将开采出来物料中的土壤(包括覆盖材料)从矿化垃圾中筛分出来。在填埋场开采的实际应用中,滚筒筛比振动筛更有效。矿化垃圾筛分分选工艺流程见图2-64。

矿化垃圾筛分装置由进料传输带,滚筒筛,细料传输带、粗料传输带组成。矿化垃圾采用抓斗方式进料。滚筒筛直径 D 为 1 500 mm,长度 L 为 4 000 mm,长径比为 2.7;筛孔为正方形,采用钢筋焊成,筛孔尺寸为 80 mm×80 mm,筛网开孔率达 85%。

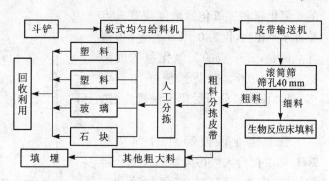

图 2-64　填埋垃圾筛分分选工艺流程

滚筒筛配功率为 5.5 kW 的电机,转速约为 40 r/min。滚筒筛的给料量控制在 10～15 t/h,每日可筛分填埋垃圾 250 t,筛分效率约为 90%。

筛分出的细料可用于矿化垃圾生物反应床填料或者垃圾填埋场的日覆盖材料。粗料则通过进一步人工分拣,可以回收塑料、橡胶和布纤维等具有高资源化价值的材料。

二、开采筛分作业的环境影响评价

矿化垃圾开采作业区的大气环境影响评价主要包括两个方面的内容:矿化垃圾开采作业过程中粉尘和填埋气体无组织排放对填埋场空气环境的影响评价;矿化垃圾开采过程中的潜在有害物质对开挖作业人员的作业安全和身体健康影响的初步评价。

三、空气质量监测方案

空气质量监测项目包括总悬浮颗粒物(TSP)、可吸入颗粒物(PM_{10})、甲烷(CH_4)、氨(NH_3)、硫化氢(H_2S)、总挥发性有机化合物、细菌总数以及二氧化硫(SO_2)、二氧化氮(NO_2)常规空气质量监测项目(表2-14)。

填埋垃圾开采和筛分作业过程中的大气污染排放属于无组织排放,监测点布设、采样时间和监测气象条件的判定和选择按《HJ/T 55—2000 大气污染物无组织排放监测技术导则》执行。矿化垃圾开挖区上风向设 1 个背景参照点,矿化垃圾开采和筛分作业点各设置 1 个监测点、矿化垃圾开挖区下风向 10 m 处设监控点。

表 2-14　　　　　　　　　　　空气质量监测项目和测试标准

测 试 标 准	监 测 项 目
GB/T 15432—1995	环境空气　总悬浮颗粒物的测定　重量法
GB/T 6921—1986	大气飘尘浓度测定方法
GB/T 15262—1994	环境空气　二氧化硫的测定　甲醛吸收-副玫瑰苯胺分光光度法
GB/T 15435—1995	环境空气　二氧化氮的测定　Saltzman 法
GB/T 14678—1993	空气质量　硫化氢的测定　气相色谱法
GB/T 14679—1993	空气质量　氨的测定　次氯酸钠-水杨酸分光光度法
GB/T 18204.1—2000	公共场所空气微生物检验方法　细菌总数测定

1. SO_2 和 NO_2

由于生活垃圾在填埋单元中主要以厌氧和缺氧降解过程为主,降解产物主要以 H_2S 和 NH_3 为主。因此,填埋垃圾的开采和筛分作业过程中,二氧化硫和二氧化氮的释放几乎为零。筛分点的二氧化硫和二氧化氮浓度与背景点浓度水平相当,仅为 0.01 mg/m³。值得注意的是,开采点的二氧化氮浓度高达 0.25 mg/m³,较背景值增加三倍多,具体原因经分析后仍无法确定(图 2-65)。

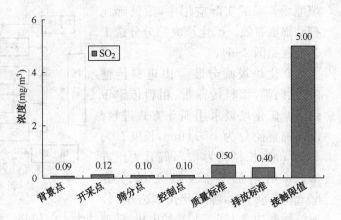

图 2-65 矿化垃圾开采筛分作业区 SO₂ 浓度分布

整个作业区控制点的 SO₂ 和 NO₂ 浓度符合大气污染物二级综合排放标准,作业区空气中二氧化硫和二氧化氮的含量满足国家规定的二级空气质量标准要求,远低于职业工作场所中的容许浓度,因此作业人员在作业过程中无须采用针对二氧化硫和二氧化氮的防护措施,见图 2-66。

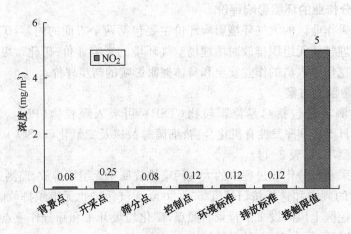

图 2-66 矿化垃圾开采筛分作业区 NO₂ 浓度分布

2. TSP 和 PM₁₀

由于填埋垃圾是生活垃圾经过多年填埋处理形成的类土壤物质,结构松散,在开采和筛分作业过程中容易形成扬尘。因此悬浮颗粒污染物和可吸入粉尘将是填埋垃圾开采和筛分作业中最主要的环境和职业健康影响因子。

填埋垃圾开采筛分作业区中扬尘的形成受填埋垃圾中含水率的影响比较显著。填埋垃圾开采作业中因填埋垃圾的含水率较高而扬尘较少,开采点 TSP 浓度 0.15 mg/m³,仅高于背景点 0.05 mg/m³,PM₁₀ 浓度则与背景点 0.8 mg/m³ 相当。而填埋垃圾在筛分前已经过 1 个星期时间的摊铺晾晒,其含水率已降低而易形成扬尘,对整个填埋区的空气质量下降贡献较大。因而在填埋垃圾筛分作业过程中空气中 TSP 和 PM₁₀ 浓度分别达到 2.73 mg/m³ 和 0.31 mg/m³,远高于二级空气环境质量标准的 0.3 mg/m³ 和 0.15 mg/m³ 的水平。因此作业人员的粉尘防护尤为重要,在作业过程中应采用专用的防尘口罩进行个体防护。虽然填埋垃圾筛分过程中粉尘贡献量较大,但是其中颗粒较大的粉尘容易沉降,以至控制点的 TSP 和 PM₁₀ 浓度仍能达到二级空气环境质量标准和无组织排放标准,见图 2-67—图 2-68。

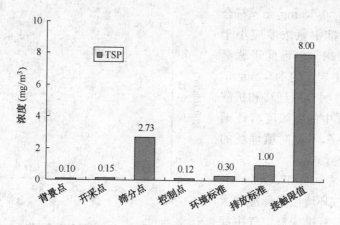

图 2-67　矿化垃圾开采筛分作业区 TSP 浓度分布

3. H_2S 和 NH_3

在生活垃圾填埋场污染物控制标准(GB 16889—1997)和恶臭污染物控制标准(GB 14554—1993)中,氨和硫化氢是生活填埋场大气污染物控制项目中的两类恶臭污染物,具体规定二者的二级厂界标准值(无组织排放限值)分别为 1.5 mg/m³ 和 0.06 mg/m³。

由图 2-69 可见,填埋垃圾开采和筛分作业中 H_2S 对空气质量贡献明显。开采点的 H_2S 浓度高达 0.45 mg/m³,几乎是二级无组织排放源限

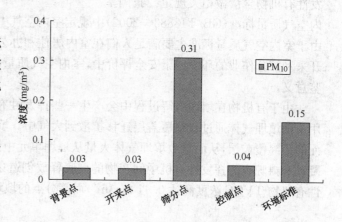

图 2-68　矿化垃圾开采筛分作业区 PM_{10} 浓度分布

值(0.06 mg/m³)的 8 倍,筛分点的浓度也有0.15 mg/m³。从劳动防护来看,整个作业区的 H_2S 浓度仍远远低于工作场所空气中最高容许浓度10 mg/m³,对作业人员的健康不会产生负面影响。受填埋垃圾开采和筛分高 H_2S 浓度的影响,控制点的 H_2S 浓度达到 0.10 mg/m³,仅能达到国家恶臭污染物控制标准的三级无组织排放标准(厂界标准)0.32 mg/m³。但由于排放标准中界定的为厂界处排放浓度,而控制点为开采作业区的最高浓度点,因此不会对整个填埋场的空气质量产生明显影响。

由图 2-70 可见,填埋场背景点的氨浓度仅有 0.10 mg/m³,而开采和筛分作业点的氨浓度分别达到0.32 mg/m³ 和0.23 mg/m³,但由于工作场所空气中氨容许浓度为 20 mg/m³(时间加权平均),因此开采和筛分作业区的氨气浓度水平不会对作业人员产生负面影响。整个填埋垃圾开采和筛分作业区

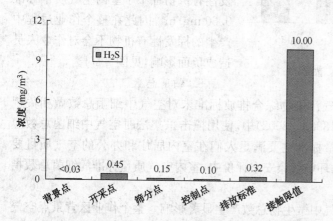

图 2-69　矿化垃圾开采筛分作业区 H_2S 浓度分布

控制点的氨浓度为 0.18 mg/m³，符合室内空气质量标准中氨浓度应小于 0.20 mg/m³ 的要求。也远低于恶臭污染物控制标准中规定的 1.5 mg/m³ 的二级排放标准。另外随迁移和扩散距离的增加，空气中的氨浓度将逐渐下降至背景值水平，不会对填埋场的空气质量产生明显影响。

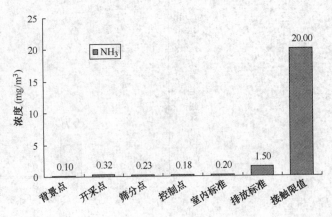

图 2-70　矿化垃圾开采筛分作业区 NH_3 浓度分布

4. 总挥发性有机物 TVOC

目前我国空气环境质量标准和大气污染物综合排放标准未对空气中挥发性有机物含量做相关规定。我国室内空气质量标准(GB/T18883—2002)中规定室内空气中总挥发性有机物应小于 0.60 mg/m³。由于室内空气质量标准主要满足人们在室内居住和办公的空气质量要求，因此在对填埋垃圾开采和筛分作业的环境健康安全评价中，室内空气质量标准的挥发性有机物含量指标具有借鉴意义。

由于有机物在填埋降解过程中会产生一些挥发性有机中间产物，在填埋单元内部压力作用下随填埋气体通过最终覆盖层迁移扩散到大气中。填埋垃圾开采作业会大面积移除填埋单元的最终覆盖层，从而导致填埋气体大量从填埋单元中无组织释放。同时对填埋垃圾的开采、翻动和摊晾也为挥发性有机中间产物的彻底释放创造条件。因此，填埋垃圾开采点的总挥发性有机物 TVOC 浓度高达 0.41 mg/m³，而筛分点的填埋垃圾经过 1 个星期的摊晾，挥发性有机物已经挥发殆尽，因此筛分点的 TVOC 浓度与背景点的浓度相当。由于受填埋垃圾开采点挥发性有机物浓度高的影响，整个填埋垃圾作业区控制点的 TVOC 浓度也保持 0.29 mg/m³ 的高水平。从整体看来，填埋垃圾开采和筛分作业区空气中的总挥发性有机物皆小于室内空气质量标准 0.60 mg/m³，因此在整个作业过程中产生的挥发性有机物不会对作业人员造成负面影响，见图 2-71。

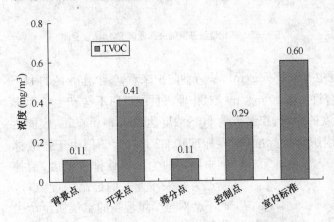

图 2-71　矿化垃圾开采筛分作业区 TVOC 浓度分布

5. 细菌总数

目前我国空气环境质量标准和大气污染物综合排放标准未对空气中细菌总数做相关规定。在我国室内空气质量标准(GB/T18883—2002)中，使用撞击采集法时空气中细菌总数应小于 4 000 cfu/m³。由于室内空气质量标准主要满足人们在室内居住和办公的空气质量要求，因此在填埋垃圾开采和筛分作业的环境健康安全评价中，室内空气质量标准的细菌总数指标具有借鉴意义。

填埋垃圾开采和筛分作业会对空气中微生物总数产生显著影响。整个作业区背景点空气中细菌总数仅有 780 cfu/m³，开采点的细菌总数较背景点增加了 3.6 倍，筛分点空气中细菌总数则急剧上升到 5 000 cfu/m³ 的水平。这主要是因为填埋垃圾中丰富的微生物群落在作业过程中随填埋气体释放和随填埋垃圾扬尘进入大气的结果。填埋垃圾开采点和筛分点空气中细菌总数的差异则主要受微生物进入大气的方式和粉尘的浓度水平影响,见图 2-72。

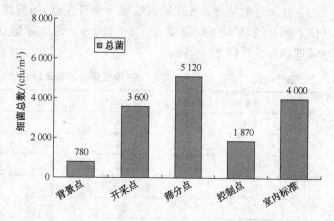

图 2-72　矿化垃圾开采筛分作业区细菌总数浓度分布

从控制点的细菌总数来看,随填埋垃圾开采和筛分作业进入大气的微生物受填埋场地域开阔和风速较高的影响,在离作业区 10 m 处已经显著下降到 1 870 cfu/m³ 的水平,同时由于空气的扩散和稀释作用,空气中细菌总数将会恢复至背景点的水平。因此填埋垃圾开采作业导致的空气中细菌总数的增加,对整个填埋场大面积范围不会产生显著影响。

筛分点空气中细菌总数要比开采点高,已经超过室内环境标准 4 000 cfu/m³。由于筛分作业粉尘浓度较高,作业人员通常需采取防尘防护措施,除尘的过程会显著减少作业人员对细菌的接触浓度和几率,因此细菌因素对作业人员的健康卫生不会产生明显影响。由于工作场所中细菌对劳动者健康伤害取决于微生物种类和浓度两个因素,我国工作场所有害因素职业接触限值(GBZ2—2002)中就对生物因素容许浓度做了相应规定,白僵蚕孢子最高容许浓度 $6×10^7$(孢子数/m³)。为确认填埋垃圾中是否含有危害作业人员职业健康的有害微生物,将填埋垃圾样品送上海市兽医检疫总站进行详细的病理学和病毒学测试,包括矿化垃圾中 O 型口蹄疫病毒、致病性大肠杆菌、沙门氏菌、链球菌和金黄色葡萄球菌的测试与分析。在微生物检测中未有以上致病性细菌和病毒检出,表明填埋垃圾资源化在微生物方面是安全的,因此,对开采和筛分作业人员的职业健康不会产生不良影响。

填埋垃圾开采和筛分作业区的污染物排放和浓度水平符合国家污染物综合排放二级标准和国家职业卫生设计标准。在矿化垃圾筛分作业中,悬浮颗粒污染物和可吸入粉尘将是最主要的环境和职业健康影响因子,作业人员应采取有效防尘的个体防护措施。矿化垃圾筛分点空气中细菌总数也要较室内环境标准高,但未有致病性细菌和病毒检出。因此,填埋场矿化垃圾开采和资源化是安全的。

第五节　填埋垃圾组成和资源化方案

本章通过对上海老港生活垃圾填埋场 1991—2004 年间填埋垃圾的试验性开采和分选工作,考察不同年份填埋垃圾的组分组成以及变化规律,深入研究填埋垃圾混合塑料组分特性,由此对上海地区垃圾填埋场或堆场中填埋垃圾的大规模开采和资源化的可行性进行初步评价。

一、填埋垃圾开采和分选程序

填埋垃圾开采和分选时间为 2005 年 3 月上旬。由于上海老港生活垃圾填埋场采用单元填埋作业方式,各个填埋单元的使用年份都做有记录。因此可以实现不同填埋年份的填埋垃圾开采,具体开挖单元的使用年份和编号见表 2-15。

在选定的填埋单元内随机选取 5 个开挖点,填埋垃圾采样点位于终场覆盖层和渗滤液水位之间区域,平均采样深度为 0.8~1.0 m。每个开挖点采集 500 kg 混合矿化垃圾,平均每个填埋单元共采样 2 500 kg。

表 2-15　　　　　　　　　　开挖单元的使用年份和单元对应表

填埋年份	单元编号	填埋年份	单元编号
1991	16	1998	23
1992	32	1999	10
1993	31	2000	20
1994	40	2001	54
1995	29	2002	19
1996	12	2003	49
1997	11	2004	55

由于开挖后的混合矿化垃圾含水率较高,矿化垃圾在开挖当日摊铺通风,次日手工分选。混合填埋垃圾分类为砖石、渣土、塑料、橡胶、玻璃、布、纸、木竹八大组分。分选后不同组分于阴凉处自然通风一天后称重,同时样品送实验室测定含水率,以计算不同组分的干基含量。

二、填埋垃圾的基本组成和性质

填埋垃圾各组分的 14 年平均干基含量见表 2-16。渣土、塑料、砖石为填埋垃圾的三大主组分,14 年平均含量分别为 50.22%,25.51% 和 10.94%,共占矿化垃圾总量 86.6%。橡胶、玻璃、布、金属和纸类组分含量较低,总量仅 13.4% 左右。

表 2-16　　　　　　　　　　填埋垃圾组分的 14 年平均含量(干基)

组 分	含量	组 分	含量
渣土	50.22%	橡胶	2.99%
塑料	25.51%	布	2.04%
砖头石块	10.94%	金属	1.02%
玻璃	3.46%	骨头	0.32%
木竹	3.35%	纸张	0.15%

由于生活垃圾填埋场内部处于厌氧和无光条件,填埋垃圾中的塑料和橡胶组分在填埋十几年时间后未明显老化,依然保持良好的材料性能,为矿化垃圾中塑料的再生资源化创造了良好条件。布类以化纤织物为主,除棉织物破坏明显外,其他基本保存完好。值得注意的是,近四年来一次性无纺布卫生用品和纸尿布开始出现,且在垃圾总量中所占的比例处逐渐上升趋势。金属制品则主要是破金属容器和电器外壳,锈蚀严重,利用价值不高。

1. 渣土

目前矿化垃圾渣土组分经筛分后,粒径小于 4 cm 的筛下分可用作矿化垃圾生物反应床填料,园林绿化用土则要求渣土粒径小于 1 cm。因此,在分选过程中选用 1 cm 和 4 cm 筛将渣土筛分为粗料、中料和细料三部分,不同填埋年份矿化垃圾中的渣土粒径组成见图 2-73。

1991—1996 年间矿化垃圾中渣土细料含量随填埋龄的增加而逐年增加,而中料和粗料不断下降。1997—2004 年间渣土组成则保持相对稳定。渣土组成的阶段性变化主要由两方面原因综合作用所致：生活垃圾中可生物降解的有机物质和部分易碎化无机组分，随填埋龄的增加而不断分解和碎化；同时 1991—1996 年间上海市逐步推进煤改气工程，生活垃圾中细煤渣含量随填埋年份增加而逐渐下降。

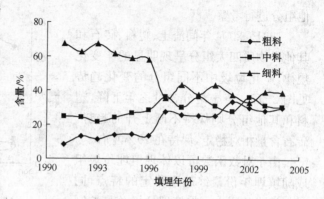

图 2-73　不同填埋年份渣土组分的粒径组成变化图

2. 塑料

矿化垃圾中塑料组分主要有塑料薄膜、塑料纤维和成型塑料制品。不同填埋年份矿化垃圾中塑料的组成相对稳定，主要以塑料薄膜为主，其含量约为82%，具体组成见图 2-74。

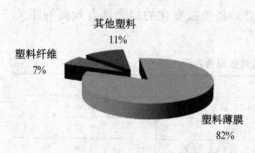

图 2-74　塑料组分组成分布图

生活垃圾填埋场封场后，内部处于厌氧和无光环境，为塑料组分的保存和资源化创造了良好条件。分选发现，塑料组分即使在填埋场中填埋了十几年时间，仍未出现明显的老化，依然保持良好的材料性能，经简单的清洗预处理工艺即可进行再生资源化。同时，填埋垃圾中塑料组分比重过大，也说明我国一次性塑料制品和塑料包装的大量使用已经成为资源消费结构中不容忽视的问题。

3. 玻璃

矿化垃圾中玻璃制品主要有玻璃碎片和玻璃瓶，具体组成见图 2-75。由于玻璃是相当稳定的惰性物质，所以填埋时间不会对玻璃组分的资源化产生影响。然而玻璃制品，特别是玻璃碎片，容易在矿化垃圾资源化过程中对人体造成伤害，因此是矿化垃圾资源化过程中的不利因素，需引起高度重视。

图 2-75　矿化垃圾玻璃组分组成图

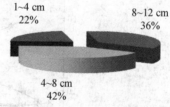

图 2-76　玻璃组分的粒径组成图

对玻璃组分采用 1 cm 和 4 cm 筛进行筛分，考察玻璃组分的粒径组成，具体结果见图 2-76。矿化垃圾生物反应床填料选用粒径小于 4 cm 的矿化垃圾渣土筛分，虽然其中混有的玻璃碎片占玻璃总量的 22%，但同水处理设施管理人员并没有直接接触，因此，矿化垃圾中的玻璃碎片不会对矿化垃圾资源化造成明显影响。

三、主组分的变化规律和预测

由于橡胶、玻璃、布、金属和纸类组分含量较低，仅占矿化垃圾总量的 13.4% 左右，导致其组成的年变化规律受渣土、塑料和砖石三大组分含量变化而波动较大，故将它们合并归类为其他组分进行考察。

1991—2004 年间渣土、塑料、砖石和其他类物质四大组分呈现明显的年变化规律,矿化垃圾中不同组分的变化趋势见图 2-77。渣土组分含量逐年下降,塑料和其他组分则保持不断上升的趋势。砖石含量相对稳定,保持在 10% 左右。

由于对数函数可以体现填埋垃圾组成随填埋年份最终趋于稳定的特点,同时在组成预测中可将填埋垃圾总量控制在 100% 的水平上,因此选用对数函数对 1991—2004 年间矿化垃圾组成进行拟

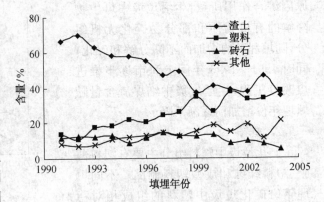

图 2-77 矿化垃圾组成随填埋年份变化趋势图

合,拟合方程见表 2-17。结果表明,对数函数对填埋垃圾组成变化的拟合具有较高的相关系数。

表 2-17　　　　　　　　　　填埋垃圾组成和填埋年份的对数拟合方程

组分	拟合方程	R^2
矿化垃圾	$Y = -13.477 \times \ln(X - 1990) + 74.472$	0.91
塑料	$Y = 10.269 \times \ln(X - 1990) + 7.03$	0.90
其他	$Y = 4.5094 \times \ln(X - 1990) + 5.2136$	0.80

在生活垃圾管理政策未发生重大变化的前提下,可使用对数拟合方程对五年内填埋垃圾的组成进行有效预测,具体结果见图 2-78。在 2006—2010 年,矿化垃圾中渣土和塑料组分的变化趋势依然分别保持逐年下降和上升的趋势。在 2007 年左右塑料的含量将会超过渣土,成为填埋场矿化垃圾的第一大组分。

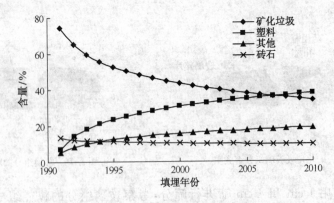

图 2-78 2001—2010 年矿化垃圾组成变化趋势预测图

四、有机/无机物组成的年变化规律

由于生活垃圾的易腐有机组分填埋几年后已基本降解完全,填埋垃圾中有机组分以塑料、橡胶、布和木竹等惰性有机质为主。由于有机组分相对无机组分具有较高资源化价值。目前填埋垃圾中有机混合物料在适当破碎后可制作工程用复合板材或者采用焚烧、气化等热处理工艺回收能源。因此,将填埋垃圾分类为有机和无机两大类组分,进一步考察填埋垃圾的有

机/无机组成的变化趋势,具体结果见图 2-79。

1991—2004 年间填埋垃圾中无机物比例在逐渐减少,而有机物的比重则保持不断上升的趋势,由 1991 年的不足 20%上升到 2004 年的 53%,且有超过无机组分含量的趋势。

根据主组分变化规律的分析结果,选用对数函数对填埋垃圾的无机/有机物组成进行拟合和预测,具体拟合方程和曲线结果分别见表 2-18 和图 2-80。

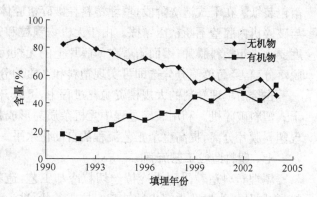

图 2-79　填埋垃圾有机无机组成的变化趋势图

表 2-18　　　　　　矿化垃圾有机无机组成和填埋年份的对数拟合方程

组分	拟合方程	R^2
有机物	$Y = 14.775\ln(X - 1990) + 7.766$	0.829 6
无机物	$Y = -14.775\ln(X - 1990) + 92.234$	0.829 6

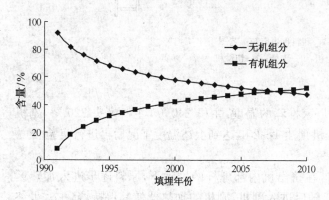

图 2-80　填埋垃圾有机/无机组成变化趋势预测图

由图 2-80 可知,2007 年左右填埋垃圾中的有机组分的含量将超过无机组分,填埋垃圾的热值也相应得到显著提高。在简易摊铺晾晒后,有机组分的含水率即可得到有效控制。因此填埋垃圾经初步分选后,有机组分可直接用于制备 RDF 燃料和气化处理回收能源和燃料,这在能源日趋紧张的今天将是填埋垃圾资源化的理想选择之一。

五、混合填埋塑料性能测试

塑料组分是填埋垃圾中组分含量可观且最具资源化价值的组分之一;塑料在填埋单元内部经过长达十几年的微生物和高湿度环境作用,塑料组分的力学和加工性能都会发生或多或少的变化。填埋塑料性能在整个矿化垃圾资源化方案选择中显得至关重要。

由于填埋塑料性能取决于原生废塑料的性能,但是同种塑料也会因原料配方和加工工艺的不同存在明显差异,很难进行直接对比。因此,试验中通过对填埋塑料混合造粒后制备的样品进行各种性能测试,对不同年份填埋垃圾的平均性能进行研究。

六、填埋塑料干法清洗工艺

与生活垃圾中的塑料组分相比,经过多年的填埋,填埋塑料上粘附的油性物质或随渗滤液沥出,或被生物降解。待生活垃圾填埋 8—10 年逐渐稳定化而开采时,大部分油类污染物已去除殆尽。填埋塑料表面的污垢主要为以砂土为主的无机污染物质。填埋塑料的这一特殊情况决定了对填埋塑料的处理可以采用干法破碎清洗工艺流程。

填埋塑料干法清洗工艺流程由三部分组成:预处理、干式清洗、筛分分离。首先在预处理阶段,手工清除夹杂在废薄膜里面的比较大的砂粒、石块等杂物,去除影响塑料造粒的复合铝箔包装纸。在干式清洗阶段,填埋塑料在破碎机腔体内与高速旋转的破碎刀具冲击碰撞,同时与破碎机内腔壁不断挤压摩擦。由于无机物颗粒和塑料脆度的不同,破碎后的无机杂质的粒度要远小于塑料膜片,因而附着在薄膜片上的无机污垢在这些物理力的作用下从破碎膜片上脱落分离,经简单筛分分选即可实现塑料和杂质的分离。

在今后填埋塑料的大规模资源化过程中,可以开发集膜片破碎和筛分分选功能为一体的干式塑料破碎机。利用破碎过程中无机杂质易形成粉尘的特点,破碎机串联除尘设备,从而实现塑料膜片分离,提高整个工艺流程的自动化水平。

七、塑料造粒工艺流程

填埋塑料造粒采用水冷拉丝切粒冷却工艺,造粒装置为长径比 1∶4 的分体式挤出造粒机,物料从机头模孔中挤出后被牵引拉成条状,进入水槽中冷却至一定程度后通过切粒机进行切粒,制得塑料粒子,试验装置见图 2-81。

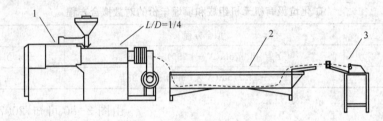

图 2-81 塑料再生造粒工艺图
1—挤出机;2—水槽;3—切粒机

1. 主副机温度控制和预热

造粒工艺的温度控制采用机器生产厂家推荐的温度:主机 240 ℃,主机模头 220 ℃,副机 200 ℃、副机模头 180 ℃。实验前需先开机预热 1~2 h,达到上述温度工况后再进行实验。

2. 投料和熔融挤出

将塑料碎片均匀投入挤出机进料口,在挤出机内部螺杆的推动下,原料逐步进入加热区域,直至变为熔融态,从主机模头处挤出,随后进入副机,副机的加热器使其保持熔融态,最终熔融的塑料从副机模头的孔中挤出,副机模头共有 13 个直径约 0.5 cm 的圆孔。

3. 冷却和切粒

切粒之前熔融态长条在冷却槽中遇水冷却,冷却水槽到切粒机的距离须大于 3 m,目的是对塑料做适当的干燥和进一步冷却。挤出机挤出的熔融态长条在水槽中冷却后,人工引导进入切粒机,切粒机的切刀转速决定塑料粒子的直径与长度,产品为圆柱状的塑料粒子。

八、材料性能测试方法

1. 测试设备

万能试验机,型号为 WDW1020,长春科新公司;

冲击实验机,型号为 XJJ-5,承德试验机有限公司;

万能制样机,型号为 ZHY-W,承德试验机有限公司。

2. 冲击性能的测试

冲击是用来衡量复合材料在经受高速冲击状态下的韧性或对断裂的抵抗能力的试验方法。测试参照 GB/1043—93 硬质塑料简支梁冲击试验方法在室温下进行测试。

试样尺寸:长度 $L=80$ mm,宽度 $b=10$ mm,厚度 $d=4$ mm(图 2-82)。

试样要求:数量不少于 10 块,表面平整光滑,无微裂纹。

计算方法:缺口试样简支梁冲击强度(kJ/m²)由下列公式求得:

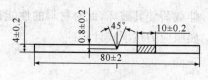

图 2-82　冲击强度测试试样

$$\delta = \frac{A}{b \cdot d} \times 10^3 \qquad (2-1)$$

式中　A——缺口试样吸收的能量,J;

　　　d——试样的厚度尺寸,mm;

　　　b——试样的宽度尺寸,mm。

测试程序:在室温下进行测试,通过测试得到材料的冲击强度。试验数据全部计算结果取两位有效数字,以 10 个有效试验数据的算术平均值表示试验结果。

3. 弯曲性能的测试

按照 GB/T9341—2000 塑料弯曲性能试验方法在室温下进行测试,弯曲速度为 2 mm/min,弯曲到试样厚度的 1.5 倍时得到材料的弯曲强度。

试样尺寸:$L=80$ mm,宽度 $b=10$ mm,厚度 $d=4$ mm,跨距 64 mm(图 2-83)。

试样要求:数量不少于 5 块,表面平整光滑,无微裂纹。

计算方法:弯曲测试采用三点加载简支梁,即将试样放在两支点上,在两支点间的试样上施加集中载荷,使试样变形直至破坏时的强度为弯曲强度。按下式计算:

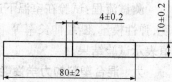

图 2-83　弯曲性能测试试样

$$\delta_f = \frac{3Pl}{2bh^2} \qquad (2-2)$$

式中　δ_f——弯曲强度(或挠度为 1.5 倍试样厚度时的载荷),MPa;

　　　P——破坏载荷(或最大载荷,或挠度为 1.5 倍试样厚度时的载荷),N;

　　　l——跨距,cm;

　　　b, h——试样宽度、厚度,cm。

测试程序:在室温下进行测试,加载速度 2 mm/min。通过测试得到材料的弯曲强度、弯曲弹性模量。试验数据 δ_f 取两位有效数字,以五个有效试验数据的算术平均值表示试验结果。

4. 拉伸性能的测试

本测试是对复合材料试样施加静态拉伸负荷,以测定拉伸强度以及断裂伸长率的试验方法。参照 GB/T1040—92 标准测试(图 2-84)。

试样尺寸:$L=150$ mm,宽度 $b=20$ mm,厚度 $d=4$ mm。

试样要求:数量不少于 5 块,表面平整光滑,无微裂纹。

计算方法:拉伸试验是指在规定的温度、湿度和试验速度下,在试样上沿纵轴方向施加拉

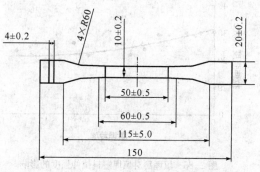

图 2-84　拉伸性能测试试样

伸载荷使其破坏,此时材料的性能指标如下:拉伸强度或拉伸断裂应力或拉伸屈服应力或偏置屈服应力按下式计算:

$$\sigma_t = \frac{p}{bd}$$
(2-3)

式中　σ_t——拉伸强度或拉伸屈服应力或偏置屈服应力,MPa;

　　　p——最大负荷或断裂负荷或屈服负荷,N;

　　　b——试样宽度,mm;

　　　d——试样厚度,mm。

断裂伸长率按下式进行计算:

$$\varepsilon_t = \frac{G - G_0}{G_0} \times 100\%$$
(2-4)

式中　ε_t——断裂伸长率,%;

　　　G_0——试样原始标距,mm;

　　　G——试样断裂时标线间距离,mm。

测试流程:试验在室温下进行测试,拉伸速度为 2 mm/min,通过测试得到材料的拉伸强度、弹性模量、断裂伸长率等。试验数据 σ_t 取三位有效数字,以五个有效试验数据的算术平均值表示试验结果。

九、混合塑料的力学性能

1. 拉伸性能

填埋塑料拉伸强度随填埋龄的增加一直保持不断下降的趋势。填埋龄在 3 年内,填埋塑料的拉伸强度变化并不明显,保持在 30 MPa 的水平,同生活垃圾废塑料的性能相差不多。填埋龄超过 4 年后,填埋塑料的拉伸强度下降趋势渐缓,离散性增强。

填埋龄在 1～6 年期间,混合塑料的断裂伸长率仍保持在 6% 的水平,混合塑料的断裂伸长率随填埋龄增加而下降并不明显,呈现一定的波动性。填埋龄超过 7 年后,混合塑料的断裂伸长率呈快速下降趋势,由 6.55% 快速下降至 1.30%。

性能良好的塑料材料在拉伸过程中通常是发生塑性屈服,使材料的断裂伸长率较高。然而经过漫长的填埋过程,填埋塑料已经开始老化,填埋龄超过 10 年的塑料薄膜已经脆化。因此填埋龄长的混合塑料在拉伸破坏过程中没有塑性屈服的过程,甚至不发生塑性屈服就已被拉断,使伸长率大幅度减小。因此在填埋过程中,混合塑料断裂伸长率的损失要比抗拉强度的损失更严重,见图 2-85、图 2-86。

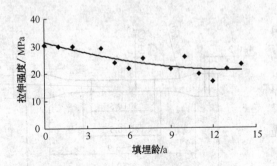

图 2-85　填埋龄对填埋塑料拉伸强度的影响

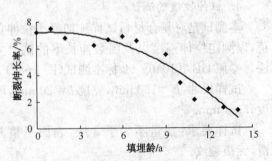

图 2-86　填埋龄对混合塑料断裂伸长率的影响

2. 弯曲性能

整个填埋过程中混合塑料的弯曲性能表现出明显的变化规律:在填埋龄 1～7 年间,混合塑料的弯曲强度保持在 30 MPa 的水平,与未经填埋处理的废塑料性能无明显差异。填埋龄超过 8 年后,填埋塑料性能开始不断损失,由 28.1 MPa 快速下降到 21.7 MPa 的水平。从整体变化趋势上来看,填埋塑料的弯曲强度将随填埋龄的增加而保持加速下降的趋势,见图 2-87。

3. 冲击性能

填埋龄在 1～6 年期间,混合塑料的冲击强度下降并不明显,冲击强度仍保持在 4 kJ/m² 水平,总的来说变化并不明显。填埋龄超过 7 年后,混合塑料的冲击强度呈快速下降趋势,由 4.3 kJ/m² 快速下降至 1.6 kJ/m²,见图 2-88。

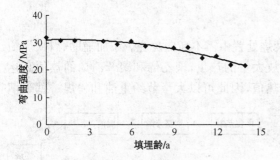

图 2-87 填埋龄对填埋塑料弯曲强度的影响

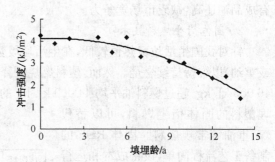

图 2-88 填埋龄对填埋塑料冲击强度的影响

十、混合塑料的热学性能

塑料的材料性能很大程度上受到使用环境温度的影响比较显著。对于热塑性树脂来说,温度升高使得材料发生软化、变形等现象,也使材料的机械强度急剧下降。因此,材料的耐热性也是一项极为重要的性能指标。

填埋塑料的热变形温度随填埋龄的变化规律与其他材料性能明显不同,热变形温度在填埋龄为 1～6 年间略有下降,保持在 62 ℃左右,这一数值与未经填埋的废塑料的 70 ℃相当;随后又随填埋龄的增加而不断上升至 80 ℃的水平。这主要是由于塑料材料降解老化后表现出较多无机特性,因此导致热变形温度的升高。热变形温度升高虽然表示塑料耐热性能有所提高,但是其力学性能则有所下降,因此,在填埋塑料资源化过程中要综合考虑,见图 2-89。

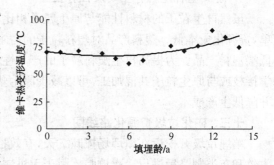

图 2-89 填埋龄对填埋塑料维卡热变形温度的影响

十一、填埋垃圾资源化方案的选择

一套可产业化的资源化项目应遵循的原则是:资源化产品的市场定位应与原生材料存在差异性,拥有相对独立的潜在市场,具备与原生材料形成错位竞争的能力;资源化技术成熟且工艺简单,设备固定投资和生产成本低,资源化经济效益高,有较强的市场生存能力和竞争力。根据废弃物资源化的技术可行和市场经济的两个基本原则,对填埋塑料的资源化方案和工艺路线进行选择和优化。

十二、废塑料资源化技术的比较

1. 热解油化技术

对于废塑料催化裂解回收油或单体的方法,整个热解工艺包括预处理—热解—分馏工艺流程,目前催化裂解回收燃油方法主要应用于热塑性聚烯烃类废塑料。每个工艺环节的运行控制和参数调整要求高。同时,由于废塑料成分复杂,热解催化剂价格高且寿命短,因此选择和开发高活性和优质催化剂依然是热解优化工艺的研究问题;热解设备和热解油料的分馏设备投资较大,同时维持高温热解系统需要相当的外加热源和热解产物内循环燃烧,从整个工艺物料平衡上还是存在较大的能量消耗,导致最终热解油料的产率和热值下降。另外,热解炉内的结焦问题的有效控制仍需深入研究。以上三个因素的影响导致回收的燃油价格比市场上现有成品油还高,缺乏市场竞争力。

2. 固体衍生燃料技术

针对我国生活垃圾热值较低,在生活垃圾焚烧处置中需不断向焚烧炉添加辅助燃料(煤粉或重油)以维持持续燃烧。然而,塑料燃烧可释放大量的热量,聚乙烯和聚苯乙烯的热值高达46 000 kJ/kg,超过燃料油平均44 000 kJ/kg 的热值,因此可以大量节约重油和粉煤。基于填埋塑料的固体衍生燃料,可以替代煤、重油等常规燃料。固体 RDF 的制备工艺流程简单,设备成本和运行成本低,热量回收效率要远高于热解油工艺。从整个社会的能源平衡角度和资源节约角度来讲,废塑料直接燃烧回收热能和制备固体衍生燃料将是填埋垃圾资源化的首选途径,见图 2-90。

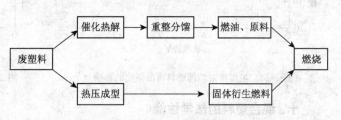

图 2-90　热解油化和衍生燃料技术路线对比图

3. 废旧塑料造粒再生或改性再生

虽然再生粒子的材料性能与原生粒子相比存在一定损失,但塑料再生造粒的工艺路线简单,资源化成本低。塑料产品对塑料粒子的需求是多元化的,再生塑料粒子通常直接成型加工低端塑料产品。为提高再生塑料粒子的产品性能,在塑料再生造粒过程中可采用机械共混、化学接枝或与原生粒子共混加工,可以减少原生塑料粒子使用量,从而大量节约原生塑料的使用并降低生产成本。

十三、矿化垃圾资源化路线图

填埋垃圾开挖后在填埋场摊晾 7 天,有效控制填埋垃圾含水率后,采用滚筒筛分选塑料、木竹和布类制品后进行二次摊晾。由于无机渣土组分已分选去除,二次摊晾效率要比矿化垃圾混合摊晾高得多,塑料组分含水率可以有效控制在 5% 以内。对塑料组分进行人工分选,高品位塑料再生造粒可用于中低端塑料制品的加工。低品位塑料则可与木竹和布纤维橡胶组分混合破碎后,热压成型后制备固体衍生燃料。由于填埋垃圾经过分选和二次摊晾后,塑料组分的含水率已得到有效控制,因此制备衍生燃料过程中加热干燥的能量消耗较少。整个资源化工艺追求工艺简单和运行成本低,便于在填埋厂建立资源化基地,可有效处理填埋垃圾和生活垃圾,资源化产品市场稳定,见图 2-91。

填埋垃圾的两大主组分分别为高资源化价值的垃圾细料和塑料,其中塑料含量保持逐年上升的趋势,最终将占填埋垃圾的 50% 以上。塑料组分随填埋年份变化而不断增加的拟合方程为 $y = 10.269 \times \ln(x - 1990) + 7.03 (R^2 = 0.90)$。填埋垃圾中无机物比例在逐渐减少,而有机物的比重则保持不断上升趋势,且有超过无机组分含量的可能。填埋垃圾有机组分可直接用于制备 RDF 燃料和气化处理回收能源和燃料,在能源日趋紧张的今天,填埋垃圾资源化将是理想的选择之一。

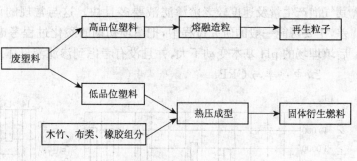

图 2-91　矿化垃圾资源化工艺路线图

在缺氧避光的封场环境中,塑料组分老化相当缓慢,填埋龄小于 8 年的混合塑料力学和热学性能与新产生的生活垃圾废塑料大体相当,填埋龄大于 8 年的填埋塑料性能损失速率则逐渐加快。在资源化过程中首先人工分拣塑料组分,高品位塑料采用传统工艺直接再生造粒,低品位塑料则可混合其他有机组分热压成型制备固体衍生燃料。矿化垃圾资源化方案具有工艺成熟、再生成本低、市场稳定的特点,对于填埋场可持续填埋的实施具有重要的现实意义。

第六节　填埋场降解残留物基本性质变化过程

作为一种成分复杂、组分易变的污染物,科学工作者对渗滤液进行了较多的研究,但由于实验条件、人员变动等原因,实验室研究主要集中于小型装置的模拟过程。现有报导中关于渗滤液基本性质随填埋时间(主要以天计)的变化情况,主要集中于填埋初期 2～3 年间的变化状况,后续的随时间的变化状况主要通过计算机模型的建立与推导基础之上。而一般填埋场的运行时间规定最少为 5 年,大多都在 10 年到 20 年以上,特别是相关法律规定填埋场封场后一般需要监控大约 30～50 年时间。因此,虽然对于开始 2 年内渗滤液随时间的变化情况已经较为清楚,但 3 年后填埋场渗滤液的情况的研究相对较少,数据也主要集中在填埋场管理部门,但由于大部分填埋场运行不正规,监测数据不系统,故此部分的认识盲点较多。借助老港填埋场专业的运行方式,主要描述老港填埋场中 2～14 年间渗滤液的宏观性质随时间的变化状况。

一、渗滤液离子综合参数变化过程

1. pH 和碱度

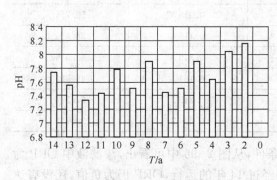

图 2-92　渗滤液 pH 与填埋时间关系

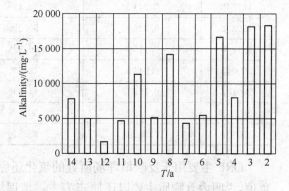

图 2-93　渗滤液碱度与填埋时间关系

在后续亲疏水分离试验调节 pH＝2 过程中,观察到填埋时间越短的垃圾产生的渗滤液,其气泡产生量及速度较老龄渗滤液要多且快。这与常规的认识填埋龄越长,pH 值越高有偏差,主要可能一般的研究过程中,把填埋初期的酸化过程考虑在内,而且实际上在开始甲烷化后填埋场的 pH 基本变动不大,并且没有考虑到渗滤液母体垃圾的异同性的影响。

2. 电导率与 ORP

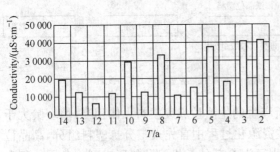
图 2-94　渗滤液电导率与填埋时间的关系

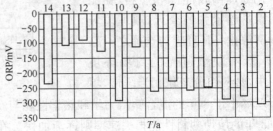
图 2-95　渗滤液 ORP 与填埋时间的关系

从图 2-94 可知,渗滤液的电导率随填埋时间呈下降趋势,其中在填埋初期(2001 年前)下降较快,从开始的 41 500 μS/cm 降到 17 870 μS/cm,后一直维持在 10 000~15 000 μS/cm 范围之内。填埋初期渗滤液电导率下降迅速主要是填埋场中反应较为活跃的结果,经过 4 年左右时间的降解,渗滤液中碳酸盐等无机离子态物质相对含量较大,具有一定的缓冲作用。与表 2-19 计算所得的各年龄段渗滤液的离子强度相比,具有类似的变化趋势,说明二者有良好的相关性。

表 2-19　　　　　　　　不同年龄渗滤液的离子强度和电子不平衡状况

年　份	不考虑 DOM		考虑 DOM	
	离子强度/(mol·L^{-1})	电子不平衡	离子强度/(mol·L^{-1})	电子不平衡
1991 年	0.135 5	41.4%	0.138 4	41.8%
1992 年	0.096 72	43.8%	0.099 03	44.2%
1993 年	0.048 54	64.9%	0.046 98	66.6%
1994 年	0.086 82	50.2%	0.087 82	50.2%
1995 年	0.232 4	46.3%	0.317 4	60.4%
1996 年	0.101 8	52.8%	0.103 5	52.7%
1997 年	0.244 5	32.1%	0.259 0	33.6%
1998 年	0.088 92	50.2%	0.088 37	50.7%
1999 年	0.115 6	36.3%	0.118 6	36.9%
2000 年	0.344 9	42.8%	0.349 9	42.6%
2001 年	0.159 7	44.3%	0.164 3	44.9%
2002 年	0.336 2	36.8%	0.349 5	37.5%
2003 年	0.382 8	38.5%	0.404 7	39.7%

ORP 主要用于反映填埋场所处的氧化还原条件,从图 2-95 中可看出,渗滤液中 ORP 为负值,说明内含物质主要以还原态为主。填埋场经过 14 年的运行,ORP 仍为负值,还没有达到完全稳定化状态;而 ORP 值随填埋时间的推移逐渐增大,说明填埋场中可被利用的还原态物质含量逐渐减少。

3. 离子强度与电子不平衡状况

根据 MINTEQA2 软件的计算结果可知:渗滤液中电子不平衡状态随填埋时间延长有逐步升高趋势,从 2003 年 38.5%上升到 1993 年的 64.9%,说明随着填埋时间的增加,电子不匹配度增加,由于各年龄段输入的正负离子参数相同,因此间接反应了老渗滤液中含有更多的未检出离子。离子强度可用于反映水体中电解质与周围物质的吸附过程,离子强度随填埋时间延长有逐渐下降趋势,从 2003 年的 0.382 8 mol·L^{-1}降低到 1993 年的 0.048 54 mol·L^{-1},与各年份渗滤液的电导率保持一致。如果考虑渗滤液中 DOM 的影响,则电子不平衡有部分增加,约增加 3%~5%左右,说明部分离子可与 DOM 等结合从而增加其不平衡度。

二、渗滤液碳物质及矿物油含量变化过程

渗滤液中有机物种类繁多、含量复杂,因此通常使用一些综合性指标(如 COD,TOC 等)来反映其含量的高低,同时测试了渗滤液中矿物油的含量。

1. 碳物质

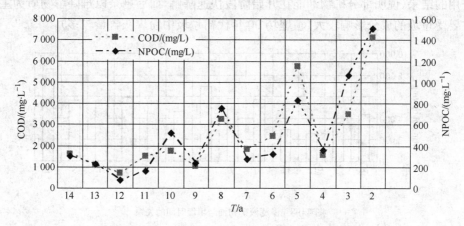

图 2-96 渗滤液 COD,NPOC 与填埋时间的关系

从图 2-96 渗滤液 COD 和 NPOC 随填埋时间的变化情况可看出:渗滤液中的 C 物质总体含量有逐步降低的趋势,与图 2-95 的 ORP 具有一定的相似性;而且在填埋初期的 4 年时间内下降较多,从填埋现场新鲜渗滤液 COD 的 54 000 mg/L 降到 7 135 mg/L(2003 年),后基本维持在 2 000 mg/L(2001 年)左右。因此,从渗滤液排放标准考虑,要达到渗滤液 COD<1 000 mg/L,在正常条件下必须要经过填埋约 13a 以上,且前期必须对渗滤液进行有效的导排处理。

NPOC 和 TOC 的组成形式可以从一个方面反映渗滤液中 C 物质的存在状态(可挥发性和不可挥发性物质的比例状况)。NPOC 主要反映一些无机态、难挥发物质的含量。随着填埋时间的推移,垃圾降解产物中可挥发性物质含量减少,从而使得淋溶到渗滤液的物质相对较少,而填埋场区内的一些无机态物质和垃圾的一些降解中间产物(如微生物分泌物、垃圾中的木质素等)等比例逐渐增加,反映到 NPOC/TOC 中,其值总体趋势逐渐增加,说明渗滤液中无机 C 成份随时间推移所占的比例有所增加,这也符合垃圾中物质的降解规律。同时从图 2-97 可以看出:渗滤液中的 NPOC/TOC 大致呈现两个阶段,前一阶段从填埋开始到 1998 年,上升速度相对较缓和;后一阶段位于 1998—1993 年后填的垃圾,上升速度较快。

2. 矿物油

渗滤液中包含了大量油性物质,包括矿物油和动植物油,矿物油主要成分为碳氢化合物,其中所含的芳烃类物质具有较大的毒性。这些油性物质(部分表面活性剂)也是渗滤液处理过

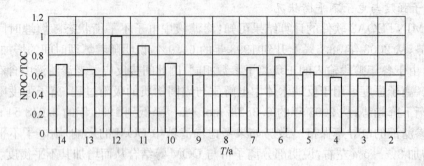

图 2-97　渗滤液 NPOC/TOC 与填埋时间的关系

程中产生大量泡沫的主要原因。从图 2-98 可以看出：渗滤液中的矿物油含量在填埋初期（4年）下降较多，后变动不大，而到 1994 年则又下降较快，主要原因是初期的矿物油含量主要是降解作用的结果（说明部分矿物油能在开始阶段快速降解，而后剩余以难降解物质为主），而后期则主要受垃圾的成分影响较大（填埋场 90 年代初垃圾中粉煤灰含量较多）。

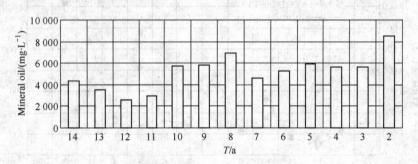

图 2-98　渗滤液矿物油与填埋时间的关系

三、渗滤液氮、磷系物含量变化过程

1. 氮系物

从图 2-99 中可以看出：渗滤液中氮的含量总体较高，特别是一些填埋初期渗滤液，其氨氮值达到了 4 251 mg/L（2003 年），与填埋作业现场产生的新鲜渗滤液的氨氮值相当。初期渗滤液中氨氮物质来源于垃圾中本身的一些含氨氮物质的直接溶解过程，而后随着填埋时间的延长，垃圾中其他一些可降解的氮类物质，其分解速度比碳水化合物和脂肪等速度慢，如蛋白质等，成为填埋时间较长垃圾产生渗滤液中氮的主要来源。因此，在垃圾的稳定化过程中，虽然可能 C 类物质的降解高峰已过，氮类物质仍会持续进入到渗滤液中，并维持在一个较高的水平。渗滤液中氮类物质虽然随填埋时间有明显的下降趋势，但其绝对值在开始的 11 年（到1994 年）间都在 1 000 mg/L 左右，相对于生物处理所需的 C：N：P＝100：5：1，仍然不适合。

同时，从图 2-100 中 NH_4^+/TN 的比值可看出：填埋初期产生的渗滤液中，氨氮在总氮中所占比例很高，2003 年为 97.3％，后随填埋时间的延长，氨氮所占比例逐渐下降，但一直到1996 年，其比例都大于 80％，随后其比例下降较大，到 1993 年，NH_4^+/TN 为 55.6％，这可能与填埋场内部垃圾成分有关，90 年代初期所填垃圾中含有较多的粉煤灰，对氨氮等的去除较为有效。

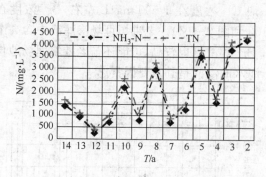

图 2-99　渗滤液氨氮、TN 与填埋时间关系

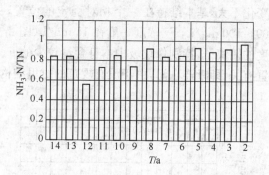

图 2-100　渗滤液氨氮/TN 与填埋时间关系

2. 磷系物

渗滤液中的 P 含量总体较高,填埋初期渗滤液的 TP 含量达到 34.9 mg/L,而且在 8 年左右时间(2003—1998 年),其值都在 10 mg/L 以上,主要是因为垃圾中含有大量含磷物质持续释放所致。1993 年,渗滤液的 P 含量接近于 0 mg/L,这主要是填埋场垃圾中磷的绝对含量降低,另一方面是经过较长时间降解后的垃圾,对磷具有较强的吸附能力,可达到 1.6 mg/g,由于渗滤液没有外排,使得在长期浸泡过程中又被垃圾吸附。

对于 PO_4^{3-}/TP 的比值,从图 2-101、图 2-102 中发现:填埋初期渗滤液中 P 主要以正磷酸盐形式存在,2003 年 PO_4^{3-}/TP 比例达到 98.2%,而后随着填埋时间的推移,其值逐渐降低,从开始的 98.2%降到 30%(1993 年)左右。渗滤液 P 的降低主要受两方面作用的结果:①微生物主要以正磷酸盐的形式吸收,而生物降解过程中,相对于渗滤液中的 C 和 N 含量,P 含量明显偏低,因此,大量正磷酸盐被微生物吸收,而代谢过程排放的磷可能主要以其他形式的磷存在。②正磷酸盐易与一些 Ca,Mg 物质结合,生成沉淀去除。

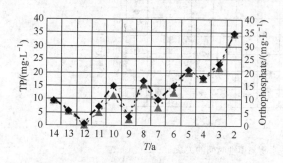

图 2-101　渗滤液 TP、正磷酸盐与填埋时间关系

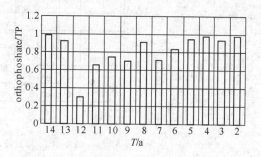

图 2-102　渗滤液正磷酸盐/TP 与填埋时间关系

四、渗滤液阴离子含量变化过程

渗滤液中阴离子主要包括卤素(Cl、Br、F 等)、S 系物质、NO_x、PO_x、CO_x 等,后面三种阴离子分别在 N,P 以及碱度等指标中得到讨论,此处主要针对渗滤液中的卤素和 S 系物进行阐述。

1. 卤素

2003 年,填埋垃圾产生的渗滤液 Cl^- 浓度为 4 926 mg/L,Br^- 92.8 mg/L,F^- 18.47 mg/L,高浓度卤素含量主要受渗滤液的母体-垃圾中含有大量废弃餐厨垃圾作用的结果。填埋初期垃圾中易溶解的卤素离子被大量淋洗到渗滤液中,大约 4 年时间后卤素离子浓度有所降低。但由于卤素等物质很难被降解,且生物利用所需的量也较少,因此其浓度值随时间总体变化不大,基本维持在一个相对稳定的位置,一般 Cl^- 浓度在 1 500 mg/L 左右,Br^- 浓度在 $60 \sim 100$ mg/L,F^- 浓度一般在 15 mg/L(图 2-103 和图 2-104)。老港填埋场渗滤液中含高浓度的阴离子,特别像垃圾中本身含量较少的 F^-,Br^- 等浓度也较高,可能还与老港填埋场地位置有关,即毗连东海,由于没有规范的衬里结构,海水的渗漏是其重要因素之一。

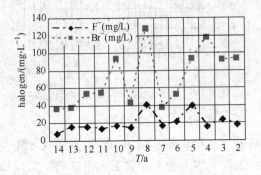

图 2-103 渗滤液中 F^-,Br^- 与填埋时间关系   图 2-104 渗滤液中 Cl^- 与填埋时间关系

2. 硫系物

渗滤液中硫系物主要包括硫酸根和 S^{2-} 等形式。硫酸根离子一般在 $200 \sim 400$ mg/L 左右,而 S 离子由于易与渗滤液中的一些重金属生成沉淀,因此在渗滤液中的含量相对较低,大都在 10 mg/L 左右。硫酸根随填埋时间的延长变化不大(图 2-105),而 S 离子浓度则有所下降,虽然硫酸根与 S^{2-} 之间在不同的氧化还原条件下可以相互发生转化,但在渗滤液中没有表现出这种趋势,所以渗滤液中 S 主要受到沉淀等作用的影响而使其浓度降低。

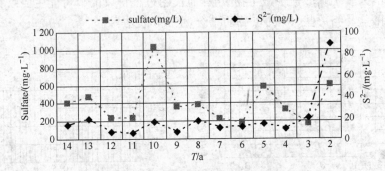

图 2-105 渗滤液 S 系物与填埋时间的关系

五、渗滤液离子形态变化过程

1. NH_4^+

表 2-20   不同时间渗滤液中 NH_4^+ 形态分布状况

年份 \ 比例	不包括 DOM			包括 DOM		
	NH_4^+	$NH_4SO_4^-$	$NH_3(aq)$	NH_4^+	$NH_4SO_4^-$	$NH_3(aq)$
1991 年	97.3%	1.2%	1.5%	97.3%	1.2%	1.5%
1992 年	97.3%	1.6%	1.1%	97.3%	1.6%	1.1%
1993 年	98.2%		1.1%	98.2%	1.1%	
1994 年	98.3%			98.3%		

续表

年份 \ 比例	不包括 DOM			包括 DOM		
	NH_4^+	$NH_4SO_4^-$	$NH_3(aq)$	NH_4^+	$NH_4SO_4^-$	$NH_3(aq)$
1995 年	95.9%	2.4%	1.6%	96.1%	2.4%	1.6%
1996 年	97.8%		1.2%	97.8%		1.2%
1997 年	97.1%		2.1%	97.1%		2.1%
1998 年	98.4%			98.4%		
1999 年	98.5%			98.5%		
2000 年	96.8%	1.2%	2%	96.8%	1.2%	2%
2001 年	97.9%		1.2%	97.9%		1.2%
2002 年	96.8%		2.9%	96.8%		2.9%
2003 年	95.1%	1.1%	3.6%	95.3%	1.1%	3.6%

　　渗滤液中的氨氮主要以 NH_4^+ 形式存在(表 2-20),约为 95.1%～98.3%,且随填埋时间的延长有上升趋势,其余以 $NH_3(aq)$ 形式存在,一般在 1.1%～3.6%范围内,有逐渐降低的趋势,氨氮的存在形式主要是受渗滤液本身 pH 值偏碱性作用的影响。而随着填埋时间的延长,渗滤液中氨氮浓度逐渐降低,根据溶解平衡,$NH_4^+ \longrightarrow NH_3(aq)$,氨氮浓度较高,平衡向右边移动,从而其比例在填埋初期较低,而后逐渐增加。如把渗滤液中的 DOM 包括在后,渗滤液中氨氮的组成含量变化不大,说明从化学角度看,氨氮基本不与有机物结合,以自由态离子态存在为主。

　　2. CO_3^{2-}

　　渗滤液中碳酸盐主要以 HCO_3^- 形式存在(表 2-21),含量在 90%以上,并且随着填埋时间的推移,其含量逐渐降低。$H_2CO_3(aq)$ 含量则随填埋时间的延长有逐渐升高的趋势,从填埋初期渗滤液中的 1.1%含量上升到后来的 8.1%,这在其他金属物质结合形态中有所反映。总的来说渗滤液中碳酸根形式变化不大。

表 2-21　　　　　　　　不同时间渗滤液的 CO_3^{2-} 形态分布状况

年份 \ 比例	不包括 DOM			包括 DOM		
	HCO_3^-	$H_2CO_3(aq)$	CO_3^{2-}	HCO_3^-	$H_2CO_3(aq)$	CO_3^{2-}
1991 年	96.2%	3.2%		96.2%	3.1%	
1992 年	94.5%	4.8%		94.5%	4.8%	
1993 年	91.1%	8.1%		91.4%	8.1%	
1994 年	93.1%	6.2%		93.1%	6.2%	
1995 年	96.6%	2.7%		96.7%	2.6%	
1996 年	94.1%	5.3%		94.1%	5.3%	
1997 年	97.1%	2.1%		97.1%	2.1%	
1998 年	93.2%	6.1%		93.5%	6.1%	
1999 年	94.2%	5.2%		94.2%	5.2%	
2000 年	97.1%	2%		97.1%	2%	
2001 年	95.6%	3.8%		95.6%	3.8%	
2002 年	97.4%	1.4%	1.1%	97.4%	1.4%	1.1%
2003 年	97.4%	1.1%	1.5%	97.4%	1.1%	1.5%

3. SO_4^{2-}

SO_4^{2-} 主要以自由离子态形式存在(表 2-22),其含量在 $58.6\%\sim84\%$ 之间,且随填埋时间的延长含量有逐渐升高趋势;$NH_4SO_4^-$ 则有降低趋势,从填埋初期 41.4% 降低到 13.8% 左右,这可能与填埋年份较长,渗滤液中氨离子含量较少有一定的关系。DOM 对于 SO_4^{2-} 在渗滤液中的影响不大。

表 2-22　　　　　　　　　　不同时间渗滤液的 SO_4^{2-} 形态分布状况

比例＼年份	不包括 DOM			包括 DOM			
	SO_4^{2-}	$NH_4SO_4^-$	$MgSO_4$(aq)	SO_4^{2-}	$NH_4SO_4^-$	$MgSO_4$(aq)	$MgCaSO_4$(aq)
1991 年	77.7%	21.7%		77.8%	21.6%		
1992 年	82.0%	16.5%	1.5%	82.1%	16.4%	1.5%	
1993 年	89.9%	5.8%	3.8%	91.1%	5.9%	1.1%	1.7%
1994 年	84.0%	13.8%	2.2%	84%	13.7%	2.2%	
1995 年	71.9%	27.8%		72.8%	27.1%		
1996 年	83.7%	14.7%	1.6%	83.7%	14.7%	1.6%	
1997 年	65.6%	34.2%		65.8%	34%		
1998 年	83.8%	14.0%	2.2%	84.7%	14.2%	1%	
1999 年	77.7%	21.0%	1.3%	77.8%	20.9%	1.3%	
2000 年	62.6%	37.3%		26.2%	37.3%		
2001 年	76.3%	23.1%		76.4%	23%		
2002 年	60.7%	39.2%		60.8%	39.2%		
2003 年	58.6%	41.4%		58.6%	41.4%		

4. 卤素

卤代物主要以自由离子态形式存在(表 2-23),其中 Cl^-,Br^- 都以离子态存在,而 F^- 96% 以离子形式存在,除部分 F 物质与 Mg 结合生成 MgF^+ 形式外;S 则基本以沉淀形式存在。DOM 对于渗滤液中卤素的存在形态影响不大。

表 2-23　　　　　　　　　　不同时间渗滤液的卤素形态分布状况

比例＼年份	不包括 DOM		相同结果			包括 DOM	
	F^-	MgF^+	Cl^-	Br^-	S	F^-	MgF^+
1991 年	98.8%	1.2%	100%	100%	100%	98.8%	1.2%
1992 年	97.3%	2.7%	100%	100%	100%	97.2%	2.7%
1993 年	94.7%	5.2%	100%	100%	100%	98.3%	1.6%
1994 年	96.1%	3.9%	100%	100%	100%	96.1%	3.9%
1995 年	99.3%		100%	100%	100%	99.6%	
1996 年	97.1%	2.9%	100%	100%	100%	97%	3%
1997 年	99.5%		100%	100%	100%	99.5%	
1998 年	96.1%	3.9%	100%	100%	100%	98.2%	1.8%
1999 年	97.2%	2.8%	100%	100%	100%	97.2%	2.8%

续表

年份\比例	不包括 DOM		相同结果			包括 DOM	
	F^-	MgF^+	Cl^-	Br^-	S	F^-	MgF^+
2000 年	99.6%		100%	100%	100%	99.6%	
2001 年	98.6%	1.4%	100%	100%	100%	98.6%	1.4%
2002 年	99.7%		100%	100%	100%	99.7%	
2003 年	99.8%		100%	100%	100%	99.8%	

5. 磷酸盐

考虑 DOM 情况,磷酸盐分布主要以 HPO_4^{2-} 为主(表 2-24),且随填埋时间从开始的 95.4% 降低到 1993 年的 66.7%,而 $H_2PO_4^-$ 则有上升趋势,从开始的 4.3% 上升到 27.7%,部分样品还含有少量的 $MgHPO_4(aq)$,$CaHPO_4(aq)$ 形态,这主要是因为渗滤液 pH 值处于弱碱性范围的原因。

表 2-24   **不同时间渗滤液的磷酸盐形态分布状况**

年份\比例	HPO_4^{2-}	$H_2PO_4^-$	$MgHPO_4(aq)$	$CaHPO_4(aq)$
1991 年	86.3%	11.6%	2%	
1992 年	78.1%	17%	4.6%	
1993 年	66.7%	27.7%	2.7%	2.4%
1994 年	72.4%	20.8%	6.3%	
1995 年	89.9%	9.5%	7.3%	1.5%
1996 年	91.6%	7.7%		
1997 年	91.6%	7.7%		
1998 年	75.5%	21.2%	3%	
1999 年	77.5%	17.8%	4.4%	
2000 年	91.9%	7.5%		
2001 年	84.3%	13.5%	2.2%	
2002 年	94.2%	5.4%		
2003 年	95.4%	4.3%		

6. DOM

渗滤液中的 DOM 主要以 DOM1 形式存在(表 2-25),并随填埋时间的延长,其含量相对降低,从 2003 年的 97.5% 降低到 1993 年的 77%;同时 DOM 的部分物质可与 Mg 和 Ca 结合。

表 2-25   **不同时间渗滤液 DOM 形态分布状况**

年份\比例	DOM1	Mg DOM	Ca DOM
1991 年	96.2%	3.1%	
1992 年	89.2%	8.4%	
1993 年	77%	1.7%	20.4%
1994 年	87.5%	10.2%	1.2%

续表

年份＼比例	DOM1	Mg DOM	Ca DOM
1995 年	96.1%	2.9%	
1996 年	89.2%	8.9%	1%
1997 年	96%	3.1%	
1998 年	89.1%	5.7%	3.7%
1999 年	89.7%	8.4%	
2000 年	96.4%	2.8%	
2001 年	92.8%	5.8%	
2002 年	97.1%	2.2%	
2003 年	97.5%	1.9%	

六、渗滤液常量阴离子分布变化过程

作为一个复合系统，渗滤液中阴阳离子的存在形式受各种物质的吸附等作用的影响，本书对于渗滤液中的金属吸附过程以 Activity Langmuir 吸附形式为主，不考虑吸附位点的大小，最终得出如下结论。

1. CO_3^{2-}

CO_3^{2-} 主要以溶解态形式存在，其含量在 $78.7\%\sim99.4\%$ 之间（表 2-26），且随时间的延长有逐渐降低的趋势，而沉淀态物质则有部分增加的趋势，这主要可能与无机态物质含量增加有较大关系。碳酸根与其他物质的吸附形式较少。

表 2-26　　　　　　　　　渗滤液中碳酸根的分配比例

年份＼比例	不包括 DOM		包括 DOM	
	溶解	沉淀	溶解	沉淀
1991 年	94.1%	5.9%	94%	6%
1992 年	95.2%	4.8%	94.9%	5.1%
1993 年	78.7%	21.3%	73.7%	26.4%
1994 年	91.7%	8.3%	91.1%	8.9%
1995 年	97.6%	2.4%	98.4%	1.6%
1996 年	93.9%	6.1%	91.7%	8.3%
1997 年	98.6%	1.4%	98.6%	1.4%
1998 年	94.3%	5.7%	89.2%	10.8%
1999 年	93.4%	6.2%	93.5%	6.5%
2000 年	98.7%	1.3%	98.8%	1.2%
2001 年	97.3%	2.7%	97.3%	2.7%
2002 年	99.4%	0.6%	98.7%	1.3%
2003 年	99%	1%	98.9%	1.1%

DOM 对碳酸根存在形式影响较小，主要是溶解态含量有稍许降低趋势（0~4.9%），而沉淀态物质含量则部分增加。

2. F 和 DOM1

F 和 DOM1 主要以溶解态形式存在。

DOM 对于一些二价重金属具有较大的作用，Mg，Ca，Ni，Zn，Cu，Pb 等物质主要对碳酸盐结合态有影响，而对于其他一些形态，如阴离子（卤素、碳酸根、硫酸根）和其他价态离子（NH_4^+，Fe，Cr，Al，As，B）等，则影响不大。

3. PO_4^{3-}

磷酸根主要以溶解态形式存在于渗滤液中，在 99％以上，沉淀态含量较少，在 1％以内，吸附态为零；且 DOM 对其结果影响不大（表 2-27）。

表 2-27　　　　　　　　　　渗滤液中磷酸盐的分配比例

比例 年份	不包括 DOM		包括 DOM	
	溶解（％）	沉淀（％）	溶解（％）	沉淀（％）
1991 年	100		100	
1992 年	100		100	
1993 年	93.1	6.9	93.2	6.8
1994 年	99.7	0.3	99.7	0.3
1995 年	99.9	0.1	99.9	0.1
1996 年	99.1	0.9	99.1	0.9
1997 年	99.9	0.1	99.9	0.1
1998 年	99.8	0.2	99.8	0.2
1999 年	99.8	0.2	99.8	0.2
2000 年	99.8	0.2	99.8	0.2
2001 年	99.3	0.7	99.3	0.7
2002 年	99.4	0.6	99.4	0.6
2003 年	99.9	0.1	99.9	0.1

第七节　历年垃圾基本性质变化过程研究

由于上海市在上世纪 90 年代初期逐步推行家庭气化工程，因此 90 年代后的垃圾组成变化相对不太明显。根据上海市环卫局的统计结果，上海市 1991 年—2003 年间的垃圾组成情况如表 2-28。

表 2-28　　　　　　　上海市 1991 年—2003 年年间垃圾组成变化状况　　　单位：重量％（湿基）

年份	纸类	塑料	竹木	布类	厨余	金属	玻璃	渣土
1991 年	4.10	4.90	1.48	1.79	80.81	0.61	3.70	2.61
1992 年	6.24	5.69	1.33	1.65	79.14	0.81	3.53	1.51
1993 年	8.36	7.54	1.89	1.97	72.89	0.72	4.74	1.90
1994 年	7.49	9.16	1.37	2.13	73.32	0.56	4.00	1.97
1995 年	6.50	11.21	1.47	2.17	71.65	0.91	3.81	2.29
1996 年	6.68	11.84	1.96	2.26	70.30	0.68	4.06	2.23

续表

年份	纸类	塑料	竹木	布类	厨余	金属	玻璃	渣土
1997 年	8.05	11.78	1.44	2.24	70.09	0.58	4.01	1.82
1998 年	8.77	13.48	1.27	1.90	67.33	0.73	5.15	1.37
1999 年	9.23	14.46	1.18	2.21	65.21	0.84	5.36	2.21
2000 年	8.02	13.93	1.43	2.87	67.51	0.85	4.15	1.26
2001 年	8.20	12.09	1.26	2.38	69.96	0.61	4.03	1.47
2002 年	9.11	13.17	1.26	2.91	68.17	0.86	3.33	1.12
2003 年	9.08	15.90	0.54	3.82	67.27	0.57	1.87	0.45

从表 2-28 可以看出,上海市垃圾的组分在 1991 年—2003 年年间,除厨余部分大约有 12%的下降外,塑料类垃圾约增加 9.33%,纸类增加 5%左右,其余组分变化不大。对于垃圾渗滤液宏观组分影响较大的物质主要是厨余物质,而对垃圾渗滤液微观性质影响较明显的可能是一些可降解或部分可溶出的有机物,例如各种不同类型的塑料。实际上相对于渗滤液已有的研究,采用不同城市垃圾填埋场、不同时间的渗滤液来说,本书的渗滤液源头相对较为稳定,基本可以假设为源头垃圾组分变化不大。

一、垃圾物理性质变化过程

1. 粒径分布

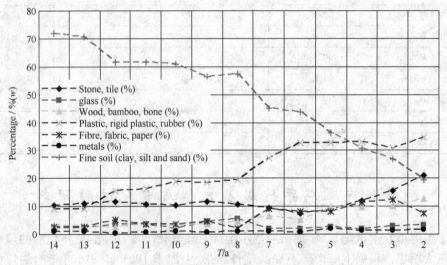

注:细颗粒表示＜10 mm 的垃圾样品。

图 2-106　不同年龄垃圾粒径分布与填埋时间的关系

从图 2-106 各年份填埋垃圾组成中可以发现:砖头、石头、瓦块等组分随着填埋时间推移,其组分含量在 22.7%～7.4% 间波动,但填埋初期的 5 年间含量下降较多,从 20%降到 10%,而后达到一个相对稳定值。塑纤、布纤、纸类等含量与木块、竹块、骨头等具有相似的变化趋势,随填埋时间的推移逐渐降低。由于金属和玻璃都为不可降解物质,其含量随时间的推移变化不大,分别在 3% 和 1%间波动。塑料、硬塑、橡胶等物质大致可认为分 3 阶段进行降解,第一阶段在填埋初期 6 年(2000 年前)内,降解较少,从 36.4% 降到 32.7%;第二阶段为 7～9 年(1997 年—1999 年)内,从 32.7% 降解到 19.3%;等三阶段在 10～15 年(1996 年后)内,其比例从 19.3%降到 9.1%。因为这些物质属于难降解物质,随填埋时间的变化趋势可能主要与原生垃圾组分有关。包括黏土、沙子、土等的细料（$d \leqslant 10$ mm）则随着填埋时间的延长，比例含量不断增加，且符合回归曲线方程：$Y = 33.345 \times \ln(t, \text{years}) - 20.406$，$(R^2 = 0.973\,88)$。细料含量的增加是填埋场垃圾矿化作用的结果，因此，垃圾中不同组分含量的变化趋势可较好地用于表征填埋场稳定化进程。

对于不同年份的垃圾，其细料部分（粒径＜1 mm 的细颗粒）微生物含量较高、比表面积较大、物质可降解性较好等特点，使得在填埋场稳定化过程中，对渗滤液产生及稳定化后垃圾的再利用等作用影响较大，因此对其粒径组分进行进一步的分析，具体见图 2-107。

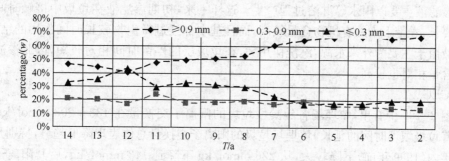

图 2-107 不同年龄垃圾细料粒径随填埋时间的变化状况

由于细料部分物质相对较为均一，其粒径组成变化趋势也较为明显：大颗粒物质≥0.9～40 mm 部分物质占了绝大部分，在 40%～67% 之间，且随填埋时间延长而逐渐降低；中等大小颗粒 0.3～0.9 mm 部分物质随填埋时间增加有稍微有增加的趋势，在 13%～23% 之间波动，平均为 18% 左右；而小颗粒物质（≤0.3 mm 部分物质）则增加相对较多，从初期的 16% 上升到42%。说明填埋场稳定化过程中，大颗粒物质逐渐降解为中小颗粒物质，从而能有效释放垃圾中的一些可生化物质，最终变成剩余类腐殖质等。

2. 含水率

垃圾的含水率对于垃圾的降解速度以及渗滤液的产生量具有重要作用，含水量的变化对于不同时期渗滤液的产生途径有相关性（图 2-108）。刚挖出的矿化垃圾，含水率较高，约 70% 左右，这主要是由于老港填埋场大多数填埋单元都没有填埋衬里，而且封闭的各填埋场内渗滤液没有导排，因此填埋单元内的垃圾受到三方的面作用：地下水渗漏、渗滤液的浸泡和雨水的渗透；同时采样过程为了得到渗滤液，采样深度达到 4 m 左右，并混合了不同层的垃圾，使得底

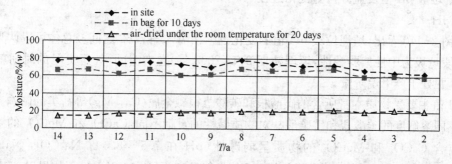

注：现场垃圾含水率随填埋时间逐渐上升的主要原因是采样的地理位置高度不同，填埋 4 年以下的单元，由于填埋单元地理位置相对较高，含水率相对较低；而 4 年前的则由于填埋单元中无渗滤液导排，使得垃圾受渗滤液浸泡而较高。

图 2-108 不同年龄垃圾含水率变化状况与填埋时间的关系

层含水率较高的垃圾提升了总体垃圾的含水率水平。

开挖后袋装垃圾在阴凉处静置了 10 天,其含水率有部分下降,下降幅度在 4%～11.7% 内变动,但基本上随填埋时间变化幅度相差不大。后把各填埋时间段垃圾在荫凉处 HDPE 膜上摊铺晾干 20 天,测定其含水率。10 天后垃圾含水率降低较慢,20 天后下降很少,且垃圾中的含水率随填埋时间的延长而降低。在填埋初期 9 年垃圾的含水率在 20% 左右波动,而后 5 年的含水率在 15% 左右。

从垃圾含水率的变化过程可以看出:填埋初期垃圾产生的渗滤液主要为垃圾中自带水,而后期的渗滤液主要以雨水等淋溶过程产生。这样一来,初期渗滤液在垃圾中接触时间相对较后期的要长,卷带下来的有机物含量较高,而且基本都经过微生物较长时间作用的结果,而后期渗滤液由于主要为外来水源,淋洗作用大,在垃圾层的停留时间相对较短,因此渗滤液中无机物的含量相对也较高。

3. CEC

从图 2-109 中看出,填埋场各年龄段垃圾的阳离子交换量在 133～203 mmol/kg 之间变动。随着垃圾填埋时间的延长,填埋场垃圾的阳离子交换量总体表现降低趋势,特别是在填埋初期 7 年内(1999 年前)下降较大,从 226 mmol/kg 下降到 143 mmol/kg,后其阳离子交换量基本稳定在 150 mmol/kg 左右。阳离子交换量的潜力与垃圾的降解过程直接相关,变动范围大,降解迅速。

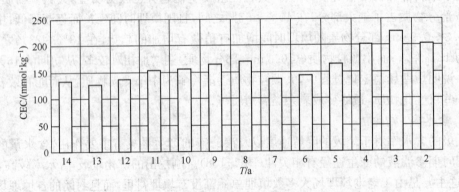

图 2-109　不同年龄垃圾 CEC 变化状况与填埋时间的关系

二、垃圾 pH 值及盐分含量变化过程

1. pH

从图 2-110 看出,填埋垃圾 pH 值的变化范围在 7.36～7.62 之间。总体可以认为填埋场各年龄段垃圾为中性偏弱碱性,填埋初期 2 年(2003 年)左右时间,甚至更早的时间就已呈现弱碱性,并处于产甲烷阶段。

pH 值主要受物质本身所含的碳酸根和碳酸氢根碱金属(Ca,Mg)等盐类的影响。一般情况下,不同溶解度的碳酸盐和重碳酸盐对物质碱性的贡献不同:$CaCO_3$ 和 $MgCO_3$ 的溶解度很小,故富含 $CaCO_3$ 和 $MgCO_3$ 的物质呈弱碱性(pH 在 7.5～8.5);Na_2CO_3,$NaHCO_3$ 及 $Ca(HCO_3)_2$ 等都是水溶性盐类,因此其 pH 值一般较高(可达 10 以上),而如果以 $NaHCO_3$ 及 $Ca(HCO_3)_2$ 为主,则 pH 值一般维持在 7.5～8.5。从垃圾的组分可以看出,其 Ca,Mg 含量较高,因此 pH 值大部分处于弱碱性条件。

从垃圾现有的 pH 值范围适合大多数细菌(pH 6.5～7.5)的正常活动,说明垃圾降解过程

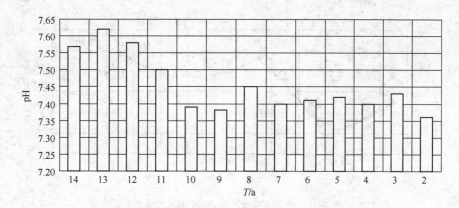

图 2-110 不同年份垃圾 pH 值与填埋时间的关系

是在一个较为温和的条件下进行的。同时 pH 值将直接影响垃圾中物质的存在形式,在偏碱条件下,一些重金属能与垃圾发生吸附、络合作用,从而有效降低渗滤液中重金属的含量;而且碱性条件下 Ca,Mg 物质的沉积过程亦会影响渗滤液中污染物含量。

2. 电导率

作为一种强电解质,垃圾中的水溶性盐量与电导率具有一定的正相关,含盐量越高,溶液的渗透压越大,其电导率值也越大。从图 2-111 中可以看出,随着填埋时间的增加,垃圾的电导率值虽然发生波折,但总体呈下降趋势,从最高值 3.978 2 mS/cm 降到 1.123 9 mS/cm,降低幅度较大。垃圾中的盐分含量的降低主要受水分淋溶作用的影响,而中间年份表现出的波动主要是因为垃圾的异质性作用的结果。

垃圾中的盐分含量主要受两方面作用:垃圾中占 50%~70% 的厨余垃圾含有大量盐分,另一方面为衬底泄漏使海水渗入而引起的盐分增加,两者共同作用使得其含量相对较高。

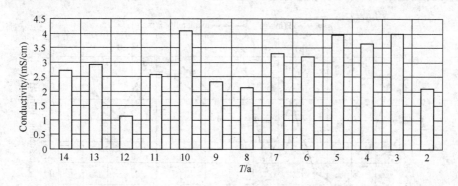

图 2-111 不同年份垃圾电导率与填埋时间的关系

三、垃圾常量营养元素变化过程

1. 氮

从图 2-112 中可以看出,填埋场各年份垃圾的 TN 含量为 0.2%~0.6%,而氨氮含量则在 50~300 mg/kg 范围变化。虽然氮随填埋时间变化具有下降趋势,到 1994 年后,含量相对初期较低,TN 大约在 0.30% 左右,而氨氮则维持在 100 mg/kg 以下。

垃圾中的高 N 含量直接导致其降解辅产物——渗滤液中的 N 含量一直处于较高浓度。因为虽然垃圾中的 N 降解过程需要一定的时间,但降解产物——氨氮能以较快的速度溶解到

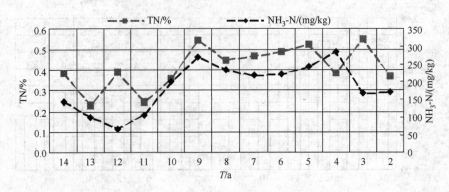

图 2-112　不同年份垃圾 N 含量与填埋时间的关系

水体中,从而造成高浓度的含 N 渗滤液。在整个稳定化过程中,垃圾中的氨态氮在总氮中所占的比例基本相似,大约在 40%～50% 之间,说明填埋场产甲烷阶段后,氨态氮与有机氮间维持在一个较为稳定的平衡关系,垃圾中的氨化作用具有缓释作用,从而使老龄渗滤液的氨氮含量仍然维持在较高的浓度。

2. 磷

垃圾中磷物质来源广泛,其中动植物残体、合成洗涤剂残留物等都是 P 的良好供体。填埋场垃圾中磷通过有机磷矿化、无机磷生物固定、难溶性磷的稀释等一系列复杂的化学、生物化学反应进行形态间的相互转化。

从图 2-113 可以看出:各年龄段垃圾中 TP 的含量大约在 2.13～7.43 mg/g 间,而有效磷则在 0.06～0.45 mg/g 间。垃圾中高含磷主要与填埋场所处环境有关,垃圾的弱碱性适合有效磷的存在,因为当 pH 值>7.5 时,磷容易与垃圾中钙结合成磷酸钙,pH 值<6 时磷又容易与垃圾中的铁、铝结合,成为难溶的磷酸铁、磷酸铝。

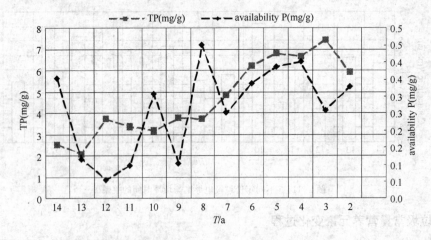

图 2-113　不同年份垃圾 P 含量与填埋时间的关系

随填埋时间的推移,填埋场垃圾中的 TP、有效 P 呈明显下降趋势,其中 TP 到 1997 年后基本维持稳定,其值在 3.7 mg/g 左右,而有效磷则在 1996 年基本稳定,其值为 0.10 mg/g,这一点与渗滤液中 P 含量的趋势具有一定的相似性。虽然垃圾对于磷具有较高的吸附作用,但磷与氮不同,不属于缓释型物质,所以,随着填埋时间的延长,其垃圾中本身的磷含量降低较多。

有效磷/TP 随时间的推移,总体呈下降的趋势,从 0.06 降到 0.02,主要可能是随着垃圾中 pH 的升高,易形成磷酸钙的结果。

3. 钾

填埋场中不同填埋时间垃圾全钾的含量在 23.07～38.05 mg/g 范围,速效钾含量在 2.99～10.59 mg/g 之间变动。从图 2-114 中可以看出,各年龄段垃圾中全钾含量在填埋初期 (1996 年以前)有轻微波动,但总体维持缓慢下降趋势,从 37.72 mg/g 降低到 30.38 mg/g,而后到 1995 年后下降较大,并维持在一稳定值 25 mg/g。速效钾含量随填埋时间延长其下降趋势相对更明显,主要与速效钾易被生物吸收有一定的关系。到 1996 年后,速效钾基本稳定在 3 mg/g 左右。

速效钾在 TK 中所占的比例随填埋时间基本呈下降趋势,从 30% 降到 10% 左右,说明垃圾中的 K 随填埋时间可能结合成一些稳定状态的 K 盐。

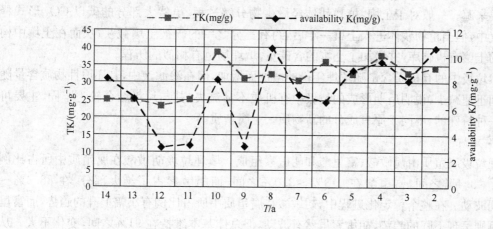

图 2-114 不同年份垃圾 K 含量与填埋时间的关系

4. 有机质

采用 TOC 仪器法和重铬酸钾法两种方法来测定垃圾中有机质的含量,讨论其含量绝对值随填埋时间的变化情况。

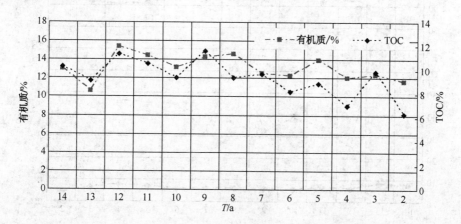

图 2-115 不同年份垃圾有机质及 TOC 含量与填埋时间的关系

从图 2-115 中可以看出：随着填埋时间的推移，垃圾中有机质含量有升高的趋势，重铬酸钾法升高约 4%，而 TOC 仪器法则升高约 5%。从升高的趋势可以看出，在 1997 年后两者的上升趋势不大，重铬酸钾法的有机质基本在 14% 左右，而 TOC 仪器法则主要稳定在 10%～11% 间波动，说明经过 8 年（1997 年）左右时间降解，从有机质角度来看，填埋场垃圾基本达到稳定化程度。

从垃圾有机质总量来看，与土壤相比，生活垃圾填埋场垃圾的有机质含量相对较高，在 10.57%～15.39% 间波动，TOC 仪器法测定的有机质则在 6.32%～11.3% 间波动，大约为一般贫瘠土壤的 2～3 倍多，特别是经过 8 年降解初步稳定化的垃圾具有较好的供碳能力。

在一定的填埋年限内，填埋垃圾有机质含量随填埋龄增加而升高的趋势反映了填埋垃圾降解过程中有机碳（即有机质）积累的特点。填埋场垃圾中大约含有超过 50% 的有机物，在厌氧条件下，通过微生物的分解转化以及各种物理化学作用，把垃圾中原有一些难以氧化的还原性物质逐渐沉积积累，从而固定垃圾中的有机质。同时填埋场中的一些植物残体也是垃圾碳源的重要来源。一般对于土壤，植物残体经微生物分解过程，虽然大部分的碳以 CO_2 形式释放到空气中，但当植物残体进入土壤一年后，约有三分之一的碳被土壤截获，从而在土壤中构成复杂的土壤有机碳库，并增加了土壤的含碳量，填埋场也有相似的历程。

虽然垃圾中的有机质含量随填埋年份的增加而增加，但在渗滤液中，其还原性物质含量随填埋时间迅速减少，说明后期形成的垃圾中有机质不易流失，其与垃圾结合较为牢固，主要可能形成一种特殊的、不同于原有成分的新物质——腐殖质。

5. 腐殖质

填埋垃圾腐殖质由胡敏酸、富里酸和胡敏素组成。填埋垃圾胡敏酸在腐殖质中所占比例在 4.3%～8.4% 之间，富里酸在 0.8%～3.0% 之间，而胡敏素占了绝大部分，在 88.3%～94% 之间波动。在整个稳定化进程中，胡敏酸在腐殖质中所占比例有小幅上升的趋势，而富里酸的比例则呈现下降的趋势，胡敏素虽然有波动，但总体基本维持在 91% 之间，变化不大。从图 2-116 看出：垃圾腐殖质变化的临界点发生在 1996 年。但总的来说，这三种成分的绝对值大小随填埋时间变动不大。主要可能与条件较为温和、反应时间未达到足够长有关。

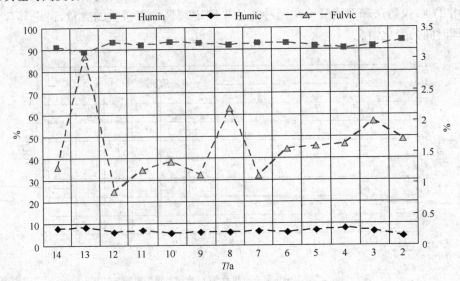

图 2-116　不同年份垃圾腐殖质比例与填埋时间的关系

一般可通过腐殖化指数（$C_{胡敏酸}$：$C_{富里酸}$的比值）来反映物质的稳定化进程，而且该比值与垃圾中生物体活性期的长短有较高相关性。从腐殖化指数随填埋时间的变化图 2-117 看出：H/F 值总体呈现上升趋势，说明随着填埋时间的延长，其垃圾中的生物活性有一定的提高。因此可以认为填埋场垃圾稳定化进程的实质是胡敏酸物质含量的增加及芳构化程度增强的过程；同时，富里酸含量降低主要是因为其结构较为简单，通过微生物的生物作用，即发生矿化，从而减少了垃圾中富里酸的含量，而且一部分富里酸还可以通过分子间的键合形成更为复杂的胡敏酸物质。由于不同年龄段垃圾的腐殖质总量及 HA/FA 逐渐升高，因此，垃圾中胡敏酸分子结构随填埋时间延长逐渐复杂化，分子量增大，芳化度提高，其移动性较小，可在垃圾层中积累起来；而富里酸分子结构简单，分子量小，在垃圾堆体中易向下移动，从而形成胡敏酸和富里酸在垃圾层中的分异，使得垃圾堆体中胡敏酸含量增加，而与之对应的渗滤液中富里酸含量相应有增加趋势。

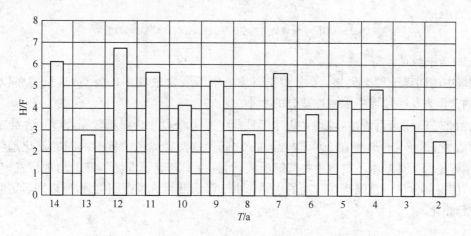

图 2-117　不同年份垃圾腐殖化指数变化状况与填埋时间的关系

在水环境中，腐殖质是溶解有机质的主要组分。由于腐殖质所带的配位基团能够强烈络合金属离子，对有毒重金属元素的浓度、化学形态和生物有效性、以及营养元素的循环过程起着极其重要的作用。腐殖质通过其所带的官能团键合离子性或极性有机化合物，并通过分子间的范德华力结合成疏水有机物。因此从这一点来说，随着填埋时间的推移，同一源头产生的渗滤液中，由于垃圾腐殖化程度的提高，垃圾中的有毒物质结合程度提高，相应的渗滤液中一些有毒物质含量减少。

6. 交换性钙镁

从图 2-118 中可以看出，垃圾中交换性钙的含量在 3 484～6 318 mg/kg 范围内波动，而交换性镁的含量则在 172～286 mg/kg 范围内波动。这主要是因为老港填埋场垃圾中混杂了部分建筑垃圾以及商业垃圾，这些垃圾带来了大量的 Ca 类物质；Mg 可能来源于垃圾本身的带入物及与地下水交换作用的结果。而且由于垃圾的 pH 值偏弱碱性，所以钙镁物质流动性不强，从而造成垃圾中钙镁含量较高，而且随填埋时间的延长变化趋势不明显。

由于镁比钙溶解性强，遭受的淋失相对更多，所以通常情况垃圾中镁量少于钙量。各年龄段垃圾中，交换性钙/交换性镁的比值可以作为植物生长的一个重要指标，各年龄段垃圾中在 18.8～35.3 间波动，而且除 2003 年外，都大于 20，说明经过 3 年左右时间，填埋场具有用于种植植物的潜力。

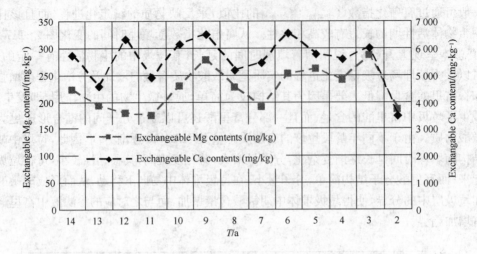

图 2-118　不同年份垃圾交换性钙镁变化状况与填埋时间的关系

7. 阴离子组成

垃圾中的阴离子种类繁多,考虑到我国垃圾中厨余含量较多的特点,这里主要以 Cl^-,SO_4^{2-} 的含量来反映垃圾中水溶性盐分的大小。

从图 2-119 中可以看出,填埋垃圾水溶性盐中 Cl^-,SO_4^{2-} 含量都较高,SO_4^{2-} 含量在 $10\sim30$ mg/kg 之间,而 Cl^- 含量在 $20\sim50$ mg/kg 之间。这两种离子浓度随时间的变化趋势几无规律,主要是因为其基本不被微生物降解吸收,而且由于老港填埋场特殊的地理位置,与海水的接触,使得其含量一直维持在较高的水平。由于渗滤液与垃圾密切接触,所以两者之间呈现一定的趋相化。

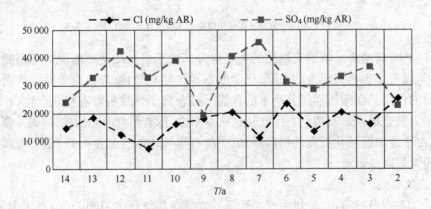

图 2-119　不同年份垃圾常见阴离子变化状况与填埋时间的关系

四、垃圾中金属含量变化过程

1. 重金属的含量

从表 2-29 可以看出:垃圾中的重金属含量以 Zn,Pb,Cu 和 Cr 含量最多,其次毒性较大的 Hg,As 等也有检出,但 Cd 在大多数样品未检出,说明垃圾本身来源较为复杂,从而导致其成为各种重金属的重要来源。同时也发现各时间段垃圾中的重金属含量随填埋时间的变化关系不明显,首先是金属本身为不可降解物质,同时重金属在碱性条件下溶出速率很慢,使得其重金属含量较为稳定,特别是重金属含量受垃圾本身组成的影响很大。

表 2-29　　　　　　　　　不同年份垃圾中重金属的分布状况　　　　　（单位:mg/kg）

时间	As	Zn	Pb	Cd	Ni	Cr	Cu	Hg
1991 年	1.0	112.7	112.5	B.D.	8.4	25.8	66.5	12.20
1992 年	2.1	137.6	63.9	0.8	9.7	24.9	40.1	17.40
1993 年	B.D.	338.8	116.4	B.D.	17.5	53.6	120.2	16.10
1994 年	B.D.	309.2	126.0	B.D.	24.5	66.5	102.4	13.80
1995 年	6.6	308.0	105.1	B.D.	19.9	51.3	119.2	13.30
1996 年	4.1	300.5	728.7	B.D.	33.4	199.5	126.9	13.11
1997 年	8.4	673.1	72.9	B.D.	29.3	64.6	114.2	0.95
1998 年	5.2	1 493.6	197.8	0.9	34.5	82.8	194.3	0.93
1999 年	8.6	463.1	164.5	0.1	30.2	69.7	391.0	1.05
2000 年	B.D.	286.2	101.6	B.D.	18.5	57.5	211.3	0.76
2001 年	6.3	100.8	98.7	B.D.	11.9	37.9	70.5	0.52
2002 年	B.D.	317.6	145.6	B.D.	27.3	109.0	175.9	7.50
2003 年	11.1	133.5	37.0	B.D.	75.8	32.9	64.6	3.60

注:"B.D."表示低于仪器检测限;Note: B.D. means "below determined limit"。

由于垃圾中富含各种无机配位体离子:Cl^-、SO_4^{2-}、HCO_3^-、OH^-以及特定条件下存在的硫化物、磷酸盐、F^-等,这些物质可通过取代水合金属离子中的配位分子,而与金属离子形成稳定的螯合物或配离子,从而改变金属离子在垃圾中的生物有效性;而且垃圾中存在的各种不同的官能团:羟基(—OH)、羧基(—COOH)、氨基(—NH$_2$)、亚氨基(=NH)、羰基(C=O)、硫醚(RSR)等,可与重金属发生螯合作用,从而形成稳定的螯合物而被固定。

由于垃圾本身固有的良好固定性及吸附性,使得虽然垃圾中的重金属含量高,而只有少量的金属进入到渗滤液中。

2. 常规金属含量

对于垃圾中的常量金属,其含量很大,特别是常见金属 Al 和 Fe,含量分别达到 4 735～17 947 mg/kg 和 5 803～29 962 mg/kg,同时 Ca,Mg 含量也远超过了垃圾中的交换性钙镁量,其中交换性钙占到 20% 左右,而交换性镁则只占到 10%。从表 2-30 中可以看出,垃圾中的金属元素含量与垃圾的组成有直接的关系,其随填埋时间的延长基本不发生明显的变化。

表 2-30　　　　　　　　　不同年份垃圾中常量金属的分布状况　　　　　（单位:mg/kg）

时间	Fe	Al	Ca	B	Na	Mg	Mn
1991 年	5 020.1	6 963.5	6 795.7	143.3	1 859.7	595.2	77.8
1992 年	6 726.9	7 283.6	6 842.1	53.5	1 911.4	1 188.0	114.2
1993 年	9 822.8	14 613.8	20 217.8	209.9	2 717.3	1 830.4	168.5
1994 年	11 707.4	15 563.4	13 525.8	136.6	2 427.5	1 210.1	160.3
1995 年	10 026.4	15 983.6	16 572.5	250.3	3 866.6	1 364.0	180.0
1996 年	17 947.4	18 530.6	25 135.0	31.9	2 374.0	2 853.3	262.1
1997 年	14 480.3	23 120.8	29 790.3	311.3	6 254.1	3 895.1	598.1
1998 年	17 623.3	29 962.1	33 673.6	357.2	6 142.8	4 430.2	473.5
1999 年	15 305.5	15 202.1	24 352.8	232.1	2 584.5	4 532.9	374.2
2000 年	12 447.0	12 119.8	20 214.1	153.8	4 598.4	3 967.1	157.3

续表

时间	Fe	Al	Ca	B	Na	Mg	Mn
2001 年	7 223.5	9 498.7	15 929.8	345.8	2 384.5	1 488.0	465.9
2002 年	11 384.1	9 678.6	16 161.5	295.2	4 528.6	5 423.4	604.5
2003 年	4 735.9	5 803.5	8 416.9	124.6	3 729.7	3 865.4	436.2

由于渗滤液的组分复杂,单一因素不能有效反映其整体变化规律,因此,采用主成分分析 (Principal Component Analysis, PCA)方法,通过生态学中的 PRIMER(Plymouth routines in multivariate ecological research, version 5.2) 软件计算,结合渗滤液中 11 种常用宏观性质进行排序,结果见图 2-120,表 2-31 和表 2-32。

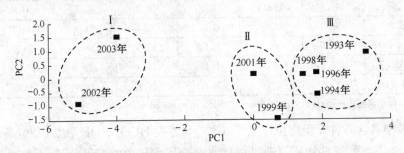

图 2-120　各年渗滤液样品 PCA 排序图

表 2-31　　　　各年渗滤液样品主分量分析前 3 个主成分特征根与所含信息量

主成分	特征值	贡献率	累计贡献率
1	8.93	81.2%	81.2%
2	0.92	8.4%	89.5%

表 2-32　　　　　　　　　11 个主成分因子载荷量

环境因子/Variable	主成分/1PC1	主成分/2PC2
NPOC(mg/L)	−0.330	0.092
TN(mg/L)	−0.332	0.100
矿物油(mg/L)	−0.259	−0.311
ORP	0.253	−0.179
COD(mg/L)	−0.261	0.562
NH_3-N(mg/L)	−0.326	−0.141
pH	−0.332	0.068
电导率(μS/cm)	−0.330	0.120
碱度	−0.331	0.118
正磷酸盐(mg/L)	−0.308	−0.275
总磷(mg/L)	−0.227	−0.639

表 2-32 表示各年渗滤液根据 11 个环境因子进行主成分分析的结果。前两个主成分包含了原来总信息量的 89.5%,第一主成分和第二主成分分别解释总方差的 81.2%,8.4%。因

而,第一排序轴上的距离关系最为重要,反映了各年渗滤液样品中环境因子的主要关系。根据 PCA 排序图 2-120 可以看出,填埋场垃圾的分解大致可以分为三个阶段:第Ⅰ阶段,2005—2002 年,可认为是快速降解期;第Ⅱ阶段,2001—1999 年,即转折期;第Ⅲ阶段,1998—1993 年,相对平稳期。表 2-32 列出的是各环境因子分别在前三个轴上的因子负荷量(特征向量 Eigenvectors),在第一主成分中,因子 NPOC, TN, 矿物油, COD, NH_3-N, pH, 电导率(μS/cm)、碱度、正磷酸盐、总磷(mg/L)负荷值为负值,表示这些因子在第一主成分(轴 1)递增的方向上逐渐降低,即随着降解年份的增加趋于降低,因子 ORP 为正值,表示该因子降解年份的增加趋于升高。

可以看出,渗滤液随填埋时间的延长,其性质变化较大,总体随填埋时间逐渐降低、但时有突变的状况,这主要与填埋场的非均质性关系较大,而且与选取的采样点、采样方式、保存方式具有很大的关系。有以下一些结论:

(1) 老港填埋场历年渗滤液的性质可以看出:在老港填埋场 15 年的降解过程中,可大致分为三个阶段,第Ⅰ阶段,2005—2002 年,是快速降解期;第Ⅱ阶段,2001—1999 年,即转折期;第Ⅲ阶段,从 1998—1993 年,相对平稳期;从 1998 年后的渗滤液性质相对进入平缓期,即 8 年后渗滤液随时间变化速度相对降低。

(2) 渗滤液不同性质中,C、pH、电导率、碱度、ORP、矿物油等综合性指标随着填埋时间的推移,呈现良好的变化趋势,可用于反映渗滤液的稳定化程度;一些单指标,如 N, P 等可降解物质,或者是垃圾中本身含量较多的物质(主要为降解作用),如 Cl 等,随填埋时间也发生较大的变化(可能是淋溶作用);但另外一些单因子,如 Br、F、金属含量等即难降解,含量又不高的物质,随填埋时间变化不大,受垃圾样本的组成影响较大。

(3) 渗滤液的稳定化程度,或者渗滤液的分类等不可单纯采用绝对值来表示,特别是对于垃圾来源、填埋方式、气候条件等不同的填埋场得到的渗滤液,建议采用特定物质的形态结构组成率来判定,可采用的物质有:综合指标(对 C(NPOC/TOC), N(NH_4^+/TN), P(PO_4^{3-}/TP)等赋以不同的权重,最终得到一个综合指标)、阴离子的综合指标(Cl^-/SO_4^{2-})、阳离子的综合指标(主要是稳定性金属 Ca、Mg、Ni、Fe、Al 等)。

(4) 垃圾随填埋时间变化情况较为明显,特别是 C、N、P 等常量元素,而对于重金属含量,则受垃圾本体影响较大,随填埋时间变化不明显。

(5) 垃圾中腐殖质含量及腐殖化指数能较好地反映垃圾的稳定化进程,随填埋时间的延长,垃圾的腐殖质总量及 HA/FA 比例逐渐升高。

(6) 填埋场垃圾组分的物理性质,如粒径分布及组成含量,能较好反映填埋场垃圾的降解过程;细料($d \leqslant 10$ mm)的变化趋势,符合以下的方程回归曲线:$Y = 33.345 \times \ln(t, a) - 20.406$($R^2 = 0.97388$);说明填埋场稳定化过程中,大颗粒物质逐渐降解为中小颗粒物质,从而能有效释放垃圾中的一些可生化物质。

习　题

2-1　完整表述矿化垃圾概念、定义、发展过程。

2-2　描述生活垃圾填埋场中各组份的转化历程。

2-3　提出生活垃圾填埋场实现快速稳定化的所采取的工艺方法。

2-4　简述生活垃圾填埋场稳定化场地利用技术要求,并列出几种稳定化场地利用方案。

第三章
生活垃圾焚烧炉渣与飞灰表征与处理技术

炉渣与飞灰这两种焚烧灰渣,不仅在数量上差别很大,而且性质也有显著差异,炉渣中可浸出重金属的量明显低于飞灰,且在标准范围之内。因此,城市生活垃圾焚烧炉渣不在欧盟委员会规定的有害废物之列,而城市生活垃圾焚烧飞灰被欧盟委员会列为 19.01.03 号和 19.01.07 号废物。日本 1992 年修订的《废物处置和公共清扫法》规定新建的垃圾焚烧炉须分别收集炉渣与飞灰。生活垃圾焚烧飞灰在比利时也被认为是有害物质。因此,应该独立收集炉渣与飞灰以便于利用炉渣和处理飞灰;将余热回收灰和控制空气污染残余物一起来管理。

第一节　焚烧炉渣物理化学性质

目前,英国、德国、法国、荷兰、丹麦、加拿大以及日本等国大部分的生活垃圾焚烧厂,其炉渣和飞灰都是分别收集、处理和处置的;而在美国,炉渣和飞灰是混合收集、处理和处置的,因此被称做混合灰渣。我国《生活垃圾焚烧污染控制标准》(GB18485)明确规定"焚烧炉渣与除尘设备收集的焚烧飞灰应分别收集、贮存和运输,焚烧炉渣按一般固体废物处理,焚烧飞灰应按危险废物处理"。生活垃圾焚烧炉渣处理是一个重要的环境生态问题。在我国,炉渣属于一般废物,可直接填埋或作建材利用。然而,由于焚烧的垃圾组成复杂,炉渣中可能含有多种重金属、无机盐类物质,如铅、锡、铬、锌、铜、汞、镍、硒、砷等,在炉渣填埋或利用过程中有害成分会浸出而污染环境。因为包括酸性土壤、酸雨、含有大量 CO_2 的水等都会把不可溶的重金属氢氧化物转化成为易溶的碳酸盐,甚至是含水碳酸盐。Dugenest 等人的研究发现焚烧炉渣的 TCLP 浸出毒性测试中 Pb, Cd 超出有害废弃物的限定标准。Pb, Zn, Cu 的浸出成为炉渣资源化利用的潜在威胁。

欧盟标准委员会第 12 920 条法规规定,如果城市生活垃圾焚烧灰渣不进行前处理,将不能进行填埋或资源化利用。欧美等发达国家早已开始采用卫生填埋方式来处理焚烧炉渣,以避免其中含有的可溶性有害成分进入土壤。焚烧炉渣成分复杂,且含有大量污染物质,因此在处理和利用之前,必须进行适当的预处理。

① 风化(Weathering)

在进行处置和资源化利用之前,先把炉渣放置一段时间(几个星期到几个月不等),以降低炉渣 pH 值和将金属氢氧化物氧化为难溶金属氧化物,达到减少重金属物质的浸出、稳定炉渣性质的目的。在欧洲,特别是德国,这种方法由于投资和运行费用低而被广泛采用。

② 水洗(Washing)

为减少炉渣中的有害污染物,一些学者最初采用水洗的处理方法。研究表明,水洗过程能改变灰渣的化学成分,如减少水溶性化合物的含量(大多数氯化物、可浸出盐类),增加玻璃化氧化物的含量,并能去除轻质的细微成分。有研究者认为水洗过程能最大限度地增加水泥基体中的炉渣含量(占总固体量的 75%~90%),而无重金属浸出的危险。此外,水洗过程还会使固化产物硬化时间的延迟作用大幅减弱。除去炉渣中部分轻质细微成分,有利于提高固化体的硬化性能,并提高灰渣烧结产物的化学和工程性质。浸出实验和硬化时间证明了水洗预处理城市生活垃圾焚烧灰渣作为一种在水泥材料中尽量利用残余物的方法的技术可行性。同时,水洗过程也被证明是能够提高残余物/水泥混合物硬化特性的合适方法。由于该方法消耗较少的水泥且需处置的最终产品的体积减少,因而可以获得较高的经济效益。

然而,水洗过程也有一定的副作用,虽然能够去除可溶氯化物,然而由于水洗过程洗掉了大多数元素,故灰渣失去大量重量,因而导致了重金属的含量明显升高的负面影响,也使得安全处置水洗灰成为一个问题。水洗预处理城市生活垃圾焚烧灰渣还会产生额外的费用,主要来自这一过程产生的废水处理费用。另外,水洗预处理还会产生重金属富集的残余物,这样增加了重金属浸出的危险。经过水洗预处理的城市生活垃圾焚烧灰渣在进行热处理时,重金属化合物的挥发更为明显,这也是因为水洗残余物会导致重金属的富集。

③ 其他前处理方法

在进行处理和资源化利用前,有时需对焚烧灰渣进行适当分选。

为了合理地处置日益增加的焚烧炉渣,减轻填埋场场地紧张的压力及省去昂贵的填埋费用,美国、日本和欧洲的许多国家在几十年前就开始从资源利用和环境影响两方面考虑,探究焚烧炉渣资源化利用的可行性,力求在经济成本与环境要求中找到最佳平衡点,提供既能减少处理处置费用、避免对环境造成不利影响且具备一定技术可行性的处理策略。

由于炉渣主要含有中性成分(如硅酸盐和铝酸盐等,含量占 30% 以上),且物理化学和工程性质与轻质的天然骨料(石英砂和黏土等)相似,因而是很好的建筑原材料。日本、瑞士、美国、法国和荷兰等国家都已指定国家法规来规定垃圾焚烧炉渣的利用。例如,在欧洲,约 50% 的城市生活垃圾的炉渣用于二次建筑材料(天然的粗粘结料,即混凝土中的部分替代骨料)、路基建设或陶瓷工业的原材料;美国、日本及欧洲一些国家将城市生活垃圾焚烧炉渣或混合灰渣通过筛分、磁选等方式去除其中的黑色及有色金属并获得适宜的粒径后,再与其他骨料相混合,用作石油沥青铺面的混合物等。最常见的一种方法是将城市生活垃圾焚烧炉渣、水、水泥及其他骨料按一定比例制成混凝土砖,这在美国已有商业化应用。

① 分选回收金属

炉渣中含有黑色金属和有色金属,黑色金属大约占 15%,许多欧美的垃圾焚烧厂都利用筛分和磁选技术从炉渣中提取黑色金属。有些工厂还利用涡电流来分离回收有色金属。

② 水泥混凝土和沥青混凝土的骨料

城市垃圾焚烧炉渣或混合灰渣经筛分、磁选等方式去除其中的黑色及有色金属并获得适宜的粒径后,可与其他骨料相混合,用作石油沥青铺面的混合物,这在美国、日本及欧洲一些国家均有应用。当将灰渣用于粘结层或基层时,其最佳含量不宜超过 20%;将灰渣用于表层时,其最佳含量不宜超过 15%。为避免灰渣会对沥青产生较强且不均匀的吸附作用,其热灼减率(LOI)不可大于 10%。并且,示范工程的测试结果表明,只要处置得当,灰渣沥青利用并不会对环境造成危害。

③ 利用焚烧炉渣制作墙砖和地砖

利用焚烧炉渣和垃圾中分选出的废玻璃为原料,通过非烧结粘结砖工艺制备彩色道砖,产品经检测其抗压、抗折强度等质量指标以及产品的放射性和有害物质含量等均符合国家建筑材料的有关标准。这种方法为垃圾焚烧炉渣的利用开辟了一条新路子,实现了社会效益、环境效益和经济效益的统一。

④ 填埋场覆盖材料

适当压实处理后的炉渣的渗透系数可以降至很低,是一种适合的填埋场覆盖材料。炉渣经压实密度可增至 $1\,600\ kg/m^3$ 以上。保持一定的含水率(大约为 16%)并加以适当的压力,可使其渗透系数减小到 $10^{-6}\ cm/s$,有的甚至小于 $10^{-8}\ cm/s$。

炉渣主要源于生活垃圾的不燃无机物、可燃物燃烬灰分、未燃烬炭、添加剂及其大部分反应生成物。现今城市生活垃圾逐渐采取焚烧作为处理的普遍方式,炉渣的产量也随之日益增加,为全面认识进而有效处理和利用城市生活垃圾焚烧炉渣,必须了解它们的物理和化学特性。同时,由于城市生活垃圾焚烧炉渣的物化特性与诸多因素相关,如城市生活垃圾的成分、焚烧炉的炉型、焚烧炉的运行条件等,因此,必须对其特性进行详尽的分析。

一般地,按照产生位置的不同,焚烧灰渣可分为下列四种:

① 细渣:细渣由炉床上炉条间的细缝落下,经集灰斗槽收集,一般可并入炉渣,其成分有玻璃碎片、熔融的铝锭和其他金属;

② 炉渣:炉渣系焚烧后由炉床尾端排出的残余物,主要含有焚烧后的灰分及不完全燃烧的残余物(例如铁丝、玻璃、水泥块等),一般经水冷却后再送出;

③ 锅炉灰:废气中悬浮颗粒被锅炉管阻挡而掉落于集灰斗中形成锅炉灰,亦有沾于炉管上再被吹灰器吹落的,可单独收集,或并入飞灰一起收集;

④ 飞灰:飞灰是指由空气污染控制设备中所收集的细微颗粒,一般系经旋风除尘器、静电除尘器或布袋除尘器所收集的中和反应物(如 $CaCl_2$,$CaSO_4$ 等)及未完全反应的碱剂(如 $Ca(OH)_2$)。

一般而言,焚烧灰渣是由炉渣(Bottom Ash 或 Slag)及飞灰(Fly Ash)共同组成。本章所指的炉渣为包括细渣、炉渣和锅炉灰三部分的灰渣。垃圾焚烧厂产生的炉渣从焚烧炉内排出,经水冷却后输送至炉渣贮坑,用抓斗从贮坑内将炉渣抓到设置在高处的临时贮坑,临时贮坑底部有自动控制闭合的装置,可将炉渣倾倒入卡车内外运。

本章中涉及的炉渣样品取自国内两座大型生活垃圾焚烧厂,分别标记为 A 焚烧厂和 B 焚烧厂。由于炉渣排出焚烧炉时呈高热状态(约 $400\ ℃$),如果不采用熔融处理,必须经过冷却装置,将其完全灭火和降温。通常需要用水冷却,增加了炉渣的湿度。经测定,A,B 两厂炉渣的含水率在 $11\%\sim18\%$。

新鲜炉渣由于含有水分,呈黑褐色,风干后为灰色。对比两厂所产生的焚烧炉渣和飞灰,发现它们在外观颜色和组成上有很大差异。B 厂炉渣内塑料、木头等未燃有机物含量明显高于 A 厂炉渣,飞灰也明显比 A 厂的飞灰白。将 A,B 两厂的炉渣和飞灰分别命名为炉渣 a、飞灰 a 和炉渣 b、飞灰 b,便于后文进行比较。

一、焚烧炉渣的组成和分布

如图 3-1 所示,垃圾焚烧炉渣主要是由熔渣、玻璃、陶瓷和砖头、石块等组成的非均质混合物,还有少量金属制品和塑料、纸类等未完全燃烧有机物。

1. 炉渣的粒径分布

炉渣主要是由玻璃、陶瓷碎片、熔渣(硅酸盐、磷酸盐、硫酸盐和碳酸盐)、金属等物质组成,垃圾在焚烧炉内燃烧时,在机械炉排的推送和搅拌作用下玻璃、陶瓷等组分很容易破碎。可能发现一些大于 $25\ mm$ 的物质为粘附在一起,主要是在焚烧炉内高温下熔融的硅酸盐物质。图3-2所示为 A,B 两焚烧厂炉渣的累积粒径分布曲线,体现出较好的一致性。

图 3-1 生活垃圾焚烧厂焚烧炉渣

可以看出，A，B 两厂炉渣中大约 60%（炉渣 a 为 60.3%，炉渣 b 为 58.3%）是由大于 4 mm 的颗粒组成的。而大于 4 mm 的这部分炉渣，很容易经过筛分和水洗，作为二次建筑材料循环使用。水洗过程洗掉了许多水溶成分和大部分粘附在表面的细粒物质，而这些细粒物质含有很多重金属。筛分和洗涤过程的用水可在湿式或半湿式 APC 系统循环利用。两厂炉渣小于 1 mm 的颗粒占总量的

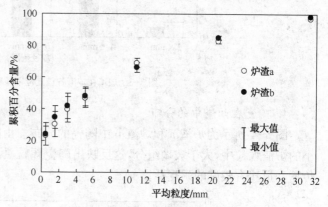

图 3-2 焚烧炉渣累积粒径分布曲线

20%～25%，主要是由炉排灰和锅炉灰组成的，这些细颗粒许多粘附在大颗粒表面。

2. **炉渣的质量分布**

表 3-1 显示两厂炉渣不同粒径范围的组分情况。由表可知，炉渣主要是由熔渣（64.09%～66.42%）、砖石（14.02%～16.62%）、陶瓷（7.33%～7.36%）、玻璃（6.81%～7.37%）、金属制品（3.67%～4.10%）组成，还含有少量的塑料、纸张、木头等有机物。

大颗粒炉渣（>25 mm）以砖头、石头为主，小颗粒炉渣（<25 mm）主要是熔渣和玻璃，含量随着粒度的减小而增多，陶瓷、铁质金属明显分布于大颗粒炉渣中。

表 3-1 垃圾焚烧炉渣物理组分分布

粒径 (mm)	组分百分含量													
	陶瓷		玻璃		熔渣		砖块、石头		有机物		金属制品		其他	
	炉渣 a	炉渣 b	炉渣 a	炉渣 b	炉渣 a	炉渣 b	炉渣 a	炉渣 b	炉渣 a	炉渣 b	炉渣 a	炉渣 b	炉渣 a	炉渣 b
2～4	0.99%	0.83%	2.91%	1.86%	93.38%	94.77%	1.04%	1.31%	0.58%	0.72%	1.10%	0.51%	0%	0%
4～6	2.08%	1.98%	20.04%	20.18%	61.05%	63.98%	12.83%	9.29%	1.53%	2.11%	2.06%	2.06%	0.41%	0.40%
6～16	9.50%	8.71%	18.54%	17.09%	47.56%	49.40%	20.14%	20.98%	1.00%	1.23%	2.95%	2.37%	0.31%	0.22%
16～25	24.64%	22.09%	10.89%	11.98%	39.46%	40.50%	10.50%	7.63%	0.38%	1.75%	14.03%	15.97%	0.10%	0.08%
25～37.5	10.62%	9.81%	0.21%	0.08%	32.15%	33.14%	50.12%	50.7%	1.93%	3.18%	4.97%	3.09%	0%	0%
>37.5	4.97%	5.66%	1.50%	1.51%	5.00%	5.20%	81.26%	77.49%	1.99%	5.22%	5.28%	4.92%	0%	0%
总计	7.36%	7.33%	7.37%	6.81%	64.09%	66.42%	16.62%	14.02%	0.78%	1.24%	3.67%	4.10%	0.11%	0.08%

注：粒径在 2 mm 以下的炉渣按熔渣计。

3. 玻璃在炉渣中的分布

A、B 两厂焚烧炉渣中玻璃的分布如图 3-3 所示，在 4～6 mm 和 6～16 mm 两个粒径范围内玻璃所占的比例最大，这是由于在焚烧炉内机械炉排的传输和搅拌作用下使垃圾中的玻璃被挤压、破碎的缘故。如果对生活垃圾进行分类收集，减少入炉垃圾中的玻璃含量，炉渣中的玻璃物质将大幅降低。

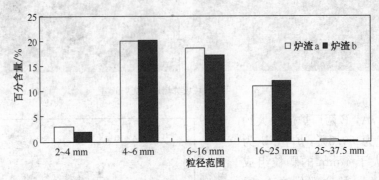

图 3-3　玻璃在炉渣各粒度范围颗粒中所占的比例

4. 陶瓷在炉渣中的分布

图 3-4 所示为炉渣 a 和炉渣 b 中陶瓷的分布。由图可知，陶瓷主要分布在 16～25 mm 大小的炉渣颗粒中，大于玻璃组分，这反映出陶瓷颗粒具有较高的机械强度，对焚烧系统的机械传输和搅拌有较好的耐受性。

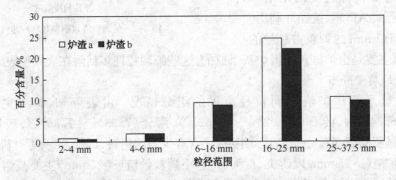

图 3-4　陶瓷在炉渣各粒度范围颗粒中所占的比例

5. 金属制品在炉渣中的分布

垃圾焚烧炉渣中含有一定量的金属物质，主要是铁盖、铁丝、铁钉等黑色金属和铝罐、铜线等有色金属物质，主要分布在 16～25 mm 大小的炉渣颗粒中（图 3-5）。一方面，通过磁选等方

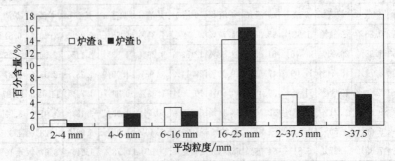

图 3-5　金属在炉渣各粒度范围颗粒中所占的比例

式可把这些金属回收利用;另一方面,这些金属物质在炉渣资源化利用过程中与酸性溶液接触时会反应放出 H_2,造成膨胀等不利影响。故应在炉渣作建材应用前对之进行预处理,回收这些金属物质。金属物质在炉渣中的含量大约是 3%~5%,如果全部回收,以 A 垃圾焚烧厂为例(日处理垃圾量为 1 000 t/d,炉渣产量为 250 t/d 计),每年可从炉渣中回收 2 700 t~4 500 t 的废铁。

6. 未燃有机物在炉渣中的分布

由于 A,B 两厂采用的均是机械炉排焚烧炉,焚烧温度不是非常高,常常有一些有机可燃物未能充分燃烧。未燃有机物包括塑料、纸张、布、木头、骨头、果皮等,随机地分布在小于 16 mm 的所有粒径范围内,且在每一个粒径范围内含量均小于 4%,在这一方面两厂产生的炉渣非常相似(图 3-6)。有机物含量少意味着两厂的焚烧炉在各自的焚烧温度和停留时间内均具有良好的燃烧情况。

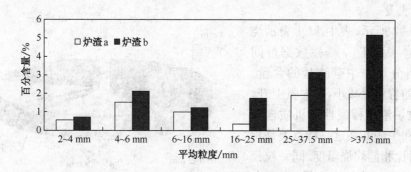

图 3-6 金属制品在炉渣各粒度范围颗粒中所占的比例

7. 熔渣在炉渣中的分布

熔渣主要是生活垃圾高温燃烧的产物,主要是不燃无机物、可燃物燃烬灰分、未燃烬炭、添加剂及大部分反应生成物。图 3-7 所示为熔渣组分在炉渣中的分布。其中,小于 2 mm 的炉渣颗粒可全部视作熔渣处理。由图可见,熔渣是炉渣的主要成分,大约占总重量的 65% 左右。熔渣在炉渣中的分布规律是随着粒径的减小,含量升高。

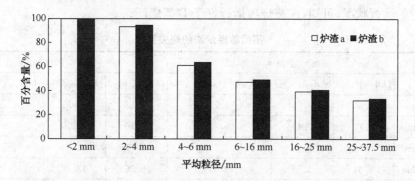

图 3-7 熔渣在炉渣各粒度范围颗粒中所占的比例

二、焚烧炉渣的物理化学性质

1. 粒度组成

将炉渣 a 和炉渣 b 中小于 4 mm(5 目)的细粒部分剔除明显的玻璃、陶瓷等组分,依次用筛孔大小为 0.15 mm(100 目),0.2 mm(80 目),0.3 mm(60 目),0.45 mm(40 目),0.9 mm

(20 目)，2 mm(10 目)的筛子进行筛分，将筛下部分分别进行称量，得到小于 4 mm 的焚烧炉渣的粒度组成，见图 3-8 和图 3-9。A，B 两焚烧厂炉渣中细粒部分的粒度组成无明显差异，2～4 mm 所占比例最多，其次是 0.45～0.9 mm，<0.15 mm，0.9～2 mm，0.2～0.3 mm 大小颗粒占 12%～15%，而 0.3～0.45 mm 和 0.15～0.2 mm 所占比例很少，均小于 5%。

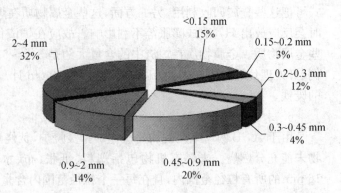

图 3-8　炉渣 a 中<4 mm 细粒部分的粒度组成

(1) 烧失量

如表 3-2 所示，表中 LOI 表示烧失量，$LOI_{950℃}-LOI_{600℃}$ 一栏数据可间接反映该组分炉渣中碳酸盐的含量。由表可见，随着粒度减小，烧失量上升，表明小颗粒炉渣中挥发性有机质含量高，炉渣 a 和炉渣 b 在这一特点上是相同的。但对比相同灼烧温度、同一粒径范围内 a，b 两炉渣的烧失量，发现存在很大差异，炉渣 b 的烧失量明显高于炉渣 a，表明炉渣 b 中的挥发性有机质含量高，

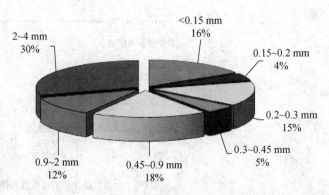

图 3-9　炉渣 b 中<4 mm 细粒部分的粒径分布

这一点在炉渣有机质组分分布已得到证明，塑料、布、纸、纤维、木头等未完全燃烧的有机质含量在炉渣 b 中含量明显高于炉渣 a。另外，从表中 $LOI_{950℃}-LOI_{600℃}$ 一栏数据可以看出，随炉渣粒度减小，其碳酸盐含量增高，特别是 0.15～0.2 mm 和<0.15 mm 的筛分中碳酸盐很高，而且同一粒径范围内炉渣 b 颗粒要略高于炉渣 a 颗粒。炉渣中有机质含量高低可以间接反映焚烧炉的运行状况，可知，A 焚烧厂运行好于 B 焚烧厂。

表 3-2　　　　　　　　　　　　　　　不同粒径炉渣的烧失量

粒径范围	炉渣 a			炉渣 b		
	$LOI_{600℃}$ (%)	$LOI_{950℃}$ (%)	$LOI_{950℃}-LOI_{600℃}$ (%)	$LOI_{600℃}$ (%)	$LOI_{950℃}$ (%)	$LOI_{950℃}-LOI_{600℃}$ (%)
<0.15 mm	2.64	9.35	6.71	11.36	19.83	8.23
0.15～0.2 mm	2.77	9.19	6.42	11.03	18.10	7.07
0.2～0.3 mm	2.46	6.23	3.77	7.49	13.53	6.04
0.3～0.45 mm	2.34	5.69	3.35	6.96	13.28	6.32
0.45～0.9 mm	2.02	4.05	2.03	6.29	10.42	4.13
0.9～2 mm	1.79	3.21	1.42	6.38	8.81	2.43
2～4 mm	2.03	2.78	0.75	6.62	7.03	0.41

(2) 炉渣矿物组成

将待测炉渣样品研磨至通过 0.075 mm(200 目)筛，取 3～5 g 干燥后的样品装于样品袋

中,在同济大学海洋学院 X 射线衍射分析室进行矿物组成分析。

X 射线衍射仪,型号:PW1710,实验中的工作条件为:工作电压 40 kV;工作电流 20A。为了分析炉渣的矿物组成,首先对炉渣进行 3°~70°快速扫描,每步 0.02°(2θ);扫描速度 3°/min。不同粒径大小炉渣颗粒的 XRD 图谱如图 3-10—图 3-15 所示。

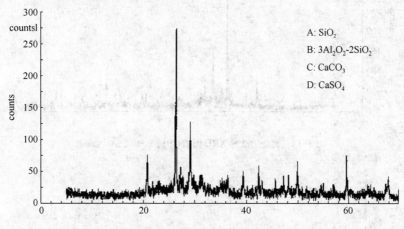

图 3-10 焚烧炉渣的 XRD 图谱(炉渣 b,0.9~2 mm)

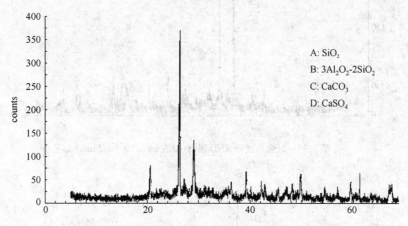

图 3-11 焚烧炉渣的 XRD 图谱(炉渣 b,0.45~0.9 mm)

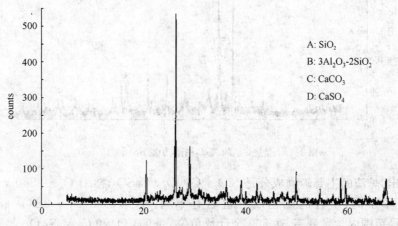

图 3-12 焚烧炉渣的 XRD 图谱(炉渣 b,0.3~0.45 mm)

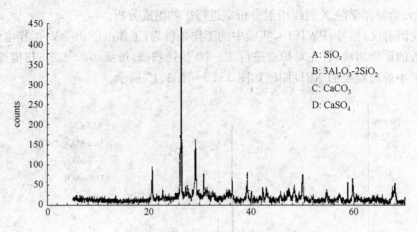

图 3-13　焚烧炉渣的 XRD 图谱(炉渣 b, 0.2~0.3 mm)

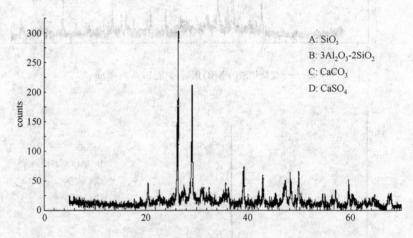

图 3-14　焚烧炉渣的 XRD 图谱(炉渣 b, 0.15~0.2 mm)

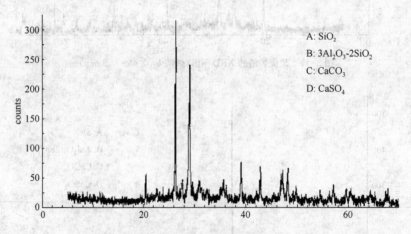

图 3-15　焚烧炉渣的 XRD 图谱(炉渣 b, <0.15 mm)

　　可以看出,炉渣的主要矿物成分是 SiO_2 , $CaCO_3$, $CaSO_4$, $3Al_2O_3 \cdot 2SiO_2$, $CaAl_2Si_2O_8$ 。炉渣颗粒大小不同,所含的矿物成分也略有不同, SiO_2 , $3Al_2O_3 \cdot 2SiO_2$ 成分在 0.3~0.45 mm粒径范围内含量最高,达 500 个计数单位,而 $CaCO_3$ 和 $CaAl_2Si_2O_8$ 含量随着粒度的

减小逐渐升高。

（3）炉渣的化学成分

炉渣 a 和炉渣 b 的 2 mm 筛分中常量元素的测定结果如表 3-3 所示，表中也列出了飞灰 a 和粉煤灰中相应元素含量以作对比。

表 3-3　　　　　　　　　　　生活垃圾焚烧炉渣的主要化学成分

	炉渣 a(%)	炉渣 b(%)	飞灰 a(%)	粉煤灰(%)
SiO_2	35.3	42.3	20.5	54.9
CaO	27.2	19	35.8	8.7
Al_2O_3	7.4	7.8	5.8	25.8
Fe_2O_3	3.9	5.1	3.2	6.9
P_2O_5	5.7	3.3	2.8	
SO_4^{2-}	3.12	2.16	14.4	0.72
MgO	1.7	1.5	2.1	1.8
Na_2O	2.1	3.1	3.7	0.6
K_2O	1.6	1.7	4.0	
Cl	1	0.8	12.4	
TiO_2	0.7	0.6	/	
ZnO	0.4	0.3	/	
BaO	0.3	0.2	/	
MnO	0.1	0.1	/	
CuO	0.1	0.1	/	
烧失量	8.7	12.0	22.0	

炉渣的主要组成为 SiO_2（35.3% ～ 42.3%），CaO（19% ～ 27.2%），Al_2O_3（7.4% ～ 7.8%），Fe_2O_3（3.9% ～ 5.1%），还有少量的 Na_2O，K_2O，MgO，TiO_2 等。与飞灰和粉煤灰一样，属 CaO—SiO_2—Al_2O_3—Fe_2O_3 体系。与焚烧过程的另外一种灰渣——飞灰相比，炉渣中 SiO_2 的含量明显高，这是因为生活垃圾中的玻璃成分沸点较高，在焚烧过程中主要残留在炉渣的缘故。飞灰的 CaO 含量明显高于炉渣，这是因为垃圾焚烧过程中往往产生大量酸性气体，如 HCl，H_2S 等，为减小酸性气体的排放，在烟气中往往喷入大量的吸收剂（Ca(OH)$_2$ 或 CaO），使之与烟气中的酸性气体发生化学反应，由于吸收剂 Ca(OH)$_2$ 或 CaO 的喷入使飞灰的 Ca 含量很高。另外，与粉煤灰相比，除 SiO_2 和 Al_2O_3 外，炉渣和飞灰中的 S，Cl，P，CaO，Na_2O 和 K_2O 等成分的含量普遍较高，这是因为相对于单一成分的原煤而言，生活垃圾成分非常复杂，近年来厨余含量更是逐渐升高，致使焚烧后灰渣中的无机盐含量很高。这些成分含量的增加主要受焚烧的城市生活垃圾的成分、焚烧炉类型及烟气处理装置的影响。

从表 3-3 还可以看出，沸点温度较高的、难挥发的 Si，Al，Fe 等元素在炉渣中分布较多，而易挥发的 Na，K 等元素则在飞灰中分布较多。难挥发元素，尤其是 Si，在炉渣 a 中约占 35% 左右，在炉渣 b 中更是高达 42.3%，而在焚烧炉 A 的飞灰中只占 24.5%。Fe，Al 等难挥发的元素也具有相同的趋势。因此，可以得出这样的结论：在城市生活垃圾焚烧过程中，高沸点、低蒸气压的物质（如 Si，Al，Fe 等）主要留在炉渣中，而 Na 和 K 等易挥发元素，很容易在飞灰中富集。P 挥发性中等，因而在炉渣和飞灰中均不会产生明显的富集。

飞灰中的 S 和 Cl 含量大约在 12.0% 和 12.4%,大大高于其在炉渣中的含量(炉渣中 S:1.8%~2.6%;Cl:0.8%~1%)。这主要是因为硫酸盐和氯化物的沸点低,具有较高的挥发性。同时,高 Cl 含量可以认为是城市生活垃圾焚烧飞灰的一个主要特征,炉渣和飞灰中的 Cl 大约 40%~50% 源自垃圾中塑料(主要是 PVC)物质的燃烧。

(4)粒度对炉渣主要成分的影响

为了考察粒度大小对炉渣主要成分的影响,分别对炉渣 b 的<0.15 mm,0.15~0.2 mm,0.2~0.3 mm,0.3~0.45 mm,0.45~0.9 mm 和 0.9~2 mm 筛分样品进行 XRF 分析,结果见表 3-4。

可以看出,随着炉渣粒度的减小,SiO_2,Al_2O_3,Fe_2O_3,Na_2O,K_2O 的含量变小。相反地,CaO,P_2O_5,SO_3,MgO,TiO_2,Cl 等物质的含量却随粒度的变小而增加。这是由于一方面小颗粒物质从焚烧炉的炉排间隙掉落,没有足够的停留时间以供金属元素的挥发,而大颗粒物质从炉排尾端排出,停留时间相对较长;另一方面,焚烧过程使生活垃圾中各个元素重新进行分配,炉渣中的小颗粒物质主要是有机物燃烧后的灰分,大颗粒物质更主要的是源于垃圾中的无机成分,SiO_2,Al_2O_3,Fe_2O_3 等无机成分沸点又较高,不易挥发进入烟气,主要留存在炉渣中。

表 3-4　　　　　　　　　　　　不同粒径范围炉渣颗粒的化学成分

	<0.15 mm	0.15~0.2 mm	0.2~0.3 mm	0.3~0.45 mm	0.45~0.9 mm	0.9~2 mm
SiO_2	30.7%	35.6%	40.2%	45.8%	49.4%	51.1%
CaO	25.4%	22.7%	20.2%	17.2%	15.1%	14.2%
Al_2O_3	7.2%	7.4%	7.7%	7.8%	8.2%	8.4%
Fe_2O_3	4.5%	4.7%	5%	5.1%	5.5%	5.8%
P_2O_5	3.6%	3.5%	3.4%	3.7%	3.1%	2.8%
SO_3	2.8%	2.4%	2%	1.5%	1.2%	1%
Na_2O	1.8%	2.1%	2.6%	2.6%	4%	4.5%
MgO	1.6%	1.5%	1.4%	1.3%	1.4%	1.5%
K_2O	1.5%	1.6%	1.7%	1.8%	1.7%	1.7%
Cl	1%	0.9%	0.8%	0.7%	0.6%	0.6%
TiO_2	0.7%	0.6%	0.5%	0.5%	0.5%	0.5%
ZnO	0.4%	0.4%	0.3%	0.3%	0.2%	0.2%
BaO	0.2%	0.2%	0.2%	0.2%	0.2%	0.2%
MnO	0.2%	0.2%	0.1%	0.1%	0.1%	0.1%
CuO	0.1%	0.1%	0.1%	0.1%	0.1%	0.1%
PbO	0.06%	0.05%	0.04%	0.04%	0.04%	0.04%
Cr_2O_3	0.03%	0.03%	0.02%	0.02%	0.03%	0.03%

① 炉渣主要是由熔渣(64.09%~66.42%)、砖石(14.02%~16.62%)、陶瓷(7.33%~7.36%)、玻璃(6.81%~7.37%)、金属(3.67%~4.10%)组成的不均质混合物,还含有一定量的塑料、金属物质和未完全燃烧的纸类、纤维、木头等有机物。大颗粒炉渣(>25 mm)以砖头、石头为主,小颗粒炉渣(<25 mm)主要是熔渣和玻璃,含量随着粒度的减小而增多,陶瓷、铁质金属明显分布于大颗粒炉渣中。

② 炉渣中大于 4 mm 的颗粒占 60％左右,可以作建筑材料使用。小于 1 mm 的颗粒占 20％～25％,许多粘附在大颗粒表面。

③ 有机质含量高低可以间接反映焚烧炉的运行状况,与炉渣 b 相比,炉渣 a 的有机质含量低,说明 A 焚烧厂运行好于 B 焚烧厂。

④ 炉渣的主要矿物成分是 SiO_2,$CaCO_3$,$CaSO_4$,$3Al_2O_3 \cdot 2SiO_2$,$CaAl_2Si_2O_8$。

⑤ 炉渣的主要组成为 SiO_2：35.3％～42.3％,CaO：19％～27.2％,Al_2O_3：7.4％～7.8％,Fe_2O_3：3.9％～5.1％,还有少量的 Na_2O,K_2O,MgO,TiO_2 等。SiO_2,Al_2O_3,Fe_2O_3,Na_2O,K_2O 的含量随炉渣粒度的减小而变小,相反地,CaO,P_2O_5,MgO,TiO_2 等物质的含量却随粒度的变小而增加。

三、焚烧炉渣重金属分析

垃圾中的重金属物质在焚烧过程中将发生各种迁移转化,最终以不同的形式和比例分布于炉渣、飞灰和烟气中。由于垃圾焚烧技术在我国起步较晚,关于重金属在焚烧过程中的迁移特性及在各焚烧产物的分布规律的研究还很少。因此,本章从分析焚烧炉渣中重金属含量入手,对炉渣中重金属的来源、迁移机理及分布特性进行探讨,为炉渣资源化利用的环境安全性评定提供理论依据。

另外,国内外一次重金属资源在迅速衰竭,贫杂矿产、工业废渣冶炼和金属资源回收利用开始受到重视。通过对炉渣中重金属资源的深入研究,可为未来炉渣中重金属资源利用提供启示。

炉渣中含有多种重金属,如铅、镉、铜、锌、锡、铬、镍、硒、砷等。炉渣中的这些重金属物质主要源自所焚烧的垃圾。生活垃圾的各种成分都不同程度地含有重金属。除了混入的一些工业固体废物以外,重金属主要来自于:

① Pb:颜料、塑料(稳定剂)、报纸、木块、织物、橡胶、蓄电池和合金物等;

② Cd:涂料、电池、稳定剂/软化剂、报纸、塑料、杂草等;

③ Cr:不锈钢、报纸、塑料、杂草、木块、织物、鞋跟等;

④ Hg:电池、温度计、电子元件和报纸杂志等;

⑤ Ni:不锈钢和镍镉电池等;

⑥ Cu:纸张、织物、木块、塑料等;

⑦ Zn:镀锌材料、生物酵母等。

垃圾中的重金属物质在焚烧过程中不能被生成和破坏,只能发生化学反应和迁移转化,其中一部分以炉渣的形式排出。

生活垃圾可分为可燃组分和不可燃组分。可燃组分中的重金属有两种依存形式:一种是与有机物混合在一起的矿物质形式;另外一种是有机化合物的金属核心形式。然而无论以何种形式存在,当有机物在焚烧炉内焚烧后,所含的重金属都将释放出来,并发生化学反应:一是与有机物焚烧释放出的氯反应;二是由于高温使垃圾周围产生还原性气氛而发生还原反应。尽管焚烧炉是在过量空气下运行的,但还原性气氛几乎在所有的焚烧炉中都存在,在这种气氛下生成的金属化合物更易挥发。不同的重金属在焚烧炉渣、飞灰、烟气中的分布比例也不同。一般而言,挥发性重金属在焚烧过程中挥发或与垃圾中的其他成分(如氯)反应生成更易挥发的化合物,并向烟气中迁移,随着烟气的冷却使重金属从烟气中浓缩出来,冷凝并附着在飞灰颗粒上,该过程中重金属的主要行为包括,生成细小烟气颗粒的均匀核化作用和在飞灰表面的异相沉积作用。对于非挥发性金属,除了烟气夹带部分向烟气中迁移外,主要留在炉渣中。

不可燃组分中的重金属,大部分存在于床料中而进入炉渣,或者由于焚烧炉中出现的过量空气、湍流、真空等原因以夹带的形式出现在烟气中,形成飞灰颗粒。

总之,重金属在垃圾焚烧过程中将经历挥发态化合物的蒸发、化学反应、颗粒的夹带和扬析、金属蒸汽的冷凝和颗粒凝聚、金属蒸汽和颗粒的炉壁沉降、颗粒捕集等过程,分别以焚烧炉渣、飞灰和烟气的形式排出。

1. 消解方法的优化

试样的全消解方法可分为酸法和碱法。酸法必须使用氢氟酸,因为氢氟酸是唯一能分解二氧化硅和硅酸盐的酸类,一般多采用 HNO_3-$HClO_4$-HF,HCl-$HClO_4$-HF,王水-$HClO_4$-HF 或逆王水-$HClO_4$-HF 等全消解体系。碱熔法能彻底破坏试样晶格,操作简便、快速,且不产生大量酸蒸汽,但由于使用的试剂量较大,在测定微量元素时往往空白较高。常用的碱熔体系有 Na_2O_2-NaOH,Na_2O_2-Na_2CO_3,$KHSO_4$-$K_2S_2O_7$ 等。

传统的酸法是用聚四氟乙烯坩埚盛放试样在电热板上加热消解,先后加入上述系列的浓酸。实验步骤烦琐,消解时间至少十小时甚至更长,消解过程中产生大量的酸雾,操作环境恶劣,还容易造成样品污染或消解不完全,使测定结果产生较大的偏差。焚烧炉渣样品用此法消解仍然有少量不溶残渣。

微波消解法是采用密闭聚四氟乙烯溶解杯,在微波能加温、加压条件下,使酸液与样品更有效地反应,加快样品分解速度,同时可减少消解过程中样品的污染。微波消解作为样品预处理的新技术,具有操作简便、快速、经济的特点,并可在同一消解液中分别测定 Cu,Zn,Pb,Cd,Cr,Ni 等重金属元素,是测定样品重金属元素含量的有效方法,已得到普遍关注。

关于垃圾焚烧炉渣的消解方法研究尚少,本研究中采用意大利 Milestone 公司生产的微波消解仪(Ethos Plus),对焚烧炉渣在不同消解体系的微波消解方法进行了研究,以期为炉渣样品的预处理技术提供依据。

在环境样品的消解过程中,HCl,HNO_3,$HClO_4$,HF,H_2O_2 是最常用的几种消解剂。本研究在查阅并综合分析了国内外相关研究资料后,确定了可能适用于焚烧炉渣的六种酸消解方法,选择依据和加入每一种酸的体积见表 3-5。

表 3-5　　　　　　　　　　消解实验中酸的用量和选择依据

方法	HCl	HNO_3	HF	$HClO_4$	H_2O_2	依据
1	2	6	2	1	0	借用国家土壤质量测定标准(国家环境保护局,1997)对多种金属元素的消解方法
2	2	6	2	0	1	WTC(Wastewater Technology Center)制定的常用于焚烧灰渣的消解方法(Chandler A. J.,1997)
3	2	6	0	0	1	美国 EPA 方法 3050(美国环境保护局,1992),用于沉淀物、污泥和土壤的酸消解法
4	3	9	0	0	0	国外常用的焚烧灰渣消解方法(Chandler A. J.,1997)
5	0	6	2	2	0	粉煤灰的消解方法(谢华林,2004)
6	0	6	2	0	1	常用的土壤消解方法(刘光崧,1996)

准确称取过 100 目(0.15 mm)筛孔的炉渣 a(2 mm 筛分)样品 0.250 0 g 于聚四氟乙烯溶解杯中,加几滴蒸馏水湿润,分别按表 3-6 加入各种酸、摇动使之混匀,再按照微波溶样的步骤

操作,在相同的微波控制条件下,进行微波消解处理。微波消解后取出溶解杯,置于 180 ℃(仪器显示温度)电热板上加热赶氢氟酸,消解液呈灰白色基本不流动为止。其间需要多次摇动溶解杯,以除去 SiF₄ 的干扰。最后加入 2‰ HNO₃ 溶液 2 mL 加热溶解残渣,过滤,滤液转入100 mL 容量瓶中,然后定容,待测。

一种好的消解方法应该能把炉渣的矿物晶格彻底破坏,使样品中的待测元素全部进入试样溶液中。根据测试结果,按照消解液中重金属浓度决定哪种消解方法最优,并采用这种方法进行后续消解实验。

实验结果如图 3-16—图 3-25 所示。图中:方法 1 代表 $HCl/HNO_3/HF/HClO_4$ 消解体系;方法 2 代表 $HCl/HNO_3/HF/H_2O_2$ 消解体系;方法 3 代表 $HCl/HNO_3/H_2O_2$ 消解体系;方法 4 代表 HCl/HNO_3 消解体系;方法 5 代表 $HCl/HNO_3/HF$ 消解体系;方法 6 代表 $HNO_3/HF/H_2O_2$ 消解体系。

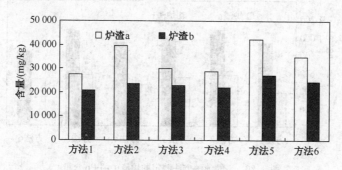

图 3-16　不同消解方法测定的炉渣中的 Fe 含量

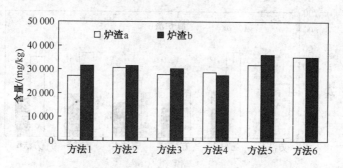

图 3-17　不同消解方法测定的炉渣中的 Al 含量

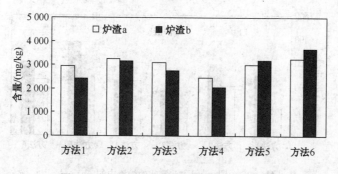

图 3-18　不同消解方法测定的炉渣中的 Zn 含量

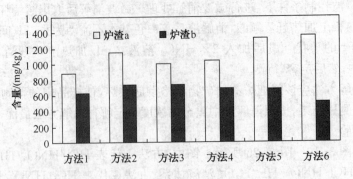

图 3-19　不同消解方法测定的炉渣中的 Cu 含量

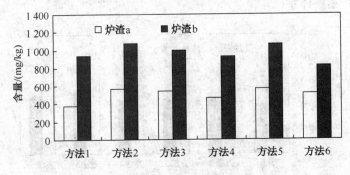

图 3-20　不同消解方法测定的炉渣中的 Pb 含量

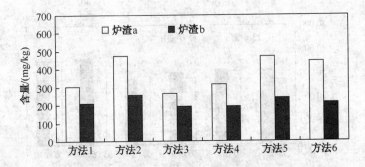

图 3-21　不同消解方法测定的炉渣中的 Cr 含量

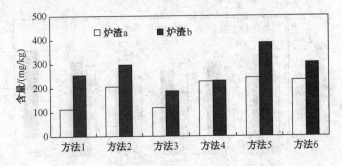

图 3-22　不同消解方法测定的炉渣中的 As 含量

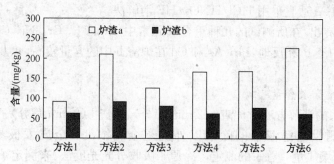

图 3-23　不同消解方法测定的炉渣中的 Ni 含量

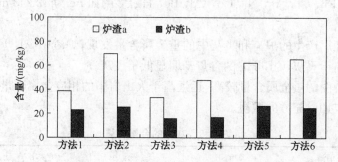

图 3-24　不同消解方法测定的炉渣中的 Co 含量

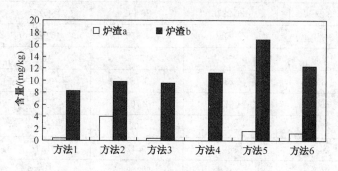

图 3-25　不同消解方法测定的炉渣中的 Cd 含量

可以看出,采用不同的消解体系测得的炉渣中金属含量存在明显的差异。总的来说,方法2($HCl/HNO_3/HF/H_2O_2$ 消解法)、方法 5($HCl/HNO_3/HF$ 消解法)和方法 6($HNO_3/HF/H_2O_2$ 消解法)对大多数金属的消解效果较好,而方法 1、方法 3 和方法 4 的效果较差。这是因为在方法 2、方法 5 和方法 6 中有氢氟酸存在,而氢氟酸是唯一能分解二氧化硅和硅酸盐的酸。炉渣中的金属元素主要是以惰性的金属单质、氧化物、硫酸盐、铬酸盐、铝-硅酸盐和硅酸盐的形式存在,需要经过剧烈的消解过程才能使其溶解,较弱的消解方法(如方法 3 $HCl/HNO_3/H_2O_2$ 消解法)对其作用不大。

两种炉渣的重金属 Pb, Cd, Cr,炉渣 a 的 Co 和炉渣 b 的 Ni, Cu 都是方法 2 即 $HCl/HNO_3/HF/H_2O_2$ 消解法的效果最优,且平行样的重现性好。而炉渣 a 中的 Ni, Cu 和炉渣 b 中的 Co 方法 2 的消解效果也仅次于方法 5 或方法 6,居第二位。金属 As, Zn, Fe 和 Al 的情况有些特殊,大体上是方法 5>方法 6>方法 2 这样的顺序。因此,可以确定城市生活垃圾焚烧炉渣的适宜消解方法,Pb, Cd, Cr, Ni, Cu, Co 金属适合用 $HCl/HNO_3/HF/H_2O_2$ 消解法,As,Zn,Fe 和 Al 适宜采用 HCl/HNO₃/HF 消解法。

另外,还可以看出,在所测试的几种重金属元素中,Fe,Cu,Cr,Ni,Co 在炉渣 a 中的含量均明显地高于炉渣 b,相反地,Pb,As 和 Cd 在炉渣 b 中的含量较高,a,b 两种炉渣中 Zn 的含量相当。

2. 炉渣中的重金属含量

利用优选出来的消解方法对炉渣 a(2 mm 筛分)、炉渣 b(2 mm 筛分)、飞灰 a 和飞灰 b 进行消解,用 ICP 测量消解液中的除汞以外的重金属浓度。金属汞极易挥发,按照 GB/T17136—1997《土壤质量　总汞的测定　冷原子吸收分光光度法》来测定炉渣中的汞含量,得出四种灰渣样品的重金属含量见表 3-6。炉渣中各金属含量相差很多,有多到少依次为:Fe,Al,Zn,Cu,Ba,Pb,Cr,As,Ni,Co,Cd,Be,Hg,多的如 Fe 为 42 243 mg/kg,少的 Hg 仅 1.58 mg/kg。

对比同一焚烧厂产生的炉渣和飞灰中的重金属含量发现,炉渣中 Al,Fe,Cu,Ni,Cr 等金属的含量明显高于飞灰,Cd,Hg 的含量却明显低于飞灰。

可以看出炉渣中的重金属含量较高,远远高于火山岩中的相应金属含量,这一点在炉渣资源化利用过程中应加以充分的重视。

表 3-6　　　　　　　　　　　炉渣和飞灰中的金属含量　　　　　　　　　(单位:mg/kg)

	炉渣 a	炉渣 b	飞灰 a	飞灰 b	火山岩
Fe	42 243	27 429	18 356	7 478	
Al	35 282	36 237	26 492	8 527	
Zn	3 250	2 906	8 455	6 928	70
Cu	1 350	739	596	464	30
Ba	1 309	1 238	1 157	1 248	
Pb	568	1 070	2 705	1 820	15
Cr	476	257	302	172	
As	241	389	9.47	31.37	
Ni	226	91	66.8	34.5	
Co	69	27	22.2	18.8	
Cd	4	17	57.3	61.6	0.2
Hg	1.58	1.30	26.29	23.33	0.08
Be	1.94	1.19	1.97	1.60	

(1) 不同粒度炉渣内重金属元素含量测定

采用 HCl/HNO₃/HF/H₂O₂ 消解体系分别对 a,b 两种炉渣的不同粒径范围颗粒进行消解试验,用 ICP 测定消解液中 Zn,Pb,Cu,As,Cd,Ni,Ba,Cr,Be 等重金属浓度,考查重金属在不同粒度大小炉渣颗粒中的分布规律,结果见图 3-26—图 3-34。

由图可见,两种炉渣的 Zn,Cu,As,Pb,Cd,Ni,Ba,Cr 和 Be 等重金属含量基本上随着炉渣粒径变小而升高。这一方面是因为小粒度的炉渣颗粒易从炉排间隙掉落,没有充分的停留时间以供重金属物质的挥发;另一方面,是由于小颗粒炉渣具有大的比表面积,在焚烧过程中挥发的重金属物质更多地凝结其上的缘故。

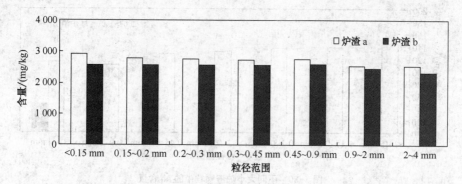

图 3-26　不同大小炉渣颗粒中的 Zn 含量

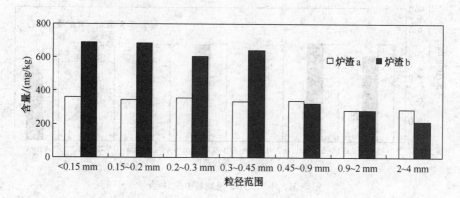

图 3-27　不同大小炉渣颗粒中的 As 含量

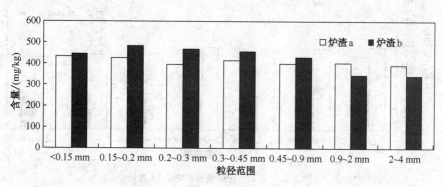

图 3-28　不同大小炉渣颗粒中的 Pb 含量

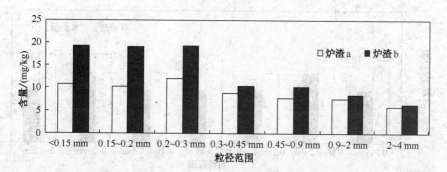

图 3-29　不同大小炉渣颗粒中的 Cd 含量

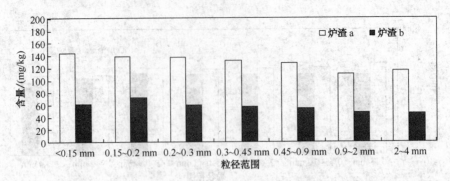

图 3-30　不同大小炉渣颗粒中的 Ni 含量

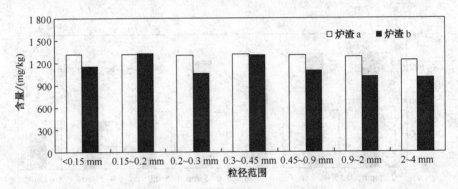

图 3-31　不同大小炉渣颗粒中的 Ba 含量

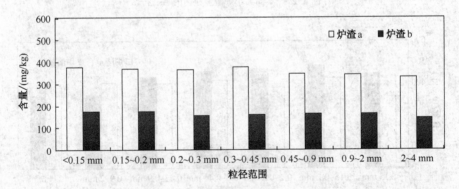

图 3-32　不同大小炉渣颗粒中的 Cr 含量

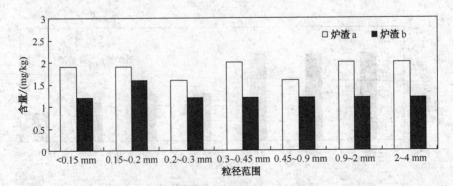

图 3-33　不同大小炉渣颗粒中的 Be 含量

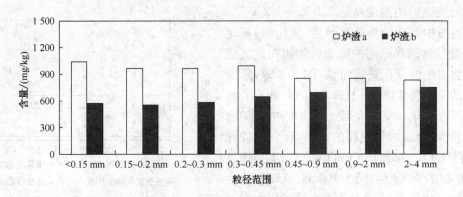

图 3-34　不同大小炉渣颗粒中的 Cu 含量

另外,可以看出炉渣 a 和炉渣 b 各不同粒度颗粒中 Zn,Pb,Ba 含量无明显差别,炉渣 a 各粒度颗粒 Ni,Cr,Be 的含量明显高于炉渣 b,而 Cu,As,Cd 在炉渣 a 和炉渣 b 的大粒度颗粒中含量无明显差别,而在小粒度颗粒(0.3~0.45 mm 筛分)中相差较大。

四、重金属在炉渣和飞灰中的分布规律探讨

垃圾中的重金属包括不可燃组分中的重金属和随着有机物的燃烧而释放出来的可燃组分中的重金属。除以炉渣形式排出和以夹带方式进入烟气以外,一部分会在焚烧炉的高温下直接气化挥发进入烟气,另一部分会在焚烧炉内参与化学反应生成金属氧化物或比原来的金属元素更易气化挥发的金属氯化物。这些金属氧化物和氯化物因挥发、热解、氧化和还原作用,可能进一步发生复杂的化学反应,最终产物包括元素态重金属单质和重金属氧化物、氯化物、硫酸盐、碳酸盐、磷酸盐以及硅酸盐等。迁移到烟气中的重金属,随着温度的降低而从烟气中浓缩出来,冷凝并附着在飞灰颗粒上。

1. 重金属分布与重金属本身性质的关系

重金属在炉渣和飞灰中的分布主要决定于重金属物质的本身性质,主要是重金属物质的挥发性。蒸发点低于焚烧温度的重金属物质能全部挥发出来,进入烟气。烟气中的重金属物质,随烟气温度的降低会凝结成均匀的小颗粒物或凝结于烟气中的烟尘上,无法凝结的气态重金属物质也有部分会被吸附在烟尘上,最后一起被烟气除尘设备捕集下来形成飞灰。重金属物质的挥发性愈高,炉渣中的含量越低。表 3-7 列出了各种重金属元素及其化合物的熔点和沸点。

表 3-7　　　　　　　　　　　　　金属及其化合物的性质

金属	熔点/℃	沸点/℃	金属氧化物	金属氯化物	金属硫酸盐
Hg	−39	357	高于 400 ℃分解	熔点 275 ℃,沸点 301 ℃	熔点分解
Zn	419	907	1 800 ℃升华	熔点 283 ℃,灼烧时升华	熔点 100 ℃
Cu	1 083	2 595	熔点 1 026 ℃	熔点 620 ℃,993 ℃分解	560 ℃分解
Pb	327.5	1 740	熔点 886 ℃,沸点 1 516 ℃	熔点 501 ℃,沸点 950 ℃	熔点 1 170 ℃
Cd	321	767	900 ℃升华	熔点 570 ℃,沸点 960 ℃	熔点 1 000 ℃
Ni	1 555	2 837	熔点 1 980 ℃	熔点 1 001 ℃	熔点 31.5 ℃
Cr	1 900	2 480	熔点 2 435 ℃,沸点 3 000 ℃	熔点 83 ℃	高温时分解
Fe	1 535	3 000	熔点 1 377 ℃,3 410 ℃分解	熔点 282 ℃,沸点 316 ℃	高温时分解

垃圾焚烧炉的温度高达 850 ℃~1 200 ℃，下面对垃圾中存在的重金属单质、氧化物、氯化物和硫酸盐这四种形态的重金属物质在此焚烧温度下将发生的变化进行讨论（图 3-35），蒸发点较低的重金属单质（如 Hg，Zn，Pb 和 Cd）和氯化物可以气化挥发进入烟气，在炉渣中此类物质含量较少；金属的氧化物的熔沸点高，比较稳定，除了 HgO，PbO，CdO 和 CuO 外，不会挥发出来，主要留在炉渣中；至于重金属的硫酸盐，由于其热稳定性很差，会分解为重金属氧化物和二氧化硫，故图中没有标出。

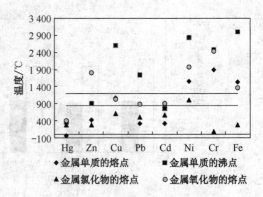

图 3-35　各重金属及其化合物的熔沸点

注：图中两条虚线之间的区域是垃圾焚烧炉的焚烧温度范围。

按照表 3-7 炉渣和飞灰中金属含量的测定结果，以 A 焚烧厂产生的炉渣 a 和飞灰 a 为例，考虑炉渣和飞灰的产量分别占焚烧灰渣的 80% 和 20%，按烟气净化效果良好不计随烟气排放的金属量，则得到金属在炉渣和飞灰的分布估算结果，如表 3-8 所示。

表 3-8　　　　　　　各金属在炉渣和飞灰中的分布比例估算

	炉渣		飞灰	
	含量/(mg/kg)	分布比例估算(%)	含量/(mg/kg)	分布比例估算(%)
Fe	42 243	90.2	18 356	9.8
Al	35 282	84.2	26 492	15.8
Zn	3 250	60.6	8 455	39.4
Cu	1 350	90.1	596	9.9
Ba	1 309	81.9	1 157	18.1
Pb	568	45.6	2 705	54.4
Cr	476	86.3	302	13.7
Ni	226	93.1	66.8	6.9
Co	69	92.6	22.2	7.4
Cd	4	21.8	57.3	78.2
Hg	1.58	19.4	26.29	80.6
Be	1.94	79.8	1.97	20.2

故可按挥发性的不同，把金属分为三类：

一类是易挥发性金属，如 Cd 和 Hg，仅有 20% 左右留在炉渣中，80% 以上挥发进入烟气而被捕集在飞灰中。实际上，Hg 是非常容易挥发的金属元素，并且会与烟气中的 HCl 反应生成 $HgCl_2$，很容易在湿式洗气塔中被去除掉。

一类为中等挥发性金属，如 Zn 和 Pb，在炉渣中的分布比例分别为 60.6% 和 45.6%，在飞灰中为 39.4% 和 54.4%，平均分布于炉渣和飞灰中。

另一类是难挥发金属，Fe，Al，Cu，Cr，Ni 等金属就属于此类，由于它们的挥发性很低，在焚烧过程中 90% 左右都留在了炉渣中，其余会在高温下挥发进入烟气，在随后的烟气处理系统中被捕集在飞灰里。

　　焚烧炉的焚烧温度和垃圾在焚烧炉内的停留时间会影响重金属的挥发。提高垃圾焚烧温度或延长停留时间,都有利于垃圾中重金属物质的挥发。例如,在 830 ℃～930 ℃ 范围内每升高 10 ℃,Zn 多挥发 1%～2%;Pb 多挥发 1%;Cu 多挥发 0.5%。可以通过提高焚烧温度或延长停留时间的方法,来达到降低炉渣中重金属的含量从而减轻炉渣毒性的目的,使更多的重金属挥发进入烟气并被捕集形成飞灰,也有利于飞灰中重金属的提取。

　　焚烧温度对飞灰中的重金属含量影响很大。有研究者指出:垃圾在 650 ℃ 以下燃烧,大部分重金属以氧化物和游离态形式存在于炉渣中,燃烧温度高于 850 ℃ 时飞灰中开始有金属结晶相物种出现;对不易挥发的铬、铜和较易挥发的铅提高燃烧温度烟气和飞灰中其氧化态的量将增多;对易挥发的汞和镉,由于在一般的燃烧温度下呈气态,提高燃烧温度烟气和飞灰中它们的含量大体不变。其中,金属 Cr 在各焚烧产物中的分布几乎不受焚烧温度影响,这是因为它转变成 CrO_3,是一种在高温氧化条件下都很稳定的物质。

　　2. 焚烧炉渣中重金属的化学形态分析

　　重金属污染物质所具有的不可降解性决定了其将长期存在并对环境构成极大的潜在威胁,并以各种各样的方式危害人体和其他生物体。但是,重金属在环境中的行为和作用,如活动性、生物可利用性、毒性等,是无法用它们在环境中的总量来预测和说明的,而是与不同形态重金属在环境中的迁移转化行为相联系的。本节参考地球化学的有关知识,研究焚烧炉渣中的痕量重金属化学形态分布,并以此为依据来判断它们的环境生态效应以及对环境的污染程度,从而为焚烧炉渣资源化利用过程中的环境安全性提供依据。

　　表 3-9 和图 3-36—图 3-42 为焚烧炉渣中各重金属的连续萃取结果,表中数据用每一步萃取出来的重金属量和这五种萃取药剂萃取出来的总和来表示,也列出了活动态重金属占各总量的百分比。

表 3-9　　　　　　　　　　生活垃圾焚烧灰渣中重金属形态分析结果

重金属	炉渣		飞灰	
	炉渣 a	炉渣 b	飞灰 a	飞灰 b
① 可交换态/(mg/kg)				
Zn	7.65	4.67	11.9	0
Pb	0	0.99	9.11	16.8
Cd	0	0.10	4.46	0.20
Ni	0	0	0	0
Ba	57.4	72.6	26.9	73.3
Cr	9.20	4.38	6.24	3.68
Cu	5.40	25.0	0.59	0
② 碳酸盐结合态/(mg/kg)				
Zn	992	1 138	2 191	1 221
Pb	123	274	1 256	830
Cd	1.80	3.98	30.1	33.6
Ni	6.80	5.57	6.74	2.39
Ba	25.6	37.2	16.4	39.0
Cr	24.9	18.3	29.5	19.3
Cu	192	134	295	196

续表

重金属	炉渣		飞灰	
	炉渣 a	炉渣 b	飞灰 a	飞灰 b
③ 铁锰氧化物结合态/(mg/kg)				
Zn	363	250	274	405
Pb	44.5	57.7	61.9	65.1
Cd	0.25	0.50	0.50	2.49
Ni	20.3	7.96	1.49	0.50
Ba	18.5	21.38	1.98	6.96
Cr	16.3	9.45	6.44	3.98
Cu	20.3	7.96	8.92	5.97
④ 有机物结合态/(mg/kg)				
Zn	34.5	57.7	33.7	25.9
Pb	0	0	8.92	6.96
Cd	0	0	0	0
Ni	15.0	5.97	2.97	1.99
Ba	66.0	67.6	59.4	63.6
Cr	5.50	3.98	2.97	1.99
Cu	210	99.4	25.8	36.8
⑤ 残渣态/(mg/kg)				
Zn	1 700	1 317	1 179	2 125
Pb	328	76.2	364	622
Cd	8.75	4.73	0	0
Ni	169	110	60.7	129
Ba	2 168	2 285	1 729	3 233
Cr	569	316	358	661
Cu	476	559	228	386
五步萃取重金属总量/(mg/kg)				
Zn	3 096	2 768	3 690	3 777
Pb	496	409	1 700	1 541
Cd	10.8	9.3	35.1	36.3
Ni	211	130	77.9	134
Ba	2 335	2 484	1 833	3 416
Cr	625	352	403	690
Cu	904	926	558	625
活动态所占比例(%)				
Zn	44.0	50.3	67.1	43.1
Pb	33.8	81.3	78.1	59.2
Cd	19.0	49.2	99.9	99.9
Ni	12.8	10.4	11.4	2.2
Ba	4.3	5.3	2.5	3.5
Cr	8.1	9.1	10.5	3.9
Cu	24.1	18.0	54.5	32.4

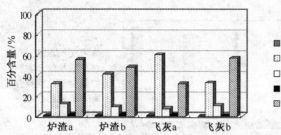

图 3-36 炉渣和飞灰中金属 Zn 的形态分布

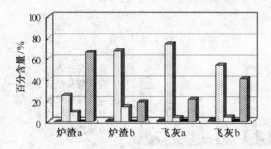

图 3-37 炉渣和飞灰中金属 Pb 的形态分布

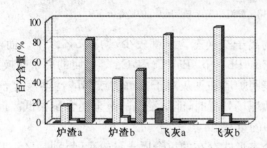

图 3-38 炉渣和飞灰中金属 Cd 的形态分布

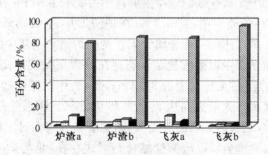

图 3-39 炉渣和飞灰中金属 Ni 的形态分布

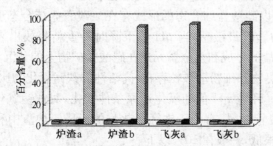

图 3-40 炉渣和飞灰中金属 Ba 的形态分布

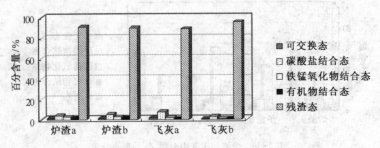

图 3-41　炉渣和飞灰中金属 Cr 的形态分布

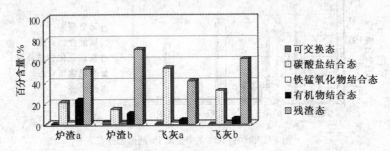

图 3-42　炉渣和飞灰中金属 Cu 的形态分布

　　炉渣 a 和炉渣 b 中各重金属的离子交换态含量都较少,均在 5% 以下。而两种飞灰除飞灰 a 中交换态的 Cd 在 12.7% 外,Zn,Pb,Ni,Ba,Cr 和 Cu 等金属的离子交换态含量也都在 5% 以下。交换态重金属含量低,表明炉渣和飞灰对于电解质或弱酸性溶液有较强的稳定性,当在产生高含盐量渗滤液的垃圾填埋场处置时,能被浸出的重金属含量很低。但是,飞灰 a 中 Cd 的离子交换态较高,应引起足够的重视。

　　垃圾焚烧炉渣中以碳酸盐结合态形式存在的重金属含量较高,特别是 Zn,Pb,Cd 和 Cu,仅次于残渣态的含量,例如 Zn 在炉渣 a 有 32.0%,在炉渣 b 中 41.1%;Pb 在炉渣 a 中占 24.9%,在炉渣 b 中占 67.0%;Cd 在炉渣 a 中占 16.7%,在炉渣 b 中占 42.8%;Cu 在炉渣 a 中占 21.3%,在炉渣 b 中占 14.4%。对比每一种金属元素在焚烧炉渣和飞灰中的碳酸盐结合态含量发现,除 Ba 外的其他金属在飞灰中以碳酸盐结合态存在的含量又明显高于炉渣,如飞灰 a 中的碳酸盐结合态 Zn 占 59.4%,在飞灰 b 中占 32.3%;飞灰 a 中的碳酸盐结合态 Pb 占 73.9%,在飞灰 b 中占 53.9%;而 Cd 的含量更高达 85.9% 和 92.6%。碳酸盐结合态是活性仅次于离子交换态的一种存在形式,飞灰的金属活性更大,而炉渣的金属相对比较稳定。

　　垃圾焚烧炉渣和飞灰中如此大量重金属以碳酸盐结合态形式存在,是与炉渣和飞灰的高碱度特性密不可分的。生活垃圾在贮存、焚烧过程和烟气处理系统中加入石灰,导致炉渣和飞灰的 pH 值很高,致使大量重金属以碳酸盐结合态的形式存在。碳酸盐结合态形式存在的重金属,受环境条件特别是 pH 值的影响最敏感,当 pH 值下降时易重新释放出来而进入环境中。相反,pH 值升高有利于碳酸盐的生成和重金属元素在碳酸盐矿物上的共沉淀。

　　铁锰氧化物一般以矿物的外裹物和细粉散颗粒存在,高活性的铁锰氧化物比表面积大,极易吸附或共沉淀阴离子和阳离子。环境 pH 值和氧化还原条件变化,对铁锰氧化物结合态有重要影响。pH 值和氧化还原电位较高时,有利于铁锰氧化物的形成。炉渣中和飞灰中以铁锰氧化态形式存在的重金属含量很低,一般在 10% 以下。

　　综合以上分析,可知垃圾焚烧炉渣和飞灰中各重金属的主要化学形态各不相同,Zn 在城市垃圾焚烧炉渣和飞灰中主要以残渣态和碳酸盐结合态形式存在,少量与铁锰氧化物结合在一起。Pb 在炉渣中的形态分布与 Zn 相同,主要以残渣态和碳酸盐结合态形式存在,还含有少量的铁锰氧化物结合态。而 Pb 在飞灰中主要以碳酸盐结合态形式存在,含量高达 50%～70%,其次是残渣态。Cd 在炉渣中主要以残渣态和碳酸盐结合态形式存在,而在飞灰中却主要以碳酸盐结合态形式存在,高达 85.9%～92.6%,表现出了很强的不稳定性。Ni,Ba,Cr 在炉渣和飞灰中主要以残渣态存在,非常稳定。Cu 在炉渣和飞灰中主要以残渣态和碳酸盐结合态形式存在,少量螯合或吸附在未燃烬的有机物上,且飞灰中的有机结合态含量高于炉渣,这可能是因为飞灰的热灼减量大于炉渣、飞灰中有机物含量高的原因。以上重金属的存在形式充分说明炉渣在正常自然条件下相对比较稳定,不会对人类和环境造成大的危害。

虽然炉渣的重金属存在形式显示炉渣中的重金属比较稳定,但重金属的存在形态会受到环境 pH 值和氧化还原电位(Eh)的制约及其他化合物种类的影响,不同形态的重金属在适当的环境条件下是可以相互转化的。

pH 值改变导致重金属化学形态的变化,在低 pH 值时尤其明显,当土壤 pH 值从 7.0 降至 4.55 时,交换态中的 Cd,Zn,Pb 增加,与碳酸盐结合的 Cd,Zn,Pb 减少。同时与 Fe,Mn 氧化物结合的重金属则略有降低,而有机态和残余态中的金属量不变。

因此,应该充分认识炉渣中重金属的存在形式,控制环境条件,避免在炉渣利用过程中重金属由稳态转变成不稳态,降低其浸出量,从而减轻重金属污染的毒害作用。

3. 炉渣颗粒大小对重金属存在形态的影响

炉渣中重金属含量随颗粒粒径减小而升高,小粒径炉渣中的重金属多于大粒径炉渣。主要是因为小颗粒炉渣在焚烧炉内没有充分的停留时间就从炉排孔隙落下的缘故。为了考察炉渣粒径大小对重金属活性的影响,按连续化学萃取法对炉渣 a 和炉渣 b 的不同粒径颗粒分别进行重金属的形态分析,结果见图 3-43 和图 3-44。

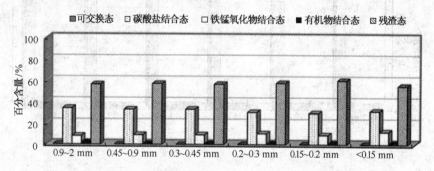

图 3-43(a) 炉渣 a 颗粒大小对 Zn 的形态分布的影响

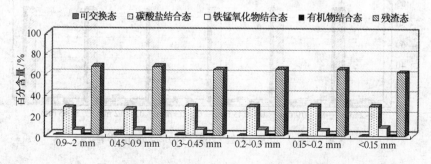

图 3-43(b) 炉渣 a 颗粒大小对 Pb 的形态分布的影响

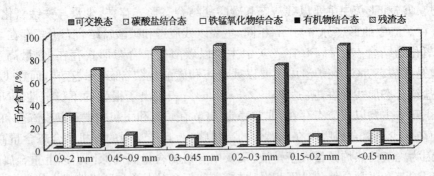

图 3-43(c)　炉渣 a 颗粒大小对 Cd 的形态分布的影响

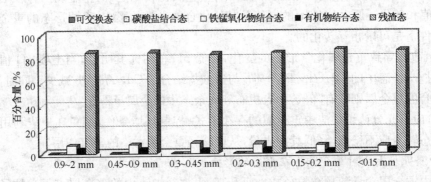

图 3-43(d)　炉渣 a 颗粒大小对 Ni 的形态分布的影响

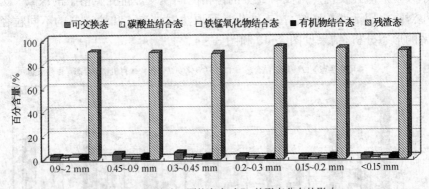

图 3-43(e)　炉渣 a 颗粒大小对 Ba 的形态分布的影响

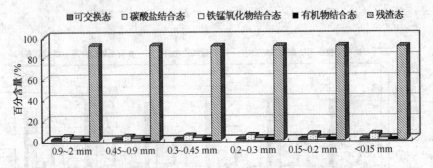

图 3-43(f)　炉渣 a 颗粒大小对 Cr 的形态分布的影响

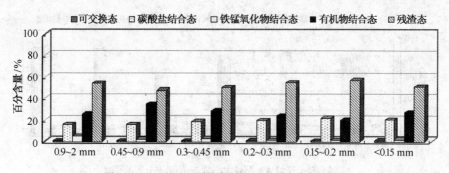

图 3-43(g)　炉渣 a 颗粒大小对 Cu 的形态分布的影响

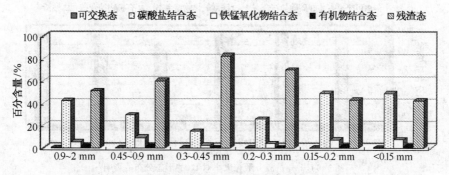

图 3-44(a)　炉渣 b 颗粒大小对 Zn 的形态分布的影响

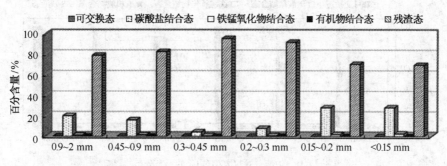

图 3-44(b)　炉渣 b 颗粒大小对 Pb 的形态分布的影响

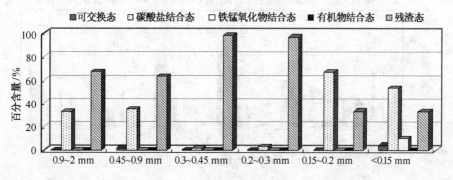

图 3-44(c)　炉渣 b 颗粒大小对 Cd 的形态分布的影响

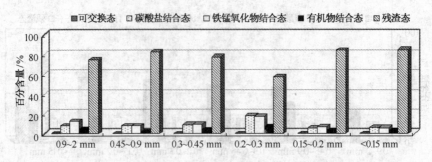

图 3-44(d)　炉渣 b 颗粒大小对 Ni 的形态分布的影响

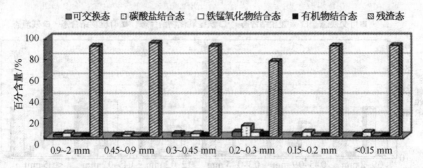

图 3-44(e)　炉渣 b 颗粒大小对 Ba 的形态分布的影响

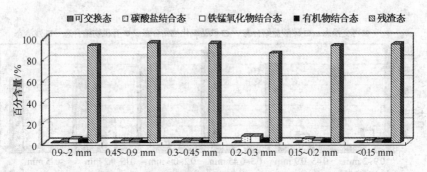

图 3-44(f)　炉渣 b 颗粒大小对 Cr 的形态分布的影响

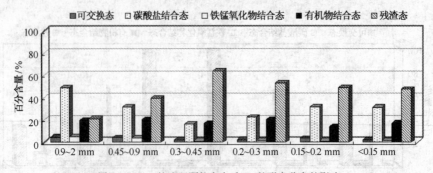

图 3-44(g)　炉渣 b 颗粒大小对 Cu 的形态分布的影响

　　结果显示,炉渣 a 和炉渣 b 中重金属的形态分布与炉渣的颗粒大小的关系存在一定的差异。炉渣 a 中除 Cd 的碳酸盐结合态在 0.9~2 mm 筛分和 0.2~0.3 mm 筛分颗粒中含量较高外,其余各重金属 Zn,Pb,Ni,Ba,Cr 和 Cu 的形态分布几乎不随颗粒大小变化,表现出了较好的一致性。而炉渣 b 中各重金属的形态分布随颗粒大小不同有较明显的变化。因为 Zn,Pb,Cd 的有机物结合态较少,可用残渣态的含量来说明其在炉渣中的稳定性,都是在 $0.3\sim$ 0.45 mm 大小颗粒处达到各自的最大值,表明中粒度炉渣 Zn,Pb,Cd 比较稳定,而随着颗粒变大和变小稳定性都下降。Cu 在炉渣 b 中形态分布与其他重金属不同的是有相当部分是以有机物结合态形式存在,和残渣态一样也是一种在环境中比较稳定的形态,从图中可以看出 $0.3\sim0.45$ mm 大小的炉渣颗粒中 Cu 最稳定。Ni,Ba,Cr 主要是以残渣态存在于炉渣中,随颗粒大小不同略有变化,都是在 $0.2\sim0.3$ mm 大小的炉渣颗粒中残渣态含量较低,稳定性差些。

考虑到炉渣 a 和炉渣 b 中重金属形态分布与颗粒大小的关系存在的差异可能是由两厂的运行状况决定的。根据炉渣中重金属产生机理、化学形态分析结果,可初步推测生活垃圾焚烧炉渣中几种主要重金属的存在形式,见表 3-10。对垃圾实行分类收集,不仅可提高焚烧处理的垃圾热值,改善焚烧炉的燃烧情况,而且能够实现最大限度地生活垃圾减量化分类、无害化处理和资源化利用的统一。

表 3-10　　　　　　　　　焚烧炉渣中主要重金属存在形态的初步推断

重金属	可交换态	碳酸盐结合态	铁锰氧化物结合态	有机结合态	残渣态
Zn	$ZnCl_2$,$ZnSO_4$,$ZnSO_4 \cdot 7H_2O$,K_2ZnCl_4,$Zn(NO_3)_2 \cdot 6H_2O$	ZnO,$ZnCO_3$	Zn,ZnO,$ZnSO_4$,$ZnCr_2O_4$,$ZnMn_2O_4$	ZnS	Zn,ZnO,$ZnSiO_4$,$ZnAl_2O_4$
Pb	$Pb(NO_3)_2$,$PbCl_2$,$Pb_2O(OH)_2$,$Pb(SO_4)_2$	$PbCO_3$,$Pb(OH)_2$,$Pb_3(NO_3)(OH)_5$	Pb,PbO,PbO_2,Pb_2O_3,$PbSO_4$	PbS	Pb,PbO,PbO_2,Pb_2O_3,Pb_3SiO_5,$PbSiO_3$
Cd	$CdCl_2$,$CdSO_4$,$Cd(OH)_2$,$Cd(NO_3)_2 \cdot 4H_2O$	CdO,$CdCO_3$,$Cd(OH)_2$	Cd,CdO	CdS	Cd,CdO
Cu	$Cu(NO_3)_2 \cdot 3H_2O$,$CuSO_4$,$Cu(OH)_2$,$CuSO_4 \cdot CuCl_2$	CuO,$CuCO_3$,$Cu(OH)_2$	Cu,Cu_2O,CuO,$Cu_2Cr_2O_4$	CuS	$CuFe_2O_4$
该形态特点	吸附在炉渣上	由于沉淀或共沉淀存于炉渣中	被吸附或共沉淀在炉渣中	以硫化物形式络合和吸附于炉渣中	以硅酸盐、铝硅酸盐、重金属单质和氧化物等形式存在

瑞士等发达国家的经验表明,垃圾分类收集后,送往焚烧场的垃圾基本上是可燃烧的废物,如塑料、油漆、涂料、纸张等,这些废物焚烧后的炉渣重金属含量将高于混合垃圾焚烧后的炉渣。因此,垃圾分选对焚烧工艺以及焚烧灰渣的处理是有重要影响的。

目前我国还在发展传统的城市垃圾的焚烧技术,产生的炉渣属于一般废物。但随着环保法规的日益严格和垃圾分类收集工作的开展,炉渣中重金属会成为其处理和利用的限制因素。根据瑞士的法律,在现有的焚烧工艺中,炉渣的重金属含量已超过填埋标准,必须对之进行固化或稳定化处理后才能填埋。炉渣的重金属含量超标虽然不是很多,但由于炉渣的量很大,所以这种处理方法费用还是很高的。根据本章的结论,设想可通过提高焚烧温度、改变焚烧方式、采用先进焚烧系统等措施使垃圾中的重金属尽可能挥发进入烟气,从而被烟气处理系统捕集在飞灰中,降低炉渣中的重金属含量至填埋标准以下,即生态型垃圾焚烧技术的概念。这样一来,虽然飞灰中重金属含量增加了,但飞灰的量远比炉渣少,综合起来处理费用还是能大大降低。因此,通过改变焚烧工艺,开发生态型焚烧炉是非常有意义的。

针对垃圾焚烧炉渣中重金属的产生、含量测定、分布规律探讨、形态分布等做了全面研究,得出以下结论:

① 生活垃圾的重金属在焚烧过程中,除以炉渣形式排出焚烧炉外,在高温下挥发进入烟气的重金属大部分在随后的烟气处理系统被捕集在飞灰中,少量随烟气排入大气。

② 炉渣消解方法优化实验得出,炉渣中 Pb,Cd,Cr,Ni,Cu,Co 金属适合用 HCl/HNO_3/HF/H_2O_2 消解法消解,而 As,Zn,Fe 和 Al 适宜采用 HCl/HNO_3/HF 消解法消解。

③ 炉渣含有较高的重金属,且炉渣粒度变小,重金属含量升高。

④ 金属在垃圾焚烧炉渣和飞灰中分布主要取决于重金属本身的性质,易挥发性金属,如 Cd 和 Hg,仅有 20%左右留在炉渣;Zn 和 Pb 等中等挥发性金属,平均分布于炉渣和飞灰中;Fe,Al,Cu,Cr,Ni 等难挥发金属,90%左右都留在炉渣中。

⑤ Zn,Pb 在炉渣中主要以残渣态和碳酸盐结合态形式存在,少量与铁锰氧化物结合在一起;Cd 在炉渣中主要以残渣态和碳酸盐结合态形式存在,表现出了很强的不稳定性。Ni,Ba,Cr 在炉渣中主要以残渣态存在,非常稳定。Cu 在炉渣中主要以残渣态和碳酸盐结合态形式存在,少量螯合或吸附在未燃烬的有机物上。重金属存在形态几乎不随炉渣颗粒大小变化。

⑥ 重金属的存在形式充分说明炉渣在正常自然条件下相对比较稳定,不会对人类和环境造成大的危害。

4. 焚烧炉渣的酸中和能力

酸中和能力(Acid Neutralization Capacity,ANC)源于土壤酸化的概念,通常用 pH 来表征土壤溶液酸度,土壤固液相发生的许多重要反应都受 pH 值控制。

ANC 是反映废物抵抗酸性物质侵蚀的重要指标,与污染物的浸出情况密切相关。ANC 试验是一个浸出过程,能反映在不同 pH 条件下废弃物中有害成分的浸出行为,并能判明废物抵抗酸性物质侵蚀的能力、固相稳定存在的条件以及 pH 值条件的影响,正是依赖其酸中和能力维持其碱性环境,从而抵抗酸性物质的侵蚀。炉渣的酸中和能力大小对评价炉渣在处理处置和资源化利用过程中抵抗酸性环境的侵蚀是非常有意义的。

图 3-45 给出了炉渣 a 和炉渣 b 最终的浸出液 pH 值与所加入的酸量之间关系。由图可见,当加酸量为零(即浸取液为去离子水)时,两种炉渣浸出液的 pH 分别为 11.06 和 9.6,炉渣 a 的 pH 高于炉渣 b。浸出液 pH 值的变化分四个阶段:第一个阶段,加酸量小于 1 mol/kg,浸出液的 pH 值基本不变;第二个阶段,加酸量在 1~4 mol/kg 之间,浸取液的 pH 值迅速下降;第三个阶段,加酸量处于 4~5 mol/kg 之间,炉渣 pH 值又有一个缓慢下降的过程;第四个阶段,加酸量大于 5 mol/kg,炉渣 pH 值又快速下降。第一个阶段发生的主要反应是易溶解 $Ca(OH)_2$ 与酸的反应,反应式如下:

$$Ca(OH)_2 \longrightarrow Ca^{2+} + 2OH^- \tag{3-1}$$

$$H^+ + OH^- \longrightarrow H_2O \tag{3-2}$$

随着酸的加入,$Ca(OH)_2$ 能够不断地电离出 OH^-,因此 pH 值能保持基本不变。随着 $Ca(OH)_2$ 的溶解,炉渣中较难溶解的 MgO,CaO 等氧化物也开始溶解,而 Al_2O_3 还不能溶解,当 $Ca(OH)_2$,MgO,CaO 明显减少时,浸取液的 pH 就出现快速下降的趋势,这也就是第二个阶段。随着加酸量继续增加,Al_2O_3 开始溶解,导致 pH 值的变化明显变小,此时炉渣浸出液表现出一定的缓冲能力,即第三个阶段。第四个阶段,Al_2O_3 基本上全部溶解,相应的 pH 值则下降。由此可见浸出液 pH 的变化很大一部分是由于炉渣中含钙与含铝物质的溶解引起的。

按照酸中和能力的定义，由图 3-45 可知炉渣 a 的 $ANC_{7.5}$ = 2 mol/kg，炉渣 b 的 $ANC_{7.5}$ = 1.8 mol/kg，表明有较强的酸缓冲能力。焚烧炉渣的碱性越强，对环境 pH 值的变化抵抗能力越强，也

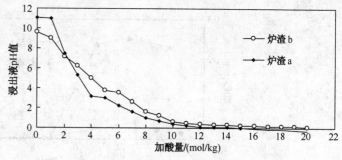

图 3-45　生活垃圾焚烧炉渣的酸中和能力

就是说，焚烧炉渣具有较强的酸缓冲能力，能减小因外部和内部酸性条件所造成的重金属元素的有害活化效应。

将酸中和能力试验中的浸出液收集起来，测定该 pH 值下浸出液中各重金属的浓度，另外用 NaOH 配制成 pH 分别为 11.07，12.10，12.99，13.90 的浸取液，对炉渣 a 和炉渣 b 样品（5 g，2 mm 大小）分别进行浸取，浸取条件与炉渣的酸中和能力测试中相同（液固比 10∶1，浸取时间为 48 h），用 ICP 测定浸出液中各重金属的浓度。得到在不同 pH 条件下炉渣中重金属的浸出情况，结果见图 3-46—图 3-52。

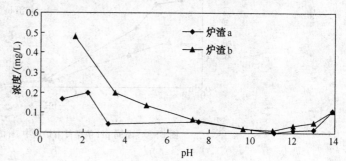

图 3-46　同 pH 值条件下炉渣中 As 的浸出特性

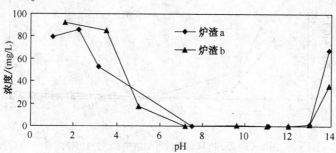

图 3-47　不同 pH 值条件下炉渣中 Zn 的浸出特性

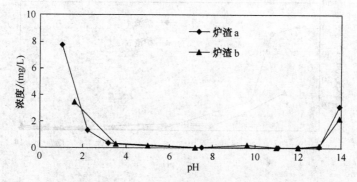

图 3-48　不同 pH 值条件下炉渣中 Pb 的浸出特性

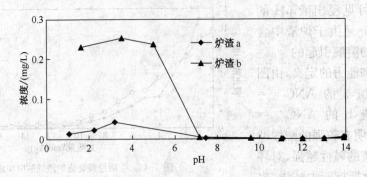

图 3-49 不同 pH 值条件下炉渣中 Cd 的浸出特性

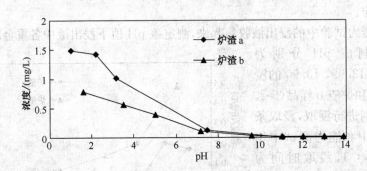

图 3-50 不同 pH 值条件下炉渣中 Ni 的浸出特性

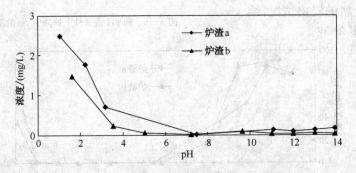

图 3-51 不同 pH 值条件下炉渣中 Cr 的浸出特性

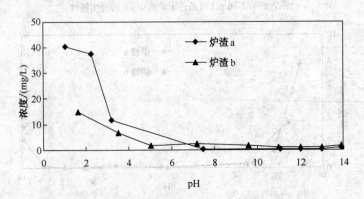

图 3-52 不同 pH 值条件下炉渣中 Cu 的浸出特性

由图可见,pH 值是影响重金属浸出的一个非常重要的因素。对于所研究的重金属,其浸出特性随着浸取剂 pH 的变化有着相同的规律,即在碱性和中性环境下浸出很少,而在酸性环境下,随 pH 的减小重金属的浸出有较大增加。重金属 As,Zn,Pb 在强碱性环境下的浸出特性与其他重金属存在着不同之处,即当 pH=12.99 后浸出浓度有较大增加,在 pH=13.90 时甚至超过了固体废物浸出毒性鉴别标准,而其他重金属在碱性环境下的浸出接近于零。

在不同 pH 值条件下炉渣中各重金属的浸出特性是由重金属的性质造成的,在 pH 为中性范围时,炉渣中水溶性的金属氯化物浸出,随着酸度的提高,开始有金属氧化物溶解出来,使浸出液中金属浓度逐渐升高。以 Pb 和 Cd 为例:

$$PbO(s) + 2H^+ \longrightarrow Pb^{2+} + H_2O \tag{3-3}$$

$$CdO(s) + 2H^+ \longrightarrow Cd^{2+} + H_2O \tag{3-4}$$

当浸取液 pH 值向碱性变化时,金属浓度有下降的趋势,这是因为金属离子会与 OH^- 反应生成氢氧化物沉淀。

$$Pb^{2+} + 2OH^- \longrightarrow Pb(OH)_2(s) \tag{3-5}$$

$$Cd^{2+} + 2OH^- \longrightarrow Cd(OH)_2(s) \tag{3-6}$$

当 OH^- 继续升高时,由于 Pb,Zn 的氧化物和氢氧化物是两性的,可溶于过量的 NaOH 溶液生成 $NaPb(OH)_3$ 和 $Na_2Pb(OH)_4$:

$$Pb(OH)_2(s) + NaOH \longrightarrow NaPb(OH)_3(l) \tag{3-7}$$

$$Pb(OH)_2(s) + 2NaOH \longrightarrow Na_2Pb(OH)_4(l) \tag{3-8}$$

$$PbO(s) + 2NaOH + H_2O \longrightarrow Na_2Pb(OH)_4(l) \tag{3-9}$$

另外,难溶于水的 $PbSO_4$ 也能与过量的 NaOH 溶液反应生成 $Na_2Pb(OH)_2SO_4$:

$$PbSO_4(s) + 2NaOH \longrightarrow Na_2Pb(OH)_2SO_4(l)$$

故 Pb^{2+} 浓度随着 NaOH 浓度的升高而增加。而 $Cd(OH)_2$ 却不是两性的,不能溶于 NaOH 溶液,所以 Cd^{2+} 浓度不随 NaOH 浓度的改变而改变。

5. 不同大小炉渣颗粒的浸出特性

为考察不同粒度大小的炉渣颗粒的重金属浸出情况,分别称取不同粒径范围(<0.15 mm,0.15~0.2 mm,0.2~0.3 mm,0.3~0.45 mm,0.45~0.9 mm,0.9~2 mm,2~4 mm)的炉渣 a 和炉渣 b 样品 100 g,加入 1 000 mL 蒸馏水(pH 为 5.8~6.3),在水平往复式振荡机上进行振荡混合,振荡频率为 110±10 次/min,振幅 40 mm。室温下振荡 8 h,取下静置 16 h。用中速定量滤纸过滤,收集全部滤液即浸出液,用 ICP 测定浸出液中 Pb,Zn,Cr,Cu,As,Ni 和 Cd 等重金属离子的浓度。结果见图 3-53 和图 3-54。小粒度炉渣颗粒浸出液中各金属离子浓度高于大粒度炉渣颗粒,特别是 Cu,Zn。随炉渣颗粒粒度减小,重金属含量增加,小粒度炉渣中活动态重金属略高,综合这两方面的原因,使得小粒度炉渣颗粒可浸出的重金属高于大粒度炉渣颗粒。

分别称取 2 mm 大小的炉渣 a 和炉渣 b 样品 10 g,加入 100 mL 浸取液,放入摇床,在 20 ℃、110 次/min 转速下进行浸取。在振荡时间为 0.5 h,1 h,2 h,4 h,8 h,12 h,18 h,24 h 和 48 h 时各取出一个样品,进行过滤,用 ICP 测定滤液中 As,Zn,Pb,Cd,Ni,Cr,Cu 的含量,结果如图 3-55 和图 3-56 所示。

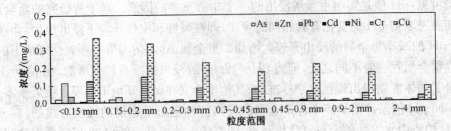

图 3-53 炉渣 a 不同粒径颗粒的浸出毒性

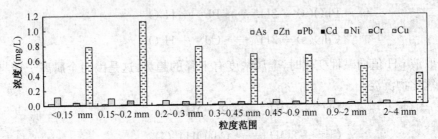

图 3-54 炉渣 b 不同粒径颗粒的浸出毒性

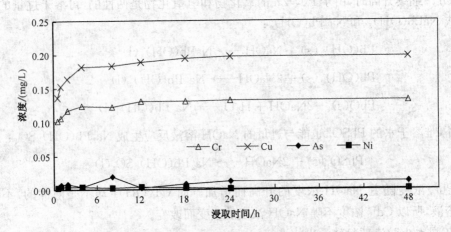

图 3-55 浸出时间对炉渣 a 中金属浸出的影响

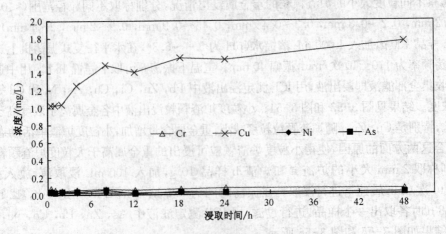

图 3-56 浸出时间对炉渣 b 中金属浸出的影响

因浸出液中 Zn，Pb，Cd 浓度很低，低于 ICP 检测范围，故图中未标出。可以看出，浸出液中 As，Ni，Cr，Cu 等重金属浓度随着浸取时间的增加而上升，开始较快，至 8 h 左右增加缓慢。浸取 48 h 时，浸出液中各重金属浓度仍远远低于浸出毒性鉴别标准。这表明，垃圾焚烧炉渣在进入环境后，所含重金属会有一个慢慢释放的过程，但释放出的重金属不会对人类和环境造成大的毒害，资源化利用炉渣或与生活垃圾一起进卫生填埋场都是一种安全的出路。

6. 生活垃圾炉排炉焚烧飞灰与二噁英

某垃圾焚烧厂烟气净化系统飞灰的产生如图 3-57 所示。从图中可以看出，烟气净化区由半干法烟气洗涤塔、布袋除尘装置及配套的石灰浆制备系统和活性炭喷入系统组成。来自余热锅炉的烟气从反应塔上部切线进入塔内旋转而下，与通过旋转喷雾器雾化后的 10% 浓度的 Ca(OH)$_2$ 溶液接触，烟气中的 HCl，SO$_2$ 和 HF 等酸性气体与 Ca(OH)$_2$ 反应生成固态盐类，部分落到反应塔底部；同时，高温烟气使得 Ca(OH)$_2$ 溶液的水分蒸发，从而降低烟气温度并夹带大部分盐类从反应塔下部锥体处的出口管排至布袋除尘器。烟气在反应塔内的停留时间应在 14 s 以上，出口温度不超过 150 ℃，以防后部布袋受损。活性炭喷雾能有效地吸收烟气中的重金属气体和二噁英等有机气体，布袋除尘器主要捕集焚烧烟气中的烟尘、反应塔内的反应产物和未反应药剂 Ca(OH)$_2$ 及活性炭粉。

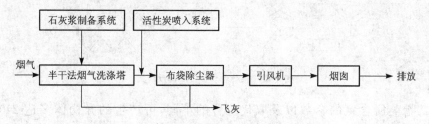

图 3-57　浦东垃圾焚烧厂烟气净化系统飞灰的产生

自 1977 年首次在垃圾焚烧飞灰中发现二噁英后，焚烧排放的二噁英污染就越来越受到世界的关注。1999 年比利时发生的二噁英污染鸡事件发生后，国内有关部门开始关注二噁英污染的问题，并在 2000 年颁布的《生活垃圾焚烧污染控制标准》中规定了二噁英的排放标准。二噁英是 2 000 多种多氯联苯（PCBs）的一部分，按照化学结构可分为两大类：多氯代二苯二噁英（PCDD）与多氯代二苯呋喃

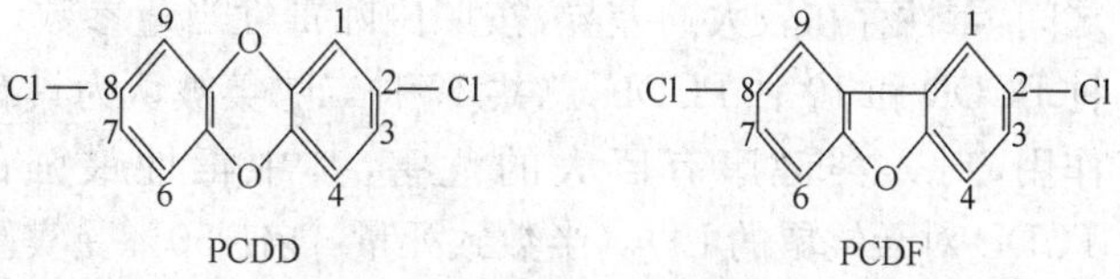

图 3-58　二噁英分子结构图

（PCDFs），它们的分子结构如图 3-58 所示。二噁英一般为白色结晶体，熔点为 302 ℃～305 ℃，500 ℃时开始分解，800 ℃时 21 s 完全分解。二噁英具有相对稳定的芳香环，在环境中具有稳定性、亲脂性、热稳定性，同时耐酸、碱、氧化剂和还原剂，且抵抗能力随分子中卤素含量的增加而加强，因而具有高度持久性。

垃圾焚烧过程中的二噁英其形成机理非常复杂，到目前为止尚未完全了解二噁英在垃圾焚烧过程中形成的详细化学反应，但学术界比较认同二噁英是在焚烧炉低温区域烟气和飞灰的环境中，在飞灰颗粒的催化作用下，通过一些多相反应产生的说法。普遍认为垃圾焚烧过程中二噁英的产生途径主要有三种：

① 原始存在。垃圾中存在的二噁英类物质在焚烧过程中未经历任何变化，或者经过了不

完全的分解破坏后继续存在于烟气中,不过这种途径形成的二噁英非常少。

② 从头合成。低温(250 ℃～350 ℃)条件下,大分子碳(残碳)与氧、氢以及有机氯或无机氯化物,通过基元反应,在飞灰表面 Cu(Ⅱ)催化作用下形成二噁英。其形成过程可分为四个步骤:在大分子的碳结构边缘以并排的方式进行氯化反应,产生邻位氯取代基的碳结构物;氧化破坏碳结构,进行重组生成二噁英;氧经反应产生氢氧自由基,氯气经过如下 Deacon 反应产生:$2HCl + \frac{1}{2}O_2 \longrightarrow H_2O + Cl_2$;在碳表面进行氧化降解作用(铜离子为主要催化剂),产生二噁英的中间产物——芳香烃氯化物。氯在反应中担当配合体的传递作用,铜离子为中心离子,经氯还原再经氧气氧化。

③ 前体物合成。250 ℃～400 ℃温度下,以氯酚、氯苯或氯代联苯等作为前体物,在飞灰表面通过过渡性金属元素非均相催化反应生成二噁英,反应式如图 3-59 所示。前体物主要是焚烧过程中的高温区域(400 ℃～750 ℃)形成的不完全燃烧产物。前体物合成也可分为三个步骤:生成灰、不完全燃烧产物、CO、挥发份和有机基团;通过吸附二噁英前体物、过渡金属以及盐类和氧化物生成表面活性化合物;发生复杂有机反应生成二噁英或从吸附表面部分解吸出二噁英。

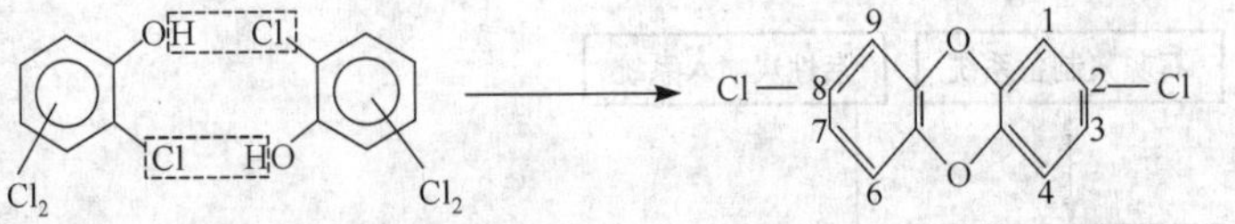

图 3-59   前体物合成二噁英反应式

根据二噁英所含氯的个数以及取代位置的不同,可产生的异构体多达 210 种,其中 PCDDs 有 75 种异构体,PCDFs 有 135 种异构体。就日本的东京都和厚生省的调查结果表明:大型、小型垃圾焚烧厂飞灰中的 PCDD 的测定平均值分别为 169.4 和 523 ng/g,TCDD 的测定平均值分别为 1.6 和 20.1 ng/g。

二噁英是目前世界上已知毒性最强的化合物。在 210 种二噁英的异构体中,不同异构体之间,毒性存在较大的差异,按照国际毒性当量参数(TEF)比较,7 种 PCDD 和 10 种 PCDF,总共 17 种二噁英被认为具有很强的毒性作用,对人类健康有巨大的危害,其中毒性最强的是 TCDD。TCDD 对天竺鼠的 LD_{50}(半数致死量:能使 50% 受实验动物死亡的药剂量)仅为 0.6 ng/g,毒性约为 NaCN 的一万倍,是目前所知毒性最强的化学品,它的化学分子式如图 3-60 所示。

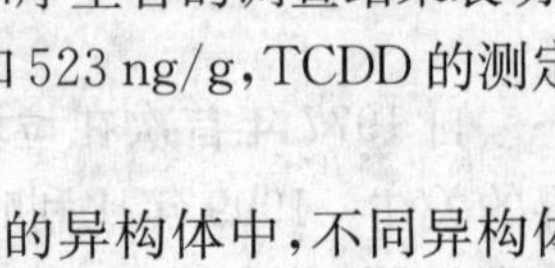

图 3-60   TCDD 的化学分子式

二噁英具有致癌性、生殖和发育毒性以及免疫毒性。它被列为一级致癌物,致癌性超过黄曲霉素。非常低的二噁英浓度就可以破坏人体的内分泌平衡系统,引起皮肤痤疮、头痛、失聪、忧郁、失眠、新生儿畸形等症,并可能具有长期效应,如导致染色体损伤、心力衰竭等。进入人体内的二噁英难以排出,具有累积性和浓缩性,毒性持续时间长,一旦二噁英被婴儿从母乳中摄取到人体内后,其毒性会持续保留至成人。总之二噁英对环境与人类都会造成很大的危害。

(1)毒性表现

每天服用 10～100 μg PCDD/F/Kg 的老鼠,肝脏会产生癌变;如服用量再加大些,则口腔、鼻子或肺部均可产生肿瘤。一些分子生物学家在研究 PCDD/F 与动物细胞作用时发现,这些分子会联结到细胞质可溶性蛋白质分子上,其几何形状为长 1Å、宽 3Å 的矩形平面。

PCDD/F 的氯原子正好接在平面的四角上。这些 PCDD/F 和蛋白质所形成的错合物,会进入细胞核内刺激 AH 基因活动。在这一过程中产生传递信息的 RNA,会造成细胞不正常反应而导致癌变,或因遗传基因改变而产生畸形后代。因此必须注意到微量 PCDD/F 在人体内的积累所造成的后果,否则会引起慢性或次慢性效应。人类这种不致命症状包括痤疮、脱发、尿血、精神麻木和体重减轻,有时会出现极度衰弱。和 TCDD 接触的工人会产生代谢失调,TCDD 对神经系统也存在病态性损坏,并发展成为轻微的肝损坏。

（2）危害事例

1976 年意大利北部一家生产 2,4,5-TCDD 杀菌剂的 ICMESA 工厂,因反应炉压力过大而爆炸,污染了附近的 119 村镇,造成植物枯死,数以百计的动物生病或死亡。500 多人接受中毒治疗,大部分是肾脏、肝脏功能失调和皮肤痤疮。因无法治理 PCDD/F 污染,最后不得不令全村居民迁出该地区,该工厂也因赔光倒闭,一时震惊世界。

1978 年发现,美国尼加拉瓜瀑布区的居民死亡率较高,经调查发现,原来附近有家化工厂,其排除废弃物中含有 PCDD/F。最后纽约州不得不拨出 1 500 万美元补助居民搬迁。

在越战期间,美军广泛使用一种名为 Angent Orange 的落叶剂,它是由 2,4,5-TCDD 和 2,4-PCDD 以 1∶1 的比例混合而成。由于这种落叶剂的使用,估计至少有 2 万 5 千名儿童因其母在怀孕期间感染了 PCDD 而导致畸形。成人轻则腹痛、头痛、发烧、呕吐、皮肤痤疮、体重减轻等,重则眼球震颤、多发性病变、痉挛、肝功能失调,以致癌症。

结构上 PCDF 与 PCDD 非常相似,唯一的区别是 PCDF 的苯环通过一个氧原子和碳-碳键连接起来,而非 PCDD 的两个氧原子连接。与 PCDD 一样,PCDF 中氯原子个数可以从一到八变化,其同系物有 135 种。因为 PCDD 与 PCDF 拥有相似的分子结构,两者的物理、化学特性非常相似,同时表现出相似的毒性和生物活性。氯化酚、PCBs、氯化双甲苯乙醚,或在碱性条件下的氯化苯等通过氧化和环化反应,便能形成 PCDFs 与 PCDDs。

两者主要的物理性质如下:

① 具有相对稳定的芳香环,常温下为无色固体;

② 许多异构体具有类似的毒性;

③ 熔点为 302 ℃～305 ℃,500 ℃时开始分解,800 ℃时 21 s 完全分解;

④ 具有亲脂性,所以会在人体的脂肪层中积累;

⑤ 两个环上的卤素含量增加,可增强其在环境中的稳定性,并且增强亲脂性以及对酸、碱、氧化剂和还原剂的抵抗能力;

⑥ 在水和大多数有机溶剂中溶解度不高,表 3-11 列出 2,3,4,5-TCDD 在各溶剂中的溶解度。

表 3-11　　　　2,3,4,5-TCDD 在各溶剂中的溶解度(g/100 g)

溶剂	o-二氯苯	氯苯	苯	氯仿	丙酮	n-辛醇	甲醇	水
溶解度	1.4	0.72	0.57	0.37	0.11	0.048	0.01	0.02

第二节　生活垃圾焚烧发电厂飞灰固化稳定化与安全填埋技术

一、原始飞灰特性分析

对焚烧厂的飞灰进行取样分析,并结合国内焚烧飞灰的经验数据进行分析,数据见表

3-12—表 3-17。

1. 物理性质

表 3-12 含水率

项目	范围	设计值
含水率	0.08%~4.66%	1.0%

表 3-13 密度

项目	范围	设计值
堆积密度/(t/m³)	0.4~0.65	0.5

2. 化学性质

表 3-14 热灼减率

项目	范围	设计值
热灼减率	2.4%~4.8%	3.0%

表 3-15 主要元素分析(>1%)

项目	Ca	Cl	Na	K	Mg	Fe	S	C
范围	13%~36%	8.4%~11%	2.5%~5.6%	2.3%~3.9%	1.36%~3.54%	1.54%~2.86%	0.7%~1.9%	0.97%~1.42%

表 3-16 少量元素分析(100~10 000 mg/kg)

项目	Zn	Pb	Mn	H	Cu	Cr	O	N
范围/(mg/kg)	522~6 887	930~4 915	806~1 119	360~630	470~1 498	301~646	0~1 280	0~410

表 3-17 微量元素分析(<100 mg/kg)

项目	Ni	As	Cd	Co	Ag	Hg
范围/(mg/kg)	59.4~213.7	6.4~71.3	41.6~70.4	35.8~48.5	6.4~71.3	9.5~133.4

飞灰的表观形态与含水率有关,典型 1%含水率时,呈浅灰或黄色粉末状固体,分散度高,易扬尘。

3. 重金属浸出毒性

飞灰中的主要污染物质是重金属和二噁英。《危险废物填埋污染控制标准》(GB18598)中对重金属浸出毒性有明确规定。根据国内大型垃圾焚烧厂飞灰重金属测试的调研,飞灰中的重金属浸出毒性见表 3-18。测定方法采用 GB5086.1—1997(HVEP)。

表 3-18 重金属浸出毒性平均表 (单位:mg/L)

项目	As	Cd	Cr	Cu	Hg	Ni	Pb	Zn
平均值	0.013 7	1.024 2	0.649 2	0.899 8	0.225 6	0.558 3	66.81	12.442
最不利值	0.161 0	31.210	5.463 0	10.650 0	0.806 2	1.422 6	277.300	164.900

续表

项目	As	Cd	Cr	Cu	Hg	Ni	Pb	Zn
平均值*	0.013 7	0.185 7	0.649 2	0.899 8	0.225 6	0.558 3	66.810 0	8.208 0
不利值*	0.161 0	1.870	5.463 0	10.650 0	0.806 2	1.422 6	277.300	63.470

注:*最具代表性。

二、飞灰固化稳定化

表 3-19　　　　　　　　　　　　飞灰的浸出毒性　　　　　　　　　　　（单位:mg/L）

金属名称	飞灰浸出液浓度			飞灰中含量 /(mg/kg)	浸出率	固体废物浸出毒性鉴别标准
	第一次测值	第二次测值	平均值			
Hg	0.034 6	0.030 9	0.032 75	52	0.6%	0.05
Zn	56.66	57.80	57.23	4 386	13.05%	50
Cu	0.717 71	0.705 67	0.711 69	313	2.27%	50
Pb	23.96	25.15	24.56	1 496	16.42%	3.0
Ni	0.301 01	0.387 94	0.344 48	60.8	5.67%	25
Cd	1.205 7	1.314 5	1.260 1	25.5	49.42%	0.3
Cr	0.138 81	0.135 75	0.136 83	118	1.16%	1.5

从表 3-19 中可以看出,飞灰浸出液中锌、铅、镉的浓度高于固体废物浸出毒性鉴别标准,也正是因为这一点使飞灰被普遍认为是一种危险废物,必须对之进行稳定化处理。因为能够被水浸出的重金属都是以可溶性盐(如卤化物和硫酸盐)的形式存在的,所以从表 3-19 也可以知道飞灰中的重金属大部分是以难溶的金属化合物的形式存在的。以 Zn 为例,$ZnCl_2$,$ZnSO_4$ 等可溶性盐约占飞灰中 Zn 含量的 13.05%左右,而 ZnO,$Zn(OH)_2$ 等难溶化合物约占 86%。

1. 飞灰的水泥固化和沥青固化

分别将水泥(沥青)、飞灰和水按不同的比例混合起来,注入 70.7×70.7×70.7 的模具内,在自然条件下成形后移入养护室进行养护。养护结束后进行水泥固化体的浸出毒性测定。浸出毒性的测定按照 GB8086—1997 进行,实验时预先用铁锤砸碎固化样品,过筛使颗粒粒径<5 mm。浸出液若不能马上测定,则需加入几滴硝酸,然后放入冰箱保存。用电感耦合等离子发射光谱(ICP)测定浸出液中的 Zn,Cu,Pb,Cd,Ni,Cr 的浓度,结果见表 3-20。

表 3-20　　　　　　　　固化样品浸出液的重金属浓度　　　　　　　　（单位:mg/L）

样品编号	1	2	3	4	5
物料配比(g∶g) 飞灰∶水泥(沥青)	3∶1 1 200∶400	2∶1 1 000∶500	1∶1 800∶800	1∶2 500∶1 000	1∶3 400∶1 200
325#水泥					
Zn	12.937	3.335 9	2.432 6	2.478 0	1.532 1
Cu	0.675 89	0.384 51	0.223 57	0.245 10	0.176 45
Pb	4.897 6	1.846 2	1.002 4	1.024 3	0.865 42
Cd	0.102 34	0.031 274	0.020 135	0.021 347	0.021 084
Ni	0.280 25	0.312 79	0.625 90	0.723 95	0.696 37

续表

样品编号	1	2	3	4	5
Cr	0.285 79	0.209 65	0.194 35	0.174 63	0.176 52

425#水泥					
Zn	15.024	4.292 4	2.861 8	2.549 3	1.740 5
Cu	0.700 40	0.432 12	0.259 89	0.213 70	0.188 39
Pb	5.577 7	1.918 0	1.059 6	1.028 6	0.815 16
Cd	0.105 60	0.032 977	0.019 462	0.022 526	0.021 084
Ni	0.260 25	0.146 33	0.180 70	0.386 94	0.422 17
Cr	0.375 70	0.202 71	0.182 90	0.218 20	0.237 39

沥青					
Pb	4.237 7	1.218 0	0.878 22	0.458 61	0.315 16
Cd	0.014 867	0.012 342	0.008 695 7	0.007 854 1	0.006 171 1

从表 3-20 可以看出,原料配比对固化影响很大。随着水泥(沥青)含量的增加,浸出液中 Pb, Cd 等重金属离子的浓度越来越小,固化效果越来越好。当飞灰:水泥(沥青)=2:1 时, Pb 和 Cd 都达标。再提高固化样中的水泥(沥青)含量,固化效果的变化不明显。故对某垃圾焚烧厂的飞灰,可以确定水泥(沥青)固化处理的原料配比为飞灰:水泥(沥青)=2:1。

水泥的标号对固化效果影响不是很大,325 号水泥略好于 425 号水泥。水泥的标号数值代表着水泥稳定龄期(28 d)的最低抗压强度,它实际上与水泥熟料的标号是一致的,高标号的水泥意味着熟料中 CaO 的含量高。

上面得出用水泥固化处理飞灰的配比为飞灰:水泥=2:1,以 425 号水泥为例进行讨论, 也就是说要处理 1 kg 的飞灰需水泥 0.5 kg。而此时固化前后浸出液中各金属离子的浓度变化分别为:Zn 由 57.23 mg/L 降到 4.292 4 mg/L;Cu 由 0.711 69 mg/L 降到 0.432 12 mg/L; Pb 由 24.56 mg/L 降到 1.918 0 mg/L;Cd 由 1.260 1 mg/L 降到 0.032 977 mg/L;Ni 由 0.344 48 mg/L 降到 0.146 33 mg/L。相当于 0.5 kg 的水泥只稳定了 529 mg 的 Zn, 2.8 mg 的 Cu, 226 mg 的 Pb, 12.3 mg 的 Cd 和 2.0 mg 的 Ni,因此可以推断水泥固化飞灰的机理主要是包埋机理,而不是化学反应。

对于同样的配比沥青固化比水泥固化的效果要好一些。这是因为虽然沥青固化废物的机理与水泥相同,都是把重金属包埋在固化体内,但沥青属于憎水物质,具有优良的防水性能、良好的粘结性和化学稳定性。

2. 飞灰的药剂稳定化

选择 NaOH,EDTA、硫化钠和硫脲四种化学药剂来处理飞灰。其中,NaOH 和 EDTA 是通过把重金属由固相—飞灰浸取到液相—浸取液中来降低飞灰中重金属含量的,而硫化钠和硫脲虽然一个是无机硫化物,一个是有机硫化物,但都是通过与重金属生成硫化物沉淀从而去除飞灰中重金属的。

① NaOH 药剂

配制 NaOH 溶液分别为 0.1 mol/L, 0.5 mol/L, 1 mol/L, 2 mol/L 和 5 mol/L 五个不同的浓度,各取 100 mL 置于浸出容器中,再分别加入 10 g 飞灰。将瓶子密封,垂直固定在振荡器上,调节振荡频率为 110±10 次/min,加热,振荡 24 h,静置 16 h。用玻璃纤维滤膜进行过滤,滤液进行分析,结果见表 3-21。

表 3-21　　　　　　　　　　　不同 NaOH 浓度的飞灰浸出结果

飞灰重量		10 g				
NaOH 溶液体积		100 mL				
NaOH 浓度/(mol/L)		0.1	0.5	1	2	5
Pb	浸出液浓度/(mg/L)	29.83	36.21	60.98	72.18	85.02
	浸出率	19.94%	24.20%	40.76%	48.25%	56.83%
	处理后飞灰中含量/(mg/kg)	1 196	1 122	868	763	628
Cd	浸出液浓度/(mg/L)	0.532 90	0.533 16	0.521 43	0.504 99	0.529 17
	浸出率	20.90%	20.91%	20.45%	19.80%	20.75%
	处理后飞灰中含量/(mg/kg)	20.40	20.15	20.27	20.45	20.19

　　另外,结合 Pb 和 Cd 的浓度随浸取液 pH 的变化实验结果再绘制一张 pH 和 NaOH 浓度对飞灰浸出液中金属浓度的影响图,见图 3-61。

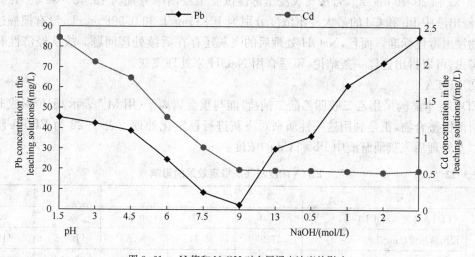

图 3-61　pH 值和 NaOH 对金属浸出浓度的影响

　　从图 3-61 可以看出,开始时,随着浸取液酸度的提高,浸出液中 Pb 和 Cd 浓度逐渐升高。这是因为飞灰中的金属氧化物被浸取出来的缘故。

$$PbO + 2H^+ \longrightarrow Pb^{2+} + H_2O \tag{3-10}$$

$$CdO + 2H^+ \longrightarrow Cd^{2+} + H_2O \tag{3-11}$$

　　随着 NaOH 浓度的提高,浸出液中 Pb 的浓度也随着增加,也就是说 NaOH 处理飞灰效果越来越好。这一点从表 3-21 中处理后飞灰中的铅含量越来越低得到验证。但 Cd 浓度却基本保持不变。这是因为在当浸取液中有 OH$^-$ 存在时,Pb^{2+} 和 Cd^{2+} 会和 OH$^-$ 反应生成氢氧化物沉淀。

$$Pb^{2+} + 2OH^- \longrightarrow Pb(OH)_2(s) \tag{3-12}$$

$$Cd^{2+} + 2OH^- \longrightarrow Cd(OH)_2(s) \tag{3-13}$$

故浸取液 pH 值在 7～9 范围内 Pb^{2+} 和 Cd^{2+} 浓度会随 pH 的升高而降低。当 OH^- 继续升高时，由于铅的氧化物和氢氧化物是两性的，可溶于过量的 NaOH 溶液生成 $NaPb(OH)_3$ 和 $Na_2Pb(OH)_4$：

$$Pb(OH)_2(s) + NaOH \longrightarrow NaPb(OH)_3(l) \tag{3-14}$$

$$Pb(OH)_2(s) + 2NaOH \longrightarrow Na_2Pb(OH)_4(l) \tag{3-15}$$

$$PbO(s) + 2NaOH + H_2O \longrightarrow Na_2Pb(OH)_4(l) \tag{3-16}$$

另外，难溶于水的 $PbSO_4$ 也能与过量的 NaOH 溶液反应生成 $Na_2Pb(OH)_2SO_4$：

$$PbSO_4(s) + NaOH \longrightarrow Na_2Pb(OH)_2SO_4(l) \tag{3-17}$$

故 Pb^{2+} 浓度随着 NaOH 浓度的升高而增加。而 $Cd(OH)_2$ 却不是两性的，不能溶于 NaOH 溶液，所以 Cd^{2+} 浓度不随 NaOH 浓度的改变而改变。

从表 3-21 还可以看出，即使 NaOH 浓度达 5 mol/L 时，飞灰中 Pb 和 Cd 的含量仍为 628 mg/kg 和 20.19 mg/kg，若按飞灰浸出毒性试验中浸出率分别为 16.42% 和 49.42% 来计算，则浸出液中 Pb 和 Cd 的最大浸出浓度分别为 10.3 mg/L 和 0.998 mg/L，没有把握达到固体废物浸出毒性标准。而且，NaOH 处理后的飞灰还存在后续处理问题。故从经济性和处理效果考虑，可以得出这样一条结论：不适合用 NaOH 来处理飞灰。

② EDTA

EDTA（本试验采用乙二胺四乙酸二钠盐）能与重金属离子（用 M^{2+} 表示）配位形成非常稳定的可溶性螯合物，正是利用这一性质来对飞灰进行稳定化处理。表 3-22 为 EDTA 浸出溶液中以及处理后飞灰消解液中 Pb 和 Cd 的浓度。

表 3-22　　　　　　　　　　　　EDTA 浓度对飞灰稳定效果的影响

序号		1	2	3	4	5
EDTA 浓度/(mol/L)		0.01	0.02	0.05	0.1	0.2
Pb	浸出液浓度/(mg/L)	27.91	35.74	90.63	108.6	118.2
	浸出率	18.66%	23.89%	60.58%	72.59%	79.01%
	消解液浓度/(mg/L)	13.71	11.70	5.8566	4.8591	3.3003
	处理后飞灰中含量/(mg/kg)	1226	1137	568	434	314
Cd	浸出液浓度/(mg/L)	1.2875	1.3950	1.8020	1.8673	1.9128
	浸出率	50.49%	54.70%	70.67%	73.23%	75.01%
	消解液浓度/(mg/L)	0.14262	0.11812	0.0788789	0.074229	0.066969
	处理后飞灰中含量/(mg/kg)	12.75	11.47	7.651	6.630	6.375
消解样质量/g		1.1185	1.0294	1.0311	1.1196	1.0505

从表中可以得出，EDTA 浓度为 0.05 mol/L 时，Pb 和 Cd 的浸出率已达 60.58% 和 70.67%，而浓度再扩大一倍，0.1 mol/L 时，Pb 和 Cd 的浸出率为 72.59% 和 73.23%，意义不大。所以从处理效果和经济性上考虑，可确定用 EDTA 来处理飞灰的最佳浓度为 0.05 mol/L。但这种络合物不易发生化学反应，很难通过一般方法从液相中去除，存在后续处理问题。

③ 硫化钠(Na_2S)

由于硫化钠能和重金属反应生成难溶的金属硫化物沉淀,并且重金属离子与硫离子(S^{2-})有很强的亲和力,生成的金属硫化物溶度积很小,非常稳定,所以是一种应用比较广泛的重金属稳定化药剂。

根据金属硫化物溶度积的大小,其沉淀析出的次序为:$Hg^{2+} \rightarrow Ag^+ \rightarrow As^{3+} \rightarrow Bi^{3+} \rightarrow Cu^{2+} \rightarrow Pb^{2+} \rightarrow Sn^{2+} \rightarrow Zn^{2+} \rightarrow Co^{2+} \rightarrow Ni^{2+} \rightarrow Fe^{2+} \rightarrow Mn^{2+}$。前面的金属比后面的金属先生成硫化物。

分别称取 0.179 5 g,0.5 g,1 g,2 g,4 g 和 6 g$Na_2S \cdot 9H_2O$ 于 6 个 250 mL 三角烧瓶内,再分别加入 10 g 飞灰和 100 mL 蒸馏水。然后将瓶子密封,垂直固定在振荡器上,调节振荡频率为 110±10 次/min,室温下振荡 24 h,静置 16 h。用滤纸进行过滤,滤液进行分析。表 3-23 为浸出溶液中 Pb 和 Cd 的浓度。表中[$Zn^{2+}+Pb^{2+}+\cdots$]一栏是表 1 中各重金属离子浓度的总和。

表 3-23　　　　　　　　　不同 Na_2S 投量的飞灰处理效果

样品号		1	2	3	4	5	6
$Na_2S \cdot 9H_2O$ 投量/g		0.179 5	0.5	1	2	4	6
S^{2+} 的量/mol		0.000 75	0.002 08	0.004 16	0.008 33	0.016 65	0.024 98
[$Zn^{2+}+Pb^{2+}+\cdots$]/mol		\multicolumn{6}{c}{$1.030\ 1 \times 10^{-4}$}
$S^{2+}/[Zn^{2+}+Pb^{2+}+\cdots]$		7.3	20	40	81	161	243
浸出液浓度/(mg/L)	Pb	7.265	2.737	1.265	0.737 12	0.125 79	0.101 12
	Cd	0.123 42	0.106 59	0.095 372	0.089 752	0.053 296	0.044 881

由于 S^{2+} 与二价金属离子是以 1:1 的比例进行反应的,故表中 $S^{2+}/[Zn^{2+}+Pb^{2+}+\cdots]$ 一栏数据表示试验中实际所用的 Na_2S 与理论上处理上述金属离子所需 Na_2S 的比值。可以看出,试验所采用的 Na_2S 的量是高于理论上所需,多出的部分是与浸出液中 Fe^{3+},Al^{3+} 等一些实际存在未进行测定的金属离子反应造成的。

随着 Na_2S 的投量的提高,浸出液中 Pb 和 Cd 的浓度随着降低,表明飞灰的稳定化效果越来越好。可以得出,Pb 的浓度在 $Na_2S \cdot 9H_2O$ 投量为 0.179 5 g 到 1 g 之间变化比较大,且在 $Na_2S \cdot 9H_2O$ 投量为 0.5 g 时,浸出液中 Pb 的浓度已低于固体废物毒性鉴别标准。对 Cd 来说,$Na_2S \cdot 9H_2O$ 投量为 0.179 5 g 时就已达标。可确定用 Na_2S 来处理飞灰的最佳投量为 $Na_2S \cdot 9H_2O$:飞灰=5:100。

④ 硫脲(H_2NCSNH_2)

与 Na_2S 一样,与飞灰中的重金属生成硫化物沉淀,从而降低飞灰中的重金属含量。不同的是,Na_2S 属于无机硫化物,而硫脲是有机硫化物。有机硫稳定剂有许多无机硫化剂所不具备的优点,与重金属形成的不可溶性沉淀具有相当好的工艺性能,易于沉淀、脱水和过滤等操作。

分别称取了 0.046 0 g,0.076 0 g,0.164 9 g,0.392 8 g,0.795 0 g 和 1.534 5 g 硫脲于 6 个 250 mL 三角烧瓶内,再分别加入 10 g 飞灰和 100 mL 蒸馏水。然后将瓶子密封,垂直固定在振荡器上,调节振荡频率为 110±10 次/min,室温下振荡 24 h,静置 16 h。用滤纸进行过滤,滤液进行分析。表 3-24 为浸出溶液中 Pb 和 Cd 的浓度。

表 3-24　　　　　　　　　　　　不同硫脲投量的飞灰处理效果

样品号		1	2	3	4	5	6
硫脲投量/g		0.046 0	0.076 0	0.164 9	0.392 8	0.795 0	1.534 5
硫脲的量/mol		0.000 60	0.001 00	0.002 17	0.005 16	0.010 44	0.020 16
$C=[Zn^{2+}+Pb^{2+}+\cdots]$/mol		\multicolumn{6}{c}{$1.030\ 1\times10^{-4}$}					
硫脲/C		5.8	9.7	21	50	101	196
浸出液浓度/(mg/L)	Pb	3.572	1.256	0.979 8	0.558 9	0.091 82	0.087 82
	Cd	0.112 20	0.102 20	0.084 152	0.067 321	0.039 271	0.025 245

从表 3-24 可以看出,随着硫脲投量的提高,浸出液中 Pb 和 Cd 的浓度逐渐降低,稳定化效果越来越好。硫脲投量为 0.076 g 时,浸出液中 Pb 和 Cd 的浓度已低于固体废物毒性鉴别标准。可确定用硫脲来稳定飞灰的最佳投量为 0.76%。

用 Na_2S 处理飞灰投量为 $5\%(Na_2S\cdot9H_2O)$,相当于处理 10 g 飞灰用了 0.002 08 mol 的 Na_2S,与硫脲的投量(0.76%,即 0.001 mol H_2NCSNH_2/10 g 飞灰)相差很大。

固化实际上是一种暂时稳定的过程,属于浓度控制技术,而不是总量控制技术。固化方法的选择是为了使重金属以尽可能小的速率溶出。彻底无害化处理的方法是把重金属分离出来,但这涉及经济性问题。由于飞灰中重金属含量太低,用常规分离方法成本太高。目前采用的方法如本书研究的水泥固化、沥青固化和药剂稳定化技术,成本相对较低,是一种折衷的方法。

固化体的去向直接影响着固化方法的选择。例如,废物经固化处理后用作路基所处的环境条件显然比进填埋场要好得多,填埋场环境的 pH 值、高水份等因素无疑都更有利于重金属的重新溶出。环境的 pH 值对固化体的固化能力起决定性作用。固化体若处于酸性环境中,任何固化方法都可能起不了作用。

除了氢氧化物沉淀外,无机硫沉淀可能是应用最广泛的一种重金属药剂稳定化方法。与前者相比,其优势在于大多数重金属硫化物在所有 pH 值下的溶解度都大大低于其氢氧化物。这里需要强调的是,为了防止 H_2S 的逸出和沉淀物的再溶解,仍需要将 pH 值保持在 8 以上。另外,由于易与 S^{2-} 反应的金属种类很多,硫化剂的添加量应根据所需达到的要求由实验确定,这是因为废物中的钙、铁、镁等会与重金属竞争硫离子。

EDTA 与重金属离子配位形成非常稳定的可溶性络合物,虽然可大大降低飞灰中的重金属含量,但由于这种络合物不易发生化学反应,很难通过一般的方法从液相中去除,存在后续处理问题。

三、原始飞灰及用药剂螯合后飞灰特性和浸出毒性

对于所取各批样品测定了比重、密度(松散堆置、压实堆置)、热灼减量(%),取三次测定结果平均值列于表 3-25 中。比重采用比重计,密度采用松散密度和压实密度测定装置,热灼减量测定在马弗炉中进行,灼烧温度 600 ℃,时间 3 h。

表 3-25　　　　　　　　　　　　飞灰的物理性质测定结果

样品号		1	2	3	4	5	6
比重/(kN/m³)		2.71	2.65	2.81	2.75	2.76	2.66
密度/(g/cm³)	松散堆置	0.60	0.56	0.64	0.62	0.62	0.57
	压实(压力为 50 kPa)	0.66	0.62	0.69	0.67	0.67	0.63
	压实(压力为 100 kPa)	0.73	0.69	0.75	0.74	0.74	0.70
	压实(压力为 200 kPa)	0.97	0.90	1.08	1.01	1.01	0.91

续表

样品号	1	2	3	4	5	6
热灼减量	5.38%	5.15%	5.86%	5.58%	5.56%	5.26%
样品号	7	8	9	10	11	12

密度/ (g/cm³)	比重/(kN/m³)	2.78	2.55	2.73	2.68	2.70	2.78
	松散堆置	0.63	0.44	0.61	0.58	0.59	0.63
	压实(压力为50 kPa)	0.68	0.50	0.68	0.64	0.65	0.70
	压实(压力为100 kPa)	0.75	0.58	0.75	0.72	0.72	0.76
	压实(压力为200 kPa)	1.03	0.81	0.92	0.90	0.94	0.99
热灼减量		5.58%	5.02%	5.23%	5.20%	5.21%	5.60%

对第一次样品进行粒径分布测定,测定结果如表 3-26—表 3-27 和图 3-62 所示。

表 3-26　　　　　　　　　　　各粒径累积含量

粒径/mm	含量	粒径/mm	含量
0.25	100.0%	0.010 30	11.9%
0.074	72.0%	0.007 29	11.1%
0.039 55	16.7%	0.005 16	10.3%
0.025 17	13.1%	0.001 49	8.7%

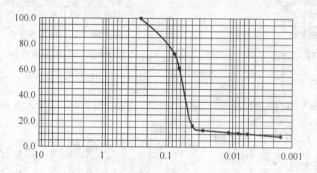

图 3-62　飞灰样品粒级分配曲线

表 3-27　　　　　　　　各粒径范围颗粒所占比例

粒径分组/mm	2.0	2.0～0.5	0.5～0.25	0.25～0.074	0.074～0.005	<0.005
比例	0	0	0	28.0%	61.8%	10.2%

由以上数据可以看出,飞灰质轻,粒径较小,大部分粒径范围在 0.074 mm 以下,所有的颗粒粒径均小于 0.25 mm,所以在一般的固化、稳定化处理过程中应该不需要研磨。飞灰的热灼减量较低,此指标在一定程度上说明焚烧炉内燃烧状况,热灼减量低表明燃烧状况较好。对于飞灰分析了其主要化学组成元素及含量,结果列于表 3-28。

由表中数据可以看出,飞灰的主要成分为 Ca,Fe,Mg,Na,K,Cl,C,S 等。其中 Ca 最高。可能原因是飞灰捕及过程中有 Ca 加入所致。

Cu 和 Cd 的不同形态中,铁锰结合态的含量最高,分别为 50% 和 75% 以上。Pb 和 Zn 的不同形态中,铁锰结合态和残余态的含量最高,As,Ni 和 Cr 的不同形态中,残余态的含量最高,分别为98％,70％和64％(图3-63—图3-65)。

表3-28 飞灰的元素组成

元素		含量	元素		含量
碱金属和碱土金属元素	Ca	232	重金属	Pb	3.2
	Mg	16.9		Cd	0.07
	K	31.5		Cu	0.63
	Na	42.3		Zn	3.9
母体元素(Matrix)	Al	*	其他	Cr	0.17
	Fe	18.9		C	14.9
	Si	*		Cl	103
上述数据单位 Mg/g				S	22.5

注:① 标 * 为条件限制尚未测定之元素,有 Al 和 Si 两种;
② 所有测定结果均为平行样测定。

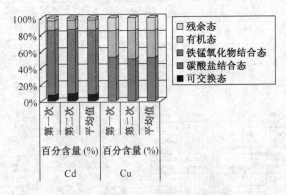

图 3-63 飞灰中 Cu 和 Cd 的存在形态

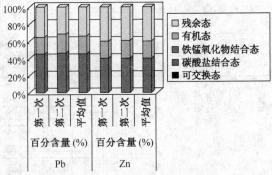

图 3-64 飞灰中 Pb 和 Zn 的存在形态

对飞灰中 Na,K,Ca 和 Mg 四种阳离子而言,主要是和飞灰中的 S,Cl 两种阴离子相结合,而不是和 O 结合,对飞灰中的 Na,K,Ca,Mg 和 S,Cl 分别在飞灰中的摩尔含量分别与其所呈价态的乘积的总和(按照阳离子和阴离子分别计算)分析结果见图 3-66。结果表明,只有少于 1/3 的阳离子是与氯离子和硫离子结合的。根据上述的飞灰的元素分析结果,可以推测剩余的 Ca,Mg 是以氧化物、氢氧化物、碱性硅酸盐和碱性铝酸盐的形式存在。因为高温时 Na 和 K 与 Cl 的结合能力要高于 Ca 和 Mg。

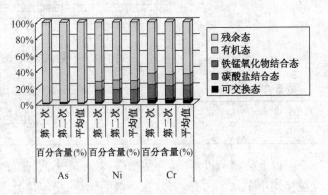

图 3-65 飞灰中 As、Ni 和 Cr 的存在形态分析结果

为了解飞灰的矿物组成,对飞灰进行了 X 射线衍射分析。将飞灰样品于玛瑙研钵中研磨,样品通过 320 目筛,用菲利普 PW1 700 型 X 射线粉末衍射仪测定。实验条件:Cu 靶 X 射

线管,X 射线管功率为 40 kV×20 mA,测量角度范围是 3°～90°,步长 0.02°。由于飞灰中晶体形态的重金属的化合物含量不多,另外由于飞灰中石英、氯化钠等物质含量较高,物质组成较复杂,导致飞灰样品中重金属晶体的浓度很低,甚至低于 XRD 分析的检测限,使得 X 射线衍射图谱对于重金属组成分析结果的误差可能较大。其图谱如图 3-67 所示。

根据 X 射线衍射图谱可以看出,飞灰的矿物组成较复杂,主要为 SiO_2,Al_2SiO_5,NaCl,KCl,$CaAl_2Si_2O_8$,Zn_2SiO_4,$CaCO_3$ 和 $CaSO_4$,还有少量的 CaO,$Ca_2Al_2SiO_7$,PbO,Cu_2CrO_4 等物质,飞灰的活性较强。

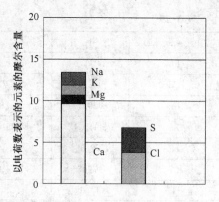

图 3-66　飞灰中 Na,K,Ca,Mg 和 S,Cl 电荷数分析

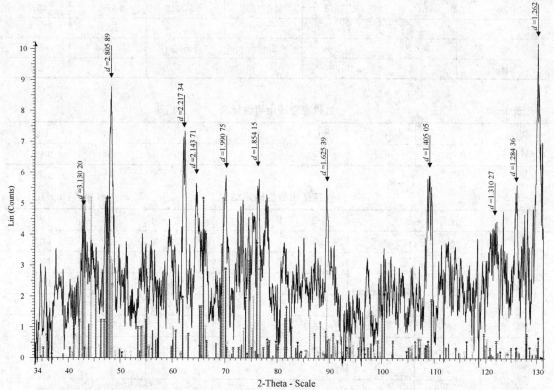

图 3-67　混合飞灰 XRD 分析谱图

对飞灰样品进行消解,测定飞灰中重金属含量如表 3-29 所示。表 3-30 列出了我国危险废物浸出毒性标准中的重金属限值。采用国家标准 GB5086—1997 浸出毒性的测定方法,对飞灰测定其浸出毒性,结果如表 3-31 所示。标"＊"的分析项目是低于 ICP 的检测限。

表 3-29   飞灰重金属含量

项目/(mg/kg)	1	2	3	4	5	6
Pb	3 231.0	3 182.7	2 989.5	3 093.5	2 835.6	3 026.4
Cd	65.8	58.7	68.9	79.2	68.2	72.8
Cu	629.1	598.8	639.8	584.2	681.5	456.9
Zn	3 942.4	3 789.5	3 512.4	3 641.2	3 865.5	3 765.4
Ni	72.5	68.5	65.1	74.9	65.9	69.5
Cr	172.6	165.9	155.2	154.5	156.5	154.4
Hg	14.3	9.8	6.4	15.2	19.6	4.9
项目/(mg/kg)	7	8	9	10	11	12
Pb	2 913.0	3 125.5	3 225.6	3 782.1	2 956.2	3 169.2
Cd	56.8	54.8	65.8	56.4	66.5	58.9
Cu	645.1	569.5	596.3	564.2	561.2	619.2
Zn	3 546.4	3 495.6	3 697.8	4 368.9	3 859.6	3 467.9
Ni	52.5	76.5	78.2	54.5	72.6	73.6
Cr	162.8	175.6	156.5	145.5	175.6	174.5
Hg	8.3	11.9	10.6	4.7	11.5	5.6

表 3-30   危险废物浸出毒性标准

项目 /(mg/L)	Pb	Cd	Cu	Zn	Ni	Cr	Hg
	3	0.3	50	50	10	10	0.05

表 3-31   飞灰浸出毒性测定结果   (单位:mg/L)

项目	序号	1	2	3	4	5	6
Pb	1	18.9	19.8	14.5	13.7	14.5	14.5
	2	17.2	16.5	16.9	15.7	14.2	15.4
	3	19.4	15.9	15.4	18.2	14.8	18.2
	4	19.7	15.4	15.6	17.6	16.5	16.7
	均值	18.8	16.9	15.6	16.3	15.0	16.2
Cd	1	*	*	*	*	*	*
	2	*	*	*	*	*	*
	3	*	*	*	*	*	*
	4	*	*	*	*	*	*
	均值	*	*	*	*	*	*
Cu	1	0.11	0.12	0.12	0.07	0.14	0.12
	2	0.15	0.09	0.18	0.10	0.28	0.05
	3	0.23	0.11	0.15	0.19	0.20	0.06
	4	0.19	0.16	0.19	0.16	0.18	0.09
	均值	0.17	0.12	0.16	0.13	0.20	0.08

续表

项目	序号	1	2	3	4	5	6
Zn	1	1.89	0.45	0.45	1.34	1.12	0.70
	2	0.32	0.89	1.21	0.68	1.40	0.57
	3	0.80	1.90	1.45	1.32	0.68	1.46
	4	1.31	0.68	0.69	0.54	0.64	1.51
	均值	1.08	0.98	0.95	0.97	0.96	1.06
Ni	1	*	*	*	*	*	*
	2	*	*	*	*	*	*
	3	*	*	*	*	*	*
	4	*	*	*	*	*	*
	均值	*	*	*	*	*	*
Cr	1	0.19	0.17	0.17	0.16	0.14	0.07
	2	0.35	0.25	0.09	0.14	0.18	0.08
	3	0.04	0.22	0.25	0.23	0.09	0.28
	4	0.26	0.12	0.17	0.19	0.19	0.21
	均值	0.21	0.19	0.17	0.18	0.15	0.16
Hg	1	0.03	*	0.04	0.06	0.04	0.02
	2	0.04	0.04	0.04	0.05	*	0.01
	3	0.05	0.03	*	0.05	0.05	0.02
	4	0.04	0.01	0.04	0.04	0.03	0.03
	均值	0.04	0.02	0.03	0.05	0.04	0.02

项目	序号	7	8	9	10	11	12
Pb	1	16.9	13.5	19.3	20.1	18.1	16.2
	2	15.4	21.2	18.4	24.2	12.6	14.8
	3	17.2	14.8	19.1	20.5	15.4	15.2
	4	13.7	22.1	17.6	20.4	18.7	17.0
	均值	15.8	17.9	18.6	21.3	16.2	15.8
Cd	1	*	*	*	*	*	*
	2	*	*	*	*	*	*
	3	*	*	*	*	*	*
	4	*	*	*	*	*	*
	均值	*	*	*	*	*	*
Cu	1	0.12	0.10	0.22	0.11	0.24	0.02
	2	0.17	0.12	0.15	0.14	0.23	0.15
	3	0.19	0.19	0.20	0.15	0.12	0.12
	4	0.12	0.15	0.11	0.12	0.17	0.07
	均值	0.15	0.14	0.17	0.13	0.19	0.09

续表

项目	序号	7	8	9	10	11	12
Zn	1	1.12	0.89	0.87	1.21	1.02	1.01
	2	1.15	0.93	0.99	1.09	1.12	0.85
	3	0.98	1.2	1.12	1.15	1.06	0.98
	4	0.83	0.94	0.94	1.23	1.04	1.48
	均值	1.02	0.99	0.98	1.17	1.06	1.08
Ni	1	*	*	*	*	*	*
	2	*	*	*	*	*	*
	3	*	*	*	*	*	*
	4	*	*	*	*	*	*
	均值	*	*	*	*	*	*
Cr	1	0.12	0.18	0.11	0.17	0.19	0.21
	2	0.17	0.18	0.14	0.11	0.15	0.12
	3	0.13	0.15	0.25	0.18	0.21	0.24
	4	0.18	0.25	0.14	0.14	0.13	0.15
	均值	0.15	0.19	0.16	0.15	0.17	0.18
Hg	1	0.01	0.06	0.05	0.01	0.04	0.01
	2	0.04	0.18	0.05	0.02	0.02	0.03
	3	0.04	0.03	0.05	0.01	0.03	0.02
	4	0.03	0.05	0.05	*	0.06	0.02
	均值	0.03	0.04	0.05	0.01	0.05	0.02

由表中数据可以看出,大多数重金属类别浸出过程中浸出量都低于标准。超标项目有 Pb 一项,超出量很高。Hg 的含量也接近控制标准。

四、飞灰的流化和磷化药剂稳定化处理

1. 稳定化处理步骤

① 每次使用飞灰 100 g,加入硫化和磷化稳定化药剂量分别为飞灰的 1%,2%,3%,4% 和 5%;

② 把呈乳状液的药剂徐徐加入到飞灰中去,加入时不断搅拌。药剂加入完毕后再搅拌 10 min;

③ 放置约 30 min;

④ 按照 GB5086.2—1997 规定的方法进行浸出试验;

⑤ 浸出完毕后进行固液分离,测定溶液中的重金属浓度。

(1) 稳定化处理样品数量

第一种飞灰稳定化药剂处理的有 12 个样品,每个样品重复试验 2 次,共 12(样品)×2(重复次数)×1(药剂种数)×1(中国国家浸出毒性标准)×5(每个样品固化剂加入量)=120 次。

第二种飞灰固化药剂固化 12 个样品,每个样品试验 1 次,共 12(样品)×1(重复次数)×1(药剂种数)×1(中国国家浸出毒性标准)×5(每个样品固化剂加入量)=60 次。

(2) 稳定化处理后飞灰浸出毒性分析结果

① 第一种稳定化药剂处理产物浸出毒性试验结果

采用第一种稳定化药剂对于飞灰进行稳定化处理,对产物进行浸出毒性测定,结果列于表3-32—表3-33中。

表 3-32　　　　　第一种稳定化药剂处理后飞灰第一批次浸出毒性分析结果　　（单位：mg/L）

样品名称	铜	锌	铅	镍	铬	镉	汞(ppb)	钙	镁	钾	钠
I-1-1*	<0.05	0.118	<0.2	<0.01	0.177	<0.05	3.8	2 275	1.79	2 110	—
I-1-2	<0.05	0.109	<0.2	<0.01	0.196	<0.05	0.2	2 115	1.64	1 940	—
I-1-3	<0.05	0.149	<0.2	<0.01	0.105	<0.05	0.8	2 375	1.63	2 240	—
I-1-4	<0.05	0.341	<0.2	<0.01	<0.004	<0.05	4.5	2 163	1.61	2 080	—
I-1-5	<0.05	0.465	<0.2	<0.01	<0.004	<0.05	9.8	1 878	1.72	1 750	—
I-2-1	<0.05	0.098	<0.2	<0.01	0.079	<0.05	0.2	1 646	0.76	2 230	—
I-2-2	<0.05	0.104	<0.2	<0.01	0.083	<0.05	12.6	1 482	0.639	1 870	—
I-2-3	<0.05	0.092	<0.2	<0.01	0.08	<0.05	1.9	1 670	0.663	2 170	—
I-2-4	<0.05	0.21	<0.2	<0.01	0.06	<0.05	1.9	1 682	0.792	2 350	—
I-2-5	<0.05	0.321	<0.2	<0.01	<0.004	<0.05	0.6	1 658	0.610	2 290	—
I-3-1	<0.05	0.084	<0.2	<0.01	<0.004	<0.05	5.1	1 268	0.498	3 180	—
I-3-2	<0.05	0.098	<0.2	<0.01	0.061	<0.05	4.5	1 241	0.391	3 110	—
I-3-3	<0.05	0.088	<0.2	<0.01	0.066	<0.05	0.4	1 201	0.437	3 060	—
I-3-4	<0.05	0.213	<0.2	<0.01	<0.004	<0.05	5.4	1 245	0.571	3 230	—
I-3-5	<0.05	0.504	<0.2	<0.01	<0.004	<0.05	—	1 270	0.435	3 460	—
I-4-1	<0.05	0.099	<0.2	<0.01	0.052	<0.05	11.6	2 143	0.270	1 950	—
I-4-2	<0.05	0.106	<0.2	<0.01	0.063	<0.05	—	2 227	0.148	2 100	—
I-4-3	<0.05	0.104	<0.2	<0.01	0.06	<0.05	—	2 163	0.176	2 080	—
I-4-4	<0.05	0.189	<0.2	<0.01	<0.004	<0.05	—	2 183	0.272	2 070	—
I-4-5	<0.05	0.366	<0.2	<0.01	<0.004	<0.05	19.8	2 123	0.159	2 020	—
I-5-1	<0.05	0.128	<0.2	<0.01	0.048	<0.05	52.7	1 270	0.738	2 900	—
I-5-2	<0.05	0.091	<0.2	<0.01	0.048	<0.05	—	1 217	0.176	2 760	—
I-5-3	<0.05	0.093	<0.2	<0.01	0.059	<0.05	—	1 221	0.210	2 910	—
I-5-4	<0.05	0.205	<0.2	<0.01	0.029	<0.05	23	1 270	0.340	3 080	—
I-5-5	<0.05	0.434	<0.2	<0.01	<0.004	<0.05	11.9	1 249	0.420	2 920	—
I-6-1	<0.05	0.091	<0.2	0.02	0.051	<0.05	0.1	2 823	<0.002	2 750	—
I-6-2	<0.05	0.096	<0.2	<0.01	0.038	<0.05	—	2 719	<0.002	2 690	—
I-6-3	<0.05	0.098	<0.2	<0.01	0.04	<0.05	—	2 583	0.047	2 500	—
I-6-4	<0.05	0.143	<0.2	<0.01	<0.004	<0.05	0.9	2 431	<0.002	2 390	—
I-6-5	<0.05	0.256	<0.2	<0.01	<0.004	<0.05	0.7	2 443	<0.002	2 380	—
I-7-1	<0.05	0.089	<0.2	<0.01	0.118	<0.05	2.9	1 798	0.391	2 820	—
I-7-2	<0.05	0.085	<0.2	<0.01	0.072	<0.05	3.2	1 766	0.362	2 850	—
I-7-3	<0.05	0.091	<0.2	<0.01	0.072	<0.05	5.1	1 770	0.304	2 860	—
I-7-4	<0.05	0.265	<0.2	<0.01	0.022	<0.05	8.3	1 758	0.580	2 900	—
I-7-5	<0.05	0.268	<0.2	<0.01	<0.004	<0.05	14.4	1 774	0.464	2 960	—

续表

样品名称	铜	锌	铅	镍	铬	镉	汞(ppb)	钙	镁	钾	钠
I-8-1	<0.05	0.100	<0.2	<0.01	<0.004	<0.05	0.8	1 568	0.548	2 513	—
I-8-2	0.05	0.107	<0.2	<0.01	0.158	<0.05	0.6	1 484	0.621	2 781	—
I-8-3	<0.05	0.107	<0.2	<0.01	0.098	<0.05	0.2	1 497	0.385	2 287	—
I-8-4	0.348	0.174	<0.2	<0.01	0.143	<0.05	—	1 848	0.462	2 965	—
I-8-5	<0.05	0.275	<0.2	<0.01	0.035	<0.05	—	1 698	0.576	2 487	—
I-9-1	<0.05	0.090	<0.2	<0.01	0.050	<0.05	6.8	2 154	0.369	2 698	—
I-9-2	<0.05	0.114	<0.2	<0.01	0.102	<0.05	5.3	2 036	0.348	2 486	—
I-9-3	<0.05	0.156	<0.2	<0.01	0.103	<0.05	5.0	1 887	0.845	2 854	—
I-9-4	<0.05	0.247	<0.2	<0.01	0.043	<0.05	2.3	1 468	0.625	2 745	—
I-9-5	<0.05	0.513	<0.2	<0.01	0.073	<0.05	2.0	1 399	0.647	2 698	—
I-10-1	<0.05	0.980	9.74	<0.01	<0.004	<0.05	0.9	1 892	0.384	2 496	—
I-10-2	<0.05	1.40	4.54	<0.01	0.038	<0.05	0.6	1 942	0.542	2 895	—
I-10-3	<0.05	0.531	<0.2	<0.01	0.052	<0.05	0.3	1 654	0.482	2 598	—
I-10-4	<0.05	0.182	<0.2	<0.01	0.096	<0.05	—	1 892	0.758	2 785	—
I-10-5	<0.05	0.171	<0.2	<0.01	0.050	<0.05	—	1 684	0.423	2 475	—
I-11-1	<0.05	0.095	<0.2	<0.01	0.138	<0.05	2.0	2 045	0.396	2 645	—
I-11-2	<0.05	0.085	<0.2	<0.01	0.102	<0.05	—	1 320	0.384	2 738	—
I-11-3	<0.05	0.159	<0.2	<0.01	0.081	<0.05	—	1 795	0.542	2 813	—
I-11-4	<0.05	0.323	<0.2	<0.01	0.094	<0.05	0.2	1 587	0.412	2 945	—
I-11-5	<0.05	0.741	<0.2	<0.01	0.025	<0.05	0.1	1 489	0.437	2 635	—
I-12-1	<0.05	0.059	<0.2	<0.01	0.136	<0.05	0.9	1 684	0.385	2 695	—
I-12-2	<0.05	0.091	<0.2	<0.01	0.060	<0.05	—	1 288	0.421	2 487	—
I-12-3	<0.05	0.082	<0.2	<0.01	0.042	<0.05	0.6	1 879	0.376	2 956	—
I-12-4	<0.05	0.086	<0.2	<0.01	0.074	<0.05	—	1 654	0.374	2 487	—
I-12-5	<0.05	0.128	<0.2	<0.01	0.051	<0.05	—	1 785	0.386	2 684	—

注：表中如"I-1-1"所列的飞灰代号中："I"表示第一种固化药剂，后面的"1"表示第一种飞灰样品，最后的"1"表示固化药剂的添加量为1%，下同。

表 3-33　　　　　第一种稳定化药剂处理后飞灰第二批次浸出毒性分析结果　　　（单位:mg/L）

样品名称	铜	锌	铅	镍	铬	镉	汞(ppb)	钙	镁	钾	钠
I-1-1	<0.05	0.109	<0.2	<0.01	0.167	<0.05	3.2	1 575	1.68	2 000	—
I-1-2	<0.05	0.094	<0.2	<0.01	0.184	<0.05	0.2	1 998	1.58	1 780	—
I-1-3	<0.05	0.125	<0.2	<0.01	0.075	<0.05	0.45	2 225	1.54	2 120	—
I-1-4	<0.05	0.308	<0.2	<0.01	0.005	<0.05	0.85	2 078	1.44	1 700	—
I-1-5	<0.05	0.325	<0.2	<0.01	<0.004	<0.05	7.5	1 477	1.65	2 160	—
I-2-1	<0.05	0.045	<0.2	<0.01	0.069	<0.05	0.2	1 545	0.58	2 120	—
I-2-2	<0.05	0.075	<0.2	<0.01	0.023	<0.05	10.4	132	0.567	1 750	—
I-2-3	<0.05	0.058	<0.2	<0.01	0.068	<0.05	0.98	1 460	0.243	2 230	—

续表

样品名称	铜	锌	铅	镍	铬	镉	汞(ppb)	钙	镁	钾	钠
I-2-4	<0.05	0.182	<0.2	<0.01	<0.004	<0.05	0.90	1 745	0.482	1 780	—
I-2-5	<0.05	0.198	<0.2	<0.01	<0.004	<0.05	0.55	1 660	0.597	2 120	—
I-3-1	<0.05	0.075	<0.2	<0.01	<0.004	<0.05	4.2	1 160	0.548	2 980	—
I-3-2	<0.05	0.108	<0.2	<0.01	0.038	<0.05	3.8	1 204	0.401	2 560	—
I-3-3	<0.05	0.075	<0.2	<0.01	0.035	<0.05	0.32	1 298	0.324	2 660	—
I-3-4	<0.05	0.198	<0.2	<0.01	<0.004	<0.05	3.84	1 195	0.502	2 830	—
I-3-5	<0.05	0.255	<0.2	<0.01	0.005	<0.05	—	1 070	0.420	2 890	—
I-4-1	<0.05	0.045	<0.2	<0.01	0.005	<0.05	9.65	1 978	0.254	2 560	—
I-4-2	<0.05	0.098	<0.2	<0.01	0.040	<0.05	—	2 456	0.136	1 990	—
I-4-3	<0.05	0.115	<0.2	<0.01	0.054	<0.05	—	1 987	0.125	1 580	—
I-4-4	<0.05	0.107	<0.2	<0.01	<0.004	<0.05	—	2 121	0.354	1 670	—
I-4-5	<0.05	0.244	<0.2	<0.01	0.006	<0.05	—	1 923	0.178	1 920	—
I-5-1	<0.05	0.126	<0.2	<0.01	0.025	<0.05	32.5	1 170	0.666	2 300	—
I-5-2	<0.05	0.108	<0.2	<0.01	0.036	<0.05	—	1 110	0.156	1 560	—
I-5-3	<0.05	0.068	<0.2	<0.01	0.047	<0.05	—	1 298	0.234	2 510	—
I-5-4	<0.05	0.198	<0.2	<0.01	0.015	<0.05	15	1 210	0.220	2 780	—
I-5-5	<0.05	0.235	<0.2	<0.01	0.0038	<0.05	10.5	1 196	0.350	2 180	—
I-6-1	<0.05	0.075	<0.2	<0.01	0.056	<0.05	—	1 875	<0.002	2 740	—
I-6-2	<0.05	0.086	<0.2	<0.01	0.028	<0.05	—	2 210	<0.002	2 880	—
I-6-3	<0.05	0.075	<0.2	<0.01	0.036	<0.05	—	2 225	0.045	2 290	—
I-6-4	<0.05	0.105	<0.2	<0.01	<0.004	<0.05	0.85	1 931	0.003	2 480	—
I-6-5	<0.05	0.266	<0.2	<0.01	0.005	<0.05	0.65	1 945	<0.002	1 580	—
I-7-1	<0.05	0.064	<0.2	<0.01	0.182	<0.05	1.87	1 840	0.420	2 260	—
I-7-2	<0.05	0.056	<0.2	<0.01	0.075	<0.05	2.6	1 466	0.623	2 560	—
I-7-3	<0.05	0.008	<0.2	<0.01	0.070	<0.05	4.6	1 780	0.403	2 630	—
I-7-4	<0.05	0.205	<0.2	<0.01	0.042	<0.05	6.8	1 585	0.458	2 960	—
I-7-5	<0.05	0.285	<0.2	<0.01	0.006	<0.05	9.4	1 577	0.404	1 990	—
I-8-1	<0.05	0.010	<0.2	<0.01	<0.004	<0.05	0.75	1 689	0.120	2 148	—
I-8-2	0.05	0.075	<0.2	<0.01	0.186	<0.05	0.56	1 578	0.186	2 365	—
I-8-3	0.05	0.078	<0.2	<0.01	0.10	<0.05	0.018	1 782	0.612	2 751	—
I-8-4	0.044	0.156	<0.2	<0.01	0.156	<0.05	—	1 574	<0.002	2 457	—
I-8-5	<0.05	0.027	<0.2	<0.01	0.065	<0.05	—	1 548	<0.002	2 765	—
I-9-1	<0.05	0.172	<0.2	<0.01	0.068	<0.05	5.8	1 685	0.184	2 356	—
I-9-2	<0.05	0.134	<0.2	<0.01	0.082	<0.05	3.8	1 258	0.254	2 845	—
I-9-3	<0.05	0.634	<0.2	<0.01	0.134	<0.05	4.0	1 892	0.125	2 469	—
I-9-4	<0.05	0.224	<0.2	<0.01	0.045	<0.05	1.03	1 286	0.112	2 675	—
I-9-5	<0.05	0.3	<0.2	<0.01	0.073	<0.05	2.0	1 895	0.086	2 365	—

续表

样品名称	铜	锌	铅	镍	铬	镉	汞(ppb)	钙	镁	钾	钠
I-10-1	<0.05	0.98	<0.2	<0.01	<0.054	<0.05	0.06	1 584	0.356	2 465	—
I-10-2	<0.05	1.120	<0.2	<0.01	0.032	<0.05	0.34	1 547	0.284	2 854	—
I-10-3	<0.05	0.451	<0.2	<0.01	0.032	<0.05	0.33	1 648	0.158	2 014	—
I-10-4	<0.05	0.126	<0.2	<0.01	0.078	<0.05	0..53	1 545	0.175	2 485	—
I-10-5	<0.05	0.115	<0.2	<0.01	0.056	<0.05	0.06	2 154	<0.002	2 648	—
I-11-1	<0.05	0.055	<0.2	<0.01	0.108	<0.05	1.05	1 254	0.245	2 846	—
I-11-2	<0.05	0.078	<0.2	<0.01	0.028	<0.05	0.74	1 789	0.167	2 157	—
I-11-3	<0.05	0.154	<0.2	<0.01	0.018	<0.05	0.03	1 689	0.146	2 694	—
I-11-4	<0.05	0.235	<0.2	<0.01	0.0094	<0.05	0.12	1 782	<0.002	2 963	—
I-11-5	<0.05	0.541	<0.2	<0.01	0.052	<0.05	0.18	1258	<0.002	2 685	—
I-12-1	<0.05	0.591	<0.2	<0.01	0.362	<0.05	0.09	1 578	0.245	2 845	—
I-12-2	<0.05	0.012	<0.2	<0.01	0.040	<0.05	0.05	1 558	0.325	2 485	—
I-12-3	<0.05	0.072	<0.2	<0.01	0.026	<0.05	0.65	1 446	0.125	2 684	—
I-12-4	<0.05	0.063	<0.2	<0.01	0.044	<0.05	—	1 477	0.084	2 877	—
I-12-5	<0.05	0.028	<0.2	<0.01	0.013	<0.05	0.04	1 698	0.005	2 458	—

② 第二种稳定化药剂处理产物浸出毒性试验结果

表 3-34　　　　第二种稳定化药剂处理后飞灰浸出毒性分析结果　　　　（单位：mg/L）

	铜	锌	铅	镍	铬	镉	汞(ppb)	二氧化硅
II-1-1	<0.05	0.179	<0.2	<0.01	0.290	<0.05	3.6	19.1
II-1-2	<0.05	0.135	<0.2	<0.01	0.330	<0.05	0.9	5.80
II-1-3	<0.05	0.132	<0.2	<0.01	0.306	<0.05	0.5	13.9
II-1-4	<0.05	0.791	<0.2	<0.01	0.192	<0.05	4.1	20.0
II-1-5	<0.05	1.94	<0.2	<0.01	0.108	<0.05	6.8	26.8
II-2-1	<0.05	0.080	<0.2	<0.01	0.089	<0.05	0.2	0.82
II-2-2	<0.05	0.119	<0.2	<0.01	0.171	<0.05	1.6	9.28
II-2-3	<0.05	0.130	<0.2	<0.01	0.094	<0.05	11.7	2.51
II-2-4	<0.05	0.354	<0.2	<0.01	0.048	<0.05	1.9	33.1
II-2-5	<0.05	0.770	<0.2	<0.01	<0.004	<0.05	0.8	1.18
II-3-1	<0.05	0.119	<0.2	<0.01	0.100	<0.05	4.1	15.1
II-3-2	<0.05	0.144	<0.2	<0.01	0.080	<0.05	3.5	15.1
II-3-3	<0.05	0.098	<0.2	<0.01	0.088	<0.05	0.6	11.5
II-3-4	<0.05	0.152	<0.2	<0.01	0.049	<0.05	5.6	13.6
II-3-5	<0.05	0.262	<0.2	<0.01	<0.004	<0.05	2.6	16.2
II-4-1	<0.05	0.099	<0.2	<0.01	0.104	<0.05	—	6.56
II-4-2	<0.05	0.110	<0.2	<0.01	0.076	<0.05	—	7.25
II-4-3	<0.05	0.278	<0.2	<0.01	<0.004	<0.05	—	11.1

续表

	铜	锌	铅	镍	铬	镉	汞(ppb)	二氧化硅
Ⅱ-4-4	<0.05	0.682	<0.2	<0.01	<0.004	<0.05	—	2.91
Ⅱ-4-5	<0.05	1.08	<0.2	<0.01	<0.004	<0.05	1.8	9.7
Ⅱ-5-1	<0.05	0.084	<0.2	<0.01	0.090	<0.05	5.7	10.9
Ⅱ-5-2	<0.05	0.086	<0.2	<0.01	0.107	<0.05	—	12.9
Ⅱ-5-3	<0.05	0.163	<0.2	<0.01	0.084	<0.05	—	13.1
Ⅱ-5-4	<0.05	0.339	<0.2	<0.01	0.098	<0.05	21	17.6
Ⅱ-5-5	<0.05	0.339	<0.2	<0.01	<0.004	<0.05	1.9	11.8
Ⅱ-6-1	<0.05	0.085	<0.2	<0.01	0.070	<0.05	0.6	7.34
Ⅱ-6-2	<0.05	0.083	<0.2	<0.01	0.055	<0.05	—	10.1
Ⅱ-6-3	<0.05	0.296	<0.2	<0.01	0.029	<0.05	—	10.6
Ⅱ-6-4	<0.05	0.422	<0.2	<0.01	0.022	<0.05	0.8	19.0
Ⅱ-6-5	<0.05	0.550	<0.2	<0.01	<0.004	<0.05	—	12.0
Ⅱ-7-1	<0.05	0.091	<0.2	<0.01	0.023	<0.05	2.8	4.99
Ⅱ-7-2	<0.05	0.099	<0.2	<0.01	0.042	<0.05	3.1	5.34
Ⅱ-7-3	<0.05	0.157	<0.2	<0.01	<0.004	<0.05	5.6	5.14
Ⅱ-7-4	<0.05	0.180	<0.2	<0.01	<0.004	<0.05	8.5	5.92
Ⅱ-7-5	<0.05	0.493	<0.2	<0.01	<0.004	<0.05	1.4	6.77
Ⅱ-8-1	<0.05	0.094	<0.2	<0.01	0.162	<0.05	10.8	7.91
Ⅱ-8-2	<0.05	0.106	<0.2	<0.01	0.181	<0.05	0.6	11.0
Ⅱ-8-3	<0.05	0.131	<0.2	<0.01	0.120	<0.05	0.6	10.7
Ⅱ-8-4	<0.05	0.205	<0.2	<0.01	0.123	<0.05	0.5	13.5
Ⅱ-8-5	<0.05	0.230	<0.2	<0.01	<0.004	<0.05	—	15.8
Ⅱ-9-1	<0.05	0.093	<0.2	<0.01	0.073	<0.05	6.9	7.22
Ⅱ-9-2	<0.05	0.120	<0.2	<0.01	0.070	<0.05	3.2	6.87
Ⅱ-9-3	<0.05	0.116	<0.2	<0.01	0.118	<0.05	5.9	8.68
Ⅱ-9-4	<0.05	0.189	<0.2	<0.01	0.087	<0.05	2.1	11.7
Ⅱ-9-5	<0.05	0.682	<0.2	<0.01	0.019	<0.05	2.0	6.73
Ⅱ-10-1	<0.05	0.731	11.4	<0.01	<0.004	<0.05	0.4	0.48
Ⅱ-10-2	<0.05	0.683	6.26	<0.01	0.049	<0.05	0.7	1.11
Ⅱ-10-3	<0.05	0.340	<0.2	<0.01	0.044	<0.05	0.6	2.38
Ⅱ-10-4	<0.05	0.155	<0.2	<0.01	0.065	<0.05	—	5.56
Ⅱ-10-5	<0.05	0.156	<0.2	<0.01	0.035	<0.05	—	2.47
Ⅱ-11-1	<0.05	0.083	<0.2	<0.01	0.123	<0.05	1.0	5.02
Ⅱ-11-2	<0.05	0.099	<0.2	<0.01	0.145	<0.05	0.4	4.02
Ⅱ-11-3	<0.05	0.117	<0.2	<0.01	0.140	<0.05	—	5.10
Ⅱ-11-4	<0.05	0.327	<0.2	<0.01	0.140	<0.05	0.6	5.96
Ⅱ-11-5	<0.05	0.741	<0.2	<0.01	0.064	<0.05	0.4	7.55

续表

	铜	锌	铅	镍	铬	镉	汞(ppb)	二氧化硅
Ⅱ-12-1	<0.05	0.060	<0.2	<0.01	0.146	<0.05	0.5	0.91
Ⅱ-12-2	<0.05	0.069	<0.2	<0.01	0.096	<0.05	0.8	1.29
Ⅱ-12-3	<0.05	0.073	<0.2	<0.01	0.088	<0.05	0.7	1.35
Ⅱ-12-4	<0.05	0.098	<0.2	<0.01	0.053	<0.05	—	1.61
Ⅱ-12-5	<0.05	0.146	<0.2	<0.01	0.064	<0.05	—	1.73

由表 3-34 数据可以看出，焚烧厂飞灰经过上述两种药剂处理后，目前其重金属含量均低于危险废物浸出毒性标准的限值，两种药剂的使用量基本相当。第一种药剂的稳定化效果略好于第二种稳定化药剂。根据实验结果，上述两种药剂使用量基本相当，第一种药剂的稳定化效果略好于第二种稳定化药剂。所以从药剂费用来讲，使用两种药剂中的任意一种，处理成本差别不大。

五、稳定化/固化工艺的选择

飞灰预处理技术的选择要遵循以下三大原则：

① 安全性。经过预处理的废物浸出毒性必须要达到《生活垃圾填埋场污染控制标准》(GB16889—2008)。

② 存量处理飞灰达到危险废物填埋场入场控制标准《危险废物鉴别标准—浸出毒性鉴别》(GB5085.3—2007)。

③ 经济性。在满足安全性条件下，预处理以及后续填埋处置的费用应该尽量低。

④ 节约库容。预处理技术带来一定的增容效应，过大的增容将占用宝贵的填埋场库容。

根据以上三个原则，进行预处理技术的选择。

1. 工艺选择

如前所述，飞灰预处理方法有多种，各种技术比较见表 3-35。

表 3-35 处理工艺比选

预处理方法	技术成熟性	经济性	二次污染风险	填埋质量增加	项目适应性综合评价
水泥固化	好	好	小	大	宜配合选用
凝硬性废物固化	较好	好	小	很大	可选用
热塑性材料固化	较好	差	小	大	不宜选用
磷酸盐类稳定	好	好	小	小	宜配合选用
铁氧化物稳定	一般	较好	小	小	不宜选用
硫化物类稳定	较好	较差	一般	小	不宜选用
高分子螯合剂稳定	好	较好	小	小	宜选用

说明：上述综合评价系针对本工程而言。

综合参考国内外危险废物固化稳定化处理的工程应用，水泥固化和无机药剂稳定化工艺较为适合飞灰的填埋预处理。虽然无机药剂运行成本低，但是化学稳定性差水泥投加量大，造成物料增容大，逐渐被有机高分子螯合剂取代。

采用高分子有机药剂处理效果好，投加量少，成本略高，增容效应小，目前在土地资源奇缺的先进国家开始大规模采用，取得了良好的经济效益和环境效益。例如日本的 TOSOH 公司在日本有 200 多座这样的飞灰预处理厂或者在垃圾焚烧电厂中对飞灰直接采用这种方式处理,各项环保指标优于我们现有的标准。所以这里推荐采用。

由于飞灰浸出毒性的不确定性,除了采用高分子有机药剂稳定化外,其他任何一种单一的稳定化或者固化方法都无法很好满足上述三个原则的要求。因此应该根据飞灰的浸出毒性结果,合理选用其中的一种或者两种技术组合加以处理,在保证安全的前提下,尽可能节省成本和库容。

因此本项目采用有机高分子螯合剂稳定化处理+水泥固化工艺对飞灰进行稳定化固化处理。

2. 预处理工艺流程

飞灰预处理工艺流程图见图 3-68。

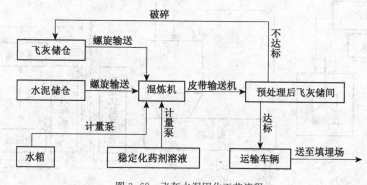

图 3-68　飞灰水泥固化工艺流程

3. 总体工艺描述

通过飞灰储仓下的圆盘给料机定量向混合螺旋输送机供应飞灰,与此同时水泥储仓下的圆盘给料机同时向混合螺旋输送机提供定量水泥。水泥储仓的圆盘给料机具有延时启动调节功能,以便调整飞灰和水泥定量同时混合。

飞灰与水泥的混合物料由混合螺旋输送机初步混合后输送至混炼机进料口,混炼机进料口配置物料探测器,当物料到达混炼机时混炼机启动对物料进行搅拌混合。当混合物输送至混炼机后螯合剂混合溶液以 1.5 MPa 的压力喷入混炼机。

混炼机内设置水分自动调整装置,通过实时监测物料特性调整螯合剂和水的添加量。飞灰、螯合剂、水泥在混炼机内混合,飞灰中的重金属类与螯合剂发生络合反应,生成不溶于水的物质从而被稳定化。经过混炼机混炼后的物料掉落在养护输送机上,稳定化的物料在养护输送机上养护 30 分钟后,水泥完成初凝过程,之后落入养护输送机下的运输车辆。运输车辆将飞灰运至厂内出料存储间内相应的堆放区堆放养护并取 10 组测试样品进行化验分析,经过三天的堆放化验分析并得出 10 组样品全部合格后由运输车辆将飞灰运输至填埋厂填埋,如果 10 组样品中任意一组样品浸出毒性监测不合格则全天处理的物料运回混炼机重新处理。工艺流程见图 3-69。

在上述飞灰稳定化处理系统中应注意:

① 飞灰储仓与水泥储仓上设置清扫孔,并在清扫孔上设置观察孔,观察孔有机玻璃需要耐高温 150 ℃设计。飞灰储仓的保温层表面温度不得高于 50 ℃。

② 处理系统的飞灰、水泥输送管道上设置观察窗,用于观察是否有物料通过,观察窗有机玻璃需要耐高温 150 ℃以上并且观察窗设置为活动式方便开启清扫,输送管道材料为 Q235A。

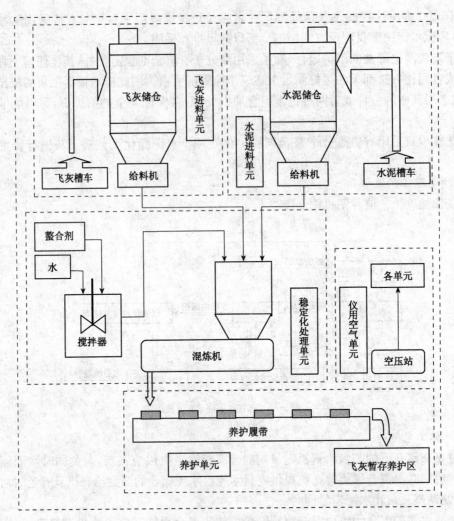

图 3-69 飞灰稳定化处理系统流程图

③ 系统内所有输送螯合剂及螯合剂混合液的接管、阀门、仪表等均采用 PE 或等效耐碱腐蚀材料。

④ 系统中与飞灰接触的材料经过特殊处理。易磨易损件可以方便更换。

⑤ 任何设备的噪声值(离噪声源 1 米处):≤85 dB(A)。

⑥ 控制系统电缆应符合国家相关的标准法规中的抗干扰和防腐蚀等要求。

⑦ 电气设备应符合国家相关的标准法规要求,防护等级不低于 IP54。

⑧ 所有电机应能负载启动。

4. 飞灰给料系统

本系统主要由飞灰储仓、仓顶除尘器、出料装置、电伴热和其他配件组成。

整个仓体采用圆形设计,采用整张钢板材焊接而成,仓体圆锥部分角度为 60°大于飞灰安息角 50°;仓体的焊接采用 CO_2 保护焊进行焊接,保证焊缝的质量。飞灰储仓的支架采用型钢焊接而成,并在焊接后消除焊接应力。支架结构合理,方便现场工作。设置独立的楼梯及钢平台,楼梯及平台把手不低于 1 100 mm。具体设计按《立式圆筒形钢制和铝制料仓设计规范》(SH3078—1996)参照执行。

为了保证本系统运行稳定灰储罐的储存量设定为 50 吨/台（即每条处理线 2 日的处理量）。同时为了防止飞灰吸潮结块，飞灰储仓上设置了电伴热系统，电伴热系统设计升温温差 $\Delta t = 100\ ℃$。为了防止飞灰架桥，设计了两套简单实用的架桥破解装置，1 套为通常所使用的压缩空气架桥破解，另外一套是人工振打方式破解飞灰仓架桥。因为飞灰易吸潮结块在飞灰仓中间结块并且结块的硬度不大时压缩空气是可以破解架桥的，但是当所结块在筒壁上时或结块的硬度较大时就需要人工振打的方式进行破解。具体如图 3-70 所示。

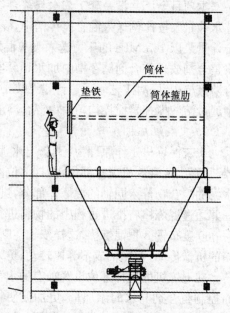

图 3-70 人工振打方式

飞灰进料过程如下：

垃圾焚烧厂通过槽罐车送入的飞灰经压缩空气吹入飞灰储仓储存，飞灰仓顶部设置容量为 18 m^2 的布袋除尘器，飞灰送入灰仓后通过仓顶除尘器使料气分离后气体经过袋式降尘器后排入大气。进入飞灰储仓的飞灰设计温度为 20 ℃，由电伴热对其加热维持仓内飞灰 100 ℃ 以上温度，防止飞灰结块。飞灰储仓顶部平台为钢板铺设而非格栅铺设，在飞灰仓顶部检修时，意外散落的飞灰可以通过清扫后再送入飞灰仓防止飞灰扩散至空气中。飞灰出料时通过圆盘给料器进行计量给料，圆盘给料机可以有效防止螺旋给料机的卡壳现象，给料器采用变频调速的方式调整给料速度。飞灰储仓设置 1 个超声波料位探测仪实时探测料位，料位信号通过全厂自动控制系统传输至控制室的模拟屏上。

5. 水泥给料系统

本系统主要由水泥储仓、仓顶除尘器、出料装置、混合输送机、检修用电动葫芦和其他配件组成。

同飞灰储仓一样，整个仓体采用圆形设计，采用整张钢板材焊接而成，仓体圆锥部分角度为 60°；仓体的焊接采用 CO_2 保护焊进行焊接。灰仓的支架采用型钢焊接。为了设备维护和维修方便。并在水泥储仓与飞灰储仓各层使用平台连接，方便检修人员过往，平台扶梯不低于 1 100 mm 高。飞灰储仓与水泥储仓上面由自身钢平台支撑一个共用的检修用电动葫芦，方便储仓检修。具体设计按《立式圆筒形钢制和铝制料仓设计规范》(SH3078—1996)参照执行。

水泥储仓防架桥处理措施与飞灰仓设置相同的压缩空气与人工振打装置。进料过程如下：外购散装水泥由槽罐车运入厂内后通过压缩空气吹入水泥储仓储存，灰仓顶部设置容量为 9 m^2 的布袋除尘器，压缩空气将散装水泥送入水泥储仓后通过仓顶除尘器使料气分离，气体经过袋式降尘器后排入大气。同飞灰储仓相同，在水泥储仓顶部平台为钢板铺设而非格栅铺设。出料同样使用圆盘给料器进行计量给料，圆盘给料器采用变频调速的方式调整给料速度。水泥储仓与飞灰储仓相同每台飞灰储仓设置 1 套超声波料位探测仪，实时探测料位，并将料位信号传输至控制室额模拟屏上。

6. 工艺水及螯合剂配置系统

本系统主要包括螯合剂储存槽、工艺用水储存槽、混合搅拌槽、螯合剂计量泵、工艺水计量泵、混合计量泵、管道、阀门仪表等组成。

本项目全厂共设一套工艺水与螯合剂配置系统,螯合剂与工艺水通过螯合剂计量泵和工艺水计量泵按比例送入混合搅拌槽中,混合液体在混合搅拌槽中通过搅拌器搅拌均匀,后经混合计量泵以 1.5 MPa 的压力送入飞灰混炼机中与飞灰和水泥的混合物反应。操作过程如下:将螯合剂放入螯合剂储存槽中加水稀释至 50% 的浓度。通过螯合剂计量泵将螯合剂送入混合溶液槽中,同时工艺水通过计量泵按 1∶15 体积比送入混合溶液槽,两种液体在混合溶液槽中通过溶液搅拌器搅拌均匀后由混合溶液输送计量泵以 1.5 MPa 的压力喷入飞灰混炼机。

7. 飞灰混炼机

飞灰混炼机工作原理为:飞灰与水泥的混合物从进料口进入,在进料口设置了物料探测器,物料进度混炼机搅拌部位,搅拌部位内部的双主轴上布置推进螺旋,通过推进螺旋将飞灰水泥的混合物推入同轴的混炼棒部分,进行物料混合。物料在推进过程中利用物料之间的空间并通过混炼棒将推进过程中的物料进行充分混合。混炼棒沿主轴方向成螺旋布置,沿主轴每 360 度布置 8 根混炼棒,这样双轴在断面上形成由 16 根混炼棒组成的搅拌组合。通过齿轮箱的机械传动,双主轴成不等速转动,更好的对物料进行搅拌,并有效防止混炼机卡涩。

在混炼机的搅拌部位设置独有的水分自动调整装置的探测器,实时探测物料的含水率,从而控制螯合剂与水的添加量,更加促使物料与螯合剂的均匀混合,并且有效防止了污水的产生。同时混炼机设置过载保护装置。推进叶片与主轴为螺栓连接,混炼棒和推进螺旋与主轴为螺栓链接。这种连接方式即保证推进与搅拌的牢固性,又方便了设备维修和易损件的更换。每台混炼机对推进螺旋和混炼棒的更换可以在 8 小时内完成。

混炼机的推进螺旋与混炼棒组采用 1Cr15 的硬质合金耐磨材料。硬质合金布氏硬度应达 400HB 以上。壳体采用整板模压成型,材料应为碳钢 Q235-A,厚度≥6 mm 以上,采用耐热密封垫、密封胶进行密封。混炼机壳体内衬 1Cr15 硬质合金材料,厚度不小于 6 mm,内衬和外壳体螺栓固定,可以拆卸更换。双主轴的计算弯曲变形≤1/1 000L(L 为螺旋输送机壳体的长度)并应考虑工作温度影响。螺旋与壳体间的最小间隙不小于 5 mm。

本技术与已有技术相比较,具有明显的效果。本实用推进螺旋和混炼棒布置在搅拌机构中,通过混炼棒组的搅拌功能使混合物充分均匀地混合,使粉尘中的重金属可以被彻底固化,没有扬尘,也不会泄漏。

8. 养护输送系统

经混炼机混合搅拌后生成稳定化的飞灰,从出料口落在养护输送机上。飞灰稳定化物在养护输送机上养护 30 分钟以上,水泥完成初凝过程,再由养护输送机送至皮带下的运输车辆,然后由车辆运至飞灰暂存间进行养护。

胶带输送机按严重冲击和骤变荷载设计,设计考虑到可能遇到的不同尺寸的固化物掉落而不致于造成运行困难或中止运行,同时考虑了清除大块飞灰固化物的措施。输送机最大输送能力按照设计输送能力的 5 倍考虑,保证输送机在系统最大处理时设备各部件不致损坏。

胶带输送机运行时最大跑偏量不超过带宽的 5%,并设置了胶带跑偏调整装置。本系统设计时充分考虑落料时的冲击力及由此对胶带跑偏的影响。胶带输送机卸料滚筒处装设端部清扫器,在尾部滚筒前和拉紧装置第一个改向滚筒前均应装设非承载面清扫器,清扫胶板应耐磨不脆裂,保证使用中安全可靠。胶带使用寿命不小于 30 000 小时,其他易磨损部件的使用寿命不小于 30 000 小时,轴承的寿命不小于 80 000 小时,托辊在正常工作条件下的使用寿命不低于 50 000 小时。

托辊内部配以多元迷宫式密封,以防止粉尘、脏物和水侵入。为使胶带输送机各种支架、驱动架、头架、尾架均选择合理材料制造,保证有足够的刚度和强度,焊缝应牢固、美观、均匀,设备表明光滑、无毛刺。所有胶带输送机的上部装有密封罩,保证系统在密封状态下运行,为防物料卡塞,密封罩顶面据胶带表面不小于 500 mm,密封罩一边采用铰链固定,可以方便地打开,密封罩两边立面设置有机玻璃观察窗,观察窗设置间距不超过 1.5 m。

除以上技术要求外,输送机设计还必须符合《带式输送机安全规范》(GB 14784—1993)的相关规定。

9. 压缩空气系统

由于本系统部分仪表阀门等需要压缩空气,并且考虑到飞灰和水泥输送的车辆没有配备气力输送系统时使用厂内配置的气力输送系统。本项目拟配置 2 台活塞式空气压缩机,采用 1 用 1 备设计。系统配有收集冲洗水和冒漏液用的事故池,事故池中的废水通过污水泵送至工艺用水中处理。

本项目采用全密闭处理,处理过程中不会产生扬尘。在飞灰储仓与水泥储仓中分别设置了过滤面积为 18 m² 和 9 m² 布袋除尘器,除尘效率均可以达到 99%,并在布袋除尘器上设置机械振打装置,防止布袋前后压差过大导致的布袋破裂。

六、飞灰饰面砖生产技术

固体废物资源化应当遵循以下原则:资源化技术是可行的;与同类产品相比有竞争能力;在资源化过程中不产生二次污染;必须有较大的经济效益。生活垃圾焚烧飞灰对陶瓷饰面砖烧成影响的 DTA-TGA 分析表明,飞灰能够降低饰面砖的烧成温度,可减少饰面砖制作过程中的能耗;最佳配比制品微观结构显示,飞灰的加入使得饰面砖在较低温度下就具有密实的结构,而且生成的物相趋于多元化,有利于改善制品的性能;最佳配比制品强度达到相应国家标准对 MU15 等级的要求。飞灰在饰面砖中资源化利用可行性的关键在于:成品中的重金属是否已经转变成了稳定态,从而不会对环境造成二次污染。为了进一步研究飞灰饰面砖制作技术的可行性,做了中试试验,并进行了经济评价与安全评价。

1. 中试试验

中试地点选择在江苏省某建筑陶瓷厂,主要研制了两种饰面砖,R 系列饰面砖(呈红色,主要原料为飞灰、红泥、缸砂)与 Y 系列饰面砖(呈黄色,主要原料为飞灰、米黄泥、耐火砂)。

无论是小试还是中试,除了配比之外,影响烧结的主要因素是烧结温度、烧结时间和粒径大小。此外,颗粒的晶体结构状况、烧结气氛、添加剂等也会明显影响烧结的进程。物料颗粒越小,其活性越高,烧结过程越容易进行;而晶体的结构不完整性越严重,活性就越高,烧结过程也就越容易进行。因此一切可以改变和影响晶体结构不完整性的因素,都将对烧结产生影响。

近些年来,热压烧结新工艺已逐渐被采用,它的突出优点在于降低了烧结温度,提高了烧结体的密实度。主要原因在于,热压可以提供额外的推动力来补偿被抵消的表面张力,使烧结能够继续甚至加速;它使固体粉料显示出非牛顿型流体的性质,当剪应力超过其屈服点时,将出现流动,使传质加速,闭气孔消除。受到试验条件的限制,中试采用的是冷压技术。

2. 物料配比

某建筑陶瓷厂中只有两个煅烧温度区间,1 100 ℃～1 150 ℃与 1 050 ℃～1 100 ℃区间,煅烧温度较高,因此配料中没有使用助熔效果很强的长石,而改用方解石,共设计了两组配比,如表 3-36 和表 3-37 所示。

表 3-36   中试配比(Ⅰ)   (单位:%)

NO.	Y1	Y2	Y3	Y4	Y5	Y6
米黄泥	60	60	60	60	60	60
耐火砂	30	25	20	15	10	5
飞灰	5	10	15	20	25	30
方解石	5	5	5	5	5	5
NO.	R1	R2	R3	R4	R5	R6
红泥	60	60	60	60	60	60
缸砂	30	25	20	15	10	5
飞灰	5	10	15	20	25	30
方解石	5	5	5	5	5	5

表 3-37   中试配比(Ⅱ)   (单位:%)

NO.	Y7	Y8	Y9	Y10	Y11	Y12
米黄泥	60	60	60	60	60	60
耐火砂	3	25	25	20	15	10
飞灰	5	10	15	20	25	30
NO.	R7	R8	R9	R10	R11	R12
红泥	60	60	60	60	60	60
缸砂	35	30	25	20	15	10
飞灰	5	10	15	20	25	30

3. 制品烧成状况及抗压强度

首先对配比Ⅰ在 1 100 ℃~1 150 ℃区间以及 1 050 ℃~1 100 ℃区间进行烧成试验,烧成状况以及制品的抗压强度如表 3-38 所示。从表中可以看出,1 100 ℃~1 150 ℃下煅烧后,Y1 与 R1 的烧成状况较好,抗压强度也达到了 MU20 MPa 等级,其他几个配方的成品出现不同程度的过烧现象;1 050 ℃~1 100 ℃下煅烧,Y1—Y3 与 R1,R2 的烧成状况较好,其他配比出现过烧现象,表明飞灰的加入降低了烧成温度。

表 3-38   配比Ⅰ烧成状况以及抗压强度

1 100 ℃~1 150 ℃	Y1	Y2	Y3	Y4	Y5	Y6
烧成状况	好	轻微过烧	过烧	严重过烧	严重过烧	严重过烧
抗压强度/MPa	24.3	23.9	—	—	—	—
1 100 ℃~1 150 ℃	R1	R2	R3	R4	R5	R6
烧成状况	较好	过烧	严重过烧	严重过烧	严重过烧	严重过烧
抗压强度/MPa	23.1	22.5	—	—	—	—
1 050 ℃~1 100 ℃	Y1	Y2	Y3	Y4	Y5	Y6
烧成状况	好	好	好	略过烧	过烧	严重过烧
抗压强度/MPa	23.8	22.3	21.9	—	—	—
1 050 ℃~1 100 ℃	R1	R2	R3	R4	R5	R6
烧成状况	好	好	略过烧	过烧	严重过烧	严重过烧
抗压强度/MPa	22.2	21.1	20.5	—	—	—

第Ⅱ组配方中没有加方解石，目的是升高制品的煅烧温度，以改善制品的烧成状况，如表3-39所示。

表 3-39 配比Ⅱ烧成状况以及抗压强度

1 100 ℃～1 150 ℃	Y7	Y8	Y9	Y10	Y11	Y12
烧成状况	好	好	好	略过烧	过烧	严重过烧
抗压强度/MPa	23.7	22.9	22.1	21.8	—	—
1 100 ℃～1 150 ℃	R7	R8	R9	R10	R11	R12
烧成状况	好	好	略过烧	过烧	严重过烧	严重过烧
抗压强度/MPa	22.1	21.9	21.6	—	—	—
1 050 ℃～1 100 ℃	Y7	Y8	Y9	Y10	Y11	Y12
烧成状况	好	好	好	好	略过烧	过烧
抗压强度/MPa	22.1	21.8	21.2	21.2	—	—
1 050 ℃～1 100 ℃	R7	R8	R9	R10	R11	R12
烧成状况	好	好	好	略过烧	过烧	过烧
抗压强度/MPa	20.2	20.5	19.5	—	—	—

1 100 ℃～1 150 ℃下煅烧后，Y7—Y9 与 R7，R8 的烧成状况较好，抗压强度达到了MU20 MPa 等级，其他几个配方的制品出现不同程度的过烧现象；1 050 ℃～1 100 ℃下煅烧后，Y7—Y10 与 R7—R9 的烧成状况较好，其他配比出现过烧现象。根据烧成试验可选择Y10，R9 在 1 050 ℃～1 100 ℃下煅烧为较佳条件。

4. Y10 与 R9 的宏观性能及与实验室制品的比较

以 Y10 与 R9 配比在 1 050 ℃～1 100 ℃下煅烧后的制品为例，评定中试制品宏观性能。

① 尺寸偏差

Y10 与 R9 的尺寸偏差如表 3-40 所示，两者尺寸偏差达到 GB5101—2003 对一等陶瓷饰面砖的要求。与实验室制品 Y_{900}—Y_{1000} 相比，Y10 与 R9 出现负偏差的比例更大。

表 3-40 Y10 与 R9 的尺寸偏差 （单位:mm）

标准尺寸		Y10	R9
240	平均偏差	−2.2	−1.7
	样本级差	5.0	5.0
115	平均偏差	−1.1	−0.8
	样本级差	2.5	2.5
53	平均偏差	−1.6	−1.3
	样本级差	3.3	2.3

② 外观质量

Y10 与 R9 的外观质量如表 3-41 所示，两者达到了 GB5101—2003 中对优等品的要求。与实验室制品 Y_{900}—Y_{1000} 相比，Y10 与 R9 的外观质量较好。

表 3-42   **Y10 与 R9 的外观质量(mm)**

温度/℃	条面高差	弯曲	杂质凸处高度	缺棱掉角	裂纹 I	裂纹 II	完整面	颜色
Y10	1.3	1.7	1.9	3	21	16	一条面,一顶面	基本一致
R9	1.1	2.0	1.5	5	18	32	两条面,一顶面	基本一致

注:裂纹 I 指大面上宽度方向及其延伸至条面的长度。裂纹 II 指大面上长度方向及其延伸至顶面的长度或条顶面上水平裂纹的长度。

③ 抗压强度与抗折强度

Y10 与 R9 抗压强度、抗折强度如表 3-43 所示。

表 3-43   **Y10、R9 的抗压强度与抗折强度**

制品	抗压强度平均值/MPa	标准差 S	δ	抗压强度平均值/MPa	抗折强度/MPa
Y10	21.2	7.6	0.17	20.9	4.6
R9	19.5	8.2	0.11	19.3	4.5

与实验室制品 Y_{900}—$Y_{1\,000}$ 相比,Y10,R9 的抗压强度与抗折强度更高,Y10 制品的抗压强度更是达到了 MU20M 的强度等级。

④ 吸水率、饱和系数及抗冻试验

Y10,R9 的吸水率、饱和系数及抗冻试验后的质量损失如表 3-44 所示。与实验室制品 Y_{900}~$Y_{1\,000}$ 相比,Y10,R9 的吸水率与饱和系数更小,抗冻试验质量损失相对较小,表明中试制品抗风化能力更强。

表 3-44   **Y10 与 R9 的吸水率(W24)、饱和系数及抗冻试验质量损失**   (单位:%)

制品	平均吸水率 W_{24}	平均饱和系数	最大饱和系数	抗冻试验质量损失
Y10	5.1	0.69	0.74	1.3
R9	4.9	0.64	0.68	1.1

⑤ 其他性能

Y10 与 R9 的石灰爆裂状况、泛霜状况达到 GB5101—2003 对一等品与优等品的要求,抗化学腐蚀能力达到 A 级,如表 3-45 所示。与实验室制品 Y_{900}—$Y_{1\,000}$ 相比,Y10,R9 的石灰爆裂与泛霜程度更小。

表 3-45   **Y10 与 R9 的其他性能**

制品	石灰爆裂试验后制品破损	制品泛霜状况	抗化学腐蚀能力
Y10	出现 2~6 mm 爆裂区 5 处	无泛霜	A 级
R9	出现 2~3 mm 爆裂区 4 处	无泛霜	A 级

通过以上对中试制品与实验室制品的对比可以看出,中试制品的性能更好,这是烧结气氛不同造成的。中试烧结是在氧化气氛中进行的,而实验室烧结主要在还原气氛中进行;在氧化气氛下,氧被吸附或产生化学变化,易产生正离子缺位型的非化学计量化合物,正离子空位的形成,对烧结有利;若烧结由正离子扩散控制,氧化气氛对烧结有利,若烧结是由负离子空位控制,则还原气氛对烧结有利。饰面砖的试制主要是通过 Si,Al,Fe,Ca,Mg,Ti 等金属氧化

物间的固相反应,即正离子的扩散、迁移来实现烧结的,因此保持氧化气氛对烧结是有利。

5. Y10 与 R9 的微观结构及与实验室制品的比较

Y10 与 R9 的 SEM 图谱显示 1 050 ℃～1 100 ℃区间下煅烧后,制品的结构非常致密,还可见大量晶相的存在,如图 3-71 所示。与实验室制品相比,中试制品的结构更加致密。

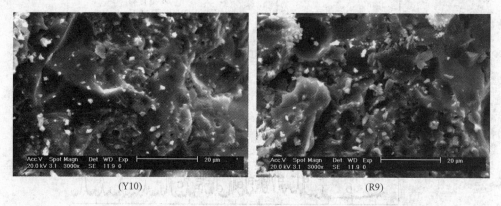

(Y10)　　　　　　　　　　　　(R9)

图 3-71　Y10 与 R9 在 1 050 ℃～1 100 ℃区间煅烧后的 SEM 图谱

Y10 的 XRD 图谱如图 3-72所示。Y10 中的主晶相为石英、莫来石、菫青石、顽火辉石、硅钙石以及钙铁榴石。

Y10 制品中莫来石含量为 108 counts,其中在玻璃相中的含量为 53 counts,占莫来石总量的 49.2%;石英含量的计数为 648 counts,占样品中物相总量的 13.7%;表明,该制品中结晶相的比例相对较多,绝大部分为铝硅酸盐结晶相。与实验室制品的

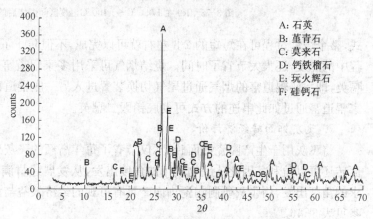

图 3-72　Y10 在 1 050 ℃～1 100 ℃温度区间煅烧后的 XRD 图谱

XRD 图谱相比,Y10 制品的玻璃化程度较大。

R9 制品的 XRD 图谱(图 3-73)显示,莫来石含量的总计数为 78 counts,玻璃相占莫来石总量的 52.8%;石英的峰强计数为 562 counts,占样品中物相总量的 11.7%;表明该样品中结晶相的比例相对较少,玻璃化程度比 Y10 严重。

6. 销毁二噁英对设备的要求

因为检测二噁英的难度大、费用高,并没有对制品中的二噁英进行检测。大量资料表明,热处理方法对二噁英有良好的处理效果,二噁英的熔点为 302 ℃～305 ℃,500 ℃时开始分解,800 ℃时 21 s 完全分解。Kobylecki Rafal P 等人的研究表明:二噁英的分解效果与灼烧时间、温度以及透烧率成正比,在 700 ℃下停留 30 min,二噁英的处理效率可达 99.7%以上。本研究中飞灰—饰面砖的煅烧温度在 900 ℃以上,停留时间为 30 min。因此,可以推测制品中不会有二噁英残留。

为了防止二噁英在煅烧升温过程中挥发,可采用辊道窑烧结。辊道窑利用快速升温的方

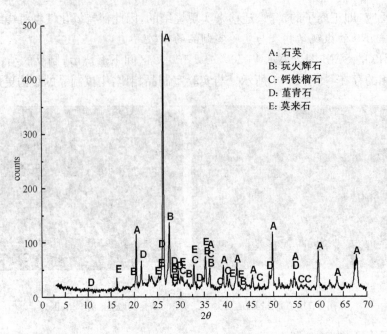

图 3-73　R9 在 1 050 ℃～1 100 ℃温度区间煅烧后的 XRD 图谱

式,整个烧结过程可在短短的 2 h 左右就可以完成,不但防止了二噁英与重金属在缓慢升温过程中的挥发,还大大节省了时间。烧结烟气可采用多家辊道窑串连的方式彻底销毁其中的二噁英,即一座辊道窑的烟气通过尾气切换装置进入另一座辊道窑的高温窑孔进行二次烧结,多家辊道窑通过如此串连的方式可彻底销毁二噁英。

7. 飞灰饰面砖经济评价

将飞灰用于生产陶瓷饰面砖,不仅节省了每年高额的飞灰处理费用,而且生产出的陶瓷饰面砖还可以盈利。因此从废物利用的角度出发,从发展建材满足国内外市场对建材的大量需求的角度出发,用飞灰研制陶瓷饰面砖具有可观的经济效益与深远的社会意义,具体成本核算参见表 3-46。

表 3-46　　　　　　　　　　　飞灰饰面砖成本核算

项目	备注	数量	单位	单价/元	总价/万元
飞灰用量	按 10 万平方米/年	200	吨		
其他原料	按 10 万平方米/年	2 000	吨	58.5 元/吨	11.7
釉料	以盖底釉计	50	吨	4,160 元/吨	20.8
煤	以辊道窑计	700	吨	247 元/吨	17.2
电	以干法生产计	30	万度	5 000 元/万度	15
工资劳防	含社会福利	60	人	20 000/人	120
废品率	按 5% 计,取成本 15 万元/万平方米,则 10×15×5%				16.3
机械折旧	按 10% 计,则 100×10%				10
土建折旧	按 10% 计,则 200×10%				20
税及管理费	扣除所购原、燃料部分				26.4
总计					257.4

从上表中可知总成本为 257.4 万元/10 万 m^2,即单位成本为 25.7 元/m^2。一般售价 35 元/m^2,所获利润为 9.3 元/m^2,全年总产值为 257 万元,总利润为 93 万元。此外,吃灰量达 200 吨/年,节省飞灰处理费用 54 万元。建设一条这样的生产线总投资大概需 300 万元,其中含设备投资(包括尾气切换装置)100 万元,土建投资 200 万元。而一座设计生产能力为 10 万 m^2/年的辊道窑,实际生成能力可达 14～16 万 m^2/年,因此实际利润可达 130～149 万元。也就是说两年半就可收回全部投资,并有盈余。

8. 飞灰饰面砖安全性评价

环境材料是 21 世纪材料的发展方向,所谓环境材料就是不仅要有良好的性能而且还要有良好的环境协调性,或者是能够改善环境的材料。即指那些具有良好使用性能或功能,并对资源和能源消耗少,对生态与环境污染小,有利于人类健康,再生利用率高或可降解循环利用;在制备、使用、废弃直至再生循环利用的整个过程中,都与环境协调共存的一大类材料。其特点是具有良好的使用性能,对生态环境无副作用,具有较高的资源利用率。因此对材料安全性的评价是对环境材料的一项重要的要求。

制品物化性能测定结果表明 940 ℃～1 000 ℃区间制品的性能比较好,因此安全性测试的对象选择为 Y_{940},Y_{960},Y_{980},Y_{1000} 制品。重金属污染特性表现在重金属含量、浸出毒性以及活动态的比例几个方面,试验方法的设计主要是从以上三个方面进行的。

取 Y_{940}—Y_{1000} 试样以及坯体各半块,在 105 ℃左右烘 24 h,打碎、研磨至 200 目左右供测试用。测定除 Hg 外的其他重金属时,消解方法采用第 71 号 HNO_3/$HClO_4$/HF 微波消解方案;测 Hg 时采用电热板消解,消解液使用 HNO_3/H_2O_2。

表面浸出毒性是陶瓷制品安全性测试的一项重要指标,国际上一般采用溶出法测定重金属含量,例如美国用 4%的醋酸溶液在室温下浸泡 24 h,Pb 溶出量在 7 ppm 以下,Cd 的溶出量在 0.5 ppm 以下;西德是把瓷器放在 4%的醋酸溶液中煮沸 30 min,Pb 的溶出量不超过 1 mg/250 cm^2 或不超过 2 mg/(251～500 cm^2),在沸水中煮 24 h 后,Pb 溶出量不能超过 2 mg/250 cm^2。瑞士则把瓷器试样浸在 4%的醋酸溶液中 24 h,Pb 的浸出量不超过 3 mg/100 cm^2。由此可见,各国一般都用 4%的醋酸溶液作为浸取液。因此本实验中的浸取剂也用 4%的醋酸溶液,具体方法是:用水清洗 1 块试样,然后放在烘箱中 50～55 ℃之间干燥 24 h;将干燥样品浸于 4%的醋酸溶液中,在 20 ℃左右的室温下浸泡 4 d,取浸泡液;然后清洗试样,再进行第二、三个 4 d 的浸泡,最后用 ICP 测定三个浸泡液的重金属含量。

为了分析飞灰引人的重金属在不同煅烧温度下重金属含量的挥发,对不同温度下煅烧的成品与煅烧前坯体的重金属含量进行了对比,如表 3-47、图 3-74、图 3-75 所示。由表中可以看出,坯体中的重金属主要来自飞灰,其他陶瓷材料中除含 Zn 比较多外,其他重金属的含量非常少。随着温度的升高,制品中所含有的重金属逐渐减少,其中,1 020 ℃下制品中 Cu,Cr,Ni 的挥发最少,不足 6%;其次是 Zn,不足 18%;Pb,Cd,As 的挥发比较严重,接近 60%,而 Hg 的挥发最为严重,超过了 80%。与飞灰中重金属的挥发相比,制品中重金属的挥发程度明显减小。这主要是因为,重金属被严密地包裹在了制品致密结构中的缘故。

表 3-47　　　　　　　　　　　煅烧成品与坯体重金属含量对比　　　　　　　(单位:mg/kg)

重金属	坯体	20%飞灰	Y_{940}	Y_{960}	Y_{980}	Y_{1000}	Y20
As	35.63	33.28	23.87	21.73	19.60	16.75	12.47
Zn	1 436	835.9	1 258	1 245	1 223	1 203	1 188

续表

重金属	坯体	20%飞灰	Y_{940}	Y_{960}	Y_{980}	$Y_{1\,000}$	Y20
Hg	4.63	4.78	2.13	1.94	1.62	1.25	0.65
Pb	317.2	292.8	215.70	187.15	149.08	130.05	101.50
Cd	7.01	6.56	5.40	4.70	4.14	3.43	3.01
Ni	42.4	20.98	41.85	71.75	71.45	71.16	71.08
Cr	74.2	69.1	72.05	189.60	194.00	258.40	254.00
Cu	297.1	228.12	291.65	290.17	288.68	288.09	287.50

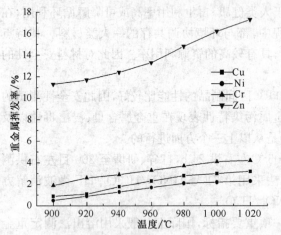

图 3-74 制品中重金属挥发与温度的关系（Ⅰ）

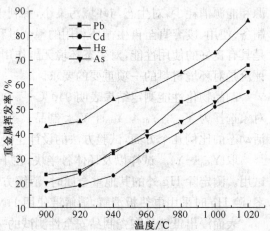

图 3-75 制品中重金属挥发与温度的关系（Ⅱ）

① 表面浸出结果

制品中重金属的浸出主要是由于制品中重金属离子与环境水之间存在浓度差,伴随着固液相之间的反应(吸附－解吸附、化合、分解、溶解等过程),重金属离子迁移到环境水中,从而对环境造成污染。表面浸出结果如表 3-48 所示。

表 3-48 飞灰-陶瓷饰面砖中重金属的表面浸出 （单位:mg/cm²）

		As	Zn	Hg	Pb	Cd	Ni	Cu	Cr
4 d	Y_{940}	0.002 4	0.097 0	0.003 0	0.012 0	0.000 3	0.002 2	0.013 0	0.019 0
	Y_{960}	0.001 3	0.085 0	ND	0.008 0	ND	0.001 9	0.008 0	0.012 0
	Y_{980}	0.000 6	0.059 0	ND	0.005 0	ND	0.001 3	0.005 0	0.009 0
	$Y_{1\,000}$	ND	0.039 0	ND	ND	ND	0.000 8	0.003 0	0.005 0
	Y20	ND	0.015	ND	ND	ND	ND	ND	ND
2×4 d	Y_{940}	0.000 6	0.028 1	0.001	0.004 4	ND	0.000 7	0.003 3	0.006 2
	Y_{960}	0.000 4	0.025 6	ND	0.003 7	ND	0.000 7	0.002 1	0.004 1
	Y_{980}	0.000 2	0.019 1	ND	0.002 4	ND	0.000 5	0.001 5	0.003 3
	$Y_{1\,000}$	ND	0.014 1	ND	ND	ND	0.000 3	0.001 0	0.002 2
	Y20	ND	0.006 3	ND	ND	ND	ND	ND	ND

续表

		As	Zn	Hg	Pb	Cd	Ni	Cu	Cr
3×4 d	Y_{940}	0.000 3	0.002 0	ND	0.002 3	ND	0.000 3	0.001 9	0.002 4
	Y_{960}	ND	0.001 2	ND	0.001 3	ND	ND	0.000 8	0.001 8
	Y_{980}	ND	0.000 9	ND	0.000 9	ND	ND	0.000 5	0.001 3
	Y_{1000}	ND	0.000 6	ND	ND	ND	ND	ND	ND
	Y20	ND	ND	ND	ND	ND	ND	ND	ND

注：ND 表示未检测出。

从表中可以看出，制品在浸泡期的早期（0～4 d），浸出率占总浸出率的 52%～78%，4～8 d 的浸出率占总浸出量的 18%～44%，可见重金属离子的浸出主要在前 8 d 完成。这是因为制品的密实度非常高，最初的浸出主要是表层重金属离子的溶解，表层重金属离子扩散较快，因此早期重金属的浸出比较大；随着表面重金属离子的浸出，浸出过程逐步转移到制品内部，重金属通过毛细管作用浸出，但由于制品的密实度很高、吸水率很低，水分子很难渗透到制品的深处；并且一部分重金属已经融入了硅酸盐结构中，毛细水微弱的作用并不能打破重金属与硅酸盐四面体之间的化学键，由此使得重金属在后期很难被浸出。

② 水平浸出与有效浸出结果

Y_{1000} 与 Y_{1020} 制品中除 Zn，Pb 外其他重金属水平浸出未检测出，说明已经低于 0.000 1 ppm 了，而 Zn 的浸出能力也下降到坯体中 Zn 浸出能力的 0.014 倍，Pb 的浸出能力则下降到坯体中 Pb 浸出能力的 $9.5×10^{-4}$ 倍。说明 Y_{1000} 与 Y_{1020} 制品中重金属基本上是以稳定态的形式存在的。制品中重金属浸出能力与坯体中重金属相比如表 3-49 所示，与坯体中的重金属浸出能力相比，Y_{940}～Y_{980} 制品中 As 的浸出能力下降了 45.7%～91.3%；Zn 的浸出能力下降了 94.4%～97.8%；Hg 的浸出能力下降了 88.2%～98%；Pb 的浸出能力下降了 90%～98%；Cd 浸出能力的下降值>82%；Ni 的浸出能力下降了 43%～60%；Cr 的浸出能力下降值>72.6%；Cu 的浸出能力下降了 48%～97.3%。其中除了 Hg 浸出能力的降低很大一部分是由于挥发之外，其他重金属浸出能力的降低主要是因为制品致密结构的固化作用产生的。Zn，Pb，Cd，Cr 在 Y_{940}，Y_{960}，Y_{980} 制品中浸出能力的下降都超过了 72%，表明 Y_{940}—Y_{980} 制品对这几种重金属的固化作用非常强。相比之下，Y_{940} 与 Y_{960} 对 As，Cu 的固化作用较差，Y_{980} 对 As 与 Cu 的固化能力较强。Y_{940}—Y_{980} 制品对 Ni 的固化作用相差不大，相对较差。

表 3-49　　　　　　　　　　制品水平浸出测试结果　　　　　　　　（单位：mg/L）

	坯体	Y_{940}	Y_{960}	Y_{980}	Y_{1000}	Y_{1020}	标准限值
As	0.004 6	0.002 5	0.002 2	0.000 4	ND	ND	1.5
Zn	6.34	0.357 1	0.356 6	0.138	0.086 3	0.085 8	50
Hg	0.11	0.013	0.001	0.000 2	ND	ND	0.05
Pb	7.69	0.074 3	0.046 1	0.014 1	0.007 3	ND	3
Cd	0.016	0.000 3	ND	ND	ND	ND	0.3
Ni	0.01	0.005 7	0.004 9	0.004	ND	ND	10
Cr	0.186	0.035	0.051	ND	ND	ND	10
Cu	0.045	0.023 4	0.017 5	0.001 2	ND	ND	50

注：ND 表示未检测出。

有效浸出结果显示,制品中重金属浸出能力与坯体相比下降很多,如表 3.50 和 3.51 所示。Y_{980},Y_{1000},Y_{1020} 制品中重金属的浸出能力普遍下降了 90% 多,而 Y_{940} 与 Y_{960} 制品中,Zn,Pb,Cd 的浸出能力也下降了 90% 多,说明 Y_{940}—Y_{1020} 制品对 Zn,Pb,Cd 的固化能力较强,而 Y_{980},Y_{1000},Y_{1020} 制品对 Cr,Ni,Cu,As 的固化能力较强。

表 3-50　　　　　　　　　　　制品中重金属浸出能力与坯体的对比

	水平浸出结果			有效浸出结果				
	Y_{940}/坯体	Y_{960}/坯体	Y_{980}/坯体	Y_{940}/坯体	Y_{960}/坯体	Y_{980}/坯体	Y_{1000}/坯体	Y20/坯体
As	0.543	0.478	0.087	0.422 0	0.236 0	0.075 0	0.070 0	0.056 0
Zn	0.056	0.056	0.022	0.066 8	0.066 7	0.035 4	0.035 2	0.029 2
Hg	0.118	0.009	0.002	0.465 3	0.034 6	0.001 2		
Pb	0.010	0.006	0.002	0.007 4	0.004 2	0.002 5	0.001 9	0.000 9
Cd	0.018	—	—	0.029 1	0.027 4	0.013 7	0.008 6	
Ni	0.57	0.49	0.40	0.112 3	0.109 6	0.090 9	0.082 9	0.066 8
Cr	0.188	0.274	—	0.306 8	0.209 2	0.087 8	0.086 8	0.058 0
Cu	0.52	0.388	0.027	0.422 1	0.235 6	0.074 7	0.070 2	0.056 0

表 3-51　　　　　　　　　　　制品有效浸出测试结果　　　　　　　　（单位:mg/kg）

	坯体	Y_{940}	Y_{960}	Y_{980}	Y_{1000}	Y20	标准限值[96]
As	1.63	0.688	0.384	0.121 7	0.114 5	0.091 3	15
Zn	327.2	21.86	21.82	11.59	11.53	9.564	500
Hg	0.26	0.121	0.009	0.000 3	ND	ND	0.5
Pb	134.7	1.01	0.56	0.34	0.25	0.12	30
Cd	5.842	0.17	0.16	0.08	0.05	ND	3
Ni	3.74	0.42	0.41	0.34	0.31	0.25	100
Cr	7.79	2.39	1.63	0.684	0.676	0.452	100
Cu	12.35	6.66	6.51	2.76	2.64	1.23	500

③ 连续浸出测试

坯体中连续浸出测试结果如图 3-76 所示,Cd,Hg,Ni 水溶态约占其总含量的 10%～40%,这些重金属在有水存在的条件下比较容易浸出;此外 Cd,Cu,Zn 的活动态更是高达 60% 以上,Zn 的活动态也接近 60%;它们的活动态分别以酸溶态、交换态、有机结合态、水溶态的形式存在,因此在有酸或可溶性盐存在的环境中,比较容易浸出,从而对环境构成威胁。这样的坯体肯定不能直接用作建材,否则会对环境造成较大污染,并直接危害到人们的身体健康。920 ℃ 高温下煅烧后,制品中重金属的活动态明显减少,如图 3-77 所示,其中 Cu 的酸溶态仍然比较多。随着煅烧温度的升高,重金属活动态有减少的趋势,逐步转变成了残渣态与铁锰氧化态,如图 3-78—图 3-81 所示。

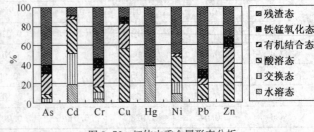

图 3-76　坯体中重金属形态分析

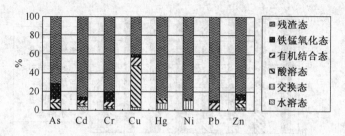

图 3-77　Y$_{920}$制品中重金属形态分析

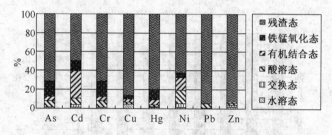

图 3-78　Y$_{940}$制品中重金属形态分析

960 ℃时,重金属的水溶态基本消失了,酸溶态与交换态除 Cu, Ni 外都下降到 5% 以下,如图 3-79 所示。重金属活动态中的有机结合态相对较多,但有机结合态在一般的环境条件下并不容易浸出,因此可以认为 960 ℃时的制品中的重金属已经是非常稳定了。水平浸出与有效浸出结果也显示此时制品中重金属的浸出非常小。随着温度继续上升,重金属酸溶态基本消失,重金属主要以残渣态与铁锰氧化态的形式存在,如图 3-79—图 3-82 所示,此时可认为重金属基本无浸出,制品是完全安全的。

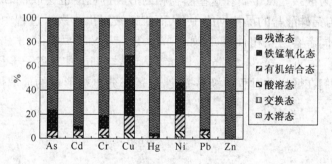

图 3-79　Y$_{960}$制品中重金属形态分析

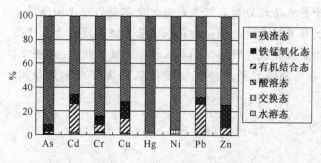

图 3-80　Y$_{980}$制品中重金属形态分析

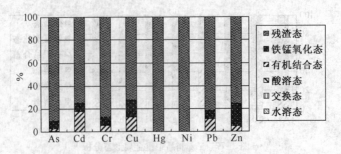

图 3-81　Y_{1000} 制品中重金属形态分析

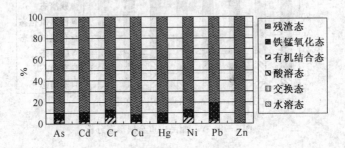

图 3-82　Y20 制品中重金属形态分析

9. 飞灰饰面砖固化重金属过程分析

飞灰中的 Pb、As、Cd、Zn 等重金属是网络活化离子,它们在烧结过程中能够协助破坏硅酸盐中的 Si-O, Al-O 键,形成新的硅酸盐、铝硅酸盐物相。根据陶瓷学中理论:晶体在生长的过程中如果有杂质的存在,一定条件下杂质会代替晶体网络形成离子而进入晶体中,但不改变晶格的形式,称为嵌入。重金属在这些新物相的形成过程中也会取代 Si, Al 网络形成离子而镶嵌在硅酸盐与铝硅酸盐的晶格网络中,从而难以被浸出。嵌入过程中主要的影响因素是化合价,化合价相同者容易互相代替,譬如 $Si^{4+} \leftrightarrows Pb^{4+}$, $Si^{4+} \leftrightarrows Zn^{2+} + Pb^{2+}$, $Al^{3+} \leftrightarrows As^{3+}$, $Al^{3+} \leftrightarrows Cr^{3+}$, $Al^{3+} \leftrightarrows Ni^{3+}$, $Si^{4+} \leftrightarrows Cu^{2+} + Ca^{2+}$。Cd 与 Hg 因为离子半径较大,因此较难嵌入晶体网格,但它们在煅烧的过程中极易挥发,残留部分也被形成的玻璃体包裹,因此浸出量较少。

习　题

3-1　简述焚烧发电厂飞灰和炉渣的处理方法。

3-2　列出若干种生活垃圾焚烧厂飞灰稳定化药剂的组成和使用方法。

3-3　描述中国和美国危险废物浸出毒性试验方法和浸出毒性限值。

3-4　简述生活垃圾焚烧过程中二噁英的控制方法及飞灰、炉渣中二噁英的分布特征。

3-5　分析水泥窑协同处置中掺烧生活垃圾焚烧飞灰和炉渣对水泥熟料矿物组成的影响。

第四章
生活垃圾深度分选及设备优化组合技术

生活垃圾的减量化、资源化、无害化是垃圾处理与处置的最终目标。因此必须转变现有垃圾处理处置观念，以资源化为主，焚烧、堆肥、填埋等传统处理方法为辅，这样才能最终解决垃圾问题，减轻垃圾对环境影响和污染，真正实现资源的可持续利用。本章从一种全新的角度来探讨垃圾资源化问题，分析了生活垃圾的粒度分布，确定了能够资源化物质的粒度分布情况；依据生活垃圾的特点，对传统生活垃圾分选技术进行分析，并作出改进，通过实验得出生活垃圾分选的技术参数及设备设计的关键参数；将所研究的分选设备进行优化设计、组合和集成，从而得出适合我国城市生活垃圾特性的分选工艺。

第一节　生活垃圾中可资源化物质评价

生活垃圾中物质的种类很多，如若细分，则有纸、塑料、可堆腐有机物、纺织物（纤维）、木块、橡胶、剩余物、金属（铁金属和非铁金属）、矿物、玻璃、包装物和特殊垃圾，基本上都能够资源化利用。纸、塑料、金属、玻璃和橡胶可以重新回收利用；可堆腐有机物可以通过堆腐产生堆肥；木块、剩余物、纺织物可以用来焚烧，从而能够获得较高的热能；矿物可以做建筑材料；而特殊垃圾由于其属于危险废物，故需要分选出来进行安全处理。然而，考虑经济因素、技术条件和各物质在生活垃圾中的含量，并不是所有具备资源化能力的物质都能够实现其资源化。因而，在当前经济和技术条件下，有必要对生活垃圾中有资源化潜力的物质作出评价。

从图 4-1 可以看出，在夏季生活垃圾中，有机可堆腐物、塑料、纸和玻璃占生活垃圾干物质总量的前四位，其含量分别为 61.5%，19.6%，9.3% 和 2.8%；金属的含量较小，铁金属和非铁金属约共占 0.4%，主要集中在 40～120 mm 的范围内；余下物、纺织物和包装物的含量分别约为 2.1%，1.8% 和 1.3%，包装物主要为奶、茶饮品及一些物品的包装盒和包装袋，其中间层为纸质，内外层是被涂上的防水的化学物质，因而属于难降解物质；木块、矿物组分和特殊垃圾的含量都相当低，分别约为 0.1%，0.5% 和 0.5%。

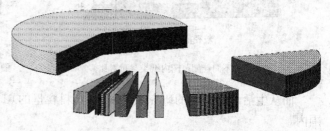

□ 有机物　□ 塑料　■ 纸类　□ 包装物
□ 纺织物　□ 剩余物　■ 木块　□ 铁金属
□ 非铁金属　■ 特殊垃圾　□ 矿物组分　□ 玻璃

图 4-1　夏季生活垃圾组分含量

从图 4-2 可以看出，在秋季生活垃圾中，有机可堆腐物、塑料、纸、纺织物和玻璃占生活垃圾总量的前五位，分别约为 70.6%，12.8%，7.3%，3.2% 和 3.0%；金属约占 0.3%；剩余物、木块、橡胶和矿物的含量分别约为 2.4%，0.1%，0.2% 和 0.1%。与夏季生活垃圾组分的研究相比，秋季生活垃圾组分的研究将纸和包装物合成为一类，因而纸类的含量稍高；而且秋季生活垃圾组分中发现特殊垃圾，但较少存在橡胶物质。

因而，从两个季节的生活垃圾组分来看，有机物、塑料、纸、玻璃、纺织物和剩余物的含量相对较高，金属、木块、矿物组分及特殊垃圾的含量相对较低。

有机物含量的粒度分布范围如图 4-3 所示，从图中可以看出，有机物主要集中在 <40 mm 的粒径范围内，其含量为 67.9%，而在 >80 mm 的粒径范围内只占 11.0%。

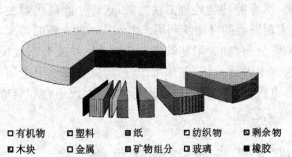

图 4-2　秋季生活垃圾组分含量　　　　图 4-3　不同粒径范围内有机物含量的对比

从图 4-4 可以看出，生活垃圾中纸类物质在 40~80 mm 的粒径范围内占大多数，其含量为 51.5%，在 >80 mm 的粒径范围内的含量约占 48.0%。

从图 4-5 中可以看出，纺织物在 >80 mm 的粒径范围的含量约占 80.4%，在 40~80 mm 的粒径范围内只占约 18.6%。

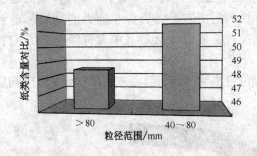
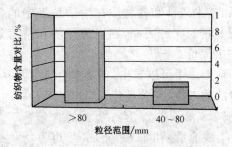

图 4-4　不同粒度范围内纸类含量对比　　　　图 4-5　不同粒径范围内纺织物含量的对比

而从生活垃圾组分的研究结果来看，塑料含量的 61%~83% 集中在 80 mm 以上的粒径范围内。

从技术范畴来看，不同的分选技术只适合分选一类到几类生活垃圾中的物质，总结如表 4-1 所示。

表 4-1　　　　　　　　　　　生活垃圾中各物质适用的分选技术

分类	有机物	塑料	纸类	纺织物	剩余物	玻璃	金属	矿物组分	木块	橡胶
按物料粒度大小差异的分选技术	适用	适用	适用	适用	适用	适用	适用	适用	适用	适用
气流分选	适用	适用	适用	适用	适用	适用	适用	适用	适用	适用

续表

分类	有机物	塑料	纸类	纺织物	剩余物	玻璃	金属	矿物组分	木块	橡胶
重介质分选	不适用	不适用	不适用	不适用	不适用	不适用	不适用	不适用	不适用	不适用
跳汰分选	不适用	不适用	不适用	不适用	不适用	不适用	不适用	不适用	不适用	不适用
光电分选	不适用	适用但昂贵	不适用	不适用	不适用	适用但昂贵	不适用	不适用	不适用	不适用
电力分选	不适用	适用但昂贵	不适用	不适用	不适用	不适用	不适用	适用但昂贵	不适用	不适用
磁力分选	适用于混合物中提纯铁金属,技术成熟									
惯性分选	适用	适用	适用	适用	适用	适用	适用	适用	适用	适用
摩擦与弹跳分选	不适用	不适用	不适用	不适用	不适用	不适用	不适用	不适用	不适用	不适用
浮选	不适用	不适用	不适用	不适用	不适用	不适用	不适用	不适用	不适用	不适用

从表 4-1 中可以看出,适用于生活垃圾分选的既经济又实用的技术为:按生活垃圾粒度的分选技术、气流分选技术、磁选技术和惯性分选技术。气流分选技术和惯性分选技术都能将生活垃圾按轻、重分开,磁选能将生活垃圾中铁金属分开,粒度分选技术能将生活垃圾分按粒径分成几个范围,从而有针对性地处理。

由于我国的生活垃圾未实行分类收集,所处理的生活垃圾是为极为复杂的混合垃圾,若只用一种分选技术,众多物质间的干扰相当大,造成分选效果较差,因而只能使用这些技术的集成。

结合生活垃圾组成研究结果,塑料属于轻物质,利用气流分选能够较好地将其分选出来;由于铁金属粒度较大,利用磁选或人工手选能够将其分选出来;由于电力分选技术较为昂贵,垃圾中的非铁金属的含量不高,且非铁金属也较大,利用人工手选就能基本将其分选出来。

对于纸类物质,由于小于 80 mm 粒径范围内的物质相对来说被水浸泡得较为严重,其利用价值也相对降低,因而对其资源化回收利用得不偿失,而对于粒径大于 80 mm 的纸类,其相对较为干燥,但种类较为复杂,不能适应纸类回收利用的规模生产,即使回收利用,也只能生产一些附加值很低的劣质纸,因而其回收利用价值相对不高。

包装物的含量虽然较高,但其回收利用后的再处理技术通过检索还没有发现,因而也不适合回收利用,最好将其和大于 80 mm 的纸类一起焚烧,取得较好的热能效应;纺织物属于较重物质,通过前面几种分选技术的处理,其基本留在大于 80 mm 的重组分当中,其回收利用的附加值也相当低,因此可以进行热处理,取得较为可观的热能效应。

玻璃可以用光电分选技术将其分选出来,但此技术相当昂贵,而且垃圾中的干扰物质较多,即使使用此技术分选,分选效果也较差。通过分析可知,玻璃的粒度较大,因而可以通过人工手选将其分选出。

有机物在生活垃圾组分中的含量最高,其最好的资源化方法是生产堆肥,通过分析可知,有机物主要集中在小于 40 mm 粒度范围内,其纯度达到 97% 以上,可通过筛分技术将绝大多数的有机物集中在小于 40 mm 粒度范围内,而将粒度于 40~80 mm 中的塑料基本分选出之后,剩下的物质基本是可堆腐、易堆腐的纸类及其他不易堆腐的物质,堆肥后可通过筛分技术将这些物质去除。粒度 >80 mm 的可堆腐物的含量只为 30% 左右,可以与其他热值高的物质,如纸、纺织物和部分塑料一起焚烧,能取得较多的热能。

其他物质的含量相当小,如剩余物、木块、橡胶和矿物组分,再采用技术将它们分选出来,得不偿失。

无论是夏季生活垃圾还是秋季生活垃圾,采用 80 mm 和 40 mm 两种孔径的筛子对其进行筛分,生活垃圾能够达到极好的分流,其中,41%～47%的生活垃圾集中到<40 mm 的出料口中,出料为纯度达到 97%以上的可堆腐物,约占生活中可堆腐有机物总量的 80%;18%～24%的生活垃圾集中到粒度为 40～80 mm 的出料口中,其中,大部分物质是纯度为 70%～80%可堆腐物,占生活垃圾中可堆腐有机物总量的 21%,塑料的含量占 15%～24%;20%～31%的生活垃圾集中到>80 mm 的出料口中,其中,塑料的含量占 30%～49%,占生活垃圾中塑料总量的 61%～83 %,有机物含量占 15%～30%。

基于以上分析,可采用不同方法对不同范围内的生活垃圾进行处理,实现其资源化和减量化。具体方法为:<40 mm 的出料采用生物处理法;40～80 mm 的出料,生物处理后进行筛分,筛上物再进行风力分选,所得塑料的纯度 80%以上,而筛下物为基本腐熟的堆肥;>80 mm 的出料可直接进行风选,可得到纯度达到 80%以上的塑料,剩余物可进行热处理取得热值,也可破碎后制板材。

通过对生活垃圾中物质的资源化评价可知,生活垃圾中单物质资源化利用价值较大的物质为塑料、玻璃、有机物和金属,混合物资源化价值较高的为木块、橡胶、纺织物、纸和剩余物的混合物。

第二节　生活垃圾滚筒筛分选特性

垃圾滚筒筛是城市生活垃圾预分选和堆肥处理中应用较广泛的一种分选设备。传统的滚筒筛的筛筒由 4 个滚轮支承,工作时,由电机、减速器等带动筒体一侧的两个主动滚轮旋转,依靠摩擦力作用,主动滚轮带动筒体回转,而另一侧的两个滚筒轮则起从动作用。滚筒筛的倾角会影响垃圾物料在筛筒内的滞留时间,一般认为滚筒筛筛筒的倾斜角度在 2°～5°范围内。被筛物料从筒体的一端(进料斗)进入筒内,由于筒体的回转,物料沿筒内壁滑动,小于筒体筛孔的细物料落到接收槽中,而大于筛孔的粗物料则从筒体的另一端排出。

筛筒体的结构形式有圆形、多边形和复合形。通常采用圆形,因为圆形的平衡度好、运转平稳、加工简单,而多边形和复合形的平衡度差,运动振动冲击大。筛筒体主要由筛板、框架和导料板组成。筛板是在一定厚度的钢板上冲压或钻成筛孔而形成,根据所筛物料的特性确定筛板的厚度,筛板需要满足强度大、磨损较均匀、使用寿命较长的要求。筛面是筛分机的工作部件,需安装在框架上,用螺栓和压板固定。筛体支承采用了左右对称布置、摩擦传动、双边驱动,筛筒体支承在驱动轮上,由电动机通过减速器带动筛筒体旋转。

滚筒筛的传动形式按筛体驱动方式分为齿轮传动、链传动、皮带传动和摩擦传动。前三种形式中传动系统与筛体支承相对独立,因此筛体上必须安装齿轮、链轮或皮带轮作为传动件。后一种传动方式即摩擦传动则利用筛体支承作为传动部件,将筛体支承和传动系统合二为一,简化了结构,使制造成本明显下降。但是,摩擦传动与其他传动相比,其功率传递能力较低,通常滚筒筛摩擦传动的摩擦面压力来自滚筒筛筛体自重及滚筒内的物料重量,阻碍滚筒体的传动,电机常常无法发挥其全部功率,而且会出现摩擦轮打滑的现象。在设计中采取一些措施可以大大改善滚筒筛摩擦传动的传递性能,减少摩擦轮的打滑现象。

(1) 摩擦轮选用高摩擦系数材料制造。通常是在加工好的摩擦轮外表面浇铸一层橡胶以增加摩擦系数。

（2）改变筛体支承（即摩擦主动轮）的位置，以增加摩擦面之间的正压力。

（3）正确选取主动摩擦轮的转动方向。当滚筒筛为单侧驱动，主动摩擦轮转向不同时，被筛物料对主动摩擦轮的附加压力也不同。

（4）采用多轮驱动。滚筒筛一般由四个轮支承，如果采用单轮驱动，则只用了四分之一左右的筛体重量来产生摩擦驱动力。如双轮驱动，则利用了一半的筛体重量，而全轮驱动则利用全部的筛体重量来产生摩擦驱动力。

综合以上分析，滚筒筛的设计采用圆形筒体，利用齿轮传动、链传动和摩擦传动相结合的驱动方式。滚筒筛工作时，由电机、减速器带动齿轮转动，通过链条与 4 个摩擦轮中靠近驱动这一端的 2 个摩擦轮（其与齿轮相接）相连，从而带动 4 个摩擦轮转动。4 个摩擦轮表面加工成粗糙面，杜绝了筒体和摩擦轮之间打滑现象的出现，而且全轮（4 个摩擦轮）驱动也利用了全部筛体重量来产生摩擦力，更能有效地利用电机输出的功率。所设计的滚筒筛包括进料斗、框架和导料板。此设计简化了结构，提高了传输效率，使制造成本明显下降。滚筒筛设备如图4-6所示。

图 4-6　滚筒筛的实景图

滚筒筛设计中的几何参数包括筛体长度 L、筛筒直径 D、安装倾角 α 及筛孔直径 d，这些参数在垃圾滚筒筛设计中一般采用经验值。本书滚筒筛实验的目的是为了得出最佳的筛分效率与筛筒体的转速、角度和筛孔大小的关系，因而在设计滚筒筛时，滚筒体的角度、转速及筛孔大小都留有变化空间。D 通过式（4-1）换算成式（4-2）来确定。

$$Q = 0.6 \cdot \rho \cdot v \cdot \tan 2\alpha \cdot \sqrt{\left(\frac{D}{2}\right)^3 h^3} \tag{4-1}$$

式中　D——滚筒直径，mm；

Q——垃圾滚筒筛的生产力，t/h；

ρ——垃圾的容重，通常生活垃圾的容重为 $0.30 \sim 0.45$ t/m³；

α——筛筒的倾斜角；

h——生活垃圾在滚筒筛内的厚度，m；

v——滚筒的转速，r/min。

$$D = \frac{2}{h} \times \sqrt[3]{\left(\frac{5Q}{3\rho \cdot v \cdot \tan 2\alpha}\right)^2} \tag{4-2}$$

要求滚筒筛的生产力为 150 kg/h，因而滚筒的倾斜角度的可调范围在 0°～15°之间，大大超过经验值的 2°～5°，这样能够充分地研究适合生活垃圾分选的最佳倾筒体斜角度。通过计算，D 定为 600 mm，D/L 为 1∶3.3，其范围在经验值 1∶3～5 范围内，即 L 为 2 000 mm。

$$V = \frac{1}{2\pi}\sqrt{\frac{g}{r}} \qquad (4-3)$$

式中　V——筒体的极限速度，r/min；

　　　r——筒体的内半径，300 mm。

通过式(4-3)计算得筒体的极限速度为 55 r/min，因而确定滚筒体的转速可调范围为 0～60 r/min，配备一台三相 1.75 kW 的交流电机，并与可控电流减速器相连，从而控制并调节滚筒的转速。

依据生活垃圾组分研究的结果，滚筒筛配备了三种孔径的筛面。筛孔的形状一般有圆形、方形和椭圆形。由于圆形筛孔更能准确地表征物料的形状，设计中采用了圆形筛孔，孔径分别为 120 mm，80 mm 和 40 mm。

由于生活垃圾的含水率较高，许多物质在水的浸泡下强度较低、脆性较高，如经挡板高速旋转产生的打击力打击之后，易破碎成较小的颗粒，从而易通过筛孔。基于此目的，筒体中心配备了一组挡板，其转动方向与滚筒的转动方向相反，其转速可调范围为 0～1 200 r/min，并配备一台三相 1.25 kW 的交流电机，与可控电流变速器相连，控制挡板的转速，从而控制挡板产生的打击力。挡板的长和宽分别为 1 000 mm 和 280 mm。

所使用的生活垃圾均来自上海市某小区。

所取回的垃圾先称重，后人工破袋，破袋过程中人工捡出玻璃和金属并称重，再将破袋后的生活垃圾投入滚筒筛的进料口。滚筒的转速和角度均由低到高进行调节，实测转速(v)分为 6 档，分别为 18 r/min、28 r/min、33 r/min、40 r/min、46 r/min 和 50 r/min，其与滚筒极限转速之比(即 v/V)分别为 0.33、0.51、0.60、0.73、0.84、0.91，滚筒角度的变化有 7 档，分别为 3.2°、4.3°、5.3°、6.0°、7.0°、7.8°和 8.7°。

随着角度的增大，每运行完一个滚筒转速，就将筛上和筛下的生活垃圾分别进行称重，而在分选过程中，用秒表记录生活垃圾通过滚筒筛的时间，即停留时间，每一分选过程测 3 次停留时间，取其平均值；然后筛上物再用与滚筒筛筛孔相应的手动筛进行筛分，并将筛上物和筛下物分别进行称重并记录，其目的是得出滚筒筛的滚筒效率，其计算方法是滚筒筛筛下生活垃圾的量除以生活垃圾进料中所有能进入相应筛孔的量。下面分别分析各孔径滚筒在不同滚筒转速和角度下的筛分结果。

一、120 mm 孔径滚筒筛筛分特性

1. 3.2°时滚筒筛的筛分

从图 4-7 中可以看出，在滚筒角度为 3.2°时，随着滚筒转速的增大，滚筒筛的分选效率总体上是先缓慢上升、后下降、再上升。由于滚筒的倾斜角度只为 3.2，生活垃圾向出料口方向移动的速度相当慢，从而粒度较小的生活垃圾有较充分的时间进入滚筒筛的筛孔，总体分选效率较高，维持在 98% 以上。在 v/V 为 0.5，即滚筒的转速为 28 r/min 时，粒度小的生活垃圾最能充分地进入筛孔，因而此时分选效

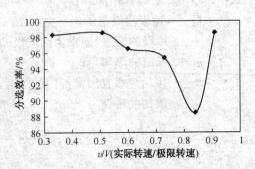

图 4-7　3.2°时滚筒筛的分选效率

率为最高值 98.55%。此后,随着转速的提高,生活垃圾向出料口移动的速度也加快,导致粒度较小的生活垃圾不能充分地进入筛孔,分选效率降低;当 v/V 为 0.84 时,分选效率最低,为 88.47%。当 v/V 达到 0.91,即滚筒的转速为 50 r/min 时,滚筒的转速已相当快,生活垃圾基本都贴在筒壁上,小于筛孔的物质易被甩出滚筒外,造成分选效率有个极大的升高,达到 98.53%。

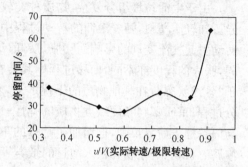

图 4-8　3.2°时滚筒筛分选的停留时间

从图 4-8 中可以看出,在滚筒倾斜角度为 3.2°时,生活垃圾的停留时间有先降低后升高的规律。由于滚筒的倾斜角度很低,生活垃圾单纯在重力作用下向出料口运动的速度较慢。随着滚筒转速的提高,生活垃圾与滚筒一起转动,当转到一定高度时,生活垃圾就会向下抛出,抛出的距离比单纯在重力作用下运行的距离要大,转速越大距离就越大,因此停留时间会愈小,从 v/V 为 0.33 时的 38.0 s 下降到 v/V 为 0.60 时的 27.5 s。当转速再增加到 v/V 为 0.6 后,生活垃圾随着滚筒转速增大,其做圆周运动的惯性也增大,被抛出的可能性也降低,停留时间开始上升,这也造成 v/V 为 0.91 时生活垃圾筛分的停留时间达到最大值 64.0 s。

2. 4.3°时滚筒筛的筛分

从图 4-9 中可以看出,当滚筒角度为 4.3°时,随着滚筒转速的增大,滚筒筛的分选效率总体呈下降趋势。当 v/V 达到 0.6 时,生活垃圾进入滚筒的筛孔时机与滚筒的转速结合得最好,分选效率达到最大值 99.44%。当 v/V 为 0.91,即滚筒转速达到最大时,虽然离心力最大,但生活垃圾没有处于进入筛孔的最佳时机,因而不能够被甩出滚筒,反而造成这时筛分效率最小,只为 90.42%。

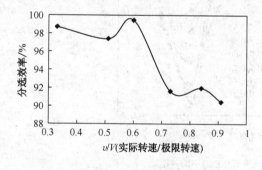

图 4-9　4.3°时滚筒筛的分选效率

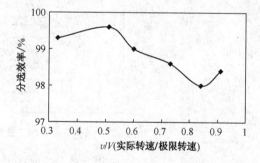

图 4-10　5.3°时滚筒筛的分选效率

3. 5.3°时滚筒筛的筛分

从图 4-10 中可以看出,当滚筒倾斜角度为 5.3°时,随着滚筒转速的增大,滚筒筛的分选效率变化趋势与图 4-9 相似。所不同的是,当 v/V 为 0.91 时,虽然离心力最大,但生活垃圾没有处于进入筛孔的最佳时机,只有一部分被甩出滚筒,因而筛分效率从 v/V 为 0.84 时的 98.00% 微升到 v/V 为 0.91 时的 98.40%。

从图 4-11 中可以看出,当滚筒的倾斜角度为 5.3°时,生活垃圾的停留时间上升的拐点出现在 v/V 为 0.73 时,此时的停留时间为 14.0 s。当 v/V 达到 0.73 后停留时间开始上升,因为随着滚筒转速的提高,生活垃圾随着滚筒转速增大其做圆周运动的惯性也增大,因此抛出被抛出的可能性也降低,使得停留时间渐渐增大,当 v/V 为 0.91 时,停留时间已为 31.3 s。

4. 综合分析

由于生活垃圾组分复杂,物质种类较多、性质各异。如轻质塑料,随着滚筒的转动过程中,易受滚筒转动引起气流变动的影响而膨胀、展开,滚筒转速不同,胀大的程度亦不同,前移过程中其会在滚筒内处于"悬浮状态",在其他物质的干扰之下,才能完成筛分过程;重质塑料和硬纸类物质的弹性较大,被抛出

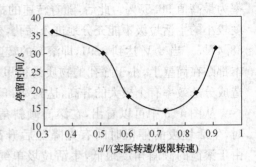

图 4-11　5.3°时滚筒筛分选的停留时间

与筒壁撞击后易反弹,这增加了筛分的不确定性;可堆腐有机物、剩余物和被水泡过的纸类等物质,由于含水率较高、粘滞性强、形状没有规则且具有压缩性,在筛分过程中,生活垃圾具有的粘滞性产生的阻力会对筛分过程产生不利影响;形状的不规则性导致许多物质时而能透过筛时而不能;生活垃圾在前移过程中容易相互挤压,造成了透筛过程的不稳定性。因而,生活垃圾的筛分效率和筛分过程的停留时间的变化具有极不规律性,波动较大。

从图 4-12 可以看出,当滚筒角度在 3.2°~7.0°、v/V 为 0.32~0.73 时,滚筒筛的分选效率都居于 96%以上;但当角度过大时,筛分效率急剧下降,当速度过高时,筛分效率的波动幅度极大。因此,在较低角度、较小转速的筛分条件下,生活垃圾的滚筒筛的筛分过程较为稳定,有助于筛分的完成。

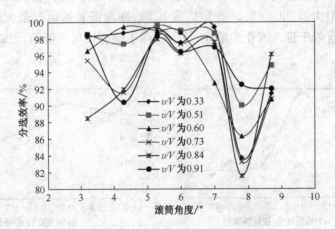

图 4-12　120 mm 孔径滚筒筛分选效率的对比

虽然在滚筒角度为 5.3°~7.3°,v/V 为 0.73~0.91 的条件下,滚筒筛的分选效率也能维持在 96%以上,但高转速导致高动力消耗,动力消耗越大,运行费用就越高。

由于生活垃圾组分复杂、性质各异,导致滚筒筛在筛分过程中的停留时间亦存在波动变化。由图 4-13 可以看出,当滚筒角度为 3.2°~4.3°时,在任何转速下,生活垃圾的停留时间下降的幅度都较大。在滚筒角度继续增大的过程中,当 v/V 为 0.51~0.84 时,停留时间都相对较低,呈下降趋势,尤其当 v/V 为 0.60~0.84 时,停留时间的变化波动较小。这表明,在实验条件下,极高转速和极低滚筒角度都能增加筛分过程的停留时间。

综合上述讨论,滚筒筛孔径为 120 mm 时,综合动力消耗、运行费用和停留时间,滚筒筛的分选效率在 v/V 为 0.51~0.73、角度为 4.3°~7.8°时为最佳。

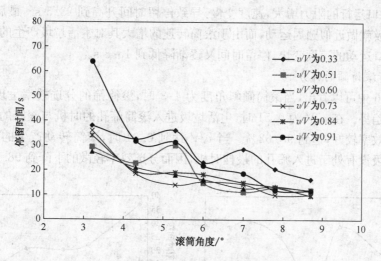

图 4-13 120 mm 孔径滚筒筛分选的停留时间对比

二、80 mm 孔径滚筒筛分特性的研究结果

1. 3.2°时滚筒筛的筛分

从图 4-14 中可以看出,当滚筒倾斜角度为 3.2°时,随着滚筒转速的增大,滚筒筛的分选效率呈现先下降、后上升、再下降、最后上升的趋势。随着滚筒速度的增大,分选效率降低,其原因是滚筒转速的加快使得生活垃圾上升到一定高度后再沿上升的轨迹下滑,从而错失进入筛孔的机会,尤其是当 v/V 为 0.6 时,这种阻碍达到最大,因而分选效率最低,只为 94.65%。随着滚筒转速的继续提高,生活垃圾做圆周运动的惯性增强,生活垃圾上升到一定高度后向下抛出,易进入筛孔,导致 v/V 为 0.73 时分选效率增大到 97.69%。此后滚筒的速度足够大到能够使生活垃圾做不规则圆周运动,生活垃圾进入筛孔的机会降低,分选效率下降到 v/V 为 0.84 时的 97.69%。当 v/V 达到 0.91 时,滚筒的甩力足以将一部分能够从筛孔的生活垃圾甩出滚筒,分选效率小幅提升到 97.69%。

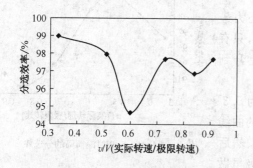

图 4-14 3.2°时滚筒筛的分选效率

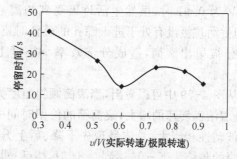

图 4-15 3.2°时滚筒筛分选的停留时间

从图 4-15 中可以看出,当滚筒倾斜角度为 3.2°时,随着滚筒转速的增大,滚筒筛的停留时间呈现先下降、后上升、然后再下降的趋势。起初生活垃圾与滚筒一起转动,当转到一定高度时,生活垃圾就会向下抛出,抛出的距离比生活垃圾单纯在重力作用下运行的距离要远些,转速越大距离就越远,停留时间则越短,从 v/V 为 0.33 时的 40.5 s 降低到 v/V 为 0.60 时的 14.3 s。之后,随着滚筒转速的继续增大,生活垃圾向下抛出时与滚筒壁碰撞的机会增多,生

活垃圾向出料口运行的阻力增大,速度变慢,导致停留时间升高到 23.5 s。最后,滚筒转速的增大,生活垃圾就做近似圆周运动,而由于滚筒转速的增大其对生活垃圾产生的向前推力也增大,其向出料口运动的速度变快,停留时间又逐渐降低到 15.8 s。

2. 4.3°时滚筒筛的筛分

从图 4-16 中可以看出,当滚筒倾斜角度为 4.3°时,滚筒筛的分选效率呈现先上升、后下降、再上升的趋势。在 v/V 为 0.51 时,生活垃圾进入滚筒筛孔的时机与滚筒的转速切合得较好,因而分选效率较好,达到 98.62%。当 v/V 达到 0.91 时,滚筒转动产生的离心力虽然最大,但生活垃圾没有处于进入筛孔的最佳时机,因而分选效率轻微的下降到 98.60%。

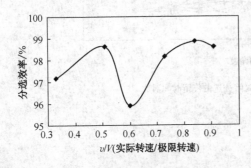

图 4-16　4.3°时滚筒筛的分选效率

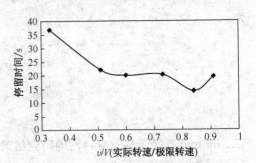

图 4-17　4.3°时滚筒筛分选的停留时间

从图 4-17 中可以看出,当滚筒倾斜角度为 4.3°时,随着滚筒转速的增大,滚筒筛的停留时间呈现先下降再上升的趋势。生活垃圾与滚筒一起转动,当转到一定高度时,生活垃圾就会向下抛出,抛出的距离比生活垃圾单纯在重力作用下运行的距离要大,转速越大距离就越大,因此停留时间从 v/V 为 0.33 时的 36.8 s 降低到 v/V 为 0.84 时的 14.3 s。当 v/V 达到 0.91 时,生活垃圾虽做近似圆周运动,但其受到的离心力最大,导致垃圾前移时受到的阻力变大,其向出料口运动的速度变小,所以停留时间小幅度上升到 19.5 s。

3. 5.3°时滚筒筛的筛分

从图 4-18 中可以看出,当滚筒倾斜角度为 5.3°和 v/V 为 0.91 时,虽然生活垃圾受到的离心力最大,但生活垃圾没有处于进入筛孔的最佳时机,只有一部分被甩出滚筒,造成分选效率小幅度上升到 94.25%。

从图 4-19 中可以看出,当滚筒倾斜角度为 5.3°时,随着滚筒转速的增大,滚筒筛的停留时间的曲线变化波动性相当大,总体呈现先下降、后上升、然后再下降的趋势。当 v/V 达到 0.84 时,生活垃圾虽做

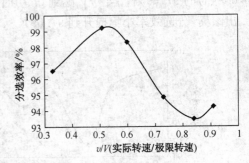

图 4-18　5.3°时滚筒筛的分选效率

近似圆周运动,但其受到的离心力较大,因此阻力变大,向出料口运动的速度变小,停留时间小幅度上升到 20 s。最后当 v/V 达到 0.91 时,由于滚筒的转动产生向前的推力最大,且推力可能大于阻力,向下的速度变大,导致停留时间达到最小值 18.3 s。

4. 综合分析

通过 120 mm 孔径滚筒筛的筛分后,粒度<80 mm 的生活垃圾的组分仍然很复杂,但大块的物质已不存在;另外,此时的含水率要高于粒度>120 mm 的生活垃圾,因而生活垃圾的筛

分过程亦很复杂。

　　由图 4-20 可以看出,当滚筒角度为 $4.3°\sim$
$7.8°$, v/V 为 $0.33\sim0.60$ 时,滚筒筛的分选效率
都达到 95% 以上,尤其当 v/V 为 $0.33\sim0.51$ 时,
滚筒筛的分选效率都在 96% 以上。另外,所有曲
线均显示,当滚筒角度过高时,筛分效率都相
当低。

　　生活垃圾组分的复杂性依然导致停留时间的
波动性。但从图 4-21 中可以看出,在所有角度条
件下,当 v/V 为 $0.51\sim0.91$ 时,生活垃圾的停留

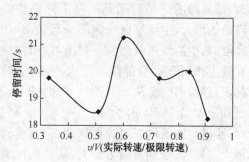

图 4-19　5.3°时滚筒筛分选的停留时间

时间呈下降趋势且变化趋缓。由于筛孔变小,生活垃圾更易从孔与孔之间的连接处滑过去。
另外,此粒度范围内生活垃圾的形状比粒度>120 mm 的要规整。因此,与生活垃圾在孔径为
120 mm 的滚筒筛中的最佳停留时间段的平均停留时间相比,粒度<80 mm 的生活垃圾的最
佳停留时间段平均停留时间更短一些。

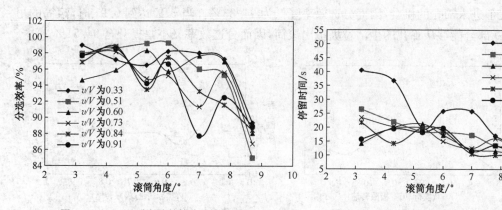

图 4-20　80 mm 孔径滚筒筛分选效率对比　　　　　　图 4-21　80 mm 孔径滚筒筛停留时间的对比

　　综合上述讨论,滚筒筛孔径为 80 mm 时,综合动力消耗、运行费用和停留时间,滚筒筛的
分选效率在 v/V 为 $0.33\sim0.60$、角度为 $4.3°\sim7.8°$时为最佳。

三、40 mm 孔径滚筒筛分特性

1. 3.2°时滚筒筛的筛分

　　从图 4-22 中可以看出,当滚筒倾斜角度为 3.2°时,滚筒筛的分选效率呈现先下降、后上
升、再下降的趋势。随着滚筒转速的加快,生活垃圾上升到一定高度后再沿上升的轨迹下滑,
从而错失进入筛孔的机会,导致分选效率降低。尤
其当 v/V 为 0.73 时,这种阻碍达到最大,造成分选
效率最低,为 96.47%。之后随着滚筒转速的提高,
生活垃圾做圆周运动的惯性增强,在生活垃圾上升
到一定高度后向下抛出,使其更易进入筛孔,当 v/V
为 0.84 时分选效率上升到最大值97.93%。但当 v/V 达到 0.91 时,生活垃圾没有处于进入筛孔的最佳
时机,分选效率又降低到 96.85%。

　　从图 4-23 中可以看出,当滚筒倾斜角度为3.2°

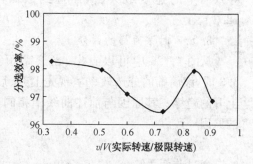

图 4-22　3.2°时滚筒筛的分选效率

时,滚筒筛的停留时间基本呈下降趋势。随着滚筒转速的增大,生活垃圾与滚筒一起转动,当转到一定高度时,生活垃圾就会向下抛出,抛出的距离比单纯在重力作用下运行的距离要大些,转速越大距离就越大,停留时间会从 v/V 为 0.33 时的 40.3 s 逐渐降低到 v/V 为 0.84 时的 15.5 s。当 v/V 达到 0.91 时,生活垃圾虽做近似圆周运动,但其受到的离心力最大,导致其受到的阻力变大,从而向出料口运动的速度变小,造成停留时间小幅度上升至 18.3 s。

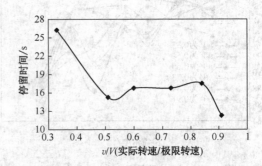

图 4-23   3.2°时滚筒筛分选的停留时间

2. 4.3°时滚筒筛的筛分

从图 4-24 中可以看出,当滚筒倾斜角度为 4.3°时,滚筒筛的分选效率总体呈现先上升后下降的趋势,波动较大。随着滚筒转速的提高,生活垃圾进入滚筒的筛孔时机与滚筒的转速切合得较好,分选效率增高,尤其当 v/V 为 0.51 时,生活垃圾进入筛孔的时机为最好,分选效率达到最大,为 95.77%。随着滚筒速度继续增大,生活垃圾上升到一定高度后再沿上升的轨迹下滑,错失了进入筛孔的机会,因而分选效率降低为 94.33%。当 v/V 达到 0.91 时,滚筒的甩力足以将一部分能够从筛孔的生活垃圾甩出滚筒,因而分选效率又小幅提升至 94.51%。

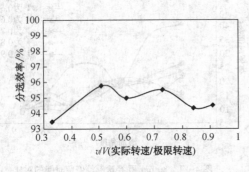

图 4-24   4.3°时滚筒筛的分选效率

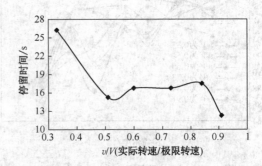

图 4-25   4.3°时滚筒筛分选的停留时间

从图 4-25 中可以看出,当滚筒倾斜角度为 4.3°时,滚筒筛的停留时间基本呈下降趋势。随着滚筒转速的增大,生活垃圾转到一定高度时,会向下抛出,转速越大距离就越大,停留时间越小。尤其当 v/V 达到 0.91 时,滚筒转动产生的向前推力也最大,且推力可能大于垃圾前移受到的阻力,导致向下的速度最大,从而达到最低停留时间 12.3 s。

3. 5.3°时滚筒筛的筛分

从图 4-26 中可以看出,当滚筒倾斜角度为 5.3°时,滚筒筛的分选效率呈现先上升、后下降、再上升的趋势。其原因与前述曲线中相同变化趋势的原因一致。

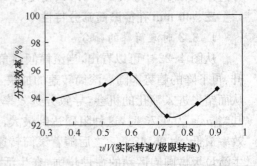

图 4-26   5.3°时滚筒筛的分选效率

4. 综合分析

通过前两段筛分,粒度<80 mm 的生活垃圾组分较简单,大块的物质已较少,主要组分为

被水浸泡的纸、可堆腐有机物、塑料及化学纤维,因而物质形状更规则。但是,此时生活垃圾的含水率更大。

从图4-27可以看出,由于生活垃圾含水率变大,其粘滞性亦变大,产生的阻碍力影响物料的筛分,因此与孔径为120 mm和80 mm滚筒筛的分选效率相比,平均分选效率有所下降。在滚筒角度为3.2°～6.0°、v/V为0.33～0.60的条件下,滚筒筛的筛分效率都达到92%以上。当滚筒角度为7.8°、v/V为0.33～0.51及0.84时,滚筒筛的筛分效率也在92%以上,由于生活垃圾组分的复杂性,此工作条件过窄,不能够适应筛分的不确定性,因而此工作条件的应用不成熟。

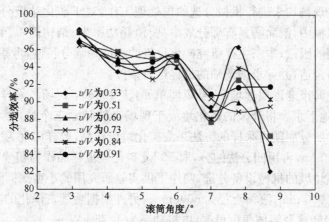

图4-27　40 mm孔径滚筒筛分选效率的对比

从图4.28中可以看出,随着滚筒角度的增大,v/V为0.51～0.91时,生活垃圾的停留时间相对小且呈下降趋势,尤其在v/V为0.60～0.91时,停留时间的变化幅度小。由于生活垃圾粘滞性的影响阻碍了其向前运移,因而最佳停留时间段的平均停留时间比前两个孔径滚筒筛的都要小。

综合上述讨论,滚筒筛孔径为40 mm时,综合动力消耗、运行费用和停留时间,滚筒筛的分选效率在v/V为0.51～0.60、角度为3.3°～6.0°时为最佳。

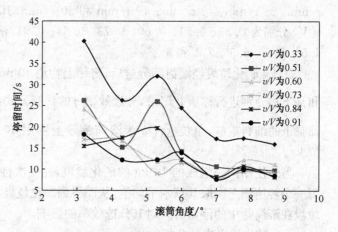

图4-28　40 mm孔径滚筒筛停留时间的对比

第三节　填埋场矿化垃圾的滚筒筛筛分特性

由于生活垃圾的高含水率、低发热量特性以及卫生填埋技术的经济性,目前并且今后一段时间内卫生填埋都将是我国城市垃圾的主要处置手段。近年来,随着生活垃圾量的日益增多,填埋场用地越来越紧张,如何解决新增垃圾的出路问题引起了国内广大城市的关注。而开挖填埋场矿化垃圾(即稳定化垃圾),是增加现有填埋场库容、延长填埋场的实用寿命、解决上述问题的最佳途径。此外,由于矿化垃圾本身优良的理化性质和生物降解能力(容重小、空隙率高、有机质含量高、阳离子交换容量大、吸附和交换能力强且含有种类繁多的微生物),开采出来的垃圾还可进一步地实现资源化利用(用作循环物料、覆盖材料、可燃垃圾、建筑材料、生物填料、绿化用土等)。

分选是城市生活垃圾后续处理处置及综合利用的重要前处理步骤,而通过对垃圾填埋场开采出来的矿化垃圾进行分选,可获取大量可回收利用的资源。由于矿化垃圾可利用部分主要是粒径小于 40 mm 的细料,因此选择以粒度差异为基础的筛分作为分选方式。国内绝大部分的矿化垃圾开采现场均未进行机械分选的预处理工作,对于矿化垃圾分选的实验研究也鲜见报道。在筛分机械中,滚筒筛具有筛分效率高、消耗功率少、结构简单、管理方便等优点,考虑到工程实际应用的因素,本书主要研究矿化垃圾的滚筒筛筛分特性,考察滚筒筛作为矿化垃圾的分选设备是否合适,并寻求滚筒筛的最佳运行条件。

采样单元为上海市老港填埋场 25 号填埋单元,于 1996 年封场。采样前开采单元已被移除表面覆土,排干地下水。将开采的矿化垃圾于现场自然晾晒三个月,含水率降至 33.62%,较为适宜分选。参照分层随机采样的方法采集矿化垃圾样品,取样深度为 4 m,每层间隔 1 m,取样 200 kg,共 800 kg,再用四分法缩分,取 50 kg 矿化垃圾样品作为实验材料。

为了研究填埋垃圾的机械设备分选,制作了供实验研究用的小型滚筒筛。根据公式计算,确定筛体长度为 2 000 mm,滚筒直径为 600 mm。另外根据后续资源化的需要,将筛孔直径确定为 40 mm。滚筒转速及筒体角度可调,电机功率为 1.75 kW。

滚筒的转速和角度均由低到高进行调节,实测转速(v)分为 6 档,分别为 18 r/min、28 r/min、33 r/min、40 r/min、46 r/min 和 50 r/min,其与滚筒极限转速(55 r/min)之比(即 v/V)分别为 0.33、0.51、0.60、0.73、0.84、0.91,滚筒角度的变化有 7 档,分别为 3.4°、4.5°、5.6°、6.5°、7.1°和 8.4°。

50 kg 矿化垃圾经滚筒筛分过后,将筛上物用 40 mm 手动筛进行筛分,并将此次的筛上物和筛下物分别进行称重并记录,分选效率 η 的计算公式:$\eta = \dfrac{M}{M+m} \times 100\%$,式中 M 为滚筒筛筛下的细料重量,单位 kg;m 为滚筒筛筛上物用 40 mm 孔径手工筛筛得的细料重量,单位 kg。

另外使用同一组成的 10 kg 的矿化垃圾,并一次性进料使其通过滚筒筛,记录通过时间,每一个转速测三次取其算术平均值,从而得到矿化垃圾在滚筒筛中的停留时间,以便考察矿化垃圾在滚筒筛中的停留时间对其分选效率的影响。

一、矿化垃圾成分分析

对矿化垃圾的人工分选结果如表 4-2,从表中可看出该矿化垃圾的可资源化部分如塑料、玻璃、细料(可用作园林绿化营养土或污水处理介质)等约占矿化垃圾的 60%。由此可见对降解趋向稳定的填埋场进行开挖具有很高的可行性和资源化利用潜力,同时为了后续充分地利用矿化垃圾的可用组分,对其分选特性进行研究是很有必要的。

表 4-2 筛分的矿化垃圾组成

垃圾成分	渣土类	砖石类	塑料类	木、竹类	玻璃类	布、纸	金属
所占比重(%)	39.32	21.17	12.95	10.00	7.14	6.95	2.47

注:样品取自上海市老港填埋场 25# 单元。

二、矿化垃圾的滚筒筛分

以 50 kg 的矿化垃圾为实验用料,保持 10 kg/min 的进料速度,用连续进料的方式考察了矿化垃圾在孔径 40 mm 的滚筒筛不同角度及转速条件下的筛分结果,如图 4-29 及图 4-30 所示。

由图 4-29 可看出,滚筒倾斜角度越大,由于重力作用,其停留时间越短;而随着滚筒转速的增加,总体上矿化垃圾在滚筒中的停留时间均呈现出先减少,再增加的趋势,最小停留时间的转速条件 v/V 在 0.7～0.8 左右。这是由矿化垃圾在滚筒中的运动方式造成的。在低转速时,由于此时滚筒对垃圾施加的离心力很小,因此矿化垃圾只被扬起很短距离即滚落至

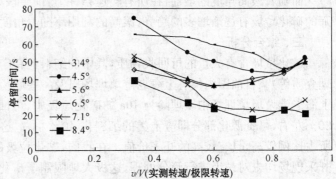

图 4-29　不同角度及转速条件下矿化垃圾在滚筒筛内的停留时间

向上运动的颗粒层下面,物料混合不充分,且向下运动缓慢,矿化垃圾在滚筒中的运动属于沉落状态,导致此时的停留时间较长;而随着滚筒转速的逐渐增加,滚筒对垃圾施加的离心力逐渐增加,使矿化垃圾在滚筒中的运动呈现抛落的状态,颗粒克服重力作用沿筒壁上升到一定高度再下落,这种情况下矿化垃圾在滚筒中的运动较为剧烈,以螺旋方式移出滚筒筛,因此这个阶段矿化垃圾在滚筒中的停留时间随转速增加而减少;而当转速继续增加,逐渐接近临界转速时,一部分的矿化垃圾会由于离心力的作用附着在筒壁上并随之做圆周运动,停留时间反而延长。

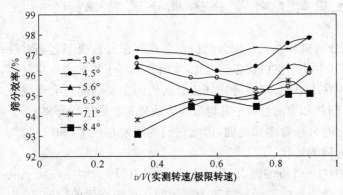

图 4-30　不同角度及转速条件下滚筒筛对矿化垃圾的分选效率

由图 4-30 可知,滚筒的筛分效率随着倾斜角度的增加而减小,这是因为随着角度增加,矿化垃圾在滚筒筛内的停留时间不够充分,从而导致了筛分效率的降低。随转速逐渐升高,当滚筒倾斜角度较低(3.4°,4.5°)时,筛分效率先分别缓慢下降到 96.8%,96.2% 后再升高,但总体变化不大,说明在停留时间较长时,转速对筛分效率的影响较小;当滚筒角度为 5.6° 和 6.5° 时,筛分效率先下降到 94.9%,95.3%,而后升高,这是因为在转速较低的水平下,垃圾在滚筒中的运动处于沉落状态,有限的转速增加导致其停留时间减小从而降低筛分效率,当转速进一步增加时(v/V 为 0.6～0.73),垃圾在滚筒中的运动属于抛落状态,垃圾在滚筒中能够剧烈翻滚,因此筛分效率增加;当滚筒角度升高至 7.1°,8.4° 时,滚筒的筛分效率随转速升高而升高,分别到达 95.71% 和 95.0% 后有缓慢的下降,这是由于在滚筒角度较大时,矿化垃圾在滚筒中的翻滚较之前剧烈,并很容易就到达了抛落状态,在转速增大到一定水平(v/V 为 0.84)后,一部分矿化垃圾随滚筒一起做圆周运动而不易筛出,于是出现了筛分效率缓慢回落的

现象。

在筛分过程中,低角度($3.4°$、$4.5°$)、低转速($v/V=0.33$)下,滚筒无法维持 10 kg/min 的进料速度,这说明低角度低转速限制了滚筒的生产率。

而随着滚筒角度的增加,在所有转速条件下,前半段始终保持筛出大部分垃圾,后半段出筛的矿化垃圾有逐渐增多的趋势,滚筒的利用率随着角度增加而增加,与转速无关。

三、综合分析

矿化垃圾含有大量的可回收物质,其中的细料也有广泛的用途(园林绿化营养土或污水处理介质等)。目前国内仅有上海老港填埋场以及一些堆场进行矿化垃圾开采和资源化的尝试。上海老港垃圾填埋场中填埋龄为 10a 的矿化垃圾中,可回收部分如塑料、金属、玻璃等组分占 20% 左右,可资源化部分即渣土类的细料占 40% 左右,这说明本矿化垃圾中可回收利用组分所占比例较高,具有较高的开采价值。在我国,矿化垃圾的开采尚处于初始阶段,绝大部分的开采现场均未对垃圾进行筛分处理,这极大地限制了矿化垃圾的后续综合利用。本筛分实验结果表明,超过 90% 的矿化垃圾细料(<40 mm)均可通过滚筒筛分离出来,滚筒筛作为矿化垃圾的分选设备是可行的。

综合筛分实验的结果,针对矿化垃圾的性质,确定筛孔的孔径为 40 mm。滚筒筛合理的转速增加会在一定程度上提高其分选效率,同时倾斜角度越低,分选效率越高。不过考虑到增加转速带来的动力消耗以及降低角度牺牲的进料量,综合地分析滚筒的动力消耗、运行费用和停留时间,滚筒筛的分选在 v/V 为 $0.51\sim0.60$、角度为 $4.5°\sim6.5°$ 的条件下运行为最佳。

为了达到更好的分选结果,将滚筒筛与其他分选设备联用后取得的分选效果值得进一步研究。如将本实验滚筒筛的筛上物用卧式风力风选机进行进一步分选,表明可将较轻的塑料分离出来加以回收。

第四节　生活垃圾卧式气流分选机分选特性

气流分选机有两种,即卧式气流分选机和立式气流分选机。立式气流分选机工艺相对较复杂,而我国在气流分选机研究方面基本处于空白状态。因此,本研究选择了工艺水平相对简单的卧式气流分选机作为研究对象。在本书中,定义卧式气流分选机的主要功能是实现城市生活垃圾中的塑料的分选,亦就是将塑料和生活垃圾中其他重物质或较重物质进行分离。

卧式气流分选机的主要性能指标有分选效率和纯度,影响它们的因素有很多,如风速、气流倾角、物料的粒度、风口高度和分选筒的形状。

分选机内的物质所受的力为重力(G)、气流的推力(P)及空气的阻力(F)。假定在同一风速下,当气流为水平方向时,物料在风选设备内的运行轨迹为抛物线。忽略空气的阻力,轻物料一接触气流之后,在垂直方向做自由落体运动,在水平方向随气流一起做匀速运动。山东理工大学付王莹得出了水平气流的最佳风速为 10 m/s,以此风速确定风力分选设备的其他设计参数。如果风口高度过大,则风力分选设备的长度将更大。因此,确定风口的高度为 200 mm,物料从进料口进入风力分选机后就做自由落体运动,经过 200 mm 的距离所需要的时间为 0.2 s,则风力分选机的长度就为 2 000 mm。考虑到物料从进入气流到与气流一样的速度时需要一段时间,保守地将风力分选机的长度定为 1 600 mm。风力分选机内分成三段,分别是重物质区(长为 400 mm)、中重物质区(长为 600 mm)和轻物质区(长为 600 mm)。图 4-31 为卧式气流分选机的设计简图。

由于分选效率和纯度与风速大小的相关性也是本实验的一个研究方面,需通过风机风压的高低来调节风速的大小。确定风机的风压可调范围为 0~385 Pa,则风速的可调范围约为 0~20 m/s,可以充分地研究风速和分选效率及纯度的关系。由于风机本身不具有可调风压的能力,只能通过改变进风量来改变风机出风口的风压,因而在其进风端安装有百页窗门,用以调节进风量。风机出风口的宽度为600 mm,则风力分选设备的宽度就为 600 mm。

在设计过程中,为了能够更好地研究卧式气流分选机的特性,并得出最佳参数,部分结构和部件都可以调节,如风机的角度、风速及挡板的高度,而且

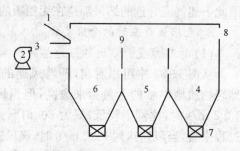

图 4-31　生活垃圾卧式气流分选机设备简图
1—进料斗;2—风机;3—进风口;4—轻物质槽;
5—中重物质槽;6—重物质槽;7—出料口;
8—出风口;9—挡板(可调高度)

为了研究气流的平衡,各物质槽的出料口都设了盖。设计挡板的目的是研究卧式风选机内气流的运动方式,通过挡板的上下移动对气流进行调节,增加其扰动性和剪切性,得出各槽间隔板高度与气流运动方向之间的关系,使气流在卧式气流分选机内的运行状态最佳,从而获得较好的分选效率和纯度。

该卧式气流分选机全体的长×宽×高为 3 100×600×2 000(mm);进料口的宽×高为 450×200(mm),进料口下端距地面 1 700 mm;进风口的宽×高为 500×200(mm),其下端离地面的距离 1 400 mm;出风口的高×宽为 250×600 mm,其下端距地面 1 675 mm;挡板的高×宽为 200×580(mm),挡板可上下移动;轻物质槽和中重物质槽的长度都为 600 mm,重物质槽的长度为 400 mm。风机角度由水平向上逐渐增大,变化范围 0°~30°,风速变化范围约6~20 m/s。

由于生活垃圾的组分极其复杂,在进行卧式气流分选机分选实验时,先采用自配垃圾,组分由简单到复杂,然后进一步对实际生活垃圾的分选进行研究。实验中首先进行单物质纸的分选研究,在此研究中,三物质槽中纸的质量之和为进料纸的总质量。

一、单物质纸的分选

1. 档板存在时的分选结果

在有挡板存在时纸的风力分选实验中,所采用的纸都较干、较软,属于轻物质。从图 4-32 可以看出,在两组挡板都存在时,大部分纸进入了中重物质槽中。风速越大,中物质槽中纸的比例越高,重物质槽中纸的比例越低,而轻物质槽中纸的比例波动较大。由于两组挡板的存在,阻碍了风选机内气流的平稳运行,从而在重物质槽和中重物质槽上部产生向下的旋转气流,带动纸物质进入两槽中,因而阻碍了轻物质纸进入轻物质槽中。可以推测,即使有一组挡板的存在,也会在该挡板与进风口之间的物质槽的上部产生向下的旋转气流,从而阻碍轻物质进入轻物质槽中。

通过实验可以推测,卧式的风选机中挡板的存在对气流风力分选机中气流的运行产生阻碍作用,从而对轻物质的分选效果产生不利影响。

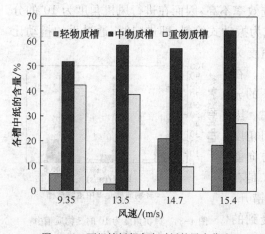

图 4-32　两组挡板都存在时纸的风力分选

因此下述气流分选的结果都是在无挡板的条件下产生。

2. 无挡板存在时的分选实验

(1) 风机角度为 0°时的分选结果

从图 4-33 中可以看出,随着风速的升高,虽然轻物质槽中纸的含量愈来愈高,但当风速达到 13.2 m/s 时,比例仍较低,只为 60.81%。从实验过程来看,当风速达到 13.2 m/s 时,该风速应已足够将所有的纸吹进轻物质槽,出现如图所示的结果可能基于以下原因,该组实验的进料方式采用的是混合进料(即进料时物质重叠一起,也就是物质之间的物理性状没有改变),因而物质间的相互干扰较大,影响了纸与风的接触,从而使一部分纸进入了中重物质槽。继续提高风速,研究进料方式对分选效果的影响,其结果如表 4-3 所示。

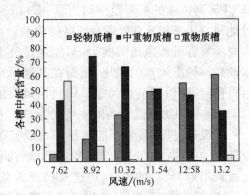

图 4-33　风机角度为 0°时 3 物质槽中纸的含量对比

表 4-3　　　　　　　不同进料方式对分选效果的影响

进料方式	风速/(m/s)	含水率	轻物质槽中纸含量	中重物质槽中纸含量	重物质槽中纸含量
单一进料	14.66	4%	96.29%	2.99%	0.73%
混合进料	14.66	4%	67.00%	29.97%	1.92%
混合进料(抱团)	16.23	4%	66.17%	31.83%	2.00%
单一进料(含水率高)	14.66	41%	85.97%	10.93%	1.43%

单一进料是指物质一件一件分别被投入进料口中;混合进料(抱团)是模拟实际垃圾中物质之间的一种物理性状,即物质之间相互存在包裹状态,进料时不破坏这种状态,也不破坏物质之间重叠在一起的状态。从表 4-3 中可以看出,进料方式对分选效果的影响很大,其影响程度排序为混合进料<混合进料(抱团)<混合进料(抱团且高含水率)。在同一进料方式中,随着风速的升高,轻物质槽中纸的含量也升高,而且含水率的高低也对分选效果产生影响。在上表中,单一进料方式效果最好,但实际分选过程很难遇到这样的进料方式。

(2) 风机角度为 10°时的分选结果

从图 4-34 可以看出,在风速很小时,纸的分选效率不高,因而在进行风机角度为 10°的分选实验时,应选取较高的风速。所采用的给料方式为振动式给料,即进料时,通过手的抖动让纸基本上能一片片地进入风力分选机。在风机角度为 10°时,轻物质槽中纸的含量大幅度提高,高于 78%。在进行这组实验之前,也进行了其他给料方式条件下的分选实验,纸在轻物质槽中的含量也只达到 70% 左右。因此产生图中所示的结果可能有两种原因,一是风机角度的增大给气流中的纸提供上升的力,使其在水平方向能行进更远,从而使得进入轻物质槽中的纸更多;二是在振动式给料的条件下,纸在进入气流中时能相互错开,这在很大程度上避免了纸与纸之间相互扰动而受到的不利影响,使纸与气流有很好的接触,能够前移得更远。

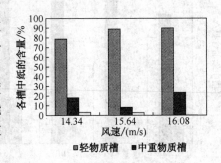

图 4-34　风机角度为 10°时 3 物质槽中纸的平均含量对比

从图中还可以看出,当风速达到 16.08 m/s 时,中重物质槽中的纸的含量比例有所提升,这是因为风速很大时,风力分选机中的气流不能达到平衡,过多的风不能从出风口顺利地排出,而且中重物质槽上部出现较强的向下旋转气流。

（3）风机角度为 15°时分选情况

表 4-4　　　　　　　两种不同给料方式条件下三物质槽中纸的含量对比

给料方式	风速/(m/s)	轻物质槽中纸的含量	中重物质槽中纸的含量	重物质槽中纸的含量
混合进料（抱团）	15.86	81.64%	17.16%	1.20%
人工振动给料	15.86	95.18%	4.83%	0.00%

从表 4-4 中可以看出,人工振动给料方式的效果较好,这种方式更实际,比单一进料方式更切合实际,效率也很高。因而,实验中就只采用振动式给料方式。

表 4-5　　　　　　　　　　含水率为 31%的分选结果

风速/(m/s)	含水率(%)	轻物质槽中纸的含量(%)	中重物质槽中纸的含量(%)	重物质槽中纸的含量(kg)
15.86	31	100.0	0	0
15.86	31	100.0	0	0
15.86	31	100.0	0	0
15.86	31	81.3	18.7	0
15.86	31	100.0	0	0
15.86	31	80.7	19.3	0

由表 4-5 可知,在风机角度为 15°,风速达到 15.86 m/s 的情况下,含水率为 31%的纸也能有较好的分选效果,基本为 100%。根据这一组数据可以推断出,当风速较大时,即使物质的含水率较高也能被气流带到轻物质槽中;但由于物质含水率较高,水的存在增强了物质间结合力,导致粘合得较紧密,气流不易将它们分开,物质由相对较轻变得相对较重,易脱离气流的裹带而进入重物质槽和中重物质槽。如果通过给料器进料,给料器提供的振动力足以抵消物质间粘合力时,较重物质也能在气流的裹夹下进入轻物质槽。

如果将轻物质槽和中重物质槽中的纸合在一起,则纸的含量就与进料量相同。据此可以推测,在实验过程中由于物质间互相影响,如果进行平行实验,各个槽中每种物质的含量比例可能不同,但若将所侧重观测的某两个槽中物质含量比例合算在一起,则总含量比例的变化基本很小。

（4）风机角度为 20°时分选情况

如图 4-35 所示,随着风速的增大,轻物质槽内纸的含量也逐步提高,这与前面的结论相同。当考虑含水率存在时,其结果如图 4-36 所示,这一组实验中的风速都为 15.2 m/s。

可以看出,含水率在 35%以下时,纸在轻物质槽中的含量能达到 90%以上。随后还进行了风机角度在 25°时的分选实验,分选的基本规律与上述一致,即随着风速的提高,轻物质槽中的纸含量也逐步增加,当达到 12.94 m/s 时,轻物质槽中的纸含量也

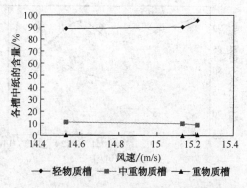

图 4-35　风机角度 20°时 3 物质槽中纸的含量对比

能在 90％以上。当含水率为 45％左右时，轻物质
槽中的纸含量仍能在 90％以上。

在单物质分选实验中，可得出卧式气流分选机
中档板的存在影响气流的运移，从而对物质的分选
产生不利的影响。在无档板的卧式气流分选中，当
风力达到一定值之后，允许物质的含水率达到一定
的高度，分选效率依然较佳。随着角度的提高，获
得较高分选效率所需的风力逐步减小。而且，进料
方式的不同对分选效果的影响也相当大。综合比
较几种进料方式，振动式给料的效果最好，既能获
得较高的分选效率，又能够在操作中容易实现。

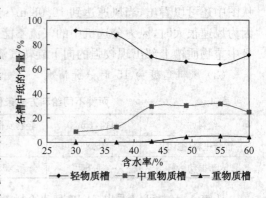

图 4-36 随着含水率的升高纸在 3 物质槽内纸的含量对比

二、混合生活垃圾分选

从单物质分选的实验过程来看，该卧式气流分选机中气流不均衡，物质在风选机内运行的
轨迹很不稳定，易被吸附到出气口的栅栏上，因此需要对卧式气流分选机进行改造。在风选机
的最前端再加一节，将原来的重物质槽的出料口封住，因此原来的中重物质槽变成重物质槽，
轻物质槽变为中重物质槽，新加的一节成为轻物质槽。

实验中纯度和筛分效率的计算方法如下：假设生活垃圾中塑料总量为 A，风选后进入中重
物质槽中生活垃圾量为 B，其中塑料的质量为 b，而进入轻物质槽中生活垃圾量为 C，其中塑料
的质量为 c，则

塑料的总纯度　　　　　　$P(100\%) = (b+c)/(B+C)$

塑料的总分选效率　　　　$E(100\%) = (b+c)/A$

轻物质槽内塑料纯度　　　$P_1 = c/C$

轻物质槽内塑料分选效率　$E_1 = c/A$

中重物质槽内塑料纯度　　$P_2 = b/B$

中重物质槽内塑料分选效率　$E_2 = b/A$

依据项目要求，塑料的纯度和分选效率必须都达到 80％以上，以保证更多和更纯的塑料
被回收。

1. 风机角度为 0°时生活垃圾分选

从图 4-37 中可以看出，在风机角度为 0°时，随着风速的增大，塑料的分选效率总体呈上升
趋势，而塑料的纯度呈下降趋势。风速较小时，卧式风选机内的物质所受到的向前的风力也较
小，因而生活垃圾中相对较轻的塑料更易被吹到中重物质槽和轻物质槽中去，而其他较轻物质如纸、树叶等，由于含水率较高，不易被吹到中重物质槽和轻物质槽中，因而塑料的分选效率从 66.20％上升到 83.18％。随着风速的增大，物质所受的风力也增大，导致更多的塑料和其他较轻的物质被气流带到中重物质槽和轻物质槽中，塑料的纯度降低从 92.16％降低到 84.19％。

从图中还可以看出，风力的无限增大对塑料的分选效率有不利影响，如当风速达到 13.2 m/s 时，

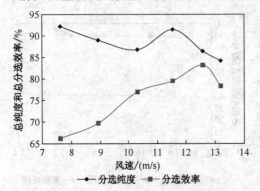

图 4-37 塑料的总纯度和总分选效率的关系

风选机内的气流的运行极不稳定,由于过多的气流进入风选机内,机体内中重物质槽上方形成漩涡气流,影响塑料进入中重物质槽和轻物质槽内,而其他较轻物质则可能进入这两个槽内,导致塑料分选效率和纯度同时降低。实验过程中还发现,这种漩涡流易将已落入中重物质槽的物质重新带起来,使得这些物质或进入轻物质槽,或返回到重物质槽,或又落入中重物质槽。

当风机角度为 0°时,实验中只有在风速为 12.58 m/s 的条件下,塑料的纯度和分选效率都高于 80%。考虑到实验中存在的误差,可以得出卧式气流分选机不适合利用水平气流进行塑料的分选。

从图 4-38 中可以看出,随着风速的增大,轻物质槽和中重物质槽内塑料的纯度都呈下降趋势,轻物质槽内塑料的分选效率基本呈上升趋势,而中重物质槽内塑料分选效率则波动性较强。

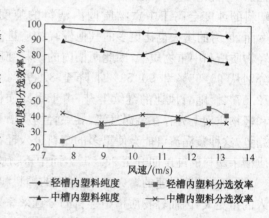

图 4-38 轻物质槽和中重物质槽中塑料的纯度和分选效率的关系

随着风速的增大,风力也增大,较轻物质易被气流带到轻物质槽和中重物质槽中,但相对更轻的塑料会运动得更远而进入轻物质槽,其他较轻物质则较易进入中重物质槽,因此,轻物质槽内塑料的纯度会高于中重物质槽内塑料的纯度。但风力的增大也让更多的其他较轻物质进入轻物质槽和中重物质槽,因此两槽内的塑料纯度都会降低。

如上所述,随着风速的增大,越来越多的塑料和其他较轻物质进入轻物质槽,但更轻的塑料进入的量更大,因而轻物质槽中塑料的分选效率呈现上升趋势。而风力的增大会在中重物质槽上方形成漩涡气流,这种漩涡流易将已落入中重物质槽的物质重新带起来,这些物质或进入轻物质槽,或返回到重物质槽,或又落入中重物质槽,因此中重物质槽内的塑料分选效率呈现波动性。

2. 风机角度为 10°时生活垃圾的分选

从图 4-39 中可以看出,在风机角度为 10°时,随着风速的增大,塑料的分选效率总体呈现

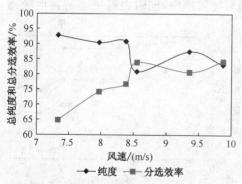

图 4-39 塑料的总纯度和总分选效率的关系

上升趋势,而纯度总体表现为下降的趋势,规律与图 4-37 相似。由于风机的角度为 10°时产生上升气流,随着风速的增大,上升的气流易将重物质槽和中重物质槽的出料口附近的空气吸附进来,使两槽的上方出现漩涡气流,易使落入两槽中较轻物质再次旋浮上来,一些应该落入重物质槽中的物质进入中重物质槽,甚至轻物质槽,而应该落入中重物质槽的物质进入轻物质槽,甚至重物质槽内,所以塑料分选效率上升和纯度过程中出现波动性,风速越大,风力越强,波动性就越大。

当风机角度为 10°时,实验结果中风速大于 8.5 m/s 的范围内,塑料的纯度和分选效率都高于 80%。

从图 4-40 中可以看出,随着风速的增大,轻物质槽内塑料的纯度先下降后上升,而中重物

质槽内塑料的纯度都呈下降趋势;轻物质槽内塑料的分选效率基本呈上升趋势,而中重物质槽内塑料分选效率则波动性下降。

随着风速的增大,风力也增大,较轻物质易被气流带到轻物质槽和中重物质槽中,但相对更轻的塑料会运动得更远而进入轻物质槽,其他较轻物质则较易进入中重物质槽,因此轻物质槽内塑料的纯度会高于中重物质槽内塑料的纯度。然而,风力的增大也让更多的其他较轻物质进入轻物质槽和中重物质槽,因此两槽内的塑料纯度分别从 96.55% 和 90.53% 下降至 87.91% 和 72.57%。随着风速的继续上升,由于重物质槽

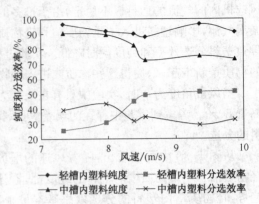

图 4-40 轻物质槽和中重物质槽中塑料的纯度和分选效率的关系

和轻物质槽上方存在漩涡气流,导致轻物质槽和中重物质槽内塑料的纯度表现为两种不同的趋势,这种漩涡流可能会使更多的塑料进入轻物质槽,较少的塑料进入中重物质槽,因而轻物质槽中塑料的纯度回升至 96.55%,而中重物质槽内塑料的纯度继续略微回升至 73.20%。

同时,随着风速的增大,越来越多的塑料和其他较轻物质进入轻物质槽,但更轻的塑料进入的量更大,因而轻物质槽中塑料的分选效率从 21.57% 大幅度上升到 51.61%。另外,气体漩涡流的存在使更多的塑料进入轻物质槽,较少的塑料进入中重物质槽,所以中重物质槽内塑料的分选效率则从 39.27% 下降至 29.36%。

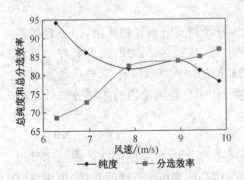

图 4-41 塑料的总纯度和总分选效率的关系

3. 风机角度为 15° 时生活垃圾的分选

从图 4-41 中可以看出,当风机角度为 15° 时,随着风速的增大,塑料的分选效率呈上升趋势,而塑料的纯度呈现下降的趋势。随着风速的增大,风选机内的漩涡气流较小,因而两曲线的变化较为顺滑,波动性不强。

在漩涡流较小的气体流场中,随着风速的增大,物质所受的风力也增大,因而更多的塑料被气流带到中重物质槽和轻物质槽中,同时也有更多的其他轻物质被带到中重物质槽中和轻物质槽中,因此塑料的纯度从 94.12% 降低到 78.16%,而筛分效率从 68.57% 上升至 86.81%。

当风机角度为 15° 时,风速在 7.7~9.3 m/s 范围内,塑料的纯度和分选效率都达到 80% 以上。

从图 4-42 中可以看出,随着风速的增大,轻物质槽和中重物质槽内塑料的纯度都表现为下降趋势;轻物质槽内塑料的分选效率基本呈现上升后下降的趋势,而中重物质槽内塑料分选效率则表现为下降后上升的趋势。

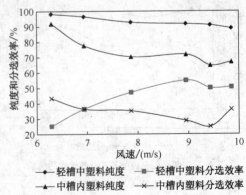

图 4-42 轻物质槽和中重物质槽中塑料的纯度和分选效率的关系

随着风速的增大,相对更轻的塑料会运动得更远而进入轻物质槽,其他较轻物质则较易进入中重物质槽,因而轻物质槽内塑料的纯度会高于中重物质槽内塑料的纯度。但是,风速的增大也让更多的其他较轻物质进入轻物质槽和中重物质槽,因此两槽内的塑料纯度都呈现降低的趋势。

同时,风速的增大也使越来越多的塑料和其他较轻物质进入轻物质槽,更轻的塑料进入的量更大,造成轻物质槽中塑料的分选效率呈现上升趋势。由于塑料的总量一定,进入轻物质槽的塑料量多,则进入中重物质槽的塑料量就少,因而中重物质槽内塑料的分选效率表现为下降趋势。虽然风机在此角度中漩涡气流较小,但仍对轻物质槽和中重物质槽中塑料的分选效率产生影响,如曲线的最后阶段。

4. 风机角度为 20°时生活垃圾的分选

从图 4-43 中可以看出,在风机角度为 20°时,随着风速的增大,塑料的纯度呈现先下降后上升的趋势,塑料的分选效率呈现先上升后波动性下降的趋势。

由于风机的角度为 20°时产生上升的气流造成了极强的漩涡气流,随着风速的增大,漩涡气流易将重物质槽和中重物质槽的出料口附近的空气吸附进来,使落入两槽中的较轻物质再次旋浮上来,因而一些应该落入重物质槽中的物质进入中重物质槽,甚至轻物质槽;而应该落入中重物质槽的物质进入轻物质槽,甚至重物质槽内,所以塑料

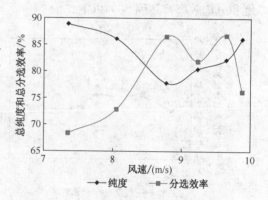

图 4-43　塑料的总纯度和总分选效率的关系

的纯度表现为波动性下降,塑料的分选效率呈现为波动性上升。风速越大,风力越强,波动性就越大。

当风机角度为 20°时,风速在 9.23~9.65 m/s 范围内,塑料的纯度和分选效率都达到 80%以上,由于这两个速度区间较小,考虑实验的误差,可以得出风机角度为 20°卧式气流分选机不适合对生活垃圾中塑料的风选。

从图 4-44 中可以看出,随着风速的增大,轻物质槽内塑料的纯度表现为下降趋势,中重物质槽内塑料的纯度表现为先下降后波动性上升的趋势;轻物质槽内塑料的分选效率呈现先上升后下降趋势,而中重物质槽内塑料的分选效率则表现为先下降后上升的趋势。

随着风速的增大,相对更轻的塑料会运动得更远而进入轻物质槽,因此轻物质槽内塑料的纯度会高于中重物质槽内塑料的纯度。风速的增大也让更多的其他较轻物质进入轻物质槽和中重物质槽,因此两槽内的塑料纯度都会降低。随着风速的继续增大,由于漩涡气流的存在,使得中重物质槽内塑料的纯度呈现波动性上升。

同时,随着风速的增大,越来越多的塑料和其他较轻物质进入轻物质槽,但更轻的塑料进入的量更大,因而轻物质槽中塑料的分选效率呈现上

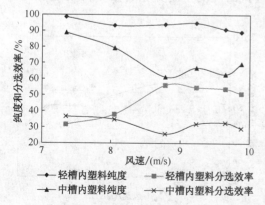

图 4-44　轻物质槽和中重物质槽中塑料的纯度和分选效率的关系

升趋势。由于漩涡气流的影响,使落入重物质槽和轻物质槽中较轻物质再次旋浮上来,导致一些应该落入重物质槽中的物质进入中重物质槽,甚至轻物质槽;而应该落入中重物质槽的物质进入轻物质槽,甚至重物质槽内,所以后阶段轻物质槽内塑料的分选效率表现为波动性下降,中重物质槽内塑料的分选效率呈现为波动性上升。

5. 风机角度为25°时生活垃圾的分选

从图4-45中可以看出,在风机角度为25°时,随着风速的增大,塑料的分选效率呈现上升的趋势,纯度呈现下降的趋势。随着风速的增大,风选机内的漩涡气流较小,因而两曲线的变化趋势较为平滑,波动性不强,此规律与图4-41相似,原因亦基本一致。

从图4-45中还可以看出,当风机角度为25°、风速在8.08~9.12 m/s范围内时,塑料的纯度和分选效率都达到80%以上。

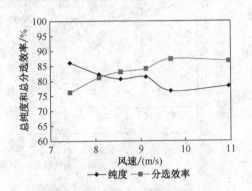

图4-45 塑料的总纯度和总分选效率的关系

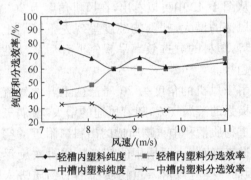

图4-46 轻物质槽和中重物质槽中塑料的
纯度和分选效率的关系

从图4-46中可以看出,由于风速的变化、较弱漩涡气流的存在,随着风速的增大,轻物质槽内塑料的纯度表现为下降趋势,而中重物质槽内塑料的纯度表现为先下降后波动上升的趋势;轻物质槽内塑料的分选效率呈现上升趋势,而中重物质槽内塑料的分选效率则表现为先下降后上升的趋势。

6. 风机角度为30°时生活垃圾的分选

从图4-47中可以看出,在风机角度为30°时,随着风速的增大,塑料的分选效率呈现先下降后上升的趋势,从68.47%上升到90.25%;而塑料的纯度呈现先上升后下降的趋势,从86.86%降低到74.74%。

由于风机的角度较大,当以较低风速运转时,其在垂直方向有一个速度,能够带着较轻的塑料和其他物质向中重物质槽和轻物质槽方向运动;由于漩涡气流较强,塑料的移动量相对较多,当风速稍稍增大时,移动的轻物质量反而减少。在移动的轻物质中,塑料的量相对变多,因此塑料的纯度起初有上升的趋势。由于塑料的总量为定值,当风速稍稍增大时,风力夹带的物质增多,这些物质会相互影响,反而造成被带到轻物质槽和中重物质槽内去的塑料量减少,因而

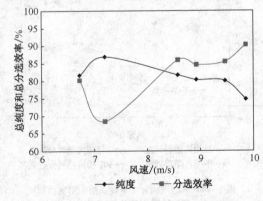

图4-47 塑料的总纯度和总分选效率的关系

造成塑料分选效率的下降。

随着风速的继续增大,物质所受的风力也增大,因而更多的塑料被气流带到中重物质槽和轻物质槽中,同时也有更多的其他轻物质带到中重物质槽中和轻物质槽中,因此塑料的纯度降低而筛分效率提高。

当风机角度为 30°、风速在 8.58～9.47 m/s 范围内时,塑料的纯度和分选效率都达到 80% 以上。

从图 4-48 中可以看出,由于较大的进风角度、风速的变化及较强漩涡气流几个因素的综合影响,轻物质槽内塑料的纯度表现为下降趋势,中重物质槽内塑料的纯度表现为先上升后波动下降的趋势;轻物质槽内塑料的分选效率呈现上升趋势,而中重物质槽内塑料分选效率则表现为先下降后上升的趋势。

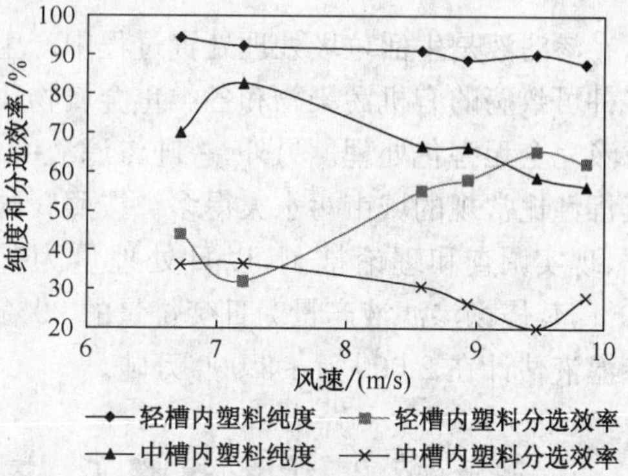

图 4-48　轻物质槽和中重物质槽中塑料的纯度和分选效率的关系

三、综合分析

卧式气流分选机中影响分选效率和纯度的因素较多,如风速、风机角度、风选机内是否存在挡板和进料方式等,其中最为重要的是卧式气流分选机内的气流运行状态。

从单物质的实验结果看,卧式气流分选机内挡板的存在对分选效果产生不利影响,而振动式给料是一种效率高且实用的给料方法。

由改造后的卧式气流分选机对生活垃圾中塑料的分选实验可知,风机的角度为 10°、15°、25° 和 30° 时,都存在一个较宽的风速范围,使得塑料的纯度和分选效率达到 80% 以上。

另外,实验结果表明,可以将中重物质槽和轻物质槽合在一起进行物质分选效率和纯度的计算,则风力分选机的物质槽就为重物质槽和轻物质槽,在实验进程中通过测算,轻物质槽和重物质槽的长度最佳长度比值大约为 5∶1。

习　题

4-1　查阅资料或到典型居民小区收集点,调查典型生活垃圾组成;根据调查结果,提出生活垃圾分类政策建议。

4-2　实地调查城市商业区、校园垃圾桶被拾荒者和物业人员翻检的次数、回收废品的数量和质量、种类等,测算生活垃圾中废品的回收率。

4-3　针对生活垃圾深度分选后不同组分,提出有价物质的清洁提质技术方案。

第五章
生活垃圾渗滤液处理技术

渗滤液是生活垃圾处理处置过程中产生的一种高浓度有机废水,其污染物种类繁多,包括多种可致癌的有机污染物和各类重金属物质,处理难度极大,迄今为止,我国仍然无法实现渗滤液完全无害化处理。另外,一吨渗滤液所含污染物浓度相当于 100~150 吨城市污水,因此,其毒性比常规的城市污水大得多。按照我国绝大部分生活垃圾处理设施的渗滤液产量经验数据、现实调查和理论推测,以日处理量为基准,卫生填埋场渗滤液产量为日填埋垃圾量的30%,焚烧场渗滤液产量为日焚烧量的 20%,堆肥厂渗滤液产量为日堆肥量的 10%,全国年产渗滤液估计在 2 000 万~3 000 万吨。

第一节 矿化垃圾反应床处理渗滤液工艺单元详述

生活垃圾填埋场渗滤液是一种含有高浓度有机物、高浓度氨氮的废水,其水质、水量受填埋场填埋期、气候、降水等因素影响较大,主要体现出以下污染特性。

(1) 有机污染物种类繁多、水质复杂

渗滤液中含有大量的有机物,含量较多的有烃类及其衍生物、酸酯类、酮醛类、醇酚类和酰胺类等。

(2) 高氨氮污染

高浓度氨氮(NH_3-N)是填埋场渗滤液的重要水质特征之一,且随着填埋场年数的逐步增加,最高可达 3 000 mg/L。渗滤液中的氮多以氨氮(NH_3-N)形式存在,约占总氮 70%~90%。

(3) 重金属污染

渗滤液中含有十多种重金属离子,主要包括 Fe,Zn,Cd,Cr,Hg,Mn,Pb,Ni 等。

(4) 高盐度污染

渗滤液中无机盐离子种类繁多且含量很高,电导率可高达 8 000~36 000 μS/cm。Ca^{2+},Mg^{2+},K^+,Na^+,Cl^-,SO_4^{2-} 等无机盐离子浓度可高达几百甚至上千毫克每升。而高盐度可导致微生物细胞蛋内外渗透压发生巨大改变,使微生物胞内水大量渗出,从而导致微生物活性降低甚至是死亡。

(5) 污染物浓度高、变化范围大

通常情况下,渗滤液中 COD_{Cr} 在 2 000~62 000 mg/L 的范围内,BOD_5 在 60~10 000 mg/L 的范围内,最高可分别达到 90 000 mg/L 和 45 000 mg/L。随着填埋场时间变化及微生物活动的增加,渗滤液中 COD_{Cr} 和 BOD_5 的浓度会发生变化。一般规律是垃圾填埋后0.5~2.5 年,渗滤液中 BOD_5 的浓度逐步达到高峰,此时 BOD_5 多以溶解性为主,BOD_5/COD 可达 0.5 以上。此后,BOD_5 的浓度开始下降,至 6~15 年填埋场完全稳定时为止,BOD_5 的浓度保持在某一值域范围内,波动很小。COD 的浓度变化情况同 BOD_5 相似,但随着时间的推移,与 BOD_5 相比,COD 值降低较缓慢。因此,BOD_5/COD 也随着降低,渗滤液可生化性逐渐变弱。

（6）污染时间长

有研究表明，即使生活垃圾填埋场封场几十年之后，仍有渗滤液产生。

我国渗滤液盐度极高，在通过膜分离技术深度处理时，往往会导致膜堵塞等问题，使得膜寿命缩短、更换频繁，从而极大地提高了渗滤液处理成本。

渗滤液通过纳滤膜和反渗透膜产生了浓度更高、处理更难的膜浓缩液。到目前为止，膜浓缩液仍未找到较好处理方法。一部分填埋场采用浓缩液直接回灌至填埋堆体，这直接导致了产生的渗滤液盐度更高、生化性更差；另一些填埋场采用强氧化法处理浓缩液，效果并不理想。现在，浓缩液的多级高效蒸发（MVC）处理引起了许多关注，但由于渗滤液中 Ca^{2+}，Mg^{2+} 等无机盐含量极高，且含有腐蚀性的有机物，易导致设备结垢和腐蚀通过反渗透膜的出水清液率理论上应 >70%，但在现场运行过程中，由于膜的堵塞和更换成本的限制，导致出水清液率往往 <70%。膜分离技术处理渗滤液实际上并没有从根本上解决渗滤液污染，只是通过物理纳米级分离手段，使得污染物二次转移。

矿化垃圾反应床处理渗滤液工艺由 7 部分组成，包括调节池、厌氧池、预处理、布水系统、矿化垃圾反应床、集水排水系统、集水池和检测系统等。具体工艺流程如图 5-1 所示。

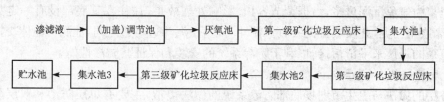

图 5-1　卧式矿化垃圾反应床工艺流程

渗滤液先流入调节池，然后进入厌氧池，流经预处理单元，经布水系统进入反应床，污染物质在床内被去除，出水再进入串联的第二和第三级反应床，最后排放或收集。

一、调节池

矿化垃圾反应床渗滤液处理系统受气候条件影响，对露天的反应床系统而言，受到天气的影响特别大，严重时甚至需要停止整个工艺运行。气温过低时（<15 ℃），为保证处理出水的水质，往往也要减少进水量。处理系统维护时，也要停止进水。渗滤液的产生量同样受到气候和季节条件等的影响，雨雪天渗滤液的产生量比无雨雪时大。调节池可调节渗滤液的水质和水量，是渗滤液处理的必需单元。为了安全起见，调节池的设计容量一般可以储存 3~6 个月的渗滤液量，有些填埋场的调节池甚至可储存 1 年的渗滤液。因此，调节池的尺寸一般比较大，为减少占地面积，池子设计有效深度为 3~7 m。

1. 要求

（1）调节池作为水质调节单元，需尽量保证所有渗滤液能充分混合；

（2）兼作厌氧反应器，必须保证与空气隔绝；

（3）兼作沉淀池，要及时排泥。

2. 类型

调节池类型可以分为无盖调节池和加盖调节池。

（1）无盖调节池

渗滤液调节池一般为敞口式的，主要作用为调节水量。无盖调节池散发出的臭气会污染周边空气环境，而且降水可以直接进入池子，造成水量增大，没有厌氧作用，因此目前很少采用。

（2）加盖调节池

加盖调节池就是在敞口调节池的池面上，覆盖上 HDPE 膜（一般为膜），用来防止臭气散发和阻止降水进入池中。加盖调节池可阻止氧气的进入，使池内处于厌氧状态，有机物发生厌氧降解，降低后续构筑物的有机负荷。

3．加盖调节池构造

加盖调节池主要包括池体、池底、底部防渗系统和防挥发系统等四个部分。

（1）池体

调节池的池体结构主要有混凝土或钢混结构、砖石结构、块石浆砌结构和重力坝结构（主要由石和土堆成）等。

（2）池底

调节池的池底要有 1‰～2‰ 的坡度，以方便污泥的收集和排放。为铺设防渗系统，池底要平整，无硬块突起物。池底材料根据地下水位而定，假如地下水位总低于调节池的池底，既可碾压黏土而成，也可以铺设素碎石混凝土，外加混凝土找平层；假如地下水位（或一年有 2～3 个月以上的时间）高于调节池的池底，则一般采用碎石混凝土，并且应装设排除地下水的设施。

渗滤液一般没有经过任何前处理，直接进入调节池，所以渗滤液里的悬浮物会部分沉淀在调节池里。为避免沉泥过多，占据调节容积，影响处理效果，往往在其底部设有一定数量的污泥斗，用来收集污泥，并安装排泥装置。泥斗与池底，泥斗边与边之间，池底与池体交接处均设有一定直径的弧度来平滑衔接，以利于防渗系统的安装和保证其防渗性能。

（3）底部防渗系统

防渗层的做法与卫生填埋场底部防渗系统的做法类似，主要有单层防渗和双层防渗。采用比较多的为单层防渗，由上到下依次为 HDPE 膜、土工布、池底。

（4）顶部防挥发系统

顶部防挥发系统主要由 4 部分组成：气体收集与导排系统、浮筒系统、覆盖膜和重力固定系统（图 5-2）。

a．集气和导排系统

本系统主要作用是有序的收集和排放调节池产生的气

图 5-2　顶部防挥发系统构造示意图

体。主要组成有集气头、集气喉管、环状导气管和垂直排气管。集气头安装在有浮筒的地方，与伸出覆盖 HDPE 膜的短管相连。从短管导出的气体经集气喉管，输送到环状导气管里。环状导气管每隔 50～100 m 安装一垂直排气管。

b．浮筒系统

浮筒系统的主要作用是顶托覆盖膜，保证气体收集头部总是处在水池表面，并且可以防止膜被撕裂。浮筒由两个捆绑一起的 200～300 mm 密封 PVC 筒组成。

c．覆盖膜

覆盖膜一般采用 1.0～2.0 mm 的 HDPE 膜，覆盖在池子的表面。

d．重力固定系统

重力固定系统的作用主要是避免覆盖膜被大风吹飞，同时也可避免形成局部过高的沼气包。重力固定主要采用灌满水的 HDPE 管。

二、厌氧池

废水的厌氧处理是一种低成本的废水处理技术，采用厌氧技术预处理矿化垃圾反应床产生的渗滤液，可以达到高效、经济的目的。设置厌氧池的目的主要是保证渗滤液具有足够的厌氧处理时间。

厌氧池包含进水区、反应区和出水区。厌氧池的进水设在底部，采用穿孔管或其他布水方式，不管是何种布水方式，均要求均匀布水，不能有死角，并且易于维护管理；反应器是厌氧池的主要部分，反应区不加填料，以免堵塞，在反应区的污泥一般为悬浮状的厌氧活性污泥，可能包含有一定量的颗粒污泥；出水区要求出水均匀，不易堵塞，多采用三角堰。与调节池相比，厌氧池水位是恒定的，而调节池的水位是改变的，除此之外，厌氧池的构造与加盖调节池类似。

三、沉淀过滤设施(设备)

矿化垃圾反应床的预处理主要目的是去除由厌氧池出水中的悬浮物，包括反应沉淀池和滤池(或过滤器)。可采用竖流沉淀池和管道过滤器组合成为悬浮物的处理设施。

四、布水系统

矿化垃圾反应床要进水，就要在其表面设计一套布水系统。布水系统包括进水井、水泵、管道系统及喷头(或穿孔管)等。

1. 进水井

渗滤液进水井设计尺寸应满足水泵的安装，并可安装格网以防粗大的物质损害水泵或其后面的系统。

2. 喷淋

喷淋是将渗滤液喷洒到空中，形成细小的水滴，满足均匀布水和充氧要求。

3. 管道系统

管道分为干管和支管两级，干管起输水作用，支管上安装喷头或为穿孔管。在主干管上还安装有流量计，为利用喷淋系统进行加药，可以在主干管上安装带有止回阀的短管。

4. 喷头(穿孔管)

喷头是喷淋的专用设备，是喷淋系统的重要部件，其作用是把管道中有压的集中的水分散成细小的水滴，并均匀地喷洒在反应床的表面。

穿孔管由 PE 管穿孔做成，一般打两排孔，孔的位置要错开，通过管轴和两排孔的两个平面的夹角在 42°～48°之间，孔径 0.5～1.5 mm，孔间距 0.2～0.4 m。

5. 布水系统分类

矿化垃圾的布水装置的主要目的为均匀的将渗滤液向反应床喷洒，其次布水装置应维护容易方便，不易堵塞，堵塞后易于清通，造价低。

为满足不同形状反应床和不同控制方式的需要，布水系统存在着多种形式。布水系统具体分类如图 5-3 所示。

- 布水系统的分类
  - 按提供水头的动力
    - 压力式布水系统
    - 重力式布水系统
  - 按布水系统形状
    - 矩形布水系统
    - 圆形布水系统
  - 按主要的布水系统是否移动
    - 运动式布水系统
    - 固定式布水系统

图 5-3　布水系统分类

矿化垃圾反应床常用固定式布水系统。

6. 布水系统的特点

矿化垃圾反应床除了要求进水均匀，进水和落干时间要满足一定的比例外，还要保证进水有足够的溶解氧浓度。因此,矿化垃圾布水形式采用喷淋方式,而不采用表面漫灌方式。喷淋就是通过喷头(或穿孔管)把渗滤液喷射到空中散成细小的水滴,均匀地落在反应床表面进行布水。

(1) 喷淋的优点

与表面漫灌方法相比,喷淋有5方面的优点:

① 不易破坏反应床表面矿化垃圾的团粒结构。漫灌由于水流对表层矿化垃圾的冲刷,会使颗粒发生离析现象,破坏矿化垃圾的团粒结构。喷淋可以根据矿化垃圾的比重、颗粒的大小和渗透系数的高低等因素,调整喷头喷洒水滴直径和喷淋强度的大小,来降低矿化垃圾结构受破坏的程度。

② 利于反应床的均匀布水。喷淋是将渗滤液直接喷洒到反应床每个点上,这样表面进水均匀度就与反应床的形状、表面地形以及渗透系数无关。因此,喷淋对矿化垃圾表面的平整度要求不高。

③ 方便调整反应床的进水和落干时间。由于喷淋系统基本上可以不产生地面径流,所以可很方便地通过观察设定进水和落干时间,满足反应床的反应条件要求。

④ 渗滤液充氧效率高,二氧化碳和氨氮的吹脱率高。系统喷出的水珠直径小、比表面积大以及水珠与空气的接触时间长,因此充氧效率高,有利于反应床的好氧生化处理;二氧化碳和氨氮的吹脱率高,致使其在水中的浓度低,为微生物创造良好的生长和反应条件。

⑤ 减少出水排放量。渗滤液在空气逗留,在相对湿度低、气温高、风速较大时,在空中就会蒸发部分水,减少出水总量。根据对反应床进水和出水流量的校核,三个反应床总的水量损失可达总水量的 $15\%\sim35\%$,一般情况下的水量损失在 20% 左右。

(2) 喷淋系统的缺点

喷淋存在4方面的不足:

① 受风的影响大。喷淋的轨迹呈抛物线状,在风力的作用下,水滴的下落点会发生水平偏移,这样将导致喷水量在平面上的分布不均匀,逆风面水量过大,顺风面水量不足,甚至会造成渗滤液喷洒到反应床外。水舌抛物线的最高点越高,受到风的影响越大,喷淋越不均匀,洒到反应床外的渗滤液就会越多。为使布水所受风的影响较小,一般选用角度低和射程短的喷头。

② 建设和维护费用高。喷淋系统需要建设一系列的管道,还需要一定数量的阀门和喷头,初次投资比较高。阀门和喷头也要定期维护和更换。

③ 大气污染。喷淋会散发出臭气,污染空气,影响周边大气质量。

④ 浓缩出水。由于蒸发作用,减少了出水量,实际上相当于把出水浓缩了,导致 COD, BOD,NH_3-N 和 Cl^- 等指标值上升。

7. 喷淋基本参数

衡量布水系统可靠性和布水质量的指标主要有喷淋强度、喷淋均匀度及水滴打击强度等3个。

1) 喷淋强度

(1) 喷淋强度

喷淋强度就是单位时间内喷洒到单位面积矿化垃圾反应床表面上的水量,也就是单位时间内喷洒在反应床表面的水深,用 ρ 表示。其定义式如下:

$$\rho = \frac{\Delta V}{\Delta t \cdot \Delta A} = \frac{\Delta q}{\Delta A} = \frac{\Delta h}{\Delta t} \tag{5-1}$$

式中　ρ——喷淋强度,mm/min 或 mm/h;

　　　ΔV——喷淋水量,mm^3;

　　　Δt——喷洒历时,min 或 h;

　　　ΔA——喷淋面积,mm^2;

　　　Δq——流量,mm^3/min 或 mm^3/h;

　　　Δh——水深,mm。

（2）最大允许喷淋强度

喷头喷出的渗滤液首先落在反应床表面,然后渗入到反应床里。渗滤液从反应床表面渗到反应床内部的过程称为渗吸过程。反应床要求喷出的渗滤液落到反应床表面后立即渗到反应床里,而不产生地面径流和积水。这样就要求喷淋强度在一定面积上的平均值应与矿化垃圾透水性能相适应,喷淋强度不能超过矿化垃圾的渗吸速度。

试验表明矿化垃圾最大允许喷淋强度为 15 mm/h。虽然有时喷淋强度也可适当提高,但不宜超过 20%。

2）喷淋均匀度

喷淋均匀度是指在反应床表面水量分布的均匀程度,可用式(5-2)表示均匀系数。

$$C_u = \left[1.0 - \frac{\sum |x|}{m \times n}\right] \times 100\% \qquad (5\text{-}2)$$

式中　C_u——喷淋均匀系数,%;

　　　x——每一个观测值与平均值之差;

　　　m——观测值的平均值;

　　　n——观测值的总数。

在工艺运行过程中发现,反应床表面上渗滤液的均匀度对污染物质的去除效果影响很大。一般均匀系数要尽量保持在 80% 左右。

3）水滴打击强度

水滴打击强度是指单位受水表面的矿化垃圾受到喷淋水滴的冲击动能。水滴打击强度太大,会破坏矿化垃圾的构造,造成矿化垃圾粗细颗粒离析分层并板结,致使矿化垃圾的渗透系数降低,导致处理水量下降,或致使某部分的矿化垃圾穿透而发生短流,最终造成出水水质变差。

打击强度有水滴直径和雾化指标两种方法。矿化垃圾反应床要求最远处水滴平均直径为 1~4 mm,要求雾化指标为 3 000~6 000。

五、矿化垃圾反应床

矿化垃圾生物反应床从下向上主要由防渗层,集水系统、填料层组成,在填料层内布设有通风排气系统。

1. 防渗层

防渗层的作用是阻止床内渗滤液流到床外,或床外水渗入床内。防渗层结构与填埋场的防渗层类似,由下往上依次为 20 mm 左右的黏土层、400 g/m^2 的土工布、1~2 mm 厚的 HDPE 膜、400 g/m^2 的土工布。

2. 集水系统

集水系统由厚度 20 mm 左右的碎石或卵石平铺而成,中间设有集水盲管,防渗层的坡度应坡向集水管,在集水管安装有底层垂直通风复氧管。

3. 填料层

填料层厚度一般在 2 500～3 000 mm 之间,最大不超过 3.5 m,所安装物体为筛分后的矿化垃圾细料。在填料层中间,安装有通风复氧系统的水平和垂直花管。

六、集水池和贮水池

集水池和贮水池都是用来储存处理后的渗滤液的。集水池分别设在第一、二级反应床的后面,贮水池设在第三级反应床的后面。集水池起到平衡两反应床流量的作用。防渗构造与调节池类似。集水池容积设为日处理规模的 2～3 倍,而贮水池的容量主要与处理水的消纳情况有关,一般可容纳 1 个月左右的处理水量。

第二节　矿化垃圾反应床处理渗滤液技术集成

矿化垃圾反应床用来处理渗滤液的工程可行性研究报告的主要任务是论证工程项目的可行性,是以建议书和委托书为基础的。内容主要是通过工程基础资料及其目的,以综合分析、论证、评价和方案比选为手段,在技术、经济及效益等方面进行比较,给出最佳可行性方案。

可研的编制原则:

(1) 必须遵循城市总规和污水/固体废物专项规划进行,不能随意调整;

(2) 鼓励采用适用新技术,达到高效、节能、运行管理方便的目的;

(3) 实现科学管理,做到技术可靠、经济合理。

根据可行性研究报告编写的有关规定和范文,可研的内容主要有:

① 前言;② 总论;③ 方案论证;④ 工程方案;⑤ 管理机构、劳动定员及建设进度设想;⑥ 投资估算及资金筹措;⑦ 财务及工程效益分析;⑧ 结论和存在的问题;⑨ 附件等。

下面主要就方案论证和工程方案进行说明。

1. 方案论证

方案论证主要是:① 对渗滤液的水质水量,矿化垃圾的性能特征,以及对处理工艺进行情况论证;② 渗滤液处理系统的位置和布局的确定;③ 给出通过治理后,附近水体和大气的环境质量的变化情况。

2. 工程方案

渗滤液处理方案论证中,要体现出各种工艺的优缺点。

主要内容有工程规模、处理程度、工艺流程、方案比选、技术水平和综合利用。

一、工程设计

1. 设计流量

(1) 平均日流量(m³/d),一般用以表示渗滤液处理场的规模,并用以计算其年电耗量、耗药量和处理的总水量等;

(2) 最大设计秒流量(L/s),即布水管的设计流量或矿化垃圾反应床的进水流量。由于系统的主要单元(矿化垃圾反应床)的工作情况要求为间歇进水,所以进水的秒流量往往很大,也就是渗滤液处理场的布水装置、矿化垃圾反应床、反应床的供水泵以及进水过滤器等的大小,均应满足通过最大设计秒流量的要求。

(3) 分期建设设计流量,当填埋场为分期建设时,一般的渗滤液处理场的某些单元也是分期建设的,所以建设的渗滤液处理场应该与分期建设所出水的流量相对应。

2．示范工程规模

根据资料，老港一、二、三期填埋场渗滤液和码头污水量估算的总量为 2 400 m³/d，其中填埋区渗滤液 1 600 m³/d，码头污水 800 m³/d，9♯和 41♯污水处理单元的进水量均为 1 200 m³/d。

本期矿化垃圾处理渗滤液示范工程的处理规模为 400 m³/d，采用两种形式的矿化垃圾反应床来进行试验研究，一种为卧式矿化垃圾反应床工艺，另一为塔式矿化垃圾反应床工艺，每种形式的处理处理工艺的规模均为 200 m³/d。

由于本书主要研究卧式矿化垃圾反应床工艺的建设，所以把卧式矿化垃圾反应床简称为矿化垃圾反应床。

3．渗滤液性质

生活垃圾渗滤液的水质与所填埋的垃圾的组成、气候、以及填埋运行方式等有关，也就是与城市的大小、地理位置、性质、居民的生活习性、发展程度、垃圾收集、分类程度以及有无工业废物混入城市垃圾等因素有关，而且填埋场产生渗滤液的性质与填埋年龄有关，一般可以分为水质差别比较大的两个阶段。渗滤液的典型性质如表 5-1 所示。

表 5-1　　　　　　　　　　　渗滤液性质　　　　　　　　　（单位 mg/L，pH 无单位）

序号	指标	初期时的浓度范围	晚期时的浓度范围
1	COD	3 000～60 000	400～8 000
2	BOD$_5$	2 000～40 000	200～5 000
3	NH$_3$-N	50～750	500～1 000
4	TN	100～1 000	150～1 500
5	SS	1 500～4 000	500～1 500
6	pH	4.2～7.8	6.0～7.2

渗滤液与城市污水的水质相比，无论从指标上的浓度看，或者从生物降解的难度上说，前者都比后者大。因此，渗滤液都必须进行适当的处理才可以满足排放标准。不同的填埋场，渗滤液的性质也是有所不同，可以通过参考同一地区，类似居民生活习惯和发展程度相当的城市的填埋场的渗滤液水质，也可以通过采样分析本城市的垃圾堆场或简易填埋场的渗滤液得到。

4．示范工程渗滤液性质

根据水质监测数据，老港填埋场混合进水水质见表 5-2，表中括号外为平均值，括号内为变化范围。

表 5-2　　　　　　　　　　　示范工程渗滤液性质

原水水质 废水来源	平均进水量 /(m³/d)	COD/(mg/L)	BOD$_5$/(mg/L)	NH$_3$-N/(mg/L)	SS/(mg/L)
填埋区污水	1 600	8 000 (5 000～10 000)	2 500 (1 500～3 500)	2 200 (1 500～2 600)	550 (200～700)
码头清仓及冲洗水	800	5 000 (1 500～8 000)	2 000 (500～3 000)	400 (100～800)	500 (200～700)
调节池进水	2 400	7 000 (4 000～9 000)	2 300 (1 200～3 300)	1 500 (800～2 000)	530 (200～700)

上述渗滤液，在加盖调节池停留时间约 20 天，经厌氧处理后，去除了部分污染物。厌氧池

出水至兼性池,反应床进水来自兼性池。进水渗滤液性质见表 5-3。

表 5-3　　　　　　渗滤液处理示范工程进水设计水质　　　　　（单位:mg/L）

废水来源 ＼ 进水水质	COD	BOD$_5$	NH$_3$-N	SS
兼性塘	5 000	1 800	1 500	500

5．排放概述

经过处理后的渗滤液,一般有以下出路:

(1) 排放到江河湖海等水体,作为处理后的水的自然归宿;

(2) 作为中水回用或灌溉田地,使渗滤液到得充分利用;

(3) 排放到城市污水管道里与污水进一步处理。

渗滤液排放除了要满足《生活垃圾渗滤液排放标准》外,还必须满足相应接受水的标准,主要的标准有《污水综合排放标准》、《地面水环境质量标准》、《渔业水质标准》、《农田灌溉水质标准》和《中水回用水质标准》。

6．出水要求

对矿化垃圾反应床的运行数据进行统计后,得出以下结论:在约 1/3 的时间里,三级串联矿化垃圾反应床的出水达到国家二级排放标准(COD≤300 mg/L, BOD≤100 mg/L, NH$_3$-N ≤25 mg/L),其余时间达到三级排放标准(COD≤600 mg/L, BOD≤100 mg/L, NH$_3$-N ≤25 mg/L)。

本工程要求排放控制的主要指标是 COD, BOD$_5$, NH$_3$-N 和 SS。必要时也把大肠杆菌列入考察的范围里。

前处理设计包括调节池和厌氧池的设计,但是调节池和厌氧池为已存在的水处理单元,所以本书只能对他们进行校核。

7．调节池校核

1) 基本内容

调节池设计的基本内容包括进水区、储存区和出水区。

2) 基本参数

① 水力停留时间 120～180 d,也可采用 1 年;

② 池子超高不小于 0.3 m;

③ 方形污泥斗的的边壁坡面倾角 60°;

④ 污泥区容积按 60～90 天的泥量计算,既可采用重力排泥,也可采用机械排泥;

⑤ 排泥管直径≥200 mm;

⑥ 每个泥斗均应设单独的排泥闸阀和排泥管;

⑦ 池底坡度坡向泥斗,坡度 0.01～0.03 m;

3) 计算示意图与计算公式

① 计算示意图如图 5-4 所示。

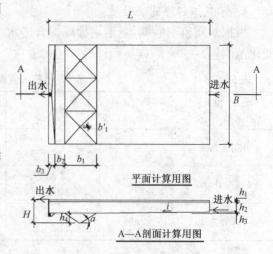

图 5-4　调节池计算示意图

② 计算公式见表5-4。

表5-4　　　　　　　　　　　　调节池的计算公式

名　称	公　式	符号说明
1. 池子总有效体积 V	$V = Q \times T(\text{m}^3)$	Q——日平均设计流量(m^3/d) T——水量调节时间(d),一般采用$120\sim180$ d
2. 池子总表面积 A	$A = \dfrac{V}{h_2}(\text{m}^2)$	h_2——有效水深(m),一般采用$3.0\sim4.0$ m
3. 池子宽度 B	$B = \dfrac{A}{L}(\text{m})$	L——池子长度(m),一般采用宽长比为$1\sim4$
4. 污泥斗容积 V'	$V' = \dfrac{Q \times (C_i - C_e) \times 100 T'}{1\,000 \times (100 - \rho)}(\text{m}^3)$	C_i——进水悬浮物浓度(g/L),一般采用$2.0\sim8.0$ g/L C_e——出水悬浮物浓度(g/L),一般采用$0.2\sim1.2$ g/L T'——排泥时间间隔(d),一般采用$120\sim180$ d ρ——底泥含水率$(\%)$,一般采用$80\sim90$
5. 单个污泥斗容积 V_1	$V_1 = \dfrac{h_4}{3}(S + \sqrt{SS'} + S')(\text{m}^3)$	h_4——污泥斗高度(m) S——污泥斗上口面积(m^2) S'——污泥斗底部面积(m^2)
6. 池子总高 H	$H = h_1 + h_2 + h_3 + h_4(\text{m})$	h_1——超高(m),一般采用$0.3\sim0.5$ m h_3——池底坡降(m)

4) 设计校核

① 调节池容积 V

$$V = L \times B \times H = 110 \times 100 \times 6 = 66\,000\ (\text{m}^3)$$

② 最大水力调节时间 T

设计规模 Q 为 $1\,200$ m³/d,则水量调节 T 时间为

$$T = \frac{V}{Q} = \frac{66\,000}{1\,200} = 55(\text{d})$$

校核表明,调节池容积过小。

8. 厌氧池校核

1) 厌氧池设计的基本内容

厌氧池设计的基本内容包括:进水区、反应区和出水区。

2) 基本设计参数

① 水力停留时间 $30\sim40$ d;

② 容积负荷率 $3\sim7$ kg COD/m³;

③ 混合液悬浮污泥浓度 $0.5\sim3$ g/L;

④ 池子超高不小于 0.3 m;

⑤ 沉淀区的表面负荷 $0.1\sim0.15$ m³ 渗滤液/(m² 池表面·h);

⑥ 沉淀区的有效深度 $2\sim3$ m;

⑦ 沉淀区底部倾角 $45\sim60°$。

3) 计算示意图与计算公式

a. 计算示意图

计算示意图如图 5-5 所示。

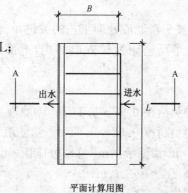

平面计算用图

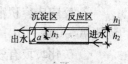

A—A剖面计算用图

图 5-5　厌氧池计算示意图

b. 计算公式

计算公式见表 5-5。

表 5-5　　　　　　　　　　　　　　厌氧池的计算公式

名　称	公　式	符号说明
1. 反应区总有效体积 V	$V=Q\times T(\mathrm{m}^3)$ 或　$V=\dfrac{QS_a}{N_v}(\mathrm{m}^3)$	Q——日平均设计流量(m^3/d) T——水量调节时间(d),一般采用 30～60 d S_a——进水 COD 浓度(g/L),一般采用 1.5～20 g/L N_v——1～4 kgCOD/(m^3渗滤液·天)
2. 反应区总表面积 A	$A=\dfrac{V}{h_2}(\mathrm{m}^2)$	h_2——有效水深(m),一般采用 3.0～4.0 m
3. 反应区宽度 B	$B=\dfrac{A}{L}(\mathrm{m})$	L——池子长度(m),一般采用宽长比为 1～2
4. 沉淀区表面积 A'	$A'=\dfrac{Q}{q}(\mathrm{m}^2)$	q——沉淀区表面水力负荷 0.03～0.12 $\mathrm{m}^3/(\mathrm{m}^2\cdot\mathrm{h})$
5. 池子总高 H	$H=h_1+h_2(\mathrm{m})$	h_1——超高(m),一般采用 0.3～0.5 m

4) 设计校核

① 厌氧池容积 V

$$V=L\times B\times H=90\times100\times6=54\,000\ (\mathrm{m}^3)$$

② 最大水力停留时间 T

设计规模 Q 为 1 200 m^3/d,则水量调节 T 时间为

$$T=\frac{V}{Q}=\frac{54\,000}{1\,200}=45\ (\mathrm{d})$$

校核表明,厌氧池水力停留满足要求。

9. 前处理效果

老港渗滤液前处理总体而言,水力停留时间过短,不利于后续处理。但由于进水为混合污水,COD 浓度在 10 000 mg/L 左右,经厌氧处理后,浓度变为 4 000 mg/L 左右。厌氧出水再经过兼性池的处理,COD 浓度变为 2 000 mg/L 左右,适合采用矿化垃圾反应床处理。

矿化垃圾反应床是整个渗滤液处理工艺的关键单元,有机物的降解,氨氮的去除,主要发生在 3 个反应床里。三个反应床为长方形结构,上部设有大阻力布水装置,下部采用穿孔 HDPE 管作为收集管。

(1) 基本设计参数

① 反应床表面水力负荷率 0.07～0.11 m^3 渗滤液/(m^2 池表·d);

② 反应床容积水力负荷率 0.02～0.04 m^3 渗滤液/(m^3 垃圾体积·d),表观总容积水力负荷率 0.008～0.012 5 m^3 渗滤液/(m^3 总垃圾体积·d);

③ 矿化垃圾有效高度 2.0～3.0 m;

④ 反应床的水量损失为 6%～12%;

⑤ 池子保护高度不小于 0.5 m。

（2）计算示意图与计算公式

计算示意图如图 5-6 所示。

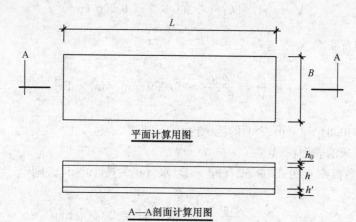

平面计算用图

A—A剖面计算用图

图 5-6　卧式矿化垃圾反应床计算示意图

计算公式如表 5-6 所示。

表 5-6　　　　　　　　　　卧式反应床的计算公式

名　　称	公　式	符　号　说　明
1. 反应床表面积 A	$A = \dfrac{Q}{q}$	Q——日平均设计流量（m³/d） q——反应床表面水力负荷率[m³/(m²·d)]，一般采用 0.07～0.11 m³/(m²·d)
2. 反应床垃圾体积 V	$V = A \times h (\text{m}^3)$	h——垃圾有效高度（m），一般采用 2.0～3.0 m
3. 垃圾体积负荷率 N_v	$N_v = \dfrac{Q}{V} (\text{m}^3/\text{m}^3 \cdot \text{d})$	N_v——垃圾体积负荷率[m³/(m³·d)]，一般采用 0.02～0.04 m³/(m³·d)
4. 表观体积负荷率 N_v'	$N_v' = \dfrac{Q}{\sum\limits_{i=1}^{3} V_i} (\text{m}^3/\text{m}^3 \cdot \text{d})$	N_v'——垃圾体积负荷率[m³/(m³·d)]，一般采用 0.008～0.012 5 m³/(m³·d)
5. 池子总高 H	$H = h_0 + h + h' (\text{m})$	h_0——超高（m），一般采用 0.5～1.0 m h'——集水层高度（m）

（3）反应床反应区的计算

① 处理规模 Q

反应床的处理规模为 200 m³/d

② 一级反应床的表面积 A_1

取表面水力负荷率 q_1 为 0.09 m³/(m²·d)。则

$$A_1 = \frac{Q}{q_1} = \frac{200}{0.09} \approx 2\,200 (\text{m}^2)$$

A_1 实际取 2 300 m²，$L_1 \times B_1 = 56 \text{ m} \times 41 \text{ m} \approx 2\,300 \text{ m}^2$。

③ 一级矿化垃圾的体积 V_1

有效高度 h_1' 设为 3 米。则

$$V_1 = A_1 \times h_1' = 2\,300 \times 3 = 6\,900\,(\text{m}^3)$$

④ 校核体积负荷率 N_{v1}

$$N_{v1} = \frac{Q}{V} = \frac{200}{6\,900} \approx 0.029\,[\text{m}^3/(\text{m}^3 \cdot \text{d})]$$

N_{v1} 在 $0.02 \sim 0.04\,\text{m}^3/(\text{m}^3 \cdot \text{d})$ 的范围内，满足要求。

⑤ 二级反应床的表面积 A_2

取表面水力负荷率 q_2 为 $0.09\,\text{m}^3/(\text{m}^2 \cdot \text{d})$，水量损失按 10% 计。则

$$A_2 = \frac{Q_2}{q_2} = \frac{200 \times (1 - 10\%)}{0.09} = 2\,000\,(\text{m}^2)$$

A_2 实际取 $2\,000\,\text{m}^2$，$L_2 \times B_2 = 45\,\text{m} \times 45\,\text{m} \approx 2\,000\,\text{m}^2$。

⑥ 二级矿化垃圾的体积 V_2

有效高度 h_2' 设为 3 米。则

$$V_2 = A_2 \times h_2' = 2\,000 \times 3 = 6\,000\,(\text{m}^3)$$

⑦ 校核体积负荷 N_{v2}

$$N_{v2} = \frac{Q_2}{V_2} = \frac{200 \times (1 - 10\%)}{6\,000} = 0.030\,[\text{m}^3/(\text{m}^3 \cdot \text{d})]$$

N_{v2} 在 $0.02 \sim 0.04\,\text{m}^3/(\text{m}^3 \cdot \text{d})$ 的范围内，满足要求。

⑧ 三级反应床的表面积 A_3

取表面水力负荷率 q_3 为 $0.07\,\text{m}^3/(\text{m}^2 \cdot \text{d})$，水量损失按 10% 计。则

$$A_3 = \frac{Q_3}{q_3} = \frac{200 \times (1 - 10\%) \times (1 - 10\%)}{0.08} \approx 2\,000\,(\text{m}^2)$$

A_3 实际取 $2\,000\,\text{m}^2$，$L_3 \times B_3 = 45\,\text{m} \times 45\,\text{m} \approx 2\,000\,\text{m}^2$。

⑨ 三级矿化垃圾的体积 V_3

有效高度 h_2' 设为 3 米。则

$$V_3 = A_3 \times h_3' = 2\,000 \times 3 = 6\,000\,(\text{m}^3)$$

⑩ 校核体积负荷 N_{v3}

$$N_{v3} = \frac{Q_3}{V_3} = \frac{200 \times (1 - 10\%)(1 - 10\%)}{6\,000} = 0.027\,[\text{m}^3/(\text{m}^3 \cdot \text{d})]$$

N_{v3} 在 $0.02 \sim 0.04\,\text{m}^3/(\text{m}^3 \cdot \text{d})$ 的范围内，满足要求。

⑪ 矿化垃圾总体积 V

$$V = \sum_{i=1}^{3} V_i = 6\ 900 + 6\ 000 + 6\ 000 = 18\ 900\ (\text{m}^3)$$

⑫ 反应床总表面积 A

$$A = \sum_{i=1}^{3} A_i = 2\ 200 + 2\ 000 + 2\ 000 = 6\ 200\ (\text{m}^2)$$

⑬ 表观总容积水力负荷率 N_v'

$$N_v' = \frac{Q}{\sum\limits_{i=1}^{3} V_i} = \frac{200}{18\ 900} = 0.0106\ [\text{m}^3/(\text{m}^3 \cdot \text{d})]$$

N_v' 在 $0.008 \sim 0.0125\ \text{m}^3/(\text{m}^3 \cdot \text{d})$ 的范围内,满足要求。

图 5-7 和图 5-8 分别为矿化垃圾反应床的的平面和剖面图。

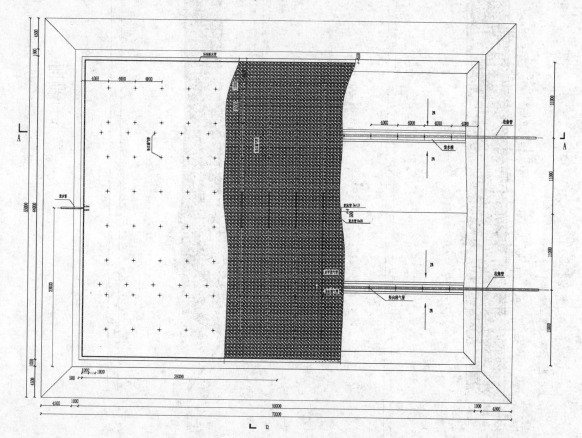

图 5-7 卧式(一级)矿化垃圾反应床平面图

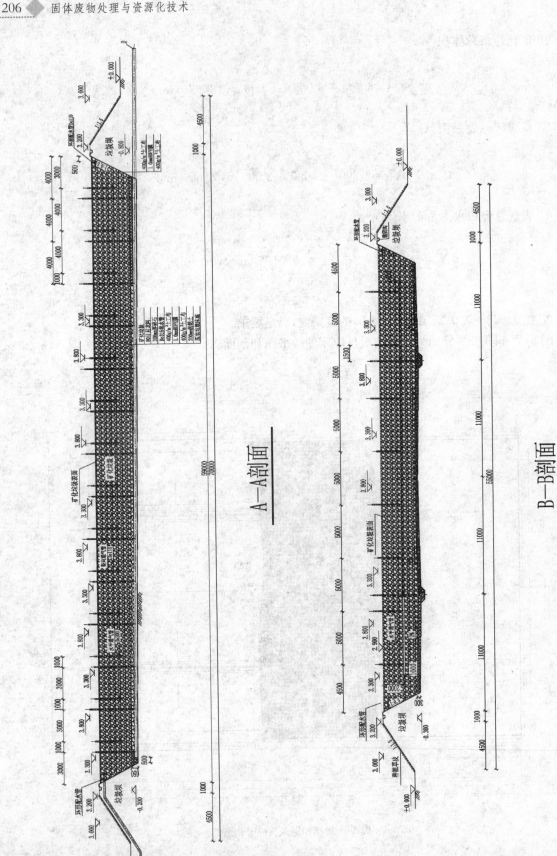

图 5-8　卧式（一级）矿化垃圾反应床剖面图

渗滤液处理示范工程的规模 400 m³/d,其中卧式和塔式的处理规模分别为 200 m³/d。

卧式系统设置三级矿化垃圾反应床分别与三个集水池串联,处理能力 200 m³/d,占地约 12 900 m²,位于 10♯单元的西北边大半部分。三级串联的矿化垃圾反应床按处理流程从西向东布置。塔式反应床分为 4 组,设置在 10♯单元北部的剩余部分,占地面积 4 200 m²。总平面布置图见图 5-9。

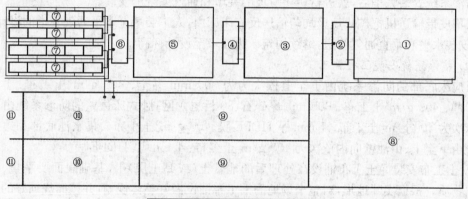

①	一级反应床	⑦	塔式反应床
②	第一集水池	⑧	调节池
③	二级反应床	⑨	厌氧池
④	第二集水池	⑩	兼性池
⑤	三级反应床	⑪	曝气池
⑥	第三集水池	⑫	提升泵

图 5-9　矿化垃圾反应床总平面布置图

二、工程施工

1. 工程内容概述

(1)矿化垃圾反应床

矿化垃圾反应床的施工内容主要有垃圾坝的构筑,底部黏土、土工布和 HDPE 膜等防渗系统的铺设安装,收集管道系统的安装,复氧通风系统的安装,矿化垃圾装填等。

(2)集水池

集水池施工内容主要有坑槽的开挖、防渗系统的安装、抗浮系统的安装。

(3)水泵管道系统

水泵管道系统施工内容主要有水泵的安装、水表井和阀门井的施工、输配水管道的安装、布水喷淋管系统安装。

2. 单体施工

(1)建设场地准备

准备工作的主要内容为:

① 场地平整。通过挖填施工平整场地达到设计标高的要求。

② 地面水排除。为及时排除地表水,设置 2‰~4‰坡度,坡向排水沟。

③ 地下水的降排。开挖宽度为 4~5 m,深度为 3 m 左右的集水渠,通过潜污泵排水。

(2)集水池施工

集水池边坡为 1∶0.5,坑槽开挖厚度为 0.4~0.6 m。

为保证开挖的连续进行,1 台挖掘机和配备 2 辆自卸车运土。

集水池挖好后,就进行整平。整平后,在其底部铺设 20 cm 厚的黏土。黏土之上依次为

2 mm HDPE 膜及灌砼 HDPE 管。在集水池顶部周边浇上约 40 mm 厚的混凝土压膜墙。

（3）矿化垃圾床施工

利用推土机平整矿化床的基底至设计标高，接着用挖掘机填筑垃圾坝。垃圾坝分层填筑，每层厚度 30～40 cm，用压路机认真压实。填筑过程中维持垃圾坝的设计坡度，填至设计高度3.0 m 后，预抛高 20 cm 供以满足自然沉降要求。

防渗系统安装完毕后，就进行矿化垃圾的装填和通气系统的安装。

采用皮带输送机把矿化垃圾均匀输送反应床床内，人工装填至水平通气管道的设计标高，固定/安装水平和垂直通气管道，继续填筑矿化垃圾至设计标高。

（4）防渗系统安装工程施工

反应床底部的防渗系统由下至上依次为为 300 mm 黏土、400 g/m² 土工布、1 mm 厚HDPE 膜、400 g/m² 土工布、300 mm 厚碎石、80 目尼龙网；卧式床边壁的防渗系统由垃圾坝向内依次为 400 g/m² 土工布、1 mm 厚 HDPE 膜、400 g/m² 土工布。集水池底部和边壁的防渗系统由下至上、由池壁向内依次为 400 g/m² 土工布、1 mm 厚 HDPE 膜。

① 土工布安装。土工布铺设在处理后的地基土（或黏土层）上，基础表面要平整、无尖锐或突出物质。根据实际地形，对整个场地的土工布铺设做好整体规划，并按照规划好的土工布布置图来铺设。土工布采用缝合连接，重叠 150 mm。土工布在坡面上的接缝与坡面平行，铺设要平整，无破损和褶皱现象。

② HDPE 膜的安装。HDPE 膜铺设在土工布上部，施工前清理土工布表面的泥块、积水、石块、树根、杂物和其他可能损坏 HDPE 膜的物质。按规划示意图进行膜块的裁剪，并顺序搬运到施工现场相对应的位置。铺设顺序为先边坡后场底。膜片的搭接宽度在 100 mm 左右，在已铺好土工布（或膜）的上面不要堆放使用任何与铺膜无关的设备。外露膜的边缘应压上砂袋或者其他不会对膜产生损坏的重物，以免被风吹脱。

③ 碎石的安装。矿化垃圾床的防渗层上要进行碎石的安装。首先用皮带机将碎石输送至床内，在垃圾床内铺设三夹板供两轮手推车行走，轮子不能直接压在防渗土工膜上，通过手推车搬运碎石至需铺设的部位，卸料后用人工持铁锹摊平。作业时，施工人员要穿软质胶底鞋子。铁锹等硬性工具，不允许接触到土工膜层。

（5）管道安装工程施工

管道安装工程施工包括管材的搬运、沟槽的开挖、铺设、水压测试、沟槽回填等工种。

抵达现场的 HDPE 管用吊车卸载、搬运时，用非金属绳子吊装。开挖沟槽主要是避免过度开挖，保证槽底和槽壁平整，及时排除基底积水，以免槽底受水浸泡。HDPE 管的两头必须临时封住防止污物或外来物质进入。

铺设 HDPE 管时，不要在锋利物体上拉动，保证安装坡度满足设计要求。HDPE 管管材连接采用平头熔接和鞍形熔接相结合的方式。

管道连接完毕后，就进行水压测试。水压测试满足要求后就可回填，回填材料的最初铺设厚度为 150 mm，必须人工夯实。最终回填材料的水平分层厚度不超过 300 mm，采用机械压实机完全均匀地压实。

三、试运行

工程竣工后，11 月进入试运行阶段。试运行目的是为了恢复矿化垃圾的微生物活性，内容包括布水时间的设置和进水流量的调节。

进水前对矿化垃圾和进水渗滤液进行了测试。渗滤液取自吸水泵前，矿化垃圾来自深度为0.5 m随机四个点的等量混合垃圾。检验结果如表5-7所示。

表5-7　　　　　　　　　　　渗滤液和矿化垃圾特性

内容	项目	单位	数值	项目	单位	数值
渗滤液	COD	mg/L	1 352	BOD$_5$	mg/L	476
	TOC	mg/L	413	NH$_3$-N	mg/L	518
	SS	mg/L	783	DO	mg/L	0.7
	pH		8.2	TP	mg/L	1.6
一级床矿化垃圾	有机质	%	15.42	阳离子交换容量	mmol/100g	19.2
	pH		7.3	细菌总数	×10^{6}个/g	1.1
二级床矿化垃圾	有机质	%	12.34	阳离子交换容量	mmol/100g	21.8
	pH		7.1	细菌总数	×10^{6}个/g	1.7
三级床矿化垃圾	有机质	%	14.18	阳离子交换容量	mmol/100g	17.2
	pH		7.3	细菌总数	×10^{6}个/g	1.3

由表5-7可知,渗滤液COD浓度为1 352 mg/L,浓度比较高,B/C比为0.35,属于可生化污水,NH$_3$-N浓度也比较高。矿化垃圾的有机质含量12%～16%,阳离子交换容量17～22 mmol/100g,细菌总数在1.1×10^6～1.7×10^{6}个,矿化垃圾的这些特征满足作为反应床生物填料的要求。

（1）试运行

试运行阶段进水量分阶段由低到高逐步调节,初次进水流量定为设计流量的25%,以后每次进水按设计流量的25%递增,每阶段调节的时间长度为7天。

每天分10次进水,每天进水开始时间为7:00,最后一次布水在16:00,中间每一整点布水一次。每次进水时长根据设定流量平均,最初到最后阶段的每次时长分别为3,7,10,和14分钟。

（2）试运行结果

① 布水系统。试运行过程中发现布水系统的水舌粉碎良好,布水均匀,表明布水系统运行正常。每级反应床进水3天后发现床面有局部下沉现象,下沉原因主要是由于装填矿化垃圾含水率不均,导致进水后含水率发生不同变化,体积发生变化。表面下沉没有引起床面积水,表明反应床渗透性能好。为避免以后可能出现积水和短流,下沉面都及时补填矿化垃圾。

② 反应床出水。反应床的出水均存在着滞后现象,一、二、三级反应床滞后时长均约为4天。反应床出水结果如表5-8所示。

表5-8　　　　　　　　　　　试运行结果

项目	单位	时间/d	反应床进水	一级反应床		二级反应床		三级反应床	
				出水	去除率	出水	去除率	出水	去除率
pH		1	8.6	7.4		7.6		7.4	
		3	8.1	7.7		7.4		7.2	
		6	8.1	8.0		7.6		7.8	
		9	8.3	7.6		7.7		7.5	
		12	8.0	7.8		7.6		7.5	

续表

项目	单位	时间/d	反应床进水	一级反应床		二级反应床		三级反应床	
				出水	去除率	出水	去除率	出水	去除率
pH		15	8.2	7.7		7.5		7.7	
		18	8.2	7.8		8.0		7.8	
		21	8.2	7.5		7.3		7.1	
		24	7.0	7.5		7.2		7.2	
		27	8.0	7.2		7.1		6.9	
		30	8.0	7.2		7.1		7.0	
		33	8.2	7.5		7.3		7.2	
		36	8.2	7.4		7.2		7.3	
		39	8.3	7.6		7.7		7.5	
DO	mg/L	1	0.8	6.5		6.4		7.1	
		3	1.1	6.6		4.9		6.7	
		6	1.0	5.6		6.0		6.4	
		9	2.7	3.0		5.1		5.9	
		12	1.0	5.3		7.1		6.9	
		15	1.5	7.7		7.5		7.7	
		18	1.2	5.2		7.5		7.4	
		21	1.3	4.9		7.1		7.6	
		24	0.0	4.6		5.7		6.7	
		27	0.0	5.4		5.7		6.3	
		30	0.1	5.1		5.9		5.3	
		33	0.2	4.3		7.0		7.9	
		36	0.1	3.7		5.2		5.0	
		39	0.1	3.5		4.8		5.7	
COD_{Cr}	mg/L	1	986	998	−1.2	559	43.3	562	43.0
		3	1 396	619	55.7	538	61.5	579	58.5
		6	1 088	842	22.6	530	51.3	552	49.3
		9	1 064	750	29.5	451	57.6	430	59.6
		12	1 106	722	34.7	436	60.6	542	51.0
		15	1 076	492	54.3	406	62.3	480	55.4
		18	1 132	490	56.7	369	67.4	506	55.3
		21	1 096	612	44.2	409	62.7	362	67.0
		24	2 616	991	62.1	336	87.2	346	86.8
		27	2 441	371	84.8	307	87.4	347	85.8
		30	1 915	282	85.3	311	83.8	256	86.6
		33	2 166	776	64.2	327	84.9	245	88.7
		36	2 143	338	84.2	300	86.0	257	88.0
		39	1 875	475	74.7	613	67.3	323	82.8

续表

项目	单位	时间/d	反应床进水	一级反应床		二级反应床		三级反应床	
				出水	去除率	出水	去除率	出水	去除率
NH₃-N	mg/L	1	649	207	68.1	49	92.4	59	90.9
		3	614	95	84.5	57	90.7	74	87.9
		6	686	241	64.9	33	95.2	61	91.1
		9	539	201	62.7	31	94.2	118	78.1
		12	629	297	52.8	39	93.8	84	86.6
		15	616	118	80.8	44	92.9	88	85.7
		18	593	115	80.6	106	82.1	107	82.0
		21	619	233	62.4	44	92.9	58	90.6
		24	1 447	79	94.5	17	98.8	18	98.8
		27	1 235	116	90.6	19	98.5	11	99.1
		30	1 583	63	96.0	16	99.0	13	99.2
		33	1 161	472	59.3	10	99.1	15	98.7
		36	1 171	18	98.5	13	98.9	7	99.4
		39	958	18	98.1	2	99.8	10	99.0

由表 5-8 可知,反应床进水的溶解氧浓度大部分为 0.1,但每级出水的溶解氧浓度都在 3.0 以上,表明在布水系统和通气系统共同作用下,反应床的供氧能力是良好的,同时也说明,反应床主要是在好氧情况下运行的。

由表 5-8 和图 5-10 可知,进水 COD 浓度变化范围为 980～2 610 mg/L,变化幅度较大,但出水浓度始终为 110～370 mg/L,去除率接近 90%,表明反应床对 COD 降解能力强。

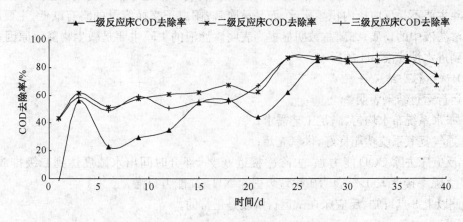

图 5-10 各级反应床 COD 去除率变化曲线

由表 5-8 和图 5-11 可知,NH₃-N 浓度由 600～1 300 mg/L 降到浓度 7 mg/L 左右,去除率达到 99%,表明系统去除 NH₃-N 能力很强。NH₃-N 浓度的降低也是 pH 由 8 以上逐渐降低到 7 的原因。

(3)矿化垃圾特性

在试运行最后对每个床的矿化垃圾进行一次性质检测,结果如表 5-9 所示。

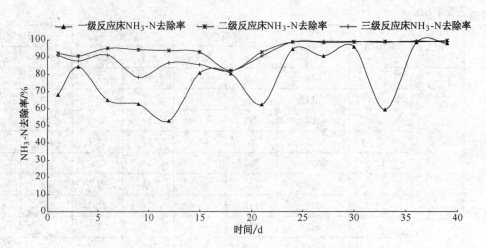

图 5-11　各级反应床 NH$_3$-N 去除率变化曲线

表 5-9 　　　　　　　　　　　　　试运行阶段矿化垃圾的性质

反应床	项目	单位	数值	项目	单位	数值
一级	有机质	%	14.13	阳离子交换容量	mmol/100g	16.2
	pH		7.5	细菌总数	×10^{6}个/g	23.4
二级	有机质	%	15.24	阳离子交换容量	mmol/100 g	18.4
	pH		7.3	细菌总数	×10^{6}个/g	17.8
三级	有机质	%	14.61	阳离子交换容量	mmol/100 g	18.9
	pH		7.1	细菌总数	×10^{6}个/g	15.1

由表 5-9 可以看出,反应床的有机质约 14.5%,与开始进水前相比,变化不大,表明有机物的去除主要不是反应床内积累所致,而是被降解;阳离子交换容量的略有减低,主要原因是吸附了渗滤液中的物质;细菌总数明显提高表明渗滤液的去除主要是微生物降解原因;pH 的变化受到进水渗滤液 pH 的影响。

（4）试运行小结

试运行运行结果表明：

① 布水系统布水均匀,满足工艺需求;

② 通气复氧系统功能良好,供氧充足;

③ 反应床去除 COD 能力强,去除率接近 90%,部分时间出水浓度达到二级排放标准; NH$_3$-N 去除率接近 100%,表明矿化垃圾去除 NH$_3$-N 能力很强。

由此以上 3 点可知,反应床在试运行阶段是正常的。

第三节　矿化垃圾反应床渗流变化模型

布水均匀是反应床高效处理渗滤液的关键因素,因此,布水不均匀或矿化床堵塞(间接表现为布水不均匀)是最需要解决问题之一。多次现场试验表明,采用小服务半径的园林喷头代替穿孔管布水,解决了布水均匀性和防堵塞问题,但反应床堵塞的问题仍未完全解决。虽然二、三级反应床也会堵塞,但堵塞主要发生在第一级反应床。引起堵塞的原因和解决办法是运行管理亟需解决的问题。研究反应床渗流变化是解决反应床堵塞的理论基础。本章将通过模拟矿化床的运行,来研究反应床的渗流变化规律。

一、模型基本特征

矿化垃圾是由大量不同形状、不同粒径和不同种类物质组成的多孔介质集合体。与渗流有关的特征参数定义如下:

1. 垃圾的孔隙率 n

单位体积垃圾中空隙所占体积的大小。

$$n = \frac{V_i}{V_0} \tag{5-1}$$

式中　V_i——孔隙所占体积,m^3;

V_0——垃圾总体积,m^3。

2. 持水度 n_w

单位体积垃圾中,持水所占的体积。

$$n_w = \frac{V_w}{V_0} \tag{5-2}$$

式中　V_w——持水所占体积,m^3。

3. 给水度 n_a

单位体积垃圾中,排出水所占的体积。

$$n_a = \frac{V_a}{V_0} \tag{5-3}$$

式中　V_a——给水所占体积,m^3。

4. 渗透系数 k

根据地下水力学可知,流动水质点间存在着摩擦阻力,最靠近固体边缘的重力水,流速趋近于零,随距离固体边缘逐渐变大,速度相应逐渐变大。借用水力学中的渗透系数,可研究水在垃圾的渗透能力。

渗透系数的关系式如下:

$$k = \frac{qL}{AH} \tag{5-4}$$

式中　L——流线的长度,m;

H——水头差或水头损失,m;

A——过水断面面积,m^2;

q——流量,m^3/s。

渗透系数 k 与矿化垃圾的组成、孔隙大小、温度等有关。k 值大表示透水性能好。一方面,影响渗透最主要因素是垃圾的空隙大小,空隙越小,透水性越差;另一方面,在空隙大小相等的前提下,孔隙度越大,能够透过的水量愈多,土的透水性也愈好。

二、矿化垃圾渗流变化试验

1. 试验装置和材料

① 试验共设计 3 套装置。装置主要由 De100 mm 的 PVC 管构成,底部用不锈钢纱网作为支架层,上铺加 50 mm 左右的碎石,在碎石上填充设置深度的矿化垃圾。矿化垃圾的高度

分别为 300 mm,500 mm 和 1 000 mm。在矿化垃圾上部留有 400 mm 长度的空间。在柱子下部设有漏斗和出水收集桶。装置示意图如图 5-12 所示。

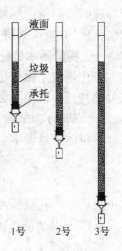

② 矿化垃圾开挖并风干至易于筛分,然后碾压多遍,最后用 5 mm 筛子进行筛分。筛下的矿化垃圾细料,分层加入 3 个柱子里,每层都有用木棍冲实,直至设计高度。

2. 试验步骤

① 测定矿化垃圾矿化垃圾的含水率;

② 称量加入矿化垃圾前、后各柱的质量;

③ 加水直至柱子底部出水均匀稳定,记录进、出水量;

④ 停止进水,静置 2 天,记录流出的水量;

⑤ 计算有关基本参数;

⑥ 保持液面高于矿化垃圾表面 200 mm,分别采用自来水和渗滤液作试验流体;

图 5-12 矿化垃圾渗透实验装置示意图

⑦ 记录反应柱的进水时间,进、出水量;

⑧ 统计有关参数,列表作图。

各柱基本参数如表 5-10 所示。

表 5-10 　　　　　　　　　　　**柱子的基本参数**

柱号	有效高度/m	容积/mL	含水率	原含水量/mL	进水量/mL	给水 水量/mL	给水 给水度	持水 水量/mL	持水 持水度	孔隙率
1	0.3	2 356	17.3%	408	567	252	10.7%	723	30.7%	41.4%
2	0.5	3 927	17.3%	679	990	487	12.4%	1 182	30.1%	42.5%
3	1.0	7 854	17.3%	1 359	2 034	1 084	13.8%	2 309	29.4%	43.2%

由表 5-10 可以看出,矿化垃圾的给水度比较小,持水度相对较大,表明矿化垃圾是一种亲水物质。各柱的孔隙度不同,可能是由于填充密实度不同导致的。

3. 试验结果

(1) 自来水进水试验

采用自来水进行渗流试验,主要目的是为了测定矿化垃圾的本底渗透系数。本阶段的试验结果如表 5-11 所示。

表 5-11 　　　　　　　　　　　**柱子本底特征**

序号	时间/h 时长	时间/h 累积	出水/mL 阶段	出水/mL 累积	渗透系数/(m/s) 阶段	渗透系数/(m/s) 平均
			1 号柱			
1	1	1	5 334	5 334	1.13E-04	1.13E-04
2	1	2	5 716	11 050	1.21E-04	1.17E-04
3	1	3	5 405	16 455	1.15E-04	1.16E-04
4	1	4	6 308	22 763	1.34E-04	1.21E-04
5	1	5	5 739	28 502	1.22E-04	1.21E-04

续表

序号	时间/h		出水/mL		渗透系数/(m/s)	
	时长	累积	阶段	累积	阶段	平均
2号柱						
6	1	1	5 116	5 116	1.29E-04	1.29E-04
7	1	2	5 212	10 328	1.32E-04	1.30E-04
8	1	3	5 147	15 475	1.30E-04	1.30E-04
9	1	4	4 986	20 461	1.26E-04	1.29E-04
10	1	5	5 053	25 514	1.28E-04	1.29E-04
3号柱						
11	1	1	4 876	4 876	1.44E-04	1.44E-04
12	1	2	4 955	9 831	1.46E-04	1.45E-04
13	1	3	5 013	14 844	1.48E-04	1.46E-04
14	1	4	4 797	19 641	1.41E-04	1.45E-04
15	1	5	4 864	24 505	1.43E-04	1.44E-04
渗透系数						
16	平均渗透系数:(1.21E-04+1.29E-04+1.44E-04)/3=1.31E-04 (m/s)					

由表 5-11 可以看出,矿化垃圾的本底渗透系数较大,平均渗透系数为 1.31×10^{-4} m/s,变化范围为 $1.1 \times 10^{-4} \sim 1.5 \times 10^{-4}$ m/s,与中细砂的渗透系数 $0.1 \times 10^{-4} \sim 2.0 \times 10^{-4}$ m/s 在同一数量级范围里。表明矿化垃圾具较好的透水性能。由表也可看出,渗透系数随着柱高的增大而变大,也就是随着孔隙率的增大而增大。

（2）渗滤液进水试验

① 试验现象。进水试验发现,渗滤液悬浮物被矿化垃圾截留在反应床表面形成一层胶状的污泥层,污泥深入矿化垃圾表面 100～300 mm。刮下污泥测定其含水率,发现含水率为 94%～98%。

② 试验结果。渗滤液进水试验结果如表 5-12 所示。由表 5-12 可以看出,进水渗滤液悬浮物浓度约为 1 300 mg/L。各柱的出水流量随进水时间的增大逐渐减小,渗透系数也随之迅速变小。

三、渗流模型

由表 5-10 和表 5-11 知矿化垃圾的渗透系数与孔隙率有直接关系。因此,对表 5-12 作如下处理:

（1）由于截留污泥含水率在 94%～98% 之间,故设定污泥的含水率为 95%。

（2）污泥深入反应床 100～300 mm,故取平均值 200 mm 作为污泥的影响深度。因此,建立孔隙比定义,定义式如下:

$$\text{孔隙比} = \frac{\text{进水截留悬浮物所占的体积}}{200 \text{ mm 高度内矿化垃圾的孔隙体积}} \times 100\% \tag{5-5}$$

（3）由式(5-5)计算出各阶段的渗透系数和累积计算渗透系数(称表观渗透系数)。

表 5-12　柱子正常特征

序号	时长/h 阶段	时长/h 累积	出水/mL 阶段	出水/mL 累积	悬浮物/(mg/L) 进水	悬浮物/(mg/L) 出水	截留固体 质量/mg 阶段	截留固体 质量/mg 累积	面积污泥负荷/(kg/m²)	体积/mL 阶段	体积/mL 累积	所占孔隙比 阶段	所占孔隙比 累积	渗透系数/(m/s) 阶段	渗透系数/(m/s) 本底比	渗透系数/(m/s) 累积计算
1	1	1	5 162	5 162	1 360	248	5 740	5 740	0.731	115	115	18%	18%	1.10E-04	90.91%	1.10E-04
2	4	5	7 064	12 226	1 360	190	8 265	14 005	1.783	165	280	26%	43%	3.75E-05	30.99%	5.19E-05
3	24	29	6 789	19 015	1 276	174	7 481	21 487	2.736	150	430	23%	67%	6.00E-06	4.96%	1.39E-05
4	48	77	2 487	21 502	1 447	97	3 357	24 844	3.163	67	497	10%	77%	1.10E-06	0.91%	5.93E-06
5	48	125	1 395	22 897	1 328	114	1 694	26 537	3.379	34	531	5%	82%	6.17E-07	0.51%	3.89E-06
														1号柱		
6	1	1	4 100	4 100	1 360	197	4 768	4 768	0.607	95	95	14%	14%	1.04E-04	80.62%	1.04E-04
7	4	5	7 154	11 253	1 360	129	8 807	13 575	1.728	176	271	27%	41%	4.52E-05	35.04%	5.69E-05
8	24	29	7 436	18 689	1 276	97	8 767	22 342	2.845	175	447	26%	67%	7.83E-06	6.07%	1.63E-05
9	48	77	2 607	21 296	1 447	54	3 632	25 973	3.307	73	519	11%	78%	1.37E-06	1.06%	6.99E-06
10	48	125	1 505	22 802	1 328	28	1 957	27 930	3.556	39	559	6%	84%	7.92E-07	0.61%	4.61E-06
														2号柱		
11	1	1	3 870	3 870	1 360	175	4 586	4 586	0.584	92	92	14%	14%	1.14E-04	79.21%	1.14E-04
12	4	5	6 602	10 472	1 360	154	7 962	12 548	1.598	159	251	23%	37%	4.86E-05	33.78%	6.17E-05
13	24	29	7 646	18 118	1 276	87	9 091	21 639	2.755	182	433	27%	64%	9.39E-06	6.52%	1.84E-05
14	48	77	3 548	21 666	1 447	32	5 020	26 659	3.394	100	533	15%	79%	2.18E-06	1.51%	8.29E-06
15	48	125	806	22 472	1 328	14	1 059	27 719	3.529	21	554	3%	82%	4.95E-07	0.34%	5.30E-06
														3号柱		

1. 渗透系数曲线

（1）孔隙比和渗透系数的关系

表5-12孔隙比与阶段渗透系数的关系曲线，并通过统计方式得出了各柱的趋势曲线的关系式。结果如图5-13、图5-14和图5-15所示。

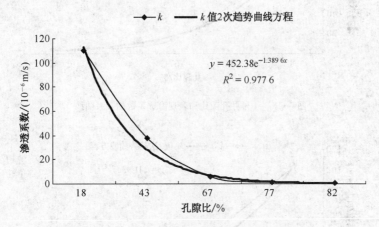

图5-13　1号柱孔隙比和阶段渗透系数的关系曲线

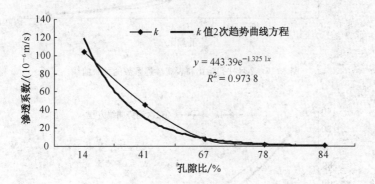

图5-14　2号柱孔隙比和阶段渗透系数的关系曲线

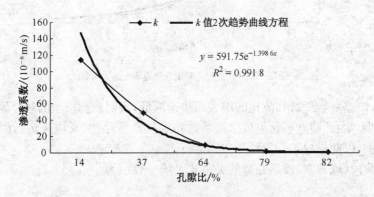

图5-15　3号柱孔隙比和阶段渗透系数的关系曲线

实际工程中，设计和运行者更为关心的是累积计算渗透系数与孔隙比的关系。根据表5-12可得出如图5-16、图5-17和图5-18的关系曲线和曲线方程。

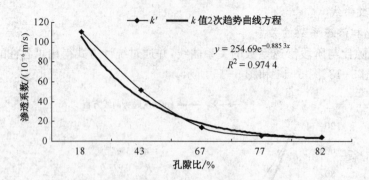

图 5-16　1号柱孔隙比和表观渗透系数的关系曲线

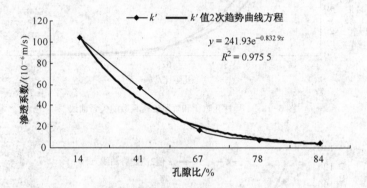

图 5-17　2号柱孔隙比和表观渗透系数的关系曲线

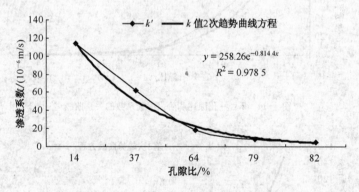

图 5-18　3号柱孔隙比和表观渗透系数的关系曲线

可以看出,渗透系数随着孔隙比的增大而快速减低,表明渗滤液里的悬浮物决定矿化垃圾渗透能力的大小。为此建立矿化垃圾渗透系数和水量及悬浮物、反应床运行时间和水量及悬浮物的数学模型,以此指导工程设计和实际运行。

孔隙比和阶段(或表观)渗透系数的关系式可统一表示为

$$y = a\mathrm{e}^{bx} \tag{5-6}$$

式中　y——阶段渗透系数,mm/h;

　　　x——孔隙比,%;

　　　a,b——系数。

$$x = c \sum (Vs) \tag{5-7}$$

式中 V——水量，m^3；

$\qquad$ s——被截留悬浮物的浓度，kg/m^3；

$\qquad$ c——系数。

由式(5-6)和式(5-7)得出式(5-8)。

$$y = a e^{b' \sum (Vs)} \tag{5-8}$$

式中 b'——系数。

由式5-8可知渗透系数 y 和 $\sum (Vs)$ 是以 e 为底的指数关系。因此，只要固定 V 或 s 中的一个，就能得出 y 与 V 或 s 的关系式。若 V 和 s 均随时间发生改变，则可通过列表方式确定 y。

（2）面积污泥负荷和渗透系数的关系

因为孔隙率测定不便，为便于工程应用，建立渗透系数与面积污泥负荷的关系。

面积污泥负荷的定义如下：

$$N_A = \frac{\sum (Vs)}{A} \tag{5-9}$$

式中 N_A——单位面积污泥负荷，kg/m^2；

$\qquad$ A——反应床表面积，m^2。

图 5-19～图 5-24 为渗透系数与单位面积污泥负荷的关系图。

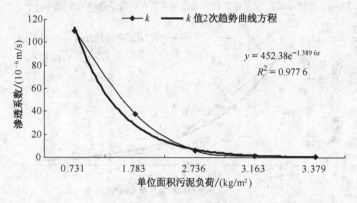

图 5-19　1号柱面积污泥负荷和阶段渗透系数的关系曲线

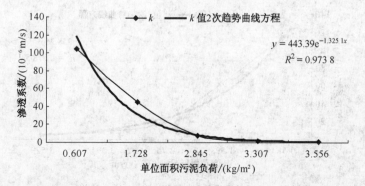

图 5-20　2号柱面积污泥负荷和阶段渗透系数的关系曲线

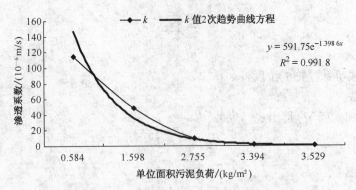

图 5-21　3 号柱面积污泥负荷和阶段渗透系数的关系曲线

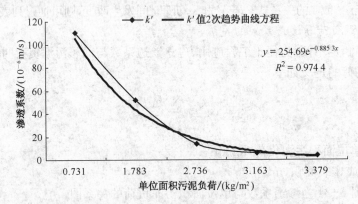

图 5-22　1 号柱面积污泥负荷和表观渗透系数的关系曲线

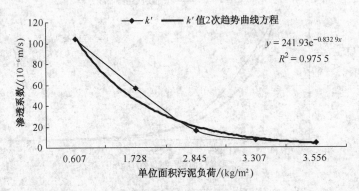

图 5-23　2 号柱面积污泥负荷和表观渗透系数的关系曲线

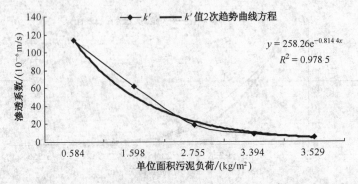

图 5-24　3 号柱面积污泥负荷和表观渗透系数的关系曲线

面积污泥负荷和表观渗透系数的关系曲线的相关度 R^2 大于 0.9，表明所得到的趋势方程是比较稳定的，可以通过方程预测渗滤液处理过程中渗透系数。式(5-10)为面积污泥负荷和表观渗透系数的关系通式。

$$y = a_0 e^{b_0 x} \tag{5-10}$$

式中 a_0,b_0——系数。

2. 模型应用

实际过程不需要了解渗透系数的变化，仅仅关心处理量和所需时间的关系，因此建立处理量和时间的关系是很重要的。由上述关系式可知，渗透系数与 V 和 S 的乘积有关，因此，要得到 t 和 V 的关系，需要假定 s 的变化。

(1) s 为定值时，布水时间 t 的确定

模型的实际应用过程中，经常要了解在某特定的悬浮物浓度的情况下，处理水量和运行时间关系。因此，建立建立处理水量和运行时间的数学模型是现实运行的需要。

由于 s 为特定，因此式(5-10)可变为

$$y = a_0 e^{b_0 sV} \tag{5-11}$$

比较式(5-11)(注：只能采用表观渗透系数)与式(5-9)得：

$$\frac{qL}{AH} = a_0 e^{b_0 sV} \times 10^{-6} \tag{5-12}$$

式中 10^{-6}——变换系数。

因为 A,H 和 L 与反应器参数有关，又

$$q = \frac{V}{t} \tag{5-13}$$

则

$$\frac{L}{AH}\frac{V}{t} = a_0 e^{b_0 sV} \times 10^{-6} \tag{5-14}$$

所以

$$t = \frac{\left(\frac{L}{AH} \times 10^6\right)V}{a_0 e^{b_0 sV}} \tag{5-15}$$

由式(5-15)就可以得到在不同的 s 值下，处理水量 V 和所需时间 t 的关系式。

(2) s 非定值时，布水时间 t 的确定

当 s 为非定值时，即可通过变化的 s 和 V 值列表或作图得到，或者是取 s 的平均值估算按式(5-15)估算。

通过渗流模型研究，得到以下结论：

① 渗透系数与孔隙率有直接关系，孔隙比与渗透系数的关系式为 $y = ae^{bx}$，关系式的相关系数 R^2 大于 0.9，相关性良好；

② 渗透系数与面积负荷也有直接关系，其关系式为 $y = a_0 e^{b_0 x}$，关系式的相关系数 R^2 也大于 0.9，相关性良好；

③ 推导发现，在特定的渗滤液悬浮物浓度 s 下，处理水量 t 与需要时间 V 的关系为 $t = \frac{\left(\frac{L}{AH} \times 10^6\right)V}{a_0 e^{b_0 sV}}$，满足工程实际需求；

④ 矿化垃圾截留污泥的深度在 0.2~0.3 m 左右的范围里,截留污泥含水率在 94%~98%左右。

第四节　矿化垃圾处理渗滤液的运行管理

在合理设计、施工的前提下,为保证工艺正常运行,充分发挥矿化垃圾净化渗滤液的功能,需要重视日常运行管理。针对于每单元的运行管理如下:

一、调节池

新鲜渗滤液进入调节池后,其所含部分悬浮物沉淀形成污泥,占据池容,应及时排除。夏秋两季渗滤液量大,悬浮物高,排泥的时间间隔要短,一般一季排 2 次;冬春两季,水量小,每季各排 1 次。

二、厌氧池

沼气管理是厌氧池运行管理的关键。收集沼气的支管常用金属骨架软管。软管铺设在HDPE 膜上。沼气含有水蒸气,部分蒸汽会在软管内凝结下来,逐渐积累并堵塞软管,使排气受阻,所以要定期排除软管里的水。雨雪天气后,要及时排除膜上的积水(雪),否则,连接于池子周边的膜可能被撕裂。厌氧池每年要排除底泥一到两次,否则可能造成出水悬浮物过多,增加后续处理的难度。

三、布水系统

及时清理进水井栅渣,避免筛网内外水位差大于 0.3 m;避免潜水泵露出水面,引起温度过高。每周 1 次开启管道末端的排污阀,冲洗排除管道内的杂物。

(1) 喷头

喷头可能出现的问题、原因和解决办法如下:

① 问题:所有的喷头射程都变小,转动速度变慢;原因:水泵出现故障或过滤器堵塞,造成水压过低;解决办法:维修、替换水泵或清理过滤器。

② 问题:个别喷头不出水;原因:管道系统沉积物过多,喷管被杂物堵塞;解决办法:先打开管道系统末端的排污阀,开动水泵冲洗管内杂物,然后拧下喷头,用树枝、草杆或塑料棒等细小的杆状物捅出喷管里的堵塞物。

③ 问题:射程正常,但转动很慢或不转动;原因:转动机构被水垢等杂质卡住了;解决办法:拧下喷头用体积百分比为 0.01%~0.1%的稀盐酸浸泡半小时,然后用水冲洗。

(2) 穿孔管

由于穿孔管的孔口太小,堵塞是穿孔管最严重和最常见的问题。少量孔眼被堵塞可采用细针穿捅的办法解决。大量孔眼被堵塞,需要拆下布水管,用高压水冲洗管子的内外壁,然后片状硬块刮除管外壁的水垢,接着用细针穿捅,最后用 0.01%~0.1%的稀盐酸冲洗管道。

四、反应床

反应床表面积水的解决方法主要有:减小进水流量,延长布水时间;停止进水,晒干后,翻松 0.3~0.4 m 的床表。

五、集水池

集水池构造比较简单,主要由池壁防渗的 HDPE 膜组成。集水池首要维护管理就是避免HDPE 膜的穿孔破裂。

第五节　生活垃圾填埋场调节池调节与厌氧发酵降解技术

一、渗滤液调节池基本特性

以某渗滤液处理厂为例,自 2012 年 6 月 1 日起至 2014 年 7 月 17 日,对该渗滤液处理场渗滤液进出水水质(包括 COD_{Cr}、NH_3-N、固体含量(TS、SS)、pH 和 TP 等)进行了长达 800 d 的持续监测,监测结果如图 5-25 所示。可以看出调节池进水水质波动巨大,以 COD_{Cr} 为例,波动范围在 2 000～20 000 mg/L;NH_3-N 也在 500～2 000 mg/L 的范围内急速波动。

同时,自 2013 年 12 月 1 日—2014 年 7 月 31 日,对成都市某垃圾渗滤液处理厂生化进水进行了长达 220 d 的持续监测,以寻求调节池渗滤液的共性,监测指标包括 pH、电导率、COD_{Cr} 和 NH_3-N 等,监测结果如图 5-26 所示。

二、渗滤液厌氧生物处理技术

厌氧处理工艺主要有升流式厌氧污泥床(UASB)、内循环厌氧反应器(IC)、厌氧流化床反应器、厌氧固定床反应器(厌氧滤池 AF)以及上述反应器的组合型如厌氧复合反应器等。厌氧工艺具有设计负荷高的优点,且处理过程基本不耗能,因此在高浓度有机废水处理中,常被作为首选工艺。

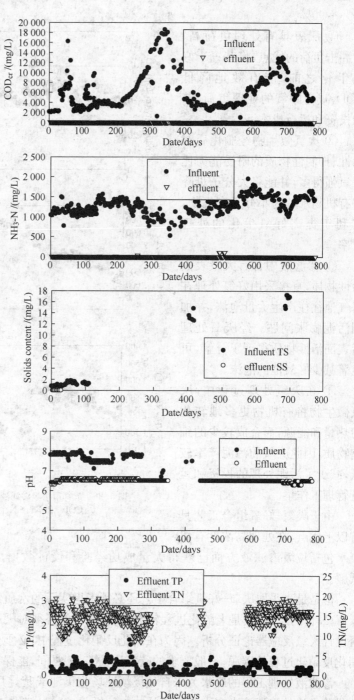

图 5-25　某渗滤液处理厂渗滤液 COD_{Cr}、NH_3-N、固体含量(TS、SS)、pH 和 TP 的变化趋势

厌氧工艺常用于垃圾渗滤液好氧处理之前,可有效地降低COD负荷。原渗滤液经过厌氧处理后,COD去除率可达到30%～90%。

① 厌氧具有处理负荷高、耐冲击负荷的优点,将其置于好氧生化之前,能有效地降低COD,减轻好氧的处理负荷,节约投资和运行成本。

② 厌氧微生物经驯化后对毒性、抑制性物质的耐受能力比好氧强得多,并能将大分子难降解有机物水解为小分子有机物,有利于提高好氧生化的处理效率。

③ 渗滤液中含有大量表面活性物质,直接采用好氧处理在曝气池往往产生大量泡沫,并加剧污泥膨胀问题。经厌氧处理后表面活性物质得到了分解,可显著减少好氧池的泡沫。

④ 在厌氧处理过程中,厌氧微生物将有机物更多地转化为热量和能源,而合成较少的细胞物质,因此厌氧的污泥产率较低,减少了污泥处理的投资和运行管理工作量。

由于厌氧-好氧组合工艺具有以上优点,在处理高浓度有机

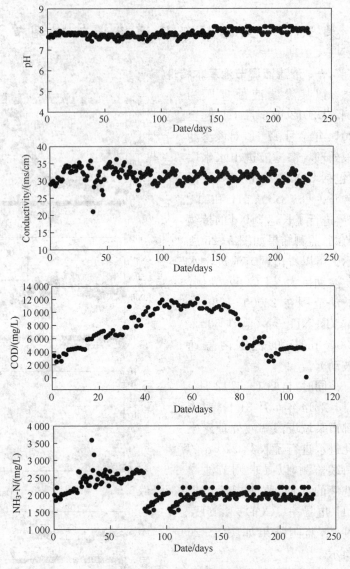

图 5-26   成都市垃圾渗滤液处理厂生化进水 pH、电导率、COD_{cr} 和 NH_3-N、随时间的变化趋势

废水包括垃圾渗滤液方面已获得大量成功经验和设计数据,工艺比较成熟、运行费用较为低廉。

但是是否采取厌氧-好氧组合工艺还必须考虑实际的水质特征,如果原水水质保持在一个低 C/N 比的水平,或是老龄化进程较为明显,这时就必须对厌氧工艺的可行性进行分析,对是否设计厌氧反应器论证分析。因为在硝化反硝化过程中,必须保证一定的碳氮比,即提供足够硝化反硝化过程的碳源,一般要求的碳氮比在 4～7 之间,能保证硝化反硝化所需要的碳源。

渗滤液处理工程的废水为来自垃圾填埋场收集池或焚烧厂垃圾坑中的渗滤液,来自垃圾坑或收集池的渗滤液中有大颗粒悬浮物如碎纸片、塑料袋、木屑木段、纤维及细颗粒沉淀物等,如果不在进入调节池前进行除渣预处理将严重影响后续处理工艺的正常运行。另外这样可以大大减少以后调节池清污的频率,对于一个容积较大的封闭式调节池来说,其清污工作的难度

是可想而知的。鉴于以上情况,在调节池或调配池前设计一栅径为 1 mm 的全自动螺旋格栅机以截留粒径大于 1 mm 的固体颗粒干扰物。该螺旋格栅机外框架、耙齿、耙杆、传动链条及轴承等的材料均为不锈钢,设有自动冲洗压榨系统,出渣的含水率小于 70%。经过螺旋格栅预处理渗滤液中的固体悬浮和 COD 含量有所降低。渗滤液经过除渣处理后重力自流流入调节池或调配池。经过除渣预处理的水通过重力自流流入调节池,考虑虽然经过螺旋格栅过滤,但废水中含有一些细砂以及细小的固体颗粒物进入调节池,因此设计将调节池格出一小池带有沉砂和沉淀功能,底部的沉淀物定期清理。合理设计可有效减少固体颗粒物进入后续的处理单元,同时减少调节池的清污频率和难度。

厌氧反应器有 UASB 和 UBF 两种形式。垃圾渗滤液首先进入机械格栅将大的颗粒拦截后进入调节池,在调节池内进行水量及水质调节。出水提升至 UASB/UBF 厌氧系统,厌氧系统出水自流入 MBR 中 A/O 系统。

当选择使用 UASB 厌氧反应器时,UASB 厌氧反应器主要由污泥床区、污泥悬浮区和沉降区三部分组成。在 UASB 底部安装设置经过特殊设计的布水系统,废水通过布水系统均匀分布于整个反应器底层平面,避免了短流现象的产生,使废水中有机物与反应器内污泥床区,经过精心调试与培养,可形成沉降性能优越、活性很高的颗粒污泥。颗粒污泥具有很好的物理结构,且生物组成合理,使废水中有机物从酸化至甲烷化平衡完成,使系统运行负荷高且不易发生酸化现象。经过反应器反应后,产生大量沼气,带动污泥与废水一起向上运动。在 UASB 反应器的顶部安装三相分离系统。利用水、气、固三相物质在重力、浮力作用下出现的不同运动方式,通过三相分离系统将水、气、固三相分离。气体经收集系统送出反应器,固体部分则通过重力作用回到反应器内,以保持反应器内应有的污泥浓度,废水经出水堰收集后流出进入下一个处理工艺单元。由于颗粒污泥良好的沉降性能,大幅度降低了厌氧微生物被冲出反应器的量,从而使整个反应器内的厌氧微生物浓度较别的反应器高,提高了反应器的效能。另一方面,由于颗粒污泥的形成,大大地加强了厌氧细菌的种间氢转移,提高了污泥的活性,从而也提高了反应器的效能。因此,UASB 反应器具有省能源、占地少、去除效率高、抗有机负荷冲击能力强、污泥产量少、处理运行成本低、同时可回收能源的优点。由于渗滤液中含有部分难以降解的有机物,在厌氧条件下可转换为可生化降解的有机物,对提高出水水质有所帮助。

当选择使用 UBF 厌氧反应器时,它整合了上流式厌氧污泥床(UASB)与厌氧滤池(AF)的技术优点:相当于在 UASB 装置上部增设 AF 装置,将滤床(相当于 AF 装置内设填料)置于污泥床(相当于 UASB 装置)的中上部,由底部进水,于上部出水并集气。进水采用环形布水系统。在 UBF 反应池底部设置多个环形布水系统。进水泵进水与厌氧循环泵回流水一起进入环形布水器均匀布水。填料层、上部澄清区以及沼气室相当于 UASB 中的三相分离器,进行固、液、气的分离。出水由 UBF 反应池顶部出水。排泥采用自动控制系统进行控制。底部进水、上部出水可增强对底部污泥床层的搅拌作用,使污泥床层内的微生物同进水基质得以充分接触,从而达到更好地处理效率并有助于颗粒污泥的形成;在反应器上部设置的滤床中。微生物可附着在滤床的填料(滤料)表面得以生长形成生物膜,滤料间的空隙可截留水中的悬浮微生物。从而可进一步去除水中的有机物质;同时于上部出水并集气的构造使得反应器内的水流方向与产气上升方向相一致,可减少设备阻力从而降低了设施堵塞的机率;更重要的是由于滤料的存在,加速了污泥与气泡的分离。从而极大地降低污泥的流失。反应器容积可得到最大限度的利用。反应器积聚微生物的能力大为增强。可使反应器达到更高的有机负荷。设计 UBF 厌氧反应器部分出水回流,用以缓冲进水污染负荷变化,同时缓冲碱度。

UBF 厌氧反应器工艺设计要点:①UBF 厌氧反应器设计为中温厌氧,温度控制在 35 ℃,设计采用厌氧系统所产的沼气,接入蒸汽锅炉产生蒸汽,回用于厌氧反应器,对其保温加热。若冬季环境气温极低,还需在厌氧反应器外部安装必要的保温层。②设计填料采用软性带状膜条填料。③设计有三氯化铁投加系统,以避免厌氧过程中产生的硫化氢对厌氧微生物的毒性抑制作用。④设计 UBF 厌氧反应器部分出水回流,即回流与进水混合,用以缓冲进水污染负荷变化,同时缓冲碱度。⑤厌氧产生的沼气经过预处理、收集及输送系统送至配套的蒸汽锅炉,所产蒸汽回用于 UBF 厌氧系统。同时设有应急火炬燃烧系统,在锅炉检修时沼气燃烧处理。⑥沼气管路设有阻火器,同时厌氧反应器设有微压传感器,做好防腐、防爆措施。

UBF 厌氧填料选型:对于 UBF 厌氧而言,填料的选型至关重要,填料选型应避免短流、结团、生物膜难以附着或难以脱膜等情况发生,因此,设计采用的 UBF 厌氧反应器采用软性带状膜条填料,该型填料具有以下优点:轻灵密实,安装非常方便;条中内设防伸缩塑料带,增强膜条的稳定性,并确保其固定长度,膜条坚固,不易断裂,使用寿命较长;空隙可变、不堵塞、不易结团;比表面积大,设计为 $100 \ m^2/m^3$ 的生物量生长表面;生物膜生长快、脱膜容易、生物膜生长更新良好。

三氯化铁投加系统设计:垃圾渗滤液中有一定量的硫酸根离子,硫酸根离子本身对厌氧微生物不存在抑制毒害作用,但在厌氧过程中硫酸根离子向硫酸盐还原菌(SRB)提供电子受体,使其与产甲烷菌竞争有机物中的电子,产生对厌氧微生物有毒害抑制作用的硫化氢,引起甲烷产量的减少,并且降低厌氧系统 COD 去除率的减少,出水 COD 升高,由于硫化氢在水中溶解度较高,而每克以硫化氢形式存在的硫相当于 2g COD,因此在厌氧过程中需采取一定的措施防止硫化氢对厌氧微生物的毒害。设计采用三氯化铁用以避免硫化氢对厌氧微生物的毒性抑制,投加的三氯化铁与厌氧过程中产生的游离硫化氢能够迅速反应形成硫化亚铁沉淀下来,从而降低了厌氧反应期内的游离硫化氢,产生的硫化亚铁沉淀则随定期的排泥排出系统。

厌氧加热恒温控制设计:设计采用沼气锅炉产生的蒸汽对厌氧反应器内的污泥进行加热,在厌氧出水回流循环泵(24 h 运行)压力管段设置汽水混合器,由于汽水混合器的特殊构造,蒸汽与污泥在汽水混合器中快速混合达到加热污泥的目的,汽水混合器后管路设有温度传感器,温度传感器与蒸汽管路上的电动调节阀设计为 PID 调节,即温度传感器测得的传感信号反馈给系统 PLC,通过 PLC 实时调节蒸汽管路调节阀的开启度,以达到恒温控制的目的。另外厌氧反应器上设有额外的温度传感器,以便于实际运行过程中与循环管路上的温度传感器进行温度校验,确定 PID 调节所需设置的温度值。由于长春冬季气温极低,为保证厌氧加热效果,设计时将在厌氧前端增设一座预热水池,首先将蒸汽直接喷入预热水池对渗滤液原水初步加热,再利用后续厌氧循环管道上安装的气水混合器进行加热,确保厌氧反应温度稳定在微生物适宜生长的范围。

第六节　生活垃圾渗滤液膜处理技术

一、渗滤液 MBR 处理技术

膜-生物反应器(Membrane Bioreactor,MBR)是一种将膜分离技术与传统生物处理工艺有机结合的新型高效污水处理与回用工艺。MBR 池仍是一个曝气池,污水与活性污泥

(Activated Sludge)混合液充分混合,活性污泥中的微生物以污水中的有机污染物为食料,在氧气的参与下,通过新陈代谢使其转为自身的物质,或降解为小分子量的物质,甚至彻底分解为二氧化碳和水。与传统生物处理工艺不同的是,活性污泥与水的分离不再通过重力沉淀,而是在压力的驱动下,使水和部分小分子量物质透过膜,而大分子量物质和微生物几乎全部被膜截留在曝气池内,从而使污水得到了较为彻底的净化。

膜-生物反应器的最早研究可以追溯到 20 世纪 60 年代末期的美国。70 年代末期,日本由于污水再生利用的需要,膜-生物反应器的研究工作有了较快的进展。1985 日本建设省牵头组织了"水综合再生利用系统 90 年代计划",其内容涉及新型膜材料的开发、膜分离装置的构造设计和膜-生物反应器运行系统的研究。另一方面,加拿大 Zenon 公司推出了该公司的分置式膜-生物反应器,用于生活污水的好氧处理。从 80 年代后期到 90 年代初,Zenon 公司继续 Dorr-Oliver 公司的早期研究,以开发用于处理工业废水的系统并获得了成功。作为 Zenon 公司的商业化产品,ZenoGem 于 1982 年投入使用。80 年代末以后,国际上对膜-生物反应器的研究更是方兴未艾,研究内容更加全面,深度和广度不断加强。在传统分置式膜-生物反应器的基础上,提出了运行能耗低、占地更为紧凑的一体式膜-生物反应器。有关膜-生物反应器运行条件的优化和膜污染机理及其控制对策方面的研究也十分活跃。这为膜-生物反应器的广泛推广应用奠定了基础。目前,膜-生物反应器在日本、美国、法国、英国、荷兰、德国、南非、澳大利亚等国已得到相当多的应用。主要应用对象包括生活污水的处理与回用、粪便污水处理、有机工业废水处理等。我国对膜-生物反应器的研究始于 20 世纪 90 年代初。由于该项技术所具有的巨大吸引力和潜在的应用前景,受到了更多研究者的青睐。

MBR 是生化反应器和膜分离相结合的高效废水处理系统,用膜滤替代传统性污泥法中的二沉池,可使生化反应器内的污泥浓度从 3~5 g/L 提高到 20~30 g/L,处理效率大幅提高,且出水无菌体及悬浮物。常规型 MBR 的构造如图 5-27 所示。

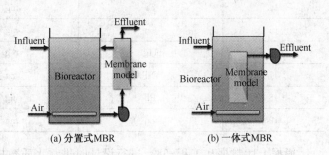

(a) 分置式MBR (b) 一体式MBR

图 5-27 常规型 MBR 的构造图

垃圾渗滤液经 MBR 处理,基本可满足间接排放要求,如需达到直接排放标准,视其处理效果,出水可通过活性炭吸附或纳滤(NF)等深度处理工艺实现。纳滤能使大部分盐随出水排出,从而有效避免盐分富集带来的不利影响(图 5-27)。

二、MBR 处理生活垃圾焚烧厂渗滤液工程设计技术

1. 工程背景

渗滤液处理设施位于上海某生活垃圾焚烧厂。焚烧工房西北角现有污水处理站周边的长方形地块,占地面积约 4 000 m²。针对垃圾坑内高浓度渗滤液,采用预处理系统(预曝气+离心脱水)+MBR 系统组合工艺,确保不同季节出水稳定达标。处理规模按日处理渗滤液量 400 m³ 设计。处理达标后渗滤液就近排入城市污水管网,进入石洞口城市污水处理厂进一步处理。

2. 污水水质

(1) 设计进水水质

上海某焚烧厂渗滤液水质见表 5-13。

表 5-13   某焚烧厂渗滤液工程渗滤液原水水质

序号	名称	单位	数值
1	密度	g/L	1 025±5
2	COD_{Cr}	mg/L	48 000~71 000
3	BOD_5	mg/L	25 000~30 000
4	SS	mg/L	3 000~20 000
5	NH_3-N	mg/L	380~1 500
6	NO_3^--N	mg/L	96~180
7	TN	mg/L	7 000~14 500
8	色度	倍	4 000~5 000
9	TP	mg/L	122~173
10	pH		4.0~6.3
11	电导率	ms/cm	9~11.5
12	As	mg/L	0.02~0.06
13	Cd	mg/L	0.03~0.06
14	Cr	mg/L	0.35~0.79
15	Cu	mg/L	0.39~0.57
16	Hg	mg/L	0.01~0.03
17	Ni	mg/L	0.81~1.10
18	Pb	mg/L	0.39~1.15
19	Zn	mg/L	10.95~16.88

根据上述数据和工程经验,进行设计时进水水质数据主要参考如表 5-14。

表 5-14   某焚烧厂渗滤液工程设计时进水水质参考

序号	名称	单位	数值
1	COD_{Cr}	mg/L	60 000
2	BOD_5	mg/L	30 000
3	NH_3-N	mg/L	1 500
4	SS	mg/L	20 000
5	TP	mg/L	150
6	pH		5.0

(2) 设计出水水质

出水水质满足下表及《生活垃圾填埋污染控制标准(GB16889—1997)》三级标准二者中较严的要求(表 5-15)。

表 5-15　　　　　　　　　某焚烧厂渗滤液工程渗滤液处理出水水质　　　　　　　　（单位：mg/L）

序号	名称	控制浓度	执行标准
1	COD_Cr	1 000	《生活垃圾填埋污染控制标准(GB16889—1997)》三级标准
			《污水综合排放标准(GB8978—1996)》对皮革、制浆、酒精、味精和湿法纤维板等高浓度有机废水行业的三级标准
2	BOD_5	600	《生活垃圾填埋污染控制标准(GB16889—1997)》三级标准
			《污水综合排放标准(GB8978—1996)》对皮革、制浆、酒精、味精和湿法纤维板等高浓度有机废水行业的三级标准
3	SS	400	《生活垃圾填埋污染控制标准(GB16889—1997)》三级标准
4	NH_3-N	25	《污水排入合流管道的水质标准(DBJ08-904—98)》
5	S⁻	1.0	《污水排入合流管道的水质标(DBJ08-904—98)》
6	TP	3.5	根据石洞口污水处理厂现状年日均进水浓度确定,严于《污水排入合流管道的水质标准(DBJ08-904—98)》
7	TN	50	
8	色度	80	《污水排入城市下水道水质标准(CJ3082—1999)》
9	Hg	0.02	《污水综合排放标准(DB31/199—1997)》第一类污染物标准
10	Ni	1.0	《污水综合排放标准(DB31/199—1997)》第一类污染物标准
11	Pb	1.0	《污水综合排放标准(DB31/199—1997)》第一类污染物标准
12	Zn	5.0	《污水综合排放标准(DB31/199—1997)》第一类污染物标准

3. 处理设计方案

根据某焚烧厂渗滤液水质水量特点和处理要求,采用预处理系统(预曝气＋离心脱水)＋MBR(膜生化反应器)组合工艺。方案选择考虑因素如下：

① 渗滤液水量不均匀性,设置带有预曝气系统的调节池用于调节水量。

② 渗滤液水质特点,即高浓度 SS 和 COD,处理流程中设置离心脱水处理,预分离部分 SS 和 COD,以减轻后续生化处理单元负荷。

③ 剩余污泥、臭气等问题。

④ 季节和气候的变化,采用生化池加盖、增设冷却系统等措施。

(1) 膜生化反应器工艺原理

MBR 废水处理技术特别适用于高负荷有机废水的处理。成功地应用于渗滤液处理,在欧洲已有 50 多个渗滤液处理工程的应用业绩。MBR 处理系统如图 5-29 所示,该系统是一种分体式膜生化反应器,包括生化反应器和超滤 UF 两个单元。

该 MBR 生化反应器分为前置式反硝化和硝化两部分。在硝化池中,通过高活性的好氧微生物作用,降解大部分有机物,并使氨氮和有机氮氧化为亚硝酸盐和硝酸盐,回流到反硝化池,在缺氧环境中还原成氮气排出,达到脱氮的目的。为提高氧的利用率,采

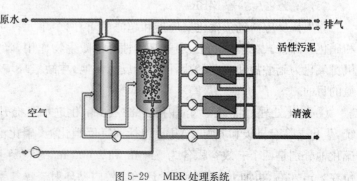

图 5-29　MBR 处理系统

用特殊设计的曝气机构。超滤 UF 采用孔径为 $0.02~\mu m$ 的有机管式超滤膜,反应器通过超滤膜分离净化水和菌体,污泥回流可使生化反应器中的污泥浓度达到 $15\sim30~g/L$,经过不断驯化的微生物菌群能逐步降解渗滤液中难降解有机物。

（2）国内应用实例

MBR 工艺在欧洲和中国都已得到成功运用,在中国运用的例子如表 5-16。

表 5-16　　　　　　　　　　　膜生化反应器工艺应用实例表

序号	项目地点	工艺路线	规模	项目进度
1	青岛小涧西垃圾综合处理场	MBR＋NF	200 m³/d	已运行 19 个月
2	广东佛山狮中填埋场	MBR＋NF	0.5 m³/d	2003 年 1 月完成中试
3	北京北神树卫生填埋场	MBR＋NF/RO	200 m³/d	已运行 8 个月
4	中山市中心组团垃圾综合处理基地污水处理厂	MBR＋NF	300 m³/d	2004 年 11 月安装完成
5	北京高安屯卫生填埋场	MBR＋NF＋RO	200 m³/d	安装完成,调试中

（3）工艺流程

渗滤液处理系统由两部分组成,包括：

① 预处理系统：采用调节池预曝气和离心分离预处理,以减轻 MBR 负荷。

② 膜生化反应器 MBR 系统：包括生化部分和超滤部分。工艺流程见图 5-30。

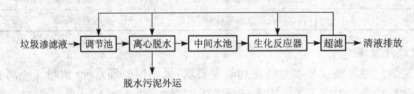

图 5-30　某焚烧厂渗滤液工程工艺流程图

（4）预处理系统

① 调节池预曝气。进水提升泵将垃圾储存坑的渗滤液提升到调节池中,调节池内设有微孔曝气器,由鼓风机供气管路支管提供曝气,MBR 剩余污泥回流到预曝调节池,使预曝调节池也具有一定生化作用。

② 离心脱水分离。调节池渗滤液经预曝气后通过离心进料泵输入离心脱水机离心分离,离心分离前适当加入絮凝药剂,增强固液分离效果,提高分离率。脱水干泥通过螺旋输送带排到可移动小车后外运。经过离心分离的废水流入（150 m³）缓冲水池。

（5）膜生化反应器 MBR 系统

膜生化反应器包括生化反应器和超滤（UF）两个单元。生化反应器又分为前置式反硝化和硝化两部分。在硝化池中,通过高活性好氧微生物作用,降解大部分有机物,并使氨氮和有机氮氧化为硝酸盐和亚硝酸盐,回流到反硝化池,在缺氧环境中还原成氮气排出,达到生物脱氮的目的。

① 生化处理。将中间水池内的渗滤液由生化进水泵提升,经过粗滤器进入 MBR 布水系统,生化去除有机碳和氨氮。MBR 包括前置反硝化池、硝化池和超滤分离系统。反硝化池和硝化池分别是两个有效容积各为 $144~m^3$ 和 $2~600~m^3$ 的混凝土水池,在硝化池中,由于污水液位在 8 m 左右,再加上采用特殊设计的高效内循环射流曝气系统,氧利用率可达 25%,通过高

活性好氧微生物作用,降解大部分有机物,并使氨氮和有机氮氧化为硝酸盐和亚硝酸盐,回流到反硝化池,在缺氧环境中还原成氮气排出,达到脱氮的目的。反硝化池和硝化池采用既可串联又可并联的的管路连接的组合形式,保证系统在各种可能情况下的正常运转。

② 超滤系统。MBR 用超滤代替常规生化二沉池,通过十组管式膜组成的超滤系统,实现泥水分离。膜生化反应器产生的剩余污泥回流入调节池或直接进离心脱水机。通过超滤膜分离净化水和菌体,污泥回流到生化处理系统中。可使生化反应器中的污泥浓度达到 15 g/L。每个膜管内安装一束直径为 8 mm,内表面为聚合物的管式过滤膜。超滤系统 2 个环路,每个环路分别有 5 根膜管。每个环路有单独的循环泵,每台泵在沿膜管内壁提供一个需要的流速,从而形成紊流,产生较大过滤通量,避免堵塞。超滤进水泵把生化池的混合液分配到各 UF 环路。超滤最大压力为 6 bar。膜管偶尔也需要冲刷清洗,这由储存有清水或清液的"清洗槽"通过清洗泵来完成。每个环路可在其他环路运行的同时进行冲刷、清洗或维护。自动压缩空气控制阀能同时切断进料,留在管内的污泥随冲刷水去生化处理系统。CIP 是一种偶频过程,清洗后期阀门按程序打开,允许清洗水在膜环路中循环后回到"清洗槽",直到充分清洗。如需要,清洗后期可向清洗槽少量滴加膜清洗药剂。MBR 超滤出水经过超滤清液池检测后达标排放。采用该工艺处理垃圾坑高浓度渗滤液,适应性强,能确保不同季节不同水质条件下出水稳定达标。特别是该工艺具有一定的超前性,既适合目前渗滤液可生化性的情况,也适合今后渗滤液可生化性下降的情况。

三、主要工艺设计参数

1. 预处理系统

预处理系统由调节池,离心脱水机和缓冲中间水池组成。由于本方案采用剩余污泥回流操作,因此正常运行期间污泥回流和生化作用会引起调节池中 SS 浓度的增高,其浓度在 10 000～20 000 mg/L 之间,由于调节池中采用了预曝气的方式,在调节池中部分 COD 被降解,经过后续的离心分离,COD 浓度将小于 38 000 mg/L。经过调节池预曝气和离心分离处理后的水质水量及处理要求见表 5-17。

表 5-17　　　　　某焚烧厂渗滤液工程水质水量及处理要求预计表

序号	名称	渗滤液原水	离心处理出水
1	流量	400 m³/d	400 m³/d
2	COD	48 000～71 000 mg/L	≤38 000 mg/L
3	BOD$_5$	25 000～30 000 mg/L	≤20 000 mg/L
4	NH$_3$-N	380～1 500 mg/L	≤1 500 mg/L
5	SS	3 000～20 000 mg/L	≤2 000 mg/L

2. MBR 系统优化

(1) 生化

日流量 Q_d 　　　　　　　　Q_d = 400 m³/d

设计温度 T 　　　　　　　25 ℃（设定）

设计污泥溶度 $MLSS$ 　　　15 kg/m³（设定）

最大硝化污泥负荷 q_{Ni}	0.08 kg NO_3-N/kgMLSS/d（设定）
NH_3-N 日处理量 XNH_3-N	XNH_3-N $= 400$ m³/d $\times 1.5$ kg/m³ $= 600$ kg NH_3-N/d
设计反硝化率 RD_i	$RD_i = 99\%$（设定）
反硝化池有效容积 V_{Di}	$V_{Di} = \dfrac{X_{NH_4\text{-}N} \times R_{Di}}{MLSS \times q_{Ni}} = 248$ m³ 设计取 2 座，有效容积为 144 m³
好氧污泥泥龄 A_{ae}	$A_{ae} = 45 \times 1.1(15-T) = 17.35$ 天
设计生化 COD 转化率 $RCOD$	$RCOD = 98\%$（设定）
COD 日处理量 $XCOD$	$XCOD = 400$ m³/d $\times 38$ kg/m³ $\times 98\% = 14\,896$ kgCOD/d
硝化池有效容积 V_{Ni}	$$V_{Ni} = s + \sqrt{s^2 + \dfrac{a \times V_{Di}}{\dfrac{1}{A_{ae}} + Kd}}$$ $= 5\,108$ m³（取 5 200 m³） 设计取 2 座，每座为 2 600 m³ 其中 s，a，K_d 为经验公式参数： $a = 5.6$ m³/d $b = 408$ m³/d $K_d = 0.008\,6 \times 1.1(T-15) = 0.022\,3$ $$s = \dfrac{a + b - K_d \times V_{Di}}{2 \times \left(\dfrac{1}{A_{ae}} + K_d\right)} = 2\,616$$
剩余污泥产泥系数 y	$Y = 0.10$ kgMLSS/kgCODeli
日平均剩余污泥量 Q_{es}	$Q_{es} = XCOD \times y = 2\,400$ kg/d

（2）充氧曝气

曝气系统	微孔曝气
除碳每日需氧量 OC	$OC = OVC \times XBOD = 21\,600$ kgO$_2$/d
除氮每日需氧量 ON	$ON = (1.7 \times RDi + 4.6(1-RDi)) \times XNH_3$-N $= 1\,048$ kgO$_2$/d
溶解氧饱和浓度于 8 m 深池 C_{os}	$C_{os} = 40 \times 21\% \times (1 + 8/20.7) \times \beta$ $= 11.7$ mg/L
硝化池中设计溶解氧浓度 C_{od}	$C_{od} = 2.0$ mg/L
硝化池中每日需氧量 O_d	$O_d = \dfrac{C_{os}}{C_{os} - C_{od}} \times \dfrac{(O_N \times f_n + O_C \times f_c)}{\alpha}$ $= 38\,870$ kgO$_2$/d

8 m 深池中清水氧利用率 η $\eta = 8 \text{ m} \times 16 gO_2 / m^3 N / m / 280 \text{ } gO_2 / m^3 N = 46\%$

需空气量 Q_{air} $Q_{air} = O_d / \eta / 0.28 \text{ kgO}_2 / m^3 N / 24h =$ 12 653 $m^3 N/h$

（考虑预曝气，取 15 000 $m^3 N/h$）

（3）超滤

| 膜过滤形式 | 交错流 |
| 流量 Q_h | $Q_h = 16.7 \text{ m}^3/h$ |

膜过滤形式   交错流

流量 Q_h $Q_h = 16.7 \text{ m}^3/h$

设计过滤通量 J_{UF} $J_{UF} = 71 \text{ L/h} \times m^2$（产品参数）

膜需要总面积 S_{UF} $S_{UF} = Q_h / J_{UF} = 235 \text{ m}^2$

单位膜管面积 S_a，U_F S_a，$U_F = 26.08 \text{ m}^2$（设定）

需要膜管数 n_{UF} $n_{UF} = S_{UF} / S_a$，$U_F = 9.1$

UF-道数 L_{UF} $L_{UF} = 2$（设定）

每道膜管 n_L，U_F n_L，$U_F = 5$（设定）

总膜管数 n_{UF}，t n_{UF}，$t = 10$

膜总过滤面积 S_{UF}，t S_{UF}，$t = n_{UF}$，$t \times S_a$，$U_F = 260.8 \text{ m}^2$

3. 分段处理效果说明

各阶段处理效果见表 5-19。

表 5-19   某焚烧厂渗滤液工程各阶段处理效果表

序号	项目	COD_{cr} (mg/L)	BOD_5 (mg/L)	NH_4-N(mg/L)	SS(mg/L)
1	渗滤液原水	48 000～71 000	25 000～30 000	380～1 500	3 000～20 000
4	离心处理出水	38 000	20 000	1 500	2 000
5	MBR 去除率	98%	99%	99%	90%
6	MBR 出水	760	200	15	200
7	出水水质要求	1 000	600	25	400

注：经过预处理和 MBR 其他指标 TP、色度、Hg、Ni、Pb、Zn 均能达到出水水质标准。好氧生化过程后 SS 也能确保达标。对于出水的总氮 TN，在进水指标为业主提供的水质指标范围内，经过上述硝化反硝化脱氮和超滤（MBR），去除率 80%，也能达到出水要求。

四、各单元设计描述

1. 预处理系统

预处理系统中构筑物包括调节池、离心脱水系统、中间水池等：

（1）调节池

调节池   数量 1 座

规格：   26 500×15 300×5 000 mm

容积：   有效容积 2 000 m^3

材质：　　　　　钢混结构

备注：　　　　　带预曝气设备

（2）离心脱水系统

渗滤液处理站污泥源自于原水中 SS 和 MBR 生化过程产生的剩余污泥，其中源自于原水的约 4 000 kg/d，生化过程的约 2 400 kg/d。将生化系统中的剩余污泥回到调节池中，由于在调节池中增加预曝气，加快了调节池内渗滤液生物降解和胶体胶团的形成，更利于离心脱水干污泥的形成。在调节池内悬浮物杂质浓度不高时，可不进行离心脱水而直接进入 MBR 系统，生化系统的剩余污泥直接输至离心脱水系统。

为最大化脱水效率，设计中设置了溶药投加系统，在输送管道中加入絮凝剂，使调节池内悬浮物杂质和生化过程剩余污泥絮凝成团进行脱水，产生含水率 80% 以内的干污泥约 32 t/d。脱水干污泥放到可以移动的容器送到垃圾坑焚烧处理。在本系统中设计了两台离心机，一用一备，保证了系统的正常连续运转。

（3）中间水池

中间水池　　　　数量 1 座

规格：　　　　　13 000×4 500×4 000 mm

容积：　　　　　有效容积 150 m³

材质：　　　　　钢混结构

2. MBR 系统

（1）反硝化池

根据德国 ATV（水处理协会）热平衡计算模式计算，硝化池污水回流、高压水泵供热以及生化反应放热能够保证外界气温较低时反硝化反应的正常进行。单个反硝化池有效容积为 144 m³。生物脱氮系统的污泥浓度通过后续错流式超滤的连续回流来维持。反硝化池为混凝土钢筋砼结构，池体内净尺寸为 4.5 m×4.0 m×9.0 m。池中设置 1 套液下搅拌器，共 5 座，可串联使用。应急时单座使用。反硝化池设有排空管，利于检修时排空。

（2）硝化池

根据德国 ATV（水处理协会）热平衡计算模式计算，当进水温度为 5 ℃（冬天）时，系统高压水泵和鼓风机提供的热量和生化反应释放的热量能够保证维持生物反应器内水温为 20 ℃。根据德国 ATV（水处理协会）渗滤液硝化池容积计算模型，硝化池有效容积应为 5 200 m³（ATV 计算模型）。硝化池共设 2 个串联池，单池有效容积为 2 600 m³，池体内净尺寸为 25.0 m×13.0 m×9.0 m。硝化反应产生的剩余污泥产量约为 2 400 kg/d。内回流比取为 10，保证 TN 的有效去除，同时可以降低反应器中 TN 的浓度。考虑 BOD_5 去除、NH_3-N 硝化需氧和 NO_3-N 反硝化释氧，实际鼓风量为 14 000 m³/h。单池鼓风量为 7 000 m³/h，单池配 6 套专用曝气器和 2 台射流循环泵。渗滤液在好氧处理过程中，硝化池往往会产生较多的泡沫，设计考虑采取下列措施有效控制飞沫污染：①采用消泡剂投加设备。用消泡剂可以有效控制泡沫的产生；②硝化池按加盖设计，可以防止飞沫污染。

（3）鼓风机

选取 6 台鼓风机，用于鼓风曝气。配置 1 台电动单梁起重机用于设备维修。综合处理车间尺寸为 27.4 m×16.2 m×5.40 m。放置超滤设备、反冲洗装置等。此外，还设置了维修间、仓库、控制室及化验室。设计考虑到日后处理尾水过程中，水质进一步提高的可能性，在超滤设备房内，预留了增设纳滤系统的用地。

（4）超滤设备

与传统生化处理工艺相比，微生物菌体通过高效超滤系统从出水中分离，确保＞0.02 μm 的颗粒物、微生物和与 COD 相关的悬浮物安全地截留在系统内，通过对污泥龄的控制，培养出大量的硝化菌，从而大大提高氨氮的去除率。污泥浓度通过错流式超滤的连续回流来维持。每个膜管内安装了一束直径为 8 mm、内表面为聚合物的管式过滤膜。超滤系统有 2 个环路，每 1 环路有 5 根膜管。环路有单独的循环泵，泵在沿膜管内壁提供一个需要的流速，从而形成紊流，产生较大的过滤通量，避免堵塞。UF 进水泵把生化池的混合液分配到各 UF 环路。超滤最大压力为 6 bar。膜管偶尔也需要冲刷清洗，这由储存有清水或清液的"清洗储槽"通过清洗泵来完成。每个环路可在其他环路运行时进行冲刷、清洗或维护。

UF 超滤设备有：

① UF 进水泵　1 台
② UF 膜管　10 根
③ UF 循环泵　2 台
④ 清洗泵　1 台
⑤ 清洗槽　1 座
⑥ 清液回流泵　1 台
⑦ 清液储槽　1 只
⑧ 空压机（控制压缩空气）　1 台

（5）反冲洗装置

膜管偶尔也需要冲刷清洗，为此配置容积为 2.0 m³ 的清洗槽，利用 1 台清洗泵进行冲洗，每周一次。每个环路可在其他环路运行时进行冲刷、清洗或维护。自动压缩空气控制阀能同时切断进料，留在管内的污泥随冲刷水去反硝化池。清洗后期阀门按程序打开，允许清洗水在膜环路中循环后回到清水槽，直到充分清洗。如需要，清洗后期可向清洗槽加入少量清洗药剂，化学清洗（稀酸）每 1～2 个月一次。

五、工艺控制措施

1. 臭气控制

在本方案设计中，主工艺 MBR 是好氧生化处理工艺，几乎不产生恶臭或其他废气污染。虽然在预处理设计时，调节池（罐）回流污泥生化和预曝气后可使臭气大大降低，但仍可能会有部分臭气溢出。污泥处理车间内离心脱水过程中以及中间水池内可能会有少量臭气溢出。因此，本方案提出如下处理措施：

（1）调节池（罐）采用钢板焊接顶板加盖，全封闭。在顶盖上部设置空气导排连接法兰口（DN400）；用塑料管（PVC，DN400）引到中间水池的顶盖的法兰接口（DN400）。然后与污泥处理车间引出的（DN400，PVC）汇总后，浅埋地，绕过天桥，沿进水管线旁边的位置接到垃圾坑的吸风口。

（2）从渗滤液贮坑开始到进水提升泵输送至生化处理区的管线均采用 HDPE 材质的塑料管焊接连接，杜绝渗滤液泄漏、污染物扩散导致的臭气外溢。

（3）污泥处理车间内将离心脱水机与溶药投加单元分开，在离心脱水机上空设置吸风柜将散出的臭气收集到通风管，且将臭气送回到垃圾坑的吸风口。

（4）中间水池加盖密闭，设置法兰连接通风接口。

（5）为减轻废气的不利影响，本工程设计时将处理构筑物集中布置，远离厂前区。建议在其周围广种花草树木,厂界四周种植高大阔叶乔木、灌木等,形成立体隔离带。

(6) 对产生的污泥及时清理、外运,并对其工作环境定期喷洒消毒液。

通过以上控制措施,整个渗滤液处理系统预计能满足《恶臭污染物排放标准》(GB14554—1993)二级指标要求。

2. 污泥处理

原水 SS 产生的干污泥量约 4 000 kg/d,生化过程产生的剩余污泥量约为 2 400 kg/d。将生化剩余污泥回到调节池(罐),由于在调节池中增氧预曝气,加快了调节池内渗滤液的生物降解和胶体胶团的形成,更利于离心脱水时干污泥的产生。在调节池内悬浮物杂质浓度不高的情况下,可不进行离心脱水而直接进入 MBR 系统,生化系统中的剩余污泥直接输送到离心脱水系统。为了更好地利用离心机的脱水性能,设计中设置了溶药投加系统,在输送管道中加入絮凝剂,使调节池内的悬浮物杂质和生物处理的剩余污泥絮凝成团进行脱水,产生含水率控制在 80% 以内的干污泥约 32 t/d。脱水后的干污泥放可以移动的容器送到垃圾坑焚烧处理。在本系统中设计了两台离心机,一用一备,保证了系统的正常连续运转。

3. 噪声控制

优先选用高效、节能、低噪设备,主要噪声设备有风机以及进水泵、射流循环泵、清液回流泵酸液投加泵等设备。超滤设备安装在室内,采用建筑隔声。所有水泵选用了中外合资的高质量低噪声水泵,接口带软接头,减小了噪声和振动污染。风机和射流循环泵设置在风机房内,风机房设消音窗和墙内壁贴吸音板,风机采用基础减震及加装消声器。经上述措施,加上厂区合理绿化,可使厂界噪声达到《工业企业厂界噪声标准》(GB12348—1990)中的 3 类标准。

4. 季节变化的影响和措施

垃圾焚烧厂渗滤液的水质水量随着季节的变化而产生一定的变化,而温度的变化对废水处理也产生一定影响。由于上海地处东南,气温在 −5 ℃到 40 ℃,夏天一般持续高温,如使生化反应器内的温度≥40 ℃,将会对微生物产生不利影响。而冬天温度有时较低,进水水温可能低于 10 ℃,如生化反应器内的温度≤15 ℃,对生化速率将会产生明显的不利影响。为此,设计中通过下列措施来减小温度对生化和膜工艺的不利影响:①生化反应器池体部分加盖保温,以减少冬天的温度损失;②该生化反应器为高负荷生化反应,生化降解过程中,有机物、氨氮的氧化过程,部分化学能转化为热能,温度有所升高;③动力设备风机、水泵运行过程机械能转化为热能,也使温度有所升高,根据热平衡计算,超滤出水比生化进水温度要高 5 ℃~10 ℃左右;④超滤混合液回流到生化池循环维持液体相对稳定的温度;⑤超滤设备安装在室内,受季节的影响较小;⑥设计中采用了换热器来减小温度的影响,夏天连续高温,生化池内温度超过 38 ℃时,需要通过冷却塔和热交换器组成的系统进行冷却。

六、MBR 处理焚烧厂渗滤液系统调试研究

1. 调试的工作流程

整个调试工作分为三部分:一是清水测试,二是生化培菌,三是系统调试。

(1) 清水测试阶段

完成机电设备电机空载测试、单机试运转之后,检查和清扫各构筑物、管道、贮罐等,使池内和管道、贮罐内杂物,然后对水管、水池、贮罐等放水观察,排除渗漏现象,对管道进行清水试压。用清水代替废水,对处理设施进行一定时间的清水运转,确保水流贯通并无异常现象。同时观察曝气系统曝气是否均匀,以确保气管无泄漏。

(2) 生化培菌阶段

以 2006 年 5 月 17 日开始从松江污水处理厂采集来的 1 200 m³ 活性污泥作为菌种,通过污泥储池打入到反硝化的进水管路中进入生化系统。在不进渗滤液连续的曝气。数小时后,开始由少到多的进渗滤液。经过三日曝气、循环(视 SV30 的体积增加的变化)之后连续进水,并开启超滤进水泵和超滤设备超滤浓液和清液都回流到反硝化池并流至硝化池循环运行,硝化池在 10 天之后有较多数量的活性污泥出现,加大进水量,按 2% 的比例缓慢提高负荷,完成了污泥接种的工作。

(3) 系统调试阶段

调试是在施工结束并通过设备初步验收的基础上进行的。由于膜生化 MBR 系统是本渗滤液处理的核心,且调试与测试的时间长、任务重,故渗滤液处理的调试步骤是围绕膜生化 MBR 系统而进行的。在调试过程中不断的发现问题,分析原因,提出调整方案,及时地优化到位。保证了调试工作的顺利进行。

当生化处理系统可以按连续进水的方式运行时,启动了全系统串联调试,其目的是一方面检测各构筑物及设备连续运行状况,另一方面在于筛选生化池生物菌种,使其达到预期生物降解、脱氮和除磷效果。同时启用中央控制系统,以进一步调试与测试中央控制系统的完整性与正确性。

系统调试的主要工况路线是从螺杆过滤机开始投入运行状态,进水提升泵由 120 m³ 贮池向调节池输送渗滤液,利用离心进水泵 A/B 超越管向反硝化池进水,自流进入硝化池,再由超滤进水泵将 2# 硝化池内的污水打入超滤系统,超滤设备在超滤循环泵作用下浓液回到反硝化池,超滤清液经过检测合格后接入生活污水处理排放口。超滤浓液在适当的时候将剩余污泥小部分排入污泥储池,通过离心进水泵 C 进入脱水机,在絮凝剂作用下形成含水 80% 的干泥用车运出,离心清液回中间水池,再由生化进水泵打回反硝化池,如水质达到规定指标也可直排至接口。另调节池和污泥处理车间内的臭气由引风管通过吸风机进入生物滤池进行除臭处理,在生物菌生长成熟后渗滤液的臭气亦达到规定的排放指标。

系统控制由自动控制由中央控制和现场控制系统组成。具有计算机监控和计算机网络系统,通过人机界面可实现对系统的实时监控、报警显示及统计处理。通过计算机网络系统可使渗滤液处理站管理人员对各工序设备进行实时监控。工艺控制由一个 PLC 和各系统内的执行显示器完成。所有模拟和数字信号均在执行显示器上显示。控制室计算机可显示各工艺设备的运行工况和主要工艺参数,控制设备运行。主要工艺参数能自动检测和显示。通过 PLC 和执行控制,控制系统位于控制室内。

2. 调试进出水水质指标数据对比分析

(1) COD

膜生化反应器 MBR 是超滤膜和生化反应器的组合工艺。在硝化中,通过高活性的好氧微生物作用,降解大部分有机物,用超滤替代了常规生化工艺的二沉池,通过超滤膜分离净化水和菌体,污泥回流可使生化反应器中的污泥浓度比常规的活性污泥法的微生物浓度高 2～5 倍;经过不断驯化形成的微生物菌群,对渗滤液中难生物降解的有机物也能逐步降解。从图 5-31 可以看出,系统对 COD 的去除能力较强,效果明显,总去除率在 99% 以上。

(2) NH₃-N

在硝化体内,通过高活性的好氧微生物作用,降解大部分有机物,并使氨氮和有机氮氧化为硝酸盐和亚硝酸盐,通过超滤膜的浓液回流到反硝化体中,在缺氧环境中还原成氮气排出,

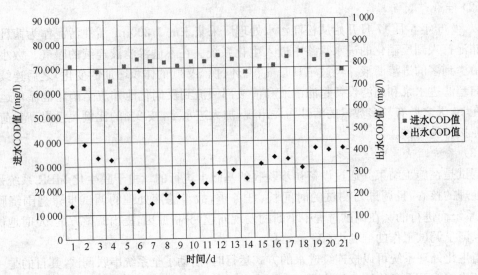

图 5-31　某焚烧厂渗滤液工程调试进出水 COD 对比曲线图

达到生物脱氮的目的。图 5-32 表示了出水氨氮曲线图,系统对 $NH_3\text{-}N$ 的去除率在 98%
以上。

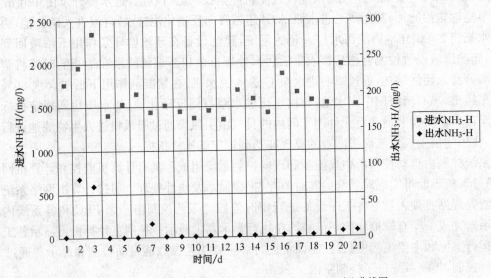

图 5-32　某焚烧厂渗滤液工程调试进出水 $NH_5\text{-}N$ 对比曲线图

3. 系统运行时的主要工况控制参数(表 5-20)

表 5-20　　　　　　　　　　某焚烧厂渗滤液工程主要工况参数表

序号	工况名称	数值	单位	备注
1	调节池进水流量	20~22	m^3/h	I1Z1M02
2	调节池液位	20~65	%	C0Z1M01
3	生化系统进水流量	17.0	m^3/h	B1Z1M03
4	生化系统进水压力	≤2	bar	B1Z1M01
5	1♯硝化池液位	85~94	%	B1N1M01

续表

序号	工况名称	数值	单位	备注
6	2#硝化池液位	85～92	%	B1N2M01
7	1#射流泵压力	1.1～1.6	bar	
8	2#射流泵压力	1.1～1.6	bar	
9	3#射流泵压力	1.1～1.6	bar	
10	4#射流泵压力	1.7～2.2	bar	
11	1#硝化池溶氧	0.2～5.0	mg/L	B1N1M04
12	2#硝化池溶氧	0.5～5.0	mg/L	B1N2M04
13	1#硝化池温度	25～39	℃	B1N1M05
14	2#硝化池温度	25～39	℃	B1N2M06
15	2#硝化池 pH	7.0～8.0		B1N2M04
16	超滤进水流量	130～170	m³/h	B1U0M01
17	超滤循环流量	240～280	m³/h	B1U1/2M01
18	超滤循环压力	3.5～6.0	bar	B1U1/2MO2
19	超滤出水流量	8～30	m³/h	
20	超滤清洗压力	1.5～3.5	bar	
21	超滤清洗温度	25～45	℃	B1S1M02
22	污泥池液位	20～75	%	F0Z1M01
23	离心进水流量	5～10	m³/h	C1Z1M01
24	离心加药流量	1～1.5	m³/h	
25	生物滤池循环水压力	1.5	bar	

3. 取样分析

调试期间 2006 年 6 月 26 日至 28 日国家环保总局委托上海环境检测中心取样分析结果如表 5-21。

表 5-21　　　　　某焚烧厂渗滤液工程水质取样分析表

序号	项目名称	排放值	总检数	日平均浓度			最大日均值	评价
				第一天	第二天	第三天		
1	COD$_{Cr}$	1 000	15	183	173	184	184	达标
2	BOD$_5$	600	15	10	9	10	10	达标
3	石油类	/	15	0.1	0.1	0.1	0.1	/
4	动植物油	/	15	0.1	0.1	0.1	0.1	/
5	氨氮	25	15	3.10	5.63	2.61	5.63	/
6	悬浮物	400	15	6	7	5	7	达标
7	PH	/	15	7.9～8.0	7.94～8.04	7.98～8.03		/

调试期间 168 运行后取样分析结果如表 5-22(时间:2006 年 9 月 1 日取样)。

表 5-22　　　　　　　　　　　　某焚烧厂渗滤液工程水质取样分析表

序号	名称	单位	测试指标	控制浓度	检验结果
1	COD_{Cr}	mg/L	657	<1 000	达标
2	BOD_5	mg/L	55	<600	达标
3	SS	mg/L	0	<400	达标
4	NH_3-N	mg/L	0	<25	达标
5	S^{2-}	mg/L	0.006	<1.0	达标
6	TP	mg/L	0.15	<3.5	达标
7	Hg	mg/L	0.001	<0.02	达标
8	Ni	mg/L	0.397	<1.0	达标
9	Pb	mg/L	0.345	<1.0	达标
10	Zn	mg/L	0.107	<5.0	达标
11	TN	mg/L	80.5		达标

4. 运行情况及数据

从 2006 年的 9 月 1 日至 12 月 31 日为上海某垃圾焚烧厂渗滤液处理工程运行的时间。在这四个月中,共投入运行人员四人,管理人员(兼用化验)一人。正常当班人员三人,主要对整套工程进行巡查和污泥处理后的干泥进行转移的工作。系统运行相对稳定,系统设备维修几率很小。在这段时间内的主要故障和解决办法见表 5-23。

表 5-23　　　　　　　　　　某焚烧厂渗滤液工程主要故障及解决方法表

序号	日期	设备名称	故障描述	解决方法
1	9 月 24 日	冷却污泥泵	机械密封漏水	更换新的机械密封
2	9 月 29 日	加药螺杆泵	冷却风扇中继不工作	更换新的风扇,同时将中继改为 380 V 的接触器控制
3	10 月 1 日	1♯热交换器	进出口压力很高,换热效果差,热交换器堵塞现象严重	拆洗热交换器,板片用盐酸浸泡 2 小时,再用刷子刷干净
4	10 月 5 日	两组超滤膜	循环泵出口压力约 6.0 bar,清液出水下降	化学清洗两组超滤膜
5	10 月 12 日	螺杆过滤机	电机频繁启动,显示电流过载	拆洗第二个液位探头,清理探头里面的垃圾
6	10 月 13 日	电磁阀 B1S1V02	阀门线圈烧毁,不动作	更换阀门为气动阀门,来增加水压对管道的缓冲能力
7	10 月 20 日	空气开关 9QF12	环城公司新加一台除渣机,与老除渣机共用一个电源	环城公司更换一只更大的空气开关
8	10 月 23 日	流量计 I1Z1M02	面板显示不清,数值波动较大	更换全新的同一型号的流量计
9	11 月 5 日	两组超滤膜	循环泵出口压力约 6.0 bar,膜管堵塞	人工通两组超滤膜
10	11 月 7 日	4♯鼓风机	过滤器压差达到报警线	人工清洗过滤器
11	11 月 14 日	生物滤池鼓风机	鼓风机轴承声音很大	厂家更换新的电机
12	11 月 26 日	加药装置	粉料机不能自动加热	厂家更换新的加热带
13	11 月 30 日	生物滤池鼓风机	鼓风机轴承声音大	厂家更换新的电机

续表

序号	日期	设备名称	故障描述	解决方法
14	12 月 1 日	1♯、2♯热交换器	进出口压力很高,换热效果差,热交换器堵塞现象严重	拆洗热交换器,板片用盐酸浸泡 2 小时,再用刷子刷干净
15	12 月 6 日	2♯、3♯射流泵进口阀,新换热器出口阀	阀门关不严	降低硝化池液位,更换新的阀门
16	12 月 12 日	生物滤池水泵	故障报警	送回厂家维修
17	12 月 13 日	英格索兰压缩机(东)	压力低时,无法自动启动	厂家更换新的电容
18	12 月 18 日	进水提升泵、离心进水泵 A/B	轴封漏水	更换新的密封填料
19	12 月 20 日	1♯超滤循环泵	正常停机时,水泵发出异声,电机烧毁	
20	12 月 25 日	1♯冷却塔风扇	皮带松弛,有裂痕	更换两组新的皮带

5. 运行期进出水对比分析

根据附录一数据,从 9 月至 12 月 26 日系统运行中进行定期水质指标监测,出水 COD、NH₃-N 等主要指标除个别特殊情况外标始终保持稳定,完全满足处理后出水符合三级排放标准,部分指标甚至满足二级标准(图 5-33,图 5-34)。

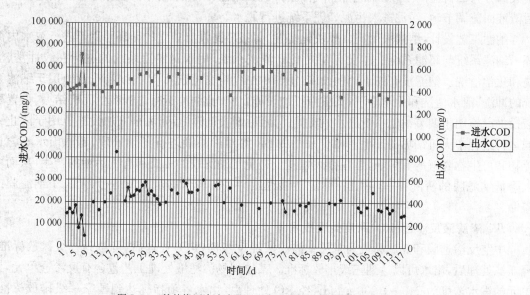

图 5-33　某焚烧厂渗滤液工程正常运行期进出水 COD 对比曲线图

七、渗滤液纳滤(NF)处理技术

纳滤的核心部件为卷式纳滤膜,其属于致密膜范畴,为卷式有机复合膜,最大优点在于过滤级别高、对一价盐离子几乎不作截留、出水水质好。纳滤分离作为一项新型的膜分离技术,技术原理近似机械筛分,但是纳滤膜本体带有电荷性,因此其分离机理只能说近似机械筛分,同时也有溶解扩散效应在内。这是它在很低压力下仍具有较高的大分子与二价盐截留效果的重要原因。与超滤或反渗透相比,纳滤过程对单价离子和分子量低于 200 的有机物截留较差,而对二价或多价离子及分子量在 500 以上的有机物有较高截留率,而对与分子量小于 500 的有机污染物以及一价盐离子则几乎不作截留。纳滤膜的分离孔径在一般在 1~10 nm 左右,

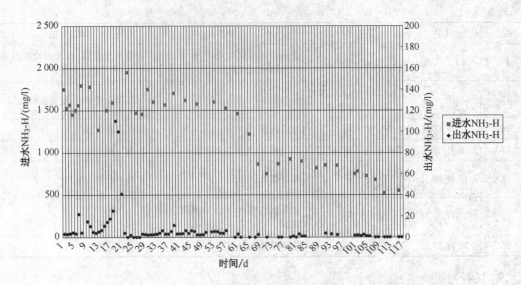

图 5-34　某焚烧厂渗滤液工程正常运行期进出水 NH₃-N 对比曲线图

一般的纳滤操作压力为 5～15 bar 左右。由于纳滤对一价盐离子几乎不作截留,纳滤浓缩液中大部分为二价盐离子以及难生化降解的有机物,纳滤浓缩液进入浓缩液处理系统进行处理后清液回流调节池,污泥进入污泥处理系统进行脱水。

纳滤工艺设计:纳滤采用集成模块化装置,每条环路设有独立的循环泵用于进行浓水内循环。纳滤系统与超滤系统一样设有在线 CIP 清洗系统,用于对纳滤系统的进行在线冲洗、清洗和化学清洗。纳滤设有如下辅助设施:①CIP 在线清洗设施:CIP 在线清洗设施用于纳滤系统的冲洗、清水清洗和化学清洗;②酸液投加设施:为防止纳滤运行过程产生无机结垢,设置酸液投加设施用于调节纳滤系统进水 pH 值;③阻垢剂投加设施:阻垢剂投加设施也用于防止纳滤运行过程中无机结垢的产生。由于采用 MBR 等对渗滤液进行了预处理,超滤出水不含悬浮物和可生物降解的有机物,这在很大程度上避免了纳滤膜的无机和有机污垢的产生,从而可以降低纳滤膜的清洗频率,并且使纳滤能够在压力相对较低的情况下运行,延长了纳滤膜的寿命。

八、渗滤液反渗透(RO)深度处理技术

中空反渗透膜和亚滤膜最为常见。渗滤液经反渗透(RO)处理后,可达到一级排放标准;经亚滤处理后,出水可以达到三级排放标准。某填埋场渗滤液处理工艺包含有反渗透单元,该单元的进水浓度为 240～1 000 mg/L,经 RO 处理后,出水各项指标达到国家一级排放标准。经反渗透处理后的水质如表 5-24 所示。

表 5-24　　　　　某填埋场反渗透处理渗滤液出水性质　　　　　(单位:mg/L)

指标	COD	BOD₅	NH₃-N	TSS
数据	<50	<2	<4	<10

反渗透膜的膜反应器的建设成本高、寿命短、易受污染,运行费用高。运行费一般为 20～35 元/m³,产生的浓缩液(占原液 35% 左右)还进一步处理。

反渗透浓缩液是渗滤液经过反渗透产生的,组成与一般渗滤液相似,包含以下四种污染物的水基溶液:①溶解性有机物 CODc 或 TOC,包括腐殖质和挥发脂肪酸和一些难降解有机物,

像胡敏酸类和腐殖酸类化合物。反渗透浓缩液有机化合物浓度变化较大,按分子量大小可分成小分子醇和有机酸、中等分子量的灰磺酸类物质、高分子腐殖质。经过 MBR+RO 处理后浓缩液可生化性差,高分子物质含量多,对 COD 贡献约 50%。②无机常量成分:Ca,Mg,Na,K,Fe,Mn,Cl^-,SO_4^{2+},HCO_3^- 等常见无机元素。不同季节和气候,反渗透浓缩液无机成份和含量变化较大。一般,Na,Cl^-,NH_4^+ 含量最多,其次是 SO_4^{2-},HCO_3^-,Ca。③重金属:Cd,Cr,Cu,Pb,Ni,Zn 及 Hg 和类金属 As 等常见有毒重金属。④异型生物质有机物,主要来源于家庭和工业化学制品,包括芳香族碳氢化合物、酚类物质、苯类物质和氯代脂肪烃。同时反渗透浓缩液还含有一些微量物质,像 B,As,Se,Ba,Li,Co 等。因此,高效、低耗浓缩液处理工艺的研发,是解决反渗透膜滤浓缩液的关键。

九、垃圾渗滤液反渗透(RO)膜浓缩液污染特性表征

表 5-25　　　　　　　　生活垃圾渗滤液反渗透膜浓缩液水质参数　　　（单位:mg/L,pH 除外）

分析项目	COD	TN	TP	NH_3-N	pH
浓度	3 300~5 000	336~835	2~7	15~65	6.8~7.3

1. 红外光谱分析

官能团是物质活性的构造单元,其数量和类型与生活垃圾反渗透浓缩液中腐殖质的胶体化学、光谱学等性质密切相关。浓缩液的许多功能如缓冲性、保肥性等都与含氧官能团有密切的关系。因此,对浓缩液官能团进行了相应测定,结果见图 5-35 和表 5-26。

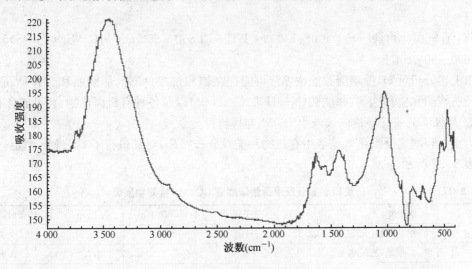

图 5-35　垃圾渗滤液反渗透膜浓缩液红外光谱图

表 5-26　　　　　　　　　生活垃圾浓缩液红外谱图波峰统计

cm^{-1}	区域 I	区域 II	区域 III	区域 IV	区域 V	区域 VI
峰值	3 460	2 921, 2 860		1 665, 1 652	1 626, 1 582	1 430, 1 382, 873, 778, 678

注:区域 I(3 700~3 200cm^{-1}),区域 II(3 300~2 400 cm^{-1}),区域 III(2 400~2 100 cm^{-1}),区域 IV(1 850~1 650 cm^{-1}),区域 V(1 680~1 500 cm^{-1}),区域 VI(1 475~1 300 cm^{-1} 和 1 000~650 cm^{-1})。

(1) 3 300~2 800 cm^{-1} 区域 C—H 伸缩振动吸收,且低于 3 000 cm^{-1}(2 921,2 860),为饱和 C—H 伸缩振动吸收。既有 C—H 伸缩振动(3 000~2 850 cm^{-1},2 921,2 860),又有 C—H 弯曲振动(1 465~1 340 cm^{-1} 1 626,1 582,1 430,1 382)。

(2) 稍高于 3 000 cm^{-1} 有吸收(3 100),且在 2 250～1 450 cm^{-1} 处频区,可能是烯 1 680～1 640 cm^{-1}(1 665,1 652,1 626)和芳环 1 600,1 580,1 500,1 450 cm^{-1}(1 582);C=C 伸缩(1 675～1 640 cm^{-1},1 665,1 652,1 626),烯烃 C—H 面外弯曲振动(1 000～675 cm^{-1},873,778,678)。芳环:1 600～1 450 cm^{-1}(1 582,1 430),C=C 骨架振动,880～680 cm^{-1} C—H 面外弯曲振动(873,778,678)。

(3) 醇和酚:主要特征吸收是 O—H 和 C—O 伸缩振动。自由羟基 O—H 的伸缩振动:3 650～3 600 cm^{-1},为尖锐的吸收峰可能有 3 650 cm^{-1} 的分子间氢键 O—H 伸缩振动:3 500～3 200 cm^{-1},为宽的吸收峰;(3 460);O—H 面外弯曲:769—659 cm^{-1}(678)。

(4) 醛的主要特征吸收:1 750～1 700 cm^{-1}(C=O 伸缩)(1 740);2 860,2 720 cm^{-1}(醛基 C—H 伸缩)(无);脂肪酮:1 715 cm^{-1},强的 C=O 伸缩振动吸收,如果羰基与烯键或芳环共轭会使吸收频率降低(1 715),但峰形降低,可能为共轭原因。

(5) 酯:饱和脂肪族酯(除甲酸酯外)的 C=O 吸收谱带,1 750～1 735 cm^{-1} 区域(无);饱和酯 C—C(=O)—O 谱带:1 210～1 163 cm^{-1} 区域,为强吸收(1 143)(无)。

(6) 胺:3 500～3 100 cm^{-1},N—H 伸缩振动吸收(3 460);1 350～1 000 cm^{-1},C—N 伸缩振动吸收(1 382);N—H 变形振动相当于 CH$_2$ 的剪式振动方式,其吸收带在:1 640～1 560 cm^{-1},(1 626,1 582);面外弯曲振动在 900～650 cm^{-1}(873,778,678)。

(7) 酰胺:3 500～3 100 cm^{-1},N—H 伸缩振动(3 460);1 680～1 630 cm,C=O 伸缩振动(1 665,1 652,1 626);1 655～1 590 cm^{-1} N—H 弯曲振动(1 626);1 420～1 400 cm^{-1} C—N 伸缩(1 430)。

(8) 有机卤化物:C—F 1 400～730 cm^{-1};C～Cl 850～550 cm^{-1};C—Br 690～515 cm^{-1};C—I 600～500 cm^{-1}。

由上述分析可知,反渗透膜滤浓缩液可能存在饱和烷烃、烯烃、脂肪醚和芳香醚、脂肪酮、饱和脂肪族酯和饱和酯、胺和酰胺(N—H 和 C—N 键)以及各种有机卤化物,且可能含有酚。

2. 垃圾渗滤液反渗透浓缩液中 DOM 有机物种类分析

为识别和测定反渗透浓缩液中有机物种类及分布特征,对其进行了 GC-MS 测定,分析结果如表 5-27 所示。

表 5-27　　　　　　　垃圾渗滤液反渗透膜浓缩液 GC-MS 检测物质表

中文名	分子式	RSI	Prop	停留时间/min
2-甲基丙醇	$C_4H_{10}O$	872	72.34	4.9
1-丁醇,3-甲基,乙酸酯	$C_7H_{14}O_2$	813	77.2	5.96
苯	$C_6H_6O_6$	725	58.69	6.85
2 甲氧乙醇	$C_3H_8O_2$	604	34.74	7.4
维生素 M	$C_{19}H_{19}N_7O_6$	484	58.21	8.2
硫氰酸,乙酯	C_3H_8NS	645	23.31	8.44
驱蛔灵	$C_4H_{10}N_2$	691	63.89	10.25
2,6-二叔丁苯酚	$C_{14}H_{22}O$	918	98.15	16.53
秋水仙素	$C_{22}H_{25}NO_6$	429	52.72	18.18
十八碳烷酸甲酯	$C_{19}H_{36}O_2$	625	65.53	20.2
邻苯二甲酸酯	$C_{16}H_{22}O_4$	917	65.32	21.05
邻苯二甲酸二辛酯	$C_{24}H_{38}O_4$	910	83.3	26.47

由表 5-27 可知,反渗透浓缩液特征污染物主要为苯系物、酮类、酚类以及一些杀虫剂,此外亦检出驱蛔灵,已烯雌酚、苯甲酸酯等内分泌干扰物。反渗透浓缩液成分极为复杂,难降解有毒有害有机物是其有效处理的一大难题。

3. 反渗透浓缩液 DOM 不同分子量分布中 C,N 和 P 分布特征

采用不同孔径(切割分子量)的膜,把反渗透膜浓缩液分离成悬浮物($>1.2~\mu m$)、粗胶粒($0.45\sim1.2~\mu m$)、细胶粒($<0.45~\mu m$)和可溶性物质($<1~000$ Da MW)四类,并对 C,N,P 等元素在各孔径范围的分布规律进行统计。

(1) C 分布特征

表 5-28　　　　　　　垃圾渗滤液反渗透膜浓缩液不同分子量分布中 C 分布特征

TOC 所占比例	悬浮物	粗胶粒	细胶体	可溶性物质
浓缩液	24%	18%	6%	52%

由表 5-28 可知,一半以上浓缩液 TOC 是由可溶性物质贡献(约占 50%～60%),将近一半 TOC 为不溶性物质。

(2) N 分布特征

浓缩液分子量段中氨氮和总氮值在各区间分布特征如表 5-29 和 5-30 所示。

表 5-29　　　　　　　垃圾渗滤液反渗透膜浓缩液各分子量阶段 NH_3-N 值分布

分子量分布区间	$>1.2~\mu m$	$1.2\sim0.45~\mu m$	$0.45\sim10$ 万 Da	$10\sim3(5)$ 万 Da	$3(5)\sim1$ 万 Da	$1\sim1(5)$ 千 Da	$<1(5)$ 千 Da
浓缩液氨氮值(%)	3～13	3～18	2～8	0～6	0～3	3～15	55～80

表 5-30　　　　　　　垃圾渗滤液反渗透膜浓缩液不同分子量分布中 TN 的分子量分布

分子量分布区间	$>1.2~\mu m$	$1.2\sim0.45~\mu m$	$0.45\sim10$ 万 Da	$10\sim3(5)$ 万 Da	$3(5)\sim1$ 万 Da	$1\sim1(5)$ 千 Da	$<1(5)$ 千 Da
浓缩液总氮值(%)	1.8～9.3	2.8～28.3	0～13.3	0～7.2	0.8～7.2	2.6～27.0	28.1～71.6

由表可知,渗滤液膜滤浓缩液中氨氮集中于两种分子量区间,即$>0.45~\mu m$ 和<1 万 Da,且主要位于<1 万 Da 区间,而在中间的细胶体部分分布较少。反渗透浓缩液 TN 分布与氨氮基本一致,其原因在于 NH_3-N 含量占 TN 的 90%。部分 TN 不是以离子形态存在,它们与渗滤液中各种颗粒物、悬浮物、胶体或大分子物质以各种形式共存,能够随颗粒物、悬浮物、胶体等物质的去除而部分去除。

(3) 浓缩液中 P 分布特征

反渗透浓缩液中 P 主要以颗粒态存在,即主要位于悬浮物和粗胶粒部分。经 $0.45~\mu m$ 膜过滤后,各分子量区间的 P 含量均很低,基本位于 2 mg/L 以下。

(4) 色度与浊度

反渗透膜浓缩液经 $0.45~\mu m$ 孔径滤膜过滤后,其浊度降低 70% 左右,说明一半左右的浊度是由悬浮物、大分子胶体的作用结果。色度是由悬浮固体、胶体和溶解性物质形成,经过系列膜过滤后,渗滤液中仍然残留 500～700 NTU 左右的色度(所谓的真色)和 500 左右的浊度,这些残留的色度和浊度可能是由相对较大的分子—黄腐酸、腐植酸等所贡献。

4. 反渗透浓缩液中金属离子及无机盐含量

(1) 重金属含量

表 5-31　　　　　垃圾渗滤液反渗透膜浓缩液中重金属的分布状况　　　　　（单位：ppm）

重金属	As	Zn	Pb	Cd	Ni	Cr	Cu	Hg
垃圾	1.0	112.7	112.5	B. D.	8.4	25.8	66.5	12.2
浓缩液	0.19	12.7	0.5	B. D.	2.3	3.8	2.9	0.2

注："B. D."表示低于仪器检测限。

由表 5-31 知：垃圾重金属含量以 Zn，Pb，Ni，Cu 和 Cr 含量最多，其次为毒性较大的 Hg，As 等，Cd 未捡出。说明垃圾本身来源复杂，从而导致其成为各种重金属的重要来源。浓缩液中重金属含量相对垃圾含量明显减少，主要含 Zn，Ni，Cr，Cu 等。

由于垃圾中富含各种无机配位体离子：Cl^-，SO_4^{2-}，HCO_3^-，OH^- 以及特定条件下存在的硫化物、磷酸盐、F^- 等，这些物质可通过取代水合金属离子中的配位分子，而与金属离子形成稳定的螯合物或配离子，从而改变金属离子在垃圾中的生物有效性。而且垃圾中存在的各种官能团，如羟基（—OH）、羧基（—COOH）、氨基（—NH_2）、亚氨基（＝NH）、羰基（C＝O）、硫醚（RSR）等，可与重金属发生螯合作用，从而形成稳定的螯合物而被固，如 Zn，Pb，Cu 等离子易形成螯合物。正由于垃圾本身固有的良好固定性及吸附性，使得虽然垃圾中的重金属含量高，而只有少量的金属进入到渗滤液中，进而进入到浓缩液中。

(2) 常规金属含量

表 5-32　　　　　垃圾渗滤液反渗透膜浓缩液中常量金属的分布状况　　　　　（单位：ppm）

常量金属	Fe	Al	Ca	B	Na	Mg	K	Mn
垃圾	3 020.1	4 963.5	6 795.7	143.3	1 859.7	595.2	77.8	5 020.1
浓缩液	12.7	15.3	615.4	21.6	2 873.2	300.6	908.4	7.8

垃圾常规金属含量很大，特别是 Al 和 Fe，分别达 3 020 mg/kg 和 4 963 mg/kg。同时 Ca，Mg 含量也远超过了垃圾交换性钙镁量，其中交换性钙占到 20% 左右，而交换性镁则只占 10%。但浓缩液主要以 Na，K 等可溶性金属为主，Fe，Ca，Mg，Mn 等较易于垃圾中存在的各种官能团形成稳定的螯合物、络合物或者难溶物质被固定或沉淀（表 5-32）。

(3) 渗滤液阴离子物质组分

反渗透浓缩液中主要阴离子有 Cl^-，Br^-，F^-，NO_3^-，HCO_3^-，SO_4^{2-} 等，各种离子通过 0.45 μm 膜和 11 KDa 膜后，变化量见表 5-33。

表 5-33　　　　　垃圾渗滤液反渗透膜浓缩液阴离子物质组分分子量分布

阴离子	原液（mg/L）	0.45 μm 膜过滤后（mg/L）	去除率（%）	1 KDa 膜（mg/L）	去除率（%）
Cl^-	8 670	8 548	1.4	8 175	5.7
Br^-	585	458	21.7	407	30.4
F^-	148	95	35.8	74	50.0
NO_3^-	243	231	5.3	225	7.1
SO_4^{2-}	345	179	48.1	138	59.9

渗滤液中卤素元素的含量随膜过滤的进行，都有部分损失，其中 Cl^- ＜10%，而 Br^- 去除

量为 30% 左右，F⁻ 去除量则相对较多，甚至达到 50% 以上。对于氯离子，经 0.45 μm 膜过滤而去除的量大约占原有浓度的 1%～2%，而经 1 K Da 膜过滤降低 5.7%，去除率相对稍多。对于 Br⁻ 经 0.45 μm 膜过滤而去除的量大约占原有浓度的 20%，经 1 K Da 膜过滤而降低的量增加 10% 左右。而对于 F⁻ 离子，1 K Da 膜过滤去除的量比 0.45 μm 多（表 5-33），这从 F 的形态分析可以看出，部分 F 以 MgF^+ 形式存在，同时 F 还可能与 Ca 结合，形成 CaF_2 沉淀，从而在膜滤过程中去除部分 F 离子。

NO_3^- 离子的含量随膜过滤的进行，也出现部分损失，但去除率不大，过 1 K Da 膜后的去除率与 Cl⁻ 相当。硫酸根随膜滤孔径的减小，其去除率相对氯离子要大，经 0.45 um 膜过滤，去除率达 50%，经过 1 K Da 膜，去除率达 60%。这主要归因于硫酸根在碱性条件下容易与一些阳离子，如钙、钡、镁等结合成较大粒径物质，1 KDa 膜去除的硫酸根离子量比 0.45 μm 膜要稍大。

5. 反渗透浓缩液中亲疏水组分分配

渗滤液有机物来源复杂，COD 去除是浓缩液处理的一个重要指标，其大部分是由含碳物质贡献，同时含碳物质是其他类型污染物迁移转化的载体，对于其环境行为具有重要的作用。在浓缩液处理工艺的选择过程中需要直接考虑含碳物质的存在形态，如果水体中疏水性物质较多，则在采用生物处理前需对其进行前处理，通过增加其亲水性能，使之与微生物能够较好相溶。

试验结果显示，渗滤液可溶性物质主要一般疏水酸性（42%～60.8%）、亲水酸性（15.3%～34.7%）和亲水碱性（7.9%～22.5%）物质组成，而疏水中性（0.7%～4.6%）、亲水中性（0%～7.4%）和疏水碱性（0.5%～7.7%）物质含量相对较少。其含量大小次序如下：疏水酸性＞亲水酸性＞亲水碱性＞疏水碱性＞亲水中性＞疏水中性。

十、过硫酸钾深度氧化技术

1. 催化剂的筛选

在反应温度 50 ℃、水样初始 pH＝3、过硫酸钾/催化剂＝10∶1 的条件下，分别考察 $FeSO_4$，Fe^0，MnO_2 和 Ag_2SO_4 等催化剂对过硫酸盐深度氧化处理膜浓缩液 COD 的影响。由图 5-36 可知，催化剂种类对过硫酸盐催化氧化效率影响较大。无催化剂时，COD 去除率仅为 4.9%，添加催化剂后，COD 去除率均显著提高。当 Fe^{2+} 和 Ag^+ 作为催化剂时，由于液相扩散速度快，导致反应速率较快。但 Fe^{2+} 对 COD 的去除率仅为 17.7%，催化效率远低于其他催化剂，这主要是因为 Fe^{2+} 同时是 SO_4^-·自由基的捕捉剂，大量消耗 SO_4^-·，降低了其与有机物的接触量。Ag_2SO_4、MnO_2、Fe^0 催化过硫酸钾氧化降解有机物效果均较好。其中，Fe^0 作为催化剂时，处理效果最好，COD 去除率为 71.5%，出水 COD 为 250 mg/L。另外，Fe^0 是一种比较稳定持续的自由基激发剂，在处理成本上比 Ag_2SO_4 和 MnO_2 具有明显的优势。

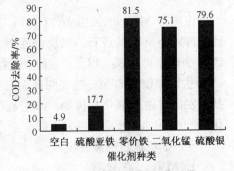

图 5-36 过硫酸盐催化剂种类对膜浓缩液 COD 去除率的影响

2. $K_2S_2O_8/Fe^0$ 比对 COD 去除率的影响

在反应温度 50 ℃、Fe^0 为催化剂、初始 pH＝3 的条件下，考察 $K_2S_2O_8/Fe^0$ 投加比（5∶1，10∶1，15∶1，20∶1，25∶1 和 30∶1）对浓缩液 COD 去除效率的影响。

由图 5-37 可知,随着 $K_2S_2O_8$：Fe^0 比值的增大,COD 去除率明显降低。当 $K_2S_2O_8$ 投加量一定,$K_2S_2O_8$：Fe^0 值增加,意味着 Fe^0 投加量的减少,即意味着被激活的 SO_4^-·自由基的量减少,从而导致 COD 去除率降低。当 $K_2S_2O_8$：$Fe^0 > 10$ 时,COD 去除率最高,可保持在 81％以上。故后续实验条件均选取 $K_2S_2O_8$：Fe^0 为 10。

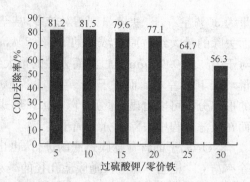

图 5-37　$K_2S_2O_8$：Fe^0 投加比对膜浓缩液 COD 去除率的影响

3. pH 对 COD 去除率的影响

在反应温度 50 ℃、过硫酸钾/Fe^0 = 10：1 的条件下,考察水样初始 pH 分别为 2,3,4,5 和 6 时,过硫酸盐深度氧化处理膜浓缩液 COD 的效果。由图可知,pH 对过硫酸钾氧化有机物的影响较大。随着 pH 值的降低,COD 去除率显著升高。反应初始 pH<3 时,COD 去除率达 81％以上,而当 pH>5 时,COD 去除率仅为 15％左右。有研究表明,酸环境有利于并可以加速 $S_2O_8^-$ 自由基的产生。这表明过硫酸盐氧化反应主要依靠产生的过硫酸根和硫酸根自由基产生作用。故硫酸钾氧化膜浓缩液的 pH 宜取 3 左右(图 5-38)。

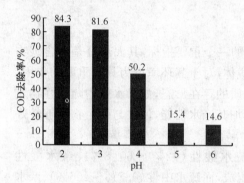

图 5-38　初始 pH 对膜浓缩液 COD 去除率的影响

4. 温度对 COD 去除率的影响

在水样初始 pH 调为 3、过硫酸钾/Fe^0 为 10：1 的条件下,考察不同温度(35 ℃,45 ℃,50 ℃和 60 ℃)对过硫酸盐深度氧化处理膜浓缩液 COD 效果的影响。

由图 5-39 可知,高温条件(>45 ℃)有利于过硫酸钾氧化反应的进行。当反应温度>50 ℃时,COD 去除率可达 80％以上;当反应温度为 35 ℃时,COD 去除率仅为 36％。这表明高温有利于过硫酸盐激发出自由基氧化有机物。故过硫酸钾深度氧化 Fenton 出水的反应温度宜不低于 45 ℃为宜。

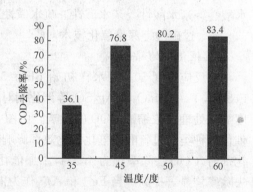

图 5-39　温度对膜浓缩液 COD 去除率的影响

十一、机械压缩蒸发技术

1. MVC 工艺流程

机械压缩蒸发(Mechanical Vapor Compression,MVC)技术由美国舰船海水淡化研究所研发,距今已有近 40 年的应用历史,目前世界各国不同行业和领域有上千套系统在运行。机械压缩蒸发(MVC)-离子交换(Deionization Ion exchange,DI)-铵回收装置处理垃圾渗滤液技术,是利用高效 MVC 装置,将垃圾渗滤液中的水分及氨与其他物质分离出来,污染物残留在浓缩液中,如图 5-40 所示。所有重金属和无机物以及大部分有机物的挥发性均比水弱,因此会保留在浓缩液中,只有部分挥发性有机酸和氨等污染物进入蒸汽,最终存于蒸馏水中。蒸发工艺可把渗滤液浓缩到原液体积的 2％～10％。蒸馏水再经过离子交换树脂截留水中的氨氮,使出水氨氮达标排放。同时 MVC 排放氨等挥发气体,采用 DI 系统的再生液中剩余的盐酸可将氨吸收,吸收后的饱和废液浓缩后经结晶生成氯化铵晶体。MVC浓缩回灌填埋场处理。

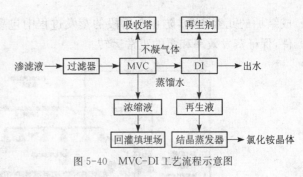

图 5-40 MVC-DI 工艺流程示意图

2. 低能耗机械压缩蒸发工艺原理

低能耗蒸发工艺采用的是目前蒸发工艺中能耗效率最高的机械压缩蒸发工艺,该蒸发工艺主要是利用蒸汽的特性,当蒸汽被机械压缩机压缩时,其压力升高,同时温度也得到提升,为重新利用再生蒸汽作为蒸发热源提供了可能。当经压缩提高温度后的蒸汽以较高温度进入蒸发器的换热管管内,而温度相对低的待蒸发液体喷淋在换热管管外并形成薄膜,吸收管内蒸汽冷凝时释放的热量从而产生蒸发,较高温度的蒸汽在换热管管内冷凝形成冷凝水,此时蒸汽的热焓传给管外的喷淋水,这样连续进行蒸发。极少的未冷凝的蒸汽和不凝气体排出到管外。

在整个系统中,能量的输入只有压缩机的马达和很小的保持系统稳定操作的浸入式加热器。进水被泵入 2 个热交换器,即浓液冷却器和蒸馏水冷却器,进水被蒸馏水进行预热,经过预热后的进水几近达到沸点,与此同时,蒸馏水的温度也得到降低,根据设计可控制到比较进水的温度高 3 ℃~5 ℃,尽量节省能量。

进水在进入循环系统喷淋在管外前还被一个排气冷凝器预热,该排气冷凝器为冷却不可冷凝的气体和蒸发器换热管中少量未来得及冷凝的蒸汽以达到无蒸汽损失和热损最小化。循环泵将蒸发器热井的液体泵至一套喷嘴,该喷嘴的设计可以通过循环液中的可能的垢片。在热井里有滤网保护喷淋系统中有垢阻塞的问题。液体被喷淋到热交换管的外面形成薄膜,蒸发发生在管外,形成二次蒸汽,这些二次蒸汽以中速进入蒸汽压缩机,在此,蒸汽的压力和温度得到提升,以满足蒸发的连续进行。管外产生的二次蒸汽经过压缩以后的蒸汽进入到热交换管管内时,其已经变成作为蒸发热源的饱和蒸汽,该饱和蒸汽在管内冷凝,将热能传递给管外的薄膜以形成蒸发。冷凝水在管内形成并且被收集到水腔然后闪蒸到一个脱气塔,闪蒸可以非常有效地消除可能重新冷凝到蒸馏水中的有机气体,除气器可以使得蒸馏水的品质更好。为解决蒸发系统可能的结垢问题,在此设计了针对换热管、管道、换热器的清洗装置,保证不会因为结垢而导致问题。

该系统的心脏为中速的机械蒸汽压缩机,该压缩机经马达由皮带传动,压缩机的转速低于每分钟 3 000 转,噪音小,维修少。有浸入式的加热器作为蒸发器补充蒸汽的供应,为起动蒸发器时用和保持正常运行时的操作平稳。该蒸发器的效率高,一旦压缩机起动,浸入式的加热器自动保持蒸发器的压力稳定。每小时的运行时间约 10 分钟,启动时采用全电热方式,从冷机到正常操作一般在 60 分钟以内。

蒸发器换热管结垢分为有机垢和无机垢。有机垢采用喷淋适当浓度的 NaOH 溶液将有机物溶解,而无机垢则采用适当浓度的酸液进行清洗,为保证清洗的效果同时防止清洗时腐蚀设备,通常采用氨基磺酸进行清洗,溶解附在管外壁的无机盐结垢。酸液和碱液的获得通常是采用固体的酸碱由适当比例的水配制而成(图 5-41)。

3. MVC 工艺主要处理单元

(1) 预处理系统

预处理过程主要是去除原水中的 SS,将细小的纤维过滤去除,同时降低 Ca,Mg 等易形成结垢的元素含量,防止在后段的蒸发过程中包裹换热管,为蒸发处理系统有效运行创造条件,保证蒸发效率和泵的正常运转。

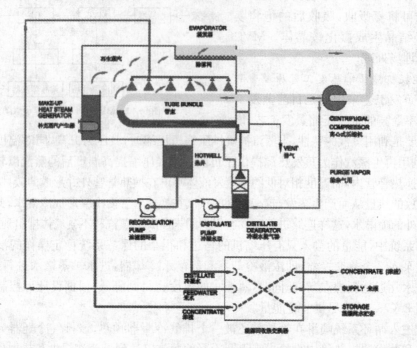

图 5-41　低能耗机械压缩蒸发工艺原理图

(2) MVC 装置

MVC 单元的工作原理如图 5-42 所示。MVC 装置运用了蒸汽被压缩时其压力和温度得到逐步提升的特性,蒸汽进入蒸发器的换热管里,当冷水在管外喷淋时,蒸汽在管内冷凝形成冷凝水,蒸汽的热传给管外的喷淋水进行连续的蒸发。渗滤液在进入蒸发装置前与 MVC 系统的热媒进行多级热交换,进入 MVC 装置,利用闪蒸原理,在 103 ℃左右的温度,氨和水蒸发,经冷凝后变成蒸馏水排出 MVC 装置。同时变成气体的物质得到浓缩排出 MVC 装置。整个 MVC 装置充分利用了排出物的余热,提高了电能的利用效率,有效地使蒸馏水的排放温度控制在比进水高 3 ℃～5 ℃。蒸馏水中含有的氨,需要后段离子交换系统进一步的处理才能达标排放。浓缩液回灌填埋场。

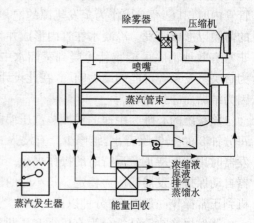

图 5-42　MVC 单元工作原理示意图

(3) DI 系统

DI 系统采用大孔径强酸性阳离子交换树脂,该树脂孔道大,不易堵塞,且比表面积小,不易吸附有机物,清洗容易。冷凝液通过树脂时发生离子交换反应,水中的 NH_4^+ 和树脂上的氢离子发生交换反应并去除。

当树脂中的氨离子达到饱和,树脂的氢离子消耗殆尽时,需要利用盐酸等强酸性再生剂再生,再生以后的树脂可以重新投入使用。再生产生的再生液可结晶处理成铵盐产品。

（4）结晶蒸发铵回收系统

结晶蒸发系统为蒸汽压缩立管强制循环结晶装置，该技术在应用上已非常成熟。该系统利用氯化铵在不同温度时溶解度的不同，将再生液浓缩，在 30 ℃左右时析出晶体，残余的盐酸回流酸槽用于树脂再生。氯化铵的用途广泛，除农业用作肥料外，在工业上更是广泛用于生产电池、涂料和医药等行业，可产生一定的经济效益。

4. 二次蒸汽的压缩比

MVC 工艺的核心步骤就是蒸发（Vaporize）和压缩（Compress），如图 5-43 所示。如果MVC 主机的循环换热管内部蒸汽压力是 160 kPa（绝对压力，下同），经过热交换使管外的渗滤液生成为二次蒸汽，其压力是 100 kPa，这两种饱和蒸汽热焓分别为2 698.1 kJ/kg，2 676.3 kJ/kg（后者潜热 2 259.5 kJ/kg，占蒸汽热能的 84.43%），十分接近。若产生的二次蒸汽不加以利用，直接排入冷凝器中冷凝，将会造成能量上的极大浪费。二次蒸汽在压缩机内的压缩过程，可以视作绝热压缩。压缩机做功，使蒸汽内能升高，温度升高。绝热压缩功可看作由两部分组成：饱和压缩功和过热压缩功，即在压缩二次蒸汽过程中可理解为先将二次蒸汽压缩成饱和蒸汽，然后再进一步压缩成过热蒸汽。

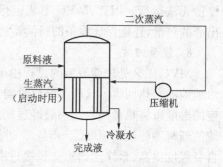

图 5-43 MVC 工艺的蒸发和压缩过程示意图

MVC 工艺正是利用了二次蒸汽中的潜热。这种装置理论上只需要在启动时使用外来蒸汽（称作生蒸汽），正常运行时不需要外界提供蒸汽，也不需冷却水及相关的冷凝设备。因此相对于单效蒸发、多效蒸发及其他蒸发，MVC 工艺是一种投资少、能耗低的蒸发装置。

MVC 工艺中二次蒸汽压缩比是个至关重要的技术参数，它不但影响蒸发设备投资，而且影响着操作运行，因此直接关系到热泵蒸发的经济程度。二次蒸汽的压缩比指二次蒸汽在压缩机出口处的压力（P_2）与在压缩机进口处的压力（P_1）之比，或压缩机出口压力（P_2）与蒸发室压力（P_1）之比，以 P_2/P_1 表示。压缩比值可通过改变 P_1 或 P_2 而变化。

张立奎对渗滤液蒸发过程中的压缩比等参数做了研究，他的一些结论如下。选定蒸发压力 $P_1 = 100$ kPa，在二次蒸汽压缩比 P_2/P_1 值依次取 1.6，1.4，1.2 时，比较每小时蒸发吨水的功率，得到的结论是：二次蒸汽压缩比越小，单位时间内每吨水蒸发消耗功率越小，所以从耗能角度考虑，压缩比愈小愈好。

传热蒸发过程的效率还与传热温差有关。传热温差是指蒸发室内饱和蒸汽的温度与MVC 蒸发室内渗滤液的温度之差，也叫有效温差。经压缩后的二次蒸汽为过热蒸汽，温度高于同压力下的饱和蒸汽温度。当进入压缩机的二次蒸汽温度一定时，二次蒸汽压缩比 P_2/P_1 的值越高，从压缩机排出的饱和蒸汽的温度就越高，有效温差就越大。压缩比愈小，有效温差愈低，则蒸发需要的传热面积愈大，因此从传热角度言，又不希望压缩比太小。

因此，MVC 工艺中的二次蒸汽压缩比必须取一适宜值，据经验，其范围介于 1.2～1.6之间。

需要注意的是：用过热蒸汽进行加热会使传热恶化，因为过热蒸汽属于不凝缩气体传热范畴，传热膜系数很低。因此必须消除蒸汽过热度，将过热蒸汽转化为同压力下的饱和蒸汽。为此，常在压缩蒸汽出口喷入适量的饱和温度冷凝液以消除过热度。

5. 进液温度

由压缩机产生的过热蒸汽转化成同压力下的饱和蒸汽后,这些饱和蒸汽与蒸发室内的渗滤液进行热交换。传热过程中,饱和蒸汽只利用了其潜热。饱和蒸汽冷凝过程中释放的潜热用于两方面:一是弥补加热室蒸发潜热不足;二是将料液加热至沸点所需的热量。当进入MVC蒸发器内的渗滤液温度达到沸点时,由饱和蒸汽提供的潜热可以直接使渗滤液进行蒸发,而不需要提供外来蒸汽热源。如果进入MVC蒸发器内的渗滤液温度未达到沸点,甚至是温度比沸点低的多时,就可能造成渗滤液蒸发量减少,极端情况下无法产生蒸汽,致使MVC设备无法运行。因此,MVC工艺运行过程中,都要将进料提前预热至沸点温度,既能回收排出液的热量,还能保证设备的持续运转。

6. 能量回收

MVC工艺处理渗滤液的过程中可回收的热量包括蒸发后的冷凝液(即清水)余热回收和浓缩液的余热回收。这两部分热量均为显热,温度均在100 ℃左右,可通过换热器使之降至规定的温度以将热量回收。一般经过换热后,最终排出的清水和浓缩液的温度仅比进入整个系统的新鲜渗滤液高出3 ℃～5 ℃。进入MVC系统的渗滤液通过换热器,吸收了大量热量,使自身温度提高,最终达到沸点和接近沸点的温度,然后进入到MVC主体的蒸发器内部,也即MVC系统除在启动时消耗生蒸汽,正常运行时是不需补充生蒸汽的。

另外,在加热过程中还要定时排放蒸汽中携带的不能冷凝的气体,如空气、氨气、硫化氢等。这些气体随原料液进入蒸发器,受热后挥发出,随二次蒸汽一起经压缩进入加热室。因为这些气体为不凝缩气体,会使传热恶化,故需间歇排出。这些气体携带的显热也可回收。虽为间歇少量排放,气体显热少,但考虑到会携带少量热蒸汽,因此在条件允许的情况下,应尽可能回收利用。

7. MVC工艺的优点和缺点

(1) 优点

① 该系统利用蒸汽的特性,在被压缩机压缩时,压力和温度得到提升,高焓值蒸汽重新作为热源,同时能充分回收蒸发系统中蒸馏水和浓液的热量,减少能源消耗,节能效果显著。与国内外同类技术相比,具有投资省、运行费用低、流程简单、运行稳定等优点。

② 适应性强:无论填埋初期、中期还是后期,进水水质浓度高还是低,可生化性好还是差,该种工艺处理效果都比较稳定,而且处理成本不变。

③ 采用蒸发系统和铵回收系统组合,用树脂交换技术去除和回收渗滤液中的氨氮并制成氯化铵晶体,变废为宝,不仅解决了垃圾渗滤液处理中高氨氮去除难、成本高的问题,同时实现了污染物零排放。

④ 蒸馏水超过90%,浓缩液量低于10%,方便回灌填埋场。浓液回灌对工艺运行无影响。管外喷淋薄膜蒸发,蒸发效率高。运行过程中产生的水垢在管外,便于清洗。

⑤ 处理设施可制成移动式装置,对一些水量小、单独配置渗滤液处置设施不经济的填埋场,可结合调节池的容量进行间歇式大流量的处理,一套设备可服务多个填埋场,节省投资和运行成本。设备可随机开停,全负荷运转,解决了垃圾填埋场封场后水量少,投资和运行管理费用高的问题。

⑥ 设备投资比例高,无大型水池,在填埋场关闭后,可以将设备移做其他填埋场使用,也可出售设备回收固定资产残值。渗滤液处理设施投资不会随着填埋场的关闭而废弃造成浪费。

（2）缺点

① 会产生废气排放的问题，属于二次污染。

② 因为氨气和部分重金属离子无法在水汽化后分离，需要后接离子交换系统，对铵离子进行置换。阳离子树脂系统在一定期限后，需要使用盐酸进行再生，再生废液同样是二次污染，且在交换过程中遇大颗粒物体时会产生堵塞树脂系统的问题。此外，离子交换系统在再生过程中，会产生过量的再生废液，且周期较长，消耗的盐酸属于危险品，对管道会产生腐蚀和结构的问题储存管理不便。

③ 蒸发系统的不锈钢结构经常受高浓度的渗滤液冷热交替接触，会产生腐蚀和结垢问题，需要经常清理甚至更换。

④ 在 COD 比较高时，此工艺会出现泡沫十分严重的问题（只能投加消泡剂，费用将很高），泡沫将直接影响到出水水质和浓缩倍数；数据中氨氮指标也很低，如果较高的话，树脂的寿命将大大缩短，再生的盐水量也将大大增加，处置困难；渗滤液结垢性较强，对蒸发器威胁较大（MVC 只能靠停机清洗解决），如果频繁清洗势必影响产水率并产生较多的清洗水。

⑤ 近年来，国内才有此类工艺应用于垃圾填埋场的实例，经验上不是很足。

8. 反渗透浓缩液处理工艺实例

由于反渗透浓缩液中有机物含量较高，且大部分为腐殖质，而腐殖质在蒸发过程将首先析出，在蒸发器以及换热器内壁形成腐殖质黏液层，降低换热效率和蒸发能效比，加速蒸发装置的清洗频率。因此，在反渗透浓缩液进蒸发装置前采用中压纳滤对反渗透浓缩液进行有机物的脱除，中压纳滤处理反渗透浓缩液的清液得率大于 65%。经过中压纳滤处理后，纳滤清液中的有机物即 COD 含量将由 5 000 mg/L 降至 1 000 mg/L 以下。中压纳滤产生的清液进入后续的蒸发装置进行处理（图 5-44）。

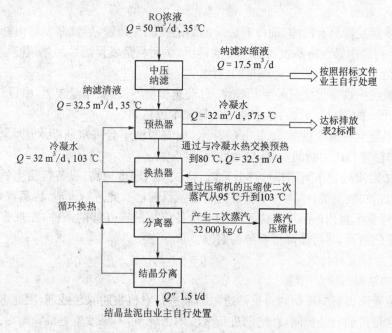

图 5-44　50 m³/d 反渗透处理工艺流程及水力平衡图

(1) 运行监测数据

性能测试期间,设备保持正常运行,相关运行参数见表 5-34。

表 5-34　　　　　　蒸发设备处理渗滤液反渗透膜浓缩液调试期间数据　　　　　（单位：t）

日期	中压处理量	蒸发系统进水量	蒸发清液量	蒸发浓液排放量
4 月 29 日	48	22	18	2
4 月 30 日	53	22	19	2
5 月 1 日	46	24	21	3
5 月 2 日	52	21	19	2
5 月 3 日	63	24	22	2
5 月 4 日	52	23	19	3
5 月 5 日	46	24	21	3
5 月 6 日	49	21	18	3
5 月 7 日	47	21	19	2
5 月 8 日	58	23	20	3
5 月 9 日	45	25	23	2
5 月 10 日	64	22	20	2
5 月 11 日	53	24	22	2
5 月 16 日	68	24	22	2
5 月 17 日	44	21	17	4
5 月 18 日		21	23	2
日均	53	23	21	3

(2) 主要存在的问题

① 由于该蒸发器只有浓缩,而没有后续的结晶或固化装置,导致蒸发器内盐的浓度增高,所以每天在运行当中必须将蒸发器内的浓液排出,然后将蒸发器继续加热,耽误蒸发器运行时间,导致蒸发处理量达不到设计处理量的原因。

② 蒸发系统中许多设施只能手动操作,自动化程度不高,工作量较大,由设计及自控布线原因,很难作出大的调整。另外,浓缩液的运行成本也较高。

③ 蒸发系统空气压缩机需 50 L/h 的补水,但有时由于自来水前端水压太小,补水不足,导致蒸发器的温度与压力瞬间升高,导致耽误时间。

④ 蒸发浓缩液处理车间需排放部分蒸汽,造成室内湿度较高,设备容易生锈,同时新增的预处理系统包括加酸系统,也加快了设备的腐蚀。目前已对此进行改造,将蒸汽外排管接到室外排放,有效降低了室内的湿度。由于现场不具备将加酸罐外移的条件,在现有基础上,加强了加酸反应罐的密封,尽可能降低系统的腐蚀。

(3) 蒸发结垢应对措施

① 有机物结垢的应对措施

在蒸发装置前设有中压纳滤对反渗透浓缩液进行有机物脱除预处理,因此,蒸发装置的进料中有机物含量得到有效控制,在定期进行清洗的情况下,不易发生有机物结垢。

② 无机结垢的应对措施

a. 本蒸发器的换热管束的配置为水平管式,液体以薄膜状态分布在管外,蒸发也发生在管外,如果发生结垢只能在管外而且可以通过视镜看见,同时很容易并且彻底清洗干净,该特点使得维修率低。冷凝在管内,永无结垢的困扰。

b. 结垢发生,通过清洗系统很容易由喷嘴循环酸碱将管外的结垢清洗,清洗过程也是连续的。清洗可以为在线清洗,不需要专门停机,也无需移开蒸发器内部的任何元件。所有可能结垢的部位都可以得到有效的清洗,无死角。

c. 即使因操作员的误操作使得蒸发器的换热管束被大块的垢堵塞,这些管束也很容易用高压水枪进行清洗,同样没有贵重的配件需要更换。

可以看出,①RO浓缩液组分更为复杂,含有多种有机污染物,如苯系物、酮类、酚类、驱蛔灵、已烯雌酚、苯甲酸酯等内分泌干扰物,以及多种重金属离子(Zn, Pb, Ni, Cu 和 Cr 等)和无机盐含量(Cl^-, Br^-, F^-, NO_3^-, HCO_3^-, SO_4^{2-} 等)。②RO浓缩液过硫酸钾进一步深度氧化处理,Fe^0为过硫酸钾氧化过程的最佳催化剂;反应条件最佳范围为 pH$<$3,温度$>$45 ℃,$K_2S_2O_8$:$Fe^0 >$ 10,可稳定保持COD去除率在80%以上。③在渗滤液膜浓缩液蒸发处理调试运行期发现多处问题,如后续结晶或固化装置缺乏导致蒸发器无法连续运行,处理过程室内湿度过高导致设备易腐蚀等问题,仍在对蒸发装置改进和优化。

习　题

5-1　查阅文献,特别是专利和渗滤液处理公司网站、相关设计院设计材料等,综述生活垃圾渗滤液达标处理技术及其相关参数。

5-2　简要描述渗滤液膜处理关键技术流程和参数。

5-4　熟记渗滤液出水排放要求。

第六章
医疗废物处理技术

医疗废物主要来自于病人的生活废弃物和医疗诊断、治疗过程中产生的各类固体废物,它们含有大量的病原微生物、寄生虫和其他有害物质,是一种特殊的污染物,虽然与其他固体废弃物相比,其总量不大,但由于这类垃圾是有害病菌、病毒的传播源头之一,也是产生各种传染病及病虫害的污染源之一,世界各国越来越重视医疗废物的管理与处理。自50年代起,医疗废物管理及其处置技术已引起世界各国政府和国际组织的广泛关注。美国环境保护局1978年4月26日起草的文件认为:如果废物是从医院产科(包括病房)、急诊部、外科(包括病房)、太平间、传染病科、病理科、隔离病房、实验室、特护区、儿科部门来的,被认为是具有传染性的,除非已经过高压灭菌。1989年制定的《控制危险废物越境转移及其处置的巴塞尔公约》中,将"从医院、医疗中心和诊所的医疗服务中产生的临床废物"列为"应加控制的废物类别"中Y1组,其危险特性等级为6.2级,属传染性物质。1998年我国国家环保局与公安部、外经贸部联合颁布的《国家危险废物名录》中规定:与医疗废物有关的HW01(医院临床废物)、HW03(废药物、药品)和HW16(感光材料废物)均属于危险废物。

第一节 医疗废物的定义、种类及发生量

一、医疗废物的定义

建设部发布的行业标准《城市垃圾产生源分类及垃圾排放》(CJ/T 3033—1996)规定,医疗卫生垃圾是指城市各类医院、卫生防疫、病员疗养、畜禽防治、医学研究及生物制品等单位产生的垃圾。CT/T 3083—1999《医疗废弃物焚烧设备技术要求》中,医疗废弃物是指"城市、乡镇中各类医院、卫生防疫、病员修养、医学研究及生物制品等单位产生的废弃物"。具体指医疗机构、预防保健机构、医学科研机构、医学教育机构等卫生机构在医疗、预防、保健、检验、采供血、生物制品生产、科研活动中产生的对环境和人体造成危害的废弃物。它包括《国家危险废物名录》所列的HW01医院临床废物,如手术、包扎残余物;生物培养、动物试验残余物;化验检查残余物;传染性废物;废水处理污泥等;HW03废药物、药品,如积压或报废的药品(物);HW16感光材料废物,如医疗院所的X光和CT检查中产生的废显(定)影液及胶片。有时,医疗废物也称为医疗垃圾。

二、医疗废物的性质

医疗废物是具有传染性的危险废物,其传染性根据废物的产生源而不同。因此,很难将此类废物所传播致病菌的种类与强度做定量描述。根据卫生部疾病控制司发布的《1995年中国疾病监测年报》中"全国疾病监测系统甲乙、丙类法定报告传染病估计发病率(1/10万)"数据,累积估计发病率占总发病率97%以上者包括甲乙类为痢疾、肝炎、淋病、伤寒、出血热、麻疹等;丙类为感染性腹泻、腮腺炎、肺结核、流感、急性结膜炎等共11类,以此作为依据,可认为医疗废物主要携带的传染病菌种类是引发上述传染性疾病的微生物种类,具有传染期长、传播面

广、危害性大等特点。

三、医疗废物的分类

医疗废物不同于医院废物。医院大部分废物（80％～85％）是没有危害的普通废物，是一般性固体废物，如锅炉房的煤灰煤渣、清扫院落的渣土、建筑拆建废料等；普通生活垃圾、厨房食堂的废弃物、剩饭剩菜、果皮果核、废纸废塑料等；医药包装材料等；枯草落叶、干枝朽木等。这类垃圾不属于医疗废物，不需要特别处理，一般应及时清运或委托处理。但是，一旦这些没有危害性的垃圾同其他具有危害性的或传染性的污物混合在一起，其混合垃圾就要与有害的传染性垃圾一样对待，需要特别的搬运和处置。因此对垃圾污物进行分类是对垃圾污物进行有效处理的前提。

不同国家对医院废物垃圾有各自的分类方法。世界卫生组织西太平洋地区环境健康中心将医院废物分为 5 种类型：传染性废物、锐器、药理性和化学性废物、其他有害物质（如细胞毒性、放射性、压力宣传品容器）以及普通废物。新加坡将医院废物分为传染性、病理性、一般临床废物、污染锐器、细胞毒性、放射性、药理性、化学性和普通废物 9 种类型。

按照来源和特性，医疗废物通常可分为下列 6 种形式，其中不包括放射性废物（在放射治疗诊断中使用过的容器、器皿、针管，沾染放射性物质的纱布、药棉等，应单独收集、清洗或贮存）：

Ⅰ类　一次性医疗用品：

包括注射器、输液器、扩阴器、各种导管、药杯、尿杯、换药器具等。

Ⅱ类　传染性废物：

带有传染性及潜在传染性的废物（不包括锐器），主要包括：

（1）来自传染病区的污物：医疗废物及患者的活检物质、粪尿、血、剩余饭菜、果皮等生活垃圾。

（2）与血和伤口接触的各种污染手套、手术巾、床垫、衣服、棉球、棉签、纱布、石膏、绷带等，以及用以清洁身体的洗涤废液或血液的物品。

（3）病理性废物：包括手术切除物、肢体、胎盘、胚胎、死婴、实验动物尸体组织等。

（4）实验室产生的废物：包括病理性的、血液的、微生物的、组织的废物等，如血尿、粪、痰、培养基等。太平间的废物以及其他废物。

Ⅲ类　锐器：

主要是用过废弃的或一次性的注射器、针头、玻璃、解剖锯片、手术刀及其他可引起切伤或刺伤的锐利器械。

Ⅳ类　药物废物：

包括过期的药品、疫苗、血清、从病房退回的药物和淘汰的药物等。

Ⅴ类　细胞毒废物：

包括过期的细胞毒药物、以及被细胞毒药物污染的拭子、管子、手巾、锐器等相关物质。细胞毒药物最常用于治疗癌症病人的肿瘤或放射治疗病房，在其他病房的应用也有增加趋势。细胞毒药物大多为静脉注射或输液给药，有些为口服片、胶囊、混悬液。

Ⅵ类　废显（定）影液及胶片：

包括废显影液、定影液、正负胶片、像纸、感光原料及药品。

四、医疗废物产生量

一般情况下，国内外对医疗废物产生量进行经验估算，大中城市医院的医疗废物的产生量一般是按住院部产生量和门诊产生量之和计算,住院部为 0.5～1.0 公斤/床·天,门诊部为 20～30 人次产生 1 公斤。一般医院每张病床每日污水产量约计 0.25～1 吨左右。

第二节　医疗废物的收集与处理

医疗废物的产生单位主要为医院、诊所等,这些单位由卫生局管理;医疗废弃物的收集、存放、处理由环境卫生管理部门负责监督;无害化处理检测由环境卫生管理部门授权的机构负责;医疗废物的焚烧设施和大气污染由环境保护部门负责监督。这说明,按现有的医疗垃圾管理制度,必须由多家单位分工合作,密切配合,才可能做好医疗废物的管理和最终处置工作。

医疗废物属于传染性废物,其中的污染物质是附着其上的病原微生物,因此杀灭病原微生物并防止其与人群的接触就是医疗废物污染控制的主要目的。医疗废物处理的目的是使排出的垃圾废物稳定化(有机垃圾无机化)、安全化(有毒有害物质分解去除,细菌病毒杀灭消毒)和减量化。

传染性废物处理方法主要有物理消毒法、化学消毒法、焚烧处理法和填埋等。

一、医疗废物收集、运输

在医疗废物的收集、辨别、净化、贮存和运输方面,美国、法国、加拿大等各国都推荐将废物分类按有传染性的解剖废物(人体、动物)和非解剖废物、无传染性的其他废物进行分类,分别用有颜色标志的防漏塑料袋包装,选择坚硬容器来盛放和运输这些塑料袋,这样可使医疗废物危害公众的潜在可能性降至最小。美国的医学废物通常冷藏在冷库中,而其他种类的废物通常储藏在室内或室外的容器中。日本将医疗废物按其传染性和可燃性分为四类,分别是可燃性传染性废物、非可燃性传染性废物、可燃性非传染性废物和非可燃性非传染性废物,用各种颜色的塑料袋封装。根据我国医院污物垃圾处理的现状和有关医院垃圾污物处理的实践,对医院垃圾首先应分类收集,严格将各种医疗废物、放射性废物和普通垃圾分开、回收利用有价值的物质,做到减量化和无害化。

医疗单位对医疗废物要实行专人管理,袋装收集,封闭容器存放和定期消毒。医疗废物要与普通废物分开,并按类收集。消毒处理后应存储在牢固防渗、防潮并具有足够抗拉强度的密封容器中。另外,必须将尖锐物品、带有液体或残渣的玻璃器皿等包装在耐戳、磨的容器中,必须把废流体包装在坚固密闭的容器中,以防止容器被锋利东西刺破和液体渗漏。

医疗废物在发生场所进行规范的分类收集是减少污染危害和有效进行下一步处理的重要环节。分类收集的目的和依据主要是依据废物的性质及下一步所要采用的处置方法。收集废物所使用的容器主要是塑料袋、锐器容器和废物箱等。

(1)塑料袋。塑料袋是常用的污物垃圾收集容器。废物塑料袋的选择可根据污物量的多少和污物的性质确定。最大的废物袋可为 0.1 m³ 或 0.075 m³,小塑料袋可用在废物较少的场所。低密度塑料厚度应大于 55 μm,高密度塑料可为 25 μm。塑料袋放在相应的污物桶内。塑料袋应有清晰的颜色标志和用途注明,如黄色(表示要焚烧)、"生物危险品"标志等。如果废物要运送到院外处理时,要有医院标志。需高压灭菌的(或其他消毒处理)废物袋应采用适应的材料制造,并作颜色标记,也可加有标志以显示是否经过所规定的处理程序(如高压消毒指示带),袋子上应有清晰的文字标志,如"需消毒废物"或"生物危害标志"。高压灭菌后,废物袋、小容器应放入另一种颜色标志的袋子或容器中,以便下一步处置。

(2)锐器容器。锐器容器是另一种重要的垃圾收集器。锐器不应与其他废物混放,用后应稳妥安全地置入锐物容器中,锐物容器应有大小不同的型号。如采用纸盒,应避免被浸湿,或衬以不透水材料(如塑料)等。容器规格有 2.5 L, 6 L, 12 L, 20 L 等。锐器容器进口处要便于投入锐器。锐物容器应具有如下特点:防漏防刺,质地坚固耐用;便于运输,不易倒出或泄漏;有手柄,手柄不能影响使用;有进物孔缝,进物容易,且不会外移;有盖;在装入 3/4 容量处应有“注意,请勿超过此线”的水平标示;当采用焚烧处理时应可焚化;标以适当的颜色;用文字清晰标明专用,如“只能用于锐物”;清晰地标以国际标志符号如“生物危险品”。

(3) 废物箱。高危区的医院废物建议使用双层废物袋,如传染病或隔离区,产房的胎盘,手术室的人体组织等废物。可以用密封的废物桶(如聚乙烯或聚丙烯塑料桶,容量 30～60 L),装满之后立即封闭,此法特别适用于手术室、产房、急诊室与 ICU。对存放医疗废物的容器上应标有“医疗废物”字样,严禁闲杂人员接触,防止各类动物接触,严禁将医疗废物混入居民生活垃圾、建筑垃圾等其他废物中,医院垃圾的收集也应由专业人员操作,实现垃圾收集的容器化、封闭化、运输机械化。每个未处理的医疗废物包装容器都必须贴上或印上防水标签,标签上注明“医疗废物”字样或者生物危害识别标志,也可采用红色塑料袋包装表示,在包装容器上应注明医疗废物产生者和清运者的名字。

(4) 废物运输。医疗垃圾要由有执照的单位运输到指定地点。医疗垃圾的收集改造需进行小试,以便确定更经济有效的收集方式和器具,需采取相应的防护措施和装备以减少清运工与垃圾的直接接触,从而减少疾病传播的可能性。医疗废物需在防渗漏、全封闭、无挤压、安全卫生条件下清运,使用专门用于收集医疗废物的车辆。为了抑制在运输过程中细菌的生长,可考虑使用带有冷藏箱的车辆。

(5) 废物卸料。医疗废物转运车进入厂区后,在门口处需设有一台地衡,转运车进出都需经过计量称重。需配置称重管理控制系统、软件、道闸、信号灯等配件。此外,医疗废物周转箱卸入医疗废物卸料和暂存区,该暂存区可临时堆放需要处置的医疗废物,并及时焚烧处置。

(6) 废物贮存。医疗废物贮存系统设有清洗消毒区、空的周转箱存放区、冷藏仓库三个部分。送入焚烧炉焚烧后空置的医疗废物周转箱运至清洗消毒区进行冲洗和消毒,之后再转至清洗周转箱存放区存放。来不及焚烧处置的医疗废物可就近卸入冷藏仓库,冷藏仓库具有双向功能,一是可作为冷藏使用,二是未启用制冷设备时,可作为暂存贮存使用。

二、灭菌消毒

医疗废物的消毒方式目前主要是采用高压蒸汽灭菌法。但是如果采用高压灭菌对将医疗废物进行消毒,医院就必须购置较大的专用高压釜,而且在进行高压蒸汽消毒过程中还会产生挥发性有毒化学物质。也可以采用化学药剂消毒灭菌的方法,这常用于传染性液体废物的消毒,用于大量的固体废物还有一定的难度。除此之外,医疗废物灭菌处理方法还有微波灭菌、干热处理、电浆喷枪、放射线处理、电热去活化、玻璃膏固化等方法,但是在国内尚无人采用,在国外也属于不成熟技术,难以施行。从理论上讲,医疗废物进行消毒灭菌处理后就可以进行回收和综合利用或与生活垃圾一同填埋处理。但是由于很难保证灭菌的彻底性且管理上有一定的难度,所以一般不提倡医疗废物的回收利用,也不应容许将消毒处理后的医疗废物同生活垃圾一同填埋处理。

(1) 高压蒸汽灭菌法。此方法适用于受污染的敷料、工作服、培养基、注射器等,蒸汽在高压下具有温度高、穿透力强的优点,在 130 kPa, 121 度维持 20 min 能杀灭一切微生物,是一种简便、可靠、经济、快速的灭菌方法。其原理是在压力下蒸汽穿透到物体内部,将微生物的蛋白质凝固变性而杀灭。压力蒸汽灭菌器的形式有立式压力蒸汽灭菌器和卧式压力灭菌器等。大部分医疗单位使用的是卧式压力灭菌器,这种灭菌器的容积比较大,有单门式的和双门式的,前者污染物进锅和灭菌后的物品取出经同一道门;后者的污染物是从后门放入,灭菌后的物品从前门取出,可防止交叉污染。

(2)微波消毒。微波是一种高频电磁波,消毒时使用的频率通常为 915 MHz 和 2 450 MHz。物体在微波作用下吸收其能量产生电磁共振效应并可加剧分子运动,微波能迅速转化为热能,使物体升温,微波加热可以穿透物体,使其内部和外部同时均匀升温,因此比一般加热方法节省能耗,速度快,效率高。微波杀菌的原理一是热效应,一是综合效应。含水量高的物品最容易吸收微波,升温快,消毒效果好。丁兰英等人报道用微波照射不同物品上污染的蜡状芽孢、杆菌芽孢,获得较好消毒效果,其微波频率分别为 915 MHz 和 2 450 MHz,输出功率3 kW。消毒结果如表 6-1 所示。

(3)化学消毒。化学消毒是对受传染病患者污染的物品最常使用的消毒方法。常使用的消毒剂有含氯消毒剂、洗涤消毒剂、甲醛和环氧乙烷等消毒剂。

表 6-1 　　　　　　　　　　　　微波消毒灭菌试验结果

物品	照射频率/MHz	输出功率/kW	灭菌时间/min
敷料包	2 450	3.0	3
手术器械包	2 450	3.0	5
手术巾包	2 450	3.0	20
毛毯	2 450	3.0	6
搪瓷碗	915	10.0	3
琼脂培养基	2 450	2.6	7
试管与吸管	2 450	2.6	15
污染器皿	915	10.0	3

三、焚烧

医疗垃圾,大多带有传染性,采用焚烧的方法处理医疗垃圾,是最彻底且比较简便的方法。因此,焚烧是医疗废物处理最常用的方式,它具有减容减量、杀菌灭菌、稳定等多项功能。在世界各国,普遍采用焚烧作为医疗废物的处理方式。据报道,美国在 1996 年大约有 3 700 只医院焚烧炉在运行。在我国,卫生、环保主管部门也提倡采用焚烧处理医疗废物。过去,我国没有专用的医疗垃圾焚烧炉,医疗垃圾处理处置十分困难。垃圾投入公共垃圾箱内或设简易焚烧炉焚烧,造成疾病传播流行、大气污染。从 80 年代起,逐步采用通过专家鉴定的焚烧炉进行焚烧处理,实践证明,行之有效。我国目前生产的医用垃圾焚烧炉,就其炉型看,有再燃式、转动料盘式、热解逆燃式等。焚烧采用的助燃剂多为轻柴油或煤油、煤气或天然气,以煤为助燃剂的焚烧炉数量很少。总的来看,我国医疗废物焚烧炉的研制、设计和应用,由于起步晚,使用期短,尚需进一步加强研究,改进设计,提高焚烧炉质量和增加系列产品的研究力度,提高焚烧炉的高科技含量,才能满足医疗垃圾焚烧处理的需求。

1. 目前我国焚烧系统存在的问题

目前医院大多采用小型间歇式固定床焚烧炉,而且由于各种原因不配置烟气净化装置。医院临床废物在焚烧过程中产生的尾气中将会含有烟尘、酸性气体、重金属物质和有毒有机物等。烟尘主要是燃烧不完全或不燃物质造成的颗粒物质,这些颗粒物质主要是来自废物中的无机物质、有机物挥发或氧化形成的金属氧化物和金属盐、附着在无机颗粒上的未燃尽有机物等;酸性气体主要包括氯化氢、二氧化硫、氮氧化物等,其中未经处理的烟气中氯化氢浓度可以高达数百甚至数千 ppm,污染环境并腐蚀设备。医院临床废物中的 PVC 塑料等是废气中 HCl 的主要来源。而烟气中的二氧化硫和氮氧化物浓度则较低;烟气中的重金属主要来自废弃的手术刀、锡箔纸、塑料等,在焚烧过程中,金属或形成蒸汽(如汞、镉)、或形成金属氧化物,附着在隔离物质上,使得重金属"浓缩"。根据研究,焚烧温度高,这种"吸附浓缩"作用将减少,因为颗粒物质活性增加;而有毒微量有机物质来自焚烧的不完全或烟气中的再合成。间歇式焚烧炉在启动和熄火时将会发生不完全燃烧,以致炉内出现氧量降低,产生燃烧不完全的气态碳氢化合物。这些物质与废物中的氯元素结合,就有可能产生二噁英等有毒物质。

2. 焚烧系统设计要点

医疗废物焚烧炉是有别于一般的城市垃圾焚烧炉。由于医疗废物的特殊性,医疗废物,焚烧也有其特殊性。根据《危险废物焚烧污染控制标准》,医院临床废物焚烧炉炉温要求达到 850 ℃以上,烟气停留时间 1 秒以上。在这一技术要求下,病原微生物可以完全被杀灭,同时达到最大的减容率。因此只要焚烧设施及操作达到国家标准,医院临床废物的无害化应该没有问题。标准的医疗废物焚烧处置工艺流程见图 6-1。

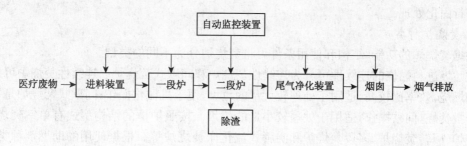

图 6-1　标准的医疗废物焚烧处理工艺流程

具体设计要点如下:

(1) 焚烧炉应具备连续焚烧能力和配备自动进料装置、自动监控装置、自动除渣装置和尾气净化装置,以确保焚烧炉密闭、无泄漏。

(2) 燃烧形式为二次燃烧。焚烧炉型可为普通二段式、流化床式或回转窑式。第一燃烧室燃烧氧化的烟气进入第二燃烧室,第二燃烧室设置一个喷燃口,用辅助燃料把炉气再加热氧化并补充一部分空气,起到净化烟气消除臭气的作用。在第二燃烧室必须使气体保持一定的停留时间和较低的速度,气流速度一般小于 3 m/s,分解恶臭所需温度和停留时间见表 6-2。

表 6-2　　　　　　　　　　　　　　　　恶臭分解条件

分解温度/℃	停留时间/s	分解率
540~650	0.3~0.5	50%~90%
580~700	0.3~0.5	90%~99%
650~820	0.3~0.5	>90%

(3) 炉温必须足够高,主炉膛炉温在工作期间不得低于 850 ℃,第二炉膛温度不得低于 1 000 ℃,以便有害气体能得到分解。烟气从最后的燃烧器到换热器间的停留时间应大于等

于 2 s,排气中氧气含量应大于等于 6%(体积,标准状况)。

(4) 设备的燃烧效率应大于等于 99.9%,焚毁去除率大于等于 99.99%。

(5) 排放尾气中颗粒物、酸性气体、重金属、有机物以及二噁英和呋喃类物质含量应达到国家《危险废物焚烧污染控制标准》的要求。

(6) 焚烧残渣的热灼减率应小于等于 5%。

(7) 应有完善的炉渣和烟道灰(及除尘器灰)的收集、处置方案。

(8) 需配套烟气热能回收装置,热回收效率高于 70%。

(9) 焚烧设施的水耗指标和工作噪声应符合国家现行规定。

(10) 焚烧炉烟囱高度应高于当地地平线 20 m 以上。

(11) 炉外温度应小于 40 ℃。

(12) 排放的废水、设备噪音符合环境规定,不产生二次污染。

(13) 煤耗低,单位焚烧室面积处理能力大。

特别值得一提的是,对于处理厂,必须考虑医院垃圾焚烧后所产生的底灰和飞灰的处理问题。据美国 1998 年文献报道,医院垃圾焚烧后产生的飞灰由于氯化物、硫化物及碱性高,而 Si,Al 和 Fe 的含量低,不能用于水泥的原料。为了减少重金属渗漏及安全卫生填埋,建议对飞灰进行固化处理。

3. 焚烧炉种类

根据焚烧炉的功能、结构和使用条件可将焚烧炉分为不同的类型。

按垃圾进料燃烧的连续性可分为连续性焚烧炉和间歇式焚烧炉。连续性焚烧炉可以连续进料和燃烧,效率比较高,适用于处理较大量的垃圾,便于机械化操作;间歇式焚烧炉是一批一批地分批焚烧,间歇操作,适用于处理较小量的垃圾。按照炉体的结构型式有单室焚烧炉、双室焚烧炉、回转焚烧炉、多段焚烧炉和沸腾式流化床焚烧炉等。根据使用的助燃剂种类不同,有以煤为助燃剂的燃煤焚烧炉,有以液体燃料为助燃剂的燃油焚烧炉,以气体燃料如城市煤气或天然气为助燃剂的燃气焚烧炉。另外还有一种利用热解原理设计的垃圾焚烧炉,叫作热解式焚烧炉。此种焚烧炉与直燃式焚烧炉不同点是:利用垃圾在高温下热解,垃圾在空气不足的情况下燃烧或热解产生的气体含有较多的碳氢化合物,这些烟气可以在第二燃烧室中很容易地烧掉,热解焚烧炉因为在系统末端烧掉的是气体而不是固体,所以烟尘含量比直燃式系统低得多,从而简化了排烟处理工艺。

4. 医疗废物焚烧环境卫生要求

医疗废物焚烧环境卫生要求的各项标准值见表 6-3—表 6-6。

表 6-3　　　　　　　　　　　　　医疗垃圾焚烧烟尘排放标准

区域类别	适用地区	容许烟尘浓度/(mg·m⁻³)		容许林格曼黑度/级
		现有	新扩建	
1	风景名胜区、自然保护区和其他特殊保护区	200	—	—
2	规划居民区	300	—	—
3	工业区、郊区及县城	300	200	—
4	其他非城镇地区	600	400	2

表 6-4　医疗垃圾焚烧烟气中有害物质最高允许排放量

有害物质名称	最高允许排放量/(kg·h⁻¹)	
	现有	新扩建改建
二氧化硫	15.0	11.0
氮氧化物	8.0	6.0
一氧化碳	150.0	120.0
氯化氢	0.5	0.4

表 6-5　医疗垃圾焚烧场区大气中有害物质最高允许浓度

有害物质名称	最高允许浓度/(mg·m⁻³)	
	任何一次	日平均
总悬浮颗粒物	1.50	0.50
二氧化硫	0.70	0.25
氮氧化物	0.30	0.15
一氧化碳	20.0	6.0
氯化氢	0.05	0.015

注：①"日平均"为任何一日的平均浓度不许超过的限值；②"任何一次"为任何一次采样测定不许超过的浓度限值。

表 6-6　医疗垃圾焚烧残渣排放标准

项目	标准值	项目	标准值
pH 值	6.5～9.0	大肠菌值	阴性
$w(酚)/(mg·kg^{-1})$	0.002	致病菌	阴性
$w(汞)/(mg·kg^{-1})$	0.001	乙肝表抗	阴性
细菌总数/(个·kg⁻¹)	阴性		

四、填埋

卫生填埋是废物的最终处置方式。但是，对于医疗废物来说，直接采用填埋方式有许多困难。由于医疗废物的特性，一般不容许将其混入生活垃圾进行填埋。我国的《生活垃圾填埋污染控制标准》明确禁止传染性废物进入生活垃圾填埋场。实际上，医疗废物进入生活垃圾填埋场将会成为一个潜在的疾病传染源。1983 年贵阳市垃圾填埋场附近砂石场和猪鬃场流行痢疾，经检验是由于填埋场渗滤液进入地下水所致。而将医疗废物混入综合性危险废物安全填埋场也是不行的。由于危险废物安全填埋场一般是对无机废物进行最终安全处置，有机废物不能进入。而医疗废物中含有各种各样的成分，其中包括大量的易腐性的废物，在进入填埋场后将会产生生物和化学反应，使得填埋场的稳定受到威胁，因此我国即将颁布的《危险废物安全填埋场污染控制标准》中也明确规定禁止医疗废物进入危险废物安全填埋场。医疗废物专用填埋场，如采用石灰隔离或其他灭菌方式将医疗废物掩埋，因为病原体没有或难以杀灭，容易污染地下水；而且医疗废物量较少，如果采用严格的安全填埋措施将大大提高处置费用。

五、不同临床废物及其处置方式的比较

1. 各种临床废物处理技术的比较

临床废物是医疗废物的主要组成部分，也是医疗废物控制和管理的重点，表 6-7 对国际上通行的多种临床废物的处理技术进行了比较。可以看出，结合一定的消毒灭菌措施采用焚烧

处理是目前我国目前较为可靠、可行的医疗废物处理方法,可有效地防止交叉感染和二次污染。焚烧炉需要配备先进的烟气净化装置,采用适宜的炉型。这只有实行区域性医疗废物集中处置才有可能做到。这也是国际上通用的医疗废物处理方式。

表 6-7 　　　　　　　　　　　医院临床废物常用处理技术的比较

处理技术	医疗废物	容积缩小率	设备操作费用/(美元/磅废物·小时)	投资费用/千美元
蒸气高压消毒	无毒性废物灭菌	0	0.05～0.07	100
压实高压消毒	无毒性废物灭菌	60%～80%	0.03～0.10	100
机械-化学消毒法	所有废物	60%～90%	0.06	350
微波法(带粉碎机)	无毒性废物灭菌	60%～90%	0.07～0.10	500
焚烧法	所有废物	90%～95%	0.07～0.5	1 000

2. 临床废物集中与分散处理处置的分析比较

医疗垃圾就地焚化是最安全的处理方法,其优点是不仅可以彻底杀灭所有微生物,而且使大部分有机物焚化燃烧,转变成无机灰分,焚烧后固体废物体积可减少 85%～90%,从而大大减少运输和最终处置费用,也消除了运输过程中可能造成的污染。但就地焚烧的主要问题是设备费用较高,还存在空气污染、设备使用率不高等问题。表 6-8 对临床废物的集中处理和分散处理进行了简单的分析比较,表明集中化有利于减少污染和控制风险,同时也可大幅度地降低产生单位的经济负担。因此,医疗废物的处理处置应逐步向集中化、专业化过渡。

表 6-8 　　　　　　　　　　　临床废物集中处理和分散处理的综合分析

项目	分散处理(现状)	集中处理(预期)
焚烧设备	小型医用焚烧炉	大型专用危险废物焚烧炉
焚烧温度	800 ℃	1 100 ℃
停留时间	(无数据)	大于 2 秒
焚毁率	(无数据)	大于 99.99%
尾气净化	无设施	二级净化(含碱喷淋)
二噁英控制	无	急冷装置和管理措施
环境污染	污染总量大	污染总量小
工程投资	小	大
单位运行成本	高	低
操作人员	缺乏专业知识,无培训	具有专门资质,经常培训
运输风险	无	有
贮存风险	缺乏管理,风险大	严格管理,风险小
安全性	较不安全,但事故影响范围小	较安全,但事故影响范围大
环境管理	不便于管理	可实施各项管理制度,对集中处理可实施严格的管理

总之,医疗废物处理涉及到许多问题,国内还有大量工作要做,包括:①各地医疗废物的数量、组成、处理方式、去处等调查;②医疗废物焚烧后底灰和飞灰的数量,组成和处理方法,特别是重金属的固化与分离;③医疗废物焚烧过程参数控制,主要集中在医疗废物预处理技术和焚烧温度;④垃圾焚烧热能的合理利用途径,特别要垃圾组成—预处理—焚烧方式—二次污染控

制(炉内和炉外)—热能利用方式的一体化技术选择;⑤金属制品的处理,特别是熔融设备选型、温度等。

六、国外医疗废物常用处理方式

世界上许多国家已经对医疗废物处理做出了明确规定,并开发了相应的处理处置设备。如美国、德国推出一种医疗废物处理专用车,它为适应医疗废物发生源分散、发生源产生医疗废物量不多这一特点而设置的。该处理车行驶到各个医院所在地后,将医疗废物装入车上的箱体内,经高温、高压消毒灭菌后粉碎、挤压成颗粒状,作普通燃料用。法国要求医疗废物必须由专业的医疗废物焚烧处理站处理,规定所有的医院产生的垃圾,即使是办公室垃圾也不得混入生活垃圾,按照3.5公斤/床·日的产生量由专业医疗废物焚烧处理站进行集中处理,并根据床位收费。

针对发展中国家,世界银行、世界卫生组织和联合国环境规划署联合编写和出版了一套有害废物安全处置指南书《世界银行第93号技术报告》。该书介绍了加拿大安大略省环保局的有关标准及医院有关保健措施,提出了焚烧病理废物的焚烧炉设计和运转标准:该焚烧炉是一个可控制空气、无炉箅型双室热破坏装置;应设置一个二次燃烧室,它在最大燃烧速率时停留时间至少为1 s,停留时间应在1 000 ℃时计算;二次燃烧室设计应使热解温度达到1 100 ℃。主燃烧室热释放不应超过222 615 kcal/(m³·h);炉床负荷一般不超过73.3 kg/(m²·h),炉床设计应预防燃烧室流体溢漏或流体进入初级风口,应使空气沿废物床体均匀分配,不允许侧壁空气冲击;焚烧操作是分批式进料,配置液压操作进料装置。

根据法规日本将医疗废物按其传染性和可燃性分为四类,规定的处理方式见表6-9。

表6-9 日本医疗废弃物处理方式

分类	标志	包装	存放	处理方式
可燃废弃物 (非传染性)	有害物危险标志	塑料容器	堆放	医院内处理→残渣填埋
可燃废弃物 (传染性)	有害物危险标志 橙黄色标志	红色专用垃圾袋	专门保管场所	消毒灭菌→医院内处理 →残渣填埋
不可燃废弃物 (非传染性)	—	塑料容器	堆放	医院内处理→残渣填埋
不可燃废弃物 (传染性)	有害物危险标志 橙黄色标志	红色专用垃圾袋或 专用收集袋	专门保管场所	消毒灭菌→医院内处理→ 残渣填埋

医院内部的灭菌处理按厚生省的规定可采用以下方式:焚烧、熔融、高压蒸汽灭菌或干热灭菌、药剂加热消毒及其他法规规定的方法。医院通常采用焚烧方式处理医疗废物,也有部分地方自治机构建设集中化的处理设施,将该区域内的医疗废物收集后统一处理。医疗废物焚烧炉灰必须在指定的安定型填埋场处置。

国外随着对医疗废物焚烧炉尾气和底灰的排放标准越来越严格,人们开始探索费用节省的新处理技术,以替代焚烧处理技术。

据报道,日本中部电力公司开发的"医疗废弃物处理装置",可以通过高温燃烧抑制二噁英等有害物质的产生。这套装置由热分解室、气燃室和等离子体熔融炉等构成,处理程序是,水蒸气通过400 ℃~450 ℃的热分解室使医疗废弃物在无氧状态下进行热分解;其间发生的氯化氢在通过氢氧化镁时被吸附;气体再经1 000 ℃的高温燃烧,通过脱氯剂排放到大气中,将二噁英等有毒物质的发生量控制在低水平;在热分解中残留下来的固体由等离子体熔融,成为无害的金属块。但由于对焚烧后产物的要求高,国外处理设备的成本高,如果上海引进国外设备来处理所有医院垃圾,其投资就达 5 000 多万人民币,是一笔不小的开支。

七、国内医疗废物常用处理方式

医疗废物处置分为焚烧处置技术与非焚烧处置技术。焚烧处理技术主要有回转窑焚烧炉、热解焚烧炉、炉排式焚烧炉、等离子等。非焚烧处置技术主要有高温蒸汽、微波消毒、化学消毒等。中华人民共和国环境保护部主推的是回转窑焚烧技术。

回转窑焚烧技术具有以下优点:可同时焚烧固体、液体、气体,对焚烧物形状、含水率要求不高,适应性较强;焚烧物料翻腾前进,三种传热方式并存一炉,热利用率较高;高温物料接触耐火材料,更换炉衬方便,费用低;传动机理简单,传动机构在窑壳外,设备维修简单;回转窑内焚烧废渣停留时间长,在 600 ℃~900 ℃的高温下,使废物充分燃烧。二燃室强烈的气体混合使得烟气中未完全燃烧物完全燃烧,达到有害成分分解所需的高温区(1 100 ℃左右),高温区烟气停留时间为 2 秒;不但使废物焚尽烧透,还从源头分解了二噁英;良好的密封措施和炉膛负压,保证有害气体不外泄;设备运转率较高,操作维护方便;回转窑内增设强化热及防止结渣装置,在提高焚烧的同时扩大了焚烧炉对废物的适应性;设置二燃室提高了灰渣的燃尽率,提高了回转窑的焚烧率;具有常温出渣、密闭锁风等综合功能。

以全国医废日产生量最大的城市——上海为例。根据《上海市"十一五"危险废物污染防治规划》,上海市环境保护局计划到 2010 年,达到"危险废物产生源头有效控制,危险废物处置产业布局合理,危险废物管理与处置利用水平明显提升,上海市危险废物污染控制居全国领先,增强城市环境安全"的目的,要求推进危险废物集中处理处置设施建设,规划中提出"按照国内领先的高环保标准、高技术水准"的原则,依托危险废物填埋场,在嘉定安全填埋场旁边规划建设一个综合利用、焚烧、安全填埋"三位一体"的危险废物集约化处置基地,作为上海市危险废物综合处置的服务场所。

上海市固体废物处置中心(以下简称"固处中心")在原有的基础上,增设了第三条医疗废物焚烧生产线,单条线的处置能力为 72 吨/天。截至目前,固处中心拥有三条焚烧生产线,加在一起处置量可达 122 吨/天,承担了全市医疗废物焚烧处置任务。

在焚烧炉建设过程中,严格遵守医废焚烧相关标准,包括:《医疗废物集中处置技术规范(试行)》环发[2003]206 号、《医疗废物焚烧炉技术要求(试行)》(GB 19218—2003)、《医疗废物焚烧处置环境卫生标准》(GB/T 18773—2008)、《医疗废物处理处置污染防治最佳可行技术指南(试行)》(J-BAT-8)、《医疗废物集中焚烧处置工程建设技术规范》(HJ/T 177-2005)等。

1. 系统结构

早先的第一、第二条医疗废物焚烧系统主要由进料系统、焚烧炉系统、烟气净化系统、控制系统、公辅设施等组成。

(1)进料系统。进料系统主要作用是把周转箱沿着导轨送入进料斗上方,将周转箱内的医疗废物翻入料斗内,空箱再原路返回至地面。周转箱卡入提升机后,整个提升过程由程序自动控制完成。

(2)焚烧炉系统。焚烧炉系统主要由回转窑、二燃室等设备组成。根据医疗废物热值高等特性,回转窑采用合理的长径比和热容量参数,以确保医疗废物在窑内有足够的停留时间,物料能完全燃烧。可在窑内砌抗渣性、抗剥落性优良、使用寿命较长的耐火材料,以大大减少清渣频率,提高设备的运转率。

二燃室采用的是 1 100 ℃大于 2 秒的设计,以确保烟气特别是二噁英的排放达标。针对医疗废物的特性,对供风进料频度调节等工况进行优化,可保证二燃室燃烧温度在1 100 ℃以上运行(烘炉期间除外),基本不消耗柴油,有效节约了运营成本。

(3) 烟气净化系统。焚烧烟气中所含有害气体成分必须经过净化处置,达到国家要求的排放限值才允许排放,因此烟气净化系统也是医疗废物焚烧处置工艺的关键环节。烟气净化系统主要由急冷塔、旋风除尘器、干式脱酸塔、布袋除尘器等组成,净化后烟气排放标准为《GB 18484—2001危险废物焚烧控制标准》。急冷塔主要作用是将烟气迅速降温,有效避开二噁英合成温度区间,并保护后续的布袋除尘器。旋风除尘器可去除烟尘粒径50 μm以上较大颗粒物质,还可有效去除火星,保护布袋除尘器。由于医疗废物烟气中HCl含量高,采用干法＋湿法的两级脱酸技术,组合的工艺脱酸效率高达99%。布袋除尘器主要用于去除烟气的烟尘、重金属等污染物。整条焚烧生产线工艺流程简捷、顺畅,平面布置非常紧凑合理。二噁英、粉尘等环保排放指标均已达到国家(GB 18484—2001)标准。主要的工艺流程如图6-2所示。

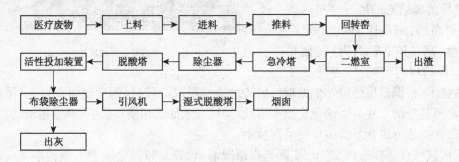

图6-2 医疗废物焚烧主要工艺流程图

日处理能力72吨的第三条医疗废物焚烧生产线,结合国际先进的烟气净化技术,设计了八大系统,全面提升装置的总体能级,确保运行平稳、安全可控。八大系统包括:周转箱自动输送、倒料、清洗、消毒系统;医疗废物恒流量自动进料系统;双螺旋进料加液压推杆的双进料保障系统;回转窑加二燃室的焚烧处置系统;干法加湿法的烟气处理系统;余热回收发电系统;DCS实时控制系统;一体化辅助管理系统。

整条线的基本原理及技术关键如下:

第一,可调节恒流量进料系统。

通过变频调节医疗废物进料量,从源头控制医疗废物的热值和污染物浓度的波动,可减少由于医疗废物热值和HCl浓度的变化而带来的烟气量和HCl浓度大幅波动,使烟气量和浓度始终处于一个相对比较平衡的流量范围内,使得整个运营工况都处于稳定、可靠的运行状态中,大大提高了设备使用寿命(图6-3)。

第二,医废焚烧防玻璃结渣技术。

医疗垃圾的玻璃主要来源于医疗机构的载玻片、输液瓶、药瓶、注射管等玻璃制品。根据资料显示,医疗废

图6-3 可调节恒流量进料系统

物玻璃制品含量极高,一般为 10%～15%,有的城市甚至高达 30%,且玻璃基本都为钠钙硅型玻璃,根据钠钙硅玻璃的温度特性,玻璃在 700 ℃以上开始软化,1 000 ℃即达到成形始点温度,因此在回转窑的高温焚烧过程中,特别是 700 ℃～1 000 ℃的温度区间,玻璃极易结成大块熔渣,通常在连续运行一段时间后会发生结渣现象,形成窑尾至二燃室底部的有效内径不断缩小从而堵塞出渣口,最终导致出渣不顺畅、处理量减弱,必需完全停炉人工清渣(图 6-4)。

图 6-4　医废焚烧防玻璃结渣技术

在最易玻璃结渣的回转窑窑内砌耐腐蚀、耐高温、耐高压、热震稳定性好、高耐磨、高抗渣、抗剥落性优良和使用寿命长的材料。此外,还开发了高温熔渣技术,根据窑尾已经结焦的玻璃熔渣结渣情况,提高窑尾温度至熔点以上,采用高温融化,将窑尾各处的大块熔渣熔化至流态形状,连续流入底部出渣口,达到清除熔渣的功能。

第三,含高浓度氯化氢医废尾气处理技术。

从国内区域性医疗废物焚烧厂实际运行情况看,含氯量较高是一项不争的事实。因此本技术强化了酸性气体脱除的工艺设计措施,即采用两级脱酸工艺设计:干式脱酸塔+湿式洗涤塔。该工艺通过实时检测进、出口 HCl 浓度,烟气的流量,对不同的烟气流量、烟气成分能进行快速响应,迅速调整脱酸剂投加量、补水量等工况参数,确保在氯含量波动和浓度含量极高情况下能够长期稳定的达标排放。采用该技术 HCl 脱除效率能达到 99.9%以上,HCl 排放浓度可低于 10 mg/Nm³ 以下,低于欧盟 2000 中的氯化氢排放标准。根据干式脱酸塔进口、烟囱处的 HCl 含量、湿塔 pH 值可自动变频调节碱液的投加量,采用最佳配比,最大限度地提高脱酸剂的利用率(图 6-5)。

图 6-5　含高浓度氯化氢医废尾气处理技术

2. 二噁英的控制

二噁英是一种剧毒致癌物质。废物在焚烧过程中,如果产生未燃尽的物质,且有适量的触媒体(铜等重金属)和 300 ℃～500 ℃的温度环境就会产生二噁英,世界各国专业人士和民众对二噁英的排放均十分关注。

国际上的研究和实践均表明,减少废物处理厂烟气中二噁英浓度的主要方法是控制其生成。该研究团队提供的废物焚烧系统,在已充分实现二噁英的高温分解和急冷防止二噁英的再次形成的条件下,活性炭吸附二噁英的去除性能和高效的除尘效果就成为二噁英能否达标排放的关键。第一、第二条焚烧生产线在抑制二噁英的生成的主要控制措施包括以下几个方面：

第一，良好的焚烧设计和运转系统，从源头减少二噁英排放浓度。

3T技术（也称"3T"控制法，即温度、停留时间、湍流度）：(a)控制二燃室烟气温度；(b)烟气在二燃室内停留时间≥2 s；(c)合理布置炉膛结构和供风位置，使焚烧炉内供氧充足，加强炉内烟气的扰动，以增强气流的湍流度。

第二，优选烟气净化工艺，避免二噁英的二次合成，提高去除二噁英的效率。

急冷工艺：焚烧炉出口烟气进入急冷塔，温度骤降，缩短烟气在处理和排放过程中处于300 ℃～500 ℃温度区域的时间，避开二噁英产生的温度区域。

控温技术：在精确降温控制的同时能有效控制喷雾颗粒大小，避免出现湿底、湿壁等现象。根据烟气温度的变化，自动调节喷嘴的出水量，保证急冷塔出口温度维持在设定范围内。

二噁英吸附装置：在进入袋式除尘器前的烟道上设置活性炭喷入装置，利用活性炭进一步吸附二噁英。

第三，先进的控制系统，确保二噁英控制措施的有效实现。

设置先进、完善和可靠的控制系统，使焚烧和净化得以良好执行。

用PLC控制系统，在工况变化和医疗废物种类变化时，控制系统可以不用重新调整控制参数也能维持稳定的闭路循环控制。可确保系统在运行过程中的自动控制和手动控制、现场监控和异地监控。实现对整个焚烧系统各物理参数的监视、报警、记录、制图表、查询、打印、网络等功能，提高系统控制的可靠性。此外，具有对多变量、多过程、多目标值的控制算法，保证对不同医疗废物，在不同的燃烧过程中的优化控制，从而保证医疗废物的充分燃烧和烟气排放达标。对于焚烧系统的优化控制还可降低系统的原材料和动力消耗，使运行大幅降低。

3. 焚烧线日常管理

(1) 管理工作标准

在日常运营中，需注意以下几点焚烧炉参数：

生产线的最大处置能力；二燃室出口温度；热灼减率；窑出口氧含量；焚烧废物 Cl^- 含量；焚烧废物S含量；焚烧废物P含量；焚烧废物F含量。

此外，烟气排放时需严格执行以下标准：

烟气黑度；粉尘浓度；HCl浓度；SO_2浓度；CO浓度；NO_x浓度；O_2浓度；二噁英浓度。

(2) 作业要求

第一，启炉。

整个焚烧系统进行检查确认，各项维修验收完毕，各种异动消除，设备试运行正常可进入启炉程序。各项需预先做的工应提早进行，一旦检查试验完毕即可进入点火程序。点火后及时观察火焰情况，否则应查明原因进行调整。严格控制升温速率，热态时升温速率可加快。观察窑尾温度，当低于一定温度时，不得连续运转。当窑尾温度及除尘器出口温度达到一定温度时，可以开始投料。控制初始投料量，如果焚烧工况正常，可继续增加焚烧量。

第二，正常运行。

时刻观察焚烧系统温度的稳定度，焚烧系统温度的变化会引起焚烧各段长度的变化。需给焚烧废物提供足够的燃烧空气，保证废物充分燃烧，但切忌过量。需注意二燃室温度的控制。根据废物的性状确定燃烧时间。

第三，停炉。

控制降温速度,保证降温、降压速度能同时得到满足。停炉时,需控制降温速度。注意烟气处理系统停止的时间。停炉后应对窑系统内部进行详细检查,确保下次运行顺利进行。

第四,焚烧线运行情况。

医废焚烧生产线运营后,焚烧生产线各工艺系统基本达到设计要求。在状态检测的基础上实施周期维修制度,达不到一个运转周期的设备通过改造达到一个周期以上,使得一个运行周期内设备的故障率大幅下降,窑的运转率得以提高,2014 年第三条线回转窑已连续运转 330 天以上。

投运至今,焚烧工艺已能保证连续稳定、可靠的运行,温度、压力、热灼减率、烟气排放指标均能达到国家标准。在线监测各项指标处于相对稳定,粉尘排放基本能控制在 10 mg/Nm³ 以下, HCL 控制在 10 mg/Nm³ 以下,二恶英去除效果明显,小于 0.1 ng/Nm³,其他污染物排放指标也基本正常,各项指标均以达到《上海市危险废物大气控制标准》(DB 31/767—2013)地方标准,且满足《医疗废物处理处置污染防治最佳可行技术指南(试行)》要求。

第三节　国内医疗废物处置及其存在问题

一、医疗废物的综合利用情况

被利用的医疗废物主要有一次性医疗用品包括注射器、输液器、扩阴器、各种导管、药杯、尿杯、换药器具等和废显(定)影液。一次性医疗用品(主要是塑料用品、橡胶用品及检查器),经人工分拣、粉碎机粉碎后,用次氯酸钠浸泡消毒。消毒处理后的塑料废碎料或橡胶废碎料作为工业原料提供给企业生产塑胶鞋底等。消毒废水和沉淀污泥定期清运,送到周围农田填埋或作为农田肥料。这种方式实际处理量远远小于每日一次性医疗废物产生量,且当消毒处理的废物量较大时,一些医用塑料导管的内部难以得到消毒溶剂的有效浸泡,而无法达到国家《医院消毒卫生标准》(GB 15982—1995)。关于一次性用品是否可以回收利用现在国内也存在着争论,按照国际临床废物处置的惯例,一次性医疗用品应该彻底销毁,是不能够回收利用的。各家医院产生的废显影(定)液中含有少量的银,同时还存在大量的有毒有害物质,一些回收单位收集、运输、贮存和再生废物行为不规范甚至无证经营等造成严重的二次污染隐患。如由金属冶炼厂定点回收的废显影(定)液,对其有毒有害物质如有机物等的处理效果较差;许多医院将显影(定)液卖给个体户,他们只在显影(定)液中加入一些化学药品,置换出其中的银后就将剩余的液体倾倒,严重污染环境。因此,医院废物在收集、运输和贮存环节中存在着致病菌传播的二次污染隐患。

二、我国医疗废物处理存在的问题

第一,不经严格处理,混入生活垃圾填埋处理。

各医疗机构对其产生的医疗废物基本上是自行分散处置。许多传染性医疗废物仅简易消毒后或根本不经任何消毒便随生活垃圾排放。在处理城市生活垃圾过程中,手工作业多,机械设备简陋,卫生防护差,环卫职工在工作中与垃圾直接接触的机会频繁。生活垃圾中混有带致病菌的医疗废物,无疑对环卫职工身体健康构成很大威胁,对周围居民也有很大威胁。又因国内大多生活垃圾填埋场简陋,无衬层结构,生活垃圾中混入医疗废物,对地下水、地表水也可能造成污染。而将医疗废物混入综合性危险废物安全填埋场也是不行的。由于危险废物安全填埋场一般是对无机废物进行最终安全处置,有机废物不能进入。而医疗废物中含有各种各样的成分,其中包括大量易腐性废物,在进入填埋场后将会产生生物和化学反应,使得填埋场的稳定受到威胁。

第二，小型医用焚烧炉处理问题。

国内许多医院自备小型焚烧炉。上海市二级医院以上，均自备小型焚烧炉，约120余台，深圳有26家医院备有焚烧炉，焚烧可燃的医疗废物。但实际上焚烧炉使用率低，正常运行的极少，大多数处于停顿与半停顿状况。这与处理量少，一般几天使用一次，致使焚烧炉使用效率较低，运行费用高，经济上不合算有很大的关系。由调查数据估算，废物处理的运行费用为9.5元/kg～12.5元/kg。若再加土地费、设备折旧和工人工资，处理费用会更高。各医院现有焚烧设施及操作均不符合《危险废物焚烧污染控制标准》(GWKB2—1999)和《医疗废弃物焚烧设备技术要求》(CJ/T 3083—1999)。目前都采用间歇式固定床焚烧炉，不配置烟气净化装置；一些医院没有固定的医院危险焚烧处理工，操作工均未经严格的上岗前培训，操作极不规范，经常因燃烧不正常而产生黑烟与恶臭，不利于二噁英污染的控制。国内多数医院焚烧炉设在人口稠密的生活区，烟囱高度与周围居民楼高度相比偏低，导致废气排放对周围空气质量有较大影响。

第三，由持危险废物焚烧经营许可证的焚烧厂焚烧处置问题。

由于绝大多数现有的持证焚烧炉尚不具备处置医疗废物的能力，通过该种途径处置医疗废物尚处于试点和摸索阶段，有时也是管理中无奈的选择。如最近上海某区中心医院发生焚烧医疗废物的投诉事件，拟由该区的一个持焚烧许可证的工厂暂时代为处置。

第四，污染源扩散，环卫职工受害。

在处理城市生活垃圾过程中，手工作业多，机械设备简陋，卫生防护差，环卫职工在工作中与垃圾直接接触的机会频繁。

第五，缺乏外部监督机制。

涉及医疗废物管理的部门有卫生、环卫、环保三家，但到目前为止，还没有明确的分工界限，这非常不利于对医疗废物的管理，容易出现扯皮和漏洞。就系统内部管理而言，不可否认，卫生管理部门对医疗废物管理作了大量工作。但是由于工作侧重点、各种医院的隶属关系，以及在医疗废物的处理处置和环境污染控制方面缺乏必要的技术和管理办法，不可能对医疗废物管得很具体。《国家危险废物名录》颁布后，环保部门才涉及医疗废物的环境管理，还未形成一个可以操作的规范性文件或管理制度，其对医疗废物的监管尚处于探索阶段。

目前，还没有一部医疗废物管理的法规明确医疗废物的法定意义。不少医疗部门为了缩小焚烧炉的建设规模，减少运转维护费用，或贪图方便或为小团体谋取微利，在处理医疗废物过程中往往出现一些不该出现的现象。如将病人诊治过程中产生的废弃物当作普通生活垃圾，进入城市生活垃圾系统。个体商贩收购一次性医疗器械进行简单消毒后再以低价出售给私人诊所，甚至出售作为儿童玩具；一次性医疗器械不经消毒或简单消毒后破碎回收塑料、玻璃、金属，从而造成潜在的感染机会。规模较小的医疗单位无力独立建设和运行焚烧设施。这类医疗单位经济实力单薄，占地面积有限，单独建设焚烧设施既无必要，也不现实。他们产生的医疗废物，附近有焚烧炉的医院又不愿意代为处置。其出路往往是与生活垃圾一起由环卫收运。由于医疗机构集中在市中心区域，若对医疗废物，特别是医院临床废物不加以严格管理，则在其包装、贮存和处理过程中可能发生传染性物质、有害化学物质的流散，直接危害居民健康和安全。

总之，医疗废物的分散处理，会造成监督困难。

第四节　医疗废物的管理

一、国外对医疗废物立法管理简况

发达国家的医疗废物的收集、运输、焚烧及焚烧残渣的填埋均采用许可证制定管理,由持证许可证的合同商专门负责实施。

1. 英国

英国作为欧盟成员国之一,所有的立法都必须遵守欧盟的法律和法规,而且该法规一经通过,欧盟的其他成员国也必须自动遵守该法令,并在指定的期限内将该法规列入本国的法规之中。到目前为止,英国医疗废物管理主要适用以下各项法规:

(1) 1990 年 11 月 1 日《环境法》生效,该法律全力促进污染综合防治。

(2) 1991 年 2 月 1 日,国务秘书颁布了有关每小时处理量为 1 吨以下的医院废物焚烧工艺指南,所有这些焚烧炉的建立都必须获得当地机关的许可证。

(3) 1992 年 5 月,女王陛下污染巡视团(HMIP)颁布了"废物处置和医院废物焚烧"的指南,该指南适用于处理量为每小时 1 吨以上的焚烧炉。焚烧炉的处理能力由 HMIP 许可。

(4) 欧盟《关于危险废物焚烧的指令》(94/67/EC, 1994 年月 12 月 16 日)

(5) 欧盟《关于危险废物的指令》(91/689/EEC, 1991 年 12 月 12 日)

遵照以上的法规,英国原来的大约 600 多个医疗废物焚烧炉都必须符合以上法规所要求的标准。如果不能达标,政府则限期关闭。如果要建立一个新的医疗废物焚烧设施,申请者必须同时获得四个独立的许可证及一个可选择的许可证,它们是:规划许可证、环境许可证、废物管理许可证、废物运输许可证以及焚烧放射性废物的许可证(这个许可证是可选择的)。

2. 美国

在美国,传染性废物和医疗废物的管理依据是法规、准则和标准。美国的生物医学垃圾明确由环保局统一管理,运输处理由具有执照的公司按合同进行,而不是由联邦政府或州政府及下属单位管理,但由于制定了一套严格的行之有效的法律、法规、制度,从医学垃圾的产生、运输到最终处置都有一套严密的制度保证,使其管理及处置上不易出现疏漏之处。传染性废物和医疗废物的法规是由不同层次的政府制订的,由于管辖权的不同,不同的州与州甚至县与县之间所制订的法规之间的差异是很大的。例如,医疗废物的焚烧控制标准,主要由地方当局根据其当地的环境容量自行决定,因此各污染物的控制指标略有不同。

为了规范传染性废物的处置,美国国会通过了两项法律并授权给美国环境保护署。它们分别是 1976 年通过的《资源保护和回收法》(RCRA)、1988 年通过的《医疗废物跟踪法》(MWTA)。根据 RCRA 的规定,环保署对传染性废物的管理和处置与对危险废物的要求相同。根据这一原则,环保署于 1982 年颁布了传染性废物管理指导手册。针对大西洋海岸和大湖沿岸的传染性废物污染情况,国会于 1988 年通过了 MWTA。根据该法律,环保署于 1989 年 3 月颁布了医疗废物跟踪规定。医疗废物跟踪规定适用于特定种类的被管制医疗废物,包括废物包装要求以及废物产生至处置的全过程跟踪。美国联邦政府对医疗废物的规定覆盖:传染性废物、危险化学废物、放射性废物和含有多种危险品的废物。危险废物的处置由环保署根据 RCRA 的规定,严格执行从"摇篮到坟墓"的管理,整个过程涉及到储存、运输、处理和处置各个环节。

3. 日本

1989 年 11 月,日本厚生省颁布了《医疗废弃物处理指南》,同时要求各医疗机构根据该指南调整体制。1991 年 10 月国会通过的《有关废弃物的处理及清扫的法律》的修正案,规定了医疗废弃物处理收费的负担原则。经过近十年的努力,目前日本各医院都基本完善了医疗废物的处理系统。

二、国内医疗废物管理现状

我国对医疗废物管理目前主要涉及到 3 个行政主管部门,即卫生部门(行政机关改革后为卫生部门和药监部门)、环保部门和环卫部门。医疗垃圾的产生单位主要为医院、诊所等,这些单位由卫生局管理;医疗废弃物的收集、存放、处理由环境卫生管理部门负责监督,无害化处理检测由市环境卫生管理部门授权的机构负责,医疗废弃物的焚烧设施和大气污染由环境保护部门负责监督。

卫生部曾经颁布《关于建立健全医院感染管理组织的暂行办法》、《关于加强一次性使用输液器、一次性使用无菌注射器临床使用管理的通知》;1989 年卫生部颁发的《医院分级管理评审标准》中,医疗废物处理也是评审标准之一;1990 年卫生部下达《医院感染管理规范(试行)》中明确要求"二级以上医院必须设置焚烧炉,由专人负责,并有相应的管理制度","各种废弃的标本、锐利器具、感染性敷料及手术切除的组织器官等,尚未采取有效回收处理措施的一次性医疗器具,必须焚烧","焚烧炉排放的烟尘应符合国家环境保护部门的有关标准"。根据卫生部的这些规定,上海二级医院以上以及部分三级医院都陆续配置了各种焚烧炉约 120 余台。1999 年建设部颁布了《医疗废弃物焚烧设备技术要求》。1996 年全国人大常委会通过了《中华人民共和国固体废物污染环境防治法》。其中规定了禁止危险废物同生活垃圾混在一起进行填埋处置。根据这一法律,2000 年颁布的《危险废物焚烧污染控制标准》中,明确规定了医院废物的焚烧炉控制指标。在《"十五"全国危险废物集中处置场规划》中明确指出:"医疗废物不适于其他处理处置方式,必须采用焚烧方式。医疗废物禁止再生和重新利用。"1995 年上海市人民政府颁布了《上海市危险废物污染防治办法》。之后,市环保局先后颁发了《上海市危险废物经营许可证管理办法》和《上海市危险废物转移联单管理办法》,对本市范围内的危险废物加强统一管理和控制。

由以上情况可看出,按现有的医疗垃圾管理制度,必需由多家单位分工合作,密切配合,才可能做好医疗垃圾的管理和最终处置工作。

1. 国内医疗废物管理现状

我国不少省市借鉴国外经验,对医疗废物实行集中处理或加强管理力度。

河北省石家庄市在 1993 年起就开始实行医疗废物集中处理,是我国最早实行医疗废物集中处理的城市,该市爱委会、环保局、卫生局、环卫局、物价局联合发布了《石家庄市医疗废弃物处置管理办法》,规定了市区、郊区医疗废物做到存放密闭化、收集容器化、运输密封化、焚烧无害化。现该市焚烧站已于 120 家医院签订了"医疗废弃物清运、焚烧合同书"。对医疗废物焚烧处理实行有偿服务,无害化处理。

合肥市卫生局 1993 年下达通知,对医院环境卫生方面的考核内容及评分标准作了一部分修改,要求各医疗单位必须有敷料、组织碎块等污物的收集、焚烧制度,并有完善的焚烧设备,建议添置稍大一点的油电焚化炉,从而确保焚化效果。院区内的垃圾应有清理制度,垃圾箱按创建要求建密闭式。

天津市颁布的《天津市环境卫生管理制度》中规定,医疗单位的垃圾要及时消毒,进行焚烧处理,严禁倒入公共垃圾箱、站或任意处置。

沈阳市(1998年)要求全市各医疗单位将医疗废物统一交由集中焚烧处理站进行集中焚烧处置,并组建了专门的医疗废物收运处理站,制定了统一收费标准。

广东省(1996年)在省政府的大力扶持下,实行政府、排污单位和排污个人各出一点资金,即"三个一点"的筹资形式,建立一座广东医疗污物处理站,可年处理3万张病床的污物。1998年广州市市政府以会议纪要的形式,要求各级医院、医疗单位集中处理医疗废物,并制定了相应的收费服务,市场化运作和环保监督的管理模式。同年广州市卫生局和环保局联合发出《关于我市医疗垃圾集中处置的通知》,要求将集中处置的范围扩大到区属医院、卫生院、门诊部、诊所。

北京市的部分地区从1998年开始也就医疗废物的集中处理处置进行了试点。现由朝阳区一专业化的医疗废物焚烧处置站收集处置该市东部城区的医疗废物。该试点工作由管理部门和企业共同发起,医院自愿加入。

台湾地区也在1998年起要求各个医院将感染性医疗废物一律进行焚烧处理,禁止高温灭菌后同生活垃圾一同处理,要求已经建成的医疗废物焚烧炉对外开放,接受外界委托处理。同时规划在北、中、南三区建设三座医疗废物焚烧炉,供该地区医疗单位集中处理医疗废物。

2. 国内医疗废物管理与区域化集中处置存在的问题

我国部分省市对医疗废物实行区域化集中处理作了大量探索工作,取得了许多宝贵经验,但在实际运作过程中,也存在着以下三个方面问题,尚需进一步研究完善。

(1) 医疗废物收费标准问题。目前,我国部分已实施医疗废物集中处理或委托处理的省市对医疗废物处理费有两类收费标准。一是按医疗床位数收费;另一是按医疗废物的产生量,按重量计算收费。如按床位收费,就发生各医院纷纷将原本交环卫部门清运的生活垃圾、办公室普通垃圾也一并拉到医疗废物焚烧处理站处理,超出处理站的处理负荷,使焚烧设备超负荷运转,运行成本超出处理费用,而且设备得不到适当的维修和保养,最终导致焚烧炉提前损坏,使医疗废物处理站难以维持正常的运行。如按重量收费,就出现上述相反的现象,收不到或收不足医疗废物,也使焚烧处理站难以生存。

(2) 拖欠处理费问题。按规定医疗废物焚烧处理站是独立法人,对医疗废物实行有偿服务,但有部分医院拖欠处理费达一年以上。

(3) 包装容器和运输设备问题。普遍存在医疗废物收集袋过薄易破,造成污物渗漏,包装容器的使用还需统一规范;运输设备也需配备专业化设备,防止废物及渗滤液泄漏、废物腐败发臭和疾病传染。

第五节　我国医疗废物的处置管理模式构想

一、处置管理

医疗废物单独焚烧将大大增加焚烧设备的投入,所需污染控制设备费用很高,也可能污染市区大气。因此,集中焚烧应是优先选择的方法。对于符合有关规定的医疗垃圾,都应进行集中焚烧处理。集中焚烧不仅可以节省建设投资,而且可以规模营运,有利于资源综合利用。因此,医疗单位和有关管理部门必须考虑建立集中或区域性的医疗垃圾焚烧厂。无论从技术上,还是从经济、管理上看,医疗废物集中焚烧处理都是可行的。但医疗废物焚烧厂给座落地区所带来的环境问题和医疗垃圾在运输过程中的有关问题,需要进行深入的研究。

集中处理焚烧厂应具备以下要求:第一,应有完善的焚烧处理的运行配置系统,包括分析测试、中心控制、事故预防等,以确保焚烧设施安全、稳定运行。第二,建立风险管理体系,如事故预防系统、紧急事故或突发性事故的应急处理系统、预警系统等。

工人的要求:做好健康检查;严格履行操作规程:入焚烧室前穿好工作服、戴好工作帽、防护眼镜、口罩;严格履行安全操作规程。比如:密闭运输、机械进料、定时观察炉温、及时观察垃圾灰化是否完全;室内定期通风;对垃圾密闭车、贮料仓定期消毒杀蝇灭蛆等措施。

焚化站的管理:第一,建立焚烧台账:记录每日运行的医疗废物的来源、种类和产量;对焚烧过程中的炉温要记录清楚,记录每日产生的焚烧残渣量及填埋处理情况。第二,焚烧垃圾要日产日清:夏季每日要消毒杀蝇灭蛆并要做好每次用药及消杀效果记录;第三,做好监测记录:垃圾本底采样记录、残渣分析记录、大气污染监测记录。

二、制定专门的医疗废物管理制度

其中包括收集、运输、焚烧操作规程,环境监测技术规范,评价效果标准等。建立分类、包装、标识和跟踪(使用货单制度)制度及有关表格,并对医疗废物的最终处置做出规定。

(1) 实行许可证制度。医疗废物的危险特性决定了并非任何单位个人都能从事医疗废物的收集、贮存、处理、处置等经营活动。从事医疗废物的收集、贮存、处理、处置活动,必须既具备达到一定要求的设备、设施,又要有相应的专业技术能力等条件,否则,就有可能在经营过程中污染环境。任何从事医疗废物处理的单位都必须向环境主管部门提出申请并提供有关设施、技术和条件的详细说明,以及人员结构,管理措施等情况,对符合条件者发给许可证。

(2) 运输货单制度。如果医疗废物进行集中处理,运输医疗垃圾实行运输货单制度,由废物产生者、运输者、接收者在货单上签字并各保留 1 份,以保证运输过程中不出现问题。货单内容包括:产生者、运输者、接收者的名称、地址、废物种类、数量、运输方式等。

(3) 其他制度。医疗废物的分类及最小量化;医疗废物的分离和处理程序;操作者培训和认可;焚烧炉烟囱排放和灰分定期监测;烟囱排放标准;合适的灰分处理方法;发生意外事故时所采取的应急措施和防范措施等。

三、培训与宣传

对处理医疗废物的人员进行技术培训,加强对医疗废物工作者的环境意识的教育。医疗垃圾的运输和无害化处理中,关系到广大人民的生产、生活和身体健康。使有关工作人员按照"统一收集、密闭运输、集中焚烧、达到无害化"标准工作。需提高有关医疗废物产生者的如医务工作者、病人等的环境意识,做好社会宣传工作,并号召市民把家庭医疗保健用的医疗垃圾送到指定的收集地点。

四、建立风险管理体系

对项目和医疗垃圾进行风险评价,合格者才可上马或正常运行。同时要建立一些安全保障设施、预防系统、应急系统等,以解决一些突发事情的发生。

五、推出配套的环保产品

在推广管理经验的同时,也要推出有特色的与之配套的环保产品,如专用的医疗垃圾焚烧炉,专用的包装产品(软包装和硬壳包装)等,使之成为环保产业特色的一部分。

六、应建立全国性或区域性医疗废物处置系统

由相应的卫生局、环卫局和环保局根据有关法规协调分工,各司其职,同时各产生单位根据有关法规承担相应责任。它既是一个社会系统和技术系统相结合的统一体,又是一个在国

家法律控制和指导下的工程与管理结合的系统。

习　题

6-1　查阅文献,简述医疗废物国内外常用处理方式。

6-2　查阅医疗废物处理处置与管理的相关规范与法规,提出你的医疗废物管理新思路。

6-3　查阅文献,简述临床废物常用处理技术并比较其优缺点。

6-4　设计一个医疗废物焚烧处理系统。

6-5　编制医疗废物焚烧处理的可研报告简写本,列出关键控制参数,如热负荷、二噁英控制等。

第七章
污泥脱水与卫生填埋技术

活性污泥(activated sludge)工艺被广泛应用于污水的生物处理过程,但此工艺过程常伴随大量废活性污泥的产生。废活性污泥通常有很高的含水率(约 95～99 wt. %,质量百分数),因此污泥脱水尤为重要。污泥脱水不仅可以削减污泥体积,亦可减少污泥运输和最终处置费用。然而,废活性污泥的亲水性能(hydrophilicity)极强,脱水难度极大,故而污泥脱水依旧面临巨大挑战。为改善污泥脱水性能,研究人员相继开发了聚合电解质调理、酸/碱预处理、超声波、电解、冻融、酶制剂预处理和微波辐射等污泥调理强化脱水预处理技术。

第一节 十二烷基苯磺酸钠-氢氧化钠耦合调理强化污泥脱水

碱和十二烷基苯磺酸钠(sodium dodecylbenzenesulphonate,SDBS)是有效的细胞破碎和有机物溶出强化剂。十二烷基苯磺酸钠(SDBS)-氢氧化钠(NaOH)耦合作用于污泥时,可以有效破坏污泥絮凝结构和微生物细胞结构,水解蛋白质及核酸,分解菌体中的糖类,使污泥微生物细胞中原来不溶性的有机物从胞内释放出来,成为溶解性物质,从而提高污泥液相中的溶解性有机物含量,改善污泥脱水性能。本节旨在系统探讨十二烷基苯磺酸钠和氢氧化钠的耦合作用对污泥细胞破坏、有机物溶出以及污泥脱水性能改善的影响,为进一步寻找污泥高效脱水剂提供理论基础。

污泥取自上海市某污水处理厂的二沉池,经 4.0 mm 过筛剔除污泥中各类大型纤维杂质和大小碎石块等无机杂质后,调节含水率至 95 wt. %,在搅拌机上高速打碎 1 min。将调好的污泥投加一定剂量的十二烷基苯磺酸钠和氢氧化钠进行预处理,SDBS 添加剂量为均为 0.02 g·g^{-1} DS(溶解性固体,Dissolved Solid),NaOH 的投加量(以 NaOH/DS 质量比计,下同)分别为 0,0.10,0.25,0.75,1.00,其中以 NaOH/DS 质量比为零的试样作为空白样。调节均质后放于 37 ℃的恒温箱,并于恒温预处理过程中的第 1,5,8,18 及 55 h 取样检测。

一、SCOD 的变化规律

污泥溶解性 COD(SCOD)溶出量的高低可以用来表征热碱水解效果的优劣。由图 7-1 可知,SDBS-NaOH 耦合作用时,在相同 SDBS 剂量下,SCOD 溶出率先随 NaOH 剂量的增加而增加,且在 NaOH/DS 为 0.25 时,溶出效率达到最大。由此推测,NaOH 的碱溶效应导致污泥微生物的胞内有机物大量释放。而不同 NaOH/DS 比值条件下,SCOD 溶出率整体随时间变化都不明显。空白样和 0.02 SDBS+0.25 NaOH 的预处理

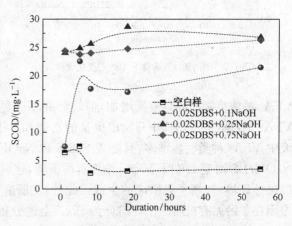

图 7-1 不同预处理条件污泥 SCOD 的变化规律

条件下的 SCOD 均呈先升高后降低的趋势,但 20 h 后随预处理时间的增加基本保持不变。该过程中,液相 SCOD 的轻微下降可能与少数存活微生物细胞的代谢活动有关。此外,在 NaOH/DS 投加比为 0.25 时,SCOD 溶出率在 20 h 内达到最大,且较空白样高出 11 倍。由此可知,SDBS-NaOH 耦合预处理可在短时间内实现污泥三维絮体结构和微生物细胞的高度破坏。

二、VSS 的溶解规律

VSS 主要由细菌、真菌、原生及后生动物组成,还包括部分颗粒状蛋白质、粗纤维等,一般占污泥有机物的 95 wt.% 以上。因此,在 SDBS-NaOH 耦合作用下,VSS 的有机成分会发生不同程度的水解,从而改变污泥量及其结构性质。从图 7-2 可知,不同预处理条件下,VSS 溶解度差异较大。空白样的 VSS 虽整体呈下降趋势,但在不同检测期均较其它试样明显偏高。此外,VSS 的溶解效率亦非随 NaOH 添加量的增加而增大,最佳的预处理条件为:0.02 SDBS+0.1 NaOH,此时 VSS 溶解率可在第 10 h 增至最大,达64.0%。这一现象表明,VSS 需要在合适的碱性条件下才会有较高的溶解效率,PH 过高或过低都会对其溶解产生不利的影响。

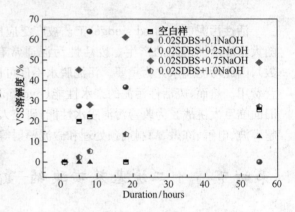

图 7-2　不同预处理条件下 VSS 的变化规律

三、TSS 的溶解规律

由图 7-3 可以看出,TSS 的溶出规律与 VSS 极为相似,在起初的 10 h 内,TSS 含量较快下降,随后又一定幅度的回升。其中以 0.02SDBS+0.1NaOH 时的溶解效率最佳,在第 10 h 时,TSS 含量降至最低,仅为 23.2 mg·L^{-1}。

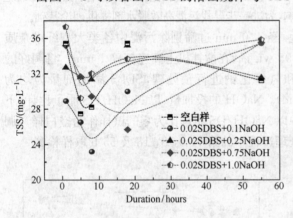

图 7-3　不同预处理条件下 TSS 的变化规律

四、VFAs 的溶出规律

在 SDBS-NaOH 耦合作用下,污泥固相固有机物不断溶解,这一过程也常伴随着大量乙酸、丙酸、异丁酸等挥发性脂肪酸(VFAs)的游离与释放。表 7-1 列出了不同预处理条件下水解液中 VFAs 的变化趋势,VFAs 浓度的高低反映了有机物的水解程度。由表可知,在不同的预处理条件下,VFAs 的浓度随时间均有所增加,但趋势并不明显,表明预处理时间的延长并不能有效促进 VFAs 的释放。空白样中只检出少量的乙酸和异丁酸,而在 SDBS-NaOH 耦合作用下,水解液中 VFAs 种类明显增多,且随着 SDBS 和 NaOH 剂量的增加,VFAs 浓度大幅增加。但当 NaOH/DS 增至 1.0 时,VFAs 浓度有所下降,这可能是由于高碱剂量的使用导致体系出现极端碱性环境,抑制了 VFAs 的生成。此外,在所有预处理条件下,乙酸均为主要 VFAs 组分,原因在于污泥有机质的主要组分为 PN。上述分析显示,合适剂量的 SDBS 与 NaOH 对污泥 VFAs 的溶出和积累具有促进作用,但延长预处理时间对 VFAs 的溶出影响不大。

表 7-1　　　　　　　　不同预处理条件下水解液中 VFAs 的分布　　　　　　（单位:mg·L^{-1}）

预处理条件	时间(h)	乙酸	丙酸	异丁酸	正丁酸	异戊酸	正戊酸
空白样 (0.02SDBS)	1						
	5	26.21	—	14.24	—	—	—
	8	31.21	—	16.37	—	—	—
	18	6.97	—	18.97	—	—	—
	55	9.38	—	23.41	—	—	—
0.02 SDBS +0.25NaOH	1	321.23	156.81	93.75	166.49	142.29	74.35
	5	342.15	160.82	94.36	170.33	144.81	77.06
	8	338.15	157.15	94.01	168.42	143.90	76.06
	18	349.40	157.90	93.40	167.72	142.24	74.84
	55	371.01	161.49	95.95	171.25	145.55	77.30
0.02 SDBS +0.75NaOH	1	388.04	180.85	111.35	190.76	163.82	93.92
	5	396.72	170.30	105.70	180.29	155.25	89.45
	8	393.08	170.02	104.30	180.31	153.90	87.80
	18	388.38	164.76	102.72	172.68	147.24	84.25
	55	436.72	170.74	105.32	179.00	154.29	88.00
0.02 SDBS +1.0 NaOH	1	297.89	366.38	804.54	136.28	114.91	68.19
	5	387.08	157.69	136.77	171.95	147.53	86.61
	8	358.62	160.54	105.49	166.59	148.87	76.55
	18	378.85	161.64	101.35	170.35	147.72	84.23
	55	425.25	160.57	99.78	168.27	144.82	82.24

五、脱水污泥含水率的变化规律

污泥含水率与预处理条件密切相关。由图 7-4 可知,原生污泥的脱水性能极差,脱水滤饼的含水率高达 84 wt.%;而经 SDBS-NaOH 耦合预处理后,污泥脱水性能显著提高。当 SDBS 和 NaOH 添加量分别为 0.01 和 0.25 gg^{-1}DS 时,经过 55 h 的调理预处理,脱水污泥的含水率可降至 72 wt.%。这说明 SDBS-NaOH 耦合预处理能改变污泥胶体特性,破坏微生物细胞,促进细胞内有机物和部分结合水析出和释放,从而大幅改善污泥的脱水性能。

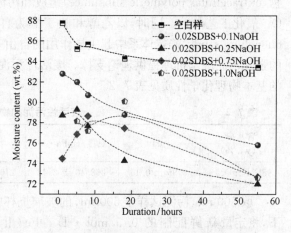

图 7-4　不同预处理条件对脱水泥饼含水率的影响

第二节　(Fe(Ⅱ)/S$_2$O$_8^{2-}$)氧化脱水技术新体系的构建

高级氧化(AOPs)作为一种快速、高效的污泥脱水预处理技术备受研究人员青睐。Fenton(H$_2$O$_2$/Fe(Ⅱ))和类 Fenton 氧化作为最常用的 AOPs 技术已被广泛应用于不同种类废活性污泥的深度脱水。但 Fenton 氧化也存在一定缺陷,特别是受 pH 值影响较大:例如,为避免 Fe(Ⅲ)的水解和沉淀,获得最佳的脱水效率,污泥初始 pH 必须调至<4.0。然而,pH 的调节会增加脱水工艺的繁琐程度和成本,削弱其优越性。因此,为探寻合理高效的 Fenton 氧化调理替代技术,环保工作者已致力于新型氧化调理预处理技术的探索与研究。

激活过硫酸盐(persulfate, $S_2O_8^{2-}$)氧化技术是一种基于硫酸根自由基($SO_4^- \cdot$)的新型高级氧化技术。过硫酸盐在常温下比较稳定(redox potential, $E_0 = 2.01$ V),但可在诱发剂,如热(heat)、紫外光(UV)、过渡态金属离子(Me^{n+})等激发作用下,生成具有强氧化性的水溶性自由基 $SO_4^- \cdot$,$SO_4^- \cdot$ 氧化还原电位(E_0)较高,约为 2.60 V,与 $OH \cdot$ 相似(2.70 V),因此其强化污泥脱水的潜力很大。$SO_4^- \cdot$ 的主要激发与形成途径如化学式所示:

$$S_2O_8^{2-} + 2e^- \longrightarrow 2SO_4^{2-}, \quad E^o = 2.01 \text{ V}$$
$$S_2O_8^{2-} + heat/UV \longrightarrow 2SO_4^- \cdot$$
$$S_2O_8^{2-} + Me^{n+} \longrightarrow Me^{(n+1)+} + SO_4^- \cdot + SO_4^{2-}$$
$$SO_4^- \cdot + e^- \longrightarrow SO_4^{2-} \quad E^o = 2.60 \text{ V}$$

较 Fenton 氧化相比,激活过硫酸盐氧化具有氧化性强、反应条件温和、受 pH 影响小等优点,可实现难降解有机物(recalcitrant organic compounds)的高效矿化与快速降解,已经被广泛地用于水体和河底沉积物等中各类有机污染物的原位化学修复(in situ chemical oxidation, ISCO)。目前,有关激活过硫酸盐氧化技术应用于废活性污泥强化脱水的研究仍未见报道。因此,系统评价激活过硫酸盐氧化技术的强化污泥脱水可行性,对探索与研发新型污泥脱水技术,及设计和构建污泥安全生态管理新方案具有重要指导意义。

基于此,本工作探索了铁-硫(Fe(Ⅱ)/$S_2O_8^{2-}$)氧化调理强化污泥脱水的可行性,以污泥毛细吸水时间(capillary suction time, CST)削减率(%)为脱水性能评价指标,系统考察了 Fe(Ⅱ)· 和 $S_2O_8^{2-}$ 添加量、Fe(Ⅱ)投加方式、初始 pH 等因素对污泥脱水性能、EPS(胞外聚合物,extracellular polymeric substance)组成和污泥黏度等指标的影响,确定最优化 Fe(Ⅱ)/$S_2O_8^{2-}$ 氧化工艺参数。同时,以乙醇和叔丁醇为自由基猝灭剂,通过自由基猝灭试验(radicals quenching study)确定体系中起主导作用的自由基种类,以期为全面解析 Fe(Ⅱ)/$S_2O_8^{2-}$ 氧化的强化污泥脱水机理提供理论支撑。废活性污泥取自上海市某污水处理厂的二沉池,该污泥的基本物理化学性质见表 7-2。

表 7-2　废活性污泥的物理化学性质

含水率/(wt. %)	pH	黏度/(mPa·s)	CST/s	TSS/(g·L^{-1})	VSS/(g·L^{-1})
98.24 ± 0.19	6.95 ± 0.15	268.40 ± 2.42	210.00 ± 14.07	16.14 ± 0.07	9.57 ± 0.06

取 300 mL 污泥试样于 500 mL 的玻璃烧杯中,在 300 rpm 恒温磁力搅拌器匀速搅拌状态下,将定量新鲜配制的 0.5 mol·L^{-1} Fe(Ⅱ)溶液(FeSO$_4$·7H$_2$O 纯度>99.0%)和 $S_2O_8^{2-}$(K$_2$S$_2$O$_8$ 纯度 99.5%)投加至玻璃烧杯中,并在室温(25 ℃)条件下,持续调理 45 min。除特别标注外,预处理污泥的 pH 均为原始值,即 6.95。固定时间间隔取 5.0 mL 污泥试样,以 CST 削减率(%)为指标评价 Fe(Ⅱ)/$S_2O_8^{2-}$ 氧化的脱水效率。在考察初始 pH 对脱水效率的影响时,pH 用 1 mol·L^{-1} 的 H$_2$SO$_4$ 或 NaOH 调节为 1.5,3.0,5.5,7.0,8.5 和 10.0,其余调理过程与上述相同。

在自由基猝灭试验中,$S_2O_8^{2-}$ 浓度为 2.4 mmol·g^{-1}VSS,Fe(Ⅱ)浓度为 3.0 mmol·g^{-1}

VSS，pH 为 6.95，先投加定量的乙醇（EtOH 纯度＞99.7%）和叔丁醇（TBA 纯度＞98.0%）到反应体系中，再加入 $Fe(II)/S_2O_8^{2-}$ 氧化剂持续调理 45 min，并固定时间间隔取样分析。

一、$Fe(II)/S_2O_8^{2-}$ 氧化脱水预处理参数优化

1. $Fe(II)/S_2O_8^{2-}$ 浓度的影响

$Fe(II)/S_2O_8^{2-}$ 浓度是影响污泥脱水效率的重要因素，故在室温（25 ℃）、pH＝6.95 的条件下，考察了 $S_2O_8^{2-}$（0.1~1.5 mmol·g^{-1}VSS）和 $Fe(II)$ 浓度（0.3~1.8 mmol·g^{-1}VSS）对污泥脱水效率的影响。由图 7-5 可知，污泥脱水效率在预处理 1 min 后达到最大，因此本研究采用预处理 1 min 后的 CST 削减率作为脱水性能优劣的评价指标，以确定最佳的 $Fe(II)/S_2O_8^{2-}$ 投加量，结果如图 7-5 所示。

由图 7-5（a）可知，在 $Fe(II)$ 浓度设定为 1.5 mmol·g^{-1}VSS 的条件下，当 $S_2O_8^{2-}$ 浓度从 0.1 增加至 1.2 mmol·g^{-1}VSS 过程中，CST 削减率可在 1 min 内由 58.7% 升高至 61.8%，然后持续攀升至 88.8%，污泥脱水性能明显改善。此后，CST 削减率受 $S_2O_8^{2-}$ 浓度影响甚小，脱水效率并未因 $S_2O_8^{2-}$ 浓度的持续增加（增加至 1.5 mmol·g^{-1}VSS）而有所改善。在活化剂 $Fe(II)$ 投加量固定的条件下，初始 $S_2O_8^{2-}$ 浓度在一定范围内增加，能够激发产生更多的 SO_4^{-}·自由基，故而对污泥脱水越有利。然而，当 $S_2O_8^{2-}$ 浓度增至一定水平后便会因 $Fe(II)$ 不足而无法持续激发 SO_4^{-}·的形成，因此当 $S_2O_8^{2-}$ 浓度大于 1.2 mmol·g^{-1}VSS 时，CST 削减率基本维持不变。

$Fe(II)$ 作为 $S_2O_8^{2-}$ 的活化剂，通过激发 $S_2O_8^{2-}$ 形成 SO_4^{-}·自由基，以强化污泥脱水。就理论而言，提高 $Fe(II)$ 投加量对改善污泥脱水效率是十分有利的。然而，与 $S_2O_8^{2-}$ 浓度的影响类似，$Fe(II)$ 投加量亦存在最佳值，当 $Fe(II)$ 投加量由 0.3 增加至 1.5 mmol·g^{-1}VSS 时，污泥 CST 削减率快速增加并达到最大（即最佳 $Fe(II)$ 浓度为 1.5 mmol·g^{-1}VSS），此后 CST 削减率随 $Fe(II)$ 投加量的增加变化甚微，甚至有所降低（图 7-5（b））。

基于上述研究，以最小化 $Fe(II)$ 的 SO_4^{-}·消耗效应为前提，脱水效率最大化为目标，本试验获得的最佳 $Fe(II)$、$S_2O_8^{2-}$ 预处理浓度分别为：1.5 mmol $Fe(II)$·g^{-1}VSS、1.2 mmol $S_2O_8^{2-}$·g^{-1}VSS，即 $Fe(II)/S_2O_8^{2-}$ 摩尔比为 1.25:1。

2. 活化剂 $Fe(II)$ 投加方式的影响

为全面解析 $Fe(II)/S_2O_8^{2-}$ 氧化的影响因素，系统构建 $Fe(II)/S_2O_8^{2-}$ 氧化污泥强化脱水新体系，进一步考察了活化剂 $Fe(II)$ 投加方式对 $Fe(II)/S_2O_8^{2-}$ 氧化脱水效率的影响。具体考察方式如下：取 300

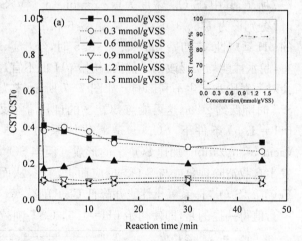

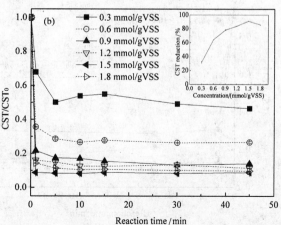

图 7-5　$S_2O_8^{2-}$（a）和 $Fe(II)$（b）浓度对污泥脱水效率的影响（pH 为 6.95）

mL 污泥试样(初始 pH=6.95)于 500 mL 的玻璃烧杯中,在 300 rpm 恒温磁力搅拌器匀速搅拌下,投加 1.2 mmol $S_2 \cdot HO_8^{2-} \cdot g^{-1}$ VSS,随后将 0.9 mmol Fe(Ⅱ)$\cdot g^{-1}$ VSS 1 次(方法 1)或分 3 等分后固定时间间隔 3 次投加(方法 2),试验结果如图 7-6 所示。由图可知,Fe(Ⅱ)投加方式对 $Fe(Ⅱ)/S_2O_8^{2-}$ 氧化脱水效率影响不大,Fe(Ⅱ)1 次或分 3 次投加的方法所得到的最终 CST 削减率分别为 83.9% 和 87.9%。

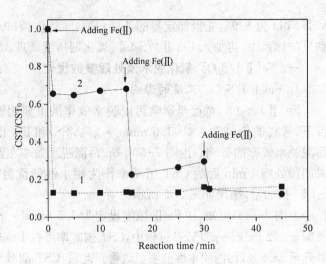

图 7-6 活化剂 Fe(Ⅱ)投加方式对污泥脱水效率的影响:
(1)1 次投加;(2)3 次投加([$S_2O_8^{2-}$]=1.2 mmol $\cdot g^{-1}$VSS;[Fe(Ⅱ)]=0.9 mmol $\cdot g^{-1}$VSS;pH 未调节)

3. 初始 pH 的影响

不同初始 pH 对 $Fe(Ⅱ)/S_2O_8^{2-}$ 氧化污泥强化脱水效率的影响如图 7-7 所示,其中,$S_2O_8^{2-}$ 浓度为 1.2 mmol $\cdot g^{-1}$ VSS、Fe(Ⅱ)浓度为 1.5 mmol $\cdot g^{-1}$ VSS,初始 pH 分别设为 1.5、3.0、5.5、7.0、8.5 和 10.0。由图 7-7 可知,$Fe(Ⅱ)/S_2O_8^{2-}$ 氧化具有较广的 pH 适应性,在初始 pH=3.0～8.5 时,经 15 min 预处理后污泥 CST 削减率可达 90% 左右,脱水性能均明显改善。然而,初始 pH 也不宜过酸(<3.0)或过碱(>8.5),过酸和过碱均会对污泥脱水产生不利影响。如图 7-7 所示,初始 pH=1.5 时,CST 削减率较 pH=3.0～8.5 时降低约 20%,这可能与 $SO_4^- \cdot$ 的自我清除反应(scavenging reactions)有关。在强酸(如 pH=1.5)条件下,$SO_4^- \cdot$ 是氧化体系的主体自由基,强酸 pH 可以通过酸催化作用(acid-catalyzation)加速 $SO_4^- \cdot$ 的形成。但当 $SO_4^- \cdot$ 浓度达到一定程度后,$SO_4^- \cdot$ 自由基便会发生自我清除现象或与 $S_2O_8^{2-}$ 反应而被消耗,从而减小 $SO_4^- \cdot$ 与污泥颗粒的有效碰撞,影响 $Fe(Ⅱ)/S_2O_8^{2-}$ 体系氧化性能并降低 CST 削减率。

值得一提的是,即使初始 pH=1.5,CST 削减率仍高达 70.0%,预示 $Fe(Ⅱ)/S_2O_8^{2-}$ 氧化脱水工艺不会因污泥 pH 过酸而无法正常运行,这一特点与 Fenton 氧化相比有明显优势。一般而言,在酸性 pH 环境下,Fenton 体系脱水效率会更加优越。但其所处 pH 环境不宜过酸,过酸的 pH 不仅会加速($Fe(Ⅱ)(H_2O_2))^{2+}$ 的生成,降低液相的自由 Fe(Ⅱ)浓度,亦会通过阻止 Fe(Ⅲ)与 H_2O_2 的络合而抑制 Fe(Ⅱ)通过 Fe(Ⅲ)途径的再生。活化剂 Fe(Ⅱ)的不足将会不可避免地削弱 Fenton 体系的氧化性能,降低污泥的脱水效率。由图 7-7 中 pH 为 1.5 时较高的 CST 削减率可以推测,在 Fe(Ⅱ)/

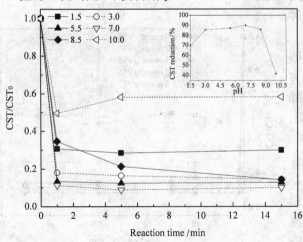

图 7-7 初始 pH 对污泥脱水的影响([$S_2O_8^{2-}$]=1.2 mmol $\cdot g^{-1}$VSS;[Fe(Ⅱ)]=1.5 mmol $\cdot g^{-1}$VSS)

$S_2O_8^{2-}$ 体系中强酸性 pH 对 Fe(Ⅱ)含量和污泥脱水效率影响甚小。此外,与酸性(<3.0)和中性(3.0～8.5)pH 相比,碱性 pH 对 Fe(Ⅱ)/$S_2O_8^{2-}$ 体系的抑制效应最为显著,尤其当 pH=10.0。由图 7-7 可以发现,当 pH=10.0 时,CST 削减率仅为 42.0%,与 pH 为 1.5 和 3.0～8.5 相比,分别降低 28.0% 和 48.0%。其主要原因如下:在碱性条件下,Fe(Ⅱ)和 Fe(Ⅲ)被以 $Fe(OH)_{2(s)}$ 和 $Fe(OH)_{3(s)}$ 的形式沉淀,这不仅会降低 Fe(Ⅱ)/$S_2O_8^{2-}$ 体系的 Fe(Ⅱ)和 Fe(Ⅲ)含量,阻止活化剂 Fe(Ⅱ)的再生,同时也会抑制氧化剂 $S_2O_8^{2-}$ 的分解和 $SO_4^-\cdot$ 的形成。

总体而言,Fe(Ⅱ)/$S_2O_8^{2-}$ 氧化强化污泥脱水新技术具有 pH 操作范围广、受 pH 影响小等优点。而且,原生污泥的初始 pH 基本维持在 Fe(Ⅱ)/$S_2O_8^{2-}$ 氧化的最优 pH 范围(3.0～8.5)内,故无需 pH 调节。因此,Fe(Ⅱ)/$S_2O_8^{2-}$ 氧化污泥脱水工艺操作简单,经济高效,推广应用前景广阔。

二、Fe(Ⅱ)/$S_2O_8^{2-}$ 氧化脱水机理剖析

1. 自由基主成分的鉴定(自由基猝灭试验)

$SO_4^-\cdot$ 和 OH· 是 Fe(Ⅱ)/$S_2O_8^{2-}$ 氧化过程中产生的两种重要自由基,两者的主导效应决定了 Fe(Ⅱ)/$S_2O_8^{2-}$ 体系的强化脱水性能。因此,为确定 Fe(Ⅱ)/$S_2O_8^{2-}$ 氧化污泥脱水体系的主导自由基,诠释 Fe(Ⅱ)/$S_2O_8^{2-}$ 氧化脱水机理,本研究以乙醇(EtOH)和叔丁醇(TBA)为自由基猝灭剂,利用自由基与 EtOH 和 TBA 反应速率的差异来鉴定起主导作用的自由基类型。醇类的反应活性以及同自由基的反应速率通常与 α-hydrogen 的存在与否密切相关:含 α-hydrogen 的醇类,如 EtOH 与自由基 $SO_4^-\cdot$ 和 OH· 均具有较高的反应速率,反应速率常数分别为 $(1.6\sim7.7)\times10^8$ mol·L^{-1}·s^{-1} 和 $(1.2\sim2.8)\times10^9$ mol·L^{-1}·s^{-1};无 α-hydrogen 存在的醇类,如 TBA 与 OH· 的反应速率为 $(3.8\sim7.6)\times10^8$ mol·L^{-1}·s^{-1},然而与 $SO_4^-\cdot$ 的反应速率常数仅为 $(4.0\sim9.1)\times10^5$ mol·L^{-1}·s^{-1},前者较后者高出 400～1900 倍。因此,通过向 Fe(Ⅱ)/$S_2O_8^{2-}$ 系统投加两种自由基猝灭剂,以脱水效率为评价指标,可以快速鉴别起主效应的自由基类型。

自由基鉴定结果如图 7-8 所示,自由基猝灭试验条件为:$S_2O_8^{2-}$ 浓度 2.4 mmol·g^{-1}VSS、Fe(Ⅱ)浓度 3.0 mmol·g^{-1}VSS,pH 为 6.95。可以看出,当 EtOH 投加量为 50 mmol·g^{-1} VSS 时,CST 削减率从未投加时的 88.9% 减小至 80.1%,降低约 8.8%;而在相同 TBA 投加量(50 mmol·g^{-1}VSS)条件下,CST 削减率降至 83.1%,减小约 5.8%。总体而言,TBA 对 CST 削减率的抑制效应较 EtOH 偏低(低约 3.0%),表明在中性 pH 环境中两种自由基均对 Fe(Ⅱ)/$S_2O_8^{2-}$ 氧化强化脱水存在贡献作用,但 $SO_4^-\cdot$ 略占优势。正如前面所述,当体系中 $SO_4^-\cdot$ 和 OH· 同时存在时,EtOH 因含有 α-hydrogen,可以快速消耗两类自由基;未含 α-hydrogen 的 TBA 主要与 OH· 选择性作用,而与 $SO_4^-\cdot$ 反应缓慢,因此当用 TBA 作为猝灭剂时,体系中仍携带大量未消除的 $SO_4^-\cdot$,故而对

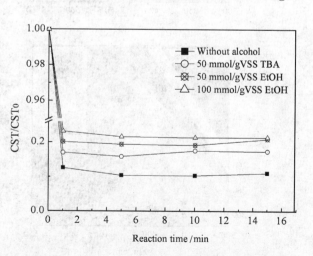

图 7-8　猝灭剂 EtOH 和 TBA 对污泥脱水的抑制效应
([$S_2O_8^{2-}$]=1.2 mmol·g^{-1}VSS;
[Fe(Ⅱ)]=1.5 mmol·g^{-1}VSS;pH 未调节)

CST 削减的抑制相对较弱。

　　此外,低浓度的 EtOH 对 CST 削减的抑制效应十分有限,暗示猝灭剂投加量不足或 Fe(Ⅱ)/S₂O₈²⁻ 体系存在非自由基强化脱水途径。因此,为进一步揭示 $Fe(Ⅱ)/S_2O_8^{2-}$ 体系的强化脱水机制,EtOH 投加量增加至 100 mmol·g⁻¹VSS,此时 CST 削减率下降至 78.0%,较低投加量时的 80.1% 降低了 2.1%。CST 削减受抑制程度随 EtOH 投加量增加而升高,进一步证实 $Fe(Ⅱ)/S_2O_8^{2-}$ 体系的自由基途径是实现污泥强化脱水的关键推动力。

　　2. EPS 的角色解析

　　3D-EEM 荧光光谱分析具有检测速度快、灵敏度高、无需化学试剂等优点,被广泛应用于溶解性有机物、污泥 EPS 等的定性和半定量分析。本研究选择两种脱水性能差异较大的污泥样品,提取 EPS(S-EPS 和 B-EPS)后进行 3D-EEM 荧光光谱分析。一种为原生污泥,脱水性能较差,CST 约 210 s;另一种为预处理污泥,CST 约 18 s,荧光光谱分析结果分别如图 7-9 所示。可以看出,$Fe(Ⅱ)/S_2O_8^{2-}$ 氧化对污泥脱效率的影响主要体现在对 S-EPS 的降解和去除。原生污泥的 S-EPS 含有 3 个明显的荧光特征峰,激发/发射波长(Ex/Em)分别位于 275～280/295～310 nm, 325～220/365～370 nm 和 310～315/380～390 nm;而氧化预处理后,其特征峰减至 2 个,Ex/Em 分别为 75～280/305～310 nm 和 310～315/380～390 nm,且荧光峰密度明显降低。相比而言,B-EPS 受影响相对较小,荧光特征峰数目和峰密度未因 Fe(Ⅱ)/

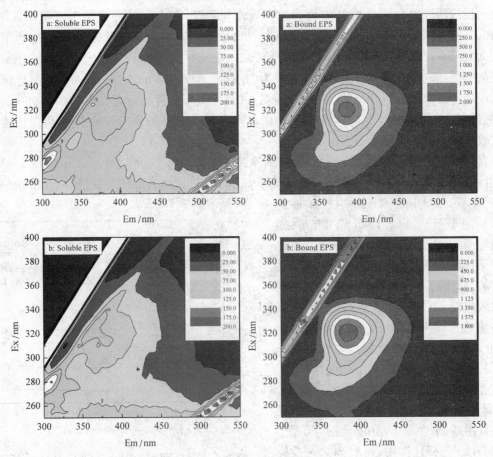

图 7-9 (a) 原生污泥 EPS 的 3D-EEM 荧光光谱图 (b) $Fe(Ⅱ)/S_2O_8^{2-}$ 氧化预处理污泥 EPS 的 3D-EEM 荧光光谱图($[S_2O_8^{2-}]=1.2$ mmol·g⁻¹VSS;$[Fe(Ⅱ)]=1.5$ mmol·g⁻¹VSS;pH 未调节)

$S_2O_8^{2-}$ 氧化作用而明显改变,预处理前后的荧光峰均位于 $315 \sim 325/380 \sim 390$ nm 处。这一现象表明,污泥脱水性能主要受S-EPS调控,而非B-EPS。

3. 污泥黏度的角色解析

黏度是控制污泥脱水性能的另一关键因素。Pearson 相关性分析显示,CST 与污泥黏度呈显著的正相关关系($R_p = 0.883$, $p = 0.00$)(图 7-10),黏度越高,污泥脱水难度越大。EPS 高度亲水,可以结合大

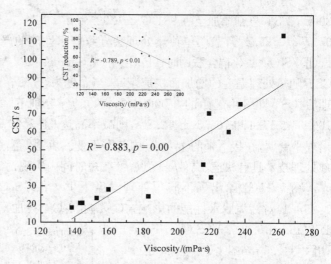

图 7-10 污泥黏度与脱水性能(CST)的 Pearson 相关关系

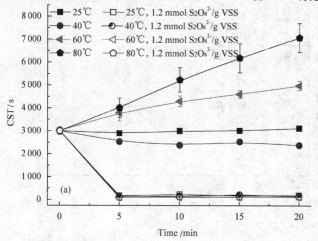

量的水分;其含量越高,污泥颗粒与液相之间的粘附力越大,黏度就越大。因此,降低黏度是改善污泥脱水性能的前提,而降解和去除 EPS 是实现污泥深度脱水的关键和保证。

三、低温热处理-Fe(Ⅱ)/$S_2O_8^{2-}$氧化衍生耦合污泥强化脱水

本节提出低温热处理(25 ℃～80 ℃)-Fe(Ⅱ)/$S_2O_8^{2-}$氧化衍生耦合预处理强化污泥脱水新方法,以 CST、Zeta 电位、粒径分布等为评价指标,以 3D-EEM 荧光光谱、傅里叶红外光谱(FT-IR)和扫描电子显微境(SEM)等尖端设备为手段,系统评估该方法协调增效机制与强化脱水机理。为研发和构建一个联合、高效、环境友好型污泥脱水技术新体系提供理论依据。

1. 污泥脱水性能评价

不同低温热处理(25 ℃～80 ℃)-Fe(Ⅱ)/$S_2O_8^{2-}$氧化预处理条件下,污泥脱水性能的变化趋势如图 7-11(a)所示。热处理单独作用下,预处理温度为 25 ℃时,在整个调理过程(20 min)中,CST 变化甚微,基本维持在 $3\,006.1 \pm 160.0 \sim 3\,119.2 \pm 92.5$ s 范围内;当温度升高至 60 和

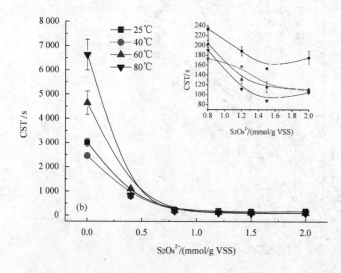

图 7-11 污泥 CST 随预处理时间(a) 和 Fe(Ⅱ)/$S_2O_8^{2-}$ 投加量 (b) 的变化趋势(Fe(Ⅱ)/$S_2O_8^{2-}$ 摩尔比为 1.25∶1,下同)

80 ℃，CST 急剧增加至 4 981.5 ± 202.7 和 7 074.7 ± 631.9 s，较原生污泥分别增加约 65.7% 和 135.4%，表明单独热处理会导致脱水性能的严重恶化。相比而言，当低温热处理与 $Fe(II)/S_2O_8^{2-}$ 氧化耦合联用时（$[Fe(II)]=1.5$ mmol·g^{-1} VSS；$[S_2O_8^{2-}]=1.2$ mmol·g^{-1} VSS），CST 随热处理温度的增加而快速削减，当温度为 25 ℃，40 ℃，60 ℃，80 ℃时，经 5 min 的调理后，CST 即可由起始的 3 006.1 ± 160.0 s 分别下降至 174.2 ± 23.6，136.9 ± 37.5，103.3 ± 14.4 和 106.3 ± 12.8 s，削减率高达 94.2%，95.4%，96.6% 和 96.5%；随后 CST 出现平台期，在接下来的 15 min 内基本不变。表明低温热处理-$Fe(II)/S_2O_8^{2-}$ 氧化衍生耦合预处理技术具有快速、高效等优点，可在短时间内实现污泥脱水性能的大幅改善。

图 7-11(b) 给出了不同预处理温度下 $Fe(II)/S_2O_8^{2-}$ 投加量（$Fe(II)/S_2O_8^{2-}$ 摩尔比为 1.25∶1）对污泥脱水性能的影响。CST 随 $S_2O_8^{2-}$ 投加量的增加而逐渐减小，并在 $[S_2O_8^{2-}]=$ 1.2 mmol·g^{-1} VSS（即 $[Fe(II)]=1.5$ mmol·g^{-1} VSS）处达到最佳；随后，$S_2O_8^{2-}$ 投加量的增加对污泥脱水性能的影响甚小，CST 基本保持平稳。因此，最佳的 $Fe(II)/S_2O_8^{2-}$ 预处理条件为：$[Fe(II)]=1.5$ mmol·g^{-1} VSS，$[S_2O_8^{2-}]=1.2$ mmol·g^{-1} VSS。对于温度而言，在特定的 $Fe(II)/S_2O_8^{2-}$ 投加量下，脱水效率随预处理温度的增加而增加。以 $[Fe(II)]=1.5$ mmol·g^{-1} VSS，$[S_2O_8^{2-}]=1.2$ mmol·g^{-1} VSS 为例（图 7-11(b)），当温度由 25 ℃ 增加至 40，60 和 80 ℃ 时，CST 从 188.6±9.4 s 分别减小至预处理后的 157.3 ± 2.1，131.0 ± 8.6 和 111.5 ± 2.7 s，相应削减了约 16.6%，30.5% 和 40.9%。

由上述分析可以看出，低温热处理（25 ℃~80 ℃）-$Fe(II)/S_2O_8^{2-}$ 氧化衍生耦合预处理技术具有操作温度低、作用时间短、处理效率高等优点，为污泥的强化脱水提供了新方法，开启了新思路。

2. Zeta 电位的影响

Zeta 电位是影响污泥脱水性能的重要因素之一，图 7-12

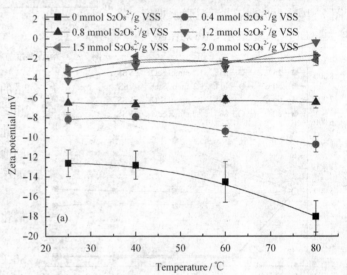

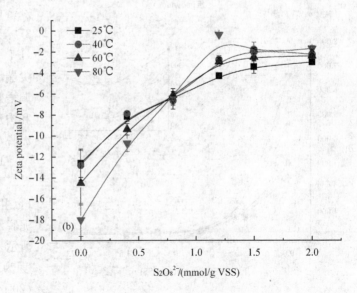

图 7-12　污泥 Zeta 电位随预处理时间(a) 和 $Fe(II)/S_2O_8^{2-}$ 投加量 (b) 的变化趋势

(a)展示了不同操作温度下污泥胶体 Zeta 电位的变化情况。由图可知,原生污泥在 25 ℃时的 Zeta 电位为-12.6 ± 1.4 mV;当温度增加至 80 ℃时,Zeta 电位快速升至-18.0 ± 1.6 mV,污泥颗粒表面所带的负电荷急剧增加。

低温热处理与$Fe(II)/S_2O_8^{2-}$氧化的耦合使用可以一定程度降低甚至完全消除单独热处理对 Zeta 电位造成的不利影响。由图 7-12(a)可知,当$[Fe(II)] = 1.0$ mmol · g^{-1} VSS、$[S_2O_8^{2-}] = 0.8$ mmol · g^{-1} VSS 时,Zeta 电位随预处理温度的增加几乎恒定不变;当$[Fe(II)] > 1.5$ mmol · g^{-1} VSS、$[S_2O_8^{2-}] > 1.2$ mmol · g^{-1} VSS 时,Zeta 电位随温度的增加而略有减小。这主要是因为,$Fe(II)/S_2O_8^{2-}$氧化可以通过自由基降解途径或 $Fe(II)$和 $Fe(III)$ 的电中和作用,降低热处理产生的负电性高聚物浓度或电荷量,从而维持颗粒的 Zeta 电位平衡。

此外,$Fe(II)/S_2O_8^{2-}$浓度亦对 Zeta 电位产生明显影响,如图 7-12(b)所示,Zeta 电位随 $Fe(II)/S_2O_8^{2-}$投加量的增加而逐渐降低。在预处理温度分别为 25、40、60 和 80 ℃时,当 $S_2O_8^{2-}$投加量从 0 增加至 1.2 mmol · g^{-1} VSS 时,Zeta 电位分别由-12.6 ± 1.4,-12.8 ± 1.4,-14.5 ± 2.1 和-18.0 ± 1.6 mV 下降至-4.2 ± 0.2,-2.8 ± 0.4,-2.9 ± 0.4 和-0.4 ± 0.1 mV。此后,随着 $Fe(II)/S_2O_8^{2-}$投加量($[Fe(II)] > 1.5$ mmol · g^{-1} VSS,$[S_2O_8^{2-}] > 1.2$ mmol · g^{-1} VSS)的继续增加,Zeta 电位逐渐平稳,并趋近于等电点(zero point of charge, 0 mV)。

3. 粒径分布的影响

不同预处理条件下污泥胶体颗粒的体积粒径分布规律如图 7-13 所示,可以看出,在 25 ℃时,污泥颗粒的粒径分布特征受 $Fe(II)/S_2O_8^{2-}$氧化预处理影响较小,粒径大于 110.4 ± 5.7 μm 的污泥颗粒累积体积占 50%,即 dp50 > 110.4 ± 5.7 μm(图 7-13(a))。此外,当热处理单独作用时(图 7-13(b)~(d)),颗粒粒径并随温度的增加而出现大幅波动,分布特征基本维持相同,表明低温热处理(40 ℃~80 ℃)的破解能力较差,不能造成污泥絮体的彻底瓦解。

当低温热处理-$Fe(II)/S_2O_8^{2-}$氧化耦合联用时,低温热处理对颗粒分布规律的影响开始增强。如图 7-13 所示,随着 $Fe(II)/S_2O_8^{2-}$投加量的增加,粒径分布曲线向粒径增大的方向偏移,在 40、60 和 80 ℃时,颗粒的 dp50 值分别增加到了 119.4 ± 5.4,124.2 ± 13.0 和 117.6 ± 8.6 μm。低温热处理处理-$Fe(II)/S_2O_8^{2-}$氧化的耦合作用易导致胞内和胞外物质的过度溶出并均匀分散在液相中,这些被释放的生物大分子高聚物通过架桥途径促进破裂絮体的再聚合。另外,$Fe(II)/S_2O_8^{2-}$体系中 $Fe(II)$和 $Fe(III)$的助凝效应也会导致粒径的增加,阳离子 $Fe(II)$和 $Fe(III)$作为助凝剂可以吸附于带负电性的污泥胶体表面,通过电中和、吸附架桥和网捕沉淀等作用促进胶体的聚团和颗粒化。

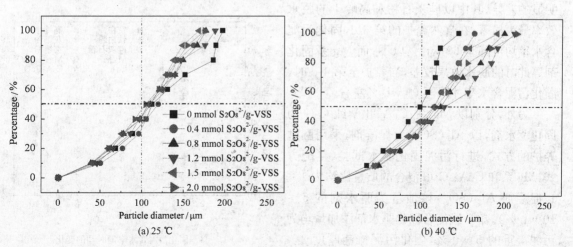

(a) 25 ℃　　　　　　　　　　　　(b) 40 ℃

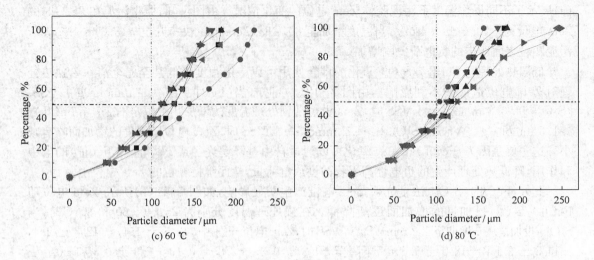

图 7-13   不同温度下粒径分布与 Fe(Ⅱ)/$S_2O_8^{2-}$ 投加量的变化关系

　　粒径分布是影响污泥脱水效率的重要因素,一般而言,"超级胶体颗粒"(1～100 μm)含量越高,污泥滤饼微孔越易堵塞,脱水效率便会越差。然而由上述分析不难发现,低温热处理(25 ℃～80 ℃)-Fe(Ⅱ)/$S_2O_8^{2-}$氧化耦合技术具有使污泥絮体"高度破解"和"再度絮凝"的双重功效。"高度破解"可以为颗粒内部结合水的有效释放提供通道;而"再度絮凝"则为污泥碎片的再度聚凝和泥水分离的强化创造条件,因此脱水性能明显提高。

第三节　基于铝基胶凝固化驱水剂的污泥固化/稳定化技术

一、常规固化驱水剂

　　将高岭土、钛白粉、灰钙粉、硅灰石粉、玄德粉、Mg 系固化剂、铝酸三钙(3CaO·Al_2O_3,C_3A)和 CaO 等通过单一组分或复配(重量比为 1:1)方式进行污泥固化驱水试验,以比较几种常规添加剂的固化驱水效率。不同固化驱水剂的添加量均为污泥湿重的 5 wt.%,制成 50 mm × 50 mm × 40 mm 的固化块,于室温条件下自然晾晒养护,固化污泥含水率与固化时间、温度和湿度的关系如图 7-14 所示。不同固化驱水剂对污泥含水率变化的影响具有较为明显的差异,其中以硅灰石粉和高岭土的脱水效率最为显著,在自然养护的第 3 d,固化污泥含水率均可降至 60 wt.%以下;而 Mg 系固化剂等此时的脱水效果较差,当养护至第 4 d 时,固化污泥含水率才降至 60 wt.%左右。

　　另外,分别以 Mg 系、C_3A、化学纯 CaO 为固化驱水剂,以 $Al_2(SO_4)$ 为促凝剂,采用翻抛养护的方式,进行污泥固化驱水试验(复配方式:Mg 系和 C_3A、CaO 混合的质量比均为 1:1,促凝剂 $Al_2(SO_4)$ 掺加量为驱水剂的 5～10 wt.%)。单一或复合固化驱水剂添加量均为污泥湿重的 5 wt.%,固化污泥摊铺厚度 2～

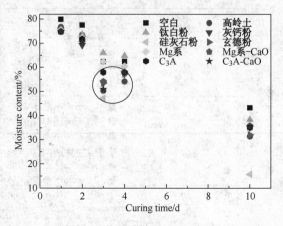

图 7-14   固化污泥含水率随时间的变化

3 cm,每天上午(10:00 am)和下午(15:00 pm)分别手动翻抛1次,每天记录污泥含水率、温度和湿度等参数,试验结果如图7-15所示。在翻抛晾晒养护条件下,C_3A-CaO的早期驱水效果最好,在翻抛养护1 d后固化污泥的含水率即可骤降至60 wt.%左右。分析原因如下:C_3A在CaO的碱性激发作用下快速水化,形成水化产物($3CaO \cdot Al_2O_3 \cdot Ca(OH)_2 \cdot nH_2O$),消耗了污泥中的部分水分;同时,$C_3A$-CaO在水化反应过程中亦会释放大量的热量,这也提高了污泥内部水分的蒸发速度,加快了水分的减少。此外,其他固化污泥的含水率也均在养护2 d后下降至60 wt.%以下。

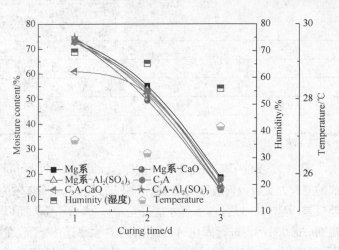

图7-15　翻抛条件下固化污泥脱水效果随时间的变化

由上述分析可知,与自然晾晒养护相比,翻抛养护可以在污泥的固化驱水过程中起到促进作用,有效地加快固化污泥中自由水分的渗出和蒸发,从而为污泥的脱水和力学性能的提升均提供有利的条件。

二、铝基胶凝固化驱水剂的水热合成-低温焙烧工艺

铝基胶凝固化驱水剂(煅烧铝酸盐,calcined aluminium salts,AS)的水热合成-低温焙烧工艺流程如下:首先,将化学纯 $Al(OH)_3$ 和 $CaCO_3$ 置于950~1 000 ℃的SX2-10-12型马弗炉中高温煅烧2.5 h,煅烧结束后立刻取出于室温下骤冷,获得高活性 Al_2O_3 和CaO,并磨细过筛(孔径<80 μm);然后,将活性 Al_2O_3 和CaO以摩尔比7:12复配,并与蒸馏水按液固比1:1($mL \cdot g^{-1}$)均质混合后,于水热合成装置中沸煮1~2 h,冷却后于65 ℃烘箱烘至恒重,得到铝基水热合成产物;将该合成产物磨碎并与少量化学纯 CaF_2(水热合成产物的4 wt.%)混合均匀,继续于1 180 ℃~1 200 ℃煅烧2 h,加热结束后待其自然冷却至室温,所形成的熟料磨细过筛(孔径<80 μm)后备用。其中,CaF_2 作为矿化剂用于降低铝基胶凝固化驱水剂的烧制温度,提高其合成速度,水热合成工艺如图7-16所示。试样硬化成型后(表7-3)24 h脱模,于室温条件下自然养护,并测定3,7,14和28 d的抗压强度(UCS)。

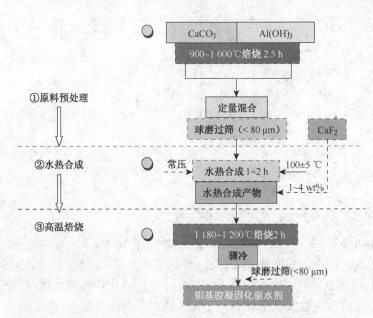

图7-16　铝基胶凝固化驱水剂水热合成-低温焙烧工艺

表 7-3 污泥固化试验方案

试样编号	投加比例(wt.%)	固化驱水剂	
		主成分	促凝剂
A_0	—	—	—
AS_0	5/100	AS	10% $CaSO_4$
ASC_1	5/100	AS-CaO (1:1)	4.08% $CaCl_2$+8.16% Na_2SO_4
ASC_2	5/100	AS-CaO (1:1)	5.22% $CaCl_2$+10.44% Na_2SO_4
ASC_3	5/100	AS-CaO (1:1)	5% $CaSO_4$
ASC_4	5/100	AS-CaO (1:1)	10% $CaSO_4$

A_0:空白对照组为原生污泥。

图 7-17 反映了不同固化污泥试样含水率随养护时间的变化趋势。由图可以看出,固化驱水剂的复配方式以及促凝剂的组成对固化试样的含水率有较为明显的影响。原生污泥(A_0)脱水性能极差,养护 20 d 后,含水率才能降至 50~60 wt.%。而以 AS 为主成分、10 wt.% $CaSO_4$ 为促凝剂(AS_0)对污泥进行固化时,污泥试样含水率迅速下降,在第 5 d 即可下降至 60% 左右,满足了 CJ/T 249—2007《城镇污水处理厂污泥处置 混合填埋泥质》对污泥含水率指标要求。相比而言,复掺 CaO 会明显削弱 AS 的驱水效率,如试样 ASC_1 和 ASC_2 的含水率降至 50~60 wt.% 所需的养护时间达 10~17 d,试样 ASC_3 和 ASC_4 所需的养护时间亦在 10~14 d 之间。

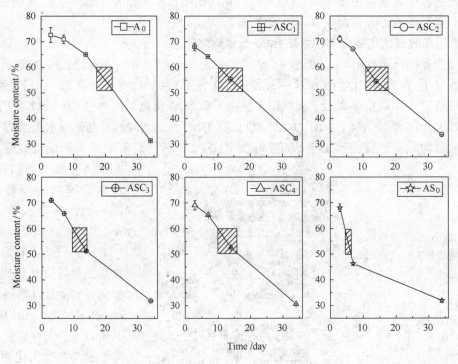

图 7-17 固化试样含水率随时间的变化关系

不同固化试样的 UCS 值如表 7-3 所示,与含水率变化趋势相似,以 AS 为主成分、10 wt.% $CaSO_4$ 为促凝剂时(AS_0),污泥固化试样强度最佳,经过 7 d 的固化/稳定化后,UCS 可达到 51.32 ± 2.9 kPa,满足污泥卫生填埋的强度要求(≤50 kPa)。固化体强度发展与 AS 水化作用密切相关,AS 具有优越的自硬性和反应活性,与水接触后会迅速发生水化,生成大量胶凝水化产物,将污泥颗粒包裹凝聚,形成致密坚硬的胶结固化体,促进强度的增加。而以

AS-CaO为固化驱水剂主成分的固化试样,经过相同养护时间后的 UCS 均低于 2.81 ± 0.06 kPa。由于 CaO 火山灰的反应活性较低,大量掺入会导致自由 CaO(f-CaO)含量过高,影响固化驱水剂的反应活性和早强性,降低污泥水分蒸发和消耗速率,导致其脱水和强度增加迟缓。

固化污泥强度除受驱水剂主成分影响外,亦会因促凝剂的种类不同而有所差异。$CaSO_4$ 和 $CaCl_2$-Na_2SO_4 促凝剂($CaCl_2 + Na_2SO_4 \rightarrow CaSO_4 + 2NaCl$))对强度发展的影响如表 7-4 所示,以 AS-CaO 为固化驱水主成分、5 wt.% $CaSO_4$ 为促凝剂时,试样 ASC_3 的 28 d UCS 约为 62.97 ± 0.99 kPa,而以当量 $CaSO_4$(4.08 wt.% $CaCl_2$+8.16 wt.% Na_2SO_4)为促凝剂时,试样 ASC_1 的 UCS 仅为 18.87 ± 4.82 kPa。试样 ASC_4 和 ASC_2 亦获得相似的试验结果:前者以 10 wt.% $CaSO_4$ 为促凝剂,28 d UCS 约为 51.95 ± 8.70 kPa;而后者以 5.22 wt.% $CaCl_2$+10.44 wt.% Na_2SO_4 为促凝剂,UCS 仅为 12.82 ± 1.06 kPa。上述分析揭示,$CaSO_4$ 和 $CaCl_2$-Na_2SO_4 促凝剂均能在一定程度上提高污泥抗压强度,而 $CaSO_4$ 增强效果更为明显。$CaSO_4$ 的掺入能够提高空隙溶液中 Ca^{2+} 浓度,促进含钙水化产物的结晶与沉淀(即 $CaAl_2Si_2O_8 \cdot 4H_2O$ 和 $CaCO_3$);而 $CaCl_2$-Na_2SO_4 促凝剂的使用在提高液相 Ca^{2+} 浓度的同时,亦会引入大量对水化反应极为不利的元素 Na^+ 和 Cl^-,破坏胶凝水化产物胶结界面,削弱强度发展。

表 7-4   不同固化样品的无侧限抗压强度

养护时间 /d	UCS/kPa					
	A_0	AS_0	ASC_1	ASC_2	ASC_3	ASC_4
3	0.24 ± 0.02	2.96 ± 0.13	0.62 ± 0.02	0.54 ± 0.06	2.31 ± 0.03	1.92 ± 0.18
7	0.67 ± 0.09	51.32 ± 2.9	0.89 ± 0.15	0.65 ± 0.07	2.81 ± 0.06	2.28 ± 0.25
14	2.14 ± 0.31	111.39 ± 7.4	4.09 ± 0.57	2.90 ± 0.85	15.52 ± 0.24	12.33 ± 0.58
28	7.14 ± 4.17	146.42 ± 12.73	18.87 ± 4.82	12.82 ± 1.06	62.97 ± 0.99	51.95 ± 8.70

铝基胶凝固化剂(AS)可以实现污泥快速驱水和固化/稳定化,已在上海老港污泥卫生填埋场进行了示范验证。在密闭的工作间内,将污泥(80 wt.%)与 5 wt.% 的 AS 进行机械混合搅拌,均质后由专用密闭运输车运至专设污泥养护区,经 5～7 d 自然养护后,固化污泥含水率即可降至 50 wt.% 左右,UCS 大于 50 kPa,满足卫生填埋指标要求。铝基胶凝固化剂(AS)固化驱水工艺的费用分配情况如表 7-5 所示。该工艺的总处理费用仅为 71 CNY · t^{-1}污泥(约 USD \$11),远低于干化焚烧(300～500 CNY · t^{-1}污泥)和厌氧消化等工艺。AS 固化技术不仅可以实现污泥的安全可控填埋,亦能大幅提高填埋堆体的边坡稳定性,避免滑坡等次生灾害的发生。此外,与波特拉水泥和焚烧炉渣等传统固化驱水剂相比,AS 还具有投加量少、增容小、硬化和凝结时间短等优点,环境和经济效应明显,具有广阔的推广和应用前景。

表 7-5   铝基胶凝固化剂(AS)固化驱水工艺费用分布

项目	费用(CNY · t^{-1}污泥)	项目	费用(CNY · t^{-1}污泥)
铝基胶凝固化剂(AS)	50	设备维修与折旧	11
工人工资福利	10	总计	71

第四节   铝酸钙-波特兰水泥复合型污泥固化驱水技术

本节旨在探究铝酸钙-波特兰水泥复合型污泥固化驱水技术的脱水效率及影响因素。脱水污泥(DS_s)为上海市某污水处理厂的压滤脱水污泥,水泥为 CEM Ⅱ 32.5 型波特兰水泥(PC)。采用 XRD 分析 PC 和 AS 的矿物组成,结果如图 7-18 所示,PC 的矿物相为 SiO_2,C_3S,C_3A 以及少量的 $CaSO_4 \cdot 2H_2O(C\bar{S}H_2)$;AS 主要由 $12CaO \cdot 7Al_2O_3$ 和少量的活性 CaO 组成。

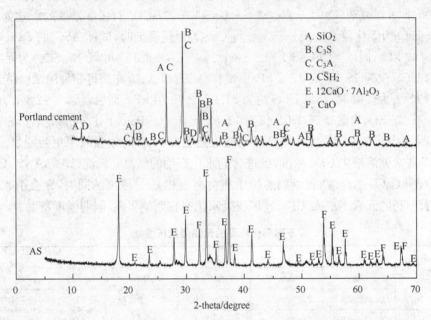

图 7-18　CEM Ⅱ 32.5 型 PC 和 AS 的 XRD 谱图

固化方案如表 7-6 所示,AS/PC 分别按质量比 0:10,2:8,3:7,4:6 和 5:5 混合复配,复合固化驱水剂投加量为污泥湿重的 10 wt.% 和 20 wt.%。

表 7-6　　　　　　　　　污泥固化/稳定化试验方案

AS/PC 复配比(m:m)	固化驱水剂投加量	
	10 wt.%	20 wt.%
0:10	$AC_{0/10-10}$	$AC_{0/10-20}$
2:8	$AC_{2/8-10}$	$AC_{2/8-20}$
3:7	$AC_{3/7-10}$	$AC_{3/7-20}$
4:6	$AC_{4/6-10}$	$AC_{4/6-20}$
5:5	$AC_{5/5-10}$	$AC_{5/5-20}$

一、固化污泥 UCS 的变化

AS 具有快凝、早强特性,与 PC 复掺作为污泥固化驱水剂可有效减小有机质的抑制作用,提高 PC 水化速率,改善污泥固化效果。固化污泥 UCS 变化趋势如图 7-19 所示,AS/PC 比对固化污泥 UCS 有明显的影响,AS 明显促进了固化污泥的强度发展,尤其是早期强度。以固化驱水剂添加量 10 wt.% 的固化试样为例(图 7-19(a));其最佳的 AS/PC 复掺比为 4:6,此时试样 $AC_{4/6-10}$ 的 28 d UCS 最大,约为 157.2 kPa;当 AS/PC=2:8,3:7 和 5:5 时,固化试样 $AC_{2/8-10}$,$AC_{3/7-10}$ 和 $AC_{3/7-10}$ 的 28 d UCS 分别为 62.3,92.8 和 108.8 kPa;而以纯 PC 为固化驱水剂(AS/PC=0:10)的试样 $AC_{0/10-10}$,其 28 d UCS 仅为 25.1 kPa,较 $AC_{4/6-10}$ 锐减 84.0%。

结果表明，AS 可以有效改善 PC 的固化/稳定化性能，加速 PC 中 Si、Al 等的溶解、转化和结晶，水化作用形成的凝胶体填充和包裹污泥颗粒，降低试样空隙度，增加其密实度，改善力学性能。根据德国等污泥卫生填埋标准要求，进场污泥 UCS 须大于 50 kPa，因此 AS/PC ≥ 2∶8 处理的固化污泥均可实现卫生填埋。

另外，固化剂投加量过高并非总有利于试样强度的发展（图 7-19（b））。当固化驱水剂投加量增至 20 wt.%时，在 AS 的促凝和激发作用下，试样 $AC_{4/6-20}$ 和 $AC_{5/5-20}$ 均获得了极为突出的早期强度，UCS 在第 7 d 即可达到最大，分别为 115.9 和 136.4 kPa。然而，随着固化/稳定化时间的延长，在养护后期固化试样 UCS 出现了严重的倒缩现象，$AC_{4/6-20}$ 和 $AC_{5/5-20}$ 的 UCS 分别削减至 28 d 的 79.3 和 74.9 kPa。尽管这一强度明显优于对照组 $AC_{0/10-20}$（43.9 kPa），但较 $AC_{3/7-20}$（98.4 kPa）而言，强度损失分别达到 24.1%和 31.4%。污泥卫生填埋的周期通常长达数月，UCS 的严重倒缩会导致机械施工的中断或延期，甚至因污泥填埋堆体无法承受自重而发生垮塌和滑坡等次生灾害。因此基于实际工程考虑，较佳的固化/稳定化条件为：AS/PC 比例 3∶7～5∶5；复合固化驱水剂的投加量 10 wt.%。

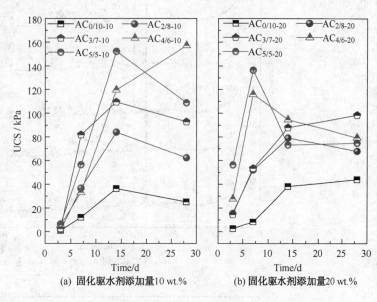

(a) 固化驱水剂添加量10 wt.%　　(b) 固化驱水剂添加量20 wt.%

图 7-19　固化污泥的无侧限抗压强度

二、射线粉末衍射分析（XRD）

为了揭示 AS/PC 配比对固化污泥强度和水化机制的影响，对含有不同 AS/PC 配比的固化试样进行 XRD 分析。图 7-20（a）反映了固化驱水剂投加量为 10 wt.%的固化试样的 XRD 分析结果，可以看出 AS 的存在明显改变了固化污泥的矿物组成。对于 $AC_{0/10-10}$ 而言，由于高含量有机质（37.1 wt.%）的强烈干扰效应，AFt 晶相无法正常形成，此时仅有少量 $CaCO_3$ 和 SiO_2 检出。相比而言，固化试样 $AC_{2/8-10}$ 和 $AC_{3/7-10}$ 中均出现大量晶体水化产物 AFt，其对污泥强度发展起主要的促进作用。而 $AC_{2/8-10}$ 和 $AC_{3/7-10}$ 也具有同 $AC_{0/10-10}$ 相似的有机质含量，分别为 39.0 和 40.7 wt.%。这一发现证明 AS 具有极强的助凝和抗干扰能力，可以有效削弱污泥有机质的毒害和抑制效应，通过胶凝反应加快 PC 的水化反应进程，促进 AFt 等晶体结构的快速凝结和沉淀。AFt 晶体填粘结充于污泥间隙，形成致密空间结构，因而显著改善污泥的强度性能。

$$C_3A + 3C\bar{S}H_2 + 26H \longrightarrow C_6A\bar{S}_3H_{32}$$

$$C_{12}A_7 + 3C\bar{S}H_2 + 53H \longrightarrow C_6A\bar{S}_3H_{32} + 3AH_3 + 3C_3AH_6$$

其中：$C=CaO$；$\bar{C}=CO_2$；$A=Al_2O_3$；$\bar{S}=SO_3$；$H=H_2O$。

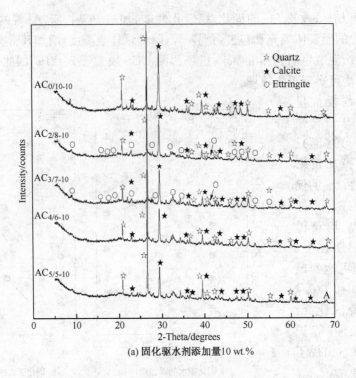

(a) 固化驱水剂添加量10 wt.%

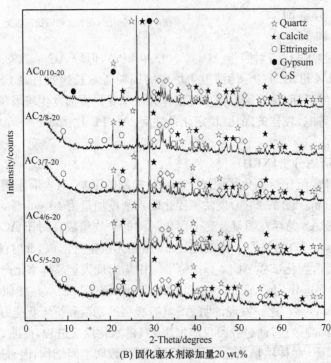

(B) 固化驱水剂添加量20 wt.%

图 7-20 水化 28 d 的固化污泥试样的 XRD 图谱

　　固化试样 $AC_{4/6-10}$ 和 $AC_{5/5-10}$ 均具有较佳的 28 d UCS,然而 XRD 分析并能未检测到 AFt 晶体的存在。如图 7-20(a)所示,$AC_{4/6-10}$ 和 $AC_{5/5-10}$ 中 $CaCO_3$ 的衍射峰明显强于 $AC_{2/8-10}$ 和 $AC_{3/7-10}$,证实了高 AS/PC 配比下 $CaCO_3$ 的结晶和积累。XRD 谱图中并未出现 AFm,

C_4AH_{13} 和 C_2AH_8 等含钙水化产物的衍射峰，可能与其含量少、结晶度低有关。

$$C_{12}A_7 + C_6A\bar{S}_3H_{32}(AFt) + 34H \longrightarrow 3C_4A\bar{S}H_{12}(AFm) + 1/2C_4AH_{13} + 2C_2AH_8 + 5/2AH_3$$

$$3C_6A\bar{S}_3H_{32}(AFt) + \bar{C} \longrightarrow 3C\bar{S}H_2 + 3C\bar{C} + A \cdot XH + (26-X)H$$

此外，由图 7-20 亦可看出，在相同 AS/PC 配比下，固化驱水剂的投加量（10 wt.% 和 20 wt.%）对固化污泥的矿物组成影响不大，XRD 谱图基本相似。唯一的不同之处在于投加量为 20 wt.% 时，养护期终结时固化试样中仍存在较强的 C_3S 衍射峰，与 PC 的失活或未正常水化有关。这可能由两方面原因所致：一方面，固化驱水剂投加量过大，固化初期污泥水分即被大幅消耗或蒸发，因而水化需水量明显不足，PC 正常结晶无法继续；另一方面，S/Al 摩尔比严重失调，AFt 晶相大幅转化，污泥干扰和毒害效应重新占据优势，有机质粘附包裹 PC 活性颗粒，导致颗粒表面钝化，水化受阻。因此，在 AFt 相大幅消耗和 PC 水化严重抑制的双重阻碍下，固化试样 $AC_{4/6-20}$ 和 $AC_{5/5-20}$ 的后期强度急剧削减。

三、热重分析（TG-DSC）

以固化驱水剂投加量 10 wt.% 为例，图 7-21 对比了含有不同 AS/PC 配比的固化试样的 DTG-DSC 曲线。如同 XRD 分析结果，热分析亦可以间接反映水化产物的组成及变化特征。如图所示，在 DTG 曲线上，120 ℃ 左右出现了微弱的失重峰，是污泥自由水和结合水的蒸发失重。当温度升至 160 ℃，试样 $AC_{3/7-10}$ 出现失重信号，而其他试样均未检出，证实了大量 AFt 晶体的存在，这与 XRD 分析结果十分吻合。250 ℃～350 ℃ 处的失重峰可能与污泥易挥发性有机物的热分解和低晶度 C—S—H 水化产物的失水有关。当温度继续攀升至 450 ℃ 左右时，除 $AC_{0/10-10}$ 外，其余固化试样均在此处出现微弱的失重，这是由少量 $Ca(OH)_2$ 的高温脱水所引起，$Ca(OH)_2$ 的存在与 AS 内部残留 f-CaO 的水化反应有关。此外，700 ℃ 为 $CaCO_3$ 的高温分解失重 CO_2，此外该失重信号还可能与污泥中残余难挥发性有机物和无机矿物的热分解有关，失重强度因 AS/PC 配比的不同而表现出明显差异。

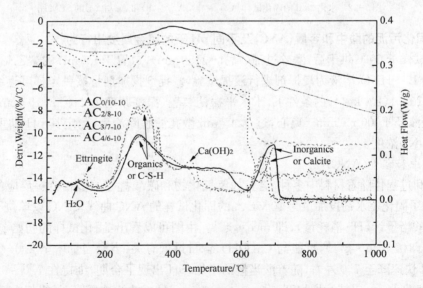

图 7-21　水化 28 d 的固化试样的 DTG-DSC 曲线

四、扫描电子显微镜分析（SEM）

为明确 AS/PC 掺混配比对固化污泥晶体沉淀和微观形貌的影响，进一步验证 XRD 和

TG-DSC 分析结果，分别选取养护 28 d 的固化试样 $AC_{0/10-10}$，$AC_{3/7-10}$ 和 $AC_{4/6-10}$ 进行 SEM 分析（图 7-22）。

图 7-22(a)为试样 $AC_{0/10-10}$ 的 SEM 图，无 AS 掺入时，仅有少量低晶度水化产物胶结于污泥颗粒外围，填充于污泥间隙，颗粒表面依旧凸凹不平，粗大颗粒清晰可见，印证了有机质对 PC 水化的强干扰和抑制效应。固化体内水化产物结晶度低，颗粒凝结力差，结构疏松，故而 $AC_{0/10-10}$ 力学性能极差。随着 AS/PC 掺混配比的增加，固化试样的微观形貌和晶体构型发生明显改变，如图 7-22(b)所示，AS 的加速了高晶度、棱镜状 AFt 玻璃晶体的形成和沉淀，这些水化产物均匀粘附于污泥颗粒周围，并彼此交叉抱箍形成致密的三维骨架结构，从而提高固化污泥的密实性，改善其早期强度，与 XRD 和 TG-DSC 分析结果一致。这是因为 AS 中的活性组分 $12CaO \cdot 7Al_2O$ 通过与 CSH_2 快速胶合形成 AFt 胶溶体，AFt 晶体覆盖于污泥颗粒表面，减小甚至抵消有害有机物的干扰和阻碍效应，因而为 PC 的正常水化创造安全环境，而 PC 的水化又促进了更多的 AFt 相的结晶。大量 AFt 晶体填充于污泥间隙，并通过化学络合和物理包裹作用将污泥颗粒穿插禁锢，因此固化污泥孔隙变小，密实度大幅提高，抗压缩性能明显提高。

(a) $A_{0/10-10}$　　　　　(b) $A_{3/7-10}$　　　　　(c) $A_{4/6-10}$

图 7-22　水化 28 d 的固化试样 $A_{0/10-10}$(a)、$A_{3/7-10}$(b)和 $A_{4/6-10}$(c)的 SEM 图

五、固化污泥的酸中和容量(ANC)及不同 pH 下的重金属浸出行为

固化试样于 60 ℃烘干后，磨碎过筛（筛孔<150 μm），放置于 50 mL 的聚乙烯塑料瓶中，以 2 mol·L^{-1} HNO_3 溶液为浸提剂进行浸提试验，浸提剂投加剂量按一定梯度逐级递增。在液固比为 10∶1(L·kg^{-1})的条件下，于水平振荡装置（振荡频率为 110 ± 10 rpm）连续浸提 24 h，浸提液经 4 000 r·min^{-1} 离心，过 0.45 μm 微孔滤膜除渣后，测定其 pH 和重金属(Pb，Cr，Cd 和 Ni)浓度。

1. 酸中和容量(ANC)

酸中和过程伴随着材料中多种矿物，如氢氧化物和碳酸盐等的多相溶解反应的发生。图 7-23 显示了固化驱水剂投加量为 10 wt.％的固化试样的 ANC 曲线，ANC 以单位干固体消耗的 HNO_3 酸当量计(H^+ 消耗量)，即 meq·g^{-1}。由图可以看出：固化试样的初始 pH 均较低，约 7.8～8.8(0 meq·g^{-1})，可能与 $Ca(OH)_2$ 含量过低有关；当酸当量增至 2.0～3.0 meq·g^{-1} 时，pH 快速降至 7.0 左右，随着酸当量的增加，pH 出现平台期，维持在 7.0～6.0 之间；当酸当量由 5.0 meq g^{-1} 持续增加至 6.5 meq·g^{-1} 时，pH 发生再次骤降，最终仅在 3.5 左右。

通过对比参考 pH 下的 ANC，可以评价不同固化污泥的酸中和能力。本研究选取 pH 7(ANC_{pH7})和 4(ANC_{pH4})作为参考 pH。由图 7-23 可知，总体而言，AS/PC 配比对 ANC_{pH7} 和 ANC_{pH4} 影响较小。ANC_{pH7} 随着 AS/PC 配比的增加出现轻微降低，AS/PC 配比从 0∶10 升至

$2:8$，$3:7$，$4:6$ 和 $5:5$ 时，ANC_{pH7} 由起初的 3.2 meq·g^{-1}（$AC_{0/10-10}$）分别减小至 2.7（$AC_{2/8-10}$）、2.6（$AC_{3/7-10}$）、2.2（$AC_{4/6-10}$）和 2.1 meq·g^{-1}（$AC_{5/5-10}$）；相比而言，ANC_{pH4} 变化更加微小，基本维持在 $6.1\sim6.3$ meq·g^{-1} 之间。表明 AS 的掺入对固化污泥 ANC 影响甚小，含有不同 AS/PC 复掺比的固化试样均具有较好的抗强酸侵蚀能力。ANC 的获得可能与固化试样中 $CaCO_3$、低 Ca/Si 比的 C—S—H 以及 SiO_2 凝胶的溶解与中和作用有关。

2. 不同 pH 下的重金属浸出行为

不同 pH 下固化污泥重金属浸出毒性如图 7-24 所示，可以看出，重金属浸出毒

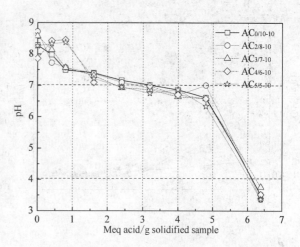

图 7-23　水化 28 d 的固化试样（10 wt. %）的 ANC 曲线

性受 pH 和 AS/PC 比影响显著。在 pH 值为 $3\sim6$ 时，重金属 Pb，Cd，Ni 和 Cr 的浸出浓度随 pH 的增加，呈显著降低的趋势；当 pH 值大于 6.5 时，重金属浸出浓度基本维持不变。另外，AS/PC 配比的升高也一定程度上加速了重金属的溶出：如在 pH$=3.5$，AS/PC$=2:10$ 时，试样 $A_{2/8-10}$ 的重金属 Pb 和 Cd 浸出浓度明显增加，约为对照组 $A_{0/10-10}$ 的 $300\sim400\%$；而重金属 Ni 和 Cr 的溶出亦呈上升趋势，分别从起初的 0.3 mg·L^{-1} 和 0.04 mg·L^{-1} 升高到 1.8 mg·L^{-1} 和 0.16 mg·L^{-1}。溶解度的增加可能与 AS 和重金属对 PC 中活性组分的竞争反应有关，AS 与 PC 活性组分的快速水化沉淀阻碍了重金属离子对 PC 水化产物中 Ca、Al 等母离子的同晶置换，故而绑定和禁锢约束力下降，重金属稳定性能变差（图 7-24(a)）。尽管 AS 的掺入轻微降低了重金属的稳定性，但重金属的浸出浓度均明显低于 GB 5085.3—2007《危险废物鉴别标准 浸出毒性鉴别》规定的阈值（Pb：5 mg·L^{-1}；Cr：15 mg·L^{-1}；Cd：1 mg·L^{-1}；Ni：5 mg·L^{-1}）。

重金属的溶出-固定过程极为复杂，XRD 分析（图 7-25）证实重金属 Cr 与固化剂中活性组发生了共沉淀反应，并最终以 $Fe_2(CrO_4)_3(H_2O)_3$ 和 $Al_{13}(OH)_{11}(CrO_4)_4\cdot36H_2O$ 的形式沉淀。同时，XRD 分析亦显示，少量 Cr 也可以通过同晶置换作用被嵌套胶固于水化产物 $Ca_6Al_2Cr_3O_{18}\cdot32H_2O$ 和 $Ca_4Al_2CrO_{10}\cdot12H_2O$ 等内部，这也为 Cr 的毒性控制提供有利条件。Cd 也有相似的固定机制，然而 XRD 分析未检出含 Cd 结晶相的存在，可能与其较低的结晶度有关。

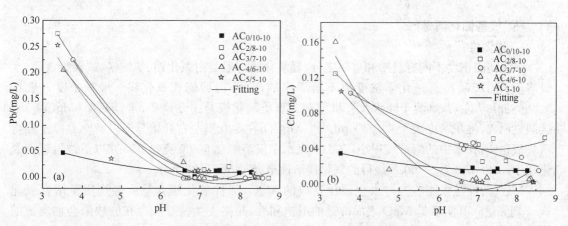

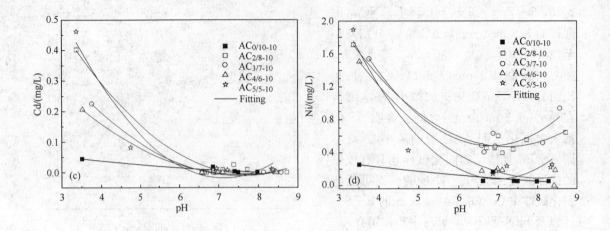

图 7-24　不同 pH 下重金属 Pb(a)，Cr(b)，Cd(c)和 Ni(d)的浸出浓度

由上述分析可以看出，尽管固化污泥的重金属浸出毒性随 pH(8.8～3.5)的降低而明显增加，但浸出毒性均远低于 GB 5085.3—2007《危险废物鉴别标准 浸出毒性鉴别》规定的阈值。而一般情况下，固化污泥卫生填埋场内部的 pH 均较高，不会产生强酸环境，不易导致重金属的过量溶解和浸出，因此 AS-PC 固化污泥可以进行卫生填埋安全处置。

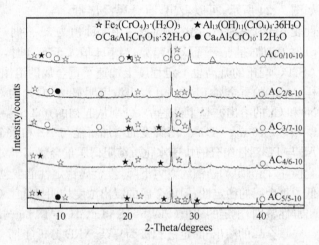

图 7-25　固化污泥重金属的 XRD 谱图($2\theta = 5.2° \sim 46.8°$)

第五节　镁基固化调理及压滤深度脱水技术

一、镁基固化调理剂

1. 氧化镁

氧化镁因密度不同有轻质和重质之分，轻氧化镁一般是由氯化镁、硫酸镁、或碳酸氢镁，变成溶于水的产品再通过化学法变成不溶于水的产品，再煅烧成氧化镁。堆积密度一般在 0.2 g·mL^{-1}左右，难溶于纯水及有机溶剂。重质氧化镁是由菱镁矿、水镁石矿($MgCO_3$)直接煅烧而成，堆积密度大于 0.5 g·mL^{-1}。$MgCO_3$ 在 500 ℃左右开始分解，1 000 ℃以上烧得重烧氧化镁，在水中的溶解度很小，在 100 克水中仅溶解 0.000 6 克；1 000 ℃以下烧得轻烧氧化镁中，又以 700 ℃～800 ℃烧得的氧化镁活性最高，如图 7-26 所示。

MgO 活性是指能够参与水化硬化反应的 MgO，活性氧化镁含量＝轻烧镁－惰性氧化镁－烧失量。其实质是 MgO 表面价键的不饱和性，晶格发生畸变和存在的缺陷会加剧键的不饱和性，活性的差异主要来源于 MgO 晶粒的大小及结构的不完整。结构疏松、晶格畸变、

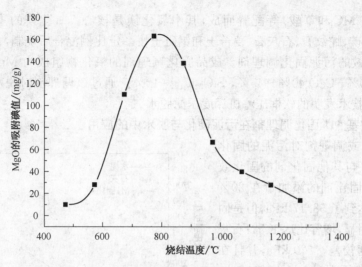

图 7-26　不同煅烧温度下的 MgO 活性

缺陷较多,易于进行物理化学反应,则 MgO 活性较高;相反,结构紧密、晶格完整、缺陷很少,则活性较低。本技术用重质轻烧氧化镁产自辽宁某地,化学成分见表 7-7。

表 7-7　　　　　　　　　重质轻烧氧化镁的化学成分

名称	MgO	活性MgO	CaO	盐酸不溶物<Si_2O_3>	Fe_2O_3	灼失量	细度(过 100 目)
比例	78.69%	58.7%	2.18%	9.63%	0.53%	8.68%	≤0.5%

2. 氯化镁

氯化镁($MgCl_2 \cdot 6H_2O$)又称水氯镁石,白色易潮解的单斜晶体工业品。有苦咸味,相对密度 1.569 g·cm^{-3},熔点 116 ℃～118 ℃,易潮解,溶于水和乙醇,加热则同时失水和氯化氢而成氧化镁。常用于制金属镁、消毒剂、灭火剂、冷冻盐水、陶瓷等。用于镁水泥的氯化镁有两种形态,即卤片、卤块,氯化镁($MgCl_2$)含量在 45% 左右。本技术所用氯化镁产自青海,化学成分见表 7-8。

表 7-8　　　　　　　　　卤晶的化学成分

名称	$MgCl_2$	NaCl	KCl	$CaCl_2$	SO_4^{2-}
比例	≥45%	≤0.50	≤0.9%	≤0.45%	≤2.2%

3. 外加改性剂

可选择磷酸、SiO_2、Al_2O_3、$NaAlO_2$、$FeSO_4$ 用作氯氧镁水泥的抗水剂。选择 FDN、CMC 和草酸作为氯氧镁水泥的减水防水剂。选用 FDN 高效减水剂,该减水剂呈粉状,属于萘系减水剂,具有良好的分散作用,早强、减水效果显著。常用掺量为 0.5%～0.7%,减水率 15%～25%,制品的长期强度也有增长。甲基纤维素(CMC)离子型线性高分子物质,一般用作建筑材料中的促凝剂、保水剂、分散剂和粘结剂。添加 CMC 用来提高制品的致密性和抗水性。陶瓷成型中添加 CMC,生产出的制品外观好,无龟裂、疵点或气泡。

二、氧化镁基 M1 固化调理剂

氧化镁基 M1 固化调理剂是由氧化镁基质(一种由轻烧氧化镁(MgO)、氯化镁($MgCl_2$)、水(H_2O)按照一定比例形成的气硬性胶凝材料)和改性剂(磷酸,SiO_2,Al_2O_3,$NaAlO_2$,

FeSO$_4$，FDN，CMC 和草酸)等配置而成，其中氧化镁是核心。氧化镁的重要成分是轻质 MgO，可由菱镁矿、蛇纹石、石灰石、菱苦土和铝矾土按一定比例混合后烧制，再添加改性剂配置，从而生产高效的污泥固化调理剂。成品固化调理剂的氧化物组成为 MgO 10%～15%，Al$_2$O$_3$ 15%～20%，CaO 40%～45%，SiO$_2$ 5%～10%。通过该调理剂对脱水污泥进行调理固化，再采用本技术发明的软框压滤机深度压滤脱水。

三、氧化镁基 M1 固化调理剂在污泥硬化与脱水中的应用

M1 固化剂或调理剂对污泥的固化效果见图 7-27（与其他固化剂的固化效果对比）。水泥固化剂的添加量在 20% 时的抗压强度达到了 58.17 kPa，但是固化后体积增加明显，增容比达 1.52；石灰固化的污泥强度较差，<20 kPa，并且在添加量较大时使污泥的 pH 值偏碱性，污泥的恶臭气味增加；M1 固化剂的固化效果较好，添加量为 5% 时的抗压强度就达到了 52 kPa，并且不增加污泥的填埋体积，对污泥 pH 值的影响也较小。

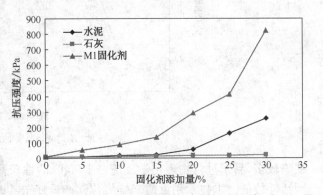

图 7-27 不同固化剂对化学污泥固化的固化效果

图 7-28 污泥＋M1 固化剂的 SEM 图

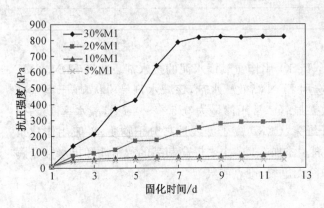

图 7-29 污泥＋M1 固化剂的固化时间

在污泥固化过程中，M1 固化剂与化学污泥中 Al，Ca，Fe，Mg 等离子发生胶凝反应后形成晶体，晶体形态主要为针状，长柱状，并且彼此相互交叉连结成网状结构（图 7-28），缩短了固化时间，对于含水率在 80% 以下的污泥，固化剂添加量为 5% 时，固化时间小于 2 d，可满足污泥填埋要求，当固化剂添加增至 30% 时，固化污泥甚至能达到免烧砖的抗压强度，不同固化剂添加量的固化强度见图 7-29。

四、污泥调理固化压滤深度脱水技术

本技术通过 M1 固化剂对污泥进行调理,并采用污泥压滤出水调整污泥含水率至 85％后泵送到特制的耐压弹性板框压滤机,就使污泥含水率从 80％下降到 40％～45％以下。40 吨脱水污泥(含水率 80％,下同)调理后的污泥从开始泵送至泥饼解脱,仅需 100～120 分钟。压滤后的泥饼坚硬,可直接填埋或焚烧。使用的固化剂可使污泥中的细胞水释放,从而有利于压滤。其次,采用的耐压弹性板框压滤机,其板框内设弹性介质,在承受压力时可收缩,可快速使泥饼充分压榨脱水。

1. 污泥调理固化压滤工艺

污泥调理固化压滤处理工艺见图 7-30。污泥固化处理的核心是通过工程设施和手段,将污泥和固化剂快速有效地混合均匀,混合物泵入弹性板框压滤机,经压滤深度脱水,使出料污泥达到改性要求。本设计包括污泥进料系统、污泥调理系统、弹性板框压滤系统。

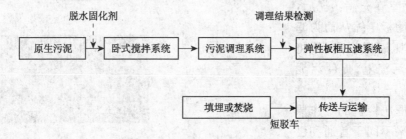

图 7-30　污泥调理固化压滤脱水工艺

(1) 污泥进料系统。污泥进料系统包括污泥储仓、匀料设备、皮带传输机等。污泥储仓待液压门控制卸泥流量,底部设匀料搅拌机保证处理均匀顺畅,污泥由皮带机送入搅拌系统。

(2) 污泥调理系统。污泥调理系统的作用是将固化剂与污泥进行加水搅拌调理,目的一是加水调理至含水率到 85％(用压滤出水回流使用)并均质化,以便泵送;二是为了保证后续压滤效果,需搅拌反应 15 min,确保固化剂发挥调理效果。污泥调理系统包括调理搅拌主机、污泥螺杆泵、管道阀门、污泥备料仓等。经调理好的污泥泵入备料仓中储存,以备后续压滤系统的稳定运行。

(3) 耐压弹性板框压滤系统。弹性板框压滤系统包括污泥螺杆泵、管道阀门、弹性板框压滤机、皮带输送机等。备料仓中调理好的污泥泵送入耐压弹性板框压滤机中,经压滤脱水后,干化污泥落至皮带传输机上,装车运出填埋或焚烧处理。

(4) 压滤水输送系统。压滤水输送系统由集水槽、集水池、污水泵及管道阀门等组成。压滤机压滤出来的污水经压滤机下方的集水槽收集至集水池,部分泵送回流至调理搅拌机中,剩余部分排入排水管网或用槽罐车运往附近污水厂进行处理,有条件的情况下也可专门建设水处理设施。

(5) 辅助车间。包括休息室、管理室、控制室、脱臭设备室等。

2. 污泥调理压滤处理设备

匀料系统采用先进的无衬板强制式单卧轴搅拌主机 JS6000,不用更换衬板,搅拌机底部专设的排料口使清理工作更为方便、快捷。特制耐磨合金叶片使叶片寿命大为提高。加长的搅拌臂及优化分布的搅拌叶片,使物料搅拌更为充分、均匀。压滤系统核心设备采用WNYZ400 自动耐压弹性板框压滤机,本机综合了国内外不同种类污泥脱水机型的特点,具有

液压自动压紧、自动拉板、自动保压、自动集液、自动脱料、自动集料等功能。本机生产能力大,脱水效果好,泥饼含水率低。本机的液压站采用双电动拖动,运行安全可靠,操作维修方便,同时各道动作程序也均由操作电柜集中控制,可使整个脱水过程在全自动控制和远距离操作中进行。本机最大的创新及优势在于采用弹性板框结构,使得滤室在充满污泥后,液压增压使滤板压缩从而为滤室的进一步压缩提供空间,将液压传递到污泥上,促使污泥快速脱水(图 7-31)。

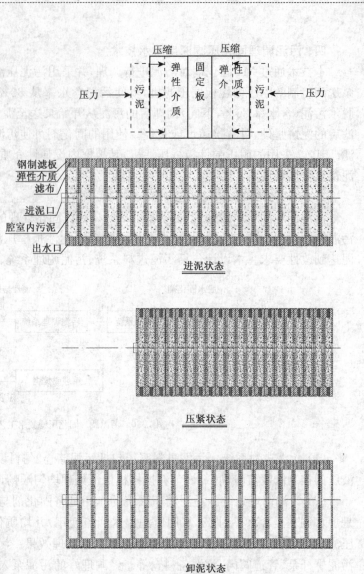

图 7-31 弹性板框工作原理示意图

弹性板框压榨机的工作原理和脱水效果不同于普通和已报道的压滤机。本机普通板框压滤机无法增压、脱水效果差等问题,也解决了隔膜板框压滤机需要向滤板中充入压力介质增压、能耗较大等技术问题。其优势在于:

(1)与普通板框压滤机相比。普通板框压滤机的滤板整体为无弹性硬板,压缩靠紧后无法增压,滤室的压力几乎完全靠污泥泵的压力提供,然而泵的压力有限(0.6 MPa 左右),无法提供足够大的压力,所以一般只能脱水至 80% 左右。而弹性板框压榨机工作时,依靠弹性介质的伸缩来压榨滤室中的污泥,压缩后可进一步增压至 5~7 MPa,大大提高了滤料的脱水效率,处理能力是传统板框压滤机的 3~5 倍。

(2)与隔膜板框压滤机相比。隔膜板框压滤机在滤室充满污泥后,通过往滤板中冲入压力介质(空气、水或油)增压,压缩滤室体积,提高压力。但需另增一套油压装置,能耗较大,且保压时间较长(4~8 h),导致生产效率低下。弹性板框压榨无需另外的油压设备,完全靠弹性介质收缩来压迫滤室中的污泥,从而降低了能耗,提高了生产效率(保压 30~50 min)。

(3)设备使用寿命长。压榨机板框中的弹性介质具有高压缩性,且经久耐用。可有效的避免高压对滤板材料的破坏。

第六节　污泥卫生填埋场设计优化与工程示范

卫生填埋具有建设周期短、投资省、管理方便、运行简单等特点,目前仍是我国污泥处理的最有效方法之一,如上海老港卫生填埋场目前承担了上海市 70％～80％污泥的安全处置任务。尽管卫生填埋并非最有效的污泥处置手段,但无论就应急或末端处置角度而言,卫生填埋均不可或缺。污泥卫生填埋是确保城市污水处理厂正常运行、城市市容环境和居民生活健康发展的重要保障之一。然而,迄今为止我国还没有专用的污泥卫生填埋场,填埋规范和标准亦是空白。污泥卫生填埋仍然处于工程实验阶段,许多工程问题还未得到解决,如污泥含水率高、渗透性低、流动性大、力学性能极差,施工难度较大,渗滤液和填埋气收集管道堵塞严重,收集效率低下。此外,由于填埋作业的不规范,填埋堆体滑坡等次生灾害和二次污染时有发生,污泥的卫生填埋对施工和操作工艺提出了更高要求和更严标准。因此,研发和优化卫生填埋施工工艺,构建污泥卫生填埋与施工过程规范集成技术体系是实现污泥卫生填埋安全处置的关键核心。

一、填埋气竖井收集系统

模型构建的假定条件:①填埋场面积足够大,其边界不会对抽气效果产生影响,井中气压都等于抽气压力,无穷远处填埋场内的相对压强为 ΔP(填埋场内部的相对压强),填埋场内部竖直方向不存在压力梯度;②填埋垃圾体内部产气速率达到稳定;③集气井定流量抽气,经过一段时间后抽气系统达到稳定状态,即抽气量与影响半径内的污泥产气量达到动态平衡;④抽气井周边的填埋气等流速分布,且在进入集气井时的径向流速达到最大值;⑤填埋气在堆体内的迁移速度随距抽气井中心距离的增加符合一级动力学衰减规律和 Darcy 定律;⑥填埋气以抽气井中心为坐标原点建立直角坐标系。填埋气竖井抽气系统如图 7-32 所示。

二、卫生填埋示范工程的设计与施工

1. 设计说明

在上海老港卫生填埋场 46#～47# 和 55# 单元构建的规模 20 000 m³ 的污泥生物反应器示范工程(图 7-33),以规范污泥固化和改性填埋过程的控制条件和设备配置,形成卫生填埋安全处置操作规范,为污泥卫生填埋与资源化再利用提供重要的工程技术参数。

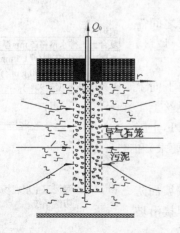

图 7-32　竖井抽气系统示意图

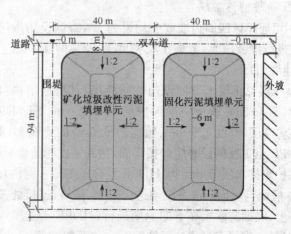

图 7-33　示范工程总平面布置图

（1）底层防渗系统

① 填埋库区场地以≥2%的坡度坡向垃圾坝，并用推土机和压实机对其进行推铺压实，形成压实密度≥93%的压实层（压实层可以为矿化垃圾或黏土层）。

② 压实层上方为人工复合防渗层（图7-34），其自下向上构成依次为：膜下防渗保护层（400 g·m⁻²针刺短丝土工布）、主防渗层（厚度1.5 mm、幅宽≥6.5 m的单糙面HDPE土工膜；HDPE土工膜应焊接牢固，达到强度和防渗漏要求）、膜上保护层（600 g·m⁻²针刺长丝土工布）、渗滤液导流层（粒径为16～32 mm、厚度300 mm的砾石层）、渗滤液防堵层（厚度为500 mm的矿化垃圾）以及反滤层（200 g·m⁻²机织长丝土工布）。

③ 防渗结构层中的砾石应按设计级配进行施工，并不得含有大的长、尖、硬物体，以免穿透保护层，损坏防渗膜。同时砾石中不能含有泥土等杂物。

④ 土工材料的施工遵照《聚乙烯（PE）土工膜防渗工程技术规范》（SL/T 231—1998）、《土工合成材料应用技术规范》（GB 50290—1998）执行。

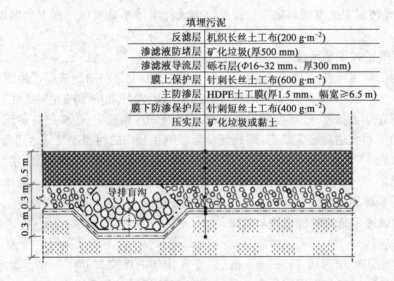

图7-34　污泥卫生填埋场底面防渗系统

（2）边坡防渗系统

① 填埋库区四周边坡坡度均设为1：2，铺设防渗层之间需对边坡进行推铺压实，形成压实密度≥93%的压实黏土（垃圾）层（构建底面）。

② 压实黏土层上方铺设边坡防渗层，其构造结构自下向上依次为（图7-35）：膜下防渗保护层（400 g·m⁻²针刺短丝土工布）、主防渗层（厚度1.5 mm、幅宽≥6.5 m的光面HDPE土工膜；HDPE土工膜铺设时应焊接牢固，达到强度和防渗漏要求）和膜上保护兼排水层（5 mm厚HDPE复合土工排水网格）。

③ 底面与坡面防渗系统须进行焊接、搭接，连接处按坡面防渗层在上，底面防渗层在下的原则进行；HDPE土工膜焊接沿坡面方向进行，焊接点必须位于坡脚1.5 m范围外（图7-36）。

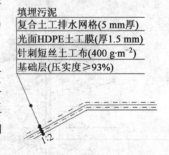

图7-35　污泥卫生填埋场坡面防渗系统

④ 填埋库区四周边沿 1.2 m 处设置边坡防渗锚固平台(推荐采用矩型槽覆土锚固法),锚固沟深、宽均为 0.8 m;坡面防渗层在锚固沟中固定并用黏土或矿化垃圾填铺、压实。

(3) 渗滤液收集系统

① 渗滤液收集及处理系统包括导流层、盲沟、渗滤液收集斜井、渗滤液提升泵、积液池、调节池、泵房、渗滤液处理设施等。

② 渗滤液导流层局部设有导排盲沟,盲沟内碎石粒径为 32~100 mm,并按上细下粗的原则进行铺设;导排盲沟中铺设 Φ225 mm 多孔 HDPE 渗滤液收

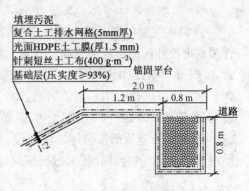

图 7-36 边坡防渗系统的锚固

集管,其表面轴向开孔间距为 150 mm,开空位置应交错分布;收集干管和支管采用斜三通连接;管道采用对插法连接;收集管道和盲沟碎石层表面采用反滤土工布(200 g · m⁻²机织土工布)包裹(图 7-37)。

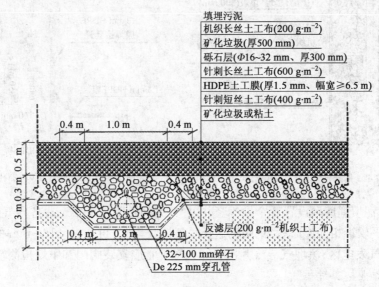

图 7-37 渗滤液导排盲沟

③ 渗滤液收集斜井(Φ600 mm 的 HDPE 实壁管,SN12.5)位于库区底面坡度较低的一端,斜井沿坡面铺设并与盲沟相通,渗滤液收集干管与斜井焊接连通;斜井底部安装渗滤液提升泵,渗滤液经提升泵由 Φ63 mm 加强弹性软管越过垃圾主坝进入积液池,提升泵用钢丝、尼龙绳沿斜井固定;渗滤液收集斜井上方设置玻璃钢密封盖用于填埋气的收集,井盖厚度为 38 mm,尺寸 1 500 mm × 1 000 mm(图 7-38)。渗滤液收集斜井上方设置玻璃钢密封盖,收集的填埋气体通过导排软管输送到总气体收集井,用于沼气发电。

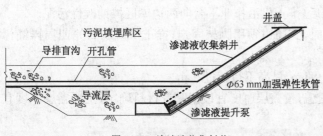

图 7-38 渗滤液收集斜井

（4）填埋气导排与收集系统设计

① 填埋气导气竖井采用穿孔导气管居中的石笼,导气管管底与渗滤液收集干管相连通,管顶露出改性污泥覆盖层表面 1.0 m。导气竖井由里到外依次为:$\Phi160$ mm 的 HDPE 穿孔花管、0.64 m 厚的级配碎石填埋气导排层($\Phi40\sim50$ mm 的碎石层、$\Phi25\sim30$ mm 的碎石层、$\Phi10\sim20$ mm 的碎石层)、钢丝格网、200 g·m^{-2}机织土工布、0.3 m 厚的矿化垃圾(或建筑垃圾)保护层和 200 g·m^{-2}机织土工布(图 7-39)。

② 导气石笼顶部按照封场覆盖设计结构依次铺设黏土层、光面 HDPE 防渗膜和覆盖土层;HDPE 土工膜与穿孔管通过挤压焊接方式搭接(图 7-40)。

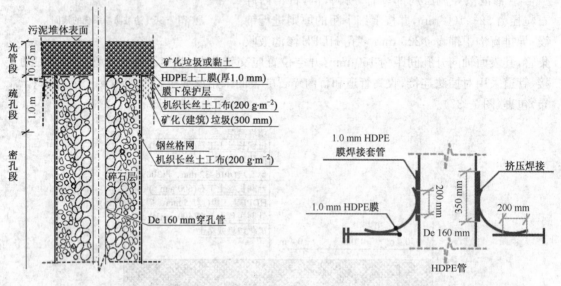

图 7-39　竖井抽气系统剖面图　　　　　图 7-40　HDPE 土工膜与穿孔管搭接详图

③ 每个污泥填埋库区设置 3 个导气竖井,导气井间距为 20~25 m;各导气竖井出气口由 $\Phi63$ mm 的水平软管相互连通后,集中输送至总气体收集井,再通过 $\Phi160$ mm 的 HDPE 集气干管送至填埋气发电区;填埋气导气井出口和集气干管应安装阀门和甲烷检测端口。

（5）填埋作业施工过程

① 填埋采用单元、分层作业,填埋单元作业工序应为卸车、分层摊铺、压实,达到规定高度后进行覆盖、再压实。

② 每层改性污泥摊铺厚度不宜超过 60 cm,且宜从作业单元的边坡底部到顶部摊铺,平面排水坡度应控制在 2%左右。

③ 卫生填埋开始时,应先沿填埋库区轴线筑一条供推土机摊铺污泥的作业平台,作业平台上须铺设防滑钢板路基箱;作业开始后,推土机沿作业平台向两边库区摊铺改性污泥。

④ 填埋气导气石笼周边摊铺污泥时,其周边须用脚架固定,推土机应从石笼四周摊铺污泥,直至填埋作业完成。

⑤ 每一单元污泥作业堆高宜为 3~4 m,最高不得超过 5 m。

⑥ 每一单元作业完成后,应进行覆盖,覆盖层厚度宜根据覆盖材料确定,土覆盖层厚度宜为 20~25 cm。

填埋场填埋作业达到设计标高后,应及时进行封场和生态环境恢复。

（6）封场覆盖系统设计

① 填埋场封场设计应考虑地表径流、排水防渗、填埋气收集与发电、植被类型、填埋场的稳定性以及土地利用等因素。

② 封场覆盖系统自下向上依次为：0.3 m 厚的黏土（或矿化垃圾）层（其中可设置水平导气沟）、200 g·m⁻² 机织土工布的膜下保护层、1.0 mm 厚 HDPE 土工膜、以及 0.75 m 厚的覆盖土层（图 7-41）。

图 7-41　填埋场封场覆盖系统

三、改性污泥卫生填埋工程示范与稳定化过程

实验室小试可按照研究者的实验设计，更好地控制试验条件，研究污泥降解过程中的各种定量关系。但污泥降解是一个缓慢和复杂的过程，影响因素很多，实验室模拟难以实现所有的现场实际条件，因此该示范工程的建设，不仅有利于进一步深入优化和验证试验参数，同时亦有利于深入了解大型填埋场降解规律。

1. 示范工程简介

固化/稳定化污泥卫生填埋中试为在上海老港卫生填埋场 46#～47# 单元和 55# 单元构建的规模 20 000 m³ 的改性污泥生物反应器装置，中试装置构造见图 7-42。该工程由两个相互独立的填埋单元 1# 和 2# 组成，其中 1# 库区为矿化垃圾改性污泥填埋单元（矿化垃圾/污泥比为 1∶1），2# 库区为固化污泥填埋单元（Mg 系固化剂添加量为污泥湿重的 10 wt.%），两填埋单元之间采用垃圾坝隔开，堤坝上口宽约 1 m。填埋单元平均深 6 m，底部坡度为 2%，边坡坡度为 1∶2，单元上口尺寸为 80 m × 40 m，底部尺寸为 56 m × 16 m。填埋单元底部和四壁铺设 HDPE 防渗膜，膜上下铺设土工布保护层，确保 HDPE 防渗膜在施工工程中不被扎破。

渗滤液导流层局部设有导排盲沟，盲沟内碎石粒径为 32～100 mm，并按上细下粗的原则进行铺设；导排盲沟中铺设 Φ225 mm 多孔 PVC 穿孔收集管，表面轴向开孔间距为 150 mm，开孔交错分布；收集干管和支管采用斜三通连接，管道采用对插法连接。渗滤液的收集导排采用渗滤液收集斜井（Φ600 mm HDPE 实壁管，SN12.5），收集斜井位于库区底面坡度较低的一端，沿坡面铺设并与盲沟相通，渗滤液收集干管与斜井焊接连通；斜井底部安装渗滤液提升泵，渗滤液经提升泵由 Φ63 mm 加强弹性软管越过垃圾主坝进入积液池，提升泵用钢丝、尼龙绳沿斜井固定。

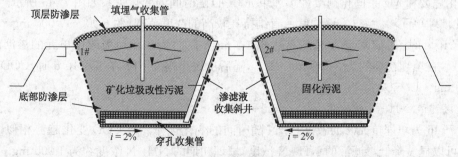

图 7-42　老港污泥中试装置示意图

2. 污泥 VS 的变化

VS 随时间的变化关系如图 7-43 所示。可以看出，稳定化初期 Mg 系固化剂改性污泥的

VS 明显高于矿化垃圾改性污泥,50～150 d 为秋冬季节,气温较低,改性污泥的降解缓慢,污泥 VS 分别维持在 23.5 wt.％和 28.5 wt.％。随着气温的回升,从 250 d 起两者的降解速率均明显上升,在 310 d 矿化垃圾改性污泥和固化污泥的 VS 分别降至 9.0 wt.％和 26.2 wt.％,Mg 系固化剂改性污泥的降解速率明显低于矿化垃圾改性污泥。Mg 系固化剂将污泥有机物包裹禁锢在水化晶体内部,因此污泥稳定化进程受到一定程度影响。

3. 渗滤液 pH 的变化

渗滤液 pH 随时间的变化如图 7-44 所示,填埋初期,Mg 系固化剂改性污泥的初试 pH 值约为 8.8,矿化垃圾改性污泥的 pH 值约为 8.0。随着稳定化时间的推移,固化填埋单元的 pH 经历小幅下降后,又呈现出轻微的上升趋势,在 310 d 时维持在约 8.4,相比而言,矿化填埋单元的 pH 波动较小,基本维持在 7.4～8.0 之间。产甲烷菌 pH 值的适应范围通过在 6.6～7.5 之间,矿化垃圾改性污泥可为污泥稳定化创造较好的 pH 环境;而以 Mg 系固化剂为改性剂时,改性污泥的初始 pH 值偏高,维持在 8.0～8.4 之间,但在酸化阶段,污泥 pH 值明显下降,在 200 d 后出现小幅上升,可能是由于有机氮化合物在氨化微生物的脱氨基作用下产生的氨对一部分酸产生了中和作用;另外,Mg 系固化剂在填埋场内部厌氧环境的长期作用下发生解脱,这可能也是导致 pH 反弹的主要原因。

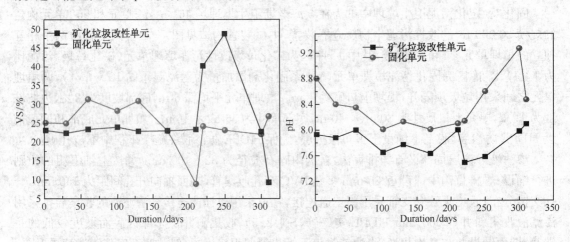

图 7-43   污泥 VS 随时间的变化   图 7-44   改性污泥渗沥液 pH 值随时间的变化

4. 渗滤液 COD 的变化

矿化垃圾和 Mg 系固化剂改性填埋单元 COD 随时间的变化关系如图 7-45 所示。由图可知,固化填埋单元渗沥液 COD 浓度一直维持在较高的浓度范围,约 6 000～7 000 mg·L^{-1},即使在第 310 d 时,其 COD 浓度依然高达 6 500 mg·L^{-1};而矿化垃圾改性单元的渗沥液 COD 浓度较低,在填埋初期约为 2 500 mg·L^{-1},随后出现小幅度下降,在第 310 d 时,COD 浓度降至 1 000 mg·L^{-1} 左右。

5. 渗滤液 NH$_3$-N 的变化

图 7-46 为填埋单元渗沥液 NH$_3$-N 随时间的变化规律。与 COD 变化趋势相似,矿化垃圾改性可以显著降低渗滤液的 NH$_3$-N 浓度,填埋初期的 NH$_3$-N 浓度约为 1 000 mg·L^{-1},随着填埋时间的延长并出现轻微下降,在第 310 d,NH$_3$-N 浓度降至约 583 mg·L^{-1}。相比而言,Mg 系固化剂改性填埋单元渗沥液 NH$_3$-N 的初始浓度高达 2 500 mg·L^{-1},从第 250 d 起,NH$_3$-N 浓度出现大幅升高,并第 310 d 达到最大,约为 4 024 mg·L^{-1}。

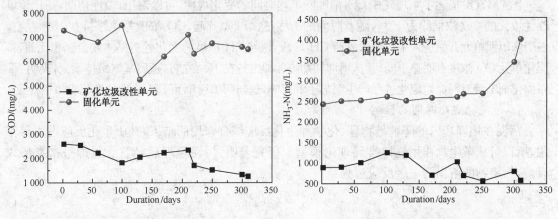

图 7-45　渗沥液 COD 随时间的变化　　　　图 7-46　渗沥液 NH_3-N 随时间的变化

6. 填埋气中 CH_4 和 CO_2 浓度的变化

填埋单元填埋气中 CH_4 和 CO_2 浓度随填埋时间的变化规律如图 7-47 所示。由图 7-47 (a)可知,矿化垃圾改性单元由于封场时间较晚(第 $70\sim 90$ d 左右封场),仅在第 100 d 检出低浓度 CH_4,约为 10%。填埋单元的长期开发式暴露导致大量空气进入填埋堆体,厌氧环境无法形成,产甲烷菌酶活性严重抑制,稳定化速率严重滞后。封场覆盖后,O_2 被快速消耗,填埋堆体逐渐步入厌氧状态,产甲烷菌便从起初的适应期进入了旺盛生长期,此时 CH_4 浓度随之升高。在第 170 d 左右,填埋气收集系统中 CH_4 浓度达到最大,约为 80%,此后维持在该水平。对于固化单元,填埋气中 CH_4 浓度在 25 d 内从封场初期的 5% 上升到了最大值的 $75\sim 80\%$,随后基本维持不变。这表明,尽管 Mg 系固化剂对污泥渗沥液的 pH 值有显著的不利影响,但填埋场作为一个较大的缓冲体可以有效地改善甲烷菌的生存环境,从而抵消 Mg 系固化剂的碱性效应对产甲烷菌活性的抑制和危害作用,这也是固化污泥始终保持较高 CH_4 产量的主要原因。

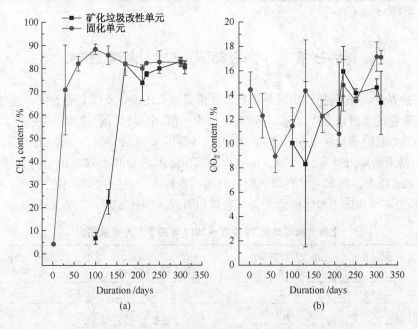

(a)　　　　　　　　　　(b)

图 7-47　填埋气组成随时间的变化

图 7-47(b)描述了填埋气中 CO_2 浓度随填埋时间的变化规律,可以看出,填埋初期,矿化垃圾改性单元的 CO_2 浓度约为 10%,随着时间的推移,从第 200 d 起,CO_2 浓度基本维持在 15% 左右,表明该填埋单元开始进入了污泥厌氧产 CH_4 阶段,这与 CH_4 浓度的变化趋势基本吻合。相比而言,固化单元 CO_2 浓度有明显不同,其从填埋初期浓度即维持在 15% 左右,随后基本维持不变,表明 Mg 系固化剂不会对污泥稳定化进程产生明显不利影响,这与两填埋单元 CH_4 浓度的变化规律相一致。

7. 污泥稳定化时间的预测

污泥在填埋场内的降解是物理、化学和生化反应综合作用的结果,其中生化反应占主导作用,所以可从微生物作用规律推导理论模型。研究表明:污泥填埋后,VS 含量即呈指数形式衰减,污染物的溶出为一级反应过程:

$$C_t = C_0 e^{-kt} \tag{7-1}$$

式中　C_t——模拟填埋场污染物浓度;

C_0——污染物初始浓度;

k——衰减系数;

t——模拟填埋场封场后的时间。

以土壤中 VS 含量上限 100 mg·g^{-1}(10 wt.%),作为污泥中 VS 降解的下限,根据实测数据,对测得的污泥 VS 含量与时间的关系进行了拟合,得到污泥 VS 与时间的定量化数学关系,并根据拟合关系式对 VS 含量达到 10 wt.% 所需时间进行了预测,如表 7-9 所示。利用拟合关系式可以预测任何时间填埋污泥的 VS 含量,指导污泥填埋实践。由表 7-9 可以看出,矿化垃圾改性污泥的稳定化时间约为 2.19 年,而固化污泥填埋单元的较长,约为 3.39 年。

表 7-9　　　　　　　　　　　改性污泥稳定化时间预测

污泥种类	拟合公式	相关系数 R^2	时间范围/d	衰减系数	<100 mg·g^{-1}
矿化单元	$y=24.879\,1e^{-0.001\,2t}$	0.105 58	$310{\geqslant}t{\geqslant}2$	0.001 2	2.19 年
固化单元	$y=26.206e^{-0.000\,807t}$	0.222 3	$310{\geqslant}t{\geqslant}100$	0.000 807	3.39 年

注:y 表示 VS 含量(mg·g^{-1})。

第七节　污泥雨天卫生填埋技术

"雨天"的界定:这里所指的雨天是指日累计雨量在 0.1 mm 及以上的天气。此外,根据水文部门对于降雨量的等级划分规定可知:降雨可分为小雨、中雨、大雨、暴雨等,一般以日降雨量衡量。其中小雨指日降雨量在 10 mm 以下;中雨指日降雨量为 10~24.9 mm;大雨指降雨量为 25~49.9 mm;暴雨指降雨量为 50~99.9 mm;大暴雨指降雨量为 100~250 mm;特大暴雨则是指降雨量在 250 mm 以上。根据上海海洋气象台对南汇地区 2010 年~2012 年的雨情实况的记录数据,统计分析近三年内南汇地区的雨天天气数量和雨量,结果如表 7-10、表 7-11 和表 7-12 所示。

表 7-10　　　　　　　上海市南汇地区 2010 年~2012 年的最大降雨量情况

年份	最大日降雨量/mm	8:00—20:00(白天)最大降雨量/mm	20:00—8:00(夜间)最大降雨量/mm
2010	91.2	64.1	55.8
2011	108.9	44.2	70.9

续表

年份	最大日降雨量 /mm	8:00—20:00(白天) 最大降雨量/mm	20:00—8:00(夜间) 最大降雨量/mm
2012	108.5	84.3	48.8
平均值	102.87	64.20	58.50

由表 7-10 可知,南汇地区近三年内的最大日降雨量为 108.9 mm,白天的最大降雨量为 84.3 mm,夜间最大降雨量为 70.9 mm。

表 7-11　　　　　　　上海市南汇地区 2010—2012 年的雨天天数统计情况

年份	降雨 总天数	小雨天数/d 0.1～9.9 mm/d	中雨天数/d 10～24.9 mm/d	大雨天数/d 25～49.9 mm/d	暴雨天数/d 50～99.9 mm/d	大暴雨天数/d 100～250 mm/d
2010	130	95	21	9	5	0
2011	118	92	19	6	0	1
2012	134	102	23	8	0	1
平均值	127.33	96.33	21.00	7.67	1.67	0.67

由表 7-11 可知,南汇地区近三年内年总降雨天数最大为 134 天,年总小雨天数最大为 102 天,年总中雨天数最大为 23 天,年总大雨天数最大为 9 天,年总暴雨天数最大为 5 天,年总大暴雨天数最大为 1 天。

表 7-12　　　　　　上海市南汇地区 2010—2012 年的最大连续降雨天数统计情况

年份	最大连续 降雨天数	最大连续 降雨天数频次/年	最大连续 中雨以上天数	最大连续 中雨以上频次	最大连续 降雨量/mm
2010	7	2	2	6	167.2
2011	11	1	3	2	257.8
2012	8	1	3	1	111.9

由表 7-12 所示,南汇地区近三年内年最大连续降雨天数为 11 天,其中,最大连续中雨以上天数为 3 天。

一、污泥雨天卫生填埋关键技术

填埋场接收污泥为压滤后的污泥泥饼,填埋采取分区分单元的作业方式,污泥泥饼含水率不高,但抗压、抗剪能力不强,并且接触雨污水后会被还原成流态状,不能单独填埋。因此,在满足污泥进场标准以后,污泥填埋的关键技术在于防止污泥吸水解决雨污分流、污泥堆体排水和污泥雨天填埋问题。

污泥填埋是满足过渡阶段上海市城市安全运行的需要。污泥进场标准如下:

(1) 需经过预处理,使污泥含水率不超过 60%(填埋场污染控制标准);

(2) 无侧限抗压强度:$\geqslant 50$ kN·m^{-2};

(3) 十字板抗剪强度:$\geqslant 25$ kN·m^{-2};

(4) 渗透系数:$10^{-6}\sim 10^{-5}$ cm·s^{-1};

(5) 臭度:<三级(六级臭度强度法);

(6) 蝇密度:<10 只/笼/天;

(7) 强度:履带式机械可行走。

　　污泥推铺作业采用斜面作业法,分层均匀摊铺,即由推土机将倒卸的污泥向纵深方向推进,并形成一定的斜坡。每层摊铺的污泥层厚度为 0.4～0.6 m,推土机行进坡度为 1：5～1：6 之间,推土机的推铺距离控制在 50 m 以内。用推土机代替压实机执行压实作业,在推平的污泥堆体上来回反复碾压,碾压履带轨迹重叠率 75%。做好前期准备工作以后,采用一台挖掘机进行摊铺,每层污泥摊铺厚度不超过 60 cm,经过 4～5 层摊铺后,达到层高 2 m 的作业高度,平面排水坡度控制在 2% 左右。覆盖是填埋作业过程中不可缺少的环节,覆盖措施不到位,会很大程度上影响填埋效果及周围环境。所以,污泥经填埋压实后,为防止臭气散发、控制蚊蝇孳生、做好雨污水分流,应及时对作业面进行覆盖。覆盖作业包括日覆盖、中间覆盖和终场覆盖。

　　填埋场雨污分流尤为重要,如果雨污分流做得不好,将增加调节池的容积和渗滤液产生量。雨水导排系统主要由围隔堤道路明沟及填埋作业导排系统组成。雨水明沟设置于填埋场围隔堤道路内侧。明沟内雨水最终汇入填埋场四周雨水排放系统。原则:雨水采用重力流与压力流相结合的方式排出。高水高排,高程在 6 m 以上范围内的雨水采用重力流排出。低水抽排,高程在 6 m 以下范围内的雨水采用泵提升后排出。污泥填埋过程中,雨水进入堆体渗透难,但排出也难。所以在作业过程中,必须使用文丘里排水。文丘里管是一种高真空发生管道。其主要结构件如图 7-48 所示,主要由工作流体入口(A 端)、减缩管、喷嘴、真空气室、混合室、吸入流体入口(B 端)、喉管、渐扩管和混合流体出口(C 端)等部件组成。

　　工作流体由 A 端进入文丘里管,经减缩管道由喷嘴高速喷出,射入混合室中心,形成低压效果,在真空气室内产生高真空,通过吸入流体入口作用于外界目标。文丘里排水机主要由电动机、离心水泵、文丘里管和溢流水箱组成,离心泵提供工作动力,使水箱内的水以特定的流量和压力通过文丘里管,地下水被抽上后连同工作水一同进入溢流水箱再次循环,当水箱内的水位超过溢流口后,即通过溢流孔排出。污泥渗滤液收排系统由导流层、收集沟、多孔收集管、排水总管和文丘里排水机组成,如图 7-49 所示。

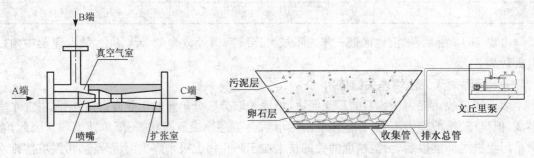

图 7-48　文丘里管结构示意图　　　　　图 7-49　污泥贮坑内排水系统示意图

　　(1) 导流层:为了防止渗滤液在坑底积蓄,坑底应具有一定坡度,轮廓边界必须能使重力水流始终流向坑前的最低点。如果设计不合理,出现低洼反坡、坑底下沉或施工质量得不到有效控制和保证等现象,渗滤液将一直滞留在水平衬垫层的低洼处,并逐渐渗出,对周围环境产生影响。导流层的目的就是将全部的渗滤液顺利地导入收集层内的渗滤液收集管内(包括主管和支管)。渗滤液在垂直方向上进入导流层的最小底面坡降应不小于 2%,以利于渗滤液的排放和防止在水平衬垫层上的积蓄。导流层铺设厚度不小于 300 mm,由粒径 40～60 mm 的卵石铺设而成。

　　(2) 多孔收集管:按照铺设位置分为主管和支管,铺设于 HDPE 防渗膜上,其直径不小于

100 mm,最小坡度不小于2%。采用高密度聚乙烯(HDPE),预先制孔,孔径为15 mm,孔距100 mm,开孔率2%左右,为了使污泥堆体内的渗滤液水头尽可能低,管道安装时要使开孔的管道部分朝下,但孔口不能靠近起拱线,否则会降低管身的纵向刚度和强度。典型的渗滤液多孔收集管断面见图7-50。

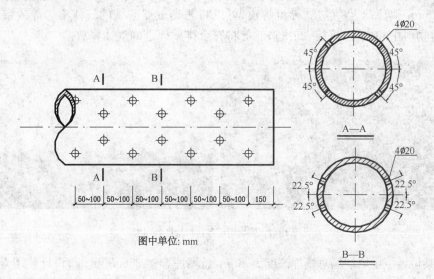

图中单位:mm

图 7-50　渗滤液多孔收集管

(3) 排水总管:排水总管是将各收集管与文丘里排水机相连通的管道。为便于搬移,采用内径为50 mm的钢丝软管,其与各收集管的连接采用灵活的卡接接头形式,但应保证接头的密闭性,谨防漏气漏水。

(4) 文丘里排水机:由电动机、离心水泵、文丘里管和溢流水箱组成,其中为达到防腐要求,离心泵、文丘里管和溢流水箱均应采用耐腐蚀性材料制作。

对于底部没有设计排水通道的已填污泥贮坑,采取中间排水的策略,将外壁开孔(开孔率2%以上)的排水井水平置于污泥堆体中,总管露出堆体外,便于连接。

污泥渗滤液收排系统的建立与运行管理方式如下:①系统组装:首先将加工好的多孔收集管铺设于HDPE防渗膜上,而后铺设300~500 mm的卵石层,卵石层上铺设一层纱网,以防止污泥进入收集管道,堵塞管道。将文丘里排水机放至坡脚处,用排水总管连接各收集管与文丘里排水机。②系统运行:系统安装并检验完毕后,启动电源,开始排水。由于此方案中一次开机的运行时间较长,堆体内水分的时间规律性不显著,所以排水过程中应采用液位式自动控制开关来控制文丘里排水机的开关。③系统检查:排水过程中应组织人员定期巡视检查,主要检查文丘里排水机有无故障;检查各接头是否漏水漏气,如存在泄露,应及时检修;检查各管道是否破损,如有损坏,及时更换。④管道清洗:已填污泥贮坑内设置的排水管道由于开孔处包裹的土工格栅较为疏松,运行一段时间后,需将管道拔出清洗,疏通被杂质堵塞的孔眼后,重新包裹土工格栅。

二、污泥雨天空气膜填埋方案

环境工程膜结构是在污水处理厂、垃圾处理场、气体收集等环保工程中使用的膜结构建筑形式,具有美化环境、自洁与防腐、抗酸碱等特性。除此之外,相较于传统的标准厂房结构,膜结构跨度更大、造价更低、工期更短、并且便于密封及移动。目前,得益于膜材在耐腐蚀、轻质高强、造型多样和透光性性能等方面的长足进步,国内外膜结构成功运用在环境工程中的案例不胜枚举。例如北京某垃圾处理中心、中石化某固体废物处理厂、山西及内蒙等地的煤加工处理基地等。以下结合图片,简单介绍几个国内外的案例(图7-51)。

1999年美国明尼苏达州环保气膜来覆盖传统的露天垃圾填埋场。整个气膜长120 m,宽80 m,高25 m。增加了空气过滤导流管道,可以将恶臭重点区域的气体集中导入室外废气处理站,通过物料中和燃烧、沉淀、二次过滤等将符合排放标准的气体释放。

图7-51　美国明尼苏达州垃圾填埋场

北京某垃圾卫生填埋场总填埋高度为40 m,总填埋容量356.8万 m³,设计使用寿命14年,日处理量为700 t。使用的环保气膜项目200 m长,100 m宽,30 m高,总投影面积20 000 m²,采用尾气收集处理系统(图7-52)。

图7-52　北京安定垃圾卫生填埋场

某建工环境修复车间二组尺寸、功能完全相同的充气膜结构组成,平面投影为矩形,长130 m×宽50 m,最大高度为19 m,室内空间容积约为12 m,膜展开面积约22 000 m²,于2011年11月25日竣工投入使用(图7-53)。

图7-53　某建工环境修复车间

某污染土处理中心建筑平面投影为长方形,长125 m、宽60 m,膜顶部最大设计高度28 m,气膜内部容积约为170 000 m²,该气膜建筑设置两个车辆通道,两个应急通道和1个旋转门通道。为增强建筑物的整体稳定性,膜外敷斜向索网结构(图7-54)。

图7-54　某污染土处理中心

三、集装箱临时储存及不同预警天气下的应对措施

1. 降雨量对污泥填埋操作的影响

根据现场填埋操作经验,当表层30 cm左右处的污泥抗压强度小于要求时,便难以承受挖掘机等大型仪器进行填埋碾压操作,因此,实验室模拟了2个长50 cm,宽20 cm,深35 cm的泥块在连续降雨情况下,污泥30 cm处含水率的变化,并根据前期测量的污泥含水率与无侧限抗压强度的关系,推测30 cm处污泥的抗压强度。所得结果见表7-13和7-14所示。由表7-13可知,当污泥含水率超过65.7%时,其抗压强度便不满足填埋所需的≥50 kPa的要求。因此,当降雨使30 cm处污泥含水率超过65.7%时,便认为该天气情况下不能进行填埋操作。

表7-13　　　　　　　　　　不同含水率污泥的无侧限抗压强度

含水率	73.3%	70.9%	67.6%	65.7%	61.0%	56.4%	47.8%
抗压强度/kPa	8.3	31.7	49.9	50.0	83.4	166.5	333.4

表7-14　　　　　　　　不同连续降雨情况下,30 cm处污泥含水率的变化

模拟泥块	日降雨量/(mm/d)	降雨时间/d	30 cm处含水率
1#	10	1	60.31%
	10	2	63.96%
	10	3	68.06%
2#	20	1	66.13%

由表7-14可知,在小雨情况下,即日降雨量小于10 mm的情况下,连续降雨2天,30 cm处污泥含水率仍小于65.7%,即抗压强度仍能满足填埋所需要求,但连续降雨3天,则污泥含水率大于65.7%,即抗压强度无法满足填埋所需要求,不能进行填埋操作。而在日降雨量为

20 mm 及以上的中雨降雨情况下,30 cm 处的污泥含水率便超过了 65.7%,即不能进行填埋操作。

　　因此,污泥填埋在日降雨量小于 10 mm 的小雨天气下是能继续进行填埋操作的,而在 20 mm 及以上日降雨量的中雨天气下,则无法进行填埋操作。

　　2. 集装箱临时储存及不同雨天天气下的应对措施

　　根据实验室模拟结果可知,在小雨情况下,污泥可正常进行填埋,而在中雨天气下,则难以进行正常填埋。此外,根据污泥垃圾共处置示范工程可知,污泥垃圾在小到中雨的情况下均能正常填埋。据此,制定如下不同雨天天气下的应对措施,见表 7-15。

表 7-15　　　　　　　　　　不同雨天天气情况下的污泥填埋应对措施

天气情况	应对措施
小雨(日降雨量<10 mm)	正常填埋污泥
中雨(日降雨量 10～24.9 mm)	停止填埋,集装箱暂存,或垃圾污泥共处置
大雨、暴雨(日降雨量 25～99.9 mm)	停止填埋,集装箱暂存,或空气膜填埋方案
大暴雨、特大暴雨、台风等(日降雨量 100 mm 以上)	停止填埋,集装箱暂存污泥

　　对于"集装箱暂存污泥"的应对措施,需根据污泥日填埋量(即 1 000 t/d)与具体的最大年连续中雨以上天数(即 3 天),合理设计所需的最大暂存集装箱数量和所需的投资费用等。

　　每个集装箱的装载量为 15 t,则暂存一天的污泥量所需集装箱个数为 1 000/15＝67 个,暂存 2 天污泥量所需集装箱个数为 134 个,暂存三天污泥量所需的集装箱个数为 201 个。集装箱单价为 4 万元,因此,在考虑极端天气,即连续 3 天中雨以上降雨情况下,所需投入暂存方案所需的经费为 201×4＝804 万元。

　　因此,污泥集装箱暂存与雨天污泥空气膜填埋方案相比,在投资成本方面,暂存方案为 804 万元,而空气膜方案为 558 万元,空气膜价格较低,但从方案安全性方面考虑,污泥集装箱暂存方案可能较为稳妥。

习　　题

　　7-1　简述污泥脱水常用处理技术。

　　7-2　简要描述脱水污泥卫生填埋关键技术。

　　7-3　简述污泥固化稳定化技术。

第八章
含锌危险废物碱浸湿法冶金清洁工艺

目前,我国含锌、铅、钨、钼等碱溶性金属废物和尾矿的存量达 1 亿吨,并以 200 万吨每年的速度增长。由于废物和尾矿储存标准较低,基本上堆放在山沟和田野里,无防渗和安全设施,导致地下水严重污染;许多资源性城市周边堆存着大量碱溶性金属废物及尾矿,溃坝、塌方事故时有发生,造成了人员财产重大损失,土壤受到严重污染,对环境、生态、安全造成极大危害。本章根据锌、铅等碱溶性形态(如氧化物、碳酸盐、硫酸盐、磷酸盐)可在强碱性溶液中高效选择性溶解的特性,以开发的铅锌碱性浸出体系的硫化钠基分离剂为突破口,提出了碱溶性金属废物高效浸出-分离净化-富集(电沉积或结晶)的大宗碱溶金属废物与尾矿碱介质的提取技术。本章研究了碱溶性废物和尾矿碱浸的热力学、动力学,并优化工业参数,研发了机械活化转化浸出硫化锌、水解-熔融处理铁酸锌、挥发富集钼尾矿中的钼的技术,解决了废物中难溶物料的浸出难题,提高了浸取率;研制了铅锌碱性浸出体系的硫化钠基分离剂,实现了碱浸体系中铅、锌的相互分离净化;系统研究了铅锌在碱介质中电沉积的动力学,优化其工艺参数,研制出了锌粉或铅粉可自动脱落的镁合金阴极板并提出了铅锌分别选择性电沉积工艺,实现了铅锌的高值化回收;集成和优化了废物预处理、浸取、净化、过滤、电解、金属产品洗涤、真空干燥、电解贫液再生与循环使用等一系列关键技术,实现了大规模工业化应用,为大宗碱溶性金属废物及尾矿的无害化处理和资源化利用提供了完整的技术体系。

第一节　锌的碱浸工艺

金属锌粉是一种重要的工业原料,主要用于冶金、化工、制药、电池等行业,其中用量最大的是涂料行业。在冷镀锌行业,富锌涂料中的含锌量为该涂料总重量的 40%～70%,广泛应用于海水、淡水以及大气介质中的金属材料的表面防腐,如船舶、集装箱、化工、水利工程中的金属构件、汽车、摩托车、自行车、石油管道、露天钢结构件塔架、桥梁钢结构及高速公路护栏等金属表面均用富锌涂料做防腐处理。在金属冶炼行业中,锌粉可用于脱除原料中所含的重金属杂质,其中以锌冶炼为主。在湿法炼锌过程中,用锌粉置换锌溶液中所含的铜、钴、镍、镉等杂质,每吨电锌需用 20～40 kg 锌粉。目前国际市场金属锌粉需求量为 60 万吨左右,且需求量大于供应量,尚有扩大的趋势,而产量难以在短时间内提高。我国国内市场年需求量为 10 万吨左右,大多为进口。随着我国汽车工业和建筑业对镀锌钢板、钢管及其他零部件需求的上升,锌的应用将有广阔前景,金属锌粉也将有着巨大的市场潜力。

传统的金属锌冶炼的流程为闪锌矿焙烧-酸浸-除杂-酸电解。传统的金属锌冶炼工艺存在许多问题:首先是焙烧过程中产生大量二氧化硫,即使采用制酸法部分回收二氧化硫,在焙烧过程中造成的环境污染也是相当严重的;第二是酸浸液除杂阶段,焙烧矿用浓硫酸浸取后,矿里的杂质,包括铅、铜、铁、钙等基本上与锌一起溶进溶液中,从浸取液中分离这些杂质,流程极其复杂,过程难于控制,同时需要消耗大量的锌粉和其他化合物,在中和除铁时,由于氢氧化铁的夹带,锌的损失也是相当大;第三是电解阶段,在这阶段,必须严格控制电流密度,绝对不允许断电,否则,已经电解出来的金属锌又会溶解到电解液中,另外,电解液不能含氯离子,否则易发生烧板,使极板报废。

除以上的问题外,传统金属锌冶炼工艺最大的缺点是——传统酸法只能采用含锌40%以上的闪锌矿作原料。目前,金属锌作为工业和农业重要的原材料,全世界年消耗锌近千万吨,我国也达到百万吨。在这些所消耗的锌中,80%～90%来自一次资源(即锌矿资源)。在这些一次资源中,又以含锌40%以上的闪锌矿(即硫化锌矿)为主。由于数十年来世界炼锌能力的快速提升,造成锌精矿消耗巨大,硫化锌矿也因为多年的开采,储备量和锌品位越来越低,锌金属行业面临无矿可采与原料供应短缺的危机。尤其是我国,作为世界第二大产锌国,近几年来,每年都要进口一部分原料来满足国内需求,且进口量呈逐年增长之势。除了闪锌矿外,锌资源还包括氧化锌矿、氧化锌泥(尘、渣)及冶金等行业废弃物中的二次锌资源,如锌粉尘和锌浮渣等。随着闪锌矿的贫瘠,研究开发应用氧化锌矿(特别是贫杂矿)、氧化锌泥和锌的二次资源的冶炼方法,成为今后我国锌冶炼工业的重要和迫切的任务。

我国氧化锌矿资源十分丰富,云南、贵州、甘肃、陕西等省都有;尤其在云南储量大。勘探表明:我国的云南兰坪铅锌矿含大量的氧化锌矿,是我国仅有的储量在1 000万t以上的巨型矿床,可与世界一流巨型矿床媲美;此外我国储量大于200万t的有6个矿床,甘肃厂坝也有大量的氧化锌矿(金属量约26万t以上)。然而,无论是国内还是国外,氧化锌矿(包括红锌矿、菱锌矿、硅锌矿)、含锌污泥/尘/渣等都未得到很好的开发和利用。主要原因是酸法难以应用于这些锌资源的冶炼。一般来讲,氧化锌矿含硅很高,酸溶解时产生胶体硅酸,使浸取液与浸取渣无法有效分离。另外,氧化锌矿的主要矿种是菱锌矿。这种矿一遇到酸,立即产生大量的二氧化碳气体,使浸取无法进行下去。同时,氧化锌矿含锌较低,一般在20%以下,绝大部分在4%～10%之间,采用酸法浸取,耗酸量太大,生产成本极高。可以认为,酸法不宜应用于氧化锌矿的冶炼。

对于氧化锌泥(尘)来讲,与上述氧化锌矿一样,采用传统的酸法冶炼是困难的,成本偏高,流程十分复杂,过程极难控制。目前,国内外尚无直接利用氧化锌矿或氧化锌泥(尘)作为原料生产金属锌的厂家出现。

锌粉尘是转炉和电炉炼钢过程中所产生的含锌、铁、铅和碳的有毒固体废弃物,锌的含量一般为5%～20%。生产1 t钢会产生20～40 kg的锌粉尘。目前,对钢铁厂锌粉尘的处理方法主要有湿法、火法和安全填埋。湿法处理锌粉尘主要是硫化焙烧、氯化焙烧和酸浸取工艺。焙烧方法比酸浸有更大的选择性,锌铅去除比较彻底,但硫化焙烧对原料要求较苛刻(不含大量碳),硫污染严重,烧渣硫含量过高,不宜作为钢铁厂原料。氯化焙烧对设备的腐蚀过于严重,有些厂已因此而倒闭。酸浸法工艺虽较成熟,但在常温常压下锌铅浸出率较低,且单元操作过多,浸出剂消耗较多,成本较高。火法工艺按锌含量可分高、中、低三类,分别有等离子法、Inred、Wala Kiln、烟化工艺等。火法工艺具有生产效率较高、单元操作较少等优点,但其设备投资大,能耗高。由于锌粉尘属于危险固体废弃物,在填埋前需要进行固化或稳定化处理,处理成本高,且填埋法没有对锌粉尘中的有用成分进行回收利用,是一种资源的浪费。目前还没有一种比较合适的方法来处理钢铁行业的锌粉尘,致使很多钢厂的锌粉尘堆积如山,既造成了严重的环境污染,也使占地和二次资源浪费问题日益严重。因此,有效的处理和利用锌粉尘是钢铁行业清洁生产和可持续发展必须要解决的难题。

　　锌浮渣是湿法炼锌工厂中阴极锌片熔铸的主要副产物,其中的锌主要以氯化物、氯氧化物、氧化物和金属等状态存在。每生产电锌 1 万 t,大约产出锌浮渣 450 t。由于锌浮渣中含有 0.5%～2% 的氯,若直接回炼锌主流程,杂质氯将腐蚀阳极板,使阳极寿命缩短和析出的锌质量降低,而且由于脱氯困难,使得锌浮渣一直未能得到很好的处理,造成了资源浪费。目前对锌浮渣的处理有以下几个方式:一是大多数企业将锌浮渣作为副产品低价出售;二是一些企业用盐酸处理锌浮渣,生产氯化锌出售;三是火法处理锌浮渣,但由于富集的氯气对设备的腐蚀而未得到推广;四是不少学者进行了锌浮渣脱氯、锌浮渣制备氧化锌等的研究,但都只是实验室规模,未应用于生产实际。

　　锌渣是用石灰将酸洗液、电镀废液等含锌废液中的锌沉淀出来而得到的废弃物,锌长期废弃或堆放,不仅对环境造成污染,同时也是对资源的极大浪费。

　　当前,国内有许多锌冶炼厂采用工艺十分落后、国家明令禁止的竖罐炼锌法冶炼氧化锌矿。即使这样,所采用的氧化锌矿的含锌量至少在 30% 以上,否则生产成本太高。竖罐炼锌的原理是把氧化锌矿与焦碳一起混合,在高温下使锌化合物还原成金属锌,锌就以沸点较低的金属锌形式蒸发出来。金属锌在冷却、收集过程中,又被氧化为氧化锌烟尘,与金属锌一起蒸发出来的还有铁等。因此,在收集到的氧化锌烟尘中,含锌约为 60%～80%。然后,这种烟尘作为酸法炼锌的原料生产金属锌。在这个生产过程中,锌的总回收率低于 70%,资源浪费、环境污染相当严重。

　　显然,寻找以氧化锌矿、氧化锌泥及锌粉尘、锌浮渣、锌渣等这些锌资源为原料的简易、高效、低成本、无污染的冶炼方法是十分必要的。本章根据锌在强碱溶液中具有很高溶解度这一现象,提出采用在碱溶液中浸取-除杂-电解法从氧化锌矿(泥、尘、渣)中提取金属锌的新工艺。各种氧化锌矿、废弃物(包括红锌矿、菱锌矿、硅锌矿、酸法电解锌锭过程中产生的含氯氧化锌浮渣、炼钢厂烟尘、锌渣),均可定量地溶解于碱溶液中(但矿中的闪锌矿无法溶解),碱溶液中的锌也极易通过电解而提取出来,电解液循环使用。碱溶液中电解金属锌的耗电量比酸法低 20%,总生产成本低 30%,生产流程远比酸法简单,而且可以使用酸法根本无法应用的贫杂氧化锌矿、渣、泥、烟尘作为原料。因此,本工艺在技术、经济上均有重大突破,以全新的工艺生产金属锌,是锌生产的一场革命,有十分广阔的应用前景和极其明显的经济效益。

　　实验用含锌烟尘来源于浙江富阳铅冶炼厂的烟尘,碳酸锌矿来源于贵州赫章县的低品位尾矿,硅酸锌矿来源于云南会泽县锌矿。三种原料所含元素分析结果见表 8-1。原料的 X 射线衍射图谱见图 8-1。从图 8-1 可看出,三种实验原料中锌分别是以氧化锌(ZnO)、碳酸锌($ZnCO_3$)及硅酸锌($Zn_4Si_2O_7(OH)_2 \cdot H_2O$)形态存在的。本文分别对这三种锌化合物的碱浸工艺条件及动力学进行了研究。

表 8-1　　　　　　　　　　　　试验用原料元素含量分析结果

原料名称	原料元素含量(%)								
	Zn	Pb	Cd	Fe	Mn	Cr	Mg	Cu	Al
含锌烟灰	30.194	10.474	0.104	0.867	0.071	0.024	0.157	2.472	0.447
碳酸锌矿	13.525	2.320	0.063	13.169	0.266	0.007	1.649	0.070	2.807
硅酸锌矿	18.729	3.091	0.016	12.836	0.074	0.008	2.240	0.024	1.895

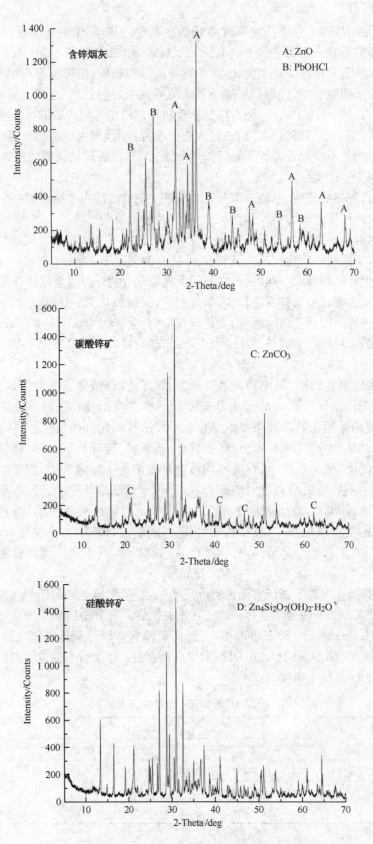

图 8-1　试验用原料的 X 射线衍射图谱

浸出试验在 2 000 mL 的三口烧瓶内进行,中央进口装有搅拌浆,其余两口分别插有温度计和冷凝器,将原料倒入三口烧瓶中,根据试验条件加入浸出剂溶液,恒温水浴加热,机械搅拌浸出,浸出完成后浸出液过滤后分析其中的锌含量。浸出率按下式计算:

$$锌浸取率 = [(C_1 \times V_1)/(W_1 \times C_2)] \times 100\% \tag{8-1}$$

式中　W_1——原料重量,g;
　　　C_1——浸出液中的锌浓度,g/L;
　　　C_2——原料中锌品位,%;
　　　V_1——浸出液体积,L。

原料的元素分析采用微波消解 ICP 分析,原料形态分析采用 X 射线衍射仪进行分析,浸出液的锌含量分析采用 EDTA 容量滴定法,用酸碱滴定分析溶液中的碱含量。

一、碱浓度对锌浸出的影响

为研究碱浓度对三种原料的锌浸出影响,实验选取 NaOH 浓度为 2~10 mol/L,温度为 90 ℃,液固比为 10:1(质量比),浸出时间为 2 h,实验结果见图 8-2。

从图 8-2 可看出,随着碱浓度的增加,三种原料的锌浸出率都是随浸出液碱浓度的升高而增加,碱浓度越大,对反应越有利,锌的溶解度越大。含锌烟灰及碳酸锌矿的锌浸出率在碱浓度6 mol/L 以后,增加缓慢,而硅酸锌矿在碱浓度6 mol/L 后仍有较大增加。但三种原料的浸出率在碱浓度为 8 mol/L 以后随碱浓度增加都有下降趋势,这可能是由于随着碱浓度的增加溶液黏度增加不利于碱和矿粒反应的进行。

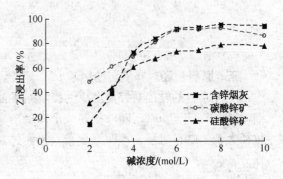

图 8-2　碱浓度对 Zn 浸出率的影响

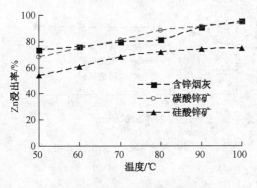

图 8-3　温度对 Zn 浸出率的影响

二、温度对锌浸出的影响

在液固比为 10:1,碱浓度6 mol/L,浸出时间 2 h 的条件下,考察温度对三种原料锌浸出率的影响,结果如图 8-3 所示。

结果显示,温度对三种原料的锌浸出率的影响为,随温度增加浸出率增加,但考虑到接近沸点工业操作及成本上难接受,故浸出最佳温度选择 90 ℃。

三、液固比对锌浸出的影响

在碱浓度 6 mol/L,温度 90 ℃,浸出时间 2 h 的条件下,考察液固比对锌浸出率的影响,结果如图 8-4 所示。

结果显示,液固比对锌浸出率的影响较大,锌浸出率随液固比的增加而增加,但到一定程度后增加缓慢,这主要是由于液固比的增加有利于扩散,并且羟合锌配离子在溶液中有一定的溶解度,液固比小会限制锌的浸出程度。因此锌原料品位的不同,其浸出的最佳浸出液固比也不同,考虑到液固比过大会使得浸出液中锌浓度降低,影响后序的电解工艺效率,故含锌烟灰的的最佳液固比为 10,碳酸锌矿和硅酸锌矿的最佳浸出液固比为 5 左右。

四、浸出时间对锌浸出的影响

在碱浓度 6 mol/L,液固比 10:1,温度 90 ℃ 的条件下,考察时间对锌浸出率的影响,结果如图 8-5 所示。结果显示,随浸出时间的增加,锌浸出率缓慢增加,综合考虑选取最佳浸出时间为 60～90 min。

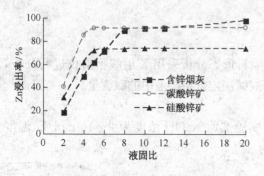

图 8-4 液固比对 Zn 浸出率的影响

图 8-5 浸出时间对 Zn 浸出率的影响

五、原料粒径对锌浸出的影响

三种原料的粒径对锌浸出率的影响结果如图 8-6 所示。结果显示,含锌烟灰本身粒度较细,基本都小于 100 目,随粒径的减小锌浸出率略有增加,但变化不大;碳酸锌矿和硅酸锌矿在粒径大于 100 目时浸出率明显要低,但小于 100 后变化很小。因此,生产中物料应过 100 目筛分。

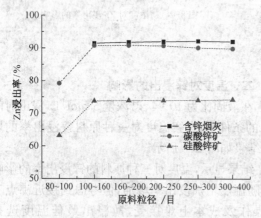

图 8-6 原料粒径对 Zn 浸出率的影响

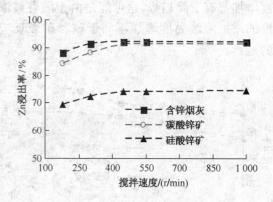

图 8-7 浸出搅拌速度对 Zn 浸出率的影响

六、搅拌速度对锌浸出的影响

图 8-7 反映了浸出搅拌速度对三种原料的锌浸出率的影响,从图中可看出,随着搅拌速度的增加,锌的浸出率有所增加,增加搅拌速率可以促使固体与液体的充分混合,增加固液间的传质系数,因此可增加反应速率。但当搅拌强度使固体原料处于完全悬浮状态后(固体颗粒在容器底部的停留不超过 1 s),搅拌速度的进一步增加对锌浸出率的影响甚微。由于含锌烟灰的粒度较细、密度较低,所以相对而言其达到完全悬浮状态的搅拌速度要低,为 300 r/min,而使碳酸锌矿和硅酸锌矿颗粒处于完全悬浮状态的搅拌速度在 450 r/min 左右。

七、不同原料的浸出结果

为了考察碱浸法对含锌危险废物的处理效果,对不同含锌废渣及烟尘的碱性浸出进行了研究,原料成分见表 8-2,浸出结果见表 8-3,浸取率可达 90% 以上。经碱性浸出后浸出渣的元素分析结果见表 8-4,从表中可看出,危险废物中的铜、铁、铬、锰、镁等元素均不会或很少溶解而留在渣中。

对 4 种含锌危险废物原料及其碱法浸出渣进行了毒性浸出试验,结果见表 8-5。从表中可看出,含锌危险废物的浸出液中主要是 Zn,Pb,Cd 元素超出危险废物浸出毒性鉴别标准值(GB 5085.3—1996),而经过碱法浸出后,Zn,Pb 可大部分被碱浸出得以回收利用,Cd 经过碱的作用可起到稳定化左右,不易被水浸出,对 4 种含锌危险废物经碱法浸出处理后,其废渣均为一般废物,浸出毒性试验结果不超出危险废物浸出毒性鉴别标准值。另外,根据《一般工业固体废物贮存、处置场污染控制标准(GB 18599—2001)》,由于锌灰 A 浸出渣的浸出试验液中铅浓度超过 GB 8978 最高允许排放浓度,故其为Ⅱ类一般工业固体废物,其余为Ⅰ类一般工业固体废物。

表 8-2　　　　　　　　　　　试验用原料元素含量分析结果

原料名称	原料元素含量(%)								
	Zn	Pb	Cd	Fe	Mn	Cr	Mg	Cu	Al
锌灰 A	30.228	11.055	0.012	3.656	0.154	0.014	0.860	0.091	2.569
锌灰 B	51.947	16.526	0.047	0.405	0.021	0.003	0.114	0.053	0.191
锌渣	41.223	1.615	2.308	1.415	0.076	0.006	0.084	0.67	0.325
含锌铜泥	48.125	0.815	0.007	2.371	0.79	0.017	0.251	10.739	0.613

表 8-3　　　　　　　　　　　不同原料碱法浸出结果

原料名称	锌灰 A	锌灰 B	锌渣	电路板渣
浸取率(%)	91.50	96.26	92.27	90.75

表 8-4　　　　　　　　　　　碱浸出渣元素含量分析结果

样品名称	浸出渣元素含量(%)								
	Zn	Pb	Cd	Fe	Mn	Cr	Mg	Cu	Al
锌灰 A 浸出渣	7.426	1.160	0.049	14.478	0.582	0.048	4.128	0.353	5.061
锌灰 B 浸出渣	20.76	0.962	0.434	6.075	0.207	0.025	2.487	0.922	0.076
锌渣浸出渣	8.473	3.747	8.770	11.53	0.631	0.0483	0.854	6.168	0.237
含锌铜泥浸出渣	3.438	0.280	0.112	5.453	1.991	0.038	0.793	22.552	0.674

表 8-5　　　　　各种含锌危险废物及其碱性浸出渣的浸出毒性试验结果　　　　(单位:mg/L)

样品名称	As	Zn	Pb	Cd	Ni	Cr	Cu
锌灰 A	0.0042	176.4796	9.3372	35.9348	0.0433	—	0.3942
锌灰 A 浸出渣	0.0357	1.8446	1.0023	—	0.0204	0.0022	0.0500
锌灰 B	0.0027	148.5601	19.6216	7.1671	—		0.0059

续表

样品名称	As	Zn	Pb	Cd	Ni	Cr	Cu
锌灰 B 浸出渣	0.048 8	0.265 6	0.215 5	0.063 1	—		0.115 2
锌渣	0.014 6	8.159 1	0.182 1	68.958 6	0.065 0	—	0.015 1
锌渣浸出渣	0.068 5	1.011 1	0.759 6	—	0.094 4		0.044 3
含锌铜泥	0.003 7	494.371 8	1.834 0	1.119 1	0.119 9	0.001 6	3.384 3
含锌铜泥浸出渣	0.084 1	1.588 9	0.001 2	—	0.045 8		0.069 6
危险废物浸出毒性鉴别标准值 (GB 5085.3—1996)	1.5	50	3	0.3	10	10	50
GB 8978 最高允许排放浓度	0.5		1.0	0.1	1.0	1.5	

第二节 机械活化强化转化浸出

研究表明碳酸铅能使荧光纯硫化锌在碱溶液中转化浸出,但采用闪锌矿的原料进行浸出时发现碳酸铅对闪锌矿的转化率很低,转化浸出率仅为 5.8%。从荧光纯硫化锌与闪锌矿的 XRD 图谱分析可看出(图 8-8),闪锌矿与荧光纯硫化锌相比,其 X 衍射峰较窄,说明闪锌矿的结晶度高,因此其稳定性好,不容易与铅反应。为此,本部分进行了机械活化强化转化浸出的研究。

机械活化属于机械化学的范畴,固体物质在摩擦、碰撞、冲击、剪切等机械力作用下,使晶体结构及物理化学性质发生改变,使部分

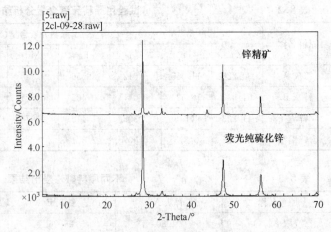

图 8-8 荧光纯硫化锌与闪锌矿的 XRD 图谱

机械能转变成物质的内能,从而引起固体的化学活性增加,这一效应称之为机械活化。固体在机械力的作用下活性增加的机理主要有:

(1) 粒度变细,比表面积增大;

(2) 表面热力学状态发生改变,表面自由能增大,导致化学平衡及相平衡的变化,为化学反应创造更有利的热力学条件;

(3) 使晶格内产生变形,引起各种位错和原子缺陷,并出现非晶化现象,使物质的能量储存增加,内能增大,从而提高物质的反应活性;

(4) 冲击的瞬间,局部温度升高,反应速度加快,在物料细磨的过程中,固体物料与研磨体接触处可出现局部性的瞬时的温度和压力升高;

(5) 导致物质的激发状态并使键能减弱使反应的活化能降低,反应速率及浸出率增大。

在磨矿过程中,机械能不仅转变成热能,且有一部分(5%~10%)机械能消耗在固体储存能量的增加方面。超细磨过程中机械能对物质性能的影响过程相当复杂,能量的供给和耗散机理还不明确,通常很难确定其活化能,以致于还没有哪一种理论能完全定量且合理地解释机械化学作用中所产生的众多现象。

一、活化浸出方式的影响

以锌精矿为原料,对不同的活化及浸出方式进行了对比实验,结果见表 8-6。从表中可看出,活化浸出方式对浸出率的影响较大,先活化后浸出方式对浸出率的提高很小,采用搅拌磨边活化边浸出对闪锌矿的浸出率有大幅度提高,可从 5.82% 增加到 86.83%。从反应前后的 XRD 图谱(图 8-9)上可看出,大部分的硫化锌转化为了硫化铅。由于先活化后浸出的效果很小,这也说明比表面积的增加并不是机械活化提高闪锌矿碱浸浸出率的主要原因。

表 8-6　　　　　　　　　　　　不同机械活化浸出方式对闪锌矿的浸出率影响

活化及浸出方式	活化时间/min	浸出率
无活化		5.82%
滚筒磨(先活化后浸出)	15	6.01%
	30	5.72%
	60	5.51%
	120	5.73%
振动磨(先活化后浸出)	15	6.15%
	30	7.27%
	60	6.78%
	120	6.59%
搅拌磨(先活化后浸出)	15	6.37%
	30	7.19%
	60	6.39%
	120	6.27%
搅拌磨(边活化边浸出)	15	31.24%
	30	61.32%
	60	85.71%
	120	86.83%

二、搅拌速度的影响

搅拌磨边活化边浸出实验中搅拌速度对转化浸出效果的影响见图 8-10。从图中可看出,随搅拌速度的增加,转化浸出率随之增加,达到 700 r/min 后,浸出率不再增加。

三、活化介质的影响

在搅拌磨(边活化边浸出)实验中,选用了不锈钢球和刚玉球两种活化介质进行了对比研究,活化介质对转化浸出效果的影响见图 8-11。从图中可看出不锈钢球的活化效果比刚玉球要好,这主要可能是由于不锈钢球的比重大于刚玉球。

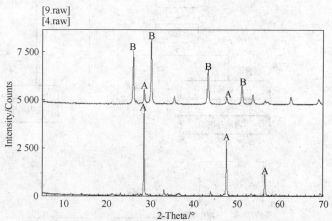

图 8-9　锌精矿机械活化强化转化浸出前后的 XRD 图

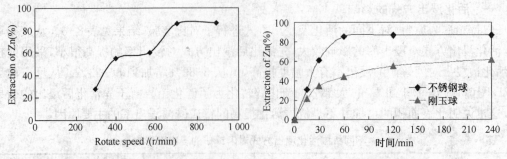

图 8-10 搅拌速度对转化浸出率的影响   图 8-11 活化介质对转化浸出率的影响

四、机械活化强化转化浸出工艺流程

同时本实验也对新疆低品位氧化锌矿进行机械活化强化转化浸出实验,结果表明在搅拌磨中,采用直径 5 mm 的不锈钢球为活化介质,球料质量比为 30:1,温度为 90 ℃,Pb/ZnS 比为 0.9,搅拌速度 700 r/min 的条件下,新疆低品位矿的浸出率可从无活化情况下的 60.1% 增加到 81.5%,效果较为明显。

根据以上实验,可以提出针对含硫化锌氧化锌矿及含锌废渣的机械活化碱性转化浸出工艺流程如图 8-12。锌精矿或低品位硫化锌氧化锌混合矿作为原料,粉碎到 0.5～1 mm;接着,将原料、强碱性溶液及碳酸铅同时加入搅拌磨反应器中,在研磨活化的同时浸出,碱浓度为 5～6 mol/L,80 ℃～90 ℃,搅拌 60～90 min,锌精矿或低品位硫化锌氧化锌混合矿中的锌被溶解

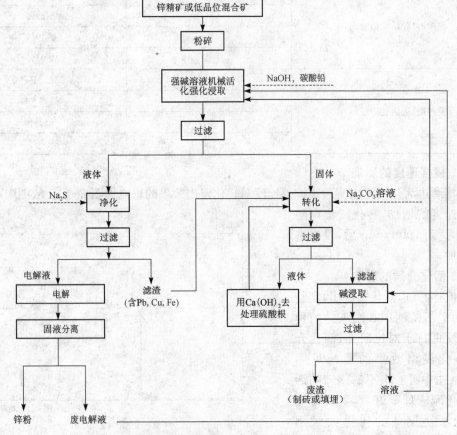

图 8-12 机械活化碱性转化浸出工艺流程

转化;然后过滤,滤渣用水洗后在碳酸钠溶液中转化回收利用其中的铅,转化后废渣用于制砖或填埋,洗水留用。含锌的浸出滤液经电解后,在阴极上沉积获得金属锌粉。电解结束后,剩余废电解液直接循环于下一个碱浸取流程。

第三节　碱浸-电解法生产锌粉技术工业化应用

碱浸-净化-电解制备金属锌粉工艺从 2003 年起开始进行了工业化应用推广,先后在云南昆明、贵州赫章、浙江富阳、云南曲靖建成了年产 1 000～2 000 吨金属锌粉冶炼厂。经过 15 年多的工业应用,该工艺从实验室进入工业化,在生产实践经验的基础上不断研究和攻关,逐渐完善了生产设备的配套及生产操作流程的管理,使整个工艺逐步走向成熟的工业化应用。

一、碱浸-电解法锌粉冶炼厂设计

以年产金属锌粉 1 500 吨为设计规模,原料为含锌废渣,锌品位在 20%～40%左右。

1. 生产流程及设备连接图

碱浸-电解法锌粉冶炼厂生产的流程为:含锌废料经称量后,通过下料溜槽加入到浸取釜,同时加入废电解液、洗渣水及氢氧化钠进行浸取,浸取釜用蒸汽蛇形管进行加热。浸出结束后,浸取液用矿浆泵输入框式压滤机固液分离。压滤后得到的浸取渣用锌粉洗水按比例清洗。压滤后的浸取液进入净化釜,分别加入硫化钠、硫酸铁、硅酸钠、氧化钙等分离剂进行净化。净化后的溶液经压滤机压滤后,送入陈化池陈化。净化渣直接出售给铅冶炼厂。陈化后的净化液送入电解槽进行电解。电解结束后,锌粉和废电解液由泵送入离心机进行固液分离。离心后的废电解液进入废电解液池,以备下次浸取用。而湿锌粉送入干燥器中真空烘干,再经过粉碎分级,按不同粒径大小包装,得到最终的金属锌粉产品。废电解液循环一定次数后进行苛化处理。另外,需要指出的是,由于含锌废料一般为烟尘,粒度较细(100 目以下),可不需粉碎直接浸取,而如果采用贫杂氧化锌矿为原料时则需增加原料粉碎工段,用球磨机将原料粉碎到 100 目以下再进行浸取。整个流程见图 8-13。图 8-14 为设备连接图。各主要操作过程的技术条件见表 8-7。

表 8-7　　　　　　碱浸-电解法生产锌粉工艺主要操作技术条件

序号	技术条件	单位	数值
一	浸出工段		
1	浸出温度	℃	80～90
2	浸出时间	h	1～2
3	浸出液固比		1∶5～1∶15
4	浸出初始碱浓度	g/L	220～240
5	浸出终点碱浓度	g/L	185～190
二	净化工段		
1	净化温度	℃	70～80
2	净化时间	h	2～3
3	陈化时间	h	48～72
三	电解工段		
1	电流密度	A/m²	800～1 000
2	槽电压	V	2.7～2.9
3	电解温度	℃	30～50
4	电解初始碱浓度	g/L	185～195

续表

序号	技术条件	单位	数值
5	电解初始锌浓度	g/L	30～40
6	电解终点锌浓度	g/L	8～10

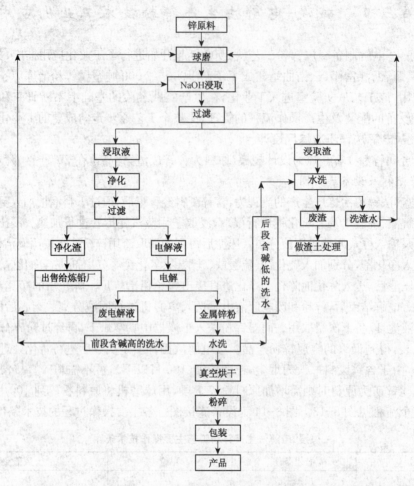

图 8-13　碱浸-电解法锌粉冶炼厂生产流程图

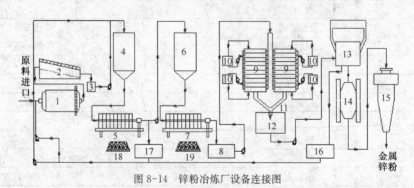

图 8-14　锌粉冶炼厂设备连接图

1—球磨机；2—分级机；3—料浆储槽；4—浸取釜；5—浸取压滤机；6—净化釜；7—净化压滤机；
8—陈化池；9—电解槽；10—电解液循环池；11—锌粉及废电解液溜槽；12—锌粉清洗过滤池；
13—离心机；14—干燥机；15—气磨机；16—废电解液池；17—洗渣水池；18—浸取渣；19—净化渣

2. 冶金计算

冶金计算根据以下原始条件进行:含锌废渣的锌浸出率为 95%,铅浸出率为 90%,总回收率为 93.4%,阴极锌粉清洗干燥的直接回收率为 95%,新液含锌 35 g/L,含 NaOH 190 g/L,电解析出 27 g/L。

(1) 浸出工段冶金计算

1) 浸出工段浸出渣率计算

以 100 kg 含锌废渣(干量)进行计算,因含锌废料中除锌、铅外的其余成分在碱溶液中的溶解度很低,可忽略不计,现以含锌 24.45%、铅 2.44% 的原料为例进行计算:

① 95% 的锌溶解,其量为:0.95×24.45=23.228 kg

溶解的 ZnO 中的氧量:23.228×16/65.4=5.683 kg

② 90% 的铅溶解,其量为:0.9×2.44=2.196 kg

溶解的 PbO 中的氧量:2.44×16/207=2.366 kg

浸取渣量为:100-23.228-2.196-5.683-2.366=68.724 kg

2) 浸出工段物料平衡量计算

① 加入量

A. 废电解液

按后面计算出废电解液的量为 825.589 L,全部返回本过程,其中:

含 Zn 量:825.589×8.568=7.074 kg

NaOH 量:825.589×238.860=197.200 kg

B. 含锌废料

100 kg 含锌废渣含 Zn 量为 24.45 kg,含铅量为 2.44 kg

进入浸出液的 Zn 量为 24.45×0.95=23.228 kg

进入浸出液的 Pb 量为 2.44×0.90=2.196 kg

C. 洗锌洗渣水

其中含 Zn 量为 1.177 kg,含 NaOH 为 1.075 kg

D. NaOH 量

需要加入的 NaOH 量为:1.362+0.372+1.185-1.261=1.658 kg

② 产出量

A. 浸出渣

浸出渣中的含锌量为:24.45×0.05=1.223 kg

B. 浸出液

浸出液中 Zn 量为:23.228+1.177+7.074=31.478 kg

根据后面净化工段的计算,浸出液的 Zn 浓度为 35 g/L,故浸出液体积为:1 000×31.478/35=899.380 L

根据后面净化工段的计算,浸出液的碱浓度为 188.59 g/L,浸出液中的 NaOH 量为:188.59×899.380/1 000=169.614 kg

浸出过程中和 Zn 和 Pb 反应的 NaOH 量按下面的反应式计算:

$$ZnO+2NaOH+H_2O=Na_2Zn(OH)_4$$

$$PbO+NaOH+H_2O=NaPb(OH)_3$$

反应消耗的 NaOH 为 28.761 kg

浸出过程中漏液、喷溅及浸出渣未洗出等不能回收损失锌量占含锌废料总锌量的 0.9%，即损失 24.45×0.009=0.220 kg

损失浸出液 0.220×1 000/35=6.286 L

输出浸出液为：899.380−6.286=893.094 L

(2) 净化工段物料平衡计算

① 净化渣量和成分

浸出液中铅含量 2.176 kg

净化中实际硫化钠(工业用 60% 硫化钠)消耗量与含铅量的比值为 1∶1，净化渣量为 4.039 kg

净化渣含水分 20%，则湿渣量为：4.039/(1−0.2)=5.053 kg

净化渣中带走的浸出液为：(5.053−4.039)/1.205=0.841 L

净化渣中夹带的锌量为：35×0.841/1 000=0.029 kg

净化渣中夹带的 NaOH 量为：190×0.841/1 000=0.160 kg

② 净化过程的损失量

净化中生成的 NaOH 量：2.176×120/207=1.261 kg

按浸出液在净化过程中损失的锌量占原料含锌总量 0.28% 计，即：24.45×0.002 8=0.068 kg

损失溶液量为：0.068×1 000/0.035=1.943 L

损失的 NaOH 量为：190×1.956/1 000=0.372 kg

(3) 电解工段金属平衡量计算

① 阴极产锌量

阴极锌含金属量：100×0.244 5×0.934/0.95=24.038 kg

② 进入电解的新液量及其各组分含量：

电解需要新液量 24.038×1 000/27=890.296 L

其中：NaOH 的量为：890.296×190/1 000=169.156 kg

　　　　$Na_2Zn(OH)_4$ 的量为：890.296×35×179.4/65.4/1 000=85.477 kg

　　　　H_2O 的量为：1.205×890.296−169.156−85.477=818.174 kg

分解的 $Na_2Zn(OH)_4$ 的量为：24.038×179.4/65.4=65.940 kg

生成 NaOH 的量：24.038×80/65.4=29.404 kg

阳极产生的氧量：24.038×16/65.4=5.881 kg

阳极产生的水量：24.038×18/65.4=6.616 kg

③ 废电解液的各组分的量

NaOH：169.156+29.404=198.560 kg

$Na_2Zn(OH)_4$ 的量为：85.477−65.940=19.537 kg

废电解液体积 (198.560+19.537+818.174+6.616)/1.202=867.627 L

电解过程中不能回收损失的锌量占锌原料总锌量的 0.2%，即：24.45×0.002=0.049 kg

溶液中带走的 $Na_2Zn(OH)_4$ 的量为：0.049×179.4/65.4=0.134 kg

同时带走的 NaOH 量为：0.134×198.562/19.537=1.362 kg

同时带走的 H_2O 量为：0.134×(818.174+6.616)/19.537=5.657 kg

④ 输出废电解液量

陈化及电解过程中,电解液中的水分蒸发量为废电解液量的 5% 计,即:867. 627×5% = 43. 381L

输出废电解液的总量为:(198. 560＋19. 537＋818. 174＋6. 616)－43. 381－0. 134－1. 362－5. 657＝992. 353 kg

输出废电解液的总体积为:992. 350/1. 202＝825. 585 L

废电解液的成分:

$$Zn:(19. 537－0. 134)×65. 4/179. 4×1 000/825. 585＝8. 568 g/L$$

$$NaOH:(198. 560－1. 362)×1 000/825. 585＝238. 859 g/L$$

计算结果见表 8-8～8-10。

表 8-8 浸出工段的物料平衡表

项目		数量 L	Zn		NaOH	
			g/L	kg	g/L	kg
加入	废电解液	825. 585	8. 568	7. 074	238. 859	197. 200
	含锌废渣(原料)	100	24. 45%	24. 45		
	洗锌及洗渣水	83		1. 177		
	NaOH					1. 658
	共计			32. 701		198. 375
产出	浸出液	893. 094	35	31. 258	188. 59	168. 429
	浸出渣	68. 724 kg		1. 223		
	与锌和铅反应的 NaOH 量					28. 761
	损失			0. 220		1. 185
	共计			32. 701		198. 375

表 8-9 净化工段的物料平衡表

项目		数量	Zn		NaOH	
			g/L	kg	g/L	kg
加入	浸出液	893. 094	35	31. 258	188. 59	168. 429
	硫化钠	2. 176 kg				
	硫化钠产生的 NaOH					1. 261
	共计			3. 125 8		169. 690
产出	新液	890. 296	35	31. 161	190	169. 158
	净化渣	5. 053 kg		0. 029		0. 160
	损失	1. 943		0. 068		0. 372
	共计			31. 258		169. 690

表 8-10   电解工段的物料平衡表

项目		数量	Zn		NaOH	
			g/L	kg	g/L	kg
加入	新液	890.296	35	31.161	190	169.158
	产生的 NaOH					29.404
	共计			31.161		198.562
产出	阴极锌	25.303	99.5	24.038		
	废电解液	825.585	8.568	7.074	238.859	197.200
	放出氧气					
	损失			0.049		1.362
	共计			31.161		198.562

（4）年度物料综合计算

年产 1 000 吨的锌粉（按金属锌含量 96％计），按总回收率 93.4％计算，则年需要原料含锌废渣量为：

$$(1\ 500 \times 0.96)/(0.244\ 5 \times 0.934) = 6\ 306\ \text{t}$$

按 330 个工作日计算，则日需原料量为：

$$\text{日需原料量} = \frac{6\ 306\ \text{t}}{330\ \text{d}} = 19.11\ \text{t/d}$$

根据前面的计算，日需电解新液量和浸出液量为：

$$\text{日需电解新液量} = 890.296 \times 19.11 \times 10/1\ 000 = 170.1\ \text{m}^3/\text{d}$$
$$\text{日需浸出液量} = 893.094 \times 19.11 \times 10/1\ 000 = 170.7\ \text{m}^3/\text{d}$$

根据上述的冶金计算进行主要设备的计算和选型。

3. 设备选择计算

（1）浸取工艺段设备

根据冶金计算结果，浸出工段主要设备的计算和选择如下：

浸出工段的主要设备有：浸取釜和过滤机。

① 浸出搅拌槽

A. 浸出槽

浸出槽数量按下式计算：

$$N = \frac{Qt}{24V_0\eta}$$

式中 N——浸出槽数，个；

Q——日浸出矿浆量，m^3，Q 按 171 m^3 计算；

t——作业周期时间，h，$t = 8\ \text{h}$；

V_0——浸出槽体积，m^3，$V_0 = 50\ \text{m}^3$；

η——槽体容积利用系数，取 0.85。

所需浸取槽数：

$$N = \frac{Qt}{24V_0\eta} = \frac{171 \times 8}{24 \times 50 \times 0.85} = 1.34 \text{ 个}$$

选用 Φ4 000×4 000 mm 容积 50 m³ 的机械搅拌槽 3 个,2 个工作,1 备用。浸取釜体用钢筋混凝土结构,锥形底,内衬碳钢防腐,配置碳钢螺旋蒸汽加热管。设液面观测孔、长温度计、温度计套管及液位刻度线。采用涡轮式搅拌器,配以防腐搅拌机和电动机、减速机带动搅拌。底流从浸出釜底部导出,进入浸取压滤机过滤。浸取槽上部设废电解液进料管、洗水进料管及碱进料口,顶部加可移动盖。

B. 搅拌器

采用涡轮式搅拌器,具体计算如下:

a. 搅拌叶轮直径 d_M

根据颗粒密度、比重与 D/d_M(槽径和叶轮直径比)关系曲线图,含锌废渣的粒度为 100 目,比重为 2.9 g/mL,查图可得 D/d_M 为 3.7,由此可计算出 $d_M = 4/3.7 = 1.08$ m。

b. 搅拌叶轮与槽底间距 D_1

叶轮与槽底间距 D_1 与料层深度 H_1 比值(D_1/H_1)影响流体流型和颗粒的悬浮状态,当该值较大时,叶轮下的槽底面可能有颗粒沉淀,当该值足够小时,叶轮送出流体向下扫过槽底,经槽壁垂直向上,形成强烈的轴向流动,有利于固体悬浮。D_1/H_1 值的选择无一定公式可依,一般推荐为 1/7。由此可计算出叶轮与槽底间距:

$$D_1 = 4 \times 0.85 \times 1/7 = 0.5 \text{ m}$$

C. 挡板

搅拌槽装设挡板的目的是为消除液流打旋现象,将切向流转化为径向流或轴向流,增强液体的对流循环强度。本设计中在离槽壁约 $D/60$ 处设计安装 4 根挡板。

D. 临界转速

当矿浆达到完全悬浮状态后,搅拌强度的进一步增加对浸出率的影响很小,由此设计需要计算出使浸出槽内矿浆达到完全悬浮状态的临界转速,临界转速可采用 Zwietering 方程计算:

$$n_f = 6.0 d_M^{-0.85} v_1^{0.1} d_P^{0.2} \left(g \frac{\rho_P - \rho}{\rho}\right)^{0.45} (100R_w)^{0.13} = 1.28 \text{ r/s} = 77 \text{ r/min}$$

式中　n_f——完全悬浮状态临界转速,r/s;

　　　v_1——液体运动黏度,m²/s;

　　　d_P——固体颗粒直径,m;

　　　ρ_P——固体颗粒密度,kg/m³;

　　　ρ——液体密度,kg/m³;

　　　R_w——固体对液体的质量比。

(2)框式过滤机

过滤机台数按下式计算:

$$N = \frac{Q}{Aq}$$

式中　N——过滤机台数,台;

　　　Q——需处理的干渣量,kg/d, $Q = 19.11 \times 10^3 \times 0.68 \approx 13 \times 10^3$ kg/d;

A——每台过滤机的过滤面积，m^2，$A = 100 \ m^2$；

q——过滤机单位面积过滤的干渣量 $kg/(m^2 \cdot d)$，q 取 $300 \ kg/(m^2 \cdot d)$。

所需浸取压滤机台数：

$$N = \frac{Q}{Aq} = \frac{13 \times 10^3}{100 \times 300} = 0.43 \ 台$$

选用 $X_M^A 100\text{-}1000 U_K^R$ 型厢式压滤机 2 台，1 台工作，1 台备用。压滤机基本性能见表 8-11。采用液压装置作为压紧、松开滤板的动力机构，最大压紧压力为 25 MPa，并用电接点压力表来实现自动保压功能。由于浸取液在浸取完后不降温即进入压滤机，对压滤机及滤布耐热要求较高，选择设备时需特别注意。

表 8-11   X100-1000 型厢式压滤机

型号	过滤面积 /m²	滤板数 /块	滤室容积 /m³	滤饼厚度 /mm	地基尺寸 /mm	整机长度 /mm	整机重量 /kg
$X_M^A 100\text{-}1000 U_K^R$	100	61	1.507	30	5 195	7 275	7 350

（2）净化工艺段

净化工艺段的操作流程为：浸取压滤后的浸取液用泵送入净化槽，测定浸取液的杂质含量，加热搅拌到 70 ℃以上（如刚浸取完则不需要加热），加入硫化钠分离剂，恒温搅拌 1 h。然后静置 4 h，净化液经压滤机过滤后送入陈化池，陈化 48 h 后电解。净化渣包装后出售给铅冶炼厂。净化工段的主要设备是净化搅拌槽和过滤机。

净化工段的净化槽与浸取槽配套，为 $\Phi 4\,000 \times 4\,000$ mm 容积 50 m³ 的机械搅拌槽 2 个。净化槽体同样用钢筋混凝土结构，锥形底，内衬碳钢防腐，配置碳钢螺旋蒸汽加热管。设液面观测孔、长温度计、温度计套管及液位刻度线。采用涡轮式搅拌器，配以防腐搅拌机和电动机、减速机带动搅拌。净化釜上部设浸取液进料管和进料口，顶部加可移动盖，底流从净化釜底部导出，进入净化压滤机过滤。因净化阶段主要为液体，无矿粒，所以搅拌强度可适当降低，搅拌速度为 65 r/min。

净化过程主要是除去浸取液中的铅，因此净化渣量远小于浸取渣量，则日需要处理的净化渣量为：

$$Q = 41.6 \times 10^3 \times 5\% = 2.1 \times 10^3 \ kg/d$$

所需净化压滤机台数：

$$N = \frac{Q}{Aq} = \frac{2.1 \times 10^3}{50 \times 150} = 0.28 \ 台$$

选用 $X_M^A 50\text{-}800 U_K^R$ 型厢式压滤机 1 台，压滤机耐腐蚀、耐酸碱，采用液压装置作为压紧、松开滤板的动力机构，最大压紧压力为 27 MPa，并用电接点压力表自动保压；采用最大过滤压力为 1.2 MPa，确保形成滤饼的最佳条件。

（3）电解工艺段设计

电解工艺流程为：电解液由陈化池分批进入电解槽，电解槽分为 4 组，单组电解完成可独立断电，电解时总电源不停电，各组依次停电循环排锌、补充新鲜电解液，电解槽分组自循环。

① 阴、阳极

A. 阴极

阴极板由极板、导电棒、导电片和绝缘条组成。极板为抗碱镁合金板,尺寸见图 8-15。导电棒和导电片为铜板,极板两边镶有绝缘条,绝缘条为聚乙烯条或橡胶条。

阴极板的有效面积为:(700 mm－180 mm)×500 mm×2＝0.52 m²

B. 阳极

阴极板由极板、导电棒和绝缘条组成。极板为抗碱不锈钢板,尺寸见图 8-16。导电棒为铜板,极板两边镶有绝缘条,绝缘条为聚乙烯条或橡胶条。

② 电解槽

A. 每日需阴极锌量

$$Q_1 = \frac{Q \times b}{m\eta_1} = \frac{1\,500 \times 0.96}{330 \times 0.95} = 4.6 \text{ t}$$

式中　Q_1——每日需析出阴极锌量,t;

Q——设计生成能力,t/a;

b——锌粉金属锌含量,%;

m——年工作日,d,一般为 330 d;

η_1——析出锌粉清洗干燥直收率,%,按 95% 计。

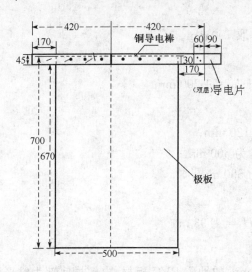

图 8-15　阴极板构造示意图(尺寸单位:mm)

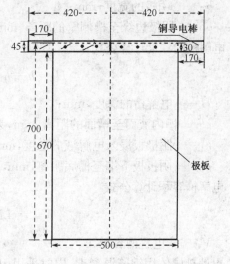

图 8-16　阳极板构造示意图(尺寸单位:mm)

B. 阴极有效总面积

阴极有效总面积按下式计算:

$$F = \frac{Q_1 \times 10^6}{D_i \eta_i \times 1.219\,5 \times t} = 232.75 \text{ m}^2$$

式中　F——阴极有效总面积,m²;

1.219 5——锌的电化当量,g/(A·h);

D_i——阴极电流密度,A/m², $D_i = 1\,000$ A/m²;

η_i——电流效率,%, $\eta_i = 90\%$;

t——电解析出时间,h, $t = 6 \times 3$ h。

C. 电解槽数量 $n_{槽}$ 计算

$$n_{槽} = \frac{F}{f_{阴} \times (n_{阴} - 0.5)} \approx 20 \text{个}$$

$n_{阴}$——每槽阴极片数,片,按 24 计;

$f_{阴}$——每片阴极有效面积,m^2。

D. 电解槽内部尺寸计算

电解槽长度按下式计算:

$$L = (n_{阴} - 1)d + l_1 + l_2 \approx 2\,200 \text{ mm}$$

式中 L——电解槽长度,mm;

d——同极中心距,mm,为 70 mm;

l_1——进液端极板至槽端壁距离,mm,取 300 mm;

l_2——出液端极板至槽端壁距离,mm,取 200 mm。

电解槽宽度计算公式:

$$B = b_{阴} + 2b_1 = 700 \text{ mm}$$

式中 B——电解槽宽度,mm;

$b_{阴}$——阴极的宽度,mm;

b_1——阴极边缘至槽侧壁的距离,mm,取 100 mm。

电解槽的深度计算公式:

$$H = h + h_1 + h_2 = 1\,200 \text{ mm}$$

式中 H——电解槽的深度,mm;

h——槽内液面至槽面的距离,mm,为 120 mm;

h_1——阴极板浸入电解液的深度,mm,为 500 mm;

h_2——阴极板下端至槽底距离,mm,为 580 mm。

电解槽容积计算公式:

$$V_{槽} = LBH = 1.93 \text{ m}^3$$

式中 $V_{槽}$——电解槽容积,m^3。

电解槽槽体用钢筋混凝土,内衬采用 10 mm 的硬质 PVC 板材,电解槽底部为锥形体,设有锌粉出料口,其构造示意图见图 8-17。

③ 电解液循环池

总设计电解槽数为 20 个,分为四组,每组 5 个。电解过程中为保证溶液浓度均匀及便于散热,每组配置循环池和循环泵进行自循环。另外,由于碱溶液中锌的溶解度相对较低,为维持设计电解时间,需补充电解液数量,因此电解循环池还有补充电解液的功能。

电解循环池的容积按下式计算:

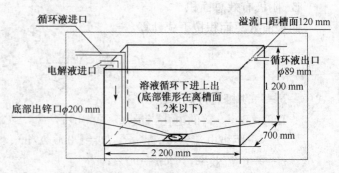

图 8-17 电解槽构造示意图

注:底部为四边向中心倾斜。

$$V_{循环槽} = \frac{V_1 - n_{槽} \times \eta_2 \times V_{槽} \times n}{4 \times \eta_3 \times n} \approx 5.5 \text{ m}^3$$

式中 V_1——日需电解新液量，m^3；

$\quad$ n——每槽日电解次数，次，为 3 次；

$\quad$ η_2——电解槽有效利用系数，取 0.9；

$\quad$ η_3——电解液循环池有效利用系数，取 0.95。

④ 整流器

整流器由直流电压和直流电流两个参数决定。具体计算如下：

A. 电流强度计算

$$I = f_{阴} \times (n_{阴} - 0.5) \times D_i \approx 9\,800 \sim 12\,500 \text{ A/m}^2$$

B. 直流电压

同时有三组即 15 槽进行电解时，需要的直流电压为：

$$15 \times 2.7 \sim 3.0 \text{ V} = 40.5 \sim 43.5 \text{ V}$$

同时有四组即 20 槽进行电解时，需要的直流电压为：

$$20 \times 2.7 \sim 2.9 \text{ V} = 54 \sim 58 \text{ V}$$

因此，选用整流器的规格的要求为：额定直流电压为 40.5～58 V，额定直流电流为 9 800～12 500 A/m²。

电解车间的配置总图见图 8-18。在电解生产过程中，特别需要控制电解时的温度，温度需控制在 50 ℃以下，温度过高会加速析出的锌粉与电解液中的碱反应，严重影响了电解效率。为达到降温的效果，电解车间要求通风效果好，电解液循环槽与电解槽底部要空出一定的空间，结合当地气候条件考虑，需要时还要配上冷却塔。

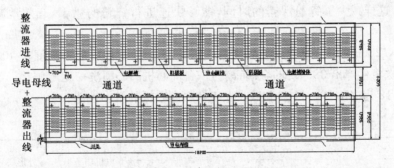

图 8-18　电解车间配置图(尺寸:mm)

(4) 锌粉清洗烘干粉碎工段设计

电解结束后，阴极析出锌粉和废电解液混合在一起，需要将其与废电解液固液分离后，清洗干燥，粉碎成所需粒度包装成成品。

因此该工段需要的主要设备为：锌粉过滤清洗设备，锌粉构造设备和锌粉粉碎设备。

① 锌粉过滤清洗设备的选择及设计

由于电解出来的金属锌粉活性好，非常容易被氧化，在过滤过程中会和碱反应造成反溶，降低效率，而且锌粉清洗不干净，则能跟残留的碱反应生成氢气，发生自燃现象。因此要求在过滤清洗过程不仅要清洗干净,而且时间要短。

在工业化应用中,锌粉过滤清洗设备选用了三足式吊袋卸料离心机、板框压滤机、圆盘式真空过滤机、上悬式人工卸料离心机等设备进行了对比。

采用三足式吊袋卸料离心机是将电解液和锌粉混合液由进料管引入均匀分布到转鼓壁,在离心力作用下实现固液分离,锌粉截留在转鼓内,然后在离心状态继续通入洗涤水进行清洗,清洗至中性后停机后启开机盖,松开拦液板锁紧块,将拦液板连同装有锌粉的滤袋一并吊往卸料处,使滤袋底端落下张开,锌粉自动排出。用离心机洗锌粉用水量减少,但却出现以下问题:①因为这种类型的离心机底座轻,在离心的过程中,很容易因为进料的不均匀而振动剧烈,带来了不安全因素;②清洗完后需将滤袋一并吊往卸料处,操作时间较长,易造成锌粉氧化损失。

采用板框压滤机过滤清洗锌粉的缺点是:由于滤饼形成后,洗涤水通过洗涤孔进入压滤机内难于布水均匀,以形成洗涤死角,所以耗水量大,清洗时间长。

采用圆盘式真空过滤机的缺点是:①由于真空抽滤过程中有大量的空气流产生,所以会增加锌粉和空气中氧气的接触机会,增加氧化损失;②因滤饼层有裂缝会导致液体沿裂缝流出,无法过滤清洗,故对操作人员要求高;③清洗完后也需将滤布上锌粉吊往卸料处,操作时间较长,易造成锌粉氧化损失。

总结前三种设备的不足,本工艺选用了 XR1200-N 型上悬式人工卸料离心机。XR 系列离心机是一种上悬式人工卸料、间歇操作过滤离心机,具有结构简单、运转平稳、操作简便、劳动强度较低、产量大、能耗低等特点。离心机用电机驱动转鼓旋转,在进料转速状态,电解液和锌粉混合液由进料管引入转鼓,进料达到预定容积后停止进料,升至高速分离,在离心力作用下,废电解液穿过滤网和转鼓壁滤孔排出转鼓,经排液管排入废电解液池,锌粉截留在转鼓内。再通入锌粉洗水,边离心边冲洗,直至洗水到中性。清洗结束后,停机抖动滤袋,使锌粉松散后,沿转鼓下锥面排出转鼓,从机壳底部排出。机壳底部正下方正好连接上干燥机,锌粉直接掉入干燥器,这样减少了锌粉裸露的时间,能够快速进行锌粉的烘干,有效地减少了锌粉的氧化。

选用 XR1200-N 型上悬式人工卸料离心机 2 台,其每次离心装料限度在 400 kg。每组电解槽电解一次将生出 385 kg 的金属锌粉,一台离心机离心清洗一组电解槽一次电解产生的锌粉。表 8-12 为 XR1200-N 型上悬式人工卸料离心机的基本性能。

表 8-12　　　　　　　　　　　　　XR1200-N 型上悬式人工卸料离心机

型号	转　鼓					电机功率 /kW	外形尺寸 /mm	重量 /kg
	直径 /mm	高度 /mm	最高转速 /(r/min)	最大分离因素	装料限度 /kg			
XR1200-N	1 200	1 055	970	644	450	22	2 210×1 600×3 414	4 146

② 锌粉烘干设备的选择及设计

锌粉干燥设备选用 SZG 双锥回转真空干燥机。双锥回转真空干燥机是集混合—干燥于一体的新型干燥机。将冷凝器,真空泵与干燥机配套,组成真空干燥装置。内部结构简单,清扫容易,物料能够全部排出,操作简便,能降低劳动强度,改善工作环境。同时因容器本身回转时物料亦转动但器壁上不积料,故传热系数较高,干燥速率大,不仅节约能源,而且物料干燥均匀充分,质量好。

SZG 双锥回转真空干燥机为双锥形的回转罐体,罐内在真空状态下,向夹套内通入蒸汽或热水进行加热,热量通过罐体内壁与湿锌粉接触。湿锌粉吸热后蒸发的水汽,通过真空泵经真空排气管被抽走。由于罐体内处于真空状态,且罐体的回转使锌粉不断的上下、内外翻动,加快了物料的干燥速度,提高了干燥效率,达到了均匀干燥的目的。

根据锌粉产量,选择 SZG-1000 型双锥回转真空干燥机 2 台。双锥回转真空干燥机安装于上悬式人工卸料离心机的出料口正下方,并设锌粉垂直滑道,使清洗好的锌粉直接进入干燥机。表 8-13 为 SZG-1000 型双锥回转真空干燥机的基本性能。因锌粉在高温下会与水发生氧化反应,因此需及时将干燥过程中蒸发出的水汽抽出,为此本工艺中加大了与双锥回转真空干燥机配套的真空泵的功率,选用 15~20 kW 的真空泵。

表 8-13　　　　　　　　　　　SZG-1000 型双锥回转真空干燥机

型号	罐内容积/L	装料容积/L	重量/kg	回转高度/mm	电机功率/kW	外形尺寸/mm
SZG-1000	1 000	≤500	2 800	2 800	3	2 860×1 300

型号	罐内设计压力/MPa	夹套设计压力/MPa	真空泵型号、功率		工作温度	
SZG-1000	0.1~0.15	≤0.09	SK-2.7B　15~20 kW		罐内≤85 ℃,夹套≤140 ℃	

③ 锌粉粉碎设备设计

锌粉粉碎机的选择对锌粉质量有很重要的影响。采用一般的粉碎机,锌粉在粉碎过程中被氧化,金属锌含量降低,有时甚至能降低一个百分点,这意味着电解出来达到一级标准的金属锌粉在粉碎后品质降到了二级标准,可见粉碎设备对保证锌粉质量的重要性。

根据锌粉的这一特定,自行设计了一套锌粉粉碎装置,装置由喂料机、粉碎装置、电机、风机、减压仓、储料室及收尘器组成(图 8-19)。粉碎装置的外部设机壳、主轴位于粉碎装置的轴心线上,在轮盘上有同倾度的刀具,二组以上轮盘间隔固定在主轴上,在轮盘之间有回旋板轮,进料叶轮位于粉碎装置的进料口处,排料叶轮位于粉碎装置的出料口,机壳与轮盘间有 1~15 cm 的间隙,喂料机与粉碎装置的进料口连接,风机与粉碎装置的出料

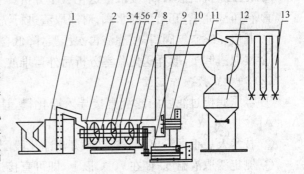

图 8-19　自行设计的锌粉粉碎装置

1—喂料机；2—进料叶轮；3—主轴；4—轮盘；5—刀具；
6—回旋板轮；7—机壳；8—排料叶轮；9—电机；10—风机；
11—减压仓；12—储料室；13—收尘器

口连接,风机的出风口经管道连接到减压仓,减压仓有上排风口和下出料口,下出料口与储料室连接,上排风口与收尘器连接,电机与粉碎装置的主轴连接。

锌粉粉碎机的工作过程为:锌粉经粗细判断选用合适的进料速度、数量由可调试喂料器进行加料,锌粉进入壳腔内,在进料叶轮的风引下物料进入湍旋气流,在湍旋气流的作用下物料相互间和与轮盘上的刀具都会进行无规则的剪切,粉碎完成后,在变频引风机的抽引下,物料经减压仓到储料室,超细部分则进入布袋收尘器。

4. 各工段操作流程

(1) 浸取工段操作流程

① 每批量矿进厂后分析其品位,并在实验室进行浸取小试,确定浸取碱浓度、温度及时间。

② 开启废电解液进液阀和洗水进液阀输送废电解液和洗水入浸取槽到所需液位。

③ 启动浸取槽搅拌机搅拌 5 min 后,取样分析废液的碱浓度和锌浓度。

④ 根据废液碱度和锌浓度,技术人员根据下式计算提供配料单:

$$需补加的碱量 = 待浸出废液体积 \times (浸出所需碱浓度 - 废液碱浓度)$$
$$需加如的原料量 = 待浸出废液体积 \times (35 - 废液中含 Zn 量)/浸出率$$

⑤ 根据配料单,加入所需 NaOH 量和原料量。

⑥ 打开蒸汽阀门,进行通汽加温至 80 ℃～90 ℃(具体温度根据小试情况确定)后停止加热。

⑦ 根据原料情况,如果含 $ZnCO_3$,$ZnSiO_3$ 较多,需在到达温度 30 min 后计量加入制成乳液的 CaO。

⑧ 达到 80 ℃～90 ℃后 30 min 取样分析锌、碱浓度,如碱浓度低于 180 g/L,补充碱。

⑨ 达到 80 ℃～90 ℃后总共浸出 1～2 h(具体时间根据小试情况确定)。

⑩ 搅拌机继续搅拌,待温度降低到 80 ℃时,按压滤机压紧按钮,活塞推动压紧板,将所有滤板压紧。

⑪ 启动进料泵进料过滤。

⑫ 在压滤机出液口,取浸取液送化验室分析。

⑬ 待压滤完毕,开启洗涤水阀,对浸取渣进行洗涤,取洗渣水送化验室分析。

⑭ 开启压缩空气阀门,使滤渣再次压紧,降低含水率。

⑮ 浸取渣卸下,取样送化验室分析后外运堆放。

(2) 净化工段操作流程

① 经压滤机过滤后的滤液直接导入净化槽,计量体积,分析浸出液里 Zn,NaOH,Pb,As,Al 含量。

② 技术人员根据浸出液分析结果开出净化段配料单。

③ 测定浸取液温度,如在 70 ℃以上,即可直接进行净化操作,否则需要开启蒸汽送气阀,进行加温。

④ 按生产调度员的净化段配料单,缓慢加入工业硫化钠。先加入 80%,搅拌 30 min,取样 100 mL,过滤,上清液加入少量硫化钠,若有黑色沉淀,继续投加硫化钠,重复以上步骤,直至上清液不出现黑色沉淀为止。本步骤非常重要,需谨慎操作。无黑色沉淀后,继续搅拌 30 min。

⑤ 取 50 mL 净化液过滤,滤液加入 0.5 g 硫化钠,用玻璃棒搅拌,若完全呈白色沉淀,无任何黑色沉淀,表示净化彻底;若呈黑色,表示净化不完全,视情再添加硫化钠,继续搅拌 20 min,再重复上述操作,直至滤液不出现黑色沉淀为止。

⑥ 停止搅拌,静置 4 h。

⑦ 送压滤机过滤,一旦滤液出现黑色,必须停止过滤,滤液泵回净化槽重新过滤。必须确保滤液是澄清的。

⑧ 在压滤机出液口取净化后液送化验室。

⑨ 净化好的溶液送陈化池,陈化48 h。

⑩ 净化渣卸下,取样送化验室分析,再送料场。

(3) 电解工段岗位操作流程

① 对陈化槽的净化液进行分析,其杂质含量应保证Pb<50 mg/L, As<300 mg/L, Al<2 g/L。

② 若符合步骤①的电解液质量要求,即可将溶液输送到电解槽。

③ 若不符合步骤①的电解液质量要求,必须泵入净化槽重新净化,重复净化工段步骤。

④ 电解液进槽:进液前检查关闭电解槽槽底阀门,打开进液阀门,让电解液注入电解槽,使每槽电解液溢流进入循环池。

⑤ 电解液组内循环:启动循环泵,让电解液在组内循环流动。

⑥ 启动整流器。先开循环水泵供给整流柜循环水,同时观察循环水压力(0.07~0.1 MPa)。确定给定电位器是否回零,打开控制电源,高压合闸。启动整流柜。慢慢旋转给定电位器,开电流。当电流升至1 000 A,停2 min,观察电压和电流变化情况,升至2 000 A时,停2 min再次观察,电流和电压变化情况,操作要缓慢。如电流不与电压同步上升,给定电位器停在该档位,直至电流上升。操作过程中,如遇异常情况,整流器报警马上停机,停高压,待排除故障后,再重新开机。

⑦ 当某组(5槽)电解至规定时间时,合上该组槽边母线开关,使电路形成短接,该组电解槽就停止供电,开启电解槽底部阀门,让废电解液夹带锌粉从槽底部流进锌粉溜槽,进入锌粉清洗过渡池。完毕后槽里重新注入电解液,打开槽边母线开关,该组重新通电,恢复电解。

⑧ 电解过程中,注意检查阴、阳极板接头和导电母线插头,局部温度如有升高,表示点接触不良,应重新调整安装。

⑨ 每半小时取电解液一次进行锌含量分析,确保锌浓度在8 g/L时停止电解。

⑩ 当电解液中的锌浓度低于8 g/L时,停止电解,关掉整流器。

⑪ 必须采取工程措施,确保电解液的温度低于50 ℃。

(4) 锌粉清洗烘干粉碎工段岗位操作规程

① 打开总电源将调速档位置于"中速"档,按启动开关按钮。等待离心机加速至调频器数值显示"25"后,方可开始进料。

② 启动离心机进料泵,将锌粉和废电解液的混合液泵入离心机。调节进料阀门使得进料流量达到理想状态。

③ 离心过程中操作人员必须注意观察离心情况,如出现异常情况,立即关闭离心机及水泵电源。

④ 一次离心最大承载量不得超过450 kg,进料完毕后,3 min后关闭废电解液排水阀门,打开洗锌水排水阀门。等洗锌水pH值达到中性时,关闭冲洗水阀门。

⑤ 将调速档置于空档,打开真空干燥罐进料口,松开离心机下料口布袋,将布袋口放入真空干燥罐内,防止锌粉落到真空罐外,等待离心机停止转动后,方可开始卸料。

⑥ 卸料完毕,将滤袋、卸料管道内及布袋上粘附的锌粉移入真空干燥罐内,扎紧布袋口,立即关闭真空干燥罐进料口开始干燥作业。

⑦ 打开干燥设备进料口阀门,把需要干燥的金属锌粉从进料口阀门投至干燥设备容器内,每次干燥投料量应严格计量控制在400 kg(湿料),物料投放完毕后,关闭好阀门必须确保

密封圈部件无物料粘附。

⑧ 启动真空系统,关闭真空泵排水阀,开启真空泵,等待真空泵正常运转后,打开冷却水阀门,再打开缓冲罐顶部与干燥设备连接的阀门,打开缓冲罐顶部与真空泵连接的阀门,真空干燥系统开始运行。

⑨ 真空干燥系统运行一段时间后,真空度达到 0.07 MPa 时,方可打开干燥设备夹套加热蒸汽阀门,刚开始打开蒸汽阀门一定要缓慢进行(半开),加热蒸汽阀门打开通汽后,将夹套内残留冷却水排净,一定要确认加热蒸汽管道出口阀门有蒸汽排出。

⑩ 打开干燥设备电源开关,启动正(反)转按钮,打开调速控制开关,干燥过程中转控制在50 转/时,干燥设备开始运行。

⑪ 干燥过程中,操作人员必须密切观察真空度的升降情况,当真空度降至 0.05 MPa 时,关闭干燥设备加热蒸汽阀门,待真空升至 0.06 MPa 以上时,方可再次打开加热蒸汽阀门通蒸汽。

⑫ 干燥过程中,蒸汽压力控制在 0.2 MPa 至 0.25 MPa,不得超过 0.3 MPa。

⑬ 再次通蒸汽后真空度保持在 0.05 MPa 以上,干燥温度控制在 105 ℃,如干燥温度超过110 ℃,应关闭干燥设备加热蒸汽阀门。

⑭ 随着干燥进程的进行,在连续加热蒸汽的情况下,真空度保持在 0.09 MPa 以上,真空抽气管温度逐渐下降到常温,这时物料已干燥完毕,关闭干燥设备加热蒸汽阀门,进入降温过程。

⑮ 打开蒸汽出口管道阀门,排净蒸汽后,打开冷却水阀门,进行冷却降温。冷却过程干燥设备转速在 400 转/时,降温时间严格控制在 30 min 以上。等冷却水出水温度降至常温,冷却过程结束,关闭冷却水阀门。

⑯ 等物料温度降至 50 ℃以下,整个干燥过程完成,调速控制开关先回零,再关闭干燥设备停机按钮。

⑰ 先关闭真空系统缓冲罐顶部与干燥设备连接的阀门,再关闭缓冲罐顶部与真空泵连接的阀门,最后关闭真空泵。

⑱ 在真空干燥罐出料口处于向上位置时,缓慢打开出料口进气使真空干燥罐内气压减到零,静止 10 min 后方可出料。

⑲ 将干燥好的锌粉送入锌粉粉碎装置,严格安装其设备说明进行操作,完成锌粉的粉碎。

⑳ 将达到粒径要求的锌粉取样送化验室分析。

㉑ 锌粉按 GB/T 6890—2000 国家标准进行包装。

(5) 各工段分析要求

化验室的分析对整个生成过程的管理和控制有着至关重要的作用,化验室需要对生产流程进行跟踪分析以确定下一步工序投加的物料,同时还需要对锌粉产品进行抽样调查,保证产品质量。表 8-14 为化验室生产过程需要分析的项目及取样点。表 8-15 为实验室样品分析方法总汇。

表 8-14　碱法炼锌分析物料及取样点

需分析的物料	分析项目	取样点
入库原料	Zn, Pb, As 含量	跟车取样

续表

需分析的物料		分析项目	取样点
球磨	矿浆	Zn，NaOH 浓度	料浆储槽
浸取	浸取液	Zn，NaOH，Na_2CO_3 浓度	浸取釜
	浸取后液	Zn，Pb，NaOH，Na_2CO_3 浓度	浸取压滤机出液口
	浸取渣	Zn，Pb 含量	浸取压滤机出料口
	洗渣水	Zn，Na_2CO_3，Na_2CO_3 浓度	洗渣水池
净化	净化前液	NaOH，Na_2CO_3，Zn，Pb，As，Al 浓度	净化釜
	净化渣	Zn，Pb，S，水分	净化压滤机出料口
	净化后液	NaOH，Na_2CO_3，Zn，Pb，As，Al 浓度	净化压滤机出液口
电解	电解前液	NaOH，Na_2CO_3，Zn	电解槽
	电解中控	Zn	电解槽
清洗	电解废液	NaOH，Na_2CO_3，Zn	电解废液槽
	锌粉洗水	NaOH，Na_2CO_3，Zn	洗水池
磨粉	锌粉	全锌、金属锌	气磨机出料口

表 8-15　　　　　　　　　　　　　样品分析方法

样品	分析项目	分析方法
浸取渣、原料、净化渣	Zn	沉淀分离 EDTA 滴定法测定矿石中的锌量
	Pb	EDTA 容量法测定矿石中的铅量
	As	砷钼蓝光度法
	水分	105 ℃烘干法
矿浆、浸取液、净化液、电解液、洗渣水、电解废液	Zn，Na_2CO_3，NaOH	EDTA 络合滴定与酸碱滴定联合测定含锌碱性溶液中的游离碱、锌和碳酸钠
	Pb	EDTA 滴定法测铅量
	As	砷钼蓝光度法
	Al	EDTA 滴定法测定三氧化二铝
	S	燃烧中和滴定法测硫
锌粉	全锌	Na_2EDTA 滴定法测定全锌量
	金属锌	高锰酸钾滴定测金属锌

（6）生成操作流程中的可改进措施

（1）浸出工段

根据物料平衡计算可看出，铅和净化分离剂反应可生成 NaOH：

$$PbO + NaOH + H_2O =\!=\!= NaPb(OH)_3$$

$$NaPb(OH)_3 + Na_2S =\!=\!= 3NaOH + PbS$$

从以上反应式可看出，原料中 1 mol 的 Pb 可多产出 2 mol 的 NaOH，因此如铅含量较高时，因此生产中会出现 NaOH 逐渐增加的问题，因此需要将高铅和低铅原料或氧化锌矿搭配使用。

（2）净化工段

使用铅含量高的废渣时，因净化需加入的硫化钠量大，易造成锌和硫化钠反应生产硫化锌进入净化渣,增加锌的损失量,为解决该问题可采取以下措施:将净化渣加入浸取釜与浸取渣混合二次浸取,利用原料废渣中的铅将大部分形成的硫化锌溶解出来,每次加入的净化渣按下式计算:

$$每槽浸出液时加入的净化渣量 = \frac{原料含 Pb 品位 \times 原料加入量 \times 65.4}{净化渣中含锌百分比 \times 207.2}$$

(3)锌粉清洗阶段

由于锌粉中夹带有碱溶液,清洗时间较长,容易影响到正常的循环生产,因此可采取在清洗液体中加入稀酸的方式加以改进,当清洗到出水 pH 为 13 时,开始改用 pH 为 5.5～6 的稀酸进行清洗,最后再用清水冲洗 5 min,这样可大幅度减少水量和节省时间。

二、碱浸-电解法生成锌粉工业化生产运营情况

昆明年产 1 500 吨锌粉项目从 2006 年 12 月开始生产;杭州年产 1 000 吨锌粉厂从 2007年 7 月开始正式生产;云南曲靖年产 1 000 吨锌粉项目从 2007 年 11 月开始正式生产。

这些厂主要是使用含锌废渣和氧化锌矿为原料,其中以含锌废渣为主,所以原料来源广泛,原料变化快、成分复杂,生产技术控制难度相对较大。但生产都比较稳定,各种原料的浸出率统计见表 8-16。浸出率一般在 90％以上,最低为 86％。生产出的金属锌粉全锌含量在98％以上,金属锌含量也基本在 94％以上,达到了锌粉的国家二级标准,生产运营状况良好。

表 8-16　　　　　　　　　工业化项目中使用原料的浸出率统计表

原料名称	原料元素含量			锌的平均浸出率
	锌	铅	铁	
原料 1(氧化锌矿)	17.32％	2.25％	8.05％	90.27％
原料 2(氧化锌矿)	22.63％	1.96％	4.67％	93.32％
原料 3(烟灰)	24.45％	2.44％	5.31％	95.7％
原料 4(烟灰)	48％	4.69％	2.22％	92.15％
原料 5(烟灰)	30.19％	10.62％	0.77％	86.02％
原料 6(烟灰)	18.42％	8.34％	4.67％	90.20％
原料 7(锌渣)	48.71％	0.51％	0.96％	91.6％
原料 8(锌渣)	41.14％	1.37％	1.15％	93.16％
原料 9(铅厂烟灰)	59.47％	12.4％	0.56％	99.37％
原料 10(铅厂烟灰)	55.98％	23.51％	0.047％	94.5％
原料 11(钢厂烟灰)	30.07％			88.05％

第四节　碱浸-电解生产锌粉新工艺的生命周期评价

碱浸-电解法生产锌粉工艺是一种全新的湿法炼锌工艺,其电解析出物为粉状金属锌,可直接生产高纯度锌粉。相对于传统火法和酸法工艺,该新工艺具有流程简单、金属回收率高、原料适应性强、能耗低、污染小等优越性。本节采用生命周期评价法对碱浸-电解法生产锌粉新工艺的环境影响进行分析,评价其环境负荷,并与传统的酸法和火法锌冶炼工艺进行对比,对推行锌工业清洁生产提供指导。

生命周期评价(Life Cycle Assessment，LCA)是一种用于评估产品在其整个生命周期中，即从原材料的获取、产品的生产直至产品使用后的处置，对环境影响的技术和方法。按国际标准化组织定义："生命周期评价是对一个产品系统的生命周期中输入、输出及其潜在环境影响的汇编和评价。"

作为新的环境管理工具和预防性的环境保护手段，生命周期评价主要应用在通过确定和定量化研究能量和物质利用及废弃物的环境排放来评估一种产品、工序和生产活动造成的环境负载；评价能源材料利用和废弃物排放的影响以及评价环境改善的方法。

生命周期评价的过程是：首先辨识和量化整个生命周期阶段中能量和物质的消耗以及环境释放，然后评价这些消耗和释放对环境的影响，最后辨识和评价减少这些影响的机会。生命周期评价注重研究系统在生态健康、人类健康和资源消耗领域内的环境影响。

生命周期评价的总目标是比较一个产品在生产过程前后的变化或比较不同产品的设计，为此它应满足以下原则：

——运用于产品的比较；

——包括产品的整个周期；

——考虑所有的环境因素；

——环境因素尽可能定量化。

ISO14040标准将生命周期评价的实施步骤分为目标和范围定义、清单分析、影响评价和结果解释四个部分，如图8-20所示。

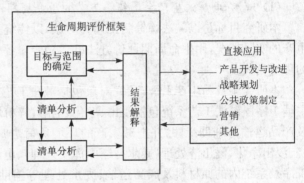

图 8-20　生命周期评价技术框架

1. 目标和范围的确定

目标定义是要清楚地说明开展此项生命周期评价的目的和意图，以及研究结果的可能应用领域。研究范围的确定要足以保证研究的广度、深度与要求的目标一致，涉及的项目有：系统的功能、功能单位、系统边界、数据分配程序、环境影响类型、数据要求、假定的条件、限制条件、原始数据质量要求、对结果的评议类型、研究所需的报告类型和形式等。生命周期评价是一个反复的过程，在数据和信息的收集过程中，可能修正预先确定的范围来满足研究的目标，在某些情况下，也可能修正研究目标本身。

2. 清单分析

清单分析是量化和评价所研究的产品、工艺或活动整个生命周期阶段资源和能量使用以及环境释放的过程。一种产品的生命周期评价将涉及其每个部件的所有生命阶段，这包括从地球采集原材料和能源，把原材料加工成可使用的部件，中间产品的制造，将材料运输到每一个加工工序，所研究产品的制造、销售、使用和最终废弃物的处置(包括循环、回用、焚烧或填埋等)等过程。

3. 生命周期影响评价

国际标准化组织、美国"环境毒理学和化学学会"以及美国环保局都倾向于将影响评价定为一个"三步走"的模型，即分类、特征化和量化。

① 分类：分类是将清单中的输入和输出数据组合成相对一致的环境影响类型。影响类型通常包括资源耗竭、生态影响和人类健康三大类，在每一大类下又有许多亚类。生命周期各阶段所使用的物质和能量以及所排放的污染物经分类整理后，可作为胁迫因子，在定义具体的影

响类型时,应该关注相关的环境过程,这样有利于尽可能地根据这些过程的科学知识来进行影响评价。

② 特征化:特征化主要是开发一种模型,这种模型能将清单提供的数据和其他辅助数据转译成描述影响的叙词。目前国际上使用的特征化模型主要有:负荷模型、当量模型、固有的化学特性模型、总体暴露-效应模型、点源暴露-效应模型。

③ 量化:量化是确定不同环境影响类型的相对贡献大小或权重,以期得到总的环境影响水平。

4. 生命周期解释

在生命周期评价中,生命周期解释是根据规定的目的和范围,综合考虑清单分析和影响评价的发现,从而形成结论并提出建议。如果仅仅是生命周期清单研究,则只考虑清单分析的结果。

(1) 碱浸-电解法生产金属锌粉工艺的生命周期评价

本研究目标是以碱法炼锌新工艺为对象,以传统酸法和火法炼锌工艺为参比,结合我国锌生产的实际情况,用生命周期评价方法(LCA)定量评价分析碱法炼锌新工艺锌粉生产过程中的环境负荷。

本研究中锌粉生产 LCA 研究对象包括碱法工艺、酸法工艺和火法工艺(ISP)系统的所有主辅工序。碱法工艺系统包括浸出、净化、电解、锌粉烘干加工等主体工序,及系统内的原材料及产品运输等辅助工序,并把碱生产的环境负荷也归入辅助工序;酸法工艺系统包括酸化焙烧、浸出净化、浸出渣处理(威尔兹还原挥发处理)、电解、熔铸、锌粉加工(空气雾化法)等主体工序及系统内的原材料及产品运输、废水处理等辅助工序;火法工艺(ISP)系统包括熔炼、精馏、锌粉加工(蒸馏法)等主体工序,及碳化硅生产、热电生产、原材料及产品运输、废水处理等辅助工序。各工艺系统边界分别如图 8-21—图 8-23 所示。

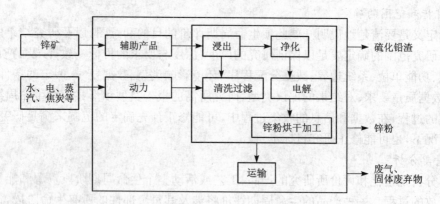

图 8-21　碱法工艺生产锌粉系统 LCA 边界

本研究使用的数据主要来源:①碱法工艺数据来源于已建投产的昆明晟旭锌业有限公司和贵州赫章凯捷锌业有限公司的实际生产统计数据;②酸法及火法工艺的能耗数据来源于有色金属行业标准《锌冶炼企业产品能耗》(YS/T 102.2—2003)中的一级指标;③酸法及火法工艺中的污染物排放量数据及辅助工序能耗来源于株洲冶炼厂、韶关冶炼厂的能源平衡表、环境监测年报与工业企业"三废"排放与处理利用情况报表;④其他数据来源于中国统计年鉴、有色金属工业年鉴,同时参考相关文献资料确定。

系统的功能单位定义为吨锌粉(一级锌粉含金属锌 96%),酸法及火法工艺中的锌粉回收率以 95% 计算。

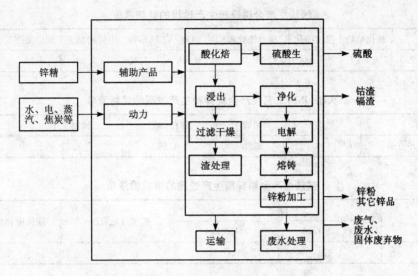

图 8-22　酸法工艺生产锌粉系统 LCA 边界

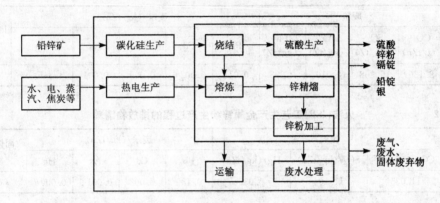

图 8-23　火法工艺(ISP)生产锌粉系统 LCA 边界

对于共产品,环境影响分配采用系统扩展和替换法,即锌产品承担共生产过程及废弃物处理过程的环境影响。具体到碱法工艺系统,除硫化铅生产工序外的其他主辅工序的环境影响都由锌产品承担;酸法工艺系统,除硫酸生产工序外的其他主辅工序的环境影响都由锌产品承担;火法工艺系统,除粗铅生产及硫酸生产工序外的其他主辅工序的环境影响都由锌产品承担。

碱法锌粉生产工艺以及传统酸法和火法工艺的生产过程各工序的能耗数据清单表见表 8-17—表 8-19;生产过程污染物排放清单见表 8-20—表 8-22。

由于碱法工艺中氢氧化钠浸出液可以循环重复利用,浸出渣及锌粉清洗的废水可以回用作为浸出液,整个工艺的水量可以平衡,所以没有废水产生;碱法工艺中的废气排放主要来自于蒸汽锅炉的燃煤排放。

表 8-17　　　　　　　碱法生产金属锌粉生产过程的能耗清单

工序	浸出净化	电解	锌粉烘干加工	辅助工序	合计
能耗/(GJ/t·Zn)	8.46	36.10	1.52	9.28	55.36

表 8-18　　　　　　　　　酸法生产金属锌粉生产过程的能耗清单

工序	酸化焙烧	浸出净化	浸出渣处理	电解	熔铸	锌粉加工	辅助工序	合计
能耗/(GJ·t·Zn)	−4.27	3.44	11.58	39.46	1.60	1.38	9.89	63.08

表 8-19　　　　　　　　火法(ISP)工艺生产金属锌粉生产过程的能耗清单

工序	熔炼	精馏	锌粉加工	辅助工序	合计
能耗(GJ/t·Zn)	44.40	8.88	0.38	5.27	58.93

表 8-20　　　　　　　　　碱法生产金属锌粉生产过程的排放物清单

污染物	废气		废水/(kg/tZn)	固体废弃物/(t/tZn)
	CO_2/(t/tZn)	SO_2/(kg)		
排放量	1.021	0.015	—	0.75

表 8-21　　　　　　　　　酸法生产金属锌粉生产过程的排放物清单

污染物	废气				废水/(kg/tZn)					固体废弃物/(t/tZn)
	CO_2/(t/tZn)	SO_2/(kg/tZ)	As/(kg/tZ)	Pb/(kg/tZ)	Pb	Cd	Cu	As	Hg	
排放量	2.136	19.308	0.016	0.098	0.018	0.0026	0.005	0.001	4.34E−05	0.326

表 8-22　　　　　　　　火法(ISP)工艺生产金属锌粉生产过程的排放物清单

污染物	废气			废水/(kg/tZn)				固体废弃物/(t/tZn)
	CO_2/(t/tZn)	SO_2/(kg/tZn)	Hg/(kg/tZn)	Pb	Cd	As	Hg	
排放量	11.035	11.104	0.035	0.139	0.008	0.0019	0.0007	0.588

　　LCA 中的影响评价是将清单分析结果与具体环境影响联系起来,并评价现在发生的和潜在的重大环境影响。具体包括分类、特征化、规范化及评价。国际标准化组织(International Standard Organization, ISO)和环境毒物和化学学会(Society of Environmental Toxicology and Chemistry, SETAC)制定了 LCA 影响评价的相关标准体系。本研究主要考虑能源消耗、温室气体排放、酸雨、重金属污染以及固体废弃物等五类环境影响,并分别用能源总需求(GER)、温室效应指数(GWP)、酸化指数(AP)、重金属当量(HME)及固体废弃物负担(SWB)等 5 个环境指数表征其影响大小。采用目前广泛使用的生态指数体系(Eco-Indicator 95)中的特征化指数计算方法来进行量化,具体计算方法如下:

　　① 能源总需求指数(GER)

$$GER = \sum E_i$$

其中　E_i——第 i 道工序的能源需求,GJ。

　　② 温室效应指数(GWP)

　　温室效应指数以 t 当量 CO_2 表示,计算公式为:

$$GWP = \sum G_i \times g_i$$

其中　G_i——烟气中 i 种组元的排放量,t;

　　　g_i——第 i 种组元的温室效应指数特征化系数。

③ 酸化指数(AP)

酸化指数以 t 当量 SO_2 表示,计算公式为:

$$AP = \sum C_i \times \sigma_i$$

其中　C_i——烟气中 i 种组元的排放量,t;

　　　σ_i——i 种组元的酸化指数特征化系数。

④ 重金属当量(HME)

锌冶炼过程中排放的烟气、废水中含有铅、砷、镉等重金属,其对环境的影响用重金属当量表示,以 kg 当量 Pb 表示,重金属当量特征化系数见表 8-23,重金属当量计算公式为:

$$HME = \sum M_i \times h_i$$

其中　M_i——烟气和废水中 i 种重金属的排放量,kg;

　　　h_i——i 种重金属的重金属当量特征化系数。

表 8-23　　　　　　　　　　　　重金属当量特征化系数

元素	Pb	Cd	Cu	As	Hg
h_i(烟气中)	1	50	1	1	1
h_i(废水中)	1	3	0.005	1	10

⑤ 固体废弃物负担(SWB)

固体废弃物负担以固体废弃物产生量(t)来表示。

碱法工艺生产锌粉的 GER,GWP,AP 等比传统的酸法和火法工艺都低,其值分别是酸法的 87.76%,47.80% 和 0.08%,是火法的 93.94%,9.25% 和 0.14%。因碱法工艺无废水和含重金属废气排放,所以其 HME 为零;由于碱法工艺以 20% 左右的低品位氧化锌矿为原料,所以浸取渣量比较大,但碱法浸取渣经清洗后浸出毒性低于浸出毒性鉴别标准值(GB 5085.3—1996),可以填埋或作建筑材料,并且对低品位矿石的利用本身就是对废弃资源的有效利用。

碱法生产锌粉作为新工艺在国外还未见工业化报道。碱法工艺的 GWP、AP 与发达国家的酸法和火法炼锌工艺对比,也明显要低(表 8-24)。这是因为发达国家的酸法和火法炼锌工艺虽然在能耗及烟气污染治理方面作了较大改进,但由于碱法生产锌粉为全湿法工艺,不需要焙烧、熔炼等工序,因此相比而言,碱法工艺排放的 CO_2 和 SO_2 仍比发达国家的酸法和火法炼锌工艺少。

表 8-24　　　　　　　　　　生产金属锌粉过程 LCA 的环境影响指数

工艺	GER/(GJ/t·Zn)	GWP/(t·CO₂·e/tZn)	AP/(t·SO₂·e/t Zn)	HME/(kg·Pb·eq/tZn)	SWB/(t/tZn)
碱法	55.36	1.021	0.015	0	0.75
酸法	63.08	2.136	19.308	0.138	0.326
火法(ISP)	58.93	11.035	11.104	0.204	0.588
酸法(美国)		4.6	0.055		
ISP(澳大利亚)		3.3	0.036		

（2）含锌危险废物碱浸-电解再生锌粉生产工艺的生命周期评价

由于含锌危险废物中含有氯、氟等杂质，传统酸法难于使用，所以对于含锌危险废物的再生利用目前的主要工艺是火法工艺。因此，在对含锌危险废物碱浸-电解再生锌粉生产工艺进行生命周期评价时，主要是和火法工艺进行对比，评价过程和上节相似，评价结果见表 8-25。

表 8-25　　　　　再生金属锌粉生产过程 LCA 的环境影响指数

原料	工艺	GER/ (GJ/t·Zn)	GWP/ (t·CO$_2$·e/tZn)	AP/ (t·SO$_2$·e/t Zn)	HME/ (kg·Pb·eq/tZn)	SWB/ (t/tZn)
含锌危险废物	碱法	54.96	0.980	0.015	0	0.88
	火法(ISP)	58.93	11.035	1.766	0.204	0.9
原矿	碱法	58.32	1.021	0.015	0	3.89

从表 8-25 比较分析可以看出，碱法工艺再生锌粉的 GER，GWP，AP 比传统的火法工艺都低，分别是火法的 93.26%，8.88%，0.85%；因碱法工艺无废水和含重金属废气排放，所以 HME 为零；碱法浸取渣经清洗后浸出毒性低于浸出毒性鉴别标准值（GB 5085.3—1996），可以作为一般废渣处置，在回收金属锌的同时实现含锌危险废物的无害化处理。

习　　题

8-1　简述锌的碱浸工艺及碱介质电解生产金属锌粉全过程。

8-2　简述生命周期概念。

8-3　理解并熟记机械活化碱性转化浸出工艺流程图。

第九章
建筑废物污染控制技术

我国每年都有大量化工、冶金、火电、轻工企业面临拆迁或改建,同时,工矿等企业各类安全问题引起的火灾和爆炸事故也产生了大量工业建筑废物,由此带来的工业企业建筑废物对人类生存环境构成了新的威胁。建筑垃圾复杂,如不作任何处理直接运往建筑垃圾堆场堆放,一般需要经过数十年才可趋于稳定。在此期间,废砂浆和混凝土块中含有的大量水合硅酸钙和氢氧化钙使渗滤水呈强碱性,废石膏中含有的大量硫酸根离子在厌氧条件下会转化为硫化氢,废纸板和废木材在厌氧条件下可溶出木质素和丹宁酸并分解生成挥发性有机酸,金属废料可使渗滤水中含有大量的重金属离子,从而污染周边的地下水、地表水、土壤和空气,受污染的地域还可扩大至存放地之外的其他地方。而且,即使建筑垃圾已达到稳定化程度,堆放场不再产生有害气体释放,渗滤水不再污染环境,大量的无机物仍然会停留在堆放处,占用大量土地,并继续导致持久的环境问题。

第一节　受重金属污染建筑废物基本修复技术

过去 30 年,中国经历了快速的工业发展和城市化扩张,许多基础设施需要建造、改建、维修、拆除,产生了大量的建筑废物。以上海为例,2011 年建筑废物产量为 438 万吨,占固体废弃物总量的 36%。目前,中国鼓励回收建筑废物,如再生砂石、沙子和再生骨料。然而,由于化工和冶金等工业活动,产生了大量受重金属污染的砂石。受污染砂石中含有多种重金属,如锌、铜、铬、铅、镉等,这些污染物具有持久性、生物累积性和毒性的特征。受污染砂石再生利用前,需要对其无害化处置,如固定和洗脱等,否则在实际使用过程中会对环境造成危害。然而,目前没有专门针对建筑废物的修复手段,也没有标准的浸出方法来评估其环境危害性。

针对重金属的修复技术,可分为固定和洗脱两大类。重金属固定,目前常见的修复药剂有磷酸盐化合物、石灰材料、金属材料等。研究表明,磷酸二氢钾(KH_2PO_4)可以提高 pH 值和表面电荷,从而提高镉固定化效率,降低植物可利用性,通常可用于修复受到镉、铜、铅、镍和锌污染的土壤。加入石灰可以提高 pH 值,减少重金属的溶解度并提高金属化合物吸附或沉淀,比如铬、砷、锌、铅、镍、镉、铜和钴,从而降低植物的吸收。纳米铁粉也是一种原位修复重金属污染的材料,由于其较大的比表面积,对水溶液,甚至是电镀废水中的锌、铜、镉、铬和铅都有很好的修复效果。

重金属污染修复方法主要包括工程治理、化学修复、生物修复等。其中,化学修复周期较短、效果稳定、治理彻底,因此,化学洗脱是最有效的修复方法。污染物洗脱技术通常可以促进污染物溶解迁移,使吸附或固定在建筑废物上的重金属污染物脱附去除。污染物洗脱技术的关键是开发针对性强、成本合理且无二次污染的洗脱剂,并制定合理有效的修复工艺。化学洗脱法常用于土壤修复领域,但目前还没有针对受多种重金属(Cu/Zn/Cr/Ni)污染建筑废物的洗脱方法的公开报道。传统洗脱法采用的洗脱剂主要有螯合剂、表面活性剂、无机淋洗剂、有机酸等,但若要达到良好的洗脱效果,往往成本较高或者易产生严重的二次污染。

重金属修复技术主要针对化学洗脱法在受多种重金属(Cu/Zn/Cr/Ni)污染的建筑废物污染修复领域上的空白,克服了以 EDTA、无机盐、无机酸和有机酸为洗脱剂的现有洗脱技术成本高、破坏大、且易产生二次污染等问题,使处理后的建筑废物重金属含量低于土壤环境质量标准(GB 15618—1995)三级标准阈值(建筑废物重金属总含量方面目前尚无相关标准),用 HJ/T 229 浸出方法对处理后建筑废物进行浸出实验,浸出液中重金属浓度低于危险废物标准(GB 5085.3—2007)阈值。

下面主要介绍草甘膦溶液作为洗脱剂对建筑废物进行修复。草甘膦异丙胺盐完全溶于水,最终可通过清水洗涤完全洗脱,不会残留在建筑废物中。其中草甘膦分子结构中有磷酸基、羧基、氨基,这些基团能与重金属形成比例不同、电荷不同的络合物,如草甘膦的胺基与 Cu^{2+} 有较强的亲和力,这些基团的含量可以决定其络合能力,即使草甘膦分解,其降解产物氨甲基膦酸仍然具有较强的重金属络合能力,因此草甘膦是一种很强的重金属络合剂。同时,大多数重金属离子可以被草甘膦螯合形成无效态和稳定态,从而降低其毒性。草甘膦与三价金属离子络合力最强,二价次之,一价最弱。二价金属离子中,与 Cu^{2+} 的络合能力最强,Ca^{2+} 络合能力最弱,大部分重金属离子介于两者之间。

利用草甘膦溶液进行重金属建筑废物修复(图 9-1),具体工艺如下:

第一步,表层剥离。将受到高浓度重金属污染的建筑废物表层进行剥离,表层剥离深度为 3~6 mm,剥离下来的表层建筑废物可直接破碎,或浸入市售工业级 2-8M 烧碱溶液中进行搅拌,液固比 5:1,被烧碱溶液浸出的含重金属的浸出液进行电解处理,回收重金属,再将建筑废物破碎。

第二步,破碎。将表层剥离后或经过烧碱溶液浸出重金属的建筑废物破碎至粒径小于4~ 5 mm。

第三步,洗涤和固液分离。将破碎后的建筑废物用水洗涤,液固比 5:1,建筑废物中水溶性重金属溶解于水,然后进行固液分离,得到含水溶性重金属的洗涤废水和清洗后建筑废物。洗涤废水中加纳米铁粉(20 nm)对重金属进行去除处理,废水达标后回用;清洗后的建筑废物用草甘膦溶液洗脱。

第四步,草甘膦溶液洗脱和固液分离。这里的草甘膦溶液是草甘膦异丙胺盐溶液,配置方法是,将市售工业级草甘膦异丙胺盐加水或达标后回用水,或将生产草甘膦产生的草甘膦母液中回收的草甘膦溶解在氨水中(每生产 1 吨草甘膦将产生约 5 吨母液),与异丙胺溶液反应制成草甘膦异丙胺盐溶液,制成质量浓度为 5% 的草甘膦异丙胺盐溶液。在清洗后建筑废物中加入草甘膦溶液,液固比为 2:1,洗涤 1~3 次,清洗后建筑废物中重金属离子被草甘膦螯合形成无效态和稳定态络合物,然后将 pH 值调节至中性后进行固液分离,得到洗脱后建筑废物和洗脱废水。洗脱废水经重金属去除处理,达标后回用,洗脱后建筑废物继续用水进行洗涤。

第五步,洗涤洗脱后建筑废物和固液分离。将洗脱后建筑废物用清水或达标后回用水洗涤,液固比为 5:1,再固液分离,得到建筑废物固体,清洗废水经重金属去除处理,达标后回用。建筑废物固体风干,使其中重金属含量低于土壤环境质量标准(GB 15618—1995)三级标准阈值,用 HJ/T 229 浸出方法对风干后建筑废物进行浸出检测,确定浸出液中重金属浓度低于危险废物标准(GB 5085.3—2007)阈值,可直接进行填埋,或用作再生建筑材料或混凝土骨料。

利用草甘膦溶液进行重金属建筑废物修复的技术采用表层剥离和洗涤两级处理方式,其中表层剥离去除表层高重金属含量建筑废物,进行碱性浸出、电解回收锌,而洗涤处理包含水和草甘膦异丙胺盐溶液两种洗涤方式,水可去除受污染建筑废物中水溶态重金属,草甘膦异丙胺盐水溶液能和建筑废物中剩余的重金属形成络合物。这是由于草甘膦分子结构中含有磷酸基、羧基、氨基等,这些基团具有较强的络合金属的能力,能够与重金属离子发生络合反应。而受污染的建筑废物中的重金属主要以水溶态、弱酸提取态以及可还原态等不稳定形态为主,由于不稳定态的重金属容易发生络合反应,故选择的洗脱剂将有极强的重金属清洗效果。

上述技术在利用草甘膦溶液处理重金属建筑废物过程中,不仅可以回收重金属,消除重金属污染建筑废物的危害,同时第三步的废水、第四步的洗脱废水和第五步的清洗废水经处理达标后也可回用。经草甘膦溶液处理后的建筑废物,其重金属含量低于相关标准,因此直接填埋、堆置均不会造成土壤污染,也可用作再生路基材料和混凝土骨料,彻底消除污染建筑废物的危害,无后续的处置问题。利用纳米铁粉对各种废水中重金属具有很好的去除效果,再将 $CaCl_2$ 作为沉淀剂加入到去除了重金属的废水中,去除其中的草甘膦,工艺简单,不产生二次污染,同时回收了有价金属,整个处理过程无废水排放,具有良好的经济效益和社会效益。而草甘膦溶液可以通过将草甘膦母液中回收的草甘膦获得,一定程度上也实现了以废治废。

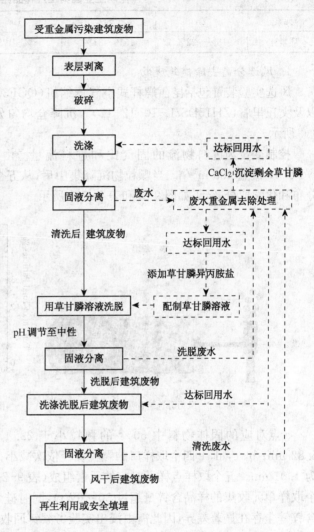

图 9-1　草甘膦溶液处理重金属建筑废物技术路线图

第二节　含锌铅工业建筑废物的锌铅富集技术

由于产业布局的调整,以及各项法规及标准的逐年升级,近年来,许多中小型冶金厂、电镀厂开始拆迁改建或扩能。废渣、烟尘、炉灰等堆砌处常是管理盲点,导致这些废物与建筑废物混合,产生了重金属富集量较高的工业建筑废物。此类建筑废物的特点是重金属含量高,采用常规建筑废物处置方式存在环境风险,而直接浸取回收其中金属,则面临氢氧化钠使用量高、锌浸出率低的问题。因此需经过预处理,从工业建筑废物中分离出富集重金属的烟尘颗粒物。

建筑废物与烟尘混杂的条件下,物料性质波动性大、难以通过单一的组成表征所有样品

（表 9-1）。基于富集硅钙建筑废物颗粒与富集锌烟尘在比重上的差异，可采用物理风选等方法来初步提质分选含锌颗粒物，以便后续开展浸取回收流程。

表 9-1　　　　　　　　　　　　昆明工业园某工厂样品元素组成

元素	Zn	Si	Ca	Pb	Cl
质量比	13%～22%	15%～31%	8%～17%	1.6%～7.7%	8%～13%

1. 风选分离去除建筑废物

风选实验装置包括昆西螺杆式空气压缩机（QGF30）、圆柱桶状重力沉降仓（6 m×1 m）、以及文丘里管（ZH15DS/L-10-12-12）。沉降仓均匀分布五个取样单元 a, b, c, d, e，如图 9-2 所示。

控制变量为进料物流的固气比和进料流量。由预实验确定操作条件为固气比小于 1/1 000，流量 438 m³/h。当颗粒物沉降集中后，从五个测样点取出混合物料，并分析其粒度分布和化学成分，结果如图 9-3 和表 9-2 中所示。

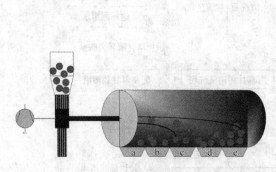

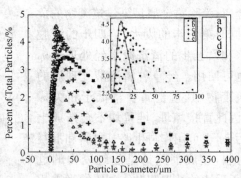

图 9-2　风力分选装置示意图　　　　　图 9-3　五个取样点对应样品的粒度分布

a 点对应的固体物料中 50% 的颗粒小于 22.4 μm，比表面积平均粒径 D[3, 2] 为 5.82 μm；b, c, d, e 四个取样口的颗粒粒径依次减小；以 e 点为例，D50 为 9.35 μm，D[3, 2] 为 4.01 μm。五个取样点样品对应的元素组成（表 9-2）进一步验证了富集分离效果。a, b 两个取样单元收集的样品含锌量超过 30%（Wt），同时硅含量高（6%～10%）。样品特性与常规含锌锌尘存在显著差异，因此需由浸出实验考察锌回收效率。

表 9-2　　　　　　　　　　　　不同取样点颗粒物成分

质量	采样点				
	a	b	c	d	e
Zn	34.35%	32.17%	19.22%	8.55%	6.72%
Si	6.18%	9.52%	16.33%	30.09%	43.36%
Ca	3.67%	5.24%	9.25%	17.71%	26.30%

2. 风选产物在强碱介质中的浸出行为

取出沉降仓中 a, b, c 点的样品，利用 5 mol/L NaOH、在液固比为 10∶1 的条件下浸出，锌回收率随时间的变化如图 9-4 所示。

从实验数据可以看出，a 点采集的样品锌回收率最高，1 h 浸取可以回收大约 65% 的锌；而 c 点对应的样品，含硅钙较高，锌浸出过程受到抑制。通过与机械搅拌碱浸数据对比，可以发现浸出过程随时间变化的差异,主要体现在浸出峰值前移。这种现象与建筑废物中浸出的废物有关,它们不断积累,从而占据孔隙,阻碍锌的进一步溶出。

为了详细考察浸出过程,测量了浸出液中的主要杂质含量,结果见表 9-3。溶液中铝和硅的浓度值都小于 300 mg/L,而钙浓度大约 50 mg/L。通过计算硅的浸出率不到 2%,这是由于一部分硅与钙结合以硅酸钙形式存在,该化合物不溶于氢氧化钠;同时由于锌的大量存在,抑制了硅的碱溶出。本部分研究中也利用氨水浸取了沉降仓中收集的样品,实验确定的最佳氨浸条件为 4 mol/L 氨水液、固比为 50:1、浸出时间为 70 min。通过与 NaOH 浸出液比较,可以

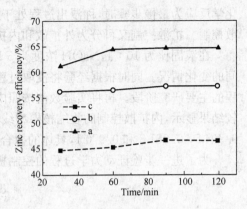

图 9-4 不同取样点采集样品的锌回收率

发现,氨浸溶液中的硅铅含量较低,但是钙浓度升高约 75 mg/L,锌回收率降低 20%~30%。

表 9-3 不同取样点采集样品的杂质含量

浓度/(mg/L)	样 品		
	c	b	a
Al	140±8	119±15	103±7
Ca	46±7	47±13	40±1.3
Si	262±19	235±29	169±15

3. 浸出过程影响因素分析

浸取剂碱浓度、浸出温度、液固比和浸取操作时间等是影响建筑废物金属浸取率的主要控制变量。本节将分别对上述参数进行研究,在此基础上分析浸取过程动力学规律和最优浸取条件。

首先,在液固比为 10:1,温度 90 ℃,浸出时间 1.5 h 的条件下,讨论不同碱浓度对金属浸出率的影响。在浸出液碱浓度小于 3 mol/L 时,锌和铅的回收率都小于 20%,而随着碱浓度的升高,锌、铅的浸出率逐渐增加;在 NaOH 浓度为 5 M 时,锌和铅的回收率可达 40% 以上。这主要是由于碱浓度的增加,促进了铅和锌的溶解,有利于转化和浸出反应的进行。在浸出过程中,固体废物中的铝和铜由于受到锌、铅的抑制,总溶出率较低,均小于 30%。

其次,在液固比为 10:1,碱浓度为 5 M,浸出时间 1.5 h 的条件下,反应温度(25 ℃~90 ℃)对金属锌和铅浸出。在室温时,锌和铅的回收率较低,其值为 30% 左右,而温度的升高将显著增加锌铅浸出率,例如在 65 ℃时,回收率均达到 60%。而在 80 ℃~90 ℃,温度变化对锌铅浸出率影响微弱,为避免高温蒸发造成的浸取剂损耗,选择 80 ℃作为浸出温度。

除了上述操作参数,液固比和浸取时间也对金属回收率有重要影响。在碱浸工艺中,液固比的增加有利于金属的浸出。这主要是由于一方面可使溶液溶解更多的锌和铅,另一方面提高了颗粒表面和溶液接触的概率,有利于反应的进行。然而过高的液固比会减少浸出液中的锌浓度,不利于电解回收,同时也会增加碱的总使用量。因此,选取 10:1 作为操作液固比。

在反应的前 30 min,金属浸出率低;溶出约 1 h,金属离子浓度趋于恒定,进一步延长反应时间并没有显著改善金属的浸出过程。

4. 浸取过程动力学分析

含重金属建筑废物的碱浸取是不可逆的多相反应,其最慢阶段控制着全过程的总速度。

化学反应为最慢步骤时,称浸出过程处于化学控制,而当扩散为最慢步骤时,称浸出过程受扩散控制。扩散控制又可分为外扩散和内扩散两种。

在液固比为 10∶1,NaOH 浓度为 5 M,浸取温度为 50 ℃~80 ℃时,分析锌的浸出率随时间的变化情况。同时根据经验将浸取过程中的搅拌速度设置足够大,使得内扩散成为扩散过程的主要研究阶段。再将实验数值按照内扩散控制和化学反应控制的模型分别进行拟合,比较结果显示,内扩散控制的收缩核模型线性更佳。50 ℃,65 ℃ 和 80 ℃ 所对应的 R^2 值分别为 0.994 5,0.981 8 和 0.970 1,具体的拟合过程见图 9-5。

为了进一步验证动力学过程的控制机理,根据阿累尼乌斯定理计算活化能:

$$\frac{\mathrm{d}\ln k}{\mathrm{d}T} = \frac{E_a}{RT^2}$$

式中　k——当反应温度为 T 时的反应速率常数,s^{-1};

　　　R——理想气体通用常数,J·mol^{-1}·K^{-1};

　　　E_a——表观活化能,kJ/mol。

将式积分可得:

$$\ln k = -\frac{E_a}{RT} + B$$

利用图 9-5 所得数据,将不同温度时的 $\ln k$ 值对 $1/T$ 进行直线拟合,由斜率可求出活化能为 12.8 kJ/mol。因此,浸取过程的表观活化能证实了控制步骤为扩散过程。

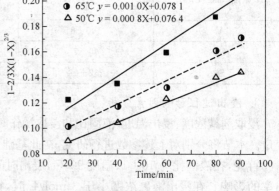

图 9-5　不同温度下的锌浸出动力学过程
(10∶1, 5 M NaOH)

因此,固相膜层的扩散速率是该浸出工艺的控制速率。反应物通过残留未浸出物料层或浸取产物层的传质速率,以及被溶解物通过这些膜层向表面扩散的速率是过程的决定步骤。优化这两个过程会改善固膜扩散速率条件,从而对浸出过程产生积极影响。

下面介绍微波辅助建筑废物浸出。

在 5 M NaOH 浓度和液固比为 10∶1 的条件下,研究微波辐射时间(循环操作次数)对金属元素浸出的影响。单次微波辐射时,锌、铅的浸出率较低,其值在 10%~20%。随着循环次数增加,锌、铅回收率逐渐升高,当循环次数为 4 时,锌、铅浸出率达到 60%,进一步延长微波作用时间,锌、铅浸出没有明显变化。利用微波优化强碱浸取,最佳 NaOH 浓度和液固比仍为 5 mol/L 和 10∶1。

这些实验数据显示微波辅助浸取在反应时间及选择性上的优势,如 8 min 的微波作用就可以回收约 60% 的锌,同时铜和铝的浸出量大约为 5%,在低浓度碱液和低液固比时,微波辐射对浸出效率有明显的提高。这主要是由于在微波场作用下,极性分子迅速改变方向进行高速振动,不仅产生热量促使溶液温度升高,而且增加了物质间的相互碰撞,强化了反应速度,同时颗粒的局部受热,会使颗粒周围的流体产生较强的热对流,使流体中的传质速率加快,另一方面,微波辐射方法中密封的 PFTE 罐内部产生高压,也促进了金属溶出。

表 9-4　　　　　　　　　　微波强化浸出过程的耶茨分析

编号	控制变量			Zn (0)	耶茨分析			响应
	A	B	C		(1)	(2)	(3)	
1	−	−	−	17.48%	91.94	191.61	456	—
a	+	−	−	34.46%	99.67	264.39	49.6	12.4
b	−	+	−	22.11%	111.34	32.43	49.44	12.36
ab	+	+	−	37.56%	153.05	17.17	5.44	1.36
c	−	−	+	33.12%	16.98	7.73	72.78	18.19
ac	+	−	+	38.22%	15.45	41.71	−15.26	−3.81
bc	−	+	+	50.49%	5.1	−1.53	33.98	8.495
abc	+	+	+	62.56%	12.07	6.97	8.5	2.12

微波强化浸取的最佳工艺条件:微波辐射循环次数 4,NaOH 浓度为 5 mol/L,液固比为 10∶1。在此基础上,利用因素分析方法——耶茨算法研究主要控制变量以及各变量之间的交互作用(以锌的总浸出率为响应值)。三个影响因素为(A)NaOH 浓度、(B)微波辐射循环次数和(C)液固比,各水平选择范围如下:(A)[4(−), 5(+)] mol/L,(B)[2(−), 4(+)],(C)[8∶1(−), 10∶1(+)] g/L。具体计算步骤如下:将试验结果记为(0)列;由(0)列中的 8 个数依次两两相加,得出:(1)列中前 4 个数,再依次两两相减得出(1)列后 4 个数;按照类似步骤得到第(2)列和第(3)列;最后第(3)列后 7 行数值分别除以 4 得到各因素响应值。分析结果见表 9-4,主要因素对响应值的影响可排序为:[液固比]>[NaOH 浓度]、[微波循环次数]>[微波循环次数×液固比]。其他影响因素如[NaOH 浓度×液固比]、[NaOH 浓度×微波循环次数]和三因素的交互作用等对响应值的影响非常微弱。

第三节　受重金属污染建筑废物的氯脱除工艺

氯在金属回收流程中有多种危害,火法工艺中氯会造成二噁英的产生以及高温下的设备腐蚀,在湿法工艺中酸性介质会损坏阳极板,同时氯气的阳极析出也会影响到操作人员健康。在碱性环境下,氯对阳极的腐蚀作用较小,所以在氢氧化钠电解液中氯的限值要求高于常规酸性介质。然而在长周期工业运行中,极板表面同样存在氯腐蚀极板的问题。此现象主要是由于原料中的氯含量不稳定,以及电解液的循环往复利用。因此,本节主要介绍建筑废物中脱除氯的方法。

在冶金、电镀及其他工业领域,常用的氯脱除方法包括水洗法、热处理法、电解法;也有一些报道介绍了浓硫酸法和氯化亚铜法等。采用酸法时,强碱溶液耗酸量过大;氯化亚铜法和电解除氯法也不适用于氢氧化钠介质;热处理法则存在工艺复杂、周期长的问题。因此以水洗脱氯法为基础,再利用微波预加热和超声强化溶解等优化手段。

一、水洗脱氯实验

图 9-6 为不同水洗时间下,温度对氯脱除率的影响。根据经验设定液固比为大于 10∶1。

在 50 ℃~80 ℃,40 min 的水洗时间内,氯的脱除率均较低,随时间延长,氯的脱除率逐渐升高,到 60 min 时,升高至 53%(50 ℃)~62%(80 ℃),在 80 min 时,脱氯率达到最大值,继续增加水洗时间对脱除效果没有显著影响。同时,在该条件下,70 ℃~80 ℃间的温度变化也未使实验结果产生明显差异。在此基础上得出了水洗脱氯的最佳条件,液固比 10∶1,温度

70 ℃,反应时间 80 min,最高脱氯率为 63%～64%。在王明辉等人的研究中,利用水洗法可以除铸锌废渣中 85% 以上的氯,脱氯效率低的原因主要与两个因素有关,一方面是物料在表面特性上的差异,另一方面则是风化产物中的氯含量高低。进一步分析可得,前者与水洗的动力学过程有关,后者则是因为风化含氯物(如 PbOHCl,$Pb_2CO_3Cl_2$)等难以水洗。

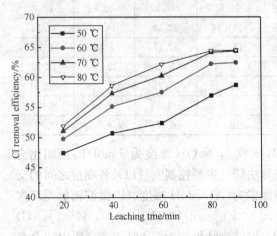

图 9-6　温度及反应时间对水洗脱氯过程的影响

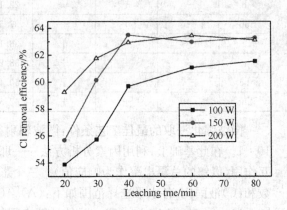

图 9-7　超声波对水洗脱氯的影响(L/S＝10∶1,50 ℃)

传统水洗流程存在操作温度高(70 ℃～80 ℃),反应时间长(80 min)等问题,因此采用超声波辅助水洗脱氯。图 9-7 为超声对水洗脱氯优化后的实验结果,超声功率为 100～200 W。与无超声时的水洗脱氯相比,超声作用加快了脱除速率,在 40 min 内即达到最大值。超声功率的增加也可对脱氯过程产生积极影响,100 W 时脱氯率为 60%,150 W 时脱氯率达到最大值 64%,但是继续增加超声功率不会显著改变脱氯效果。因此超声优化水洗的最佳条件为液固比 10∶1,温度 50 ℃,超声功率 150 W,超声波辅助反应时间 40 min。

超声作用使反应温度降低了约 20 ℃,操作时间缩短了 40 min。然而,设备所提供的超声波能量并不能提高总的脱氯效率值(图 9-7),因此进一步探索微波预加热样品在水洗脱氯过程中的强化作用。

为进一步提高氯的脱除率,采用微波(1 kW,2.45 GHz)预处理样品。微波加热功率为 100～800 W,时间为 1～5 min。微波预处理后的样品再进行超声辅助水洗过程。图 9-8 显示了微波功率及加热时间对样品脱氯效果的联合作用。首先,1 分钟的微波加热对实验结果无显著影响,仅仅在 800 W 功率下使脱氯量增加 5%;其次,在 3 min 时,使微波功率从 100 W 升高到 500 W 可以大幅度提高脱氯量,并且在 500 W 时达到最佳值 85%,但是进一步提升功率则会使脱氯率下降;若微波预处理加热延长至 5 min,则只有 100 W 时的水洗脱氯效果符合要求,其值为 70%,高功率值情况下可能出现熔融等变化从而降低氯的脱除率。水洗前用微波加热原料,一方面可以通过表面裂纹效应

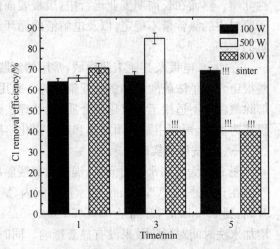

图 9-8　微波预处理对脱氯的影响

在动力学改善脱氯过程,另一方面也可能是局部高温改变了风化产物特性。

二、水洗脱氯过程中主要金属元素的溶出

在此基础上,进一步考察水洗脱氯过程中溶出的金属,主要分析元素为 Na, K, Ca, Cd 和 Zn。取样背景为最佳脱氯条件,即 500 W 微波预加热 3 分以及 150 W 超声辅助水洗 40 分。利用 ICP-OES 测量水洗液金属组成及水洗渣消解后的元素组成,结果显示 80%～90% 的 Na, K 被洗掉,而渣中的 Na, K 减少到 0.59% 和 0.25%;Ca 和 Cd 去除率为 15%～25%,同时有微量的 Cu, Pb 和 Al 被洗脱,低于 1% 的 Zn 随氯一起进入水洗液,而渣中的 Zn 升高了约 8%。

三、低电流密度电解一步法除铅

根据析出过程的平衡电位计算,浸出液中的锌与铅析出电位差值约为 0.6 V,此电位差异符合选择性电化学回收的条件。为进一步验证理论计算的可行性,利用循环伏安法研究强碱浸出液中锌铅电解过程,并比较不同铅浓度的影响。

在铅浓度分别为 1 g/L 和 4 g/L,锌浓度为 30 g/L,NaOH 浓度为 5 M,扫描速度为 5 mV/s 条件下测量循环伏安曲线。首先以 4 g/L 铅为分析对象,初始电位为 −0.5 V/SCE,负向扫描到达 −2.0 V/SCE 后,电位向反方向扫描返回到初始电位。电位从 −0.5 V/SCE 到 −0.73 V/SCE 的范围内,电流数值一直为零;而铅的理论计算平衡电位为 −0.64 V/SCE。因此,铅在不锈钢电极上的析出存在过电位。此过势的产生与极板金属本身特性及沉积表面粗糙度有关。

当电位进一步向负向扫描时,电流数值逐渐增大,铅开始在阴极上析出;到达 −1.0 V/SCE 时,出现还原铅的峰值,此时铅的析出速率达到最大值。此后电位进一步变负,由于传质过程影响,电极表面铅的浓度降低,使得电流减小。在电位到达 −1.4 V/SCE 时,电流再次开始随着电位负向移动而逐渐升高。这个阶段代表着锌的析出过程,此后电流增加且未出现平台期和衰减期,此现象是由于在高电位阶段出现氢的析出。从 −2.0 V/SCE 开始,电位转换方向朝正向扫描,受表面沉积金属层影响,表面积增大。因此,在电位数值相等时,电流密度小于负向扫描时对应的数值。当电流密度过零点后,继续朝正方向扫描,最早出现的第一个小峰表征着氧的析出过程,随后出现两个阳极峰,前一个峰对应的是沉积锌溶解,后一个峰是铅的溶解。对比 1 g/L Pb 和 4 g/L Pb 时的曲线,可以发现铅浓度的升高会显著加大锌电解成核的极化程度,并且抑制氢的析出,阳极氧析出也受到影响。同时,当强碱液中铅浓度小于 1 g/L 时,铅的析出曲线难以测量。

根据上述机理分析,可通过电势差选择性电解回收锌、铅,即在较低分解电压时还原铅,然后再提升分解电压获得锌。在工业实践中,利用控制电流密度的方法可有效改变电解池中的分解电压,因为当电解液介质固定时,分解电压值只受电流大小影响。

当电解进行至溶液中铅浓度小于 1 g/L 时,停止铅电解回收过程,此时约有 80% 的铅从电解液中回收,利用 ICP-OES 测量产品铅的纯度,可以得到 Pb 约 97.18%,Cu 约 1.18%,Zn 约 0.72%,Al 约 0.87%。同时通过 SEM-EDS 验证产品铅的纯度 (图 9-9)。

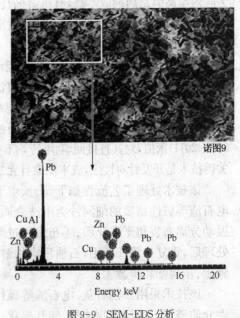

诺图9

图 9-9 SEM-EDS 分析

第四节　建筑废物中石油污染洁净技术

一、石油污染布袋洁净技术

过去 30 年，我国原油开采和石油制品消耗不断增多，2012 年，我国原油产量已经达到 2.07 亿吨，全年表观石油消耗量突破 5 亿吨。我国《国家危险废物名录》中明确指出，石油开采和炼制过程中产生的油泥和油脚属于危险废弃物，具有毒性和易燃性。在石油开采、输送、储藏过程中布袋会沾附各种原油、油泥和油脚，产生大量的石油污染布袋，简称"油布"，油布亦属于危险废弃物，随意弃置或者焚烧处理对生态和人居环境存在风险。因此，如何去除或者降低布袋中石油污染物的浓度已成为油田和炼油厂亟需解决的问题。

石油污染布袋中的主要污染物是石油，石油是一种含有烃类和少量其他有机物的复杂混合物，其中烷烃占有机物总量的 55%～75%，芳烃占有机物总量的 15%～25%，沥青等其他物质占 10%～20%。石油污染布袋的含油量在 3%～20%。目前尚没有针对石油污染布袋有效清洗方法的公开报道。相关文献报道集中在石油污染土壤及部分衍生固体废弃物，诸如石化废水的污泥和浮渣等。

国内周启星等人研究在石油污染土壤上种植观赏类植物以原位降解石油污染物，随种植植物的不同石油降解率可达 20%～50%，但是适宜植物生长的石油污染物浓度不能高于 5%，治理周期较长，大于四个月。大量文献报道了通过强化微生物原位堆肥或者异位反应器处理石油污染固体废弃物的方法，但是耗时长、营养剂耗量大、处理效果不稳定。新疆油田采用"热碱洗＋助溶剂"技术建设的克拉玛依博达油泥无害化处理厂，处理规模达 200 t/d，出场油泥达标回填，但是该技术产生大量碱液废水，二次污染较为严重。

热处理法包括热解法、焦化法和焚烧法，是处理处置石油污染固体废弃物的常见方法，石油污染物去除率高，同时实现能量回收，但是存在二次污染且未能实现资源化回收。申明乐等人采用有机溶剂萃取法，在石油污染土壤中投加等体积比氯仿，可将石油浓度从 50%降低至 0.3%，去除效率高但是药剂成本高，有机溶剂具有易燃性和毒性等特征，实际大规模操作难度高。有文献报道微波法、超声法、电化学法在实验室中去除石油污染物的应用成果，但尚处于探索阶段。

二、沙浴法

该方法针对干洗法在石油污染布袋洁净回收领域上的空白，克服了以微波法、超声法、化学氧化法、表面活性剂、石油醚等为清洗方法和介质效果差、成本高、破坏大、易燃易爆及易产生二次污染等问题。沙浴法是一种石油污染布袋的碱性泥沙干洗法，使石油污染物转移至干洗介质从而达到布袋洁净作用，处理后的布袋石油含量低于废矿物油回收利用污染控制技术规范标准（HJ 607—2011）阈值，对其直接回填、堆置均不会造成土壤污染，也可以用作再生布袋原材料。干洗法的关键技术是开发针对性强，成本低廉且无二次污染的洗脱剂，并制定合理有效的处理工艺。

该技术处理工艺流程如下：①预烘干石油污染布袋至含水率低于 20%；②以添加了石灰、电石渣等碱性物质的细河沙为干洗介质，在一定温度下机械搅拌布袋与干洗介质的混合物；③振动分离布袋和干洗介质；④布袋经过漂洗和烘干后完成洁净过程；⑤干洗介质通过高温再生处理后，重复步骤②使用，石油污染物解附、裂化、气化、冷凝后回收利用，产生的余热回用于步骤①、步骤②和步骤④。

该技术采用添加石灰、电石渣等碱性物质的细河沙作为干洗介质，利用石灰、电石渣等碱性介质破坏石油污染物结构，使其皂化，从而降低其对于布料的粘附性，同时在 80 ℃～100 ℃

温度下通过小颗粒河沙在机械搅拌下的吸附作用,30 min 内可使石油污染物转移至干洗介质,从而达到布袋洁净的作用。其中,细河沙主成分是二氧化硅,熔点是 1 700 ℃左右,粒度在10～100 目之间,耐高温处理。电石渣是电石生产乙炔过程中的副产物,石灰是广泛应用的土木工程原材料之一,二者的主成分是氢氧化钙,是一种微溶于水的中强碱。干洗介质与石油污染布袋的质量比在 1∶1 到 1∶2 之间。

该技术对清洗后的干洗介质进行高温再生处理,实现石油污染物的高温解附和干洗介质的回收利用。干洗介质中的碱性成分氢氧化钙加热到约 500 ℃会分解为氧化钙,石灰和电石渣的有效成分在高温作用下不会减少,河沙熔点高,耐高温处理。干洗介质吸附的石油污染物在高温作用下发生裂化和气化。石油污染物的主要组成物是长链烷烃、环烷烃和芳烃,在500 ℃～600 ℃高温作用下,大分子烷烃分裂为小分子的烷烃和烯烃,环烷烃分裂为小分子或脱氢转化成芳烃,小分子短链烷烃在高温作用下进一步气化,芳烃环结构稳定,较难分裂,在高温下以气化为主。所以当干洗介质通过 500 ℃及以上高温再生处理后可以重复使用。

工艺流程中产生的烟气余热用于布袋清洗前的预烘干和漂洗洁净后的烘干,以及干洗时对干洗介质持续供热。石油污染物经高温解附、裂化、气化后气化物质最终进入冷却塔,回收部分冷凝后的废石油高温气化产物。

该技术适用范围广,石油污染布袋的石油污染物浓度在 3％～20％,去除效率高于 90％。干洗介质包括细河沙和石灰、电石渣等碱性物质价格低廉,材料易得,干洗介质高温再生回用,进一步减少了干洗介质的投加量。工艺流程停留时间短,操作简便。高温再生处理过程中产生的烟气余热以热交换方式回用,减少能源消耗。干洗介质中的石油污染物在高温下解附、裂化、气化、冷凝后回收废石油高温气化产物,防止二次污染。

三、具体实施方式

1. 吉林油田石油污染布袋的干洗洁净处理

以处理吉林油田石油污染布袋为例,该油田运行 50 余年,在原油生产、油田及炼油厂、石化行业污水处理等含油污泥的储运过程中,使用编织袋包装石油污染土壤,产生大量的石油污染布袋。以完整的 80 cm×50 cm 编织袋进行试验,经测试布袋石油污染物浓度在 15％～20％。主要步骤如下:

第一步,预烘干。石油污染的布袋表面含有一定的水分,为满足后续干洗处理工艺,首先需要对布袋预烘干。本案例利用石油污染物热处理过程中产生的废热进行热量交换对布袋预烘干,烘烤 30 min 后含水率降低至 20％以下。

第二步,机械搅拌干洗。采用卧式搅拌干洗,干洗介质为等体积比的电石渣和河沙混合物,电石渣粒径小于 100 目,河沙粒径 10～100 目。搅拌均匀介质平均粒径为 90 μm,通过传送带将布料输送至卧式搅拌机进行干洗,干洗温度为 90 ℃,干洗停留时间为 20 min。

第三步,布袋和干洗介质分离。干洗完成后,卸料至直线振动筛,停留时间为 5 min,实现布袋和干洗介质的分离,面积大、质量轻的布袋留存于筛上,颗粒小、比重大的泥沙成为筛下物,用螺旋杆输送至回转窑高温再生。

第四步,布袋洁净处理。分离出来的布袋表面仍然残留少量清洗介质,进入澄清池进行漂洗,漂洗时间为 5 min,漂洗后的布袋通过筒式烘干机烘干,烘干温度为 100 ℃,完成洁净处理后资源化回收利用。澄清池底部的沉淀泥沙用抽吸泵输送至回转窑高温再生。

第五步,干洗介质再生。将振动筛和澄清池分离出来的清洗介质,输送到回转窑进行高温再生处理,回转窑使用天然气作为燃料,再生后的干洗介质通过吊式提升机输送至卧式搅拌干洗机回收利用。产生的烟气余热用于布袋清洗前的预烘干和漂洗洁净后的烘干,以及搅拌干洗时对干洗介质持续供热,回转窑炉膛温度大于 500 ℃。

第六步,废石油回收。干洗介质进入回转窑,附着的石油污染物经高温气化、热裂化,气化物质最终进入冷却塔,回收部分冷凝后的废石油高温气化产物。烟气经过处理系统后达标排放。

对石油污染布袋干洗效果进行分析测试,石油含量变化和去除率结果如表 9-5 所示。干洗后的布袋石油含量均低于废矿物油回收利用污染控制技术规范标准(HJ 607—2011)阈值。

表 9-5　　　　　　　　　　吉林油田油布石油含量变化及去除率

石油污染布袋种类	原始含量	干洗后	去除率
编织袋	14.5%	0.93%	93.6%
	19.8%	1.42%	92.8%

2. 大庆油田石油污染布袋的干洗净化处理

以大庆油田石油污染布袋为例,该油田在原油生产过程中,钻井平台含油土壤溅喷,将塑料布作为垫层隔离石油污染土壤,使用编制袋进行石油污染土壤的储存和运输,布袋收到严重污染,其中塑料布和编织袋衬层受污染较轻,石油污染物浓度在 3%～10%,编织袋外表面石油污染物浓度较高,在 12%～18%。将两种石油污染布袋破碎成 5 cm×5 cm 的布料小块进行实验室试验。主要步骤如下:

第一步,预烘干。本案例对石油污染布袋自然晒干和阴干,置于通风处,储放一天一夜。

第二步,机械搅拌干洗。采用机械搅拌干洗,干洗介质为等体积比的石灰和河沙混合物,石灰和河沙按等体积比混合,过 100 目筛,筛下物搅拌均匀。将剪切成规则小块布袋放入搅拌机干洗,干洗温度为 80 ℃,干洗停留时间为 15 min。

第三步,布袋洁净处理。取出布袋以清水漂洗,漂洗后 100 ℃烘干完成洁净处理,可用作再生布袋原材料。

第四步,干洗介质再生。将干洗介质,在马弗炉内进行高温再生处理,温度大于 500 ℃,处理时间 4 h。

对石油污染布袋干洗效果进行分析测试,石油含量变化和去除率结果如表 9-6 所示。干洗后的布袋石油含量均低于废矿物油回收利用污染控制技术规范标准(HJ 607—2011)阈值。

表 9-6　　　　　　　　　　吉林油田油布石油含量变化及去除率

原油	原始含量	干洗后	去除率
塑料布与编织袋内衬	3.48%	0.41%	88.2%
	9.30%	0.63%	93.2%
	6.71%	0.75%	88.8%
编织袋外表面	17.59%	1.64%	90.7%
	14.30%	1.23%	91.4%
	12.39%	0.85%	93.1%

第五节　受污染建筑废物的管理建议

一、污染防护设计与施工

建筑的生命周期包括"构思设计阶段—施工验收阶段—投入使用阶段—寿命终结阶段—

再生处理阶段",以建筑产品的全生命周期为主线,制定受重金属污染建筑废物的管理对策,应从建筑物与构筑物的设计与施工阶段开始考虑。

重金属污染建筑废物主要产生于工业厂房拆迁、改建,其污染来源于建筑物或构筑物与含重金属的介质间相互接触。因此,受重金属污染建筑废物的源头减量化,首先应始于建筑物和构筑物的设计和施工,通过工业厂房设计与施工中配套精良的防污染防腐蚀工程。源头上避免建筑物与构筑物直接接触重金属,减少重金属暴露的可能性,从而防止建筑物与构筑物受重金属污染。

源头污染预防,可归并于工业建筑物和构筑物的防腐工程中执行。上世纪建成的一批工业厂房,规范化程度低,欠缺配套防腐蚀工程,改造后增添的防腐蚀措施经历数十年的运行,建筑防腐工程的功能失效,导致了污染物的渗透。重金属污染在电镀和冶金行业表现尤为明显。以往的设计和建设中,建筑防腐以保证工程使用效果为主要目的,往往忽略了污染物的预防。

我国工业防腐工作始于20世纪六七十年代,1962年首次批准了关于工业建筑物和构筑物防腐工程规范。随着新材料和新型施工工艺的发展,相关规范不断修订。设计方面,1995年正式颁布实施国家标准《工业建筑防腐蚀设计规范》(GB 50046—1995),该规范经过全面修订于2008年批准实施新版《工业建筑防腐蚀设计规范》(GB 50046—2008),主要内容包括总则、术语、基本规定、结构、建筑防护、构筑物、材料等。建筑防腐施工及验收方面,国家标准《建筑防腐工程施工及验收规范》(GB 50212—2002)于2003年3月开始施行,为目前最新版本。该规范针对建筑物防腐施工,提出了基层处理及要求,明确了块材防腐蚀工程、水玻璃类防腐蚀工程、树脂类防腐蚀工程、沥青类防腐蚀工程、砂浆防腐蚀工程、涂料类防腐蚀工程、聚氯乙烯塑料板防腐蚀工程施工要求,以及安全技术要求、工程验收要求等。

1. 防护等级

为预防重金属污染,在工业建筑材料选择时,应考虑工业中常用的含重金属液态介质对建筑材料的腐蚀以及固体盐类的作用,根据《工业建筑防腐蚀设计规范》(GB 50046—2008)中对腐蚀性等级的规定,电镀、冶金等涉及重金属污染的工业中液态介质及固态介质对建筑材料的腐蚀性分别如表9-7、表9-8所示,分为强、中、弱、微,共四个等级,防护材料的选择与腐蚀性强度等级有关。

表 9-7　　　　　　　　　　液态介质对建筑材料的腐蚀性等级

介质名称		pH值或浓度	钢筋混凝土、预应力混凝土	水泥砂浆、素混凝土	烧结砖砌体
无机酸	硫酸、盐酸、硝酸、铬酸、各类酸洗液、电镀液、电解液、酸性酸水(pH值)	<4.0	强	强	强
		4.0～5.0	中	中	中
		5.0～6.5	弱	弱	弱
碱	氢氧化钠(%)	≥15	中	中	强
		8～15	弱	弱	强
	氨水(%)	≥10	弱	微	弱
盐	钠、钾、铵、镁、铜、镉、铁的硫酸盐(%)	≥1	强	强	强

表 9-8　　　　　　　　　　固态介质对建筑材料的腐蚀性等级

溶解性	吸湿性	介质名称	环境相对湿度	钢筋混凝土、预应力混凝土	水泥砂浆、素混凝土	普通碳钢	烧结砖砌体	木
难溶	—	钡、铅的碳酸盐和硫酸盐,铬的氢氧化物和氧化物	>75	弱	微	弱	微	弱
			60～75	微	微	弱	微	微
			<60	微	微	弱	微	微
—	难吸湿	钡、铅的硝酸盐	>75	弱	弱	中	弱	弱
			60～75	弱	弱	中	弱	弱
			<60	微	微	弱	微	微
—	易吸湿	镉、镍、锰、铜的硫酸盐	>75	中	中	强	中	中
			60～75	中	中	中	中	弱
			<60	弱	弱	中	弱	微

其中,微腐蚀环境可按正常环境进行设计,强、中、弱腐蚀强度下根据不同的现场条件按照《工业建筑防腐蚀设计规范》中相关要求进行设计。

2. 材料选择

地面面层材料选择如表 9-9 所示。在工业厂房设计时,涉及含重金属介质的相关区域,应加强污染防护,选择适宜的地面层。例如,冶炼厂的电解槽周围地板、墙壁,电镀厂电镀车间槽体及附近地面、墙面等区域,推荐使用耐酸砖、耐酸石材作为面层材料,不适于使用如沥青砂浆、防腐蚀耐磨涂料、树脂自流平涂料、聚合物水泥砂浆、密实混凝土。严重污染区域,如电解、电镀废液处理池的建筑材料选择更加严格,块材宜采用厚度不小于 30 mm 的耐酸砖和耐酸石材,砌筑材料可采用树脂类材料、水玻璃类材料,同时应设置较厚的防护涂层。

常用材料的耐腐蚀性能如表 9-10 所示。冶金在电镀、冶金行业选择花岗石、耐酸砖作为面层防护材料较为合适。例如,有色湿法冶金工序基本包括:浸出、净化、过滤、沉降、蒸发、结晶、氯化、冷凝、洗涤、离子交换、干燥、煅烧、氢还原、熔盐电解、水溶液电解,以及他们之间的流体及物料输送等单元操作。其中大部分工艺在酸性或碱性有色金属盐溶液进行,使用的酸体系有硫酸、盐酸、硝酸,碱体系有氢氧化钠等。因此,含有重金属盐溶液以及物料运输段的污染预防尤为重要,依据各工艺段酸、碱、盐的特点选择合适的防腐蚀材料以及表面防护方法。

3. 表面防护涂层

根据介质的腐蚀性、构筑物使用年限等因素综合确定工业厂房中混凝土结构和砌体结构的表面涂层,包括底层、中间层、面层或底层、面层。涂层材料包括醇酸底涂料、环氧铁红底涂料、聚氯乙烯萤丹底涂料、富锌底涂料等,可根据不同防护位置的需求选用。

4. 混凝土结构的表面防护

当腐蚀强度为强,根据防护层使用年限 2～5 年、5～10 年、10～15 年依次设置防护涂层厚度≥120 μm, 160 μm, 200 μm。当腐蚀强度为中,防护层使用年限 2～5 年时,防腐蚀涂层厚度≥80 μm,或聚合物水泥浆两遍处理,或普通内外墙涂料两遍处理;使用年限 5～10 年和 10～15 年的防护涂层厚度分别为≥120 μm, 160 μm。当腐蚀强度为弱,防护层使用年限 2～5 年,可不做表面防护,或选择在普通外墙涂料进行两遍涂抹;防护层使用年限 5～10 年时,设置防腐蚀涂层厚度≥80 μm,或聚合物水泥浆两遍,也可采用普通内外墙涂料两遍涂抹;防护层使用年限 10～15 年时,应设置防护涂层厚度≥120 μm。

表 9-9　　　　　　　　　　　　　　　地面面层材料选择

介质			块材面层						整体面层						
			块材		灰缝										
类别	名称	pH值或浓度	耐酸砖	耐酸石材	水玻璃胶泥或砂浆	树脂胶泥或砂浆	沥青胶泥	聚合物水泥砂浆	水玻璃混凝土	树脂细石混凝土	树脂砂浆	沥青砂浆	树脂自流平涂料防腐蚀耐磨涂料	聚合物水泥砂浆	密实混凝土
无机酸	硫酸(%)	>70	√	√	√	O	×	×	√	×	×	×	×	×	×
	硝酸(%)	>40													
	铬酸(%)	>20													
	硫酸(%)	50～70	√	√	—	—	×	√	√	√	√	√	—	—	×
	盐酸(%)	≥20													
	硝酸(%)	5～40													
	铬酸(%)	5～20													
	硫酸(%)	<50	√	√	√	√	—	O	√	√	√	√	O	O	×
	盐酸(%)	<20													
	硝酸(%)	<5													
	铬酸(%)	<5													
	酸洗液、电镀液、电解液(pH值)	<1													
	酸性水	1.0～4.0	√	√	√	√	—	√	O	√	O	√	√	O	O
		4.0～5.0	—	—	—	—	—	√	—	—	√	√	√	√	O
		5.0～6.5	—	—	—	—	—	√	—	—	—	√	√	√	√
碱	氢氧化钠(%)	≥15	√	√	×	×	√	√	×	×	√	√	√	√	O
		8～15													
	氨水(%)	≥10													
盐	铜、镉的硫酸盐(%)	≥1	√	√	O	O	O	O	√	√	√	√	√	√	×
固态	难溶盐	任意	—	—	—	—	—	—	—	—	√	√	√	—	√
	固态盐	任意	—	—	—	—	—	—	—	√	√	√	√	√	O
	碱性固态盐	任意	—	—	×	×	—	—	×	—	√	√	√	√	√

注:①表中"√"表示可用;"○"表示少量或偶尔作用时可用;"×"表示不可使用;"—"表示不推荐使用;②当固态介质处于潮湿状态时,应按照相应类别的液态介质进行选用。

表 9-10　耐腐蚀块材、塑料、聚合物水泥砂浆、沥青类、水玻璃类材料和弹性嵌缝材料的耐腐蚀性能

介质名称	花岗石	耐酸砖	硬聚氯乙烯板	氯丁胶水泥砂浆	聚丙烯酸酯乳液水泥砂浆	环氧乳液水泥砂浆	沥青类材料	水玻璃类材料	氯磺化聚乙烯胶泥
硫酸(%)	耐	耐	≤70,耐	不耐	≤2,尚耐	≤10,尚耐	≤50,耐	耐	≤40,耐
盐酸(%)	耐	耐	耐	≤2,尚耐	≤5,尚耐	≤10,尚耐	≤20,耐	耐	≤20,耐

续表

介质名称	花岗石	耐酸砖	硬聚氯乙烯板	氯丁胶水泥砂浆	聚丙烯酸酯乳液水泥砂浆	环氧乳液水泥砂浆	沥青类材料	水玻璃类材料	氯磺化聚乙烯胶泥
硝酸(%)	耐	耐	≤50,耐	≤2,尚耐	≤5,尚耐	≤5,尚耐	≤10,耐	耐	≤15,耐
铬酸(%)	耐	耐	≤50,耐	≤2,尚耐	≤5,尚耐	≤5,尚耐	≤5,尚耐	耐	—
氢氧化钠(%)	≤30,耐	耐	耐	≤20,耐	≤20,尚耐	≤30,尚耐	≤25,耐	不耐	≤20,耐
氨水	耐	耐	耐	耐	耐	耐	耐	不耐	—

5. 砌体结构的表面防护

当腐蚀强度为强,根据防护层使用年限 2～5 年、5～10 年、10～15 年依次设置防护涂层厚度≥80 μm, 120 μm, 160 μm。当腐蚀强度为中,防护层使用年限 2～5 年时,表面防护方法为采用聚合物水泥浆两遍处理,或普通内外墙涂料两遍处理;使用年限 5～10 年和 10～15 年的防护涂层厚度分别为≥80 μm, 120 μm。当腐蚀强度为弱,防护层使用年限 2～5 年,可不做表面防护,或选择在普通外墙涂料进行两遍涂抹,防护层使用年限 5～10 年时,表面防护方法为采用聚合物水泥浆两遍处理,或普通内外墙涂料两遍处理;防护层使用年限 10～15 年,设置防腐蚀涂层厚度≥80 μm。

二、污染防护措施的运营与维护

建筑物与构筑物服役期间的重金属暴露情况决定了其最终成为建筑废物时的污染物含量,建筑废物受重金属污染的程度。在合理设计、保质施工的基础上,工业生产运营中安全文明生产、无漏管理、定期保养无疑成为污染防护的重要环节。

重视建筑物与构筑物服役初期的污染控制,生产管理人员负责污染防护措施的运营和维护,生产操作人员具有发现问题及时汇报问题的义务,以使污染防护措施发挥其合理功效。工业过程中,将含重金属的相关工序设置于封闭系统内运行,严格避免出现污染物的飞溅、泄露、滴洒等现象。

日程生产中产生的损坏,应及时修缮,防微杜渐。若发生紧急情况应及时去除污染物,隔离污染物避免污染扩散。如发生防建筑材料腐蚀,污染物渗透现场,应将受腐蚀残余物清除,采用稀碱水进行刷洗、清水冲洗后修复补强。剥离的受污染腐蚀的建筑废物应妥善处理,尤其是含重金属工艺段产生的局部修缮建筑废物,应经过无害化处理方可填埋。

以上措施的正常运行都要求生产管理和操作人员具备基本的污染防护知识,定期组织安全培训,除生产安全学习外也应包含建筑污染防护知识学习。生产操作人员应了解如何判断防护措施的正常状态与破坏状态,具备发现问题及时上报的意识。生产管理人员应定期检查各类建筑污染防护措施是否运行良好,收到生产人员的汇报应及时处理,掌握判断防护措施运行状态的能力、妥善处理泄露事件的能力等。

习　题

9-1　简述建筑废物的常用修复技术。

9-2　描述有关建筑废物处理处置相关行业规范、标准、法规,提出你对建筑废物管理的认识与想法。

9-3　提出受污染建筑废物资源化利用新思路。

参考文献

[1] 宋立杰,陈善平,赵由才.可持续生活垃圾处理与资源化技术[M].北京:化学工业出版社,2014.

[2] 陆文龙,崔广明,陈浩泉.赵由才.生活垃圾卫生填埋建设与作业运营技术[M].北京:冶金工业出版社,2013.

[3] 牛冬杰,魏云梅,赵由才.中国市长培训教材——城市固体废物管理[M].北京:中国城市出版社,2012.

[4] 赵由才.生活垃圾资源化原理与技术[M].北京:化学工业出版社,2002.

[5] 赵由才,黄仁华.生活垃圾卫生填埋场现场运行指南[M].北京:化学工业出版社,2001.

[6] 张益,赵由才.生活垃圾焚烧技术[M].北京:化学工业出版社,2000.

[7] 赵由才,朱青山.城市生活垃圾卫生填埋场技术与管理手册[M].北京:化学工业出版社,1999.

[8] 赵由才,宋玉.生活垃圾处理与资源化技术手册[M].北京:冶金工业出版社,2007.

[9] 楼紫阳,赵由才,张全.渗滤液处理处置技术与工程实例[M].北京:化学工业出版社,2007.

[10] 赵由才,蒋家超,张文海.有色冶金过程污染控制与资源化[M].中南大学出版社,2012.

[11] 赵由才.危险废物处理技术[M].北京:化学工业出版社,2003.

[12] 赵由才,牛冬杰.湿法冶金污染控制技术[M].北京:冶金工业出版社,2003.

[13] 牛冬杰,马俊伟,赵由才.电子废弃物处理处置与资源化[M].北京:冶金工业出版社,2007.

[14] 牛冬杰,孙晓杰,赵由才.工业固体废物处理与资源化[M].北京:冶金工业出版社,2007.

[15] 王罗春,何德文,赵由才.危险化学品废物的处理[M].北京:化学工业出版社,2006.

[16] 赵由才,张承龙,蒋家超.碱介质湿法冶金技术[M].北京:冶金工业出版社,2009.

[17] 王罗春,张萍,赵由才等.电力工业环境保护[M].北京:化学工业出版社,2008.

[18] 赵由才.环境工程化学[M].北京:化学工业出版社,2003.

[19] 赵由才.实用环境工程手册——固体废物污染控制与资源化[M].北京:化学工业出版社,2002.

[20] 祝优珍,王志国,赵由才.实验室污染与防治[M].北京:化学工业出版社,2006.

[21] 吴军,陈亮,汪宝英,罗阳主编,赵由才,王金坑.海洋带环境污染控制实践技术[M].科学出版社,2013.

[22] 赵由才,牛冬杰,柴晓利.高等学校教材.固体废物处理与资源化[M].北京:化学工业出版社,2006.

[23] 孙英杰,赵由才.高等学校教材.危险废物处理技术[M].北京:化学工业出版社,2006.

[24] 宋立杰,赵天涛,赵由才.高等学校教材.固体废物处理与资源化实验[M].北京:化学工业出版社,2008.

[25] 周立祥主编,侯浩波、赵由才、刘荣厚、廖宗文副主编,固体废物处理处置与资源化[M]//赵由才.固体废物的最终处置.北京:中国农业出版社,2007.

[26] 孙晓杰,赵由才."十二五"国家重点图书——环境保护知识丛书.日常生活中的环境保护——我们的防护小策略[M].北京:冶金工业出版社,2013.

[27] 赵天涛,张丽杰,赵由才.温室效应—沮丧? 彷徨? 希望? [M].北京:冶金工业出版社,2012.

[28] 顾莹莹,李鸿江,赵由才.废水是如何变清的——倾听地球的脉搏[M].北京:冶金工业出版社,2012.

[29] 张瑞娜,曾彤,赵由才.环境保护知识丛书.饮用水安全与我们的生活——保护生命之源[M].北京:冶金工业出版社,2012.

[30] 刘清,招国栋,赵由才.环境保护知识丛书.大气与室内污染防治——共享一片蓝天[M].北京:冶金工业出版社,2012.

[31] 唐平,潘新潮,赵由才.环境保护知识丛书.生活垃圾——前世今生[M].北京:冶金工业出版社,2012.

[32] 崔亚伟,梁启斌,赵由才. 环境保护知识丛书. 可持续发展[M]. 北京:冶金工业出版社,2012.

[33] 马建立,王金梅,赵由才. 环境保护知识丛书. 走进工程环境监理天蓝水清之路[M]. 北京:冶金工业出版社,2011.

[34] 刘涛,顾莹莹,赵由才. 环境保护知识丛书. 能源利用与环境保护——能源结构的思考[M]. 北京:冶金工业出版社,2011.

[35] 杨淑芳,张健君,赵由才. 环境保护知识丛书. 认识环境影响评价——起跑线上的保障[M]. 北京:冶金工业出版社,2011.

[36] 孙英杰,黄尧,赵由才. 环境保护知识丛书. 海洋与环境——大海母亲的予与求[M]. 北京:冶金工业出版社,2011.

[37] 李广科,云洋,赵由才. 环境保护知识丛书. 环境污染物毒害及防护——保护自己、优待环境[M]. 北京:冶金工业出版社,2011.

[38] 孙英杰,宋菁,赵由才. 环境保护知识丛书. 土壤污染退化与防治——粮食安全,民之大幸[M]. 北京:冶金工业出版社,2011.

[39] 王罗春,周振,赵由才. 环境保护知识丛书. 噪声与电磁辐射——隐形的危害[M]. 北京:冶金工业出版社,2011.

[40] 李兵,张承龙,赵由才. 污泥表征与预处理技术[M]. 北京:冶金工业出版社,2010.

[41] 许玉东,陈荔英,赵由才. 污泥管理与控制政策[M]. 北京:冶金工业出版社,2010.

[42] 朱英,张华,赵由才. 污泥循环卫生填埋技术[M]. 北京:冶金工业出版社,2010.

[43] 王罗春,李雄,赵由才. 污泥干化与焚烧技术[M]. 北京:冶金工业出版社,2010.

[44] 李鸿江,顾莹莹,赵由才. 污泥资源化利用技术[M]. 北京:冶金工业出版社,2010.

[45] 王星,赵天涛,赵由才. 污泥生物处理技术[M]. 北京:冶金工业出版社,2010.

[46] 曹伟华,孙晓杰,赵由才. 污泥处理与资源化应用实例[M]. 北京:冶金工业出版社,2010.

[47] 梅娟,范钦华,赵由才. 交通运输领域温室气体减排与控制技术[M]. 北京:化学工业出版社,2009.

[48] 赵天涛,阎宁,赵由才. 环境工程领域温室气体减排与控制技术[M]. 北京:化学工业出版社,2009.

[49] 王星,徐菲,赵由才. 清洁发展机制开发与方法学指南[M]. 北京:化学工业出版社,2009.

[50] 唐红侠,韩丹,赵由才. 农林业温室气体减排与控制技术[M]. 北京:化学工业出版社,2009.

[51] 蒋家超,李明,赵由才. 工业领域温室气体减排与控制技术[M]. 北京:化学工业出版社,2009.

[52] 宋立杰,赵由才. 冶金企业废弃生产设备设施处理与利用[M]. 北京:冶金工业出版社,2009.

[53] 唐平,曹先艳,赵由才. 冶金过程废气污染控制与资源化[M]. 北京:冶金工业出版社,2008.

[54] 钱小青,葛丽英,赵由才. 冶金过程废水处理与利用[M]. 北京:冶金工业出版社,2008.

[55] 李鸿江,刘清,赵由才. 冶金过程固体废物处理与资源化[M]. 北京:冶金工业出版社,2008.

[56] 马建立,郭斌,赵由才. 绿色冶金与清洁生产[M]. 北京:冶金工业出版社,2007.

[57] 孙英杰,孙晓杰,赵由才. 冶金过程污染土壤和地下水整治与修复[M]. 北京:冶金工业出版社,2007.

[58] 蒋家超,招国栋,赵由才. 矿山固体废物处理与资源化[M]. 北京:冶金工业出版社,2007.

[59] 赵由才. 可持续生活垃圾处理与处置[M]. 北京:化学工业出版社,2007.

[60] 牛冬杰,秦峰,赵由才. 市容环境卫生管理[M]. 北京:化学工业出版社,2007.

[61] 王罗春,赵爱华,赵由才. 生活垃圾收集与运输[M]. 北京:化学工业出版社,2006.

[62] 金龙,赵由才. 计算机与数学模型在固体废物处理与资源化中的应用[M]. 北京:化学工业出版社,2006.

[63] 赵由才,张全,蒲敏. 医疗废物管理与污染控制技术[M]. 北京:化学工业出版社,2005.

[64] 边炳鑫,赵由才主编,康文泽副主编. 农业固体废物的处理与综合利用[M]. 北京:化学工业出版社,2005.

[65] 边炳鑫,解强,赵由才. 煤系固体废物资源化技术[M]. 北京:化学工业出版社,2005.

[66] 柴晓利,赵爱华,赵由才. 固体废物焚烧技术[M]. 北京:化学工业出版社,2005.

[67] 柴晓利,张华,赵由才. 固体废物堆肥原理与技术[M]. 北京:化学工业出版社,2005.

[68] 赵由才,龙燕,张华. 生活垃圾卫生填埋技术[M]. 北京:化学工业出版社,2004.

[69] 边炳鑫,张鸿波,赵由才. 固体废物预处理与分选技术[M]. 北京:化学工业出版社,2004.

[70] 王罗春,赵由才. 建筑垃圾处理与资源化[M]. 北京:化学工业出版社,2004.

[71] 解强主编,边炳鑫,赵由才副主编. 城市固体废弃物能源化利用技术[M]. 北京:化学工业出版社,2004.

[72] Zhao Youcai, MSW Management and Technology in China, Chapter 2, pp 34-42; Development Towards Sustainable Waste Management in China, Chapter 8, pp 502 - 506, in《Municipal Solid Waste Management-Strategies and Technologies for Sustainable Solutions》(Editors: Christian Ludwig, Stefanie Hellweg, and Samuel Stucki), Springer, Germany, September 2002. ISBN 3-5404-4100-X.

[73] Chai Xiaoli, Zhao Youcai, Municipal Solid Waste in China, pp63 - 74, in《Municipal Solid Waste Management in Asia and the Pacific Islands》(Editors: Agamuthu P. and Masaru Tanaka), Penerbit ITB Press, Indonesia, 2010. ISBN 978-979-1344-78-4.

[74] 赵庆祥. 现代工程科学与技术丛书——环境科学与工程[M]. 科学出版社,2007:251-284.

[75] 章非娟,徐竟成. 环境工程实验[M]. 北京:高等教育出版社,2006:208-226.

[76] 陈家镛. 湿法冶金手册[M]. 北京:冶金工业出版社,2005.

[77] 方如康. 环境学词典[M]. 北京:科学出版社,2003.

[78] 李国鼎. 环境工程手册——固体废物污染防治卷[M]. 北京:高等教育出版社,2003.